2064

MÉMOIRES

POUR SERVIR A L'HISTOIRE

ANATOMIQUE ET PHYSIOLOGIQUE

DES VÉGÉTAUX ET DES ANIMAUX.

I.

IMPRIMÉ CHEZ PAUL RENOUARD,
RUE GARANCIÈRE, N° 5.

MÉMOIRES

POUR SERVIR A L'HISTOIRE

ANATOMIQUE ET PHYSIOLOGIQUE

DES VÉGÉTAUX

ET

DES ANIMAUX,

PAR M. H. DUTROCHET,

MEMBRE DE L'INSTITUT (Académie royale des Sciences) ET DE LA LÉGION-D'HONNEUR.

AVEC UN ATLAS DE 30 PLANCHES GRAVÉÉS.

Je considère comme non avenu tout ce que
j'ai publié précédemment sur ces matières, et
qui ne se trouve point reproduit dans cette
collection.

AVANT-PROPOS.

TOME PREMIER.

PARIS

CHEZ J.-B. BAILLIÈRE,

LIBRAIRE DE L'ACADÉMIE ROYALE DE MÉDECINE,

RUE DE L'ÉCOLE-DE-MÉDECINE, 13 bis.

A LONDRES, MÊME MAISON, 219, REGENT-STREET.

1837.

AVANT-PROPOS.

L'homme partage avec les brutes les besoins physiques ; les besoins intellectuels lui appartiennent exclusivement et forment son plus bel attribut. A leur tête se trouve le *besoin de savoir*, besoin dont la satisfaction fait éprouver la plus douce comme la plus pure des jouissances. Aussi l'homme avide de savoir se porte-t-il à la recherche de mystérieuses vérités avec tout l'empressement que donne, en général, l'attrait du plaisir. Tandis que tant d'hommes restent dans l'indifférence pour la connaissance des mystères que recèle l'univers, celui que tourmente une louable curiosité porte avec empressement ses regards sur les traces de ce qui a existé avant lui, et sur ce qui existe dans la nature qui l'environne et dont il fait partie. C'est le besoin de savoir, c'est le desir de connaître les choses cachées qui porte l'archéologue à remuer la poussière des siècles reculés et à chercher la connaissance des évènemens de l'histoire dans l'interprétation des inscriptions gravées sur les antiques monumens. C'est ce même plaisir qu'il y a à découvrir les vérités ignorées qui porte l'amateur de

la nature à la recherche des rapports, de la structure et
de la composition de tous les objets naturels; c'est lui
qui le soutient dans l'investigation souvent difficile des
causes cachées des phénomènes. Ainsi il est vrai de dire
que c'est au plaisir que nous devons toutes les richesses
de la science, et cela suffit pour répondre à ceux qui,
séduits par des plaisirs plus grossiers, n'envisagent les
sciences que sous un point de vue triste et rebutant.
Au plaisir si pur que procure l'étude de la nature se
joint un motif plus pur encore. Ce motif est l'espoir
d'être utile à ses semblables, but auquel tend toujours
d'une manière plus ou moins directe le perfectionnement
des connaissances humaines.

Au nombre des études qui par leur importance sont
dignes d'occuper l'esprit de l'homme, se trouvent en
première ligne celles qui ont pour objet la connaissance
de la nature. Placé dans cet univers avec des sens pour
l'observer, avec une intelligence pour le connaître et
pour l'admirer, l'homme resterait au-dessous de sa noble
destination s'il négligeait l'étude des merveilles dont il
est environné. Aussi, dès que les sociétés humaines
eurent acquis par la civilisation un commencement de
perfection, dès que certains hommes se trouvèrent
exempts du besoin de travailler pour pourvoir journellement à leurs besoins physiques, les sciences naquirent;
elles sont, comme les lettres, filles du loisir. Mais combien leur enfance fut longue! L'étude des phénomènes
de la nature, la recherche de leurs causes mystérieuses
demandaient des esprits exempts de préjugés, et malheu-
reusement telle est la condition de l'esprit humain, que
pour lui mille portes larges et d'un facile accès sont ou-

vertes à l'erreur, tandis qu'il n'existe que des sentiers
étroits et difficiles pour le conduire à la vérité. Aussi
les sciences naturelles ne furent-elles long-temps qu'un
assemblage informe d'une multitude d'erreurs grossières
et d'un très petit nombre de vérités voilées et obscurcies.
Lorsque naquit l'esprit philosophique, il eut à combattre la foule des erreurs accréditées, et, la plupart du
temps, il ne fut pas victorieux dans cette lutte; souvent
même son action se borna à substituer des erreurs sub-
tiles à des erreurs grossières. Les premiers philosophes
qui s'appliquèrent à l'étude de la nature s'élancèrent
par l'imagination vers un but que le terme trop court
de la vie humaine ne leur permettait pas d'atteindre par la
voie lente et pénible de l'observation. Ils prétendirent
deviner les secrets du mécanisme de l'univers. Cette
folle prétention a dominé l'esprit des philosophes jusqu'à
Descartes. Cependant, avant ce dernier, Bacon avait en-
seigné les véritables principes qui doivent présider à la
construction de l'édifice de la science. Il avait établi
que cet édifice ne se compose que de faits bien établis et
bien assemblés. Ce plan est simple autant qu'il est beau;
mais son exécution est difficile et sera d'une extrême
lenteur. Avant de construire un édifice, il faut en ras-
sembler les matériaux; il faut donc d'abord observer et
constater des faits isolés; ensuite, il faut étudier leurs
rapports et établir la manière dont ils doivent être liés
les uns aux autres.

L'univers forme un tout qui est *un*; toutes ses parties
sont intimement et nécessairement liées les unes aux autres; tous les phénomènes qu'il présente doivent avoir un
degré de parenté plus ou moins rapproché. Or, la tâche

de l'investigateur de la nature est de déterminer quels sont les points par lesquels chaque être ou chaque phénomène naturel touche à d'autres êtres ou à d'autres phénomènes; quels sont les points par lesquels chaque groupe d'êtres ou chaque groupe de phénomènes touche à d'autres groupes d'êtres ou à d'autres groupes de phénomènes. Si l'intelligence humaine était assez puissante pour accomplir ce travail immense, nous aurions une idée précise et exacte de *l'unité* de l'univers, *unité* qui nous est démontrée d'une manière générale et indirecte par l'ordre admirable qui règne dans ce grand tout, mais qui ne nous est point encore entièrement prouvée d'une manière particulière et directe par la comparaison et le rapprochement de tous les êtres et de tous les phénomènes. L'édifice général de la science ne sera élevé que lorsqu'on aura déterminé par l'expérience et par l'observation, c'est-à-dire, d'une manière certaine, quels sont tous les phénomènes de l'univers et quel est le mode de leur enchaînement. On prévoit sans peine que cet édifice ne sera jamais achevé; il est au-dessus des forces de l'intelligence humaine à laquelle il n'est permis d'élever cet édifice que jusqu'à une certaine hauteur. Les matériaux premiers de cet édifice sont les faits; ils ne sont admis dans la construction de l'édifice que lorsqu'ils sont bien constatés. Ici la vérité est facile à distinguer de l'erreur, parce que la vérification des faits n'a besoin, pour être faite, que du témoignage des sens. La distinction de la vérité de l'erreur n'est pas aussi facile quand on s'occupe de l'enchaînement et de la coordination des faits.

Ce que nous appelons *cause* et *effet* n'est autre chose

qu'un enchaînement de deux faits qui se reproduisent constamment l'un à la suite de l'autre dans un ordre déterminé. La recherche de la cause d'un phénomène n'est donc que la recherche des faits constamment antérieurs à ce phénomène. Or, souvent il est arrivé, et il arrive encore journellement, que l'on s'écarte de cette voie philosophique dans la recherche des causes. Un fait dont la cause ne se dévoile pas immédiatement se présente-t-il à l'observation, on est tout naturellement porté à chercher quels sont, parmi les phénomènes connus, ceux qui peuvent s'adapter d'une· manière satisfaisante à l'explication de ce fait, c'est-à-dire, à la détermination de sa cause. Ce qui paraît vraisemblable peut alors être à tort considéré comme vrai et recevoir l'assentiment universel. L'histoire de la science offre une foule d'exemples de cette aberration de l'esprit humain dans la recherche des causes des phénomènes. Veut-on un exemple frappant de la manière dont cette fausse tendance de l'esprit peut égarer les plus grands génies? on le trouvera dans les ouvrages de Descartes, qui, réformateur heureux de la philosophie d'Aristote et fondateur d'une excellente *méthode pour bien conduire sa raison et chercher la vérité dans les sciences,* ne put cependant se soustraire entièrement à la fausse tendance de l'esprit que je viens de signaler. Ce grand homme se donne pour précepte, *de ne recevoir jamais,* dit-il, *aucune chose pour vraie que je ne la connusse évidemment être telle, c'est-à-dire, d'éviter soigneusement la précipitation et la prévention; et de ne comprendre rien de plus dans mes jugemens, que ce qui se présenteroit si clairement et si distinctement à mon esprit, que je n'eusse aucune*

occasion de le mettre en doute (1). Voilà certes la base
d'une excellente méthode pour diriger sa raison dans la
recherche de la vérité. Or, on va voir comment Descartes
applique cette méthode dans le discours même où il l'expose. On ignorait alors le phénomène de la contraction
du cœur; or, Descartes, recherchant quelle est la force
qui projette le sang dans les artères, et cela non par l'expérience, mais par le raisonnement, admit que ce liquide reçu dans les cavités du cœur y subissait une ra-
réfaction par l'effet de la grande chaleur de cet organe.
Telle était, selon lui, la cause qui projetait le sang dans
les artères où il perdait ensuite l'excès de sa chaleur. On
voit combien était profonde la conviction de Descartes
à cet égard lorsqu'il ajoute : *afin que ceux qui ne con-
noissent pas la force des démonstrations mathématiques, et qui ne sont pas accoustumés à distinguer les
vraies raisons des vraisemblables, ne se hasardent pas
de nier ceci sans l'examiner; je les veux advertir que ce
mouvement que je viens d'expliquer, suit aussi nécessairement de la seule disposition des organes qu'on peut
voir à l'œil dans le cœur, et de la chaleur qu'on y peut
sentir avec les doigts, et de la nature du sang qu'on
peut connoistre par expérience; que fait celui d'un horloge, de la force, de la situation et de la figure de ses
contre-poids et de ses roues.*

Quelle défiance ne doit-on pas avoir de soi-même relativement aux jugemens que l'on porte pour la détermination des causes des phénomènes de la nature, lorsqu'on
voit un génie tel que Descartes tomber dans de pareilles

(1) Discours de la Méthode.

erreurs, et croire fermement qu'il a trouvé la vérité! A
quoi donc lui a servi la méthode rigoureuse qu'il s'était
imposée pour diriger son esprit dans la recherche de la
vérité? elle est demeurée sans résultats. Jaloux de remonter aux causes de tous les phénomènes de l'univers,
il s'est livré à son imagination sans lui donner de frein.
Mais s'il est abondant en erreurs lorsqu'il prétend deviner la nature, il est fécond en vérités lorsqu'il l'étudie
armé du calcul et de la géométrie. C'est alors seulement
que se retrouve la supériorité de son génie.

L'exemple de Descartes prouve combien il est facile
de s'égarer dans la recherche des causes ou de l'enchaînement ascendant des faits, lorsqu'on veut trouver ces
causes par le seul raisonnement. Il n'est pas aussi facile
de se tromper dans l'appréciation des *effets* ou de l'*enchaînement descendant des faits*, parce que, dans cette
circonstance, on possède ordinairement les deux faits
donnés par l'observation, et que l'on suit de l'œil leur enchaînement. Cependant il arrive encore quelquefois que
l'on tombe ici dans l'erreur. Il ne suffit pas, en effet, que
deux faits se reproduisent l'un à la suite de l'autre pour
être en droit d'établir que l'un est la cause du second; il
faut que cet enchaînement des deux faits soit constant et
qu'il se reproduise toutes les fois qu'on le sollicite dans
les mêmes circonstances. Ainsi deux faits ne seront irrévocablement liés entre eux comme *cause* et comme *effet*
que lorsque l'observation directe aura bien établi leur
enchaînement constant. Les enchaînemens de faits ainsi
bien observés restent immuables dans la science. Ce sont
les matériaux indestructibles de l'édifice général de la
science de la nature. Pour construire cet édifice il faut ras-

sembler et coordonner ces matériaux; ici de plus grandes
difficultés se présentent. L'emploi rationnel des matériaux premiers qui doivent entrer dans la construction
de l'édifice de la science est le résultat d'un *jugement* qui
est une action de l'esprit; or, il s'en faut de beaucoup
que les facultés de l'esprit soient égales chez tous les
hommes. Tout le monde, comme l'a dit Descartes, a une
égale dose de raison, c'est-à-dire une égale faculté de juger; mais tout le monde ne possède pas au même degré
la faculté d'embrasser simultanément toutes les idées sur
la comparaison desquelles le jugement doit être établi.
Plus le nombre de ces idées est considérable, plus il y a
de difficulté à les embrasser simultanément pour établir
leur comparaison. Ainsi, l'homme qui ne peut comparer
facilement que deux ou trois idées ensemble fera des jugemens faux, si la bonté de la décision exige la comparaison d'un plus grand nombre d'idées. Néanmoins son
jugement sera juste pour lui, en cela qu'il sera le résultat
rationnel de la comparaison des idées qui lui auront servi
de bases. Ce sera un arrêt justement rendu sur les seules
pièces qui existent au procès; mais injuste en lui-même,
parce que des pièces importantes auront été distraites.
Tout le monde est content de son bon sens ou de son
jugement, parce que tout le monde a la certitude de
bien juger d'après les pièces qui sont sous ses yeux. La
faculté qui manque, dans cette circonstance, n'est pas
celle de juger; c'est celle d'apercevoir toutes les idées et
de saisir leur ensemble. L'homme qui étudie la nature
sans posséder toute la force d'intelligence nécessaire pour
comparer un grand nombre d'idées sera souvent exposé
par cela même à porter de faux jugemens; il sera dans

l'erreur, et croira posséder la vérité. Bien plus, l'intelligence humaine la plus parfaite sera souvent exposée à l'erreur, en raison de l'état d'imperfection de nos connaissances. Les sciences ne sont point complètes à beaucoup près : un nombre certainement très grand de faits particuliers et fort importans nous est inconnu. De plus, il est fort rare, ou, pour mieux dire, il n'arrive jamais que tous les faits connus soient rassemblés dans une même tête. La science de la nature est si vaste, même dans le peu que nous connaissons, que l'intelligence humaine n'est point capable de la posséder à fond dans son ensemble. Aussi la plupart des savans cultivent-ils exclusivement une seule branche de la science des êtres naturels. Il résulte de là qu'ils ne sont point tous aptes à juger dans les hautes questions dont la solution exige la comparaison et le rapprochement des faits qui appartiennent à plusieurs sciences différentes. Ainsi le botaniste et le zoologiste, qui jugent les hautes questions de la science des êtres organisés, l'un sans connaître l'organisation et la vie des animaux, l'autre sans posséder la connaissance des phénomènes de la végétation, ont tous les deux des chances d'erreur; car chacun d'eux ressemble à un juge qui n'écouterait qu'un seul plaideur. Celui qui aspire à occuper un rang distingué dans la science des êtres organisés, doit donc posséder toutes les branches des sciences naturelles qui s'y rattachent : il doit être botaniste et zoologiste, physicien et chimiste; plus l'œil de son intelligence sera placé dans une région élevée, plus il sera à même de planer sur les phénomènes de détail, de saisir leurs rapports et de *juger* pour établir leur coordination. L'homme moins instruit, ayant un horizon plus circonscrit, n'aura pas sous les yeux tous les élémens qui doivent nécessairement servir de base à un jugement certain. On voit par là quelle étendue de vue intellectuelle d'une part, et quelle masse de connaissances d'une autre part sont nécessaires à réunir pour arriver aux grandes vérités générales, à celles dont la découverte exige l'intuition intellectuelle d'un grand nombre de faits aperçus simultanément; aussi cette intuition ne peut-elle être que l'œuvre du génie. Ces réflexions sont faites pour inspirer beaucoup de défiance sur la certitude des théories scientifiques; aussi arrive-t-il assez souvent de les voir varier. Nous avons vu, par exemple, des théories chimiques qui, reçues universellement, semblaient assises sur des bases solides, renversées tout d'un coup par les aperçus nouveaux d'un homme de génie, d'Humphry Davy. Serons-nous donc réduits à ne reconnaître de vérités incontestables que dans les faits de détail que nos sens nous apprennent directement, et à frapper de l'improbation de l'incertitude les théories scientifiques dont la création est une œuvre de notre intelligence, et une opération de notre faculté de juger? Non, sans doute. Il existe dans les sciences un ordre de vérités sur lesquelles aucun doute ne peut s'élever, vérités par excellence, dont le siège est dans l'intelligence, et dont l'application existe partout dans l'univers : ce sont les vérités mathématiques. Ces vérités, dont l'existence est nécessaire, forment la base inébranlable de la certitude; ce sont elles qui peuvent seules imprimer aux théories scientifiques le sceau de la vérité, et les transformer en *faits d'intuition intellectuelle*. Ce sont ces faits d'un ordre élevé qui sont la conquête du génie. C'est ainsi que Newton, embrassant d'un même coup-d'œil intellectuel tous les phénomènes des mouvemens planétaires et ceux de la pesanteur sublunaire, a découvert qu'ils sont soumis aux mêmes lois mathématiques. De ce rapprochement de faits est née la magnifique théorie de l'attraction générale, dont la découverte est le chef-d'œuvre de l'intelligence humaine. Au-dessous de cette œuvre d'un génie inimitable, se trouvent des découvertes moins éclatantes, mais non moins dignes d'estime. Dans la construction du palais de la science, tout le monde ne peut pas être architecte. Là se trouvent de simples et modestes ouvriers qui recueillent en silence et qui préparent les matériaux de cet édifice immense. Ils sont payés de leurs travaux par ce tribut d'estime et d'éloges que les hommes éclairés donnent aux ouvrages utiles, et par l'espoir fondé que la postérité conservera leur mémoire dans les annales de la science.

Les grands spectacles de l'univers sont ceux qui frappent le plus les yeux du commun des hommes; ils ne voient la nature digne d'admiration que dans les objets qui les frappent par des idées de grandeur matérielle. Le philosophe aperçoit l'immense grandeur de la nature jusque dans les choses les plus petites. Un brin d'herbe contient d'aussi grands mystères que la voûte des cieux. Il ne marcherait point l'égal de Newton, il le dépasserait, celui qui parviendrait à découvrir dans toute leur généralité les lois qui président à la vie de cette humble plante que nous foulons aux pieds. Ainsi, depuis la profondeur des cieux, où notre vue pénètre à l'aide du télescope, jusqu'aux profondeurs de l'infiniment petit auxquelles l'emploi du microscope nous permet de péné-

trer, s'étend un champ immense où d'abondantes mois-
sons de découvertes attendent l'investigateur actif et laborieux. Ce champ est inépuisable, et sa fécondité
récompensera toujours les travaux de ceux qui le culti-
veront avec une méthode philosophique. Cette méthode
est celle que je viens d'indiquer; c'est celle que suivent
aujourd'hui tous les savans véritablement dignes de ce
nom : ils cherchent la vérité dans les faits, et ne la trouvent que dans ceux dont l'évidence est incontestable; ils
bannissent sévèrement toute hypothèse, et, si quelquefois
ils donnent accès auprès d'eux à la probabilité, ce n'est
que comme moyen de direction pou· l'investigation.
Grâce à cette philosophie sévère, les sciences naturelles
marchent d'une manière assurée vers leur perfectionnement indéfini. Leur trésor, riche des découvertes des
siècles passés, s'accroît de nos jours avec une rapidité
faite pour remplir de la plus douce satisfaction l'âme
de ceux qui s'intéressent au perfectionnement de l'esprit
humain. Cependant, au milieu de ce mouvement général, la physiologie est restée sinon stationnaire du moins
fort en arrière, si l'on compare ses progrès à ceux des
autres sciences naturelles. La physiologie des végétaux,
en particulier, est à peine sortie de sa première enfance.
L'état d'extrême imperfection où se trouve la physiologie végétale m'a paru provenir, en grande partie, de
l'isolement de cette science qui, jusqu'à ces derniers
temps, n'a guère été cultivée que par des hommes plus
ou moins étrangers à la connaissance de la physiologie animale. Les phénomènes principaux de la vie,
pour être bien connus, ont besoin d'être étudiés comparativement chez toutes les classes d'êtres organisés, car

c'est par le rapprochement des faits que la science devient féconde. La physiologie animale elle-même m'a
semblé devoir gagner à cette étude comparative. J'ai
pensé que les phénomènes fondamentaux de la vie se
présentant chez les végétaux avec moins de complications
que chez les animaux étaient, par cela même, plus facilement abordables, et qu'ainsi le règne végétal pouvait
donner la solution de beaucoup de problèmes qui reste-
raient insolubles au moyen de l'étude des seuls animaux.
C'est, en effet, une vérité depuis long-temps reconnue
que la science des êtres organisés ne peut être perfec-
tionnée que par des études comparatives. On connaît
tous les avantages qu'a retiré la science de l'économie
animale de l'étude de l'anatomie et de la physiologie
comparées chez tous les animaux.

La science de l'économie organique, considérée dans
toute sa généralité, doit tirer de même de grands avantages de l'étude de l'anatomie et de la physiologie comparées chez tous les êtres qui jouissent de la vie, c'est-à-
dire chez les animaux et chez les végétaux. Plus, en effet, les objets de comparaison sont multipliés, plus les
résultats deviennent universels et plus, par conséquent,
ils acquièrent d'importance. Cette étude comparative
met à même d'isoler les uns des autres les divers phénomènes de la vie, de mettre à part ceux qui appartiennent
exclusivement à certains êtres et de dégager ainsi les
phénomènes généraux et fondamentaux de la vie de tous
leurs phénomènes accessoires. De même, en effet, que
nous voyons les êtres organisés, considérés dans leur
série naturelle, se simplifier graduellement dans leurs
formes et dans la complication de leurs organes; ainsi

b

chez eux les phénomènes de la vie se simplifient graduellement et finissent, chez les êtres les plus simples,
par arriver à ce que ces phénomènes ont de fondamental.

L'étude des phénomènes fondamentaux de la vie est
chez les animaux d'un ordre élevé, d'une difficulté peut-
être insurmontable; cette étude se simplifie beaucoup
chez les végétaux, et c'est probablement à eux seuls que
l'on devra la solution des problèmes les plus importans
de la science de la vie. Les secrets de cette science sont
disséminés dans tout le règne organique. Aucun être, en
particulier et même aucune classe d'êtres ne fournît les
moyens faciles d'apercevoir ces secrets. Le grand livre
de la nature ressemble à ce livre fabuleux de la sibylle
de Cumes dont les feuillets séparés et épars demandaient
à être cherchés, à être réunis par la sagacité d'un investigateur laborieux. Le physiologiste doit donc chercher à lire dans l'organisme de tous les êtres vivans, sans
exception; il doit interroger tous ces êtres séparément;
chacun d'eux lui dira son mot, chacun d'eux soulèvera
à ses yeux une portion particulière du voile dont la nature couvre ses mystères; c'est de l'universalité de ces
recherches, c'est du rapprochement de ces documens
épars que sortira la connaissance sinon complète, mais
au moins de plus en plus approchée des phénomènes
fondamentaux de la vie. Dans la recherche de ces phénomènes et de leurs causes nous sommes privés du puissant secours de l'analyse mathématique, nous sommes
réduits au simple usage de notre *faculté de juger*, faculté qui nous conduit souvent si mal; aussi ne pou-
vons-nous guère arriver à la certitude complète lorsque
nous nous livrons à la recherche des causes inapercevu-

bles des phénomènes physiologiques qui frappent nos sens. Il ne nous est permis ici que d'établir des théories plus ou moins probables.

On a dit que l'être vivant est un petit *monde* qui est soumis à des lois différentes de celles qui régissent le *grand monde* ou l'univers inorganique. Une distinction nette et tranchée existe, dit-on, entre les corps organisés vivans et les corps inorganiques minéraux ; voici les argumens sur lesquels on se fonde pour appuyer cette opinion. Les minéraux ne s'accroissent que par une addition de matière faite à leurs parties extérieures, cette agrégation s'opère par *juxtaposition* ; ils s'accroissent ainsi du dehors en dedans ; les êtres vivans s'accroissent au contraire par une addition de matière faite à leurs parties intimes ; cette agrégation s'opère par *intussusception* ; ils s'accroissent ainsi du dedans au dehors, ils se *développent*. Les solides minéraux affectent des formes déterminées que l'on nomme des *cristaux* ; ces formes sont polyhédriques ; elles se composent de surfaces planes terminées aux points de jonction par des lignes droites. Les êtres vivans affectent aussi des formes déterminées, mais ces formes ne sont jamais cristallines, elles sont généralement arrondies ou terminées par des surfaces courbes. Tant qu'une cause extérieure accidentelle ne vient pas déranger le mode d'agrégation des molécules d'un minéral, il reste constamment le même ; il n'en est point ainsi d'un être vivant ; il existe chez ce dernier un mouvement intérieur et continuel qui modifie sans cesse la composition de ses élémens, mouvement qui ne cesse qu'avec l'état de *vie* et qui constitue essentiellement cet état, mouvement dont la cessation porte le nom de *mort*.

b.

L'*être organisé vivant* est un laboratoire dans lequel la matière subit des modifications spécifiques et étrangères au règne minéral; l'*être organisé mort* subit l'influence des agens *minéralisateurs* auxquels il était soustrait auparavant. Ses matériaux spécifiques se détruisent; leurs molécules qui étaient enchaînées par une force particulière qui n'existe plus, se quittent et s'agrègent d'une autre manière pour retourner à la manière d'être minérale. Telles sont les principales données sur lesquelles on fonde la distinction tranchée que l'on établit entre les minéraux et les corps vivans; examinons-les de plus près et voyons si elles sont suffisantes pour affirmer que ces deux classes de corps naturels ne sont point régies par les mêmes lois.

Les êtres vivans, et leurs différentes parties se présentent à nous dans le principe à l'état d'extrême petitesse; leur masse s'augmente peu-à-peu par l'introduction de nouvelles molécules puisées au dehors et par leur adjonction aux parties intimes de l'être vivant. Comment se fait cette agrégation? où se fait-elle? Ces questions n'ont reçu jusqu'à ce jour aucune solution. On croit généralement que toute augmentation de masse d'un être vivant est le résultat de l'*extension* de ses parties, mais il est certain que ce fait d'*extension* ou de *développement* qui est très évident à l'extérieur de l'être vivant et à l'extérieur de ses organes doit avoir un terme dans l'intérieur de ces mêmes organes. Il doit y avoir une limite ou l'augmentation de masse cesse de s'opérer par l'*extension* des parties préexistantes, et où cette augmentation de masse s'opère par une véritabe *adjonction* par une une véritable *agrégation intercalaire*. La matière

introduite dans l'être vivant par intussusception pénètre
sa masse, mais elle ne peut s'agréger à cette masse qu'en
finissant par adhérer à quelque surface. Ainsi, cette agrégation s'opère, par rapport à cette surface, de dehors
en dedans comme cela a lieu pour les minéraux. Ces derniers, lorsqu'ils sont très poreux, sont quelquefois pé-
nétrés jusque dans leurs parties intimes par une matière
liquide dont le dépôt intercalaire augmente leur masse
en devenant solide. Cette agrégation, qui est *intérieure*
par rapport au minéral et qui est le résultat d'une véritable *intussusception*, est cependant véritablement *exté-*
rieure par rapport aux surfaces sur lesquelles elle s'opère,
et il en est de même de l'agrégation intercalaire qui a
lieu chez les êtres vivans. Il résulte de là que les minéraux et les êtres vivans ne diffèrent point, comme on le
pense généralement, par le mode d'agrégation des nouvelles molécules qui augmentent leur masse ; cette agrégation a lieu chez les uns comme chez les autres du dehors au dedans. Aucune agrégation ne peut avoir lieu
autrement. Passons aux différences fondamentales qui
paraissent exister dans les formes générales de ces deux
classes d'êtres.

Les êtres vivans sont en général terminés par des surfaces courbes et arrondies ; jamais ils ne sont limités,
comme les cristaux, par des surfaces planes que séparent des arêtes rectilignes. L'existence de ces surfaces
généralement arondies chez les êtres vivans est un résultat nécessaire de leur mode d'accroissement par intussusception et par développement. La matière introduite qui augmente intérieurement la masse des organes,
tend à augmenter l'étendue de l'enveloppe extérieure qui

est distendue dans tous les sens à-peu-près également et qui doit, par cette raison, présenter une surface arrondie. Mais est-il certain que la forme des êtres vivans n'ait rien de commun avec les formes cristallines? Pour savoir à quoi nous en tenir à cet égard jetons un coup-d'œil sur ce que les formes générales des êtres vivans offrent de fondamental.

La forme des êtres organisés se rapporte à deux types principaux, tantôt leurs parties sont disposées circulairement autour d'un centre commun, tantôt elles sont disposées par paires similaires de chaque côté d'un axe central. Dans le règne animal la forme circulaire s'observe chez les zoophytes, et la forme *symétrique binaire* chez les animaux de toutes les autres classes. Dans le règne végétal la forme circulaire s'observe dans beaucoup de fleurs et de fruits, dans la structure intérieure des tiges des végétaux dicotylédons; dans ce même règne la forme *symétrique binaire* s'observe dans toutes les feuilles et dans un grand nombre de fleurs. Ces deux types principaux, auxquels se rapporte la forme de tous les êtres organisés, ne sont point tranchés et nettement séparés l'un de l'autre; l'observation prouve qu'ils se confondent et se changent insensiblement l'un dans l'autre, en sorte que la forme *circulaire* devient *binaire* par une gradation insensible, laquelle a lieu très souvent au moyen de la prédomination de l'un des rayons dans la forme circulaire, rayon qui devient l'axe dans la forme binaire. Ainsi la forme binaire dérive de la forme circulaire, cette dernière dérive elle-même de la forme sphérique. J'ai fait voir, en effet, que les embryons végétaux ont leurs parties disposées concentri-

quement comme celles d'une sphère, et que c'est par
son allongement que cette sphère primordiale passe à la
forme d'ellipsoïde et enfin à la forme de cylindre, dont
la coupe transversale offre la forme circulaire.

La forme circulaire et la forme binaire, formes auxquelles s'arrêtent généralement les êtres organisés, se
rencontrent aussi dans le règne minéral, et l'on remarquera, non sans en être frappé, que ces deux formes se
trouvent dans le mode de cristallisation de l'eau. On connaît la forme des *étoiles de la neige* dont l'observation facile a dû frapper les hommes dans tous les temps, et qui a
été notée pour la première fois par Descartes. Ces étoiles
ont six rayons disposés dans un même plan autour d'un
centre commun, voilà la forme *circulaire*. Il arrive souvent que chacun de ces rayons possède latéralement deux
rangées opposées de cristaux en forme d'aiguilles inclinées
sur l'axe qui les porte, et compris dans le même plan
que celui du cercle général. Voilà la forme *symétrique
binaire*, elle est tout-à-fait semblable à celle que nous
offre la disposition des barbes d'une plume sur la tige
qui les porte. Ainsi l'eau, dans son mode de cristallisation, nous offre les deux formes générales des êtres
organisés. Cette analogie paraîtra surtout frappante lorsqu'on se rappellera que l'eau est une des principales
conditions de l'existence des êtres vivans. Sans doute ce
serait aller trop loin que d'établir ici la *similitude* des
lois qui président à la forme chez les êtres organisés et
chez l'eau cristallisée, je ne prétends faire apercevoir ici
que l'analogie du résultat des lois qui président à *la forme*
dans ces deux circonstances, analogie qui peut en faire
soupçonner une dans les lois qui ont présidé à *la forma-*

tion. Toujours résulte-t-il de là qu'on ne peut point établir une différence tranchée entre les minéraux et les êtres organisés par la considération de leurs formes.

L'état intérieur d'un minéral est, dit-on, constamment le même, tandis qu'il existe dans l'intérieur de l'être vivant un mouvement continuel, mouvement modificateur et assimilateur de la matière introduite du dehors. Ici la différence entre les minéraux et les êtres vivans devient plus tranchée, et cependant elle n'est pas telle qu'on en puisse conclure que les phénomènes qu'ils présentent soient d'un ordre totalement différent; en un mot, que les lois *physiques* soient entièrement différentes des lois *physiologiques*.

Il y a deux manières d'être ou deux états des objets naturels : 1° l'état fixe et permanent; 2° l'état temporaire. L'état permanent n'existe point à la rigueur, car l'état de tous les corps éprouve certaines variations, du moins à la surface du globe. Ainsi tous les corps changent sans cesse d'état par l'augmentation ou par la diminution de la chaleur. Ce changement produit trois manières d'être différentes de la matière : 1° l'état solide; 2° l'état liquide; 3° l'état gazeux. Il y a des corps qui, dans l'état actuel du globe, et sous l'influence des actions physiques qui agissent à sa surface, conservent toujours l'état solide. Les corps liquides ne sont point permanens; ils perdent fréquemment cet état par la diminution de la température dans les limites qui ont lieu à la surface du globe, ou bien ils se changent en vapeurs ou en gaz; par la même cause, les gaz qui existent et se conservent tels sous l'influence des causes physiques agissantes à la surface du globe, peuvent perdre cet

état par l'effet de certaines affinités chimiques. C'est
ainsi que l'oxigène de l'air se fixe sur le carbone et sur
l'hydrogène lors de la combustion, pour former de
l'acide carbonique et de l'eau; c'est ainsi que ce même
oxigène se fixe sur un métal lors de l'oxidation, et qu'il
y devient solide. Ainsi il existe, dans les parties de la
matière à la surface du globe, un mouvement perpétuel.
Les solides se dilatent et se resserrent; les liquides en
font autant, et de plus deviennent solides ou gaz; les
gaz se dilatent et se resserrent, et de plus se changent en s'associant à d'autres corps en solides et en
liquides. Dans ce mouvement général de la matière à la
surface du globe, nous pouvons distinguer : 1° des phénomènes *normaux*, c'est-à-dire, qui sont des résultats de
l'ordre naturel actuellement établi parmi les corps physiques existans à la surface du globe; 2° des phénomènes
exceptionnels, c'est-à-dire, qui sont des résultats de causes
dont l'existence n'est pas liée à l'ordre général qui préside à l'état physique du globe. Ainsi, nous produisons
dans nos laboratoires une foule de phénomènes *exceptionnels*, d'où résultent des composés également *exceptionnels*, c'est-à-dire étrangers à l'état normal du globe.
Aussi ces composés sont-ils promptement détruits par les
causes physiques générales qui agissent à la surface du
globe, lorsqu'ils cessent d'être soustraits par nos soins à
l'action de ces causes. Prenons un exemple, afin de rendre ceci plus intelligible. Lorsqu'on met de la potasse
avec du fer dans un tube clos et fortement chauffé, ces
deux substances se trouvent dans des conditions telles
que leurs affinités réciproques ne sont plus semblables à
ce qu'elles étaient sous l'empire de la chaleur qui existe

généralement à la surface du globe. L'oxigène de la potasse se porte sur le fer et le métal qui forme la base de
cet alcali ou le *potassium*, prend l'état métallique. Ce
métal ainsi revivifié, est étranger à l'économie du globe ;
sa revivification et son existence à l'état métallique sont
des phénomènes *exceptionnels ;* aussi ce métal est-il rapidement oxidé et ramené à l'état de potasse lorsqu'il
cesse d'être soustrait par nos soins à l'action de l'oxigène.
La revivification du potassium par cela même qu'elle est
un phénomène *exceptionnel*, est également un phénomène *temporaire*. Il cesse de s'effectuer lorsque les affinités qui le produisent sont complètement satisfaites, mais
il durerait d'une manière indéfinie si, en procurant l'issue du potassium produit et du fer oxidé, on introduisait
sans cesse dans le tube toujours fortement chauffé de
nouvelle potasse et de nouveau fer métallique. Alors
ce phénomène exceptionnel durerait autant que dure-
raient les *causes particulières* qui ont produit son
existence accidentelle. Si ces *causes particulières* pouvaient avoir de la continuité, il en résulterait un phénomène physique *exceptionnel* dont l'existence se main-
tiendrait d'une manière continue au milieu d'un ordre
physique, en quelque sorte *ennemi*, qui serait celui des causes physiques qui agissent à la surface du
globe. Or, c'est ce qui a lieu par rapport au phénomène
de la vie. L'être vivant est un appareil dans l'intérieur
duquel certaines substances introduites sont soustraites
aux causes physiques générales qui agissent à la surface
du globe, et sont soumises à des causes physiques spéciales. Cet être produit ainsi dans son intérieur certains
composés qui ne peuvent continuer d'exister qu'autant

qu'ils demeurent soustraits aux causes physiques générales environnantes. L'introduction continue de nouvelles substances dans l'appareil vivant et l'expulsion également continue des substances précédemment introduites
et modifiées fait que ce phénomène physique exceptionnel
se maintient d'une manière continue au milieu d'un ordre
physique en quelque sorte *ennemi*. Le mouvement vital
doit donc être considérée comme un phénomène physique *exceptionnel* et *temporaire*, comme le résultat d'une
modification particulière de quelques-unes des causes
physiques générales qui impriment le mouvement aux
molécules de la matière. L'opinion assez généralement
admise que le mouvement vital est dû à un agent tout-
à-fait étranger aux corps minéraux m'a toujours paru
indigne de la philosophie de la science. Il est très vrai
qu'il y a une sorte de lutte entre la cause de la vie et les
causes de minéralisation; elles se disputent, pour ainsi
dire, la matière organique et organisable qu'elles modifient chacune à leur manière, et, comme les causes
de minéralisation sont les plus puissantes, comme elles
règnent sur la majeure partie de la matière du globe,
il en résulte que la cause de la vie est dans une lutte
continuelle et ne subsiste qu'au moyen d'une résistance
qui finit toujours par être vaincue. Mais cet antagonisme
de la cause de vie et des causes de minéralisation n'est
point du tout une preuve de la différence essentielle et
fondamentale que l'on admet entre elles; elles prouvent
seulement que la vie est un phénomène *exceptionnel*,
dans l'ordre général et prépondérant qui régit la matière du globe. Il ne s'agit donc que de déterminer ce
en quoi consiste ce phénomène d'*exception*. C'est ce à

quoi l'on parviendra peut-être un jour par une connaissance plus approfondie des phénomènes physiques. Si
les phénomènes du mouvement vital ne sont point tous
explicables aujourd'hui par le moyen des phénomènes
physiques, c'est que ces derniers ne sont pas tous connus.
Les mouvemens vitaux sont, pour la plupart, dans la
catégorie des mouvemens moléculaires, mouvemens
qui échappent généralement à la mesure et par conséquent au calcul, notre plus sûr moyen pour arriver à la
certitude. Aussi les lois fondamentales qui président aux
mouvemens moléculaires nous sont-elles nécessairement
inconnues. Mais si nous devons renoncer à connaître les
lois fondamentales qui régissent les mouvemens vitaux,
il nous est permis de découvrir la chaîne qui les unit
comme *effets* à certaines *causes* physiques qui nous
sont connues. Ainsi je ne doute point que les progrès
que fait actuellement la science de l'électricité dans ses
applications aux mouvemens moléculaires des corps ou
aux affinités chimiques ne jette un jour une vive lumière sur les nombreux phénomènes de chimie vitale
qui se produisent dans les corps vivans. La physiologie
se trouvera ainsi unie à-la-fois à la physique et à la
chimie. Déjà j'ai tenté, et j'ose le croire avec quelque succès, de lier la physiologie à la physique,
en appliquant le phénomène physique de l'endosmose à l'explication de certains phénomènes physiologiques, spécialement chez les végétaux. Je sais que, de
prime abord, je suis allé trop loin en considérant l'endosmose comme le phénomène fondamental de la vie,
comme son *agent immédiat ;* mais cette assertion, réduite
à ce qu'elle a de vrai, tend encore à conserver à ce phé-

nomène physique un rôle important parmi les causes auxquelles sont dus certains mouvemens vitaux. La découverte de l'endosmose lie désormais la physique à la physiologie; par son moyen, j'ai pu expliquer le mécanisme du plus grand nombre des mouvemens qu'exécutent certaines parties des végétaux. Certains faits m'ont mis à même d'apprécier, du moins en partie, le rôle que joue l'oxigène dans l'organisme vivant; j'en ai déduit le mécanisme au moyen duquel l'oxigène concourt à l'exécution des mouvemens chez les végétaux et j'en ai fait, par analogie, l'application au phénomène de la contraction musculaire chez les animaux. D'autres observations m'ont fait voir quel est le rôle que joue l'oxigène lors de l'influence des excitans sur l'organisme vivant. Dans ces diverses circonstances j'ai vu les lois de la physique générale présider à l'exercice des phénomènes physiologiques de la vie. Ces premiers essais de l'application des phénomènes physiques à l'explication des phénomènes physiologiques tendent à faire disparaître le *mysticisme* que les physiologistes *vitalistes* ont introduit dans la physiologie. L'époque n'est pas éloignée, je l'espère, où l'on verra substituer à ces causes occultes et mystiques, à l'aide desquelles on explique les phénomènes vitaux, l'exposition des lois physiques auxquelles ils sont dus. On ne dira plus que les organes *appellent* les liquides; qu'ils *choisissent* pour se nourrir ou pour les absorber les substances *qui leur conviennent;* toutes ces *psycho-morphies* disparaîtront devant les faits qui rameneront sous l'empire des lois physiques, les phénomènes physiologiques que l'on a voulu leur soustraire. Rien certainement n'a plus nui aux progrès de la physiologie que cet isolement systématique où l'on a voulu mettre les phénomènes qui lui sont propres des autres phénomènes généraux de la nature.

Autant qu'une analogie rationnelle me l'a permis, j'ai rapproché la physiologie des végétaux de la physiologie des animaux. La première me paraît avoir, dans certains cas, porté sur la seconde une lumière inattendue, et qui n'eût jamais surgi sans ce secours. On trouvera là une preuve de plus de l'importance de l'étude comparative des fonctions chez tous les êtres qui jouissent de la vie. Les rapprochemens physiologiques que j'ai établis entre les végétaux et les animaux démontrent qu'il n'existe qu'une seule physiologie, science générale des fonctions des êtres vivans, fonctions qui varient dans leurs modes d'exécution, mais qui sont fondamentalement identiques chez tous les êtres organisés. Une science nouvelle, *la physiologie générale*, naîtra, je l'espère, un jour, de ces premiers essais.

A proprement parler, je n'ai jamais publié ce que l'on peut à bon droit appeler *un ouvrage;* je n'ai fait que des *mémoires* qui peuvent être considérés chacun à part comme un travail isolé. Cependant il m'est arrivé plusieurs fois précédemment de réunir un certain nombre de ces mémoires en corps d'ouvrage et de les publier ainsi avec un titre commun. J'ai mieux aimé à rendre ici à chacun de ces mémoires son individualité naturelle, en indiquant toutefois le corps d'ouvrage auquel il avait été adjoint lors de sa publication première. Ainsi c'est un simple recueil de mémoires que je présente ici et non un ouvrage dont les parties sont coordonnées. Cependant j'ai pris soin d rapprocher ces mémoires suivant l'ordre de leurs affinités sans avoir égard à la date de leur publication, en sorte que l'ordre dans lequel ils sont placés, est celui dans lequel on peut les lire. Je dis cela surtout pour les mémoires de physiologie végétale. J'ai placé en tête de ce recueil mon travail sur l'endosmose que j'ai entièrement refondu et auquel j'ai donné la forme définitive qu'il doit avoir. Ce travail qui, appartient essentiellement à la physique par sa nature, appartient nécessairement aussi par ses applications à la physiologie. Je l'ai placé en tête de ce recueil essentiellement consacré à la science physiologique, parce que la connaissance du phénomène de l'endosmose est indispensable pour l'intelligence de plusieurs de mes travaux de physiologie végétale et animale. Cette dernière rédaction que j'ai donnée à mon travail sur l'endosmose et à tous mes travaux sur la science des êtres vivans est la seule que je reconnaisse à l'avenir; je considère comme non avenu tout ce que j'ai publié précédemment sur ces matières et qui ne se trouve point reproduit dans cette collection.

Fautes très essentielles à corriger dans le tome 1ᵉʳ.

Pages 68, lignes 32.   Vers l'alcali. Quoique, lisez ; vers l'alcali, quoique.
—   174,   —   3.   Rameaux avortés et soumis, lisez ; stipules sou-
                        mises.
—   177,   —   30.   a″, lisez a‴.
—   219,   —   28.   Pl. 4, lisez : pl. 5.
—   Id.   —   30.   Planche 5, lisez : planche 6.
—   220,   —   18.   Pl. 4, lisez : pl. 5.
—   221,   —   3.   Pl. 4, lisez : pl. 5.
—   Id.   —   9.   Pl. 5, lisez : pl. 6.
—   223,   —   8.   Pl, 5, lisez : pl. 6.
—   224,   —   28.   Planche 4, lisez : planche 5.
—   Id.   —   30.   Trois fois, lisez : une fois et demie.
—   233,   —   34.   La profondeur c, lisez : la profondeur e.
—   234,   —   21.   De b en c, lisez : de b en e.
—   57⟨,   —   9.   L'organe, lisez : le renflement.

MÉMOIRES

POUR SERVIR A L'HISTOIRE

ANATOMIQUE ET PHYSIOLOGIQUE

DES VÉGÉTAUX ET DES ANIMAUX.

~~~~~~

I.

DE L'ENDOSMOSE.

———

Lorsque des faits, dont la cause est inconnue, se présentent à l'observation, on tâche de leur donner une explication en leur assignant pour causes certains phénomènes dont la marche bien connue semble concorder avec celle de la cause encore ignorée des faits que l'on veut expliquer. On est naturellement porté à admettre que ce que l'on observe se rapporte à ce que l'on connaît déjà; mais les esprits philosophiques se mettent en garde contre cette tendance que nous avons à circonscrire la nature dans le cercle étroit de ce que nous savons; persuadés

qu'il ne suffit pas qu'une explication soit probable pour
qu'elle soit vraie, ils savent rester dans le doute et dire
j'ignore : ce mot qui répugne tant à l'orgueil des esprits
vulgaires. Combien de fois, en effet, n'a-t-on pas vu les
explications les plus probables renversées sans retour par
l'observation de certains faits qui venaient agrandir ino-
pinément le champ de la science? Ces réflexions s'appliquent naturellement à la découverte de l'Endosmose.
Lorsque je découvris ce phénomène, on se hâta de le considérer comme un résultat de certains phénomènes de
mixtion et de capillarité antérieurement connus. Cependant les faits d'endosmose se multiplièrent et se compli-
quèrent; alors il fut nécessaire de reconnaître que leur
explication complète nous échappait. J'entre dans l'exposition de l'origine et des progrès de cette découverte.

Un très petit poisson dont j'avais coupé la queue et que
je conservais vivant dans un vase plein d'eau, offrit, sur
la surface de la plaie, la production d'une moisissure aquatique à filamens assez longs, lesquels étaient terminés chacun par un petit renflement très facile à apercevoir à l'œil
nu. J'observai au microscope cette plante qui végétait sur
un animal vivant. Les filamens de la moisissure étaient
transparens; les renflemens qui les terminaient et qui res-
semblaient aux capsules d'un végétal étaient terminés en
pointe et complètement opaques. Je coupai quelques-uns
de ces filamens et je les plaçai dans un cristal de montre
avec un peu d'eau, afin de les observer à loisir au microscope; je ne tardai pas à voir quelques-unes des capsules
dont je viens de parler, expulser, par une ouverture située à leur pointe, une multitude de globules; pendant
cette expulsion, la cavité de la capsule se vidait seulement
à sa partie inférieure, opposée à la pointe qui donnait issue
aux globules; la masse de ces derniers, qui remplissait encore la partie supérieure de la cavité capsulaire, semblait

pressée et fortement chassée en haut par l'accumulation de
l'eau dans la partie inférieure de cette cavité capsulaire qui
ne diminuait aucunement de capacité, en sorte qu'il me
fut bien prouvé que l'expulsion des globules n'était point
due à une contraction de la capsule. L'eau, par son introduction dans la partie inférieure de la cavité capsulaire,
semblait faire ici l'office du piston d'une seringue pour
chasser en haut et expulser par la pointe de la capsule l'a-
mas de globules qui, primitivement, remplissait cette dernière en entier. Dans l'espace de deux ou trois secondes,
tous les globules furent expulsés de leur capsule qui demeura pleine d'eau sans avoir rien perdu de ses dimensions primitives. Je crus d'abord que les globules, dont je
venais d'observer l'expulsion, étaient sortis de leur propre
mouvement, et que c'étaient des animalcules. Je me rappelai
que Needham avait fait mention d'un semblable phénomène et précisément chez une moisissure aquatique. Cet
observateur avait vu les capsules terminales de cette moisissure donner naissance, par émission, à des corps globuleux qu'il vit se mouvoir spontanément comme des animalcules, et qu'il considéra effectivement comme tels, assertion qui fut vivement combattue par Spallanzani (1). Je
ne doutai point que la moisissure aquatique que je venais
d'observer ne fût la même que celle qui s'était présentée à
l'observation de Needham, et je l'observai de nouveau
avec soin, afin de voir si véritablement les globules émis par
les capsules étaient des animalcules. Il me fut facile de reproduire la plante dont il est ici question. Je prenais de
l'eau du bocal où vivait le petit poisson sur lequel cette
moisissure s'était développée et j'y plongeais des fragmens
de substance animale, lesquels ne tardaient pas à se couvrir
d'une épaisse production de cette plante. Ceci me prouva

(1) Observations et expériences sur les Animalcules, chap. 8.

1.

d'abord que cette production ne tenait point du tout à la
vie de l'animal sur lequel je l'avais d'abord observée; il
faut quelques jours pour que cette plante acquierre le degré
de maturité nécessaire pour qu'elle puisse donner lieu à
l'émission des globules contenus dans ses capsules. A cette
époque je pris quelques-uns de ces filamens que j'isolai
dans un cristal de montre rempli d'eau très pure et exempte
d'animalcules. Par une observation assidue, je trouvai le
moment où l'une des capsules opérait l'émission de ses
globules. Ce phénomène se passa exactement comme je l'ai
décrit plus haut; je vis les globules répandus dans l'eau
environnante se mouvoir en divers sens et avec beaucoup
de rapidité pendant quelques instans, puis ils se précipi-
tèrent au fond de l'eau où ils demeurèrent immobiles.
Ainsi il me fut prouvé que ces globules n'étaient point des
animalcules; leurs mouvemens, en apparence volontaires et
spontanés dans l'eau après leur sortie de la capsule, pouvaient être le résultat du mouvement imprimé à l'eau par
l'expulsion rapide de ces globules hors de leur capsule; ce
mouvement de l'eau étant apaisé, les globules cessaient
aussi de se mouvoir. Je ne doute donc point que ces globules ne soient les séminules de la plante; aussi pouvais-je
reproduire à volonté cette moisissure avec l'eau dans laquelle
elle avait végété. Ayant mis la moitié d'un grain de blé
dans cette eau et l'autre moitié dans de l'eau de pluie très
pure, il n'y eut que la première qui se couvrit sur la surface de sa section de la moisissure dont il est ici question; la
seconde moitié n'offrit aucune végétation. Les globules contenus dans les capsules de la moisissure n'étant point des
animalcules, on ne peut attribuer leur sortie de la capsule
à leur mouvement spontané; une dernière considération
confirme ce résultat. Si c'étaient des animalcules qui sor-
tissent par un mouvement spontané de l'intérieur de la
capsule, on verrait se vider la première la partie de cette

cavité la plus voisine de l'ouverture qui leur donne issue.
Or, c'est au contraire la partie opposée qui manifeste sur-le-champ un vide que remplit l'eau. Il n'y a donc point de
doute que cet amas de globules ne soit une masse inerte
qu'une force *à tergo* chasse vers la pointe de la capsule et
de là au dehors, exactement de la même manière que l'eau
est chassée hors d'une pompe par le piston. L'eau introduite dans la partie inférieure de la cavité capsulaire est
évidemment l'instrument mécanique de cette force *à
tergo* qui produit l'impulsion de l'amas de globules qui
remplit le reste de cette cavité. D'où vient cette eau?
Quelle est la force qui la pousse dans l'intérieur de la capsule? J'avais pensé d'abord qu'elle était poussée dans la
capsule par les organes intérieurs du filament qui la supporte ; mais j'ai dû rejeter cette idée en voyant des capsules, détachées de leurs filamens, opérer de même l'é-
mission de leurs globules. Il me fallut donc alors placer ce
phénomène au nombre de ceux dont la cause est tout-à-fait
inconnue. Je me contentai donc de noter ce fait que je
communiquai à la société Philomatique en 1809 et que je
négligeai alors de publier autrement ; c'est pour cela que je
suis entré ici dans des détails fort circonstanciés et qui
pourront paraître superflus relativement à l'objet, dont je
dois m'occuper ici. Je ne pensais plus à cette observation,
lorsqu'un fait du même genre vint bien des années après
m'en rappeler le souvenir. Ce fut le règne animal qui me
fournit cette seconde observation.

L'accouplement des limaces offre une particularité bien
remarquable et qui n'a point encore été notée. La verge
de ces mollusques est, avant l'accouplement, revêtue d'une
gaîne épidermoïque imperforée, qui ne lui est point adhérente. L'accouplement étant effectué, le sperme, qui est
pâteux, s'accumule dans cette gaîne imperforée. Lorsqu'elle
est entièrement remplie, elle se détache, et l'accouple-

ment cesse d'avoir lieu : il reste ainsi dans l'organe femelle
de la génération un petit sac rempli par la pâte spermatique. Si l'on trouble les limaces lorsque leur accouplement
est près de finir, elles se contractent avec force et chassent au dehors chacune leur petit sac rempli de sperme ,
car ces animaux, comme on le sait, sont hermaphrodites.
Ces petits sacs ressemblent à de petites cornues; ils sont fortement courbés sur eux-mêmes et plus gros à leur extrémité aveugle qu'ils ne le sont à leur entrée. Ils ont environ
quinze millimètres de longueur; leur diamètre est de trois
millimètres à leur extrémité renflée, et d'un peu plus d'un
millimètre à leur autre extrémité. Ayant placé un de ces petits
sacs dans l'eau, je fus surpris, une demi-heure après, de
trouver ce petit sac en grande partie vide de sperme, qui
avait été remplacé par de l'eau, et cela dans son fond seulement; le col de cette sorte de petite cornue contenait seul
encore de la pâte spermatique, qui, chassée de l'intérieur
de cette petite cornue, par l'ouverture de son extrémité,
s'était répandue dans l'eau. Bientôt je vis le reste de cette
pâte spermatique s'évacuer de même, en sorte que le petit
sac, sans avoir rien perdu de ses dimensions, se trouva vide
de sperme et rempli d'eau. Cette expulsion était bien évidemment l'effet d'une impulsion opérée par une force *à
tergo*; la pâte spermatique était sortie avec effort par le col
de la petite cornue qu'elle remplissait exactement, en sorte
que ce n'était bien certainement point par ce col que s'était
introduite l'eau qui avait remplacé le sperme à mesure qu'il
sortait. Cette eau, accumulée de plus en plus dans le fond
du petit sac, était bien évidemment l'agent mécanique de la
pression qui déterminait la pâte spermatique à sortir par son
ouverture. Aussi ce sac était-il distendu par l'eau. En un mot;
il me fut facile de voir ici à l'œil nu la répétition et la confirmation de l'observation d'expulsion que j'avais faite précédemment au microscope sur la moisissure aquatique.

Lorsque le petit sac, presque entièrement rempli d'eau,
n'eut plus qu'une dernière portion de sperme à expulser, je fus témoin d'un phénomène qui ne me laissa aucun doute sur la cause de cette expulsion. Cette dernière
portion de sperme étant sortie, fut suivie par un courant
d'eau, que l'on distinguait à la répulsion qu'il exerçait sur
les corps légers qui flottaient dans le liquide, et qui cessa
bientôt. Je me hâtai de répéter cette observation avec le
second des petits sacs spermatiques que je possédais, en
employant toutes les précautions possibles pour éviter les
causes d'erreur, et j'obtins exactement les mêmes résultats.

Ces observations prouvent que l'eau introduite dans les
petites vessies organiques au travers de leurs parois, et accumulée de plus en plus dans leur intérieur, y devient un
agent mécanique d'impulsion qui produit l'expulsion hors
de ces petites vessies des substances qu'elles contenaient
auparavant. La cause de ce phénomène nous échappe ici,
mais nous apercevons une condition qui paraît nécessaire
pour sa production. Nous avons vu que l'introduction continuelle de l'eau dans les petits sacs spermatiques de la li-
mace n'a eu lieu que tant qu'il a existé un reste de sperme
dans ces petits sacs. Lorsque toute cette substance a été expulsée, nous avons vu qu'il sortait par l'ouverture de ces
sacs un courant d'eau qui s'est promptement affaibli et qui
enfin a cessé de se montrer. Ainsi l'introduction violente de
l'eau au travers des parois de la cavité organique a cessé
lorsque cette cavité, délivrée du corps dense qu'elle renfermait, n'a plus contenu que de l'eau. La présence d'un corps
plus dense que l'eau dans les petites vessies organiques, est
donc une condition nécessaire pour y déterminer, au travers de leurs parois, l'introduction de l'eau qui les baigne extérieurement. Cette observation me fit penser que je pourrais
obtenir un résultat analogue avec les intestins de petits animaux, intestins dans lesquels j'introduirais, avant de les

plonger dans l'eau, un liquide organique plus dense que
ce fluide ambiant. Guidé par ce soupçon, je pris des cœ-
cums de jeunes poulets, je les remplis de liquides plus denses
que l'eau, tels que du lait, une solution de gomme, de l'albumen d'œuf, etc. , et après les avoir fermés par une ligature je les plongeai dans l'eau. Ces intestins ne tardèrent
pas à se gonfler et à devenir *turgides* par l'introduction de
l'eau dans leur intérieur ; leur poids augmentait considérablement. Cet état turgide durait ordinairement plusieurs jours, au bout desquels il cessait d'avoir lieu; le cœcum devenait flasque et diminuait de poids ; il perdait par
filtration l'eau qu'il avait introduit également par filtration.
Je trouvai alors le liquide contenu dans le cœcum dans
un état de putréfaction, et il me parut dès-lors que c'était à
cet état de putréfaction du liquide intérieur qu'il fallait attribuer la cause de l'abolition de la force inconnue qui, auparavant, produisait l'introduction de l'eau par filtration.
J'évacuai ce liquide putréfié, et je le remplaçai par un liquide sain de même nature. Le phénomène de l'introduction de l'eau dans l'intestin se reproduisait, et cet intestin redevint *turgide*. Si je mettais dans l'eau une portion
d'intestin de poulet vide et fermée par ses deux bouts, je
trouvais, au bout d'un certain temps, qu'il s'était introduit
une petite quantité d'eau dans son intérieur. Cela me fit
penser d'abord, que la présence d'un liquide dense intérieur n'était pas indispensable pour provoquer l'introduction de l'eau par filtration dans les portions d'intestins fermées ; mais j'étais trompé dans cette circonstance par une
cause d'erreur inaperçue. En effet, la cavité de l'intestin,
quoique vide d'eau en apparence, ne l'était cependant
point en réalité, puisque je venais de la laver avec de l'eau;
ses parois intérieures étaient mouillées, et cette petite quantité d'eau, devenue dense par l'adjonction et la solution des
liquides animaux, suffisait pour déterminer le phénomène

de l'introduction de l'eau par filtration. Plusieurs expériences me prouvèrent que l'ordre de superposition des membranes intestinales , n'exerçait aucune influence sur la
production de ce phénomène qui avait lieu aussi bien
avec des intestins retournés, qu'avec des intestins dans leur
état normal. Ces expériences ne me laissaient aucun doute sur
ce fait : que c'était la supériorité de densité du liquide contenu dans l'intestin qui déterminait l'eau extérieure à s'introduire par filtration dans sa cavité ; pour dissiper tous
les doutes à cet égard, je mis dans un cœcum de poulet de
l'eau qui tenait en solution 0,02 de son poids de gomme
arabique. Cet intestin plongé dans l'eau l'introduisit dans
son intérieur; alors je le transportai dans de l'eau qui tenait
en solution 0,1 de son poids de gomme. Dès cet instant, l'intestin commença à perdre par filtration son liquide intérieur. Ainsi le courant du liquide filtrant au travers de la
membrane me parut toujours dirigé vers celui des deux liquides qui était le plus dense. J'avais cru, dans le principe,
que ce courant était unique ; mais je ne tardai pas à m'a-
percevoir qu'il y avait réellement deux courans opposés au
travers des parois de la membrane. Ayant mis dans l'intérieur de l'intestin fermé par une ligature une solution de
gomme colorée en bleu, je vis cet intestin se gonfler par
l'introduction de l'eau extérieure qui était portée dans sa
cavité par un courant de filtration, et en même temps l'eau
extérieure se colorait en bleu, ce qui me prouvait que la so-
tion de gomme colorée filtrait aussi de son côté pour venir
se mêler à l'eau extérieure, en sorte qu'il y avait deux courans de filtration au travers des parois de la membrane
intestinale, savoir : un courant fort qui portait l'eau vers
le liquide dense que contenait l'intestin, et un courant plus
faible qui portait le liquide dense vers l'eau. L'augmentation croissante du volume du liquide dense intérieur
était le résultat de la différence qui existait entre le *cou-*

rant fort d'introduction et le *courant faible* de sortie. Ainsi le phénomène qui nous occupe reçoit définitivement la définition suivante : deux liquides hétérogènes et miscibles étant séparés par une cloison membraneuse, il s'établit au travers des conduits capillaires de cette cloison deux courans, dirigés en sens inverses et inégaux en intensité. Celui des deux liquides qui reçoit de son antagoniste plus qu'il ne lui donne, accroît graduellement son propre volume d'un quantité égale à l'excès de ce qu'il reçoit sur ce qu'il donne, c'est-à-dire, d'une quantité égale à l'excès du *courant fort* sur le *courant faible*. La manière dont j'avais fait mes premières expériences m'ayant toujours montré le *courant fort* dirigé du dehors au dedans des petites vessies animales dont je me servais, et pensant que ce courant était dû à une impulsion, je lui donnai le nom d'*endosmose*, et par opposition je donnai le nom d'*exosmose* (1) au *courant faible* que je voyais dérigé du dedans au dehors. Ces noms imposés trop hâtivement sont très mauvais, je dois en convenir : le premier exprime l'idée d'une *entrée* et le second celui d'une *sortie*. Or, le phénomène, envisagé sous son veritable point de vue, consiste dans une double perméation des liquides, abstraction faite de toute idée d'*entrée* ou de *sortie*. Il y a plus : le courant d'*endosmose* qui, d'après l'étymologie, exprime un courant entrant peut être cependant un *courant sortant* dans certaines circonstances ; c'est ce qui arrive, par exemple, lorsqu'une poche membraneuse contient de l'eau et se trouve en contact extérieurement avec un liquide plus dense que l'eau. On a alors un *courant d'endosmose* qui sort de la poche membraneuse au travers de ses parois, et un *courant d'exosmose* qui y entre par la même voie. Les faits se trouvent ainsi

---

(1) Ces deux mots sont dérivés de ἔνδον dedans, ἔξω dehors, combinés chacun avec le mot ωσμὸς impulsion.

en contradiction avec les mots. Je n'aurais point hésité à changer ces expressions si leur adoption, déjà générale, n'avait rendu cette mutation très difficile et sujette à de grands inconvéniens. J'ai donc pris le parti de conserver ces mots *endosmose* et *exosmose*, en prévenant les physiciens qu'ils ne doivent avoir aucun égard à leur acception étymologique, et qu'ils expriment simplement le premier : le *courant fort* et le second : le *courant faible*, qui ont lieu en sens contraire, lorsque deux liquides hétérogènes et miscibles sont séparés par une cloison à pores capillaires. Je reprends actuellement la suite de mes expériences.

On vient de voir que des petites vessies animales remplies d'un liquide dense, fermées de toutes parts et plongées dans l'eau se remplissaient avec excès et devenaient turgides. La considération de cet état de turgescence, causée par l'augmentation graduelle du volume du liquide qui était contenu dans cette petite vessie plongée dans l'eau, me conduisit à penser que le liquide intérieur serait déterminé à monter dans un tube qui communiquerait avec la cavité de la petite vessie; j'adaptai donc un tube de verre à un cœcum de poulet que j'avais rempli d'une solution de gomme arabique, et je plongeai ce cœcum dans un vase plein d'eau au-dessus duquel le tube s'élevait verticalement; le cœcum ne tarda pas à s'emplir d'eau avec excès, ce qui accrut graduellement le volume de la solution gommeuse qu'il contenait; bientôt cette solution gommeuse, dont le volume était sans cesse croissant, s'introduisit dans le tube par un mouvement ascensionnel, et, parvenue à son extrémité supérieure, elle s'écoula au dehors. Quoique j'eusse soupçonné ce résultat, sa vue me causa une des plus agréables surprises qu'il soit possible d'éprouver; je découvrais une cause d'impulsion dont on ne soupçonnait pas même l'existence, et dont les applications à la physiologie se présentaient rapidement à mon esprit. Je répétai un grand nombre

de fois cette curieuse expérience avec diverses longueurs
de tubes, que je portai jusqu'à six décimètres, avec divers
liquides denses, et j'obtins constamment ce même résultat
que je ne me lassais point de regarder avec étonnement.

Il n'est pas nécessaire, pour faire cette expérience, d'employer un cœcum ou une petite vessie; on peut, avec plus
d'avantage pour l'expérimentation, se servir de l'instrument dont je vais donner la description, et auquel j'ai
donné le nom d'endosmomètre. Cet appareil se compose
d'un tube de verre *d, e*, (pl. 1, fig. 1,) et d'une partie évasée
mobile, laquelle offre en bas une ouverture *a b*, qui est
fermée avec un morceau de vessie fixé par une forte ligature dans la gorge circulaire *i, i*; cette partie évasée est ce
que je nomme le *réservoir* de l'endosmomètre, c'est dans ce
réservoir que je place l'un des deux liquides hétérogènes,
et c'est ordinairement le plus dense; ce réservoir se détache
à volonté du tube, et l'on réunit ces deux pièces au moyen
d'un bouchon de liège *c* traversé par l'extrémité inférieure
du tube, bouchon qui s'adapte au réservoir comme à une
bouteille. Après avoir rempli le réservoir avec l'un des deux
liquides hétérogènes, je le fixe au tube, lequel est attaché
sur une planchette graduée *pp*, il ne reste plus qu'à plonger le réservoir dans un vase rempli par le second des liquides hétérogènes, au-dessus duquel le tube s'élève verticalement. Dans certaines expériences, je fixe au dessous de
la vessie une plaque métallique percée d'une multitude de
trous. Cette plaque soutient la membrane et l'empêche de
se déprimer sous le poids du liquide contenu dans le tube
de l'instrument. On sent que si l'on ne prenait pas cette
précaution, la dépression de la membrane s'opérant en raison de la hauteur du liquide intérieur, cette dépression
logerait une certaine quantité de ce liquide qui doit monter
dans le tube. Cet instrument possède un grand avantage
sur le premier dont je m'étais servi, et qui consiste tout

simplement dans une petite vessie fixée à un tube. Si l'on met en expérience avec ce dernier instrument des liquides susceptibles d'occasioner la crispation du tissu de la vessie, le liquide contenu dans cette vessie sera chassé dans le tube par la contraction de cet organe, et cet effet d'impulsion mécanique se confondra avec celui qui doit résulter de l'endosmose. On n'a point à craindre cette cause d'erreur avec l'endosmomètre dont la membrane, qui offre une surface plane, ne peut presser, par sa contraction, le liquide contenu dans le réservoir. J'ai mis en expérience, avec cet instrument, une grande quantité de liquides que je plaçais ordinairement dans son réservoir que je plongeais ensuite dans l'eau pure. Ces liquides étaient des solutions de substances organiques dans l'eau, des solutions salines ou alcalines, de l'alcool, etc. Ces divers liquides, qui tous, à l'exception de l'alcool, sont plus denses que l'eau, étant mis dans le réservoir d'un endosmomètre dont la membrane animale est plongée dans l'eau, l'endosmose s'établit et augmente le volume du liquide contenu dans le réservoir, ce qui lui donne un mouvement ascensionnel dans le tube. Si l'on met l'eau pure dans le réservoir de l'endosmomètre et qu'on plonge ce dernier dans la solution d'une substance organique, ou dans une solution saline, ou dans de l'alcool, etc., le courant d'endosmose se trouve dirigé de l'intérieur du réservoir de l'endosmomètre vers le liquide extérieur, en sorte que ce réservoir tendant à s'évacuer, l'eau qu'il contient s'abaisse continuellement dans le tube de l'instrument. Si ce tube est plongé dans le liquide extérieur, l'eau intérieure s'abaissera graduellement au dessous du niveau de ce même liquide extérieur. On voit ainsi qu'il y a deux manières opposées de faire les expériences d'endosmose; suivant la position que l'on donne aux deux liquides que sépare la cloison perméable de l'endosmomètre, on fait monter le liquide contenu dans le réservoir de cet instrument au-dessus du niveau du liquide extérieur, ou on le fait descendre au-dessous de ce même niveau. Il est bon, dans beaucoup d'expériences, d'essayer successivement ces deux manières d'observer l'endosmose. Lorsque le courant d'endosmose est dirigé du dehors vers le dedans du réservoir de l'endosmomètre, je dis que l'endosmose est *implétive*; lorsque au contraire le courant d'endosmose est dirigé du dedans du réservoir vers le dehors, je dis que l'endosmose est *déplétive*. J'aurai occasion, dans mes études sur la végétation, de faire usage de ces expressions pour exprimer la turgescence des cellules par l'*endosmose implétive*, et leur déplétion par l'*endosmose déplétive*, qu'il faut bien se donner de garde de confondre avec l'*exosmose*.

Je viens de dire que l'alcool, que l'on sait être moins dense que l'eau, se comporte cependant comme le ferait un liquide plus dense que l'eau lorsqu'on l'associe à ce dernier liquide dans les expériences d'endosmose; il en est de même de l'éther. Je reviendrai plus bas sur ce phénomène, ainsi que sur celui que présente l'endosmose opérée par les acides.

C'est en employant, dans ce genre d'expériences, les solutions salines que l'on peut se convaincre avec facilité de l'existence des deux courans antagonistes qui existent simultanément au travers de la cloison perméable de l'endosmomètre. Si, par exemple, on remplit le réservoir de cet instrument avec une solution d'hydrochlorate de soude, ce réservoir étant plongé dans l'eau, le volume de la solution saline s'accroîtra graduellement par l'effet de l'endosmose, en même temps la solution saline contenue dans le réservoir filtrera au travers de la membrane et se mêlera à l'eau environnante. C'est ce dont on pourra s'assurer dès les premiers momens de l'expérience, avec un réactif sensible tel que le nitrate d'argent. On pourrait penser que cette filtration descendante de la solution saline, serait due à sa

pesanteur spécifique plus considérable que celle de l'eau, au-
dessus de laquelle elle est suspenduc. Il est possible en effet
que cette cause de filtration agisse dans cette circonstance ;
mais il y a de plus ici l'effet de la filtration opérée par le
courant faible, courant qui porte le liquide le plus dense
vers le liquide le moins dense ; c'est ce que démontre l'expérience suivante :

J'ai mis de l'eau distillée dans le réservoir d'un endosmomètre fermé avec un morceau de vessie. J'ai suspendu
cet endosmomètre au-dessus d'un vase qui contenait de
l'eau tenant en solution du sulfate de fer. La membrane de
l'endosmomètre touchait la surface de la solution de sulfate
de fer, sans s'enfoncer dedans. Ce dernier liquide étant
plus dense que l'eau distillée contenue dans l'endosmomètre, il devait y avoir, au travers de la membrane, un
courant fort qui portait l'eau en descendant vers la solution
saline, en même temps un courant plus faible qui portait
en montant la solution saline vers l'eau. Ce dernier courant était ici contrarié par l'effet de l'écoulement, par l'action de la pesanteur ; il ne laissa cependant pas d'avoir lieu;
car au bout de deux heures, ayant essayé l'eau de l'endosmomètre par le nitrate de baryte et par le prussiate de potasse, j'y constatai l'existence du sulfate de fer. Ainsi,
l'existence des deux courans antagonistes et inégaux d'endosmose et d'exosmose, est démontrée d'une manière irréfragable : l'écoulement par l'effet de la pesanteur est un
phénomène accessoire dont les résultats modifient plus ou
moins ceux de ces deux courans antagonistes.

L'augmentation croissante du volume du liquide dense
contenu dans l'endosmomètre communique une impulsion
à la portion de ce liquide qui est contenue dans le tube de
l'instrument. Le liquide nouvellement introduit par l'endosmose pousse et chasse devant lui le liquide qu'il remplace. Ce liquide introduit par l'endosmose, étant em-

prunté au liquide moins dense qui est situé inférieurement et qui est l'eau, dans mes expériences, il en résulte que
le volume de ce dernier liquide se trouve diminué. Si le liquide supérieur est continuellement poussé de bas en haut,
par l'afflux en excès du liquide inférieur, ce dernier est continuellement *pompé* dans la même direction. Je rends ces
deux actions également appréciables par un mouvement
ascensionnel, en faisant l'expérience suivante : Je prends
un endosmomètre *a b* (fig. 2) fermé avec un morceau de
vessie. Je fais correspondre son évasement à celui d'un
autre endosmomètre renversé *c d*, privé de vessie. Je lute
solidement ces deux instrumens l'un à l'autre dans cette
position : de cette manière, les deux cavités des endosmomètres sont séparées l'une de l'autre par une seule cloison
membraneuse. Je remplis le réservoir, et non le tube
de l'endosmomètre *a b*, avec une solution de sucre;
je remplis entièrement le réservoir et le tube de l'endosmomètre *c d* avec de l'eau pure, et je le renverse dans un
vase *g* rempli d'eau colorée. L'endosmose produit l'ascension du liquide sucré dans le tube *b*, l'eau ajoutée au liquide sucré par l'endosmose étant empruntée à celle qui
remplit le réservoir *c* de l'endosmomètre inférieur, cette
eau *soutirée* ou *pompée* est remplacée au fur et à mesure
par l'eau colorée que contient le vase *g*; cette eau colorée,
sollicitée par le poids de l'atmosphère, entre dans le
tube *d*, dans lequel elle monte pour remplir le vide opéré
par la soustraction de l'eau qui a été portée dans le liquide
sucré supérieur par l'effet de l'endosmose. Ainsi il y a
mouvement ascensionnel des liquides dans les deux tubes *b*
et *d*; mais ce mouvement, quoique dépendant originairement de la même cause, qui est l'endosmose, n'offre pas
cependant le même mécanisme. Le mouvement ascensionnel dans le tube supérieur *b* est le résultat d'une impulsion; le mouvement ascensionnel dans le tube inférieur *d*

est le résultat d'une sorte *d'action de pompe;* il est dû à la pesanteur de l'atmosphère.

Lorsqu'on emplit d'eau le réservoir d'un endosmomètre, et que ce liquide s'élève en même temps à une certaine hauteur dans le tube de cet instrument, si l'on vient à plonger cet appareil dans un liquide dense jusqu'à l'endroit où l'eau aura été artificiellement élevée dans le tube, on voit l'eau s'abaisser continuellement dans le tube de l'endosmomètre au-dessous du niveau du liquide dense extérieur, et elle peut parvenir dans ce mouvement de descente jusqu'à une grande profondeur. Cet effet est dû à ce que le courant d'endosmose est alors dirigé de l'eau contenue dans l'endosmomètre vers le liquide dense qui lui est extérieur. Ainsi il y a deux manières opposées de faire les expériences d'endosmose : suivant la position que l'on donne aux deux liquides que sépare la cloison perméable on fait monter le liquide contenu dans l'endosmomètre au-dessus du niveau du liquide extérieur, ou on le fait descendre au-dessous de ce même niveau. Il est bon, dans beaucoup d'expériences, l'essayer successivement ces deux manières d'observer l'endosmose.

Des deux courans antagonistes et inégaux d'endosmose et d'exosmose, le premier est, comme on le voit, le seul qui se manifeste par un effet dynamique; lui seul est susceptible d'opérer une impulsion. Cet effet dynamique est le résultat de son excès sur le courant d'exosmose : c'est par cet excès seulement qu'il agit mécaniquement. Le courant d'exosmose n'offre à l'observation que des effets de mixtion que le courant d'endosmose offre de même. Ainsi en se bornant, comme je le fais ici, à l'effet dynamique, l'endosmose seule doit fixer l'attention. L'exosmose peut, jusqu'à un certain point, être négligée. Aussi son nom apparaîtra-t-il peu dans ce Traité qui, comme l'indique son titre, est spécialement consacré à l'*endosmose* considérée comme cause motrice des liquides.

La miscibilité des deux liquides hétérogènes est une condition indispensable pour l'existence de l'endosmose ; il faut que les deux liquides puissent se dissoudre mutuellement, pour que le volume de l'un d'eux puisse s'accroître aux dépens du volume du liquide opposé. Ainsi, on n'observe point d'endosmose en mettant en rapport, au moyen d'un endosmomètre, deux liquides qui ne peuvent se mêler, tels que de l'huile et de l'eau. Lorsqu'on met en rapport une huile volatile, telle que celle de lavande, avec une huile fixe, telle que celle d'olives, le courant d'endosmose est dirigé de l'huile volatile vers l'huile fixe ; mais ce courant est d'une lenteur extrême au travers d'une membrane animale. L'alcool et les huiles se dissolvent mutuellement ; cette dissolution mutuelle est surtout très remarquable entre l'alcool et les huiles volatiles. En séparant par une membrane animale l'alcool d'une de ces huiles, on voit le courant d'endosmose dirigé de l'alcool vers l'huile volatile.

Mes expériences sur l'endosmose avaient toutes été faites avec des membranes animales ; il s'agissait de savoir si des membranes végétales donneraient le même résultat. Les gousses vésiculaires du *Colutea arborescens* (Baguenaudier) me parurent très propres pour se prêter à ce genre d'expériences. Ayant percé par un bout une de ces gousses, je la remplis d'une solution de gomme, et je la fixai par cette ouverture, au moyen d'une ligature, à un tube de verre ; je plongeai ensuite la gousse dans un vase rempli d'eau. L'endosmose s'opéra, et le liquide gommeux monta dans le tube. Les membranes, ou plutôt les expansions membraniformes végétales assez résistantes pour pouvoir être fixées à un réservoir d'endosmomètre, au moyen d'une ligature, sont assez rares ; l'*Allium porrum* en offre qui remplissent

parfaitement ce but. La partie inférieure et blanche de
cette plante potagère est enveloppée par les pétioles engaî-
nans et tubuleux des feuilles. En fendant sur l'un de leurs
côtés ces tubes cylindriques, on obtient des membranes
larges et assez résistantes pour pouvoir supporter une ligature. Je fixai par ce moyen une de ces membranes végétales au réservoir d'un endosmomètre que je remplis d'eau
sucrée; l'endosmose eut lieu, et le liquide sucré monta
dans le tube de l'instrument. Ainsi les membranes végétales
sont aptes, comme les membranes animales, à la production de l'endosmose.

A une époque bien postérieure à celle de ces premières
expériences, j'eus l'idée de fermer un réservoir d'endosmomètre avec du *taffetas gommé* lequel, comme on sait, est
enduit de caoutchouc, en sorte que le taffetas gommé équivaut à une membrane mince de caoutchouc pur. On sait que
cette substance est imperméable à l'eau; ce fut donc en
vain que je tentai d'obtenir de l'endosmose, en mettant de
l'eau sucrée ou de l'eau gommée dans un réservoir d'endosmomètre fermé avec du taffetas gommé et plongé dans l'eau;
il n'y eut aucune transmission de ces liquides au travers de
cette cloison membraniforme de caoutchouc. Il n'en fut
pas de même lorsque je mis de l'alcool dans ce même réservoir. Je savais par mes précédentes expériences, qu'en
séparant l'eau de l'alcool par une membrane animale ou
végétale, le courant d'endosmose est dirigé de l'eau vers
l'alcool. Or, j'ai trouvé qu'en séparant ces deux mêmes liquides par une cloison membraniforme de caoutchouc, il
se manifeste de l'endosmose, mais que son courant est
alors dirigé de l'alcool vers l'eau. Pendant les trente-six
premières heures de la durée de cette expérience, le
courant d'endosmose dirigé, comme je viens de le dire,
de l'alcool vers l'eau, fut extrêmement lent. Après ce
temps, cette endosmose devint plus rapide, ce que j'attri-

2.

bue à l'action de l'alcool sur le caoutchouc, action qui, en
le ramollissant l'avait rendu plus facilement perméable. Je
ferai observer que le courant d'endosmose qui portait l'alcool vers l'eau en traversant la cloison de caoutchouc, était
accompagné par un contre-courant d'exosmose qui portait
l'eau vers l'alcool en traversant de même la cloison ; je me
suis assuré, en effet, que dans cette expérience l'alcool avait
reçu de l'eau. Cependant il est certain que le caoutchouc
n'est point perméable à l'eau ; cela prouve que ce dernier
liquide n'a pu traverser la cloison de caoutchouc qu'en se
mêlant avec l'alcool qui occupait les interstices moléculaires de cette substance. Une fois introduit dans ces
interstices, l'alcool attire l'eau par affinité et l'introduit dans la substance du caoutchouc qui ne donne aucun
accès à l'eau lorsqu'elle se présente seule. Ainsi c'est à l'é-
tat de mixtion dans les canaux capillaires de la cloison séparatrice que les deux liquides opposés marchent l'un vers
l'autre par une progression croisée et inégale. C'est par un
moyen fort simple que je me suis assuré que l'alcool qui
avait servi à cette expérience avait acquis de l'eau. J'y ai
mis le feu et il est resté une quantité notable d'eau pour
résidu de la combustion, tandis qu'il n'en est point resté
du tout après la combustion de l'alcool semblable à celui
dont je m'étais servi.

Cette expérience prouve irréfragablement que la cloison
séparatrice des deux liquides hétérogènes joue un rôle très
important dans la production de l'endosmose et cela en
vertu de sa nature chimique particulière.

Jusqu'ici je n'ai encore employé que des membranes
organisées et du caoutchouc, qui est une substance d'origine organique pour fermer l'évasement terminal du réservoir de l'endosmomètre ; il s'agit de savoir si des lames po-
reuses minérales étant substituées, dans les expériences
faites avec cet instrument, à la membrane organique, on

verra de même l'endosmose s'opérer. J'ai donc luté, à l'ouverture évasée d'un réservoir d'endosmomètre, une lame de
grès tendre, de six millimètres d'épaisseur ; j'ai rempli son
réservoir avec de l'eau chargée de 0,2 de son poids de
gomme arabique, et je l'ai plongée dans l'eau pure, au dessus de laquelle le tube vide de liquide s'élevait verticalement : il ne s'est manifesté aucune endosmose. J'ai remplacé cette lame de grès par une autre lame de même substance, de quatre millimètres d'épaisseur ; je n'ai encore
obtenu aucune endosmose : ces deux lames étaient faites
avec du grès très pur, c'est-à-dire exclusivement siliceux.
J'ai employé à la même expérience une lame faite avec un
grès dur et très ferrugineux ; elle avait trois millimètres
d'épaisseur : j'ai obtenu alors une endosmose très faible,
ou d'une lenteur telle que le liquide intérieur ne fut élevé
que de trois millimètres dans l'espace de deux jours, quoique le tube dans lequel s'opérait cette ascension du liquide gommeux n'eût que quatre millimètres de diamètre
intérieur. Depuis j'ai multiplié mes expériences pour tâ-
cher d'obtenir de l'endosmose, en employant des endosmomètres fermés avec des lames de grès purement siliceux,
de dureté et de perméabilité très diverses ; jamais je n'ai
pu obtenir le moindre signe de ce phénomène, et cependant les lames de grès que j'employais possédaient bien
évidemment le degré de perméabilité capillaire qui était
propre à donner lieu à l'endosmose. Les solutions de gomme
et de sucre les plus chargés, de ces subtances séparées de
l'eau pure par ces lames de grès, ne m'ont offert aucun
signe d'endosmose. Ainsi j'ai été conduit à penser que la
faible endosmose, obtenue au moyen de la lame de grès ferrugineux, dépendait de la nature chimique particulière de
cette lame.

La pâte de porcelaine est, comme on sait, un silicate
d'alumine avec excès de silice, en sorte qu'elle constitue,

lorsqu'elle est cuite, un solide essentiellement siliceux. Lorsqu'elle est imparfaitement cuite et à l'état que l'on nomme *porcelaine dégourdie*, elle est assez facilement perméable à l'eau, sa perméabilité paraît assez semblable à celle de l'argile fine et blanche, cuite au degré où elle l'est dans la vaisselle que l'on fabrique aux environs de Paris. Cette argile est un silicate d'alumine avec excès d'alumine, en sorte que c'est un solide essentiellement alumineux ; cela établit une différence très grande entre l'argile et la pâte de porcelaine, sous le point de vue de l'endosmose, ainsi qu'on va le voir. La perméabilité de la *porcelaine dégourdie* diminue graduellement à mesure qu'on lui fait éprouver une cuisson plus forte, jusqu'à ce que sa cuisson soit complète; alors cette substance qui est dans un état de demi-vitrification est tout-à-fait imperméable aux liquides. J'ai fait faire des lames de *porcelaine dégourdie*, propres à être adaptées à des réservoirs d'endosmomètre; je me suis procuré en outre des sortes de petites bouteilles ou de godets à parois minces, faites de même en *porcelaine dégourdie* et propres à servir de réservoirs d'endosmomètre en adaptant un bouchon traversé par un tube de verre à leur ouverture. Je remplissais leur cavité avec un liquide propre à produire l'endosmose, et je les plongeais ensuite dans l'eau pure. J'ai mis en expérience de cette manière des godets de porcelaine de tous les degrés possibles de cuisson, et par conséquent très différens en perméabilité; jamais je n'ai pu obtenir avec ces godets le plus léger signe d'endosmose. Cependant je mis en expérience, de cette manière, les liquides dont la puissance d'endosmose est la plus grande, c'est-à-dire les solutions fortement chargées de sucre, l'alcool, les solutions de potasse caustique les plus concentrées, etc.; jamais il ne s'est manifesté le moindre signe d'endosmose. J'ai essayé si j'obtiendrais ce phénomène en mettant une solution alcaline dans ces go-

dets et en plaçant un acide en dehors, ou bien en donnant
une disposition inverse à ces liquides ; je n'ai point obtenu
d'endosmose. Des lames de porcelaine dégourdie adaptées
à des réservoirs d'endosmomètre m'ont offert des résultats
analogues. Dans toutes ces expériences le liquide supérieur
a toujours filtré, en vertu de sa seule pesanteur, vers le
liquide inférieur, lorsque sa viscosité trop grande n'y a pas
mis obstacle. Ainsi, j'ai acquis la certitude que la porcelaine imparfaitement cuite, quoique formant un solide
dont la porosité offre les conditions les plus favorables
pour la production de l'endosmose, est cependant complétement incapable d'offrir ce phénomène. Ce fait, que j'ai
constaté avec le soin le plus scrupuleux, concourt, avec
le fait semblable qui est offert par le grès purement siliceux, à prouver que les solides siliceux sont complètement privés de la propriété de produire l'endosmose,
quoique pourvus cependant de toutes les qualités de porosité nécessaires pour l'accomplissement de ce phénomène.

Bien long-temps avant d'avoir appliqué la porcelaine imparfaitement cuite aux expériences d'endosmose, j'avais employé pour ces mêmes expériences l'argile cuite qui n'en
diffère guère chimiquement que par la proportion bien
plus grande l'alumine qui entre dans sa composition.
Je me suis servi pour cet effet de lames d'argile cuite
grossière, telle que celle qui est employée à la fabrication
des tuiles ou de la poterie grossière, et de lames d'argile cuite blanche et fine nommée vulgairement *terre de
pipe*. Ayant adapté à un endosmomètre une lame d'argile
blanche cuite, d'un millimètre d'épaisseur, j'obtins une
endosmose assez énergique, et peu différente de celle que
j'aurais obtenue, dans le même cas, avec une membrane
organique ; le réservoir de l'endosmomètre était rempli
avec une solution de gomme arabique. Une lame de la
même argile, de deux millimètres d'épaisseur, et une autre

de cinq millimètres d'épaisseur, ayant été adaptées à des endosmomètres remplis ensuite de gomme arabique en solution d'eau sucrée ou d'alcool, j'obtins également de l'endosmose. Enfin, des lames d'argile grossière, d'un centimètre et d'un centimètre et demi d'épaisseur, adaptées à des endosmomètres, produisirent encore de l'endosmose : cependant, la plus épaisse de ces lames n'opéra qu'une endosmose très lente, ce qui provenait de ce que sa grande épaisseur avait diminué sa perméabilité. Ces faits, qui me prouvaient que le peu d'épaisseur des cloisons perméables n'était point la condition nécessaire de l'effet d'endosmose, comme je l'avais d'abord pensé, me prouvaient en outre que les solides alumineux jouissent éminemment de l'aptitude à produire l'endosmose.

Je passe à l'étude des propriétés de la chaux carbonatée, relativement à la production de l'endosmose. J'ai préparé des lames minces de chaux carbonatée, de dureté et de perméabilité très diverses, et je les ai adaptées à des réservoirs d'endosmomètre. Une lame faite avec de la pierre tendre à bâtir ne m'a offert aucune endosmose. Cet effet négatif pouvait provenir de la trop grande perméabilité de cette substance; je la remplaçai par une lame de carbonate calcaire plus dur de trois millimètres d'épaisseur; elle ne m'a point offert non plus d'endosmose. J'ai essayé, sans plus de succès, plusieurs lames faites avec des variétés différentes de carbonate calcaire. Enfin j'ai adapté à un endosmomètre une lame de marbre blanc de deux millimètres d'épaisseur. Cette substance, quoique très dense, n'est cependant pas imperméable à l'eau; j'avais donc sujet d'espérer que j'obtiendrais de l'endosmose par son emploi; mais mon attente fut trompée. Je voulus m'assurer si cette absence de l'endosmose n'était point due à l'imperméabilité de la plaque de marbre, en raison de son trop d'épaisseur. Je remplis donc le réservoir et le tube de l'endosmomètre avec de l'eau pure, et je suspendis l'instrument au-dessus d'un vase rempli d'eau, dans laquelle baignait la lame de marbre. Si cette lame était perméable à l'eau, ce liquide contenu dans l'endosmomètre devait s'écouler au travers des conduits capillaires de cette lame de marbre, et cet écoulement devait devenir sensible par l'abaissement de l'eau dans le tube, qui n'avait que deux millimètres de diamètre intérieur. La lame de marbre avait quatre centimètres de diamètre. Le résultat de cette expérience fut que la lame de marbre ne perdait par filtration que la petite quantité d'eau capable, par sa soustraction, d'abaisser le niveau de ce liquide d'un millimètre et demi par jour dans le tube. Je réduisis l'épaisseur de la lame de marbre à un millimètre et demi. Dans cet état elle perdit par filtration, dans l'espace d'un jour, onze millimètres d'eau mesurée par le tube. La perméabilité de cette lame était, comme on le voit, considérablement augmentée. Cependant l'endosmomètre qu'elle formait étant mis en expérience avec de l'eau sucrée, dont la densité était 1,12, il ne se manifesta point d'endosmose.

Je réduisis l'épaisseur de la lame de marbre à un millimètre. Dans cet état, elle perdit par filtration, dans l'espace d'un jour, 21 millimètres d'eau mesurée par le tube. Je mis dans l'endosmomètre, que fermait cette lame de marbre, de l'eau sucrée, dont la densité était 1,12, et j'obtins une endosmose qui se manifesta par une ascension de 7 millimètres en vingt-quatre heures. Ces expériences prouvent que le marbre n'est apte à produire l'endosmose que lorsque sa perméabilité a atteint un certain degré. J'ai voulu comparer cette lame de marbre avec un morceau de vessie de même surface, sous le double point de vue de leurs perméabilités et de leurs propriétés d'endosmose respectives. Ayant donc enlevé cette lame de marbre qui fermait l'endosmomètre, je l'ai remplacée par un morceau de vessie, dont j'ai mesuré la perméabilité pour l'eau pure

de la même manière que je l'ai exposé ci-dessus. J'ai
trouvé cette perméabilité un peu plus forte que celle de la
lame de marbre. J'ai pris des morceaux de vessie un peu
plus épaisse, et par ces tâtonnemens je suis arrivé à trouver
un morceau de vessie qui, appliqué à l'ouverture du réservoir de l'endosmomètre, manifestait une perméabilité pour
l'eau exactement semblable à celle de la lame de marbre
d'un millimètre d'épaisseur. Alors je mis dans cet endosmomètre le même liquide sucré dont la densité était 1.12,
et avec lequel j'avais sollicité l'endosmose lorsque la lame
de marbre fermait le réservoir de l'endosmomètre : l'endosmose que j'obtins éleva le liquide sucré de 73 millimètres en trois heures. Ainsi, la perméabilité pour l'eau
étant égale dans la lame de vessie et dans la lame de marbre, l'endosmose de la première était à l'endosmose de la
seconde comme 584 est à 7, différence véritablement prodigieuse, et dont la cause ne paraît pas facile à saisir. Ces
expériences prouvent que la chaux carbonatée n'est que très
faiblement apte à produire l'endosmose ; avant d'avoir autant multiplié mes expériences à cet égard, j'avais même
cru que cette substance était totalement incapable de donner lieu à la production de ce phénomène.

Les variétés de la chaux sulfatée que l'on peut employer
pour des expériences d'endosmose, ne sont point assez
nombreuses, et n'ont point une assez grande variété de
perméabilité pour qu'il soit possible d'apprécier la propriété de cette substance par rapport à l'endosmose. Je n'ai
fait à cet égard que deux expériences qui ne prouvent rien.

J'ai adapté à un endosmomètre une lame de plâtre
(chaux sulfatée calcarifère) de 4 millimètres d'épaisseur ;
je n'ai obtenu, par ce moyen, aucune endosmose. J'ai employé pour la même expérience, et sans plus de succès, la
chaux sulfatée cristallisée, qui, comme on sait, se divise
en lames extrêmement minces. Mais ici le défaut d'endos-

mose pouvait être attribué à ce que ces lames de substance cristallisée ne seraient pas perméables à l'eau.

Ces expériences prouvent que parmi les substances minérales les solides siliceux sont tout-à-fait impropres à produire l'endosmose, et que les solides alumineux jouissent éminemment de cette propriété. Les solides calcaires ne présentent cette propriété qu'à un degré extrêmement faible, en sorte que souvent elle paraît nulle.

L'accroissement de la température accroît la quantité du liquide introduit par l'endosmose dans un temps donné; je me suis assuré de ce fait très important par les expériences suivantes : j'ai fixé un cœcum de poulet à un tube de verre au moyen d'une ligature, et j'ai rempli ce cœcum avec une solution d'une partie de gomme dans dix parties d'eau, et après avoir pesé cet appareil, j'ai plongé le cœcum dans un vase qui contenait de l'eau distillée à la température de + 4 degrés R. Pendant une heure et demie que dura cette expérience, la température de l'eau ne varia point. L'expérience finie je pesai de nouveau l'appareil auquel je trouvai une augmentation de poids de 13 grains, c'était la quantité dont la masse du liquide gommeux avait été augmentée par l'endosmose; alors je plongeai le cœcum dans un autre vase rempli d'eau distillée dont la température ne varia que de + 25 à + 26 degrés, et je l'y laissai pendant une heure et demie; ce temps écoulé, je pesai l'appareil qui se trouva avoir acquis 23 grains de poids pendant cette seconde expérience. Ainsi la quantité du liquide introduit par l'endosmose dans la première expérience, était à la quantité du liquide introduit dans la seconde expérience, comme 13 est à 23 ou comme 1 est à 1,77. Cette augmentation de la quantité du liquide introduit par l'endosmose, était le résultat d'une augmentation de 21 à 22 degrés de température. Il est à remarquer que les 13 grains d'eau introduits dans le cœcum, dans la première expérience, avaient di-

minué un peu la densité du liquide gommeux ; par conséquent il devait y avoir moins d'endosmose, et au contraire
l'endosmose fut augmentée, et cet effet dériva évidemment
de l'augmentation de la température. Voici une seconde expérience du même genre et dont le résultat est le même :
je mis dans le cœcum d'un appareil semblable à celui ci-
dessus décrit, une solution d'une partie de gomme dans dix
parties d'eau, et je plongeai le cœcum pendant une heure
45 minutes dans de l'eau distillée refroidie à zéro du thermomètre. L'appareil pesé avant et après l'expérience se
trouva avoir augmenté en poids de 10 grains et demi ; ce
poids indiquait la quantité de l'eau introduite dans le liquide gommeux par l'endosmose. Je transportai cet appareil
dans de l'eau distillée échauffée constamment à + 27 et
28 degrés R; il y resta pendant une heure 45 minutes.
Dans cet espace de temps l'endosmose augmenta de 37 grains
le poids du liquide gommeux que contenait le cœcum ; ainsi
une augmentation de 27 à 28 degrés, dans la température,
augmente dans ces deux dernières expériences la quantité
du liquide introduit par l'endosmose dans la proportion
de 10,5 à 37, c'est-à-dire dans la proportion de 1 à 3, 52.

La quantité du même liquide introduit par l'endosmose,
et avec le même genre de cloison perméable, est généralement proportionnelle à l'étendue de la surface de cette cloison. On sent que ce résultat est nécessaire, car la quantité
du liquide transmis doit être proportionnelle à la quantité
des canaux capillaires introducteurs, et la quantité de ces
derniers est proportionnelle à l'étendue de la surface perméable. Malgré cette évidence rationnelle, je n'ai point
négligé de la confirmer par l'expérience. Les diamètres des
réservoirs des deux endosmomètres étaient comme 1 est
à 2 ; je fermai ces deux réservoirs avec des morceaux pris
à la même vessie, et les ayant remplis avec la même eau
sucrée, je les plongeai tous les deux dans l'eau distillée ; j'a-

vais eu soin auparavant de les peser tous les deux très exactement. Après deux heures d'expérience je les pesai de nouveau, et je trouvai dans le grand endosmomètre quatre fois
plus d'augmentation de poids que dans le petit, ce qui
attestait que le premier avait introduit, par endosmose,
quatre fois plus d'eau que le second. Ce rapport était exactement celui de l'étendue de la surface de leurs membranes respectives, dont les diamètres étaient comme 1 est
à 2, et dont les surfaces étaient par conséquent comme
1 est à 4.

La quantité proportionnelle du liquide introduit par
l'endosmose, dans un temps donné, est l'élément de la
vitesse et de la *force* de l'endosmose.

J'entends par *vitesse de l'endosmose* la quantité dont un
liquide s'élève dans la tube d'un endosmomètre dans un
temps donné. En général, plus le liquide que contient l'endosmomètre est dense, plus il y a de vitesse d'endosmose.
Il était important de déterminer quel est le rapport qui
existe entre la densité des liquides et la vitesse de l'endosmose qu'ils sont susceptibles de produire. Pour faire des
expériences comparatives à cet égard, il faut d'abord
qu'elles soient faites avec le même endosmomètre ; il faut,
en second lieu, ne comparer entre elles que des expériences
qui se suivent immédiatement ; car l'endosmomètre fermé
avec une membrane organique , avec un morceau de vessie
par exemple, offre de résultats très variables ; en sorte que
deux expériences faites l'une après l'autre, et avec les
mêmes liquides, n'offrent point toujours exactement les
mêmes résultats. Si ces deux expériences sont faites long-
temps l'une après l'autre, on obtient quelquefois des résultats qui diffèrent de la moitié. Ces variations proviennent
des changemens apportés dans la densité, ou dans la perméabilité de la membrane par sa longue macération. Ainsi,
lorsqu'on veut obtenir des résultats comparables dans ce

geure de recherches, il faut faire chacune des expériences
dans le moins de temps possible, les faire immédiatement
les unes après les autres, et recommencer plusieurs fois la
même série d'expériences comparées, afin de ne point être
induit en erreur par des anomalies accidentelles. Il est
tout-à-fait indispensable que la membrane de l'endosmomètre soit soutenue en dehors par la plaque métallique criblée de trous dont j'ai parlé plus haut. Il faut, en outre, avoir
soin que l'endosmomètre soit placé dans un local dont la
température ne varie point ; car, ainsi que je l'ai démontré,
l'augmentation de la température accroît l'endosmose.

L'endosmomètre avec lequel j'ai fait les expériences suivantes possède un réservoir de quatre centimètres (un
pouce 1/2) de diamètre. Son tube a deux millimètres de
diamètre intérieur. L'échelle graduée à laquelle il est fixé
est divisée en degrés de deux millimètres.

Première série d'expériences.

Je mis dans le réservoir de l'endosmomètre une solution
d'une partie de sucre dans quatre parties d'eau. La densité de
ce liquide était 1,083. Le réservoir fermé avec un morceau
de vessie, fut plongé dans de l'eau de pluie. Au bout d'une
heure et demie d'expérience, j'avais obtenu 19 degrés 1/2
d'ascension. La densité du liquide sucré devait nécessairement avoir subi de la diminution par le fait de l'introduction de l'eau. Effectivement je trouvai cette densité réduite
à 1,078 ; elle était, au commencement de l'expérience, à
1,083 ; cela donne une densité moyenne de 1,080 pour cette
première expérience.

Immédiatement après, je mis dans le réservoir du même
endosmomètre une solution de deux parties de sucre dans
quatre parties d'eau; sa densité était 1,145. Après une
heure et demie d'expérience faite comme ci-dessus, j'a-

vais obtenu 34 degrés d'ascension. La densité finale se
trouva être 1,138, par conséquent la densité moyenne était
1,141 pour cette seconde expérience, à laquelle je fis immédiatement succéder la suivante. Je mis dans le réservoir
de l'endosmomètre une solution de quatre parties de sucre
dans quatre parties d'eau ; sa densité était 1,228. J'obtins
en une heure et demie 53 degrés d'ascension. La densité
du liquide sucré était réduite à 1,216, ce qui donna une
densité moyenne de 1,222.

Les résultats de cette expérience prouvent que la vitesse
de l'endosmose n'est point du tout proportionnelle aux
quantités de sucre dissous dans l'eau. En effet, ces quantités sont 1, 2, 4 : or, en prenant pour base d'une semblable
progression le nombre de degrés de la première expérience
qui est 19 1/2 , on aurait pour les élévations ou pour les
vitesses proportionnelles des trois expériences, 19 1/2, 39,
78, tandis que l'observation donne 19 1/2, 34, 53. Ce résultat de l'expérience n'offre également aucun rapport avec
les densités respectives de trois liquides sucrés. Les densités moyennes de ce liquide sont : 1,080, 1,141, 1,222 : or,
en établissant une progression semblable, dont le premier
terme serait 19 1/2, on aurait 19 1/2, 20, 22, ce qui s'é-
loigne considérablement du résultat de l'expérience ; mais
ce qui s'en rapproche tout-à-fait, c'est une progression
dont le premier terme serait de même 19 1/2, et qui serait
comme les nombres 0,080, 0,141, 0,222, qui expriment
la différence de la densité de chacun des trois liquides sucrés avec la densité de l'eau, qui est 1. Cette nouvelle progression serait 19 1/2, 34, 54 : or, l'observation donne 19
1/2, 34, 53. Il n'y a évidemment entre ces résultats que la
légère différence qui ne peut manquer de résulter des in-
exactitudes inévitables de l'expérience.

Deuxième série d'expériences.

Le même endosmomètre fermé avec un morceau de vessie, fut mis en expérience successivement avec les trois liquides sucrés ci-après :

1° Eau sucrée, densité primitive, 1,045; densité finale, 1,043; densité moyenne, 1,044; ascension du liquide, 10 degrés 1/4 en une heure et demie ;

2° Eau sucrée, densité primitive, 1,075; densité finale, 1,065; densité moyenne, 1,070; ascension du liquide, 17 degrés en une heure et demie ;

3° Eau sucrée, densité primitive, 1,145; densité finale, 1,133; densité moyenne, 1,139; ascension du liquide, 32 degrés 1/2 en une heure et demie.

Les ascensions ou les vitesses proportionnelles de l'endosmose sont ici 10 1/4, 17, 32 1/2. Les différences de la densité moyenne des trois liquides sucrés avec la densité de l'eau, sont 0,044, 0,070, 0,139 : or, en établissant une progression semblable sur 10 1/4, vitesse de l'endosmose donnée par la première expérience, on aurait 10,25, 16,3, 32,3. Ce résultat du calcul est; comme on le voit, presque entièrement semblable au résultat de l'expérience.

Troisième série d'expériences.

L'endosmomètre précédent fut fermé avec une lame d'argile très compacte, épaisse de deux lignes et demie. J'y mis en expérience successivement les trois liquides sucrés ci-après :

1° Eau sucrée, densité primitive, 1,049; densité finale, 1,043; densité moyenne, 1,046; ascension du liquide, 9 degrés en six heures d'expérience ;

2° Eau sucrée, densité primitive, 1,082 ; densité finale,

1,076 ; densité moyenne, 1,079 ; ascension du liquide, 14 degrés 1/2 en six heures d'expérience ;

3° Eau sucrée, densité primitive, 1,145 ; densité finale, 1,136 ; densité moyenne, 1,140 ; ascension du liquide, 30 degrés en six heures d'expérience.

Les ascensions dans un temps égal, c'est-à-dire les vitesses de l'endosmose, sont 9, 14 1/2, 30. Les excès de la densité moyenne des liquides sucrés sur la densité de l'eau, sont 0,046, 0,079, 0,140 : or, en établissant une progression semblable, dont le premier terme est 9, on trouve 9, 15,6, 28. Ce résultat du calcul diffère assez peu du résultat de l'expérience, pour qu'on puisse admettre que leur différence tient à des causes accidentelles d'erreur. Nous allons en acquérir la preuve tout-à-l'heure.

Quatrième série d'expériences.

Les trois expériences précédentes ont été faites avec une lame d'argile qui servait pour la première fois. Les expériences suivantes ont été faites avec la même lame d'argile qui servait sans interruption aux expériences depuis deux jours, et qui, par conséquent, était plus complètement imbibée, et plus facilement perméable que dans le principe.

1° Eau sucrée, densité primitive, 1,047 ; densité finale, 1,043 ; densité moyenne, 1,045 ; ascension du liquide, 3 degrés 1/2 en une heure et demie.

2° Eau sucrée, densité primitive, 1,258 ; densité finale, 1,252 ; densité moyenne, 1,255 ; ascension du liquide, 19 degrés 1/2 en une heure et demie.

Les ascensions du liquide ou la vitesse de l'endosmose sont 3 1/2, 19 1/2. Les excès de la densité moyenne des liquides sucrés sur la densité de l'eau, sont 0,045, 0,255. Le calcul de l'ascension établi sur cette proportion donne

3 1/2, 10, résultat évidemment semblable à celui que donne l'expérience. Ici nous trouvons la cause de l'erreur que nous avons soupçonnée dans la troisième série d'expériences. Nous voyons que, dans cette troisième série, l'eau sucrée, dont la densité moyenne est 1,046, a produit une ascension de 9 degrés en six heures, tandis que, dans la quatrième série, l'eau sucrée, dont la densité moyenne est 1,045, a produit trois degrés 1/2 d'ascension en une heure et demie, ce qui donnerait 14 degrés en six heures. On voit par là que la même lame d'argile peut, avec les mêmes liquides, donner des résultats d'endosmose très différens. Lorsque cette lame est en expérience depuis un certain temps, et qu'elle est bien complètement imbibée, elle opère plus d'endosmose qu'elle n'en opérait dans le principe. C'est pour cela que la dernière expérience de la troisième série offre un résultat supérieur à celui qui est donné par le calcul.

Il résulte définitivement de ces expériences, que les vitesses de l'endosmose produites par les diverses densités d'un même liquide intérieur, sont proportionnelles aux excès de la densité de ces liquides intérieurs sur la densité de l'eau, qui est le liquide extérieur.

Pour mesurer la force de l'endosmose, j'ai fait construire un appareil à-peu-près semblable à celui dont Hales, et, après lui, MM. Mirbel et Chevreul, se sont servis pour mesurer la force ascensionnelle de la sève de la vigne. Cet appareil est un endosmomètre (fig. 3) dont le tube, au lieu d'être droit, est courbé deux fois sur lui-même. Par l'ouverture supérieure *d* de la grande branche ascendante, je verse du mercure, qui tombe dans la courbure inférieure *c*, où il se met de niveau en *g*. Au sommet de la courbure supérieure est une ouverture *b*, par laquelle j'introduis le liquide que je veux mettre en expérience dans le réservoir *a*. Je remplis du même liquide la partie *eb*, ainsi que la partie *bg*. La pression de la colonne *bg* de liquide refoule le mercure jusqu'en *f*, et le porte jusqu'en *i* dans la branche ascendante *cd*; alors je ferme l'ouverture *b*, avec un bouchon très solidement maintenu par un coin placé entre ce bouchon et un épaulement que porte la planche sur laquelle l'appareil est fixé. De cette manière, il n'y a point d'air dans la partie *ebf* du tube ; elle est remplie du même liquide que contient le réservoir *a*. L'ouverture *o* du réservoir est fermée avec trois morceaux de vessie superposés, lesquels sont fixés très solidement au moyen de ligatures, dans les deux gorges circulaires dont le réservoir est muni. Je fortifie cet assemblage par dehors par l'addition d'un morceau de fort canevas. L'ouverture *o* du réservoir a cinq centimètres (1 pouce 10 lignes) de diamètre. Lorsqu'on veut faire marcher l'expérience, on plonge entièrement le réservoir *a* dans un vase plein d'eau *h*, que l'on peut ôter et remettre à volonté sans déranger l'appareil. Dans l'état où se trouve l'appareil par la description que je viens de donner, la membrane qui ferme l'ouverture *o* de l'endosmomètre n'est pressée que par la colonne de liquide *eb*. La colonne *ci* de mercure est égale en pesanteur à la colonne *fc* de mercure, plus la colonne *fb* de liquide.

Cet appareil étant mis en expérience, l'endosmose introduit l'eau du vase *h* dans le réservoir *a*. Le volume du liquide intérieur étant ainsi augmenté, la surface *f* du mercure est refoulée en bas, et la surface *i* prend un mouvement ascensionnel. Le diamètre intérieur de la branche descendante *bc* est beaucoup plus considérable que ne l'est le diamètre intérieur de la branche ascendante *cd*, en sorte qu'une faible dépression de la surface *f* du mercure correspond à une ascension plus considérable de la surface du mercure en *i*. Sans cela, on ne pourrait observer en *i* qu'une ascension égale à *fc*, ce qui serait trop peu considérable ;

d'ailleurs, la dépression du mercure en *f* est diminuée par la dépression qu'éprouve la membrane *oo*, dépression qui est d'autant plus considérable, que la colonne de mercure est plus élevée en *i*. Cette dépression de la membrane *oo* est ici sans inconvénient, et la force de l'endosmose s'apprécie d'une manière exacte par la pesanteur de la colonne de mercure comprise entre les deux niveaux *f*, *i*, en diminuant sur le poids de cette colonne le poids de la colonne *fb* du liquide, et en y ajoutant le poids de la colonne *eb* du liquide intérieur, dont la pesanteur spécifique est connue. Ce calcul ne se fait qu'à la fin de l'expérience, pendant le cours de laquelle il n'est besoin que de constater l'existence du mouvement ascensionnel du mercure en *i*. Lorsque ce mouvement ascensionnel s'arrête, l'expérience est terminée.

La gomme arabique et le sucre sont les seules substances en solution dont je me sois servi dans mes expériences sur la force de l'endosmose. J'ai fini par donner la préférence au sucre, qui a sur la gomme l'avantage très considérable d'agir sur la membrane de l'endosmomètre, comme substance conservatrice, en retardant sa putréfaction, propriété tout-à-fait étrangère à la gomme. Lorsque le liquide intérieur acquiert une odeur putride, il cesse d'être propre à l'endosmose, et cela par l'effet de l'hydrogène sulfuré que développe toute putréfaction animale. Or, on prévient cet effet, en mettant dans le réservoir de l'endosmomètre une solution aqueuse de sucre suffisamment chargée; alors il n'y a plus que la partie extérieure de la membrane dont la putréfaction commençante puisse imprégner d'hydrogène sulfuré l'eau dans laquelle baigne le réservoir de l'endosmomètre. Lorsque cela arrive, l'endosmose s'arrête, mais elle recommence de suite, en mettant de nouvelle eau pure dans le vase où baigne le réservoir. D'après cette observation, j'avais soin de changer souvent cette eau extérieure.

Une solution d'une partie de gomme dans trois parties
d'eau, solution dont la densité était 1,095, avait élevé le
mercure à 75 centimètres (28 pouces). C'était la limite du
tube de mon appareil, mais ce n'était pas celle de la force
d'endosmose qui existait dans cette circonstance. Je con-
struisis donc un endosmomètre dont le tube avait plus d'é-
tendue, et je me servis exclusivement d'eau sucrée dans les
expériences subséquentes. Ces expériences, que j'ai multipliées pendant plus de deux mois, exigent de la patience.
Ce n'est que par de nombreux tâtonnemens que je suis parvenu à des résultats tels que vont les offrir les expériences
choisies que je vais exposer. Voici comment je procédais à
ces expériences. Le réservoir de l'endosmomètre étant rempli du liquide sucré dont la densité m'était connue, et ce
réservoir étant plongé dans l'eau, je versais du mercure
dans la grande branche ascendante de l'endosmomètre par
l'ouverture *d*, et cela jusqu'à une hauteur arbitraire, mais
de beaucoup inférieure à la hauteur à laquelle la colonne de
mercure devait être portée par la force de l'endosmose. Mes
expériences antécédentes m'avaient fourni des données ap-
proximatives à cet égard. J'attendais que le mercure eût
monté dans le tube par l'impulsion de la force d'endosmose;
alors j'ajoutais une certaine quantité de mercure à la colonne, en le versant par l'ouverture supérieure *d* du tube.
J'attendais encore que l'endosmose eût fait monter la colonne; alors j'ajoutais de nouveau mercure. Je cessais d'o-
pérer cette addition à la hauteur de la colonne, lorsque je
voyais, par l'extrême lenteur de son ascension, que la force
de l'endosmose approchait de sa limite; alors je laissais cette
force opérer seule l'ascension du mercure, jusqu'au point
où cette ascension s'arrêtait définitivement; alors je calcu-
lais, comme je l'ai dit plus haut, la pesanteur de la colonne
de mercure soulevée par l'endosmose. J'évacuais ensuite le
réservoir de l'endosmomètre par l'ouverture *b*, et je me-

surais la densité ou la pesanteur spécifique du liquide sucré extrait de ce réservoir. Cette densité finale devait être seule prise en considération, puisque c'est sous son influence que s'était terminée l'ascension de la colonne de mercure. Ces explications données, je vais exposer trois des expériences par lesquelles je suis parvenu à la connaissance de la loi qui préside à la force de l'endosmose.

J'ai préparé trois solutions aqueuses de sucre, dont les densités étaient 1,035, 1,070, 1,140. Cette dernière contenait un peu moins d'une partie de sucre sur deux parties d'eau. Les excès des densités de ces trois solutions sur la densité de l'eau étaient, comme on voit, dans la progression 1, 2, 4.

Je mis dans le réservoir de l'endosmomètre la solution sucrée 1,035, et je le chargeai d'une colonne de mercure d'un pouce de hauteur. L'expérience fut conduite comme il a été dit plus haut; et au bout de vingt-huit heures, l'ascension de la colonne de mercure s'arrêta à 286 millimètres (10 pouces 7 lignes). Je fais entrer dans cette estimation le poids de la colonne d'eau sucrée qui pesait immédiatement sur la membrane et l'endosmomètre. Le liquide sucré, pesé après l'expérience, se trouva réduit à la densité de 1,02, densité qui est à-peu-près celle d'une solution qui contient une partie de sucre sur seize parties d'eau.

Immédiatement après cette première expérience, je mis dans le réservoir de l'endosmomètre la seconde solution sucrée 1,070, et je la chargeai d'abord d'une colonne de mercure de 27 centimètres (10 pouces) de hauteur. L'expérience dura trente-six heures. Au bout de ce temps, l'ascension de la colonne de mercure s'arrêta, et j'évaluai sa hauteur à 617 millimètres (22 pouces 10 lignes). Le liquide sucré, pesé après l'expérience, était réduit à la densité de 1,053, densité qui est à-peu-près celle d'une solution qui contient une partie de sucre sur sept parties d'eau.

Je mis ensuite en expérience le troisième liquide sucré 1,140, et je le chargeai d'abord d'une colonne de mercure de 595 millimètres (22 pouces). L'expérience dura deux jours entiers. La colonne de mercure ayant terminé son ascension, je l'évaluai à un mètre 238 millimètres (45 pouces 9 lignes). Le liquide sucré, pesé après l'expérience, était réduit à la densité de 1,110, densité qui est exactement celle d'une solution qui contient une partie de sucre sur trois parties d'eau. Ces trois expériences furent faites dans un local dont la température, qui ne variait nullement, fut constamment à + 16 degrés 1/2 R.

On voit, par ces expériences, que la loi qui préside à la force de l'endosmose est la même que celle qui préside à sa vitesse, résultat qui devait être prévu. Nous avons vu que la vitesse de l'endosmose, produite par des liquides intérieurs de même nature et de densités diverses, l'eau étant toujours le liquide extérieur, que cette vitesse, dis-je, est proportionnelle aux excès des densités des liquides intérieurs sur la densité de l'eau. Nous trouvons la même loi pour la force de l'endosmose. En effet, dans les trois expériences précédentes, nous avons des liquides intérieurs dont les densités finales sont 1,025, 1,053, 1,110. Les excès de densité de ces liquides sur la densité de l'eau, sont 0,025, 0,053, 0,110. Or, établissons une progression semblable, en prenant pour premier terme 286 millimètres (10 pouces 7 lignes), hauteur de la colonne de mercure soulevée par l'endosmose du premier liquide sucré, nous aurons 286^{mm}, 606^{mm}, 1,258^{mm}, c'est-à-dire, 10 p. 7 l., 22 p. 5 l., 46 p. 6 l. Or, l'observation donne 286^{mm}, 617^{mm}, 1,238^{mm}, c'est-à-dire, 10 p. 7 l., 22 p. 10 l., 45 p. 9 l. Il n'y a évidemment ici, entre les résultats de l'expérience et ceux du calcul, que les différences légères qui sont inévitables dans les expériences de ce genre. Ainsi, il est démontré que la force de l'endosmose, produite par différentes densités

d'un même liquide intérieur, l'eau étant le liquide extérieur, et la température étant constante, est proportionnelle
aux quantités qui expriment, dans deux expériences comparées, les excès de la densité des deux liquides intérieurs
sur la densité de l'eau, qui est le liquide extérieur.

D'après cette loi, on peut calculer qu'avec l'endosmomètre qui a servi à ces expériences, et par la même température, le sirop de sucre, à la densité de 1, 3, produirait une endosmose capable de soulever une colonne
de 127 pouces de mercure, ou du poids de 4 atmosphères 1/2.

Le principe qui vient d'être établi que la vitesse et la
force de l'endosmose produite par les diverses densités
d'une même solution, sont proportionelles aux excès de la
densité de cette solution par la densité de l'eau séparée de
cette même solution par une membrane, ce principe, dis-je,
n'est point d'une application générale, et cela parce que
l'énergie de l'endosmose ne dépend pas exclusivement de
la différence de la densité des deux liquides mis ensemble
en expérience ; cette énergie dépend aussi de certaines
qualités indépendantes de la densité et propres à certains
liquides. Ainsi, l'alcool quoique bien moins dense que l'eau,
produit une endosmose très énergique, dirigée de l'eau vers
l'alcool, ces deux liquides étant séparés par une membrane.
Les diverses solutions de substances organiques, les diverses
solutions salines jouissent de même de certaines qualités
spéciales qui leur donnent une énergie d'endosmose qui
ne dépend point de leur densité. Il m'a paru qu'il serait important de déterminer par l'expérience quel est le
pouvoir comparatif d'endosmose que possèdent certaines
solutions, mises chacune à part et à même densité, en expérience avec l'eau pure dont elles seraient séparées par une
même membrane animale.

La mesure comparative de l'endosmose opérée par diffé-

rens liquidés mis en rapport avec l'eau pure, est assez difficile à établir d'une manière exacte. En effet, la membrane organique qui ferme un endosmomètre ne conserve
point, pendant des expériences un peu longues, le même
degré de perméabilité, et il en résulte que l'endosmose
éprouve des variations qui sont tout-à-fait indépendantes
des qualités physiques ou chimiques des liquides qui sont
en expérience. La macération, en augmentant la perméabilité de la membrane de l'endosmomètre, augmente d'a-
bord graduellement la quantité de l'endosmose. Lorsque
cette perméabilité est devenue telle, par une macération
prolongé, que le liquide contenu dans l'endosmomètre filtre au travers de la membrane en vertu de sa seule pesanteur,
l'endosmose d'abord diminuée finit par s'abolir ; on voit
ainsi qu'il est impossible d'obtenir des résultats rigoureu-
sement comparables en mesurant avec le même endosmomètre le pouvoir d'endosmose de différens liquides. Cependant c'est le seul moyen d'expérimentation que l'on puisse
employer à cet égard, car si l'on mettait les liquides que
l'on veut comparer dans des endosmomètres différens, on
n'aurait point autant de garanties pour la similitude des conditions de l'endosmose que lorsqu'on fait des expériences
successives avec le même endosmomètre. Pour éviter autant
que possible les inconvéniens signalés plus haut, il faut que
les expériences successives que l'on fait avec le même endosmomètre soient de courte durée; il faut en outre multiplier ces expériences afin de pouvoir établir entre leurs résultats une moyenne qui ne pourra manquer d'être très voisine
de la vérité. C'est de cette manière que j'ai trouvé qu'à même
densité une solution d'hydrochlorate de soude et une solution de sulfate de soude ont un pouvoir d'endosmose
qui est dans le rapport de 1 à 2, ces solutions étant mises
en rapport avec l'eau pure. J'ai trouvé de même qu'avec
une égale densité, l'eau chargée de gomme arabique et

l'eau sucrée ont un pouvoir d'endosmose que je suis bien
tenté de considérer comme étant dans le rapport exact de
1 à 2, mais que la moyenne de plusieurs observations établit dans le rapport de 8 à 17. J'ai voulu comparer, sous
le même point de vue, le pouvoir d'endosmose de l'eau chargée des deux substances solubles les plus répandues dans
l'organisme animal, de la gélatine et de l'albumine. Je me
suis servi pour cela de la gélatine fournie par la colle de
poisson, et de l'albumine de l'œuf de poule.

L'eau gélatineuse de la colle de poisson ne conserve
sa liquidité à la température de + 10 à + 20 degrés R.,
que lorsqu'elle ne possède point une densité supérieure à
1,01 ; elle contient alors 0,041 de son poids de gélatine ;
à une densité plus considérable elle se prend en gelée. J'ai
donc dû m'en tenir à cette densité de 1,01 pour mes expériences avec l'eau gélatineuse. J'ai cherché ensuite à
me procurer de l'eau albumineuse de la même densité. Ceci m'entraînera dans une petite digression.

Lorsqu'on met l'albumen de l'œuf de poule dans de l'eau,
celle-ci dissout une quantité d'abord assez faible d'albumine, et la surface de l'albumen immergé se couvre d'une
enveloppe blanchâtre ; si l'on agite ce mélange, l'albumine se divise, la solution de l'albumine dans l'eau
devient plus considérable, les flocons de l'albumen divisé deviennent blancs et tombent au fond de l'eau ayant
l'apparence d'albumine coagulée. Un chimiste célèbre pense
que l'albumen de l'œuf est composé d'un réseau solide dans
les mailles duquel l'albumine soluble est contenue, et que
l'eau venant à dissoudre cette dernière, le réseau solide
reste à nu ; ce serait lui qui formerait cette enveloppe
blanchâtre qui recouvre l'albumen plongé dans l'eau. Mes
expériences ne me permettent point d'adopter cette manière
de voir, que réprouve également la physiologie. L'albumen
de l'œuf est une substance sécrétée et par conséquent

sans organisation, n'ayant point de solides dans les mailles desquels les liquides seraient contenus. La substance blanchâtre qui apparaît à la surface de l'albumen plongé dans l'eau est le résultat d'une véritable coagulation de l'albumine, coagulation qui est opérée par le contact de l'eau. À ce sujet il est une remarque à faire : toutes les substances qui dissolvent l'albumine ont aussi, suivant les circonstances, le pouvoir de la coaguler, et réciproquement toutes les substances qui la coagulent ont aussi le pouvoir de la dissoudre. Ainsi, les alcalis qui dissolvent l'albumine lorsqu'ils sont faibles ou lorsqu'ils sont peu concentrés, la coagulent lorsque leur concentration est à un certain degré. Les acides dont l'effet le plus apparent est de coaguler l'albumine, la dissolvent aussi. Les acides phosphorique et acétique ne coagulent entièrement l'albumine que lorsque leur concentration est considérable ; moins concentrés ils la dissolvent en grande proportion. Tous les autres acides, sans aucune exception, présentent les mêmes phénomènes. Ainsi l'acide hydrochlorique dissout l'albumine lorsqu'il est suffisamment étendu d'eau ; l'acide sulfurique et l'acide nitrique lui-même, lorsqu'ils sont étendus dans une quantité d'eau très considérable, dissolvent une certaine quantité d'albumine. L'eau se comporte à cet égard comme un acide très faible ; elle dissout une partie de l'albumine et elle coagule l'autre. Voici comment on peut s'en assurer. L'œuf de poule nouvellement pondu contient, outre l'albumine visqueuse et tenace qui existe seule dans les vieux œufs, un liquide albumineux très coulant, dont la densité n'est que 1,04. Ce liquide albumineux mêlé à l'eau, présente les mêmes phénomènes que ceux qu'offre dans les même cas l'albumine visqueuse. On le voit se dissoudre en partie et se précipiter en partie sous l'apparence de flocons blanchâtres. Certes, on ne peut admettre ici que l'albumine soluble soit contenue dans les mailles d'un solide.

L'eau ainsi chargée d'albumine en solution étant ajoutée à
de nouvelle albumine très liquide de l'œuf, en dissout une
plus grande proportion que l'eau pure, et n'en coagule
plus qu'une très petite partie. Cette propriété qu'a l'albumine de l'œuf d'être en partie dissoute et en partie coagulée par les acides faibles et par l'eau est fort remarquable,
et mérite d'être soigneusement étudiée par les chimistes ;
elle semblerait indiquer que l'albumine de l'œuf contient
deux substances albumineuses différentes. Je reviens à mes
expériences après cette petite digression qui était nécessaire pour faire voir comment, par l'addition de l'eau à l'albumine de l'œuf, j'ai obtenu un liquide albumineux d'une
densité 1,01 égale à la densité de l'eau gélatineuse à laquelle
je voulais le comparer sous le point de vue du pouvoir d'endosmose. Je trouvai qu'à cette densité le liquide albumineux contenait 0,041 de son poids d'albumine, quantité
parfaitement égale à celle de la gélatine que contenait l'eau
gélatineuse de même densité. Ainsi mes deux liquides
albumineux et gélatineux étaient exactement semblables
sous le double point de vue de leur densité et de la quantité de matière organique qu'ils contenaient dans un
même poids d'eau. Pour étudier le pouvoir d'endosmose
de ces deux liquides, je me suis servi de l'endosmomètre
représenté pl. 1, fig. 1. Le réservoir de cet endosmomètre
était fermé par un morceau de vessie; rempli par l'un des
deux liquides ci-dessus, il était plongé dans de l'eau de
pluie.

On peut déterminer de deux manières la quantité comparative de l'endosmose produite par deux liquides mis
successivement dans le même endosmomètre :

1° En observant le nombre de degrés dont le liquide
s'élève dans le tube de l'endosmomètre pendant un temps
déterminé. Les expériences faites successivement avec chacun des deux liquides étant d'égale durée, l'endosmose opé-

rée par chacun de ces deux liquides est en raison directe.
du nombre de degrés parcourus par ces liquides dans le tube
de l'endosmomètre. C'est le liquide dont l'ascension est la
plus considérable dans le même temps, qui a le plus de
pouvoir d'endosmose.

2° En observant le temps que le liquide ascendant dans
le tube de l'endosmomètre met à parvenir à un degré déterminé dans les expériences faites successivement avec
chacun des deux liquides ; alors l'endosmose opérée par
chacun de ces deux liquides est en raison inverse des temps.
C'est le liquide qui, dans sa marche ascendante, parvient
dans le moins de temps au degré fixé, qui a le plus de pouvoir d'endosmose.

J'ai mis en usage ces deux manières de déterminer la
quantité comparative de l'endosmose dans les expériences
que j'ai faites à cet égard sur l'eau gélatineuse et sur l'eau
albumineuse dont la densité était également 1,01. J'ai fait
avec ces deux liquides dix expériences en variant la durée
de ces dernières. Dans trois de ces expériences comparatives,
le pouvoir d'endosmose de l'eau gélatineuse a été au pouvoir
d'endosmose de l'eau albumineuse dans le rapport exact de
1 à 4 ; dans quatre expériences ce rapport a été un peu plus
fort ; dans trois expériences il a été un peu plus faible. En
prenant la moyenne de ces expériences, j'ai obtenu le rapport de 12 à 49, rapport qui ne diffère presque point du
rapport de 1 à 4. Ainsi je pense que l'on peut considérer
ce dernier rapport de 1 à 4 comme exprimant exactement
le rapport du pouvoir d'endosmose de l'eau gélatineuse au
pouvoir d'endosmose de l'eau albumineuse, l'eau pure
étant pour l'une et l'autre, le liquide extérieur à l'endosmomètre.

Le sucre est de toutes les substances végétales celle qui,
dissoute dans l'eau, possède le plus de pouvoir d'endosmose. J'ai dit plus haut que j'avais trouvée le rapport de

8 à 17 entre l'endosmose opérée par l'eau chargée de gomme arabique et l'eau sucrée de même densité. J'ai recherché quel était le rapport du pouvoir d'endosmose de l'eau sucrée et de l'eau albumineuse de la même densité 1,01, j'ai trouvé que ce rapport était approximativement celui de 11 à 12. En établissant, d'après ces données, les rapports du pouvoir d'endosmose de l'eau gommée, de l'eau sucrée, de l'eau gélatineuse et de l'eau albumineuse d'égale densité, nous voyons que ces quatre liquides se trouvent placés dans l'ordre et dans les rapports suivans :

Eau gélatineuse 3, eau gommée 5,17, eau sucrée 11, eau albumineuse 12.

Ainsi, de toutes les substances organiques solubles dans l'eau, l'albumine est celle qui a le plus grand pouvoir d'endosmose, et la gélatine une de celles dont le pouvoir d'endosmose est le plus petit, et cela en passant au travers d'un morceau de vessie.

Lorsque je fis mes premières expériences sur l'endosmose, expériences publiées en 1826, je vis et j'annonçai que, dans ce phénomène, les acides offraient un mode d'action opposé à celui que présentaient les alcalis. La solution aqueuse de l'un quelconque de ces derniers étant séparée de l'eau pure par une membrane animale, le courant d'endosmose est dirigé de l'eau vers la solution alcaline; il me parut que l'inverse avait lieu en employant un acide en remplacement de l'alcali. Je revins sur cette assertion trop absolue en 1828 : je n'avais pas essayé l'action de beaucoup d'acides ; en étendant mes recherches, je vis que le vinaigre et les acides nitrique et hydrochlorique, étant séparés de l'eau par un morceau de vessie, le courant d'endosmose était dirigé de l'eau vers l'acide. Quant aux acides sulfurique et hydrosulfurique, il me parut qu'ils étaient complétement incapables de produire l'endosmose ; je leur donnai en conséquence la qualification de liquides *inactifs* par rapport à l'endosmose. Ce langage métaphorique, introduit dans l'énoncé d'une théorie physique, annonçait suffisamment que la véritable théorie de ces phénomènes était encore loin d'être conçue ; il fallait de nouvelles recherches tant pour établir la certitude des faits observés que pour les coordonner en théorie véritablement physique ; cependant j'ai négligé long-temps de m'en occuper. Les recherches que je vais exposer ici, révéleront une série de faits nouveaux fort importans sur la voie desquels je m'étais trouvé, et qui m'avaient échappé. L'incertitude dans laquelle j'étais resté relativement à l'anomalie que me présentaient les acides soumis aux expériences d'endosmose, provenait de ce que j'avais toujours placé les acides au dessus de l'eau, dont ils étaient séparés par une membrane animale. Certains acides, tels que l'acide hydrochlorique à des degrés très divers de densité, et l'acide nitrique seulement à des degrés assez élevés de densité, m'avaient offert l'endosmose, dont le courant était dirigé de l'eau inférieure vers l'acide supérieur, en sorte que l'acide s'élevait graduellement dans le tube de l'endosmomètre. J'avais vu, au contraire, l'acide sulfurique assez étendu d'eau et l'acide hydrosulfurique, placés dans les mêmes circonstances que les acides ci-dessus, descendre toujours et graduellement dans le tube de l'endosmomètre. J'en conclus à tort, que ces acides ne produisaient point d'endosmose, et qu'ils filtraient mécaniquement, par l'effet de leur pesanteur, vers l'eau qui leur était inférieure et dont ils étaient séparés par un morceau de vessie. Des recherches reprises sur cet objet, m'ont enfin éclairé sur la marche de ces phénomènes. Ce fut l'acide oxalique qui fit briller à mes yeux la première lueur à cet égard. Ayant mis dans un endosmomètre fermé par un morceau de vessie, une solution d'acide oxalique, et ayant plongé le réservoir de l'instrument dans l'eau, je fus surpris de voir que le liquide acide s'abaissait rapidement dans le tube de l'endosmomètre, et s'écoulait vers l'eau inférieure, en filtrant au travers de la membrane animale séparatrice. J'eus alors l'idée de faire une disposition inverse des deux liquides, je mis de l'eau dans l'endosmomètre, et je plongeai son réservoir dans la solution d'acide oxalique. Je vis alors avec étonnement l'eau monter rapidement dans le tube de l'instrument, en sorte que, contrairement à tout ce que j'avais observé jusqu'alors, le courant d'endosmose était dirigé de l'acide vers l'eau. Voici le détail de cette expérience : Ayant mis de l'eau de pluie dans le réservoir de l'endosmomètre, je plongeai ce réservoir, fermé par un morceau de vessie, dans une solution d'acide oxalique dont la densité était 1,045 (11,6 parties d'acide cristallisé, sur 100 de solution); la température était à + 25 degrés centésimaux. L'ascension de l'eau dans le tube de l'endosmomètre a duré pendant trois jours en diminuant graduellement de vitesse. Cette ascension étant devenue presque imperceptible ; j'évacuai l'endosmomètre, dans lequel je trouvai de l'eau chargée d'acide oxalique. L'acide extérieur était réduit à la densité 1,033. Ainsi, en même temps que l'acide inférieur avait pénétré dans l'eau par endosmose, l'eau supérieure avait pénétré dans l'acide par exosmose, et en avait diminué la densité ; mais la perméation de l'eau avait été moins considérable que celle de l'acide, en sorte que l'eau supérieure, augmentée de volume, s'était élevée dans le tube de l'endosmomètre. Ainsi, nous voyons encore ici bien évidemment l'existence des deux courans opposés et inégaux. Ayant remis de l'eau de pluie dans l'endosmomètre, je plongeai son réservoir dans l'acide oxalique ci-dessus mentionné, dont la densité était devenue 1,033. Au bout de deux jours, l'ascension étant devenue presque imperceptible, j'évacuai l'endosmomètre, qui se trouva contenir, comme précédemment, de l'eau chargée d'acide oxalique ; la densité de l'acide extérieur était devenue 1,025. Je

remis dans ce même acide l'endosmomètre que j'avais de
nouveau rempli d'eau de pluie. L'endosmose eut lieu, mais
avec moins de vitesse que précédemment. Ayant interrompu
l'expérience au bout de vingt-quatre heures, je trouvai la
densité de l'acide extérieur réduite à 1,023; l'eau intérieure
contenait de l'acide, comme à l'ordinaire. Je réduisis à 1,01
la densité de l'acide oxalique extérieur, et l'eau placée dans
l'endosmomètre me donna encore une endosmose assez
énergique. Je réduisis la densité de cet acide à 1,005 (1,2
d'acide sur 100 de solution), et l'endosmose fut encore
très remarquable.

Dans ces expériences, j'ai vu que l'endosmose était d'autant plus rapide que l'acide oxalique extérieur était plus
dense, en sorte que la facilité de perméation de cet acide
au travers d'une membrane animale croît avec la densité de
sa solution aqueuse. Ainsi, nous voyons dans cette expérience un liquide plus dense que l'eau, lequel cependant
forme le courant d'endosmose ou le *courant fort,* tandis que
l'eau qui lui est opposée forme le contre-courant d'exosmose ou le *contre-courant faible.* Ceci est contraire à tout
ce que j'avais observé précédemment. Quelle peut être la
cause de ce nouveau phénomène? Les membranes animales
livreraient-elles plus facilement passage à une solution
d'acide oxalique qu'à l'eau au travers de leur tissu? C'est
ce que j'ai recherché par les expériences suivantes.

La filtration d'un liquide par l'effet de la pesanteur au
travers d'une lame poreuse dont les canaux capillaires sont
très petits, n'est facilement appréciable que lorsque la face
inférieure de cette lame poreuse est baignée par ce même
liquide. Ce n'est que de cette manière qu'on peut apprécier la filtration des liquides au travers d'une membrane
animale dont le tissu est serré, telle, par exemple, qu'un
morceau de vessie. Il est nécessaire que la face inférieure
de la membrane soit baignée par le même liquide que celui

I. 4

qui repose sur la face supérieure, afin qu'aucune cause
étrangère ne modifie sa filtration. Nous savons, en effet,
que l'hétérogénéité des deux liquides, en produisant l'endosmose, dénaturerait complètement les effets de la simple
filtration. Si donc je veux éprouver la filtration de l'eau au
travers d'une membrane, j'adapte cette membrane au réservoir d'un endosmomètre que je remplis d'eau, laquelle
s'élève à une certaine hauteur dans le tube de l'instrument.
J'applique ensuite la face inférieure de cette membrane sur
la surface de l'eau contenue dans un vase inférieur. L'eau
contenue dans l'endosmomètre filtre au travers de la membrane et se déverse dans l'eau du vase inférieur ; la quantité de cette filtration dans un temps donné est marquée
par l'abaissement de l'eau dans le tube gradué de l'instrument. Si je veux éprouver comparativement la filtration
d'une solution aqueuse quelconque, je place cette solution
aqueuse dans le même endosmomètre dont la membrane
est alors baignée extérieurement par la même solution
aqueuse, et j'observe quelle est la quantité de son abaissement dans le tube de l'instrument pendant un temps égal
à celui qui a été employé pour la filtration de l'eau. Il est
nécessaire de commencer par éprouver la filtration de l'eau,
et l'on passe ensuite à l'épreuve de la filtration de la solution aqueuse ; mais il faut avoir soin alors de laisser tremper
pendant un quart d'heure au moins la membrane de l'endosmomètre dans la solution aqueuse dont on veut éprouver la filtration, afin qu'elle s'imbibe complètement de ce
dernier liquide et qu'elle remplace l'eau qui imbibait la
membrane. Sans cette précaution, les résultats de la seconde
expérience seraient fautifs. Il faut également avoir soin que
les circonstances des deux expériences comparatives soient
exactement semblables. C'est de cette manière que j'ai procédé pour éprouver comparativement la filtration de l'eau
et celle de la solution aqueuse d'acide oxalique au travers

d'un morceau de vessie. J'ai trouvé qu'à la température de
+ 21° cent., la filtration de l'eau de pluie étant représentée par 24, la filtration d'une solution aqueuse d'acide oxalique à la faible densité de 1,005 (1,2 d'acide sur 100 de
solution) était représentée par 12; une solution de ce même
acide étant employée à la densité 1,01, sa filtration fut représentée par 9.

Il est donc prouvé que l'eau traverse les membranes animales plus facilement que ne le fait une solution d'acide
oxalique. Pourquoi donc ce dernier liquide traverse-t-il la
membrane animale plus facilement et en plus grande quantité que ne le fait l'eau, lorsque cette dernière baigne la face
de la membrane opposée à celle qui est baignée par l'acide?
C'est ce qui me paraît impossible à déterminer dans l'état
actuel de nos connaissances.

La découverte de la singulière propriété que possède
l'acide oxalique, de diriger le courant d'endosmose vers
l'eau, lorsqu'il est séparé de ce dernier liquide par une
membrane animale, me fit penser que tous les autres acides
présenteraient le même phénomène. Il me fut offert, en
effet, d'abord par l'acide tartrique et par l'acide citrique.
Ces deux acides sont bien plus solubles dans l'eau que ne
l'est l'acide oxalique. La solution saturée de ce dernier à
+ 25 degrés centésimaux n'atteint que la densité 1,045
(11,6 parties d'acide cristallisé sur 100 de solution). Or,
la solubilité des acides tartrique et citrique est très grande;
en sorte que leurs solutions aqueuses peuvent acquérir une
densité bien plus considérable. J'expérimentai quels étaient
les effets d'endosmose de ces deux acides tartrique et citrique aux différens degrés de densité de leurs solutions
aqueuses, et je découvris, non sans surprise, que leurs solutions très denses et leurs solutions moins denses, offrent
l'endosmose dans des sens inverses. Ainsi, pour l'acide
tartrique, lorsque sa solution possède une densité supé-

4.

rieure à 1,05 (11 parties d'acide cristallisé sur 100 de solution), et qu'elle est séparée de l'eau par une membrane
animale, la température étant à + 25 degrés centésimaux,
le courant d'endosmose est dirigé de l'eau vers l'acide;
mais lorsque, dans les mêmes circonstances, la densité de
la solution acide est inférieure à 1,05, le courant d'endosmose est dirigé de l'acide vers l'eau, de la même manière
que nous venons de le voir pour l'acide oxalique. Ainsi, suivant le degré plus ou moins élevé de sa densité, l'acide tartrique présente l'endosmose dans deux sens opposés. A la
densité moyenne de 1,05, et par une température de +
25 degrés centésimaux, il n'offre d'endosmose dans aucun
sens, et cependant il ne laisse pas d'y avoir pénétration réciproque de l'acide et de l'eau que sépare la membrane animale; mais cette pénétration réciproque s'opère avec égalité
de marche au travers de la membrane, en sorte qu'il n'y a
point d'*endosmose*, c'est-à-dire, point d'augmentation du
volume de l'un des liquides aux dépens de la diminution
du volume du liquide opposé. L'acide citrique présente
exactement les mêmes phénomènes; la densité moyenne
qui sépare ses deux endosmoses opposées est de même à-
peu-près, 1,05, à la température de + 25 degrés cent. Ces
faits me firent juger que si l'acide oxalique ne présentait
que l'endosmose dirigée de l'acide vers l'eau, cela provenait
de ce que sa solution, à la température de + 25 degrés,
n'atteignait point la densité nécessaire pour que cette solution acide présentât l'endosmose dirigée de l'eau vers l'acide.

Les observations précédentes avaient été faites pendant
les grandes chaleurs de l'été; le thermomètre centigrade
indiquait + 25 degrés lorsque j'ai déterminé le *terme
moyen de densité* de la solution d'acide tartrique, terme
moyen de densité en deçà et au delà duquel l'endosmose
opérée par cette solution acide et l'eau est dirigée vers
l'eau ou vers l'acide. Il étoit important de savoir si l'abais-

sement de la température apporterait quelque modification
dans ces phénomènes. J'ai donc répété ces expériences par
une température de + 15 degrés centésimaux, et j'ai vu
avec surprise que le *terme moyen de densité* dont il vient
d'être question était considérablement déplacé dans le sens
de l'augmentation de la densité du liquide acide. Ainsi, ce
terme moyen de densité étant 1,05 (11 parties d'acide cristallisé sur 100 parties de solution) par une température de
+ 25 degrés centésimaux, il se trouva être 1,1 (21 parties
parties d'acide cristallisé sur 100 parties de solution) par
une température de + 15 degrés, c'est-à-dire, que la solution d'acide tartrique qui occupe ce nouveau *terme
moyen* contient presque deux fois plus d'acide que n'en
contenait la solution qui occupait le précédent *terme
moyen*, lorsque la température était de 10 degrés cente-
simaux plus élevée. Cette première expérience indiquait
que le *terme moyen de densité* dont il est ici question
éprouverait de nouveaux déplacemens dans le même sens
par de nouveaux abaissemens de température. C'est effectivement ce qui est arrivé. A la température de + 8 degrés 1/2 centésimaux, la solution d'acide tartrique, à la
densité de 1,1, n'offrit plus le *terme moyen* qui, à la température de + 15 degrés, séparait les deux endosmoses
opposées : cette solution opérait alors franchement l'endosmose vers l'eau. Il me fallut augmenter sa densité jusqu'à 1,15 (30 parties d'acide sur 100 de solution), pour
parvenir à un nouveau *terme moyen* au delà duquel l'endosmose était dirigée vers l'acide, et en deçà duquel l'endosmose était dirigée vers l'eau. La température étant
abaissée à un quart de degré au-dessus de zéro, la solution d'acide tartrique, à la densité de 1,15, n'offrit plus le
terme moyen ; elle produisit l'endosmose vers l'eau, ce qui
m'indiqua que ce *terme moyen* devait être cherché dans
une plus grande densité de la solution d'acide tartrique,

Je trouvai ce nouveau *terme moyen* correspondant à la température de 1/4 de degré au-dessus de zéro, dans la solution d'acide tartrique dont la densité était 1,21 (40 parties
d'acide sur 100 de solution); toute solution d'acide tartrique supérieure en densité à 1,21 dirigeait alors le courant
d'endosmose de l'eau vers l'acide, et toute solution du même
acide, inférieure à la densité 121, dirigeait le courant d'endosmose de l'acide vers l'eau. Il résulte de ces expériences
que l'abaissement de la température favorise l'endosmose
vers l'eau, et que l'élévation de la température favorise l'endosmose vers l'acide. En effet, une même solution d'acide
tartrique opère avec l'eau, tantôt l'endosmose vers l'acide,
lorsque la température est élevée, tantôt l'endosmose vers
l'eau, lorsque le température est abaissée. Il semblerait
que l'abaissement de la température rendrait ici la perméation capillaire de la solution d'aci de tartrique plus facile et plus prompte que celle de l'eau, et cela, suivant une
certaine concordance entre le degré de la température et la
densité de la solution acide. Ce phénomène serait analogue à celui qu'a fait connaître M. Girard, relativement à
l'écoulement comparé de l'eau nitrée et de l'eau pure par
un tube capillaire de verre (1). Il a expérimenté, en effet,
que, jusqu'à la température de + 10 degrés, une solution
d'une partie de nitrate de potasse dans trois parties d'eau
s'écoule plus vite que l'eau pure par un canal capillaire
de verre, tandis que cette même solution s'écoule plus lentement que l'eau lorsque la température est supérieure à + 10
degrés. Pour savoir si cette analogie présumée est fondée,
j'ai mesuré comparativement la durée de l'écoulement par
un canal capillaire de verre de l'eau pure, et l'écoulement
d'une solution d'acide tartrique dont la densité était 1,105
(21,8 parties d'acide sur 100 parties de solution). Par une

(1) Mémoires de l'Académie des Sciences, 1816.

température de + 7 degrés centésimaux, quinze centilitres d'eau s'écoulèrent par un canal capillaire de verre en
cent cinquante-sept secondes ; le même volume de la solution d'acide tartrique (densité 1,105) s'écoula en trois
cent une secondes par le même canal capillaire. Ainsi, il
n'y a aucune analogie à établir entre les résultats de l'expérience de M. Girard et le fait d'endosmose vers l'eau,
qui a lieu lorsqu'à la température de + 7 degrés on sépare une solution d'acide tartrique (densité 1,105) de l'eau
pure par une membrane animale. Au reste, je dois dire ici
qu'une solution d'une partie de nitrate de potasse dans
trois parties d'eau, étant séparée par une membrane de
l'eau pure, j'ai toujours vu le courant d'endosmose dirigé
de l'eau vers la solution de nitrate de potasse, et cela, aux
températures comprises entre zéro et + 10 degrés, comme
aux températures plus élevées. Cela prouve que l'endosmose
est soumise à des lois tout-à-fait différentes de celles de la
simple filtration capillaire. J'ajouterai que la solution d'a-
cide tartrique (densité 1,105) ayant une *viscosité* presque
double de celle de l'eau, et passant cependant par endosmose dans ce dernier liquide lorsqu'elle en est séparée
par une membrane animale, et à la température de + 7
degrés centésimaux, cela s'ajoutera aux faits qui seront
exposés plus bas, et qui prouvent que l'endosmose ne
dépend point généralement de la viscosité des liquides.

Les liquides acides sont jusqu'ici les seuls qui, séparés
de l'eau par une membrane animale, aient offert le courant
d'endosmose dirigé vers l'eau. Tous les acides, sans exception, offrent ce phénomène : ainsi, par une température
de + 10 degrés C. l'acide sulfurique à la densité de 1,093
étant séparé de l'eau par un morceau de vessie, le courant
d'endosmose est dirigé de l'eau vers l'acide. Par la même
température, l'acide sulfurique réduit à la densité 1,054
étant placé dans l'endosmomètre dont le réservoir et une

partie du tube sont plongés dans l'eau, le courant d'endosmose est dirigé de l'acide vers l'eau, en sorte que l'acide
descend dans le tube de l'endosmomètre assez profondément
au-dessous du niveau de l'eau extérieure. Entre ces deux
endosmoses opposées, il existe nécessairement un *terme
moyen* qui n'offre point du tout d'endosmose; ce *terme
moyen* se trouve dans la densité 1,07 de l'acide sulfurique,
la température étant toujours à + 10 degrés C. Alors les
deux liquides que sépare la membrane animale de l'endosmomètre marchent l'un vers l'autre avec égalité au travers
de cette membrane, en sorte que le liquide contenu dans
l'endosmomètre reste pendant un certain temps à la même
hauteur dans le tube de cet instrument.

L'acide sulfureux à la densité 1,02 étant séparé de l'eau
par une membrane animale n'offre que la seule endosmose
vers l'eau et avec assez d'énergie. J'ai obtenu ce résultat à
la température de + 5 degrés et à celle de + 25 degrés C.

L'acide hydrosulfurique que j'ai employé possédait la
densité de 1,00628 : étant séparé de l'eau par un morceau de
vessie, il offre constamment l'endosmose vers l'eau. Mes expériences ont été faites avec ce même résultat depuis la température de + 4 degrés, jusqu'à celle de + 25 degrés C.

L'acide hydrochlorique est le plus puissant de tous les
acides minéraux pour opérer la direction du courant d'endosmose de l'eau vers l'acide; il faut affaiblir considérablement sa densité pour qu'il présente, avec une membrane
animale, la direction du courant d'endosmose de l'acide
vers l'eau. Ainsi par une température de + 22 degrés
centésimaux, l'acide hydrochlorique doit être réduit, par
l'adjonction de l'eau, à la densité de 1,003, pour qu'il
offre l'endosmose vers l'eau, lorsqu'il est séparé de ce dernier liquide par une membrane animale : à une densité
plus forte, il offre l'endosmose vers l'acide. Lorsque la température est abaissée au-dessous de + 22 degrés, le même

acide acquiert la propriété d'opérer l'endosmose vers l'eau, en possédant une plus forte densité. Ainsi, j'ai expérimenté que, par la température de + 10 degrés centésimaux, l'acide hydrochlorique à la densité de 1,017, offrait le *terme moyen* qui sépare l'endosmose vers l'acide de l'endosmose vers l'eau. Par cette même température, l'acide hydrochlorique à la densité de 1,02 offrait l'endosmose vers l'acide, et à la densité 1,015 présentait l'endosmose vers l'eau. Or, par une température plus élevée, l'acide hydrochlorique à la densité 1,015 présente l'endosmose vers l'acide. Ainsi, un abaissement de douze degrés centésimaux dans la température fait que le *terme moyen* de densité de l'acide hydrochlorique, *terme moyen* qui sépare les deux endosmoses opposées, monte du voisinage de la densité 1,003 à la densité 1,017, c'est-à-dire que la quantité d'acide ajoutée à l'eau est presque sextuplée.

Dans l'état actuel de nos connaissances, c'est à coup-sûr un phénomène bien inexplicable que celui du changement de direction du courant d'endosmose, suivant le degré de densité de l'acide et suivant le degré de la température. L'étrangeté de ce phénomène apparaîtra encore davantage par l'observation qui va suivre. Jusqu'ici, c'est toujours par une membrane animale que j'ai séparé l'acide de l'eau; je sépare actuellement ces deux substances par une membrane végétale. On a vu plus haut que l'acide oxalique, séparé de l'eau par une membrane animale, offre toujours l'endosmose de l'acide vers l'eau, quelle que soit la densité de l'acide, quelle que soit la température. J'ai rempli d'une solution de cet acide une gousse de baguenaudier (*colutea arborescens*). Cette gousse, ouverte seulement à l'un de ses bouts, et formant ainsi un petit sac, fut fixée, au moyen d'une ligature et par son ouverture, à un tube de verre. Ayant plongé cette gousse vésiculeuse remplie d'acide dans l'eau de pluie, l'endosmose se mani-

festa par l'ascension du liquide acide dans le tube de verre,
c'est-à-dire, que le courant d'endosmose fut dirigé de l'eau
vers l'acide. Un réservoir d'endosmomètre, pourvu d'une
membrane d'*allium porrum*, ayant été rempli d'une solution d'acide oxalique et plongé ensuite dans de l'eau de
pluie, l'acide s'éleva graduellement dans le tube de l'endosmomètre; en sorte que, dans cette expérience, le courant d'endosmose fut dirigé de l'eau vers l'acide, ce qui est
l'inverse de ce qui a lieu lorsque le réservoir de l'endosmomètre est fermé par une membrane animale. Les acides
tartrique et citrique, employés à des densités inférieures à
1,05, et par une température de + 25 degrés centésimaux,
offrent l'endosmose vers l'eau avec une membrane animale; ils offrent, au contraire, l'endosmose vers l'acide
avec une membrane végétale. J'ai essayé, à cet égard, des
solutions d'acide tartrique décroissant graduellement de
densité, depuis 1,05 (11 parties d'acide tartrique cristallisé sur 100 parties de solution) jusqu'à la diminution de la
densité à 1,0004 (1 partie d'acide cristallisé sur 1000 parties
de solution), et toujours j'ai obtenu l'endosmose vers l'a-
cide. Mon endosmomètre était fermé avec une membrane
mince et diaphane d'*allium porrum*, et je ne me servais
que d'eau de pluie recueillie avec soin. L'abaissement graduel de la température, depuis + 25 degrés jusqu'à près de
zéro, n'a rien changé à ce résultat. L'acide sulfurique, à la
densité 1,0274, et par une température de + 4 degrés centésimaux, séparé de l'eau pure par une membrane végétale,
m'a offert l'endosmose vers l'acide; séparé de l'eau par une
membrane animale, il m'a offert l'endosmose vers l'eau.

L'acide hydrosulfurique, à la densité de 1,00628, qui,
séparé de l'eau par une membrane animale, offre constamment l'endosmose vers l'eau, offre au contraire l'endosmose
vers l'acide lorsqu'il est séparé de l'eau par une membrane
végétale. Je n'ai fait cette dernière expérience qu'à la tem-

pérature de + 5 degrés. L'acide sulfureux, à la densité
1,02, étant séparé de l'eau, par une membrane animale,
offre d'une manière énergique l'endosmose vers l'eau, et
cela à toutes les températures au-dessus de zéro jusqu'à +
25 degrés centésimaux. Je n'ai point fait d'expériences d'endosmose par des températures plus élevées. Lorsque l'acide
sulfureux à la densité de 1,02 est séparé de l'eau par une
membrane végétale, il n'offre ni l'endosmose vers l'acide,
ni l'endosmose vers l'eau; il paraît alors soumis aux simples lois de l'écoulement par filtration. J'ai voulu voir
l'effet d'endosmose qu'il produirait avec un endosmomètre
fermé par une lame d'argile cuite, et j'ai vu, non sans
surprise, qu'il produisait très énergiquement l'endosmose
vers l'eau. J'avais mis l'acide dans le réservoir de l'endosmomètre, et ce liquide s'élevait assez haut dans le tube de
l'instrument, que je plongeai dans l'eau jusqu'à l'endroit
où l'acide s'élevait dans le tube. L'acide s'abaissa pendant
quatre heures dans le tube de l'endosmomètre, et parvint
dans cet abaissement jusqu'à près de 12 centimètres au-
dessous du niveau de l'eau extérieure; ensuite il remonta
lentement dans le tube jusqu'au niveau de l'eau, et il s'y arrêta. Ainsi je vis que d'abord l'acide sulfureux avait descendu dans le tube au-dessous du niveau de l'eau par *endosmose vers l'eau*, et qu'il avait remonté par simple filtration vers le niveau de l'eau. Il n'y avait plus alors aucune
endosmose ni vers l'eau, ni vers l'acide. L'acide sulfurique
étendu d'eau, et pourvu ainsi de la densité 1,0549, se comporte comme l'acide sulfureux lorsqu'il est séparé de l'eau
par une lame d'argile cuite; il présente d'abord l'endosmose
vers l'eau, mais au bout de quelques minutes cette endosmose s'arrête et n'est point remplacée par l'endosmose
contraire; il n'y a plus alors que simple filtration par l'effet
de la pesanteur. L'acide hydrosulfurique se comporte
exactement de même, étant séparé de l'eau par une lame

d'argile cuite. Ce phénomène est d'autant plus singulier qu'il n'est point général. Ainsi l'acide, oxalique présente l'endosmose vers l'acide, lorsque ce dernier est séparé de l'eau par une lame d'argile cuite. J'ai observé ce phénomène depuis + 4 degrés jusqu'à 25 degrés centésimaux, et avec les plus fortes densités que puissent acquérir les solutions de cet acide aux diverses températures, comme avec de très faibles densités de ces solutions. L'acide tartrique offre de même l'endosmose vers l'acide, lorsqu'il est séparé de l'eau par une lame d'argile cuite.

L'acide nitrique, à une densité un peu forte, offre l'endosmose vers l'acide, lorsqu'il est séparé de l'eau par une membrane animale. Ainsi, par une température de + 10 degrés centésimaux, cet acide, à la densité 1,12 ou à une densité plus forte, offre l'endosmose vers l'acide ; à la densité 1,08 et dans les mêmes circonstances, il offre l'endosmose vers l'eau ; à la densité 1,09, il offre le *terme moyen* entre les deux endosmoses opposées. L'endosmose opérée par cet acide m'a offert un phénomène que je n'ai point observé en employant d'autres substances. Ayant mis quelques fragmens très petits de feuilles d'or dans l'acide nitrique (densité 1,12) que contenait le réservoir d'un endosmomètre fermé avec un morceau de vessie et plongé dans l'eau, je vis ces petits fragmens de feuilles d'or lancés par intervalles et avec vivacité, de bas en haut, dans l'acide nitrique. Ils retombaient lentement sur la surface de la membrane qui occupait le fond du réservoir de l'endosmomètre, et ils y demeuraient immobiles ; l'instant d'après, ils recevaient une impulsion nouvelle, qui leur donnait derechef un vif mouvement ascendant ; ils retombaient ensuite vers la membrane, au dessus de laquelle ils s'élevaient de nouveau après une courte pause. Il n'y avait aucune simultanéité dans les mouvemens d'ascension des petits fragmens de feuilles d'or ; ces mouvemens étaient tout-à-fait indépendans les uns des autres. Les mouvemens rapides d'ascension étaient dus, on ne peut guère en douter, à l'impulsion de l'eau qui pénétrait par une irruption subite dans l'acide nitrique, en traversant par endosmose les canaux capillaires de la membrane ; canaux sur lesquels était appuyé le petit fragment de feuille d'or, et qui avaient subitement livré passage au courant d'endosmose qui ne les parcourait point pendant l'instant d'avant. Cela semblerait prouver que, dans cette circonstance, le courant d'endosmose serait intermittent dans chaque canal capillaire. Les mouvemens lents de descente des petits fragmens de feuilles d'or sur la surface de la membrane, étaient évidemment dus à la pesanteur. Au reste, je me suis fait les questions suivantes, sans pouvoir les résoudre : Pourquoi les petits fragmens de feuilles d'or ne rencontrent-ils jamais dans leur chute vers la membrane, un des courans rapides ascendans, qui font monter les fragmens de feuilles d'or voisins, et ne sont-ils point ainsi entraînés de nouveau vers le haut avant d'être retombés sur la surface de la membrane ? Pourquoi ne tombent-ils point accidentellement sur une place de cette membrane, où le courant rapide ascendant serait actuellement en exercice ? Pourquoi, n'est-ce jamais qu'après une pause instantanée sur la surface de la membrane, qu'ils sont lancés vivement vers le haut ? Ce phénomène singulier présente, comme on le voit, beaucoup d'obscurité et demande une nouvelle étude.

En faisant des expériences d'endosmose avec les acides, comme dans l'expérience précédente, on peut voir très facilement le courant d'exosmose. Pour cela, il faut plonger le réservoir de l'endosmomètre qui contient de l'acide nitrique ou hydrochlorique, dans un bocal de verre plein d'eau. On voit alors l'acide qui traverse la membrane, descendre dans l'eau, où il forme des stries nombreuses semblables à une pluie abondante ; malgré la force de ce cou-

rant descendant ou de ce courant d'exosmose, le volume
de l'acide contenu dans l'endosmomètre, s'augmente,
ce qui se manifeste par l'ascension de cet acide dans le tube
de l'endosmomètre. Le courant ascendant ou le courant
d'endosmose, l'emporte donc sur le courant d'exosmose,
malgré l'abondance de ce dernier.

La propriété que possèdent les acides d'opérer l'endosmose dans deux directions opposées m'avait échappé lors
de mes premières expériences sur l'endosmose, en sorte
que voyant, dans certains cas, le liquide acide placé dans
l'endosmomètre descendre vers l'eau dans laquelle le réservoir de cet instrument était plongé, je croyais qu'il y avait
alors abolition de l'endosmose, et que le liquide acide
était incapable de la produire. Je n'avais point continué
assez ce genre d'expériences pour voir le liquide acide descendre dans le tube de l'endosmomètre au-dessous du niveau de l'eau extérieure. Au reste, il arrive souvent que
l'action des acides sur la membrane animale de l'endosmomètre altère cette membrane, de manière que les liquides
qu'elle sépare ne peuvent plus offrir d'endosmose, et coulent
l'un vers l'autre en vertu des seules lois de la pesanteur, et
jusqu'à ce que leur niveau soit le même. L'endosmose est
alors abolie. Dès mes premières expériences sur l'endosmose, j'ai noté ce fait, qu'un peu d'acide sulfurique ou
hydrosulfurique ajouté à de l'eau gommée, fait que le courant d'endosmose cesse de se porter de l'eau vers l'eau gommée, en sorte que ce dernier liquide, au lieu de monter
dans le tube de l'endosmomètre, s'abaisse graduellement
dans ce tube. J'avais attribué généralement ce phénomène
à l'abolition de l'endosmose; mais il est évident qu'il est
dû, dans certains cas, à la direction du courant d'endosmose de l'acide vers l'eau. Ainsi, relativement à l'eau gommée acidifiée dont je viens de parler, placée au-dessus de
l'eau dont elle était séparée par une membrane animale,

elle s'abaissait dans le tube de l'endosmomètre, et s'écoulait vers l'eau sous-jacente, soit par abolition de l'endosmose, soit par le fait de l'existence de l'endosmose vers l'eau. L'expérience seule peut déterminer quelle est celle de ces deux causes qui fait descendre le liquide acide vers l'eau. Tous les acides, en les employant à la densité qui leur fait opérer l'endosmose vers l'eau, et en quantité suffisante, peuvent, par leur adjonction, vaincre la disposition que possédera un liquide quelconque à opérer l'endosmose opposée : voici un exemple de ce phénomène. Le pouvoir d'endosmose de l'eau sucrée est des plus considérables, ainsi que je l'ai démontré. L'eau qui tient en solution un 16e seulement de son poids de sucre, produit une endosmose rapide dirigée de l'eau vers l'eau sucrée. Or, j'ai expérimenté qu'en ajoutant à cette eau sucrée une quantité d'acide oxalique égalé en poids à celle du sucre qu'elle tient en solution, c'est-à-dire, un 16e de son poids, on intervertit le sens du courant d'endosmose, lequel ne marche plus alors de l'eau pure vers l'eau sucrée, mais bien de l'eau sucrée et acide vers l'eau pure, en sorte que l'acide oxalique entraîne, pour ainsi dire, de force l'eau sucrée à laquelle il est associé, dans la direction d'endosmose qui lui est propre. Ici, c'est le liquide dense et visqueux qui traverse la membrane animale avec plus de facilité et en plus grande quantité que ne le fait l'eau pure. J'ai dissous dans seize parties d'eau deux parties de sucre et une partie d'acide oxalique; j'ai plongé dans cette nouvelle solution le réservoir d'un endosmomètre fermé par un morceau de vessie et rempli d'eau pure. Celle-ci n'a point varié d'élévation dans le tube de l'instrument pendant deux heures que j'ai continué l'expérience. Ainsi il n'y a point eu d'endosmose. Cependant j'ai trouvé que l'eau contenue dans l'endosmomètre, contenait beaucoup d'acide oxalique; cela était également apercevable par l'emploi de l'eau de chaux et par la dégustation. Ce dernier moyen y faisait également découvrir l'existence du sucre. Ainsi le liquide acide et sucré extérieur à l'endosmomètre avait pénétré dans l'eau que contenait cet instrument. Si cette introduction n'avait pas augmenté le volume de l'eau, cela provient de ce que celle-ci avait perdu par l'effet du contre-courant descendant un volume égal à celui du liquide introduit dans l'endosmomètre par le courant ascendant. Ici il n'y avait point d'*endosmose*, bien qu'il existât encore deux courans antagonistes au travers de la membrane qui séparait les deux liquides. On ne doit point perdre de vue, en effet, que je ne donne le nom d'*endosmose* qu'à l'existence d'un *courant fort* opposé à un *contre-courant faible*, courans antagonistes s'opérant simultanément au travers de la cloison qui sépare les deux liquides. Du moment que ces deux courans antagonistes deviennent égaux, il n'y a plus d'accumulation de liquide d'un côté, et dès-lors il n'y a plus là d'effort de dilatation ou d'impulsion ; en un mot, il n'y a plus d'*endosmose*.

C'est à l'acide hydrosulfurique que contiennent les liquides animaux putréfiés qu'il faut attribuer l'effet d'abolition de l'endosmose qu'ils opèrent. Le fait de cette abolition me frappa dès mes premières expériences sur l'endosmose. J'avais constamment observé qu'en mettant une solution de matière organique dans une petite vessie animale environnée d'eau, l'endosmose avait lieu pendant deux ou trois jours et finissait par s'arrêter. J'avais remarqué qu'alors le liquide contenu dans l'endosmomètre avait une odeur putride résultant soit de sa propre putréfaction, soit de celle de la vessie animale. J'obtenais de nouveau l'endosmose en remplaçant ce liquide putréfié par un liquide semblable, mais à l'état sain. J'attribuai dès-lors cette abolition de l'endosmose à l'acide hydrosulfurique que contenait le liquide putréfié, et l'expérience me prouva

que mon opinion à cet égard était fondée ; car en ajoutant
de l'acide hydrosulfurique à de l'eau gommée ; par exemple, j'abolissais la propriété que possède la gomme en solution de produire l'endosmose. J'expérimentai alors que
l'eau chargée de la substance soluble contenue dans de la
matière fécale liquide prise dans les gros intestins d'une
poule, et qui avait fortement l'odeur d'hydrogène sulfuré,
ne produisait point du tout d'endosmose lorsqu'elle était
séparée de l'eau pure par la vessie qui fermait l'endosmomètre dans lequel je l'avais placée. J'expérimentai même
que de l'eau gommée qui opérait très bien l'endosmose
perdait cette propriété lorsque je la mêlais à une petite
quantité de ce liquide fécal. Je n'aperçus point alors la véritable théorie de ces phénomènes ; je crus que l'acide
hydrosulfurique était en quelque sorte ennemi de l'endosmose, et je lui associai, sous ce point de vue, l'acide sulfurique. J'ai abandonné cette fausse manière de voir en
découvrant la véritable théorie de ce phénomène. Tous les
acides dirigent le courant d'endosmose vers l'eau, lorsqu'ils sont employés à une dose convenable. L'acide hydrosulfurique donne constamment cette direction au courant
d'endosmose. Si l'on ajoute cet acide en quantité considérable à une solution de matière organique, telle que de la
gomme, et que cette solution soit de faible densité, il lui
communique sa propriété de diriger le courant d'endosmose vers l'eau, et on voit ce mélange placé dans l'intérieur
d'un endosmomètre s'abaisser dans le tube de cet instrument au-dessous du niveau extérieur. Si la quantité d'acide hydrosulfurique ajoutée à la solution de gomme est
moins considérable ; ce liquide mélangé, séparé de l'eau
pure par la vessie de l'endosmomètre, tendra à couler par
endosmose vers l'eau avec autant de force que l'eau tendra
à couler par endosmose vers ce même liquide mélangé ; en
sorte que ces deux tendances opposées et égales se contre-

balanceront et se feront équilibre. Toute endosmose sera
abolie et le liquide mélangé placé dans l'endosmomètre
s'abaissera dans le tube de cet instrument par le seul effet
de sa filtration descendante, par l'effet de la pesanteur. Si
enfin la quantité d'acide hydrosulfurique ajoutée à la solution de gomme est fort petite, ce sera la puissance d'endosmose propre à cette solution de gomme qui l'emportera,
et le liquide mélangé s'élevera par endosmose dans le tube
de l'endosmomètre.

Une membrane animale qui a subi l'action de l'acide hydrosulfurique, demeure moins apte qu'elle ne l'était auparavant à produire l'endosmose, dont le courant est dirigé de
l'eau vers un liquide dense. Ayant pris un endosmomètre,
dont la vessie avait été altérée par l'acide hydrosulfurique,
et que j'avais ensuite soigneusement lavée dans l'eau pure,
je remplis son réservoir avec de l'eau chargée de 0,05 de
son poids de gomme arabique. Il ne se manifesta aucune
endosmose. Ainsi, la vessie pénétrée d'acide hydrosulfurique était devenue incapable de diriger le courant d'endosmose vers la solution de gomme énoncée ci-dessus. Je laissai tremper pendant vingt-quatre heures le réservoir de
l'endosmomètre muni de sa vessie hydrosulfurée dans
l'eau pure; au bout de ce temps, je recommençai l'expérience ci-dessus avec la solution de gomme, laquelle alors
produisit l'endosmose dans le sens qui lui est propre; mais
avec moins d'énergie que ne l'aurait fait une vessie neuve
ou non altérée par l'acide hydrosulfurique. J'ai fait des
observations toutes semblables en employant un endosmomètre dont le réservoir était fermé avec une lame d'argile
cuite. Ces expériences prouvent que c'est à la seule présence de l'acide hydrosulfurique dans les conduits capillaires de la cloison de l'endosmomètre qu'est due l'abolition de l'endosmose dans ces mêmes expériences. Ce résultat tend à prouver que c'est spécialement dans les conduits

capillaires de la cloison poreuse de l'endosmomètre qu'existe
la force qui produit l'endosmose.

Le sens opposé dans lequel s'opèrent l'endosmose vers
l'eau produite par les acides d'une densité déterminée et
l'endosmose opposée produite par d'autres liquides, devait
faire penser qu'en mettant un de ces derniers liquides
dans un endosmomètre fermé par une membrane animale,
laquelle serait baignée en dehors par une solution d'acide
pourvu d'une densité convenable, on obtiendrait de la part
du liquide placé dans l'intérieur de l'endosmomètre une
ascension beaucoup plus rapide que celle qui a lieu lorsque c'est l'eau pure qui est le liquide extérieur. C'est effectivement ce que l'expérience m'a fait voir. J'ai mis dans un
endosmomètre fermé par un morceau de vessie une solution de cinq parties de sucre dans 24 parties d'eau. Ayant
plongé le réservoir de l'endosmomètre dans l'eau, j'ai obtenu,
dans l'espace d'une heure, une ascension du liquide intérieur
représentée par le nombre 9. Le réservoir du même endosmomètre contenant la même eau sucrée, ayant été plongé
dans une solution d'acide oxalique dont la densité était
1,014 (3,2 parties d'acide cristallisé sur 100 de solution),
j'obtins, dans l'espace d'une heure, une ascension du liquide intérieur représentée par le nombre 27. Ainsi, la sub-
stitution de l'acide oxalique à l'eau pure, en dehors de l'endosmomètre, avait triplé l'introduction du liquide extérieur
dans l'eau sucrée contenue dans l'endosmomètre, ou avait
triplé l'endosmose. J'ai obtenu des résultats identiques
avec les acides tartrique et citrique employés aux densités
qu'il faut qu'ils possèdent pour opérer l'endosmose vers
l'eau. Il semblerait résulter de ces dernières expériences,
que l'eau chargée d'une faible proportion de l'un des acides
dont il est ici question possède une *puissance de pénétration* plus grande que celle de l'eau pure au travers des
membranes animales; mais une expérience directe, rap-

5.

portée plus haut, prouve qu'il n'en est rien. C'est toujours
l'eau pure qui, employée seule, a le plus de *puissance de
pénétration* au travers des membranes animales. Si donc,
dans les expériences que je viens d'exposer, l'eau chargée
d'acide passe au travers de la membrane animale, plus facilement et plus abondamment dans l'eau sucrée que ne le
fait l'eau pure, cela provient évidemment de ce qu'il y a
ici une action physique inconnue dans sa nature, et dont
le siège paraît être dans les conduits capillaires de la cloison
séparatrice des deux liquides, action qui imprime un mouvement de perméation croisée aux deux liquides, et cela
quelquefois avec des vitesses respectives inverses de celles
qui sembleraient devoir exister, en ayant égard à la facilité
de perméation propre à chacun de ces deux liquides. J'ai
fait quelques recherches sur les phénomènes d'endosmose
que présentent les liquides acides séparés des liquides al-
calins par une cloison membraneuse animale. J'ai fait ces
expériences par une température de + 22 degrés C. Un
endosmomètre dont le réservoir était fermé avec un morceau de vessie, reçut dans son intérieur une solution
aqueuse de soude, dont la densité était de 1,069; en dehors
je plaçai de l'acide hydrochlorique étendu d'eau, dont la
densité était 1,193. Le courant d'endosmose se trouva dirigé de l'alcali vers l'acide dont la densité était supérieure.
Conservant toujours à la solution de soude sa densité 1,069,
je diminuai graduellement la densité de l'acide, et j'observai toujours la direction du courant d'endosmose de l'alcali vers l'acide jusqu'à ce que ce dernier fût arrivé à la
densité 1,086. Alors il n'y eut plus d'endosmose. En continuant de diminuer, la densité de l'acide, le sens du courant d'endosmose se trouva interverti; il fut dirigé de l'a-
cide vers l'alcali. Quoique la solution de ce dernier fût encore inférieure en densité à l'acide, à plus forte raison cette
même direction intervertie du courant d'endosmose sub-

sista-t-elle lorsque la densité de l'acide fut abaissée de manière à se trouver égale à celle 1,069 de la solution alcaline.
A partir de ce point, j'ai diminué graduellement la densité
de la solution alcaline en conservant toujours à l'acide la
densité 1,069, et la direction du courant d'endomose n'a pas
varié, il a toujours été dirigé de l'acide vers l'acali. J'ai diminué la densité de la solution alcaline jusqu'à 1,00001, et
le courant d'endosmose a toujours été dirigé vers elle
malgré l'excessive supériorité de densité de l'acide.

On voit par ces expériences que les solutions acides et
alcalines séparées par un morceau de vessie, se comportent, comme le font dans le même cas, les solutions acides
et l'eau pure, c'est-à-dire que le courant d'endosmose subit
une interversion dans sa direction lorsque l'acide est amené
à une certaine diminution de densité; alors, soit que ce
soit l'eau pure qui soit opposée à l'acide, soit que ce soit
une solution alcaline inférieure en densité à ce même acide,
on observe ce phénomène véritablement paradoxal, que la
direction du courant d'endosmose éprouve une interversion; et que cessant de se diriger vers l'acide, toujours
cependant supérieur en densité, il se dirige ou vers l'eau
pure, ou vers la solution alcaline dont la densité peut être
amenée à une diminution excessive sans apporter de changement dans ce phénomène. Ainsi, dans ces expériences,
l'acide se comporte avec l'eau pure comme il se comporte
avec un alcali. J'ai obtenu des résultats analogues, en faisant les mêmes expériences avec l'acide sulfurique étendu
d'eau et une solution de soude.

Je ferai observer que l'alcali, qui dans ces expériences
agit comme l'eau pure, a beaucoup plus de puissance
qu'elle pour déterminer l'interversion du courant d'endosmose. Ainsi, pour que le courant d'endosmose soit interverti, ou soit dirigé de l'acide hydrochlorique vers l'eau
pure par une température de + 22 degrés C., il faut que

cet acide soit réduit à la densité très faible de 1,003. Or, d'après les expériences qui viennent d'être exposées, par une température semblable de + 22 degrés C., une solution de soude bien peu différente de l'eau pure , puisque sa densité n'est que de 1,00001 , étant séparée par une vessie de l'acide hydrochlorique pourvu de la densité 1,069, qui est 23 fois plus forte que la densité 1,003, le courant d'endosmose est dirigé de l'acide vers la solution alcaline, en sorte que l'addition à l'eau d'un cent millième environ de son poids d'alcali a augmenté ici 23 fois le pouvoir que possède l'eau pure d'attirer vers elle le courant d'endosmose; courant qui, sans cette addition, serait dirigé de l'eau pure vers l'acide hydrochlorique.

Tels sont les nouveaux phénomènes physiques que l'observation et l'expérience m'ont fait connaître. J'ai rapporté les faits, il s'agit actuellement de remonter à leur cause et d'établir leur théorie.

La première idée qui se présenta à mon esprit pour expliquer le phénomène de l'endosmose fut que ce phénomène était dû à l'électricité, et je pensais que cette électricité pouvait être produite par la différence de densité des deux liquides que séparait imparfaitement la cloison perméable de l'endosmomètre. Une expérience curieuse et très connue de M. Porret (1) me semblait devoir donner du poids à cette opinion.

Ce physicien ayant divisé un vase par un morceau de vessie en deux compartimens, dont l'un était rempli d'eau, tandis que l'autre en contenait fort peu, mit le premier en rapport avec le pôle positif de la pile voltaïque, et le second en rapport avec le pôle négatif. A l'instant l'eau, qui auparavant ne filtrait point au travers de la vessie, passa assez rapidement au travers de cette membrane, et,

(1) *Annales de physique et de chimie*, t. II, p. 137.

après que l'eau se fut mise de niveau dans les deux compartimens, elle s'éleva un peu plus haut dans le compartiment primitivement vide. Ainsi, l'impulsion électrique
paraît avoir, dans cette expérience, le pouvoir d'élever
l'eau au-dessus de son niveau. Je cherchai à répéter cette
expérience en lui donnant la forme de mes expériences
d'endosmose. Je pris un tube de verre auquel je fixai un
cœcum de poulet rempli d'eau, et je plongeai ce cœcum
dans un vase également rempli d'eau. J'introduisis le fil
conjonctif négatif de la pile dans le tube par son extrémité
supérieure, et je l'enfonçai jusque dans le cœcum, où je
le mis en contact avec l'eau qu'il contenait. En même
temps je mis l'eau du vase en rapport avec le fil conjonctif
positif. Bientôt je vis l'eau du cœcum monter dans le tube,
et, parvenue à son orifice supérieur, elle s'écoula au dehors.
Je fis l'expérience inverse. Je mis le pôle positif en rapport
avec l'eau de l'intérieur du cœcum, et le pôle négatif en
rapport avec l'eau du vase. Le cœcum se vida par filtration
en grande partie. Ainsi, il m'était démontré que l'électricité
voltaïque produit dans ces expériences des résultats entièrement semblables à ceux que l'on obtient par le moyen de
la différence de densité de deux liquides dans les expériences d'endosmose. Cette analogie, qui me parut frappante, me conduisit à admettre qu'une manière d'être particulière et inconnue de l'électricité, était la cause de l'endosmose produite par l'hétérogénéité des liquides. Ce fut
en vain cependant que je tentai de trouver des signes de
cette électricité avec les galvanomètres les plus sensibles.

Avant que j'eusse découvert le phénomène de l'endosmose, un physicien allemand, M. Fischer, de Breslaw,
s'était trouvé fort près de cette découverte qui lui a échappé.
Voici comment il rend compte de son expérience, publiée
en 1822 dans le 72ᵉ tome des *Annales de Chimie* de Gilbert.
« J'avais placé un jour dans une dissolution de cuivre

« un tube de verre rempli d'eau distillée et fermé par en
« bas avec une vessie, de telle manière que la surface de la
« dissolution était d'un pouce plus élevée que l'eau dans
« le tube; et afin de pouvoir remarquer promptement l'in-
« troduction du sel de cuivre de l'extérieur à travers la ves-
« sie, j'avais plongé un fil de fer dans l'eau. Je fus étonné
« de voir que le liquide s'était élevé dans le tube, et à une
« hauteur telle que le niveau n'était pas seulement devenu
« le même que celui du liquide extérieur, mais qu'au bout
« de quelques semaines il s'était élevé jusqu'à l'ouverture
« supérieure du tube, c'est-à-dire plus de 4 pouces au-des-
« sus du niveau de la dissolution. Par suite, le cuivre avait
« été réduit par le fer. »

D'après l'exposé de cette expérience, il est évident qu'un
résultat contraire à celui qui est annoncé par M. Fischer
devait avoir eu lieu d'abord. L'eau pure contenue dans le
tube et séparée de la dissolution de cuivre par un morceau
de vessie, devait avoir descendu, par endosmose, vers cette
dissolution, et l'eau devait avoir baissé dans le tube. Ce
premier résultat qu'indique la théorie et que m'a confirmé
l'expérience, a échappé à l'attention de M. Fischer. Pour
faire cette expérience avec plus de méthode et en rendre
les résultats plus sensibles et plus prompts, je me suis
servi d'un endosmomètre fermé par un morceau de vessie.
J'ai mis dans le réservoir de cet endosmomètre un fil de
fer plusieurs fois replié sur lui-même, et j'ai ensuite rempli ce réservoir d'eau distillée, qui s'élevait à une certaine
hauteur dans le tube de l'instrument. J'ai plongé ensuite
ce réservoir dans une solution d'une partie de sulfate de
cuivre dans huit parties d'eau. Pendant deux jours l'eau
contenue dans le réservoir descendit par endosmose dans
la dissolution de cuivre, et celle-ci passa par exosmose dans
l'eau du réservoir, en sorte que l'eau s'abaissa dans le tube
de l'endosmomètre jusqu'au dessous du niveau de la solu-

tion de sulfate de cuivre. Cependant la partie de cette solution qui était introduite par exosmose dans le réservoir de l'endosmomètre où se trouvait le fil de fer, fut décomposée par ce métal, et il se forma ainsi dans le réservoir une solution de sulfate de fer. Au bout de deux jours, l'eau du réservoir se trouva ainsi très chargée de sulfate de fer, tandis que la dissolution de sulfate de cuivre qui était en dehors se trouva très affaiblie. Alors les deux courans d'endosmose et d'exosmose changèrent de direction : la dissolution de cuivre très affaiblie passa par endosmose dans la dissolution plus forte de sulfate de fer que contenait le réservoir. Alors cette dernière dissolution remonta dans le tube de l'endosmomètre et s'éleva très haut au-dessus du niveau de la dissolution de cuivre qui était en dehors. Cette curieuse expérience, dont la moitié des résultats a échappé à M. Fischer, l'eût probablement conduit à la découverte des phénomènes généraux de l'endosmose, s'il l'eût suivie avec plus d'attention ; mais il n'a vu que la moitié du phénomène ; et sans suivre plus loin l'indication qui lui était donnée, il s'est contenté d'annoncer le fait isolé et incomplet qu'il avait obtenu, sans chercher à remonter à sa cause. On sent combien il y a loin de là à la découverte d'un nouvel ordre de faits.

Lorsque je communiquai mes premières expériences sur l'endosmose à l'Académie des Sciences, dans sa séance du 30 octobre 1826, un membre célèbre de cette Académie, M. Poisson, émit l'idée que les phénomènes que j'avais obtenus pouvaient être rapportés à l'attraction capillaire, jointe à l'affinité des deux liquides hétérogènes. Je vais ici retracer sommairement la théorie qu'il publia peu de temps après.

Deux liquides A et B (planche 1, fig. 4) occupent les deux compartimens d'un vase et sont séparés l'un de l'autre par une cloison poreuse C. Le canal *a b* est un des pores de cette cloison. « Les deux liquides A, B sont de densités

« différentes , et leurs hauteurs étant en raison inverse de
« leurs densités, la pression qu'ils exercent sur les orifices *a*
« et *b* sont égales. La force capillaire étant inégale des deux
« côtés ou aux deux bouts du canal, l'air qu'il contient est
« chassé du côté opposé à celui où se trouve la force pré-
« pondérante, et le liquide soumis à la plus forte action ca-
« pillaire remplira le canal entier. Supposons que ce soit A,
« le filet *a b* est sollicité par deux forces : 1° l'attraction de
« A, qui est celle de A sur lui-même; 2° l'attraction
« de B, qui est supérieure à celle de A sur lui-même.
« Ainsi le filet *a b* s'écoulera de *a* vers *b* sans discontinuité,
« c'est-à-dire dans le sens où il est sollicité par la plus
« grande attraction. Il résultera de cet écoulement une élé-
« vation du niveau du liquide B, et cette élévation conti-
« nuera jusqu'à ce que la différence des pressions en *a* et en
« *b* soit égale à celle des attractions exercées par ces deux li-
« quides sur le filet *a b* (1) ». Le célèbre mathématicien auquel est due cette théorie l'a revêtue depuis des formes
analytiques, dans sa NOUVELLE THÉORIE DE L'ACTION CA-
PILLAIRE (1831).

Il résulte de cette théorie qu'il ne doit exister qu'un seul
courant au travers de la cloison qui sépare les deux liquides
hétérogènes, et que ce courant unique doit être dirigé vers celui des deux liquides qui est doué de la plus grande force d'attraction. Or, l'observation prouve qu'il existe au travers de la
cloison deux courans opposés et inégaux en force. Ce fait,
à lui seul, semble devoir infirmer la théorie de M. Poisson.

A-peu-près dans le même temps, le docteur G. Magnus,
publia dans les *Annales de Puggendorf*, ses expériences sur
les *phénomènes de capillarité dans les liquides.* Et il y ex-

---

(1) Note sur des effets qui peuvent être produits par la capillarité et l'affinité des substances hétérogènes, par M. Poisson, dans les *Annales de physique et de chimie*, t. XXXV, p. 98.

pliqua mes phénomènes d'endosmose à-peu-près de la même
manière que M. Poisson l'avait fait. On a, dit-il, *une ex-*
plication complète du phénomène, en regardant la vessie,
comme un corps poreux et en admettant : 1° qu'il existe une
certaine force d'attraction entre les molécules des liquides
différens ; et 2° que les liquides différens passent plus ou
moins facilement à travers la même ouverture capillaire. Il
ajoute plus loin : *Les molécules d'une dissolution d'un sel*
quelconque, auront entre elles plus de cohésion que celles
de l'eau. C'est pour cela que la dissolution sera moins fluide,
et passera plus difficilement que l'eau par les ouvertures très
étroites, toutes choses étant égales d'ailleurs. Il en résulte
que plus une dissolution est concentrée, plus elle aura de dif-
ficulté à pénétrer par des ouvertures capillaires.(1)

Il résulte de cette théorie, qu'en général l'eau qui tient
une substance en dissolution étant moins fluide que l'eau
pure, le courant d'endosmose sera dirigé de l'eau vers la dissolution, en passant au travers des canaux capillaires de
la cloison séparatrice. Or l'observation prouve que cela n'a
pas toujours lieu. J'ai fait voir, en effet, plus haut, que les
solutions acides toujours plus denses que l'eau pure, étant
séparées de cette dernière par un morceau de vessie, elles
offrent le courant d'endosmose, dirigé tantôt de l'eau vers la
solution acide, tantôt de la solution acide vers l'eau, et cela
selon le degré de la densité de cette solution acide, et selon le degré de la température. La théorie commune à
M. Poisson et au docteur Magnus, se trouve donc encore
infirmée par ce fait, et elle l'est encore plus peut-être,
par l'observation rapportée plus haut, que les cloisons
siliceuses sont complétement incapables de donner lieu à
l'endosmose, quoiqu'elles possèdent la porosité ou la capillarité intermoléculaire la plus convenable pour que ce

(1) *Annales de physique et de chimie, t. xi, p. 176.*

phénomène soit produit. Ce fait qui doit être de la plus
grande importance pour l'établissement de la véritable
théorie de l'endosmose, et que j'ai constaté avec tout le
soin possible, prouve d'une manière irréfragable que ce
n'est point l'action capillaire qui agit dans la production
de l'endosmose; car cette action capillaire existe dans la
cloison poreuse siliceuse, comme dans toute autre cloison
séparatrice de deux liquides hétérogènes et susceptibles de
donner lieu à l'endosmose. Ce même fait prouve encore
que ce n'est point l'attraction réciproque des deux liquides
hétérogènes qui à elle seule produit le phénomène de
l'endosmose, car cette attraction réciproque des deux liquides existe à travers les canaux capillaires de la cloison siliceuse qui les sépare, et cependant l'endosmose n'a pas
lieu. Ainsi par ce fait décisif, la théorie de MM. Poisson
et Magnus se trouve complètement infirmée.

Une théorie de l'endosmose remarquable par sa simplicité, et qui se rapproche de la théorie précédente, a été
admise par les physiciens les plus distingués. Elle consiste
à regarder la différence de *viscosité* des deux liquides que
sépare la cloison poreuse de l'endosmomètre, comme la
cause unique de la différence de leur perméation au travers de cette cloison. Le liquide le moins *visqueux*, filtrant
avec plus de facilité que le liquide opposé, dont la *viscosité*
est plus grande, augmente sans cesse le volume de ce dernier. Dans cette théorie, on considère certains liquides
très peu denses, tels que l'alcool et l'éther, comme des liquides qui seraient très *visqueux*, et voilà pourquoi ces
liquides étant séparés de l'eau par une membrane, ils filtrent au travers de cette membrane avec moins d'abondance que l'eau, en sorte que le courant d'endosmose est
dirigé de l'eau vers l'alcool, ou vers l'éther. Cette théorie
mérite un sérieux examen.

En dissolvant un même poids de gomme arabique et de

sucre dans un même poids d'eau, on a deux solutions dont
la viscosité n'est pas la même; l'eau gommée est sensiblement plus visqueuse que l'eau sucrée. Or, si l'on sépare ces
deux liquides par un morceau de vessie, le courant d'endosmose sera dirigé de l'eau gommée vers l'eau sucrée,
c'est-à-dire que ce sera le liquide le plus visqueux, ou l'eau
gommée, qui traversera la membrane avec le plus de facilité, ou en plus grande quantité; bien plus, le même phénomène aura lieu en mettant dans le même poids d'eau
une quantité de gomme double de celle du sucre. Ainsi,
j'ai expérimenté qu'une solution de deux parties de gomme
arabique dans trente-deux parties d'eau (densité 1,023),
et une solution d'une partie de sucre dans le même poids
d'eau (densité 1,014), étant séparées par un morceau de
vessie, le courant d'endosmose est encore dirigé de l'eau
gommée vers l'eau sucrée. Ces faits prouvent bien évidemment que le courant d'endosmose n'est point toujours dirigé du liquide le moins visqueux vers le liquide le plus
visqueux. Ce n'est donc pas l'inégalité de la *viscosité* de ces
deux liquides qui est ici la cause de l'inégalité de leur perméation au travers de la cloison poreuse qui les sépare. Afin
d'établir ces faits d'une manière irréfragable, j'ai dû mesurer exactement la viscosité comparative de l'eau gommée et
de l'eau sucrée qui ont servi aux expériences dont je viens
de parler. Cette mesure comparative de la viscosité des liquides s'opère en observant le temps que chacun d'eux, à
volume égal, met à s'écouler par un tube capillaire de
verre et par une température semblable. J'ai donc soumis
à cette épreuve comparative : 1° l'eau pure; 2° la solution
d'une partie de sucre dans 32 parties d'eau; 3° la solution
d'une partie de gomme arabique dans 32 parties d'eau; 4°
enfin la solution de deux parties de gomme arabique dans
32 parties d'eau. Par une température de 7 degrés centésimaux, quinze centilitres d'eau pure s'écoulèrent par un

canal capillaire de verre en 157 secondes ; quinze centilitres de la solution d'une partie de sucre dans 32 parties
d'eau, s'écoulèrent en 159 secondes 1/2 ; quinze centilitres
de la solution d'une partie de gomme dans 32 parties d'eau,
s'écoulèrent en 262 secondes 1/2 ; enfin, quinze centilitres
de la solution de deux parties de gomme dans 32 parties
d'eau, s'écoulèrent en 326 secondes.

On voit, par ces expériences, que la viscosité de l'eau
sucrée qui contient une partie de sucre sur 32 parties d'eau
(densité 1,014), est très peu supérieure à la viscosité de
l'eau pure ; que la viscosité de l'eau gommée qui contient
une partie de gomme sur 32 parties d'eau, est bien supérieure à la viscosité de l'eau sucrée ci-dessus ; on voit enfin que l'eau gommée qui contient deux parties de gomme
sur 32 parties d'eau (densité 1,023), possède une viscosité
deux fois plus forte que celle de l'eau sucrée qui contient
une partie de sucre sur 32 parties d'eau.

Il semble qu'on ne puisse rien ajouter à ces preuves, qui
démontrent que l'endosmose ne dépend point de la viscosité des liquides ; cependant, je rappellerai ici comme
preuves confirmatives de cette vérité, les expériences par
lesquelles j'ai fait voir plus haut que des liquides visqueux,
de l'eau sucrée, par exemple, passent par endosmose dans
l'eau au travers d'une membrane animale, lorsqu'on leur
ajoute une certaine quantité d'acide. Je rappellerai , en
outre, l'expérience par laquelle j'ai démontré que l'alcool
qui reçoit le courant d'endosmose de l'eau dont il est séparé par une membrane animale, lui envoie au contraire
ce même courant d'endosmose lorsqu'il en est séparé par
une cloison membraniforme de caoutchouc. La viscosité
de l'alcool ne joue donc ici aucun rôle.

On voit, d'après ces expériences, qu'il faut renoncer à
considérer la différence de *viscosité* des deux liquides employés dans une expérience d'endosmose, comme la cause

de l'excès de la perméation de l'un de ces deux liquides au travers des conduits capillaires de la cloison qui les sépare. D'ailleurs, le fait de la non-existence de l'endosmose, lorsque les deux liquides différens de viscosité sont séparés par une cloison poreuse siliceuse intervient encore ici surabondamment, pour prouver que ce n'est point la différence de viscosité des deux liquides qui est la cause de l'endosmose.

Dès mes premières expériences, j'avais vu que l'endosmose ne dépend point de l'inégalité de densité des deux liquides que sépare une cloison poreuse. L'alcool, en effet, quoique moins dense que l'eau, se comporte comme le fait un liquide dense dans les expériences d'endosmose faites avec des cloisons membraneuses animales et végétales. Or, les liquides aqueux denses et l'alcool, possèdent une même propriété, qui est celle de s'élever moins que l'eau pure dans les tubes capillaires. Je soupçonnai, en faisant ce rapprochement, que la différence de l'ascension capillaire entre deux liquides, pouvait être la condition de l'endosmose qui avait lieu lorsqu'ils étaient séparés par une cloison à pores capillaires. Des expériences que je fis à cet égard, confirmèrent le soupçon que j'avais conçu, et me firent penser que j'avais découvert non la cause efficiente de l'endosmose, mais l'une des conditions générales de son existence. Depuis ce temps, ayant découvert les singuliers phénomènes d'endosmose dans deux sens opposés que présentent les acides, je vis que si la loi, jusqu'alors paraissant générale, que j'avais trouvée, était confirmée lorsque l'acide reçoit le courant d'endosmose de la part de l'eau, elle se trouvait contrariée lorsque c'est, au contraire, l'eau qui reçoit le courant d'endosmose de la part de l'acide; car dans ce dernier cas, le courant d'endosmose se trouve dirigé du liquide le moins ascendant dans les tubes capillaires vers le liquide dont l'ascension capillaire est plus

considérable, en sorte que le phénomène est inverse. Une
autre observation rapportée plus haut, semble aussi, au
premier coup-d'œil, contrarier la loi que j'ai établie ; je
veux parler de l'expérience par laquelle j'ai prouvé que
l'alcool, étant séparé de l'eau par une cloison membraniforme de caoutchouc, le courant d'endosmose est dirigé
de l'alcool vers l'eau, au lieu d'être dirigé de l'eau vers
l'alcool, ainsi que cela a lieu lorsque ces deux mêmes liquides sont séparés par une membrane animale ou végétale,
ou par une cloison d'argile cuite. Ici, je dois faire observer
que les degrés comparatifs de l'ascension capillaire, doivent nécessairement varier avec les substances qui composent les tubes ou les conduits capillaires. L'alcool s'élève
moins que l'eau dans un tube capillaire de verre, et il se
comporte probablement de même dans les conduits capillaires d'une membrane animale ou végétale, ou dans ceux
d'une lame d'argile cuite ; mais, il en est certainement autrement, par rapport aux conduits capillaires du caoutchouc ;
en effet, l'alcool pénètre dans les conduits capillaires de
cette substance, lesquels n'admettent point l'eau. Ici, l'ascension capillaire de l'alcool est donc supérieure à celle de
l'eau, en sorte que la loi, que j'ai établie, se trouverait ici
confirmée bien loin d'être contrariée. Je ne trouve donc de
véritablement contraire à cette loi, que le fait de la direction
du courant d'endosmose de l'acide vers l'eau, en traversant
une membrane animale ou une lame d'argile cuite, et cela
lorsque l'acide possède un certain degré d'affaiblissement et
par un certain degré de température. Toutefois, il résulte
de cette exception très remarquable, que l'on ne peut déduire une théorie générale, des expériences sur lesquelles
j'avais cru pouvoir établir cette loi, laquelle ne peut plus
être appliquée qu'aux faits les plus généraux et les plus
nombreux, que nous offre le phénomène de l'endosmose.
Cela suffit pour conserver de l'importance à ces expériences

que je vais reproduire ici. On ne doit point oublier, en
effet, que si les théories sont variables, les faits sont immuables lorsqu'ils sont bien observés, et qu'ils doivent rester dans la science.

L'inégalité de l'ascension capillaire des deux liquides,
que sépare une cloison à pores assez petits, pour s'opposer
à la facile perméation de ces deux liquides en vertu de leur
seule pesanteur, est une des conditions générales de l'existence de l'endosmose. Cette dernière dirige son courant
dans le plus grand nombre des cas, du liquide le plus ascendant dans les tubes capillaires vers le liquide le moins
ascendant; c'est à ce cas seulement que je vais avoir égard
ici. L'inégalité de densité des liquides étant une cause d'endosmose, j'ai dû d'abord rechercher quelle était la différence d'ascension capillaire qui résulte d'une différence déterminée dans la densité des liquides; ensuite j'ai dû
rechercher si la différence de l'ascension capillaire des deux
liquides avait un rapport constant avec la différence de
l'endosmose telle qu'elle est donnée par l'expérience.

Le degré d'ascension auquel parviennent les divers liquides dans les tubes capillaires dépend de plusieurs causes
en apparence très différentes, mais qui doivent avoir une
analogie fondamentale. L'eau est de tous les liquides celui
dont l'ascension capillaire est la plus considérable; les
substances en solution qui augmentent sa densité diminuent
son ascension capillaire, laquelle est également diminuée
par l'élévation de la température. Ainsi l'eau chaude possède moins de pouvoir ascendant que l'eau froide. Les liquides combustibles, tels que l'alcool et l'éther, se comportent comme des liquides denses dans l'ascension capillaire,
en sorte que la combustibilité agit ici comme la densité. La
matière qui forme les canaux capillaires possède aussi son
mode d'action pour modifier l'ascension capillaire des liquides. Ainsi, à température égale, l'eau ne s'élèvera point

à la même hauteur dans des tubes capillaires égaux faits de
matières différentes. Ces élémens nombreux qui entrent
dans la détermination du degré de l'ascension capillaire des
liquides, en font un phénomène extrêmement compliqué.
Pour simplifier autant que possible l'étude de ce phénomène, n'employons que deux liquides, savoir, de l'eau et
une solution d'hydrochlorate de soude. Nous pourrons essayer diverses densités de ce dernier liquide, et comparer
leur ascension capillaire avec celle de l'eau à températures
égales. Le même tube de verre servira à ces expériences
comparatives. Avant d'exposer ces expériences, je dois
faire une observation importante. La couche de liquide
qui mouille intérieurement le canal d'un tube est un des
élémens de l'ascension capillaire qu'opère ce tube. Ainsi
l'eau s'élevera à une hauteur déterminée dans un tube intérieurement mouillé avec de l'eau; mais si les parois intérieures de ce tube sont mouillées par une solution saline,
ou par tout autre liquide aqueux, ou par de l'alcool, l'eau
pure ne s'élevera plus dans ce tube aussi haut que lorsqu'il
n'était mouillé que par de l'eau. Ce sera vainement que
l'on fera passer de l'eau à plusieurs reprises dans ce tube;
elle ne détachera point la couche de liquide salin ou autre
qui reste adhérente aux parois du tube et qui diminue son
pouvoir d'ascension capillaire. Il faut, pour détacher cette
couche de liquide, passer à plusieurs reprises un corps fi-
liforme dans le tube rempli d'eau; ce n'est que par le frot-
tement de ce corps que la couche de liquide demeurée
adhérente aux parois du tube peut être enlevée. On sent,
d'après cette observation, que lorsque l'on fait des expériences sur l'ascension capillaire avec divers liquides et
avec un même tube, il est nécessaire de nettoyer ce tube
avec soin avant chaque expérience; sans cela on aurait des
résultats fautifs. Il faut prendre garde en même temps
d'échauffer le tube en le tenant entre ses doigts, car ce

tube, augmenté de température, n'exercerait plus une aussi forte attraction capillaire. Passons actuellement à l'exposition des expériences.

J'ai préparé une solution d'hydrochlorate de soude dont la densité était 1,12, la densité de l'eau étant 1. J'ai pris une partie de cette solution à laquelle j'ai ajouté un égal volume d'eau, ce qui lui a donné une densité de 1,06. J'avais ainsi deux solutions salines dont les excès de densité sur la densité de l'eau étaient 0,12 et 0,06. Ces excès étaient ainsi entre eux dans le rapport de 2 à 1. D'après mes expériences antérieures, ces deux excès devaient mesurer l'endosmose produite par chacun des deux liquides salés mis successivement dans le même endosmomètre plongé dans l'eau pure. Effectivement, ayant soumis de cette manière les deux solutions salines à l'expérience, j'obtins avec la solution saline la plus dense une endosmose exactement double de celle qui fut produite par la solution saline la moins dense. Je recherchai alors quel était le rapport existant entre la densité connue de ces deux solutions salines et de l'eau, et l'ascension capillaire de ces trois liquides. Je pris un tube de verre dont l'action capillaire élevait l'eau à la hauteur de 12 lignes par une température de + 10 degrés R. Je trouvai que ce même tube, par la même température, élevait à 6 lignes 1/4 la solution d'hydrochlorate de soude dont la densité était 1,12, et qu'il élevait à 9 lignes 1/8 la solution du même sel dont la densité était 1,06.

1° L'ascension capillaire de l'eau étant 12

    L'ascension capillaire de la solution saline la plus dense étant 6 1/4

    L'excès de l'ascension capillaire de l'eau est . . 5 3/4

6.

2º L'ascension capillaire de l'eau étant.   12
L'ascension capillaire de la solution saline la
   moins dense étant. 9 1/8
                                                     ———
L'excès de l'ascension capillaire de l'eau est. . .   2 7/8

Ainsi les deux excès de l'ascension capillaire de l'eau
sur l'ascension capillaire de chacune des deux solutions
salines, sont 5 3/4 et 2 7/8, ou 46/8 et 23/8, nombres qui
sont dans le rapport de 2 à 1, comme le sont les deux excès 0,12 et 0,06 de la densité des deux solutions salines
sur la densité de l'eau. Voilà donc deux solutions salines
qui, mises séparément en rapport avec l'eau pure, produisent des endosmoses qui sont dans le rapport de 2 à 1.
Rapporterons-nous ce fait à ce que les excès de la densité de
chacune de ces solutions salines sur la densité de l'eau sont
dans le rapport de 2 à 1, ou à ce que les excès de l'ascension capillaire de chacune de ces solutions salines sur l'ascension capillaire de l'eau, sont dans le rapport de 2 à 1; en
d'autres termes, est-ce la densité respective des deux liquides qui règle ou régit leur endosmose, ou bien est-ce l'ascension capillaire respective des deux liquides ? L'expérience suivante va résoudre cette question. Nous avons vu
plus haut qu'à densités égales, une solution de sulfate de
soude et une solution d'hydrochlorate de soude produisent, étant mises en rapport avec l'eau pure, des endosmoses qui sont dans le rapport exact de 2 à 1. Ici la différence de densité n'intervient point pour régler l'endosmose;
il faut voir si elle se trouve réglée par l'ascension capillaire.
J'ai préparé une solution de sulfate de soude et une solution d'hydrochlorate de soude ayant la même densité
1,085, et j'ai éprouvé leur ascension capillaire dans le
même tube que nous avons vu précédemment élever l'eau
pure à 12 lignes par une température de + 10 degrés R.
J'ai trouvé que, dans ce même tube et par la même tem-

pérature, l'ascension capillaire de la solution de sulfate de
soude était de 8 lignes, et que celle de la solution d'hydrochlorate de soude était de 10 lignes. L'excès de l'ascension
capillaire de l'eau sur celle de la solution de sulfate de
soude est 4; l'excès de l'ascension capillaire de l'eau sur
celle de la solution d'hydrochlorate de soude est 2. Ces deux
excès sont dans le rapport de 2 à 1, rapport qui mesure
également l'endosmose produite avec le concours de l'eau
par chacune de ses deux solutions salines de densité égale.

Il résulte de ces expériences que, dans certains cas, il
existe un rapport entre le degré de l'ascension capillaire
des liquides et l'endosmose qu'ils sont aptes à produire
quand on les sépare de l'eau par une membrane animale.
Quelle est la nature de ce rapport? C'est ce que je ne puis
déterminer. La cause efficiente de l'endosmose nous est
tout-à-fait inconnue : en vain on a voulu l'expliquer par
l'attraction réciproque des deux liquides aidée de l'action
capillaire ; en vain on a voulu la faire dépendre de la différence de viscosité des deux liquides, situés de chaque
côté de la cloison séparatrice ; les faits repoussent toutes
ces explications. Il est de toute évidence que le phénomène
de l'endosmose est dû, au moins en grande partie à une
action particulière qui a son siège dans la cloison séparatrice. Nous voyons, en effet, l'endosmose opérée par l'eau
et l'alcool avoir lieu dans deux sens inverses, suivant qu'on
sépare ces deux liquides par une membrane organique ou
par une cloison mince de caoutchouc. Nous voyons en outre
l'eau et un acide quelconque, séparés par une membrane
animale, ou par une lame d'argile cuite, opérer l'endosmose
dans deux sens inverses qui sont en rapport avec divers
degrés de densité de l'acide, tandis que séparés par une
membrane végétale, ces deux liquides offrent l'endosmose
dans un sens qui est toujours le même. L'action particulière
dont la cloison séparatrice est le siège dans la production

de l'endosmose, ne peut donc plus être l'objet d'un doute;
mais la nature de cette action reste à déterminer. M. Becquerel a cherché à remplir cette lacune de la science. Tout
le monde connaît ses beaux travaux sur l'électricité observée dans ses effets moléculaires. C'est par une action électrique de ce genre, que ce savant physicien a cru pouvoir
expliquer en partie les phénomènes de l'endosmose; admettant au reste pour compléter cette explication, la
théorie de MM. Poisson et Magnus. Je vais citer ici le texte
même de M. Becquerel. (1)

« Suivant la théorie de M. Poisson, et la manière de voir
« de M. Berzelius et de G. Magnus, on conçoit quelles
« sont les causes physiques qui concourent à l'effet général
« (de l'endomose). L'attraction entre les particules d'une
« solution saline se compose des attractions mutuelles de
« l'eau et du sel et de l'attraction réciproque des molécules
« de chacun de ces corps pris à part; quand ces attractions
« réunies sont plus fortes que celles des molécules de l'eau
« entre elles, l'eau doit passer d'autant plus facilement à
« travers les pores du corps poreux, interposé qu'elle tient
« en moins grande quantité de corps étrangers en dissolu-
« tion. Dans le cas où la membrane sépare deux dissolutions
« dans lesquelles l'attraction entre les parties est inégale et
« qui exercent en outre une attraction réciproque l'une
« sur l'autre, et une autre sur les pores de la vessie, il en
« résulte que l'une d'elles est attirée avec plus de force par
« ces pores, et que par conséquent la quantité absorbée
« doit être plus considérable d'un côté que de l'autre. Le
« liquide situé de l'autre côté, attire aussi celui qui a péné-
« tré la membrane et se mêle avec lui. Voilà comment on
« peut concevoir le double courant.

(1) *Traité de l'électricité et du magnétisme*, liv. x, § xi. De l'action de
l'électricité sur les corps organisés.

« Nous voyons par-là que l'endosmose est un phéno-
« mène très complexe et qu'il est bien difficile de prévoir
« *à priori* l'effet qui doit être produit dans telle ou telle
« circonstance.

« Nous allons examiner maintenant jusqu'à quel point
« l'électricité peut joindre son action à celle des diverses
« causes que nous venons de passer en revue.

« Dans les phénomènes qui nous occupent, nous admet-
« tons comme cause influente, indépendamment des effets
« de capillarité, l'action des deux liquides l'un sur l'autre,
« et celle de chacun d'eux sur la membrane, trois actions
« chimiques, qui donnent naissance chacune à des effets
« électriques particuliers. S'il n'existait que deux corps
« agissant l'un sur l'autre, il n'y aurait pas de courant élec
« trique, puisqu'il y aurait une recomposition tumultueuse
« des deux électricités dégagés sur la surface même du
« contact. Mais ici, ce n'est pas le cas. Il y a toujours trois
« corps en contact (en y comprenant la membrane ou corps
« intermédiaire), dont l'un sert à la circulation des deux
« électricités mises en liberté à l'instant de la réaction chi-
« mique des deux corps l'un sur l'autre. Il peut donc
« exister trois espèces de courant, dont la résultante dé-
« pend de la nature des liquides et de celle de la mem-
« brane. »

M. Becquerel entre ici dans l'exposé de certains phénomènes qui prouvent que, lorsque les corps, même non conducteurs, sont broyés très menus, leurs parties très divisées
tendent à acquérir la faculté conductrice de l'électricité;
lorsqu'elles n'en sont pas pourvues complètement leur surface la possède à des degrés plus ou moins marqués.

« Tout porte donc à croire, ajoute-t-il, que, lorsqu'une
« particule acide se combine avec une particule alcaline,
« si l'une et l'autre est en contact avec un corpuscule très
« tenu, non conducteur, la recomposition des deux élec-

« tricités, dégagées pendant l'acte de la combinaison, s'ef
« fectue par son intermédiaire, de sorte que cet assemblage
« forme un petit appareil voltaïque.

« Porret a fait voir que lorsqu'une masse d'eau soumise
« à l'action de la pile est partagée en deux parties par un
« morceau de vessie, l'un des pôles étant en communica-
« tion avec une de ses parties, et l'autre pôle avec la se-
« conde, la plus grande portion du liquide de la cellule
« positive, est transportée dans la cellule négative. Cette
« expérience ne réussit qu'autant que l'eau employée est
« peu conductrice de l'électricité, car lorsqu'elle renferme
« un acide ou un sel, le transport de l'eau n'a plus lieu.

« D'autres expériences prouvent également que l'élec-
« tricité positive, quand elle est en mouvement, possède
« la faculté de renverser les obstacles qui se présentent sur
« sa route, faculté que n'a pas l'électricité négative.

« M. Dutrochet a eu l'idée d'attribuer l'endosmose à une
« action de ce genre, sans se rendre compte de la nature
« des effets électriques qui sont produits dans les phéno-
« mènes qu'il a découverts. Essayons d'indiquer de quelle
« manière l'électricité peut être rangée au nombre des
« causes productrices de l'endosmose.

« Une solution saline concentrée dans sa réaction sur l'eau,
« prend l'électricité positive et donne à l'eau l'électricité
« contraire. L'effet ayant lieu entre les pores de la mem-
« brane ou de la cloison séparatrice, la recomposition des
« deux électricités s'effectue par l'intermédiaire de ses
« parois, quand bien même la membrane ou corps inter-
« médiaire n'est pas conducteur de l'électricité. Il doit
« donc y avoir probablement autant de courans électriques
« partiels, qu'il y a de pores; ces courans sont tous dirigés
« de l'eau vers la solution saline.

« L'eau pure étant un mauvais conducteur, le courant
« positif fera passer facilement l'eau à travers la membrane

« dans le compartiment où se trouve la solution. Dans ce
« cas, l'action mécanique de l'électricité vient ajouter ses
« effets à ceux des causes déjà signalées.

« Si nous considérons l'action d'un acide sur l'eau, l'ex-
« périence nous apprend que pendant qu'elle se mani-
« feste, l'acide prend l'électricité positive, l'eau l'électricité
« négative. Par conséquent, le courant tend à faire passer
« l'eau du côté de l'acide; l'expérience apprend aussi que
« la direction du courant d'endosmose change suivant le
« degré de densité de l'acide et le degré de température.
« Dès-lors les causes que nous avons signalées, c'est-
« à-dire l'attraction des particules de chaque liquide
« pour les particules du même liquide, et celle des deux
« liquides l'un pour l'autre, exercent une action prépon-
« dérante.

« Quant au phénomène d'endosmose qui est produit
« quand les acides sont séparés des alcalis par une mem-
« brane animale, nous ferons remarquer que, dans la réac-
« tion de ces deux liquides l'un sur l'autre, l'acide prend
« l'électricité positive, l'alcali l'électricité négative. L'ac-
« tion mécanique du courant tend à faire passer l'alcali
« vers l'acide; or le courant d'endosmose ne suit cette di-
« rection que lorsque la densité des deux liquides est dans
« un certain rapport; il en résulte que la force attractive
« des particules, les uns sur les autres, intervient encore
« ici d'une manière prépondérante dans la production du
« phénomène.

« Si donc l'électricité est au nombre des causes produc-
« trices de l'endosmose et de l'exosmose, elle ne doit pas
« être considérée comme celle qui a le plus d'influence,
« puisqu'il arrive souvent que les effets produits sont dans
« une direction inverse de ceux que l'on aurait obtenus si
« elle eût agi seule. On voit par là que l'endosmose et
« l'exosmose constituent une classe de phénomènes très

« complexes dont il est bien difficile de déterminer les
« lois *à priori.* »

Ainsi M. Becquerel admettant les causes générales indiquées par MM. Poisson et Magnus, comme productrices
des phénomènes de l'endosmose, leur adjoint l'impulsion
électrique. Pour rendre plus facile à comprendre le mode
d'action de l'électricité dans cette circonstance, je crois devoir en faire l'exposition à l'aide de la figure v (planche 1).
Soit *a b* l'un des canaux capillaires de la cloison qui sépare
une solution saline située en dessus ou en *b* de l'eau pure
située en dessous ou en *a*, le canal capillaire est ici représenté dans sa section verticale. La solution saline et l'eau
se trouvant en contact dans un point quelconque *i* de l'é-
tendue du canal capillaire, la première prend l'électricité
positive et la seconde prend l'électricité négative. Comme
les particules de la cloison *c* sont conductrices de l'électricité, quand bien même cette cloison considérée dans sa
masse ne ne le serait pas, il en résulte que ces particules
de la cloison *c* transmettent le courant circulaire de l'électricité voltaïque développée par le contact de la solution
saline et de l'eau ; ces particules de la cloison remplissent
ici l'office que remplit le fil conjonctif des deux pôles dans
la pile de Volta. Ce courant circulaire de l'électricité est
descendant en traversant l'épaisseur de la cloison en *c*, il
est ascendant en traversant le liquide contenu dans le canal
capillaire, et c'est ce mouvement ascensionnel d'un nombre considérable de courans circulaires semblables, situés
sur tous les points des parois du canal capillaire, qui imprime un mouvement ascensionnel à l'eau et la pousse dans
la solution saline, placée au-dessus de la cloison. Ainsi,
dans cette circonstance, l'action de l'électricité serait congénère de l'action des causes auxquelles la théorie de
MM. Poisson et Magnus attribue le transport par endosmose de l'eau vers la solution saline. Remarquons que le

courant de l'électricité est toujours dirigé du liquide qui
prend l'électricité négative vers le liquide qui prend l'é-
lectricité positive. Or si l'on met une solution alcaline en
dessus, ou en *b* en remplacement de la solution saline, et
que l'on conserve toujours de l'eau en dessous ou en *a*, la
solution alcaline et l'eau, en se rencontrant dans le canal
capillaire, prendront la première l'électricité négative, et
la seconde l'électricité positive. Le courant électrique tendra
donc alors à pousser la solution alcaline vers l'eau, ce qui
est la direction opposée à celle du courant d'endosmose qui
a lieu constamment, dans cette circonstance, de l'eau vers la
solution alcaline. M. Becquerel admet qu'alors le courant
d'endosmose n'est produit que par la seule action des causes
admises par la théorie de MM. Poisson et Magnus. La
force des courans électriques serait vaincue alors par l'action prépondérante de ces causes. Ainsi ces dernières
causes et l'électricité seraient tantôt congénères, et tantôt
antagonistes : dans le premier cas, elles coopéreraient à la
production du courant d'endosmose; dans le second cas
suivant la prépondérance de l'une quelconque de ces forces
antagonistes, le courant d'endosmose serait dirigé tantôt
dans un sens, tantôt dans le sens opposé. Ce serait ainsi
que l'on expliquerait, mais d'une manière vague et indécise, le fait de la direction du courant d'endosmose, tantôt
de l'eau vers l'acide, tantôt de l'acide vers l'eau, lorsque
ces deux substances sont séparées par un morceau de vessie.
Ainsi resterait indécise l'explication de la plupart des phénomènes particuliers d'endosmose, parce que la théorie
les considère comme étant dus à la combinaison de causes
trop compliquées pour que le raisonnement puisse les prévoir et pour que l'expérience puisse les démêler.

Il y a deux choses à considérer dans la théorie de l'endosmose proposée par M. Becquerel. 1° Il admet la théorie
de MM. Poisson et Magnus; 2° il ajoute à cette théorie

l'action de l'électricité. J'ai fait voir plus haut que la théorie
de MM. Poisson et Magnus ne peut concorder avec plusieurs des phénomènes que présente l'endosmose ; or l'addition à cette théorie de l'action électrique, telle qu'elle
vient d'être exposée ne la ferait pas concorder davantage
avec certains faits qui la contrarient. Ainsi l'observation
prouve qu'il n'y a point d'endosmose lorsque deux liquides hétérogènes, l'eau et une solution saline, par exemple,
sont séparés par une cloison siliceuse à pores capillaires.
Or, les courans électriques mentionnés plus haut devraient avoir lieu ici comme ils sont sensés avoir lieu lorsque ces mêmes liquides sont séparés par une cloison animale, végétale ou argileuse, puisque ces courans peuvent
avoir lieu, même lorsque la substance de la cloison n'est
pas conductrice de l'électricité, ce qui est le cas où la cloison séparatrice est siliceuse. Ainsi ce fait contrarie à-la-fois
la théorie de MM. Poisson et Magnus, et l'addition que
M. Becquerel a faite à cette théorie. Toutefois je dois faire
observer qu'en expliquant la manière dont le courant
électrique peut être produit dans une expérience d'endosmose, M. Becquerel s'est borné à considérer l'action
d'affinité des deux liquides l'un sur l'autre ; il n'a point
tenu compte de l'affinité de l'un des liquides, ou des deux
liquides à-la-fois sur la substance de la cloison séparatrice,
action d'affinité qu'il reconnaît cependant, et qui est
prouvée par mes expériences. Ainsi la génération du courant
électrique, telle qu'elle est expliquée plus haut à l'aide de
la figure 5, n'est donnée par M. Becquerel, que comme
un exemple de la manière dont ce courant électrique peut
être produit ; il ne prétend point qu'il ne puisse être produit que de cette manière. En effet, la science de l'électricité est-elle assez avancée pour qu'on puisse déterminer
qu'elle sera la résultante de deux ou de trois actions d'électricité moléculaire qui seront simultanées ? La théorie reste

donc nécessairement ici dans le vague; toutefois, en faisant voir que l'électricité développée par les actions d'affinité, qui existent entre les deux liquides que sépare une cloison poreuse, et entre ces mêmes liquides et la substance de cette cloison, en faisant voir, dis-je, que cette électricité peut être la cause de la progression par endosmose de l'un de ces liquides au travers des pores capillaires de la cloison séparatrice, M. Becquerel a jeté une vive lumière sur la cause de l'endosmose, cause demeurée jusqu'à ce jour si obscure, malgré les efforts qu'ont faits les savans les plus recommandables pour la mettre en lumière : les faits dont l'exposition va suivre, prouveront, je le pense, que c'est aux seules idées de M. Becquerel, qu'il faut ici s'arrêter, en rejetant tout ce qui avait été fait antérieurement pour expliquer l'endosmose.

On sait que lorsqu'on met de l'eau-de-vie ou de l'alcool affaibli par l'eau, dans une vessie bien fermée et exposée à l'air libre, l'eau passe au travers des pores de la vessie en plus grande quantité que l'alcool, et s'évapore; en sorte qu'après un certain temps écoulé, l'alcool qui est dans la vessie se trouve beaucoup plus concentré qu'il ne l'était dans le principe. L'inverse a lieu lorsqu'on met l'eau-de-vie dans une bouteille de caoutchouc, de même bien fermée et exposée à l'air libre; l'alcool passe au travers des pores de cette bouteille de caoutchouc et s'évapore, tandis que l'eau qui ne peut traverser cette substance demeure dans la bouteille; en sorte qu'après un certain temps écoulé, la bouteille de caoutchouc ne contient presque plus que de l'eau ou de l'alcool extrêmement affaibli.

Ainsi les canaux capillaires de la vessie reçoivent et transmettent l'eau à l'exclusion plus ou moins complète de l'alcool, tandis que les canaux capillaires du caoutchouc reçoivent et transmettent l'alcool à l'exclusion plus ou moins complète de l'eau. Cette admission spéciale d'un seul des deux liquides dans les canaux capillaires de la vessie ou du caoutchouc, provient évidemment de l'affinité spéciale que chaque liquide a pour la substance qu'il traverse. L'eau a une affinité très grande pour les substances animales et en général pour les substances organiques qui doivent à cette affinité leur propriété hygrométrique; le caoutchouc est une sorte d'émulsion végétale desséchée, il contient par conséquent ou une huile solidifiée ou une substance résineuse combinée à d'autres principes végétaux. Or on connaît l'affinité de l'alcool pour les substances huileuses et résineuses; aussi le caoutchouc se ramollit-il dans l'alcool s'il ne s'y dissout pas, et cela suffit pour prouver que ces deux substances ont de l'affinité. C'est donc en vertu de leur affinité spéciale et élective, que l'eau traverse la vessie à l'exclusion de l'alcool, et que l'alcool traverse le caoutchouc à l'exclusion de l'eau; or, j'ai fait voir que l'alcool étant séparé de l'eau par un morceau de vessie, l'eau est portée par endosmose vers l'alcool, et que ces deux liquides étant séparés par une cloison membraniforme de caoutchouc, l'alcool est porté par endosmose vers l'eau; c'est donc ici une répétition des phénomènes mentionnés plus haut. C'est celui des deux liquides qui a le plus d'affinité, pour la substance solide avec laquelle ils sont, l'un et l'autre, en contact, qui la traverse avec le plus de facilité et d'abondance; par conséquent, c'est au liquide pourvu d'une affinité élective, pour la substance de la cloison qui le sépare du liquide opposé, qu'il appartient d'opérer le courant d'endosmose. Ce fait important peut conduire à l'explication de tous les phénomènes d'endosmose qui se présentent à l'observation. Lorsque l'eau pure est séparée d'une solution de substance organique ou d'une solution saline, par une membrane organique, c'est l'eau qui opère le courant d'endosmose, parce que c'est généralement elle qui a le plus d'affinité pour la substance organique de la

membrane; lorsqu'une solution de gomme plus dense et
plus visqueuse, dans certaines proportions, qu'une solution
de sucre est séparée de cette dernière par un morceau de
vessie, c'est l'eau gommée qui, contre toute prévision, opère
le courant d'endosmose, et cela probablement parce que
son affinité, pour la substance organique de la membrane,
est supérieure à l'affinité que possède l'eau pure pour cette
même substance.

Lorsqu'une solution acide, pourvue d'une densité déterminée dans son élévation, est séparée de l'eau par un
morceau de vessie, c'est l'eau qui opère le courant d'endosmose; lorsque, les circonstances étant les mêmes, la solution acide est pourvue d'une densité déterminée dans son
abaissement au-dessous de celle de la solution acide précédente, c'est la solution acide qui opère le courant d'endosmose. On peut penser que, dans le premier cas, l'eau
a plus d'affinité pour la substance organique de la vessie
que n'en a la solution acide de densité élevée, et que, dans
le second cas, c'est, au contraire, la solution acide affaiblie
de densité qui a plus d'affinité que l'eau pour la substance
organique de la membrane séparatrice. Lorsqu'une même solution acide, séparée de l'eau par un morceau de vessie, offre
le courant d'endosmose tantôt dirigé de l'eau vers l'acide,
lorsque la température est élevée, tantôt dirigé de l'acide vers
l'eau, lorsque la température est abaissée, cela paraît provenir de ce que l'affinité changeant, comme on le sait, avec
le degré de la température, il se trouve qu'à des températures différentes la solution acide a tantôt moins, tantôt
plus d'affinité que l'eau pour la substance organique de la
cloison animale séparatrice, en sorte que, dans le premier
cas, c'est l'eau qui opère le courant d'endosmose, et que,
dans le second cas, c'est l'acide qui opère ce même courant.
Comme l'eau et les solutions aqueuses sont généralement
les liquides avec lesquels on fait les expériences d'endos-

mose, il en résulte que l'affinité des substances solides pour
l'eau est l'une des conditions indispensables pour que ces
solides, lorsqu'ils sont poreux, soient aptes à produire l'endosmose. Les solides organiques présentent au plus haut
degré cette affinité pour l'eau, aussi sont-ils éminemment
aptes à produire l'endosmose. Parmi les solides minéraux,
l'argile ou plutôt l'alumine qui en fait la base est remarquable par l'énergie de son affinité pour l'eau qu'elle retient
à l'état de combinaison avec une telle force qu'elle ne peut
en être que très difficilement privée par le feu le plus vio-
lent et le plus continué; aussi l'argile cuite est-elle éminemment apte à produire l'endosmose. Les solides siliceux n'ont
aucune affinité pour l'eau. Aussi ceux de ces solides qui sont
poreux sont-ils totalement incapables de produire l'endosmose. Les solides poreux composés de chaux carbonatée ne
paraissent point avoir d'affinité pour l'eau. Aussi ces solides
poreux ne produisent-ils point d'endosmose la plupart du
temps, et si quelquefois ils offrent des signes à peine sensibles
d'endosmose, cela peut provenir de la petite quantité d'alumine qui existe toujours dans la chaux carbonatée minérale.

Il résulte de ces observations que les conditions générales de l'endosmose, sont les suivantes : 1° il faut qu'un
des deux liquides au moins ait de l'affinité pour la substance de la cloison séparatrice; 2° il faut que les deux
liquides aient de l'affinité l'un pour l'autre. S'il n'existe
qu'une seule de ces deux conditions, il n'y a point d'endosmose. Le courant d'endosmose n'appartient ni au liquide le moins dense, ni au liquide le moins visqueux, ni
au liquide le plus ascendant dans les tubes capillaires; il appartient toujours au liquide qui a le plus d'affinité pour la
substance de la cloison séparatrice. Ce n'est point l'*attraction* des canaux capillaires pour les deux liquides; ce n'est
point l'*attraction* des deux liquides l'un pour l'autre, qui
agit dans l'endosmose; je veux dire l'*attraction* dont on

connaît les lois mathématiques et dont on peut calculer et
prévoir ainsi les effets; c'est l'*affinité* dont les lois mathématiques sont inconnues. L'affinité en exercice produit toujours
des courans électriques; ces courans existent donc dans
l'exercice des *affinités* auxquelles l'endosmose est due,
ainsi que l'a établi M. Becquerel; puisque ces courans
existent, ils ont une action sur le mouvement des liquides
soumis à l'expérience. Il ne paraît donc plus douteux
que l'endosmose ne soit due à l'électricité, développée par la double ou triple affinité d'un liquide ou des deux
liquides pour la substance de la cloison séparatrice, et
des deux liquides l'un pour l'autre. On sent facilement
combien il est difficile d'établir la théorie de ces actions
électriques compliquées. L'action capillaire, étrangère par
elle-même à la production de l'endosmose, n'intervient
dans ce phénomène que pour mettre à la perméation des
deux liquides au travers de la cloison séparatrice, un obstacle suffisant pour les empêcher de couler l'un vers
l'autre par le seul effet de leur pesanteur. S'il est d'observation que souvent la propriété d'ascension capillaire des
liquides, soit en rapport avec leur propriété d'opérer l'endosmose, on doit regarder ce fait comme *accompagnant*
et non comme *causant* le phénomène de l'endosmose.

Il n'est point douteux que ce ne soit par les mêmes canaux capillaires de la cloison séparatrice et à l'état de mixtion, que les deux liquides opposés traversent en sens inverse cette cloison, pour produire les deux courans opposés
et inégaux d'endosmose et d'exosmose. Si cette perméation
des deux liquides s'opérait par des canaux capillaires différens, il faudrait admettre d'abord la parfaite égalité de
tous ces canaux; ensuite, leur affectation à chacun des
deux liquides en nombres égaux, en sorte que l'inégalité des
deux courans opposés dépendrait de l'inégalité de la vitesse
de la marche de ces deux liquides dans des canaux capillai-

res séparés, égaux en nombre et en diamètre. Or, une pareille hypothèse répugne à la raison. D'ailleurs, il est un
fait qui prouve directement, que c'est à l'état de mixtion
dans les canaux capillaires de la cloison séparatrice, que
s'opèrent les deux mouvemens en sens inverse, au moyen
desquels les deux liquides marchent avec inégalité de vitesse l'un vers l'autre ; ce fait est celui de l'endosmose opérée par l'eau et l'alcool, lorsque ces deux liquides sont séparés par une cloison de caoutchouc. Cette substance est
en effet imperméable à l'eau, et cependant cette dernière
la traverse par exosmose dans l'expérience dont il s'agit,
tandis que l'alcool la traverse par endosmose. Ce ne peut
donc être qu'à l'état de mixtion, que ces deux liquides traversent en sens inverse la cloison qui les sépare, cloison
dont les canaux capillaires admettent l'alcool et refusent
tout accès à l'eau lorsqu'elle se présente seule.

J'ai prouvé plus haut, que l'augmentation de la température augmente la quantité de l'endosmose dans un temps
donné. La cause de ce phénomène me semble pouvoir se
trouver dans les observations suivantes : l'élévation de la
température développe dans les conduits capillaires une
force inconnue qui met obstacle, non-seulement à l'ascension capillaire, mais à toute perméation des liquides dans
les canaux capillaires, et j'ai vu que l'obstacle opposé par
cette force inconnue à la perméation des liquides, est d'autant plus fort que ces liquides sont plus denses. Ainsi
l'eau, à une température basse de même qu'à celle de l'ébullition, parcourt assez librement un canal de verre, dont
l'action capillaire élevera à 1 pouce l'eau à ╋ 15 degrés C.
de température. De l'eau fortement chargée d'hydrochlorate de soude parcourra librement ce même canal tant
que sa température ne sera pas très élevée, mais à la température de 80 degrés C. la perméation capillaire rencon-
trera dans le canal un obstacle très remarquable. Le liquide

salé sollicité à monter ou à descendre par l'immersion ou par l'émersion du tube, n'obéira que par saccades à l'attraction capillaire ou à la pesanteur. On pourra faire subir à ce tube des immersions et des émersions consécutives d'une certaine étendue, sans que la surface supérieure du liquide que contient le tube, quitte la partie de ce tube à laquelle elle est fixée, en sorte que l'ascension capillaire n'a plus une limite fixe et déterminée. Il y a évidemment un obstacle intérieur à la perméation du liquide, soit pour monter, soit pour descendre. Au reste, le fait de cet obstacle qu'oppose la chaleur élevée au passage des liquides dans les conduits capillaires, a déjà été démontré par les expériences de M. Perkins. Je ne m'y arrêterai pas davantage. Je me bornerai à faire observer, que cet obstacle opposé par la chaleur à la perméation capillaire des liquides, étant d'autant plus grand que les liquides sont plus denses, il est possible que ce soit à cette cause qu'il faut attribuer l'augmentation proportionnelle de la quantité du liquide le moins dense, qui traverse la cloison de l'endosmomètre, lorsqu'on élève la température des deux liquides.

L'endosmose, considérée dans son mode naturel d'existence, ne se trouve appartenir qu'aux seuls êtres organisés, elle ne se rencontre nulle part dans la nature inorganique. Ce n'est, en effet, que chez les seuls êtres organisés que se trouvent des liquides de densités différentes, séparés par des cloisons minces et à pores capillaires; la constitution des corps inorganiques ne nous offre rien de semblable. Ainsi, l'endosmose est un phénomène physique, exclusivement affecté par la nature aux corps organisés; ce n'est que par l'industrie des expérimentateurs, que les solides inorganiques sont appelés à concourir à la production de ce phénomène.

II.

DES ÉLÉMENS ORGANIQUES

DES VÉGÉTAUX. (1)

Si quelque chose peut prouver l'incertitude de nos connaissances sur l'organisation intime des végétaux, c'est la différence des opinions des naturalistes sur cet objet. La source de cette diversité d'opinions est dans l'extrême difficulté de l'observation, qui ne peut se faire sans le secours du microscope, et qui, par conséquent, est passible de toutes les erreurs qu'il est presque impossible d'éviter dans l'emploi de cet instrument. Pour bien juger de la forme d'un objet, il faut l'examiner par toutes ses faces; il faut, de plus, que le tact vienne au secours de la vue. Or, avec le microscope on ne voit jamais les objets que d'un seul côté, et la vision, souvent confuse ou incertaine, qui nous révèle leurs formes est le seul moyen par lequel nous

(1) Ce mémoire contient ce que j'ai cru devoir conserver de ce que j'ai précédemment publié dans la première section de mes *Recherches anatomiques et physiologiques sur la structure intime des végétaux;* j'y ai ajouté des observations nouvelles.

puissions nous instruire à cet égard ; le secours précieux du
tact nous manque ici nécessairement. Une foule d'illusions
d'optique viennent accroître la difficulté de l'investigation.
Des réfractions diverses des rayons lumineux font paraître
opaques des parties qui sont transparentes, et nous donnent l'idée de formes et de structures qui n'existent véritablement point. Un espace circonscrit plus transparent
que les parties qui l'environnent nous paraîtra une ouverture, et si sa diaphanéité est parfaite, il nous est impossible
de décider si c'est véritablement une ouverture libre ou
une ouverture fermée par une membrane diaphane.

Il n'est point étonnant, d'après ces difficultés que présente l'observation, qu'il y ait autant de dissentiment entre les observateurs sur certains points de l'organisation
végétale. Le seul moyen qu'il y ait de faire cesser ces dis-
sentimens et d'arriver à la détermination de la vérité, est de
varier les formes de l'investigation. Il faut soumettre les
organes élémentaires des végétaux à l'examen microscopique après leur avoir fait subir diverses modifications. Les
réactifs chimiques offrent un précieux secours à cet égard :
tantôt ils rendent opaques certaines parties en laissant aux
autres leur transparence; tantôt ils donnent à quelques-unes
de ces parties une coloration spéciale, qui aide à les distinguer ; tantôt ils dissolvent quelques-unes de ces parties
en laissant les autres intactes, etc. En soumettant à l'examen microscopique les organes élémentaires des végétaux
ainsi diversement préparés, on se procure des moyens de
reconnaître les erreurs qui résultent dans certains cas, des
illusions d'optique. Ces recherches comparées sont indispensables pour parvenir à la connaissance de la vérité.
Quiconque ne suit qu'une seule méthode d'investigation,
peut être certain de se trouver dans une route d'erreur à
beaucoup d'égards. Or l'habitude d'observer toujours de la
même manière est le défaut de la plupart des observateurs.

La méthode le plus généralement mise en usage pour observer au microscope les élémens de l'organisation végétale, consiste à réduire le tissu végétal en parties d'une grande ténuité au moyen de la section par un instrument bien tranchant, ou au moyen du déchirement. Les parties ainsi détachées ont de la transparence lorsqu'elles sont fort minces. On augmente cette transparence en les couvrant d'une goutte d'eau; et alors l'œil armé du microscope saisit la forme des organes élémentaires qui composent le fragment de tissu diaphane au travers duquel la lumière est dirigée par le miroir réflecteur du microscope. Cette méthode a ses avantages sans doute, mais elle a aussi ses inconvéniens. On a l'avantage, par cette méthode, de voir les organes en place et dans leurs rapports naturels; mais on a l'inconvénient de ne jamais voir ces organes isolés, et d'ignorer même s'ils peuvent être isolés les uns des autres. C'est de cette manière que M. de Mirbel avait été porté à admettre sa première théorie, qui consiste à considérer toute la substance du végétal comme formée par un tissu membraneux continu dans toutes ses parties, et dont les diverses plicatures, ou les boursouflures forment les *cellules* et les *tubes*. D'après cette théorie, il n'eût existé entre deux cellules contiguës, qu'une seule membrane formant la paroi commune de chacune d'elles. Cette opinion n'a point été partagée par M. Link, et il s'est fondé sur des observations positives pour la combattre (1). Il a vu que le tissu cellulaire est composé de vésicules souvent séparées les unes des autres, surtout dans les fruits, mais le plus souvent intimement soudées entre elles, en sorte que le tissu cellulaire semblait continu sans aucune interruption. D'autres fois il remarqua entre les cellules incomplètement

(1) Recherches sur l'anatomie des plantes (dans les Annales du Muséum d'histoire naturelle, t. xix).

réunies les unes aux autres, de petits intervalles déjà vus
par Hedwig, qui les a nommées *vasa revhentia*, et par Tréviranus, qui les a nommés *meatus intercellulares* (méats intercellulaires).

M. Link eut recours à la cuisson dans l'eau, pour
séparer les unes des autres les cellules qui n'avaient entre
elles qu'une faible adhérence dans la gousse du haricot,
dans la pomme de terre, dans la racine de persil, etc. Ce
que M. Link avait opéré par le moyen de la cuisson dans
l'eau et seulement dans quelques cas, je suis parvenu à le
faire d'une manière générale au moyen de l'acide nitrique.
Je place un fragment quelconque de végétal dans un tube
de verre fermé à l'une de ses extrémités, et qui contient
de l'acide nitrique concentré; je plonge ensuite ce tube
dans l'eau bouillante. Dans l'espace de cinq ou six minutes, et quelquefois moins, le tissu végétal offre une séparation plus ou moins complète de ses élémens organiques.
Les cellules se séparent les unes des autres, et l'on voit que
la paroi qui séparait deux cellules contiguës est double et
non point simple, comme le supposait la théorie de
M. de Mirbel. Les tubes s'isolent les uns des autres et se séparent des cellules qui leur sont contiguës. Tous ces organes
élémentaires ont leurs parois propres et forment des cavités
closes spéciales; ce sont des organes vésiculaires de formes
assez variées qui sont contigus les uns aux autres, quelquefois faiblement cohérens, le plus souvent fortement soudés,
mais dont la cause d'agglutination et d'adhérence cède
quelquefois à la cuisson dans l'eau, et cède constamment
à la cuisson dans l'acide nitrique. Ces expériences, qui établissent l'utilité des observations comparées, faites au
moyen de divers procédés, prouvent que le tissu végétal
n'est point formé d'un tissu membraneux continu dans
toutes ses parties.

Cependant M. de Mirbel ne regarda point sa théorie comme

infirmée par les faits; voici comment il les expliqua : il admit que deux cellules contiguës sont séparées par une cloison unique qui leur sert de paroi commune, et que cette cloison ayant une certaine épaisseur, reste à l'état de mollesse dans son milieu, tandis que les deux parties qui correspondent immédiatement à la cavité de chaque cellule acquièrent de la solidité par la dessiccation, en sorte qu'il s'opère du milieu vers les deux surfaces un retrait de matière qui produit le déchirement que l'on observe dans l'épaisseur de la paroi. *Si par le moyen de l'eau bouillante ou de l'acide nitrique, dit-il, on parvient quelquefois à isoler les cellules, qu'est-ce que cela prouve, sinon que la substance intérieure des parois résiste moins à l'action de ces dissolvans que la lame superficielle qui limite l'étendue de chaque cavité.* (1)

La théorie de M. de Mirbel était attaquée par des faits, ici il l'a défendue par une hypothèse, mais cette hypothèse n'embrasse pas tous les faits. M. de Mirbel, en supposant que c'est par le fait de leur dessiccation, à l'intérieur, que les parois des cellules se séparent en deux lames, n'a pas pensé que cette hypothèse n'est applicable qu'aux cellules remplies d'air et point du tout à celles qui sont toujours remplies de liquide : chez celles-ci il n'est point possible d'admettre de dessiccation des parois, et cependant ces cellules se séparent les unes des autres en conservant chacune leur paroi propre; en outre il y a des cellules qui, sans l'emploi d'aucun dissolvant, se présentent, à l'observation, isolées les unes des autres ou du moins n'adhérant entre elles que de la manière la plus faible, et seulement par quelques points; telles sont les cellules globuleuses ou ellipsoïdes qui ne touchent chacune leurs voisines que par un seul

(1) Mémoire sur l'origine, le développement et l'organisation du liber et du bois; dans les Mémoires de l'Académie des Sciences, t. viii.

point, laissant de larges espaces vides entre elles, dans les autres points. M. Linck en a figuré de pareilles dans les planches de ses *Recherches sur l'anatomie des plantes.* J'en ai trouvé de semblables dans l'endocarpe ou noyau de l'abricot soumis à la cuisson dans l'acide nitrique; j'ai trouvé des cellules ellipsoïdes très grosses et à peine adhérentes les unes aux autres, par leurs points de contact, dans la pulpe de la prune où elles sont extrêmement abondantes; elles se détachent les unes des autres sans l'emploi d'aucun dissolvant. Il est donc certain que ces petits organes creux sont originairement globuleux, et qu'en prenant de l'accroissement, ils se pressent mutuellement dans l'espace circonscrit qui les rassemble, et que c'est par cette pression mutuelle qu'ils prennent les formes polyhédriques, que nous leur voyons le plus souvent. Cette théorie d'abord émise par Tréviranus, ensuite par Kieser est aujourd'hui adoptée par tous les naturalistes, et par M. de Mirbel lui-même, qui, convaincu depuis par ses propres observations sur le *marchantia polymorpha* (1), a franchement reconnu la vérité de la théorie qui admet que le tissu végétal est composé d'organes utriculaires juxtaposés et agglutinés plus ou moins fortement les uns aux autres. Quoique je ne sois pas le premier qui ait annoncé cette vérité, je me flatte que l'on reconnaîtra que j'ai contribué plus qu'aucun autre à l'établir sur des bases solides, comme vérité générale; au moyen de la découverte que j'ai faite du pouvoir que possède l'acide nitrique bouillant, de désagréger, même dans les parties les plus dures du tissu végétal, tous les petits organes creux qui, par leur assemblage, constituent ce tissu; cet acide est le seul qui produise cet effet.

Les organes vésiculaires qui, par leur assemblage, forment le tissu végétal, offrent des formes très variées; je ne

(1) Mémoires de l'Académie des Sciences, t. XIII.

les passerai pas toutes en revue, mon intention n'étant
point de donner ici une exposition complète de l'anatomie
végétale, mais seulement d'offrir des considérations générales sur les points   science, et spécialement sur ceux par rapport auxquels les opinions sont par-
tagées parmi les savans.

La forme assez ordinaire, mais non générale, des cellules
est celle d'un dodécaèdre allongé, terminé par deux bases
hexagonales; c'est sous cette forme que se présente ordinairement le tissu cellulaire de la moelle. Les cellules y sont
disposées en colonnes longitudinales, dont chaque cellule
forme une assise; ces cellules ne communiquent point entre
elles, une double paroi les sépare. Appliquées fort exactement les unes contre les autres, par leurs faces contiguës,
elles ne laissent entre elles aucun intervalle appréciable,
lorsqu'elles ont acquis tout'leur développement; mais avant
cette époque on distingue très bien leurs interstices situés
dans les angles de leur jonction; ces interstices nommés par
Tréviranus et Kieser *méats intercellulaires* ont été vus par
tous les observateurs modernes.

Tréviranus considère ces méats intercellulaires comme
existant originairement entre les cellules qui ne se touchent que par quelques points, en raison de leur forme
originairement globuleuse. Mes observations sont sur ce
point parfaitement d'accord avec celles de Tréviranus :
plus les cellules sont jeunes, plus leurs méats intercellulaires sont proportionnellement grands; à mesure que les
cellules croissent en grosseur, et surtout à mesure qu'elles
se dessèchent, leurs méats intercellulaires disparaissent
par l'effet de l'exacte application de leurs surfaces contiguës. Il se produit presque constamment dans ces méats
intercellulaires de la matière organique composée de globules, qui peuvent être les rudimens des cellules nouvelles qui accroissent la masse du tissu cellulaire.

On observe ordinairement dans les parois des cellules des points transparens bordés d'un cercle obscur; selon M. de Mirbel, ce sont des pores bordés d'un bourrelet opaque. Cette opinion n'est point celle de M. Link qui, après avoir beaucoup observé ces petits points transparens, émet l'opinion que ce ne sont point des pores, mais bien *de petits grains fixés sur la membrane et transparens au milieu* (1). Ainsi cette apparence de pores bordés d'un bourrelet opaque, serait une illusion d'optique produite par la convergence des rayons lumineux, convergence opérée par de petites sphères diaphanes qui agissent sur la lumière comme des lentilles. Pour connaître la vérité d'une manière positive sur cet objet, il était nécessaire d'employer d'autres moyens d'investigation que ceux mis en usage par les observateurs précédens. Voilà celui auquel j'ai eu recours : en observant au microscope la moelle de la sensitive (*mimosa pudica*), j'avais observé que les petits points transparens dont il est ici question transmettaient une lumière verdâtre, tandis que la membrane de la cellule était d'une diaphanéité parfaite. Ce fait me fit pencher vers l'opinion de M. Link. Il me parut que ces petits points transparens et verdâtres dans leur milieu, opaques dans leur pourtour, étaient de petites sphères diaphanes remplies d'un liquide verdâtre. Ayant dissocié les cellules de cette moelle par la cuisson dans l'acide nitrique, j'observai encore ces petits points, mais ils avaient cessé d'être transparens, ils étaient complètement opaques. Je soupçonnai que cette opacité provenait de ce que l'action de l'acide avait coagulé le liquide que je supposais contenu dans les petites cellules sphériques qui formaient ces *points*. Pour vérifier ce soupçon, je soumis les cellules à une nouvelle épreuve ; je les mis sur une lame de verre avec quelques

(1) Recherches sur l'anatomie des plantes.

gouttes d'une solution de potasse caustique (hydrate de potasse), et je les fis chauffer avec précaution en présentant la lame de verre à la flamme d'une lampe à alcool. Je les soumis de nouveau au microscope et je vis que ces *points*, rendus opaques par l'action de l'acide nitrique, avaient repris leur transparence verdâtre par l'action de l'alkali, lequel, dans cette circonstance, me parut avoir dissous le liquide intérieur des petites cellules sphériques, liquide que l'action de l'acide avait rendu opaque en le coagulant. Cette expérience ne me permit plus de douter que les *points* transparens dans leur milieu et opaques dans leur pourtour, que présentent ces parois des cellules ne fussent de petites cellules sphériques remplies d'un liquide diaphane, et qu'il ne fallût abandonner l'idée de M. de Mirbel qui tend à les faire considérer comme des pores.

La moelle est enveloppée chez les végétaux dicotylédons, par un étui composé de tubes de diverses formes, et qui a reçu le nom d'étui médullaire. Parmi ces tubes, on observe spécialement les trachées, ainsi nommées parce qu'elles sont composées par une réunion de fils spiraux, comme le sont les trachées des insectes. Beaucoup d'opinions diverses ont été émises sur l'organisation des trachées ; Hedwig considérait leur spire comme un fil tubuleux roulé sur la partie extérieure d'un tube central membraneux. Bernhardi admet une disposition inverse du tube membraneux, qu'il croit être extérieur à la spire. La tubulure de la spire elle-même, admise par Hedwig, n'a point été confirmée par les observations faites avec les meilleurs microcospes ; l'existence d'un tube membraneux intérieur ou extérieur à la spire, de laquelle il serait distinct, n'est point démontrée non plus. M. de Mirbel affirme cependant que dans les vieilles trachées on trouve quelquefois un encroûtement intérieur qui ressemble à un tube ; mes observations sur ce point confirment celles de M. de Mir-

bel. En dissociant par la cuisson dans l'acide nitrique les
élémens organiques du *calamus rotang*, j'ai trouvé plusieurs fois de grosses trachées, dont les spires étaient
encroûtées sur un tube central formé par une agrégation de
petites cellules globuleuses que l'acide nitrique avait rendues de couleur jaune. Mais ce tube central n'existe point
originairement à mon avis ; je soupçonne qu'il a été formé
dans l'intérieur de la vieille trachée, par un dépôt de molécules globuleuses, qui sont devenues adhérentes à ses
parois. Les autres trachées de la même plante ne présentent
aucune trace de cette organisation.

Les spires des trachées ne sont pas toujours immédiatement appliquées les unes sur les autres; souvent il existe
entre elles, un espace plus ou moins considérable qui est
rempli par une memb rane transparente. Cela se voit facilement sur les trachées du *solanum tuberosum* dissociées
et isolées par la cuisson dans l'acide nitrique. Cette opération, qui développe un gaz dans l'intérieur de tous les petits organes creux végétaux, fournit par cela même un
moyen d'apercevoir avec plus de facilité leur organisation.
On voit clairement par ce moyen, que les espaces transparens qui séparent les spires, ne sont pas des fentes en spirale,
comme le pense M. de Mirbel, mais que ces espaces transparens sont occupés par une membrane diaphane intermédiaire aux spires qui sont opaques. Ordinairement c'est
cette membrane intermédiaire aux spires qui se déchire
lorsque, par une traction mécanique, ou déroule les trachées; mais il arrive aussi quelquefois que cette membrane
est résistante; alors le déroulement de la trachée s'opère
par le décollement des deux lames spirales, dont l'association forme la spire générale. C'est ce qu'on voit dans la
figure 1 (planche 2). La partie non déroulée *b*, offre des
espaces transversaux alternativement obscurs et diaphanes. Les premiers sont occupés par deux lames spirales

associées, les seconds sont occupés par la membrane transparente, qui unit entre elles les spires de la lame opaque.
Or, la cohesion des élémens de cette membrane transparente
étant plus considérable que ne l'est la cohésion réciproque
des deux lames, qui composent la spire opaque, il en résulte
que, lors d'une traction mécanique, la rupture s'opère par
la séparation en deux parties de cette lame spirale, comme
on le voit en *a*. Alors la membrane transparente se déroule
comme un ruban bordé de chaque côté par un rebord
opaque et saillant. J'ai rencontré cette sorte de trachée dans
le sureau *(sambucus nigra)*. Elle s'était présentée aussi à l'observation de M. de Mirbel, qui l'a figurée dans ses *Élémens
de physiologie végétale et de botanique*. C'est sur cette observation qu'il fonde spécialement son opinion, que les lames spirales qui forment les trachées sont bordées par un
bourrelet saillant, et que c'est entre ces bourrelets que sont
les fentes qui établissent une communication de l'intérieur
de la trachée avec le dehors de ce tube.

On voit facilement quelle a été dans cette circonstance
la cause de l'erreur de M. de Mirbel. La lame spirale de la
trachée est véritablement ici fendue en deux par déchirement, et ce n'est que par cet accident particulier que la
membrane transparente intermédiaire aux spires se détache
ici sous forme d'un ruban spiral, que M. de Mirbel a pris
pour la lame spirale elle-même, laquelle, au contraire, ne
fait que border ce ruban. Ainsi les espaces transparens qui
existent entre les spires opaques de la trachée dont il est
ici question ne sont point des fentes; si ces fentes admises
par M. de Mirbel existent réellement, il faut les admettre ici
dans le milieu de la lame spirale opaque, dans l'endroit où
s'opère la séparation des deux moitiés de cette lame spirale.
Or, dans cet endroit la jonction des deux moitiés de la
lame spirale opaque est tellement exacte qu'on n'y aperçoit
aucune fente. D'après cette observation il y a tout lieu de

penser que M. de Mirbel a souvent pris pour des fentes dans les trachées les espaces intermédiaires aux spires et occupés par une membrane diaphane.

Les trachées ne sont, en général, susceptibles de se dérouler que dans leur jeunesse. Lorsqu'elles vieillissent, leurs spires acquièrent de la raideur; elles s'agglutinent plus fortement les unes aux autres, en sorte qu'il n'est plus possible de les dérouler. Cette époque, à laquelle les trachées cessent de pouvoir se dérouler, arrive quelquefois de très bonne heure, en sorte qu'on rencontre dans de jeunes tissus végétaux des trachées qui ne se déroulent point par l'effet d'une traction mécanique. J'ai rencontré des trachées de ce genre dans l'étui médullaire des jeunes tiges de la sensitive (*mimosa pudica*). Ces trachées ne se déroulent point dans leur état naturel, mais lorsqu'elles ont subi une cuisson suffisamment prolongée dans l'acide nitrique on les voit se dérouler. J'ai remarqué que dix minutes de cuisson n'étaient pas suffisantes pour produire ce déroulement, tant l'agglutination des fils spiraux des trachées a de ténacité chez la sensitive.

La manière dont les trachées se terminent n'a point été déterminée par l'observation. M. de Mirbel pense qu'elles se terminent en se confondant avec le tissu cellulaire; ceci est plutôt une déduction de sa théorie qu'un résultat de l'observation. Le moyen que j'emploie pour dissocier les organes végétaux, m'a permis d'isoler des trachées dans une grande étendue et de voir leur terminaison qui a lieu par la formation d'une spirale conique, comme on le voit dans la fig. 2, pl. 2; j'ai trouvé les trachées terminées de cette manière dans le pétiole des feuilles du noyer (*juglans regia*) dans le sureau (*sambucus nigra*) et dans le *calamus rotang*. Chez ce dernier j'ai vu quelquefois la trachée subir un étranglement qui représentait deux cônes opposés au sommet, en sorte qu'il semblait que deux trachées terminées chacune

par une spirale conique, se continuaient l'une avec l'autre
par le sommet de leurs cônes terminaux.

Les trachées se présentent quelquefois environnées par
une couche de petites cellules globuleuses, comme on le
voit dans la fig. 3 qui représente une trachée du *clematis vitalba*. Ces petites cellules globuleuses, qui restent adhérentes
à la trachée, dans une partie de son étendue, et qui s'en séparent dans d'autres parties, n'appartiennent point à ce
tube. Cependant la manière dont elles sont appliquées sur
la trachée, leur extrême petitesse et leur diaphanéité les
feraient prendre très facilement pour des pores dont la trachée serait criblée.

Les trachées ne se rencontrent jamais chez les dicotylédones, que dans l'étui médullaire ; il n'en existe point dans
l'aubier ni dans l'écorce, on n'en rencontre jamais non plus
dans les racines. Beaucoup d'observateurs, et parmi eux
Tréviranus et Linck, prétendent avoir trouvé des trachées
dans les racines; mais je pense que dans cette observation,
ils ont été induits en erreur, soit par l'apparence de trachées que présentent les *tubes rayés* dont je vais parler
tout-à-l'heure, soit parce que ces observateurs auront pris
des tiges souterraines pour des racines. J'ai observé, en
effet, que ces tiges souterraines possèdent des trachées
comme les tiges aériennes.

Dans l'étui médullaire et auprès des trachées se trouvent
de gros tubes qui, tantôt sont couverts de points transparens qui ressemblent à des pores, et qui, tantôt sont couverts de lignes transversales qui ressemblent à des fentes.
Lorsqu'on examine ces tubes avec un microscope dont le
pouvoir amplificateur n'est pas extrêmement considérable,
on ne voit sur leur surface que des points obscurs ou des
lignes transversales obscures; mais en employant un gros-
sissement suffisant, on voit un point lumineux au milieu
du point qui, auparavant, paraissait obscur, et on découvre

un espace transparent au milieu de la ligne qui d'abord avait paru entièrement obscure. Les tubes couverts de points transparens ont été nommés *vaisseaux poreux*, par M. de Mirbel; il a donné le nom de *vaisseaux fendus* ou de *fausses trachées*, aux tubes couverts de lignes transversales transparentes. M. de Candolle désigne les premiers par le simple nom de *vaisseaux ponctués*, et les seconds par celui de *vaisseaux rayés* (1). J'adopte ces derniers noms, parce qu'ils sont la simple expression de l'apparence sous laquelle ces tubes se présentent à l'observation. M. de Mirbel admet que les points transparens situés sur les *tubes ponctués*, sont réellement des pores par lesquels les substances contenues dans le vaisseau peuvent s'écouler en dehors ; il admet que les lignes transversales transparentes, situées sur les *fausses trachées*, sont réellement des fentes qui servent au même usage que les pores; il reconnaît qu'il y a des *vaisseaux mixtes*, lesquels possèdent, à-la-fois, des *pores* et des *fentes*; enfin, il admet qu'il y a des vaisseaux qui sont alternativement, et dans diverses portions de leur étendue, véritables trachées, vaisseaux fendus et vaisseaux poreux; de même qu'il a admis dans les trachées, des bourrelets bordant les fentes, de même il admet ces mêmes bourrelets bordant les fentes des fausses trachées et les pores des vaisseaux poreux.

L'existence des tubes qui seraient trachées véritables, dans une partie de leur étendue, et fausses trachées dans une autre partie, n'a point lieu; je m'en suis assuré par des observations extrêmement multipliées. Le moyen chimique que j'emploie pour dissocier les organes végétaux m'a mis à même d'observer les trachées complètement isolées, dans une étendue souvent considérable, et jamais il ne m'est arrivé de les voir changer de nature; je pense donc

(1) Organographie végétale.

I.   8

que ce sont des trachées à spires soudées, que M. de Mirbel aura prises pour des fausses trachées; et en effet, l'erreur est ici très facile à commettre. L'existence simultanée des *pores* et des *fentes*, ou plutôt des *points* et des *raies*, sur un même tube, est un fait certain. Les lignes transparentes transversales qui couvrent les *tubes rayés*, sont irrégulièrement interrompues, en sorte qu'il arrive souvent qu'il y a des fractions très courtes, de ces lignes, qui se trouvent isolées et qui simulent alors des pores un peu allongés dans le sens transversal. De ces *pores elliptiques* aux *pores ronds*, la transition est naturelle; ainsi je pense qu'on doit considérer les *pores* et les *fentes* des tubes, ou plutôt leurs *points* et leurs *raies*, comme des parties identiques par leur nature, mais différentes par leur forme.

Les *tubes ponctués* et les *tubes rayés* n'existent pas seulement dans l'étui médullaire : on les trouve dans toute la partie du système central qui, chez les dicotylédones, est extérieure à l'étui médullaire. Ce sont ces tubes dont on voit les orifices à l'œil nu sur la coupe transversale de plusieurs végétaux ligneux, et notamment de la vigne et de la clématite, *clematis vitalba*. Chez ces deux végétaux, ces tubes sont fort gros et extrêmement nombreux; chez d'autres végétaux ligneux, tels que le chêne, on trouve ces tubes dans l'intervalle qui sépare chacune des couches d'aubier. Les gros tubes de la vigne sont des *tubes rayés*; les gros tubes de la clématite sont des *tubes ponctués*; ces tubes, dans ces deux végétaux sont extrêmement faciles à observer; la cuisson dans l'acide nitrique les isole parfaitement. Les tubes rayés de la vigne, et les tubes ponctués de la clématite, étudiés avec soin, pourront donc conduire à des résultats généraux sur la structure de ces sortes de tubes.

Dans mon ouvrage publié en 1824 (1) j'exposai les re-

(1) Recherches anatomiques et physiologiques sur la structure intime des animaux et des végétaux.

cherches que j'avais faites avec des microscopes moins
puissans que ceux dont je me suis servi depuis. J'affirmai
alors que les *points* et les *raies* qui couvrent les tubes ne
sont point des *pores* ni des *fentes*, ainsi que l'admet
M. de Mirbel. Cependant les assertions de ce dernier parurent recevoir depuis une éclatante confirmation par le témoignage de M. Amici, dont le microscope admirable semblait devoir lever tous les doutes qui pouvaient exister sur
cet objet. Ce microscope n'existait point encore en France
en 1827, lorsque M. Amici l'apporta à Paris. Tous ceux
qui portent de l'intérêt aux progrès des sciences naturelles
s'empressèrent d'aller voir et admirer ce nouvel instrument
qui devait étendre et rendre plus certaines nos connaissances dans le monde microscopique. M. Amici se pro-
nonça ouvertement pour l'existence des pores et des fentes
dans les parois des tubes végétaux ; il fit voir ces pores et
ces fentes aux savans les plus distingués, et tous demeurèrent convaincus de la réalité de leur existence. Ce point de
la science parut dès-lors définitivement fixé. Quelques semaines après, M. Amici vint à Londres, où je me trouvais
alors, et je m'empressai de répéter avec lui mes observations sur les tubes des végétaux. M. Amici mit en usage,
pour ces observations, le procédé employé et indiqué par M.
de Mirbel. Une lame extrêmement mince est enlevée sur le
tissu d'un végétal avec un instrument très tranchant, et cette
lame de tissu végétal est soumise au microscope légèrement
couverte d'eau, afin d'augmenter sa transparence. De cette
manière on met à nu des tubes végétaux dans une certaine
portion de leur étendue, et on peut les observer très facilement par transparence. Par ce moyen, M. Amici me fit voir ce
qu'il prenait pour des *pores* sur les tubes du *calamus verus*,
et pour des fentes transversales sur les tubes de la vigne.
Je mis à mon tour mon procédé en usage : je dissociai les
élémens organiques du bois de la vigne, au moyen de la

8.

cuisson dans l'acide nitrique, et ils furent soumis au microscope. Nous vîmes des tubes parfaitement isolés. Ces
tubes sont couverts de *raies* qui ressemblent à des *fentes;*
elles sont de longueurs très diverses. La figure 4 représente un de ces tubes; lorsque nous les observions sur une
lame mince, enlevée avec un instrument tranchant, nous
voyions leurs *raies* transversales parfaitement diaphanes
dans leur milieu, et bornées de chaque côté par une ligne
obscure; il était impossible alors de ne pas croire que c'é-
taient là de véritables fentes bordées par un bourrelet opaque, ainsi que l'admet M. de Mirbel; mais lorsque nous ob-
servâmes ces tubes, à l'état d'isolement où les avait placés la
cuisson dans l'acide nitrique, la scène changea; nous vîmes
de même les *raies* transversales bordées de chaque côté
par une ligne obscure, mais leur milieu ne transmettait plus
qu'une lumière jaune, ce qui contrastait fortement avec la
diaphanéité parfaite des parois du tube sur lequel ces *raies*
transversales étaient situées. Cette expérience, que j'avais
faite auparavant, mais que j'étais charmé de répéter avec
M. Amici, et avec son microscope, prouve incontestablement que les *raies* transversales des *tubes rayés* de la vigne
ne sont point des *fentes*, mais bien des organes linéaires ci-
lyndriques, lesquels parfaitement diaphanes dans l'état naturel, sont jaunis par l'action de l'acide nitrique; l'opacité
de leurs bords est un effet de la réfraction de la lumière.

Cette expérience a eu pour témoin le célèbre botaniste
Robert Brown. Chacun peut la répéter avec facilité; il ob-
tiendra le même résultat qui s'est constamment reproduit
dans mes nombreuses observations. J'ai pu de même acquérir la certitude, que je n'avais point commis une erreur, en
affirmant que les *points* transparens qui existent sur les
tubes ponctués ne sont point des *pores*. L'observation des
gros tubes de la clématite (*clematis vitalba*) m'en a fourni
la preuve. Lorsqu'on examine ces gros tubes sur une lame

mince enlevée avec un instrument tranchant, on voit leurs
points transparens, qui sont un peu allongés dans le sens
transversal, parfaitement diaphanes dans leur milieu; leur
bord est occupé par une ligne obscure. On peut alors les
prendre avec M. de Mirbel et avec M. Amici, pour des pores
environnés par un bourrelet opaque; lorsqu'on isole ces
gros tubes au moyen de la cuisson, dans l'acide nitrique,
on trouve qu'ils sont formés de pièces articulées les unes
avec les autres, et qui se séparent avec facilité. Chacun de
ces articles est couvert de petits organes elliptiques, entou-
rés par une ligne obscure, et dont le milieu transmet une
lumière jaune qui contraste avec la diaphanéité parfaite
des parois du tube.

Ces petits organes qui, dans l'état naturel, sont parfaitement diaphanes et que l'acide nitrique rend jaunes, ne
sont donc pas plus des *pores*, que les raies transversales
des tubes de la vigne ne sont des *fentes*. Il est de la plus
grande évidence, que ces *points* et ces *raies* sont des organes
d'une excessive ténuité, tantôt allongés comme un fil transparent, tantôt réduits à n'avoir que l'apparence d'un point
diaphane. L'acide nitrique altère la diaphanéité de ces pé-
tits organes, et les rend jaunes dans les tubes de la vigne et
de la clématite; mais il ne produit pas cet effet sur ces
mêmes organes chez tous les végétaux, en sorte qu'ils conservent quelquefois constamment leur transparence. J'ai
expérimenté qu'une solution d'hydrate de potasse rend
la diaphanéité parfaite aux petits organes jaunis par l'acide
dans les tubes de la vigne et de la clématite. Cette expérience prouve que les petits organes qui couvrent la surface
des tubes, sont exactement de la même nature que ceux
qui existent sur les parois du tissu cellulaire: car la même
expérience, rapportée plus haut, a produit un effet analogue sur les prétendus pores du tissu cellulaire. Ces observations seraient suffisantes, pour infirmer sans retour l'hy-

pothèse de l'existence des pores et des fentes visibles au microscope, dans les parois des cellules et dans celles des tubes végétaux, quand bien même M. Adolphe Brongniart n'aurait pas trouvé le moyen de faire voir directement que ces prétendues perforations visibles n'existent pas ; on n'avait songé avant lui qu'à examiner au microscope les lames minces enlevées longitudinalement sur la tige d'un végétal, il a eu l'idée d'observer des lames minces enlevées transversalement ou horizontalement sur cette même tige ; de cette manière, en multipliant les coupes, on finit par tomber sur la coupe transversale de quelques-unes de ces prétendues perforations, et M. Adolphe Brongniart a vu que dans cet endroit, il existait une membrane obturatrice beaucoup plus mince que la membrane du tube ou de l'utricule, ce qui faisait qu'on prenait le petit espace qu'elle occupait pour une perforation. Je pense, que cette membrane fine était l'une des parois de l'un des petits organes utriculaires, dont j'ai signalé l'existence sur les parois des tubes et des cellules, et que la paroi opposée avait disparu par l'effet de l'instrument tranchant, qui ne peut guère diviser en deux des organes utriculaires aussi petits, sans briser au moins l'une de leurs parois.

Les gros tubes *rayés* ou *ponctués* ont toujours une longueur considérable, en sorte que leur terminaison est assez difficile à rencontrer. J'ai vu, dans les pétioles des feuilles de la sensitive, que la terminaison de ces gros tubes s'opère, comme celle des trachées, par la formation d'une pointe ou d'une extrémité conique.

Les gros tubes sont tous, dans l'origine, composés d'articles ou de cellules placées à la file ; ordinairement, cette organisation disparaît de bonne heure, mais quelquefois aussi elle persiste dans les tubes des parties végétales plus ou moins âgées. Ainsi, les gros tubes ponctués de la clématite (*clematis vitalba*) sont toujours composés d'articles qui se séparent les uns des autres, au moyen de la cuisson dans l'acide nitrique. Ce sont évidemment des *tubes en chapelet*, dont les cellules, placées bout à bout, ont perdu leurs cloisons intermédiaires dans le lieu de leur jonction. Cette organisation se voit de même dans les gros tubes rayés des tiges très jeunes de la vigne. Lorsque, par la cuisson dans l'acide nitrique, on dissout les élémens organiques de ces jeunes tiges, on obtient des tubes rayés isolés, et ces tubes sont composés d'articles, lesquels sont séparés les uns des autres par des *cloisons* ou par des *diaphragmes* intérieurs. La cuisson, dans l'acide nitrique, remplit tous les petits organes creux végétaux d'un gaz, dont on distingue parfaitement la présence en couvrant ces petits organes dissous d'une goutte d'eau. Or, dans les tubes des jeunes tiges de la vigne préparés ainsi, on voit autant de bulles d'air séparées les unes des autres qu'il y a d'articles, ce qui prouve bien que ces articles sont séparés les uns des autres par une cloison. Plus tard, ces cloisons intérieures se rompent, et il ne reste pour indiquer leur existence primitive, qu'un bourrelet circulaire qu'on voit au microscope dans l'intérieur et à chaque article de ces tubes, lorsqu'ils sont un peu plus âgés. Dans les tiges de la vigne, âgées d'un an ou plus, les gros tubes dont on voit si facilement les orifices à l'œil nu, ne sont plus composés d'articles ou de cellules articulées les unes avec les autres; ils offrent des parois continues. On serait tenté d'admettre que la formation de ces gros tubes, serait due à un développement considérable des tubes articulés et plus petits qui existaient dans le principe, mais l'observation m'a prouvé que la formation de ces gros tubes s'opère par un mécanisme différent. Pour étudier cette formation, il faut choisir une tige de vigne d'un pouce et demi ou deux pouces de diamètre. Dans ces grosses tiges de vigne, les tubes très gros n'existent point encore dans les couches les plus récentes de l'aubier, lesquelles n'of-

frent que des petits tubes rayés contenus dans le tissu cellulaire des rayons médullaires. En étudiant attentivement
les phénomènes d'organisation qui accompagnent les gradations de grosseur de ces tubes du dehors vers l'intérieur,
j'ai vu que plusieurs de ces petits tubes juxtaposés, se réunissent pour en former un seul beaucoup plus gros, et cela
au moyen de la disparition de leurs parois contiguës. Ces
gros tubes sont ainsi des sortes de *lacunes*, et cependant
leur paroi forme une membrane continue , par l'agglutination des pièces de rapport dont elle est composée. On distingue très bien ces *pièces de rapport* au microscope, lorsqu'on a isolé un de ces gros tubes par le moyen de la cuisson
dans l'acide nitrique, et en confrontant ces pièces avec les
petits tubes rayés qui ont conservé leur simplicité originelle,
on voit parfaitement leur similitude.

La théorie de la formation des tubes *ponctués* ou *rayés*,
au moyen de la réunion d'une série rectiligne de cellules,
dont les cloisons intermédiaires ont disparu, a déjà été
émise par M. Tréviranus. Ce savant donne hypothétiquement le même mode d'origine aux trachées, mais il n'existe
aucun fait dont l'observation puisse justifier une pareille
assertion.

La partie ligneuse des végétaux est spécialement composée par un élément organique très remarquable , aperçu
d'une manière peu distincte par MM. de Mirbel et Link, et
qui n'est bien connu que depuis que j'ai trouvé le moyen
de dissocier les élémens organiques des végétaux, par le
moyen de la cuisson dans l'acide nitrique. Cet élément organique végétal consiste ordinairement dans des tubes fusiformes ; tels sont ceux du bois de la vigne (planche 2, fig.
5. A.). Quelquefois, ces tubes sont semblables à de longues
aiguilles, pointues par leurs deux extrémités ; tels sont ceux
qui se trouvent dans la tige aérienne du *ruscus aculeatus* (fig.
5. B.). M. de Mirbel a désigné le tissu que ces tubes for-

ment par leur assemblage, sous le nom de *tissu cellulaire allongé;* M. Link l'a nommé *tissu d'aubier;* le docteur Tréviranus a désigné les organes qui composent ce tissu, sous le nom d'*utricules fibreuses.* Le nom de tissu *cellulaire allongé,* ne peut convenir à de véritables tubes rassemblés en faisceaux; le nom de *tissu d'aubier* ne convient point non plus, puisqu'un tissu tout semblable, mais seulement plus lâche, existe dans l'écorce. J'avais proposé, autrefois, de désigner ces tubes fusiformes par le nom de *clostres.* Cette dénomination n'ayant point été adoptée par les phytologistes, je l'abandonne; sentant toutefois l'indispensable nécessité de désigner ces tubes tout-à-fait spéciaux par un nom particulier, j'adopterai, en le modifiant, le nom que leur a donné Tréviranus, et je les désignerai dorénavant par le nom de *tubes fibreux;* ce sont ces tubes longitudinaux qui forment spécialement, ce que l'on nomme vulgairement les *fibres* du bois. Ces *tubes fibreux* ont leurs deux extrémités terminées en pointe, toujours munies d'une ouverture quelquefois ronde, mais plus souvent allongée et taillée en biseau, comme on le voit dans la figure 5, A *d d.* Cette ouverture se joint à l'ouverture semblable, que présente le tube fibreux suivant. J'ai constaté avec le plus grand soin ce fait de la jonction des orifices terminaux des tubes fibreux chez la sensitive, chez le *calamus verus* et dans le bois de la vigne, en dissociant incomplètement leurs élémens organiques au moyen de la cuisson dans l'acide nitrique. Comme l'action de cet acide développe ordinairement un gaz dans l'intérieur des petits organes élémentaires des végétaux, cela m'a fourni le moyen de m'assurer que les tubes fibreux sont creux dans toute leur étendue. Il résulte de cette observation, que les tubes fibreux, ainsi joints par les ouvertures de leurs pointes, forment par leur assemblage des canaux très longs, dont la cavité est continue. Ces canaux offrent ainsi à chaque jonction d'un tube fibreux avec

un autre, un rétrécissement qui rend leur capillarité prodigieuse. On peut s'en faire une idée, par la mesure de ces
tubes fibreux que j'ai prise au microscope solaire, chez la
sensitive. Ceux qui existent dans l'écorce de cette plante
et qui sont deux fois plus grands que ceux de la partie ligneuse, n'ont qu'environ un millimètre et demi de longueur
sur 1/55 de millimètre de largeur dans leur partie moyenne,
qui est la plus renflée. On peut juger par là, de quelle ténuité devient le canal de leur pointe.

Les tubes fibreux ne sont pas toujours composés d'une
seule pièce, comme on le voit en *a a* (planche 2, fig. 5, A).
Souvent ils sont composés de deux articles, comme on le
voit en *b*, et quelquefois de trois articles, comme on le voit
en *c*. Ces articles se dissocient par la cuisson dans l'acide
nitrique, ce qui prouve que les tubes fibreux sont formés
chacun par une cellule, soumise à un mode de développement particulier, ou par la réunion de plusieurs cellules
allongées et placées bout à bout; alors les cellules intermédiaires demeurent cylindriques, et les deux cellules terminales prennent seules une forme pointue par leur extrémité
articulée avec le tube fibreux suivant. Il arrive quelquefois
qu'il se trouve une assez grande quantité de cellules articulées les unes avec les autres, et interposées aux deux pointes
terminales du tube fibreux. C'est ce qui a lieu, par exemple, dans le bois de la clématite (*clematis vitalba*). Cette organisation m'avait même fait douter d'abord que ce végétal
possédât de véritables tubes fibreux.

Les tubes fibreux sont ordinairement disposés en faisceaux, qui affectent la forme d'un réseau, dont les mailles
sont remplies par du tissu cellulaire. Plus ce tissu cellulaire
est abondant, plus les faisceaux de tubes fibreux deviennent rares, et plus le tissu du végétal devient mou.

Les bois les plus compactes et les plus durs offrent en
général les tubes fibreux les plus petits. Cependant, cette

assertion ne doit pas être généralisée ; car, c'est moins aux
tubes fibreux eux-mêmes qu'à la substance qu'ils contiennent que les bois durs doivent la solidité de leur tissu ;
c'est à cette même substance qu'ils doivent leur coloration,
comme le prouve l'expérience suivante. J'ai soumis un fragment de bois d'ébène à la cuisson dans l'acide nitrique.
Les tubes fibreux se sont dissociés et sont devenus d'un
blanc nacré, tandis que l'acide s'est fortement chargé de la
substance colorante noire qu'ils contenaient. C'est cette
substance contenue dans les tubes fibreux, qui change de
couleur et de consistance par le progrès de la végétation, et
c'est par ce changement survenu dans la composition de
cette substance que s'opère la transmutation de l'aubier en
duramen (1). Chez les bois qui, comme le saule et le peuplier, sont blancs, mous et légers, il paraît que les tubes fibreux ne contiennent que de la sève de peu de densité, et
qu'ils demeurent remplis d'air lorsqu'elle a été dissipée
par l'évaporation, ou employée à la nutrition ; au contraire, dans les bois durs et pesans, les tubes fibreux sont
remplis par une substance d'une densité plus ou moins
considérable. Dans les bois légers, tels que le saule et le
peuplier, la formation du duramen ne se manifeste point
par une augmentation de dureté, mais simplement par une
légère coloration.

Il existe un rapport très évident entre le degré de lenteur
du développement des arbres, et le degré de dureté de
leur bois. Le buis par exemple, dont le bois s'accroît si

(1) Je propose de donner, comme en latin, le nom de *duramen* à ce que
l'on nomme vulgairement le *bois de cœur*. Jusqu'à ce jour, les botanistes ont
désigné cette partie sous le simple nom de *bois*, la distinguant ainsi de l'aubier, qui de cette manière ne serait pas *du bois*. Or, cela est manifestement
contraire aux idées généralement reçues ; l'*aubier* est du jeune bois encore à
l'état de mollesse et de blancheur ; le *duramen* est du vieux bois devenu dur
et coloré.

lentement, est d'une grande dureté, tandis que le peuplier
dont l'accroissement est très rapide, offre un bois très mou.
Les végétaux herbacés ont généralement très peu de tubes
fibreux; les parties très molles n'en contiennent point, en
sorte qu'il paraît que l'abondance de ces tubes fibreux, est
la cause de la solidité du tissu végétal. Les tiges fort molles, telles, par exemple, que la hampe de la fleur du pissenlit *(leontadon taraxacum L.)*, n'offrent à l'observation
que des cellules articulées dans le sens longitudinal, et formant ainsi par leur association des *tubes en chapelet.*

M. de Mirbel pense que les sucs résineux contenus dans
l'écorce de la plupart des conifères, sont ébauchés dans
des *lacunes* produites par le déchirement du tissu cellulaire.
J'ai trouvé que ces sucs résineux sont contenus dans des
tubes irrégulièrement renflés et tortueux; je les ai isolés
complètement par le moyen de la cuisson dans l'acide nitrique. Cette observation qui paraît en opposition avec l'o-
pinion de M. de Mirbel ne l'infirme cependant point. Toute
lacune est tapissée par une membrane, formée par la
réunion des débris des cellules qui ont été rompues lors
de la formation de cette même lacune. C'est ce que l'on
voit clairement, par exemple, dans la cavité centrale de la
tige des plantes fistuleuses, cavité qui est une vaste lacune.
Or il en est de même des lacunes qui contiennent les sucs
résineux dans l'écorce des conifères, elles sont tapissées
intérieurement par une membrane d'une seule pièce, que
l'on isole par le moyen de la cuisson dans l'acide nitrique;
c'est un *sac cellulaire* dont la formation est, pour ainsi dire,
accidentelle. Ce n'est point un organe *originairement existant*, et cependant c'est véritablement *un organe spécial.*
Ce fait est à noter pour la science de la formation des organes ou pour l'*organogénie.*

Les lacunes offrent dans le mode de leur formation, des
différences qu'il est très important de signaler. Les plus

simples sont celles que je viens d'indiquer et qui consistent dans un simple déchirement du tissu cellulaire. Il en est d'autres qui sont formées par la disparition de certaines portions de tissu cellulaire sans aucun déchirement. Ces sortes de lacunes sont très communes chez les végétaux monocotylédons. Lorsqu'on coupe transversalement la tige d'un végétal ligneux monocotylédon, tel par exemple qu'un *ruscus*, on voit à l'œil nu les orifices d'une foule de gros tubes qui ne contiennent que de l'air. Ces gros tubes ne ressemblent point par leur organisation aux gros tubes des dicotylédons, quoique leur fonction soit de même de contenir de l'air. Chez les monocotylédons les parois de ces gros tubes sont toujours composées de petites cellules. Cette organisation fait qu'on ne peut isoler ces tubes par la cuisson dans l'acide nitrique, lequel dissocie les petites cellules qui composent leurs parois. Aussi lorsqu'on soumet à cette opération un fragment de végétal ligneux monocotylédon, tel que le *rotang*, on n'obtient que des trachées, des tubes fibreux, et des cellules, on n'obtient pas un seul des gros tubes, dont on aperçoit les orifices à l'œil nu. C'est que les parois de ces gros tubes sont composées de cellules ou d'élémens organiques, dissociables par l'action de l'acide nitrique. Cependant une cuisson ménagée du rotang dans cet acide un peu affaibli, procure des fragmens isolés de ces gros tubes; et on voit de cette manière, que leurs parois sont composées par une agrégation de petites cellules globuleuses, auxquelles l'action de l'acide nitrique a donné une couleur jaune, en leur conservant de la transparence. Ces cellules sont rondes chez le *calamus verus*, et elliptiques chez le *calamus rotang*. Ainsi ce sont des *tubes à parois cellulaires*. Les petites cellules globuleuses qui composent les parois de ces tubes chez les rotang, sont différentes des cellules polyhèdres qui les environnent; ce ne sont donc point des *lacunes* produites par le déchirement du tissu cellulaire. Or, chez tous les monotylédons on trouve constamment cette organisation cellulaire des parois, des gros tubes destinés à contenir de l'air, tubes que M. Rudolphi nomme *vaisseaux pneumatiques*, et que M. de Candolle désigne sous le nom de *cavités aériennes*. Leur origine et leur formation sont assez faciles à voir chez le *potamogeton natans*. En examinant au microscope, le sommet de la tige naissante et encore souterraine de cette plante, on voit que son tissu est composé de cellules disposées en séries longitudinales, et remplies d'une substance opaque. Un peu plus tard on voit que les parois de ces cellules sont composées de très petites cellules, et que la substance opaque contenue dans leur intérieur, n'est autre chose qu'un amas de très petites cellules globuleuses, qui ressemblent à des grains de fécule. Ces petites cellules globuleuses intérieures ne se développent point, mais les petites cellules extérieures, qui par leur réunion composent les parois des grandes cellules, se développent, ce qui augmente le volume des grandes cellules, lesquelles déjà ne méritent plus ce nom; elles sont devenues des organes creux à parois cellulaires et remplies de petites cellules globuleuses; comme ces dernières ne se développent point et que la cavité de l'organe qui les contient s'accroît sans cesse, il se forme un vide dans cet organe : bientôt toutes les petites cellules globuleuses intérieures disparaissent, elles sont absorbées et la cavité qu'elles occupaient reste remplie d'air. Ainsi cette cavité est une véritable *cellule à parois cellulaires* développées; ce n'est point comme on l'a cru, une lacune opérée par le déchirement du tissu cellulaire. Les cavités cellulaires disposées avec régularité, que l'on observe dans les tiges aériennes des *scirpus*, ne sont point non plus des lacunes produites par le déchirement régulier du tissu cellulaire, ainsi que l'a pensé M. de Mirbel. Ces cavités qui finissent par

ne contenir que de l'air , existaient dès l'origine de la tige
contenant un tissu cellulaire très petit et très délicat , qui
disparaît bientôt par absorption et qui livre ainsi sa place
à de l'air. Ainsi ces cavités qui sont fort régulières représentent exactement l'organisation primitive de la tige du
scirpus.

Ces observations prouvent que les tubes des végétaux
n'existent point dans le principe ; *ils se forment,* et leur *formation* est toujours le résultat d'une disparition de quelques portions du tissu organique; ainsi, les tubes en chapelet se forment par la disparition des cloisons transversales
qui séparaient, les unes des autres, les cellules qui forment
chacun de leurs articles; les gros tubes de certains dicotylédons, se forment par la disparition des parois contiguës de
plusieurs petits tubes en chapelet, qui se réunissent pour
en former un seul. Les gros tubes des monocotylédons se
forment par la disparition du tissu cellulaire rudimentaire
contenu dans de grosses cellules alignées, dont les cloisons
transversales disparaissent aussi.

Tout être organisé est recouvert par une membrane qui
met son tissu organique vivant à l'abri du contact et de
l'influence immédiate des corps et des agens du dehors. La
partie la plus extérieure de cette membrane porte le nom
d'*épiderme* chez les animaux, parce qu'elle recouvre le
derme; elle est généralement désignée par ce même nom
d'*épiderme* chez les végétaux, oiqu'on ne reconnaisse point
ici de *derme* qui soit sous-jacent; on la nomme aussi *cuticule.*

Pour bien voir la structure de l'épiderme, il faut prendre
une feuille de plante herbacée un peu épaisse, une feuille
de lis, par exemple; on soulève l'épiderme avec la pointe
d'un canif, et au moyen du déchirement, on obtient un
lambeau plus ou moins long de cette membrane. En l'examinant au microscope, on voit que dans l'endroit où la

membrane, successivement amincie par l'effet du déchirement, est réduite à ne posséder que sa partie superficielle,
elle n'offre aucun indice d'organisation, sa diaphanéité est
parfaite; il n'en est pas de même dans les endroits où la
membrane possède toute son épaisseur; là le microscope
fait apercevoir une structure organique particulière, la
membrane paraît composée par une agglomération de cellules dont les formes sont très diverses, et qui sont toujours très différentes des cellules du parenchyme que recouvre cette membrane. L'enveloppe tégumentaire a donc
une structure différente à sa partie extérieure et à sa partie
intérieure; en dehors elle est sans trace d'organisation, et
diaphane comme du verre; en dedans elle présente des organes celluleux. Ce fait prouve que la membrane désignée,
chez les végétaux, par le nom d'épiderme, est, dans le fait,
l'assemblage de deux membranes distinctes : l'une extérieure
et l'autre intérieure. M. Adolphe Brongniart (1) est parvenu
à isoler, dans la feuille du chou, et au moyen d'une macération de plusieurs mois, la partie extérieure de l'enveloppe
tégumentaire, partie qui seule mérite le nom d'*épiderme*
ou de *cuticule*; la partie intérieure et celluleuse me paraît
pouvoir être désignée par le nom de *tégument cellulaire*.
C'est en vain que j'ai essayé d'obtenir, par le déchirement,
l'isolement de l'épiderme chez la feuille du chou, isolement
que M. Adolphe Brongniart a obtenu par la macération,
toujours la membrane obtenue par ce procédé mécanique
paraît celluleuse, elle offre par conséquent la réunion de l'é-
piderme et du *tégument cellulaiae;* il en est de même chez
la plupart des plantes : leur véritable *épiderme* est si ténu
et tellement adhérent au *tégument cellulaire* sous-jacent,
qu'on ne peut que rarement l'en séparer mécaniquement.

(1) Recherches sur la structure et sur les fonctions des feuilles; dans les
Annales des Sciences naturelles, t. xxe.

Le *tégument cellulaire* ou la partie intérieure de l'enveloppe tégumentaire des plantes est composée, ordinairement, d'une seule couche de cellules diaphanes qui paraissent remplies d'eau; quelquefois le *tégument cellulaire* est plus épais, et offre plusieurs couches de cellules; c'est ainsi qu'il se présente sur la feuille du laurier-rose (*nerium olean-der*), suivant les observations de M. Adolphe Brongniart. Les tiges, en prenant de l'âge, acquièrent aussi un tégument cellulaire composé de couches plus ou moins nombreuses; c'est ce que l'on nomme improprement l'*épiderme* chez le merisier (*prunus avium*); et chez le bouleau (*betula alba*), j'ai observé de même un tégument cellulaire composé de plusieurs couches superposées, sur la tige rampante ou rhizome de l'*iris germanica* et sur les racines de l'asperge.

L'enveloppe tégumentaire des parties herbacées offre des ouvertures fort petites; elles ont d'abord été nommées *pores corticaux* par M. De Candolle, lequel a ensuite adopté le nom de *stomates* qui a été donné à ces ouvertures par M. Link. Quelques observateurs ont nié que les stomates fussent des ouvertures percées à jour et servant à établir la communication du dehors avec l'intérieur du tissu végétal; mais ce fait, qui a été vu d'abord par MM. De Candolle et Link, a été confirmé depuis de manière à ne plus laisser aucun doute, par les observations de M. Amici et par celles de M. Adolphe Brongniart; ces deux observateurs ont vu que les ouvertures des stomates communiquent immédiatement avec des cavités pneumatiques, situées dans le tissu végétal.

III.

RECHERCHES

SUR

L'ACCROISSEMENT DES VÉGÉTAUX. (1)

SECTION 1re.

De l'accroissement des végétaux en diamètre.

§ I. — De l'accroissement en diamètre des végétaux dicotylédons.

Les végétaux, pendant tout le temps de leur vie, accroissent leur masse au moyen de matériaux qu'ils puisent au dehors. Cet accroissement est continuel ou ne souffre d'autre interruption que celle qui résulte, dans quelques circonstances, de la suspension momentanée du mouvement de la vie, en sorte que, pour les végétaux, *vivre* et *croître* sont pour ainsi dire deux mots synonymes. Le végé-

(1) Ce mémoire, que je publie ici avec de nombreux changemens et des additions importantes, a été imprimé en 1820 dans les tomes 7 et 8 des Mémoires du Muséum d'histoire naturelle, sous le titre de : *Recherches sur l'accroissement et la reproduction des végétaux*. J'y avais joint alors des observations d'embryologie végétale, qui forment le quatorzième mémoire de cette collection.

tal s'accroît sans cesse soit par des productions extérieures, soit dans le tissu intime de ses parties. Les tiges d'un côté s'allongent et s'élancent dans l'atmosphère, les racines du côté opposé s'allongent et s'enfoncent dans le sol qui doit les nourrir ; en même temps ces diverses parties s'accroissent en diamètre. Le mécanisme au moyen duquel s'opère l'accroissement dans ces diverses directions est fort important à connaître, aussi cette recherche a-t-elle beaucoup occupé les naturalistes. Cependant, malgré la multiplicité de leurs travaux, nous sommes loin d'avoir sur ce point de la science des notions satisfaisantes.

L'accroissement en diamètre des arbres dicotylédons est le phénomène d'accroissement dont on s'est le plus occupé; la multiplication annuelle des couches concentriques dont se compose le bois de ces arbres a dû, dans tous les temps, frapper les yeux les moins observateurs, et il a dû sembler facile d'arriver à la connaissance du mécanisme au moyen duquel s'opère cet accroissement. Malpighy (1) est un des premiers qui ait tenté de résoudre ce problème. Il pense que la partie intérieure de l'écorce, ou le *liber*, est la seule partie destinée par la nature à opérer l'accroissement en diamètre. Selon lui, les vaisseaux ou les *fibres* dont cette partie est composée ont pour usage de conduire la sève et de l'élaborer. Lorsque, par le progrès de l'âge, ces fibres ont acquis trop de raideur pour remplir leurs fonctions, elles se réunissent au bois avec lequel elles contractent adhérence au moyen d'un suc ligneux et du tissu cellulaire.

Grew (2), contemporain de Malpighy, émet une opinion différente. Il pense qu'entre le liber et le bois il se forme chaque année un anneau de vaisseaux séveux éma-

(1) Plantarum anatome.
(2) Anatomy of Plants.

9.

nés de l'écorce, et que c'est cet anneau qui devient bois.
L'opinion de Grew diffère de celle de Malpighy, en ce que
ce dernier pense que c'est le liber lui-même qui devient
bois, tandis que selon Grew le bois est formé par une production du liber, et non par le liber lui-même.

L'opinion de Hales est diamétralement opposée aux deux
précédentes. Il pense que la nouvelle couche de bois provient d'une extension des fibres de la couche ligneuse de
l'année précédente, et que la nouvelle couche d'écorce dérive de même de l'aubier.

L'opinion de Mustel est différente (1). Il pense que les
émanations du corps ligneux forment la nouvelle couche de
bois, au moyen de la sève montante, et que les émanations
du liber forment en même temps une nouvelle couche de
liber, au moyen de la sève descendante.

Duhamel (2) a tenté d'éclaircir ce sujet obscur par plusieurs expériences desquelles il a cru pouvoir conclure que
c'est la couche intérieure du liber qui se convertit en bois.
Il pense que cette couche pourrait bien être d'une nature
différente de celle des autres couches du liber. Selon lui,
lorsqu'au printemps le bois se sépare de l'écorce, il se
forme dans le vide une substance particulière qui sert de
moyen d'union entre l'ancienne couche de bois et la couche
de liber qui doit former la nouvelle couche ligneuse. Duhamel a donné à cette substance le nom de *cambium*. L'o-
pinion de ce physicien est, comme on le voit, à-peu-près
calquée sur celle de Malpighy et de Grew.

M. Knight, dans ses recherches sur la formation de l'é-
corce (3), a exposé plusieurs expériences desquelles il a

(1) Traité de la végétation.
(2) Physique des arbres.
(3) Philosophical Transactions of the royal Society of London, 1808.

conclu que jamais le liber ne se change en 'aubier. Toutefois il ne décide point entre les théories diverses émises sur cet objet.

M. de Mirbel (1), adoptant avec peu de modifications les idées de Duhamel, émet d'abord cette opinion que le *cambium* est la véritable source de l'accroissement du végétal; que cette substance régénératrice, qui n'est contenue dans aucun vaisseau, transsude à travers les membranes, et se porte partout où de nouveaux développemens s'opèrent; que c'est le *cambium* qui développe et nourrit le liber; que ce dernier étant composé de tissu cellulaire et de tubes, il se fait une séparation entre ces deux parties constituantes; le tissu cellulaire, en se portant vers l'extérieur, entraîne avec lui les couches les plus extérieures du liber, tandis que les couches intérieures de ce même liber se réunissent au bois.

M. Aubert du Petit-Thouars (2) reproduisant une théorie autrefois admise par Lahire, pense que chaque bourgeon, dès le moment qu'il se manifeste, obéit à deux mouvemens opposés, l'un montant ou aérien, l'autre descendant ou terrestre. Du premier résultent les feuilles et le corps ligneux de la nouvelle branche; du second résulte la formation de nouvelles fibres ligneuses qui se prolongent en descendant entre le bois et l'écorce de la branche mère. C'est de l'assemblage et de la réunion de ces fibres descendantes que résulte la formation de la nouvelle couche d'aubier.

M. Kieser, professeur à l'Université d'Iéna (3), admet

(1) Traité d'Anatomie ou de Physiologie végétale; Élémens de Physiologie végétale et de Botanique, 1815.

(2) Essai sur la Végétation considérée dans le développement des bourgeons.

(3) Mémoire sur l'Organisation des Plantes; qui a remporté le prix proposé par la Société theylerienne en 1812.

que la sève monte dans le bois, et qu'après avoir subi dans les feuilles l'action d'une sorte de respiration, elle devient suc nourricier ou *cambium :* que dans cet état elle descend par l'écorce, et se dépose entre le corps ligneux et le liber. Il en résulte la formation d'une nouvelle couche d'aubier et d'une nouvelle couche de liber.

En 1816, M. de Mirbel revint sur l'opinion qu'il avait émise sur ce sujet dans ses ouvrages précédens. Dans une note insérée au Bulletin des sciences de la Société philomatique (1816, page 107), il reconnaît franchement qu'il avait jusqu'alors été dans l'erreur sur cette matière; il déclare s'être assuré de la manière la plus positive que *jamais le liber ne devient bois.* « Il se forme, dit-il, entre le liber et le bois « une couche qui est la continuation du bois et du liber. « Cette couche régénératrice a reçu le nom de cambium. « Le cambium n'est donc point une liqueur qui vienne « d'un endroit ou d'un autre; c'est un tissu très jeune qui « continue le tissu plus ancien. Il est nourri et développé « par une sève très élaborée. Le cambium se développe à « deux époques de l'année entre le bois et l'écorce, au « printemps et en automne. Son organisation paraît iden- « tique dans tous ses points; cependant la partie qui touche « à l'aubier se change insensiblement en bois, et celle « qui touche au liber se change insensiblement en liber, « cette transformation est perceptible à l'œil de l'obser- « vateur. »

Tous les auteurs dont je viens de passer les systèmes en revue s'accordent en cela que les arbres s'accroissent en diamètre par la formation de couches qui tirent leur origine d'une substance interposée au bois et à l'écorce. Mais aucun d'eux ne donne quelque chose de positif sur l'origine de cette substance; ils n'offrent à cet égard que des hypothèses.

Ce point de la science est donc à peine effleuré malgré

les travaux multipliés dont il a été l'objet; j'ai tenté de remplir cette lacune de la science, mais je ne me flatte point d'y avoir complètement réussi. Il ne nous est permis d'aborder que la superficie des phénomènes, leur profondeur nous échappe et nous ne pourrons probablement jamais la sonder. Toutefois j'aurai ajouté des faits importans à ceux qui étaient déjà connus sur cette matière. Avant de les exposer il est nécessaire de jeter un coup-d'œil rapide sur l'organisation générale des végétaux dicotylédons.

Un phénomène général frappe les yeux à l'inspection de l'intérieur de la tige d'un végétal dicotylédon, c'est l'analogie des principales parties dont elle est composée à l'intérieur et à l'extérieur. La moelle est analogue au parenchyme cortical; les couches ligneuses sont analogues aux couches de l'écorce; l'aubier est analogue au liber; en un mot l'écorce et le bois sont évidemment composés de parties analogues et disposées en sens inverse. Considérées suivant l'ordre de leur analogie, ces parties se suivent de dehors en dedans pour l'écorce et de dedans en dehors pour le bois; cette analogie et en même temps cette disposition inverse, des parties du bois et de l'écorce, a été notée par M. De Candolle, dans sa *Flore française.* (1)

Ce premier aperçu appuyé par les observations positives qui vont être exposées, m'a porté à considérer l'*écorce* et le *bois* comme deux *systèmes* différens par la position inverse de leurs parties, mais à cela près, analogues par leur composition. En conséquence, j'ai donné le nom de *système cortical* à l'assemblage de l'enveloppe tégumentaire, du parenchyme cortical, des couches corticales et du liber; j'ai désigné par le nom de *système central*, l'assemblage de la moelle, des couches ligneuses du *duramen* ou *bois de cœur*, et des couches ligneuses d'aubier. Le système

(1) Principes de Botanique, chap. 1, art 2.

cortical possède, comme le système central, une partie
fibreuse, disposée de même en réseaux longitudinaux.
Ainsi le système cortical est spécialement composé de parenchyme et d'écorce fibreuse; le système central est spécialement composé de moelle et de ligneux. Chacun de ces
systèmes possède ses rayons médullaires particuliers. On
sent facilement que ces expressions : *système cortical*, *système central*, s'appliquent aux végétaux herbacés comme
aux végétaux ligneux; par leur généralité, elles ont un
grand avantage sur celles qui étaient employées précédemment et qui n'étaient applicables qu'aux seuls végétaux ligneux. . .

Le parenchyme cortical et la moelle sont non-seulement
analogues par l'ordre inverse de leur position; ils le sont aussi
par l'ordre inverse du décroissement de grandeur de leurs cellules composantes. Je suis le premier qui ai observé cette
disposition organique très importante. Dans la moelle les
cellules, grandes au centre, vont en décroissant de grandeur
vers la circonférence; dans le parenchyme cortical, au contraire, les cellules petites à la partie intérieure, vont en
augmentant de grandeur vers la circonférence. Cette dernière disposition est surtout remarquable dans les racines,
elle souffre quelques exceptions dans les tiges, j'en indi-
querai plus bas les causes. Ainsi le parenchyme cortical et
la moelle réunissent une analogie évidente de nature à un
ordre inverse de position et d'organisation intérieures. L'observation va prouver actuellement que ces deux parties
peuvent se métamorphoser l'une dans l'autre, ce qui achevera de démontrer leur extrême analogie.

Les fruits, à leur maturité, se détachent de l'arbre par la
rupture d'une articulation. La plaie se recouvre immédiatement d'épiderme au-dessous duquel se développe de l'é-
corce. J'ai voulu voir si, en coupant la branche un peu au-
dessous de cette cicatrice, la plaie se cicatrisait de même,

J'ai choisi pour cette observation un poirier de beurré
blanc ou Saint-Michel (pyrus fructu magno, oblongo, ci-
trino, autumnali; *Duhamel, Traité des arbres fruitiers*).
Le fruit de cet arbre possède un gros pédoncule; et par
conséquent il laisse, en se détachant, une large plaie à la
branche qu'il termine : cette branche dans laquelle le tissu
cellulaire abonde ne possède qu'un rang circulaire de filets
ligneux, interposés à la moelle et à l'écorce. Au printemps,
j'ai coupé l'extrémité de plusieurs de ces branches, en en-
levant la cicatrice formée par la chute du fruit. Peu de
temps après, j'ai observé que toutes s'étaient desséchées
dans une longueur de quelques millimètres au-dessous de
la section. Au bout de trois mois environ, la partie desséchée tomba d'elle-même, et laissa à découvert une plaie
recouverte d'épiderme, une plaie parfaitement cicatrisée.
J'examinai l'intérieur de la branche dans l'endroit de la
cicatrice, et je vis que cette dernière n'était point formée
par un envahissement de l'écorce, comme cela a lieu ordinairement, mais bien par la production d'un épiderme
qui recouvrait immédiatement une coupe transversale de
la tige; les filets ligneux rompus montraient leurs extrémités
qui perçaient circulairement cet épiderme. Ainsi la moelle
se trouvait à nu sous l'épiderme au centre de la cicatrice.
Comme j'avais un certain nombre de branches en expérience, je continuai de les observer, et je vis, l'année
suivante, que la couche de moelle située sous l'épiderme
s'était métamorphosée en écorce, ou plutôt en parenchyme
cortical, et qu'il s'était établi une séparation entre cette
écorce nouvelle et le reste de la moelle, au moyen de la production d'une couche ligneuse. Quelquefois même il arriva
qu'une couche fort profonde de moelle se métamorphosa
en parenchyme cortical; alors on voyait l'écorce enfoncée
comme un prolongement dans l'intérieur de la branche.
    Cette observation prouve que le parenchyme cortical et

la moelle sont analogues par leur nature. Je les désignerai
donc dorénavant tous les deux par le nom de *médulle;*
l'une sera la *medulle corticale*, l'autre la *médulle centrale*.

Ces deux médulles paraissent être les parties fondamentales et primordiales de l'organisation végétale. Elles existent presque seules dans les tiges naissantes. C'est par l'observation de leur accroissement que nous devons commencer l'étude générale de l'accroissement des végétaux.

Si l'on examine une tige naissante et herbacée de végétal
dicotylédon, on voit qu'elle offre une médulle centrale et
une médulle corticale composées dans le principe de très
petites cellules. Bientôt le volume de ces cellules augmente
ce qui accroît le volume général de ces deux médulles.
Leur accroissement reconnaît en outre pour cause une addition de nouvelles molécules cellulaires. Je vais étudier
successivement ces divers phénomènes, d'abord dans la
médulle centrale, ensuite dans la médulle corticale.

La médulle centrale ou moelle est ordinairement très
supérieure en masse à la médulle corticale dans les tiges.
Elle est composée de cellules qui sont globuleuses dans le
principe, et qui en se développant deviennent polyhédriques par l'effet de la pression qu'elles exercent les unes sur
les autres. Pour suivre son accroissement, il faut examiner
au microscope des tranches minces enlevées transversalement et longitudinalement, sur des tiges herbacées. J'ai
soumis au microscope une tranche mince et transparente
enlevée transversalement sur l'extrémité d'une jeune tige
de sureau (*sambucus nigra*). J'ai vu que la moelle était
composée de cellules fort petites, et j'ai pu compter le
nombre des cellules qui étaient contenues dans un de ses
diamètres. Une tranche mince enlevée transversalement
sur une partie un peu inférieure de la même tige, montre
un accroissement du diamètre de la moelle et en même temps
un accroissement proportionnel du volume des cellules,

car elles sont dans le même nombre pour former un diamètre de la moelle. Plus bas on trouve encore une augmentation du diamètre de la moelle et toujours une augmentation proportionnelle du diamètre des cellules. Ainsi il est
certain que c'est l'augmentation du diamètre des cellules
médullaires qui est la cause immédiate et unique de l'accroissement du diamètre de la moelle du sureau.

Ce développement en grosseur des cellules paraît être le
résultat de leur implétion progressive par l'effet de l'endosmose. Elles se distendent sous l'influence du liquide, qui
les dilate progressivement, comme des bulles de savon se
dilatent sous l'influence de l'air intérieur qui les distend.
Les parois des cellules étant composées elles-mêmes de molécules cellulaires, ces dernières éprouvent aussi un développement particulier qui seconde la tendance à la dilatation que manifeste la cellule dont elles composent les
parois. Les cellules qui composent la moelle en prenant
ainsi une augmentation de volume, conservent, d'une
manière plus ou moins sensible, leur décroissement de
grandeur du centre à la circonférence. Ceci prouve que,
dans cet accroissement du diamètre de la moelle, il n'intervient aucune intercalation de cellules nouvelles, car on
verrait alors de petites cellules mêlées aux grandes. Le
décroissement uniforme qui continue d'avoir lieu dans la
grandeur des cellules prouve donc que c'est au seul développement des cellules médullaires formées primitivement
dans le bourgeon qu'est dû, chez le sureau, l'accroissement
du diamètre de la moelle. Il est impossible de savoir, par
une observation directe, comment s'opère la formation
primitive des cellules dans le bourgeon ; mais on peut parvenir, jusqu'à un certain point, à la connaissance de ce
phénomène par l'observation de l'accroissement que subit
la moelle par addition de nouvelles molécules cellulaires.
En effet beaucoup de plantes herbacées offrent deux modes

différens d'accroissement dans le diamètre de leur médulle
centrale ; cet accroissement s'opère à-la-fois par l'augmentation de volume des cellules et par l'addition de petites
cellules nouvelles à la circonférence de la moelle. Cette
addition a lieu toutes les fois que la médulle centrale peut
se trouver en contact avec la médulle corticale. C'est ce
qui a lieu chez les plantes herbacées dont la médulle centrale n'est enveloppée que par une couche ligneuse très
mince et composée de faisceaux isolés qui laissent entre
eux des intervalles par lesquels la médulle centrale se trouve
en contact avec la médulle corticale. Dans ces interstices
qui sont nombreux, on observe un décroissement inverse
des cellules des deux médulles en contact, et ce décroissement, qui a lieu des deux côtés, finit par offrir à l'œil
armé du microscope de simples globules cellulaires. C'est
évidemment là que s'opère l'addition des cellules rudimentaires et nouvelles qui, par leur augmentation de volume,
deviendront ensuite de véritables cellules comme celles qui
les ont précédées dans l'ordre de l'apparition et du développement. Ce phénomène est facile à observer chez beaucoup de plantes herbacées. Ainsi, chez la laitue (*lactuca
sativa*), par exemple, la couche ligneuse, fort mince, est
composée de faisceaux isolés, et c'est dans leurs intervalles
qu'on voit la médulle centrale se prolonger, arriver jusqu'au contact de la médulle corticale, et là s'accroître par
l'addition de nouvelles cellules rudimentaires. Le même
phénomène a lieu chez le tournesol (*helianthus annuus*) et
chez beaucoup d'autres plantes herbacées. Cette observation nous apprend comment les cellules des médulles ont
été primitivement formées dans le bourgeon. Là les deux
médulles se trouvaient en contact par toute l'étendue de leurs
surfaces en regard, puisqu'il n'y avait point encore de couche ligneuse, et les cellules étaient produites par l'addition successive de nouvelles cellules rudimentaires aux deux

surfaces en contact des deux médulles. C'est de là que provient le décroissement inverse que présentent les deux
médulles dans le volume de leurs cellules. Ce sont les cellules les plus jeunes et par conséquent les moins développées qui sont voisines du lieu de l'origine des cellules. Il
résulte de là que les plantes herbacées dicotylédones conservent dans leur état adulte, une disposition qui n'existe
qu'à l'époque de l'*évolution récente* ou de l'*enfance* de la
tige chez les végétaux ligneux. Il suffit, par conséquent,
que l'état d'*évolution récente* ou d'*enfance* soit prolongé,
chez un végétal dicotylédon, pour donner lieu chez lui à
l'accroissement du diamètre de la moelle par addition de
nouvelles cellules. La végétation du chou (*Brassica olera*
cea) offre une confirmation bien remarquable de cette
proposition. La végétation ascendante du chou devient
extrêmement lente à une certaine époque; son extrémité
végétante reste alors pendant fort long-temps à l'état d'*évo-*
lution récente ou d'*enfance;* la *pomme du chou* est en effet
un énorme bourgeon presque stationnaire. Alors la médulle
centrale prend un accroissement prodigieux de diamètre,
et tel, que les tiges arborescentes de ce végétal ressemblent
alors à des massues lorsqu'elles sont dépouillées de leurs
feuilles. L'extrémité supérieure renflée n'offre dans son
système central qu'une couche fort mince de tissu ligneux
composée de faisceaux isolés, lesquels permettent, par leurs
interstices, le contact immédiat de la médulle corticale et
de la médulle centrale; disposition de laquelle résulte l'addition continuelle de nouvelles cellules rudimentaires à la
circonférence de la médulle centrale, et par suite l'augmentation continuelle de son diamètre. Les plantes herbacées chez lesquelles la couche ligneuse qui enveloppe la
moelle devient promptement compacte et épaisse, n'offrent
point cet accroissement continuel du diamètre de la moelle
par addition de nouvelles cellules à sa circonférence. Lors-

que l'interposition de cette couche ligneuse a fait cesser le
contact immédiat de la médulle corticale et de la médulle
centrale qui est restée enfermée au-dessous de cette couche ligneuse, la médulle centrale ne peut plus avoir d'augmentation subséquente de diamètre qu'au moyen du développement en grosseur de ses cellules préexistantes;
encore cette augmentation de diamètre ne peut-elle avoir
lieu que lorsque l'étui médullaire et la couche mince de
tissu ligneux qui l'accompagne prennent spontanément
une augmentation *d'ampleur;* c'est, par exemple, ce qui a
lieu chez le sureau. Mais lorsque cette augmentation spontanée de l'ampleur de l'étui médullaire n'a point lieu,
tout accroissement de diamètre est interdit à la moelle;
elle reste avec les dimensions qu'elle a prises dans le bourgeon en évolution; c'est ce qui a lieu dans la plupart des
arbres dicotylédons. Les plantes herbacées dicotylédones
augmentent toutes au contraire l'ampleur de leur étui
médullaire et celle de la couche de tissu ligneux imparfait qui recouvre cet étui, en sorte que leur médulle centrale peut s'accroître considérablement en diamètre. Si ce
dernier accroissement ne peut avoir lieu par le fait de
l'interruption de la contiguïté des deux médulles corticale et centrale, cette dernière cessant de s'accroître pendant que l'étui médullaire prend une ampleur plus considérable, la tige devient creuse dans son centre ou *fistuleuse.*
Ainsi ce n'est que dans l'*état herbacé,* qui est l'état d'*enfance
végétale,* que les végétaux dicotylédons peuvent augmenter
le diamètre de leur moelle ou de leur médulle centrale. A
cet égard, les plantes dicotylédones herbacées, dans leur
état adulte, conservent ce qui est l'*état* d'*enfance* des arbres
dicotylédons.

    Ici se présente naturellement la question de l'origine des
cellules nouvelles; Tréviranus et Kieser pensent qu'elles
proviennent de la précipitation des globules qui flottent,

isolés, dans la sève nutritive, et que ces globules qui sont
considérés ici comme des cellules rudimentaires à l'état
d'excessive petitesse, se développent et deviennent de véritables cellules après leur fixation aux cellules précédemment développées. M. Raspail est arrivé au même résultat
par ses recherches sur la fécule (1); il a fait voir que chaque
grain de cette substance est une petite cellule contenant
dans son intérieur une substance organique; à la place qui
est occupée par la fécule, dans le grain parvenu à sa maturité, se trouve originairement un liquide organique très
abondant en globules qui s'accroissent graduellement en
grosseur. M. Raspail pense que ce sont ces globules qui
forment les grains de fécules. Ainsi se trouverait confirmée
la théorie de Tréviranus, qui admet hypothétiquement que
les cellules des végétaux sont libres et isolées dans le principe, et qu'elles deviennent ensuite adhérentes les unes
aux autres. Suivant d'autres naturalistes, les cellules naissent les unes des autres par développement et extension de
tissu. Suivant M. Turpin, elles naissent ainsi dans l'intérieur
des grandes cellules d'où elles s'échapperaient par la rupture
de la grande cellule-mère et en rompant le pédicule par lequel
chacune d'elles lui était primitivement uni. Suivant M. de
Mirbel (2), les nouvelles cellules naîtraient de même par développement et extension de tissu, mais sur la partie extérieure des anciennes cellules, desquelles elles seraient susceptibles ensuite de se détacher, en sorte que leur isolement, que démontre l'observation, ne serait point primitif.
Je ne me prononcerai point entre les deux manières

---

(1) Sur le développement de la fécule dans les graines des céréales, et sur
l'analyse microscopique de la fécule.

(2) Observation sur le *marchantia polymorpha*, dans le tome 13 des Mémoires de l'Académie des Sciences de l'Institut.

d'envisager l'origine des cellules, par précipitation de globule ou par extension de tissu. Quant à l'apparition des cellules nouvelles, soit dans l'intérieur des cellules anciennes, comme l'affirme M. Turpin, soit à l'extérieur de ces mêmes cellules anciennes, comme le dit M. de Mirbel, ce sont deux faits que l'observation démontre et qui ne s'excluent point l'un l'autre, ils trouvent chacun leur application dans des circonstances déterminées, et ils ne doivent ni l'un ni l'autre être généralisés. Pour en revenir à l'*apparition* des nouvelles cellules de la moelle ou médulle centrale des végétaux herbacés dicotylédons, il est certain que cette *apparition* a lieu en dehors des cellules qui les précèdent immédiatement dans l'ordre de la formation successive de dedans en dehors; soit qu'elles proviennent de la précipitation des globules contenus dans la sève élaborée qui coule abondamment entre les organes cellulaires nouveaux et encore peu adhérens, dont la formation ou l'apparition sont récentes, soit qu'elles proviennent du développement et de l'extension du tissu des cellules plus anciennes. Dans l'une et dans l'autre manière de voir, c'est à la présence d'une abondante sève élaborée à l'endroit où se trouvent contigus les deux systèmes cortical et central, qu'est due la production des nouvelles cellules ou plus généralement, des nouveaux organes utriculaires qui accroissent de part et d'autre ces deux systèmes. Venons actuellement à l'accroissement du tissu ligneux, ou du bois.

. Le bois est ordinairement composé d'une partie dure intérieure ou *duramen* et d'une partie plus molle extérieure ou *aubier*. Il est bien évident que c'est par une transmutation de l'*aubier* en *duramen* que ce dernier acquiert un diamètre de plus en plus considérable.

On a cru long-temps que c'était de même par une transmutation de l'écorce en aubier que s'opérait l'accroissement du bois par sa partie extérieure. C'était l'opinion de

Malpighy, de Grew et de Duhamel. M. Knight est le premier, comme je l'ai dit plus haut, qui ait reconnu que la transmutation du liber en aubier n'a point lieu. M. de Mirbel a depuis reconnu la même vérité. «J'étais, dit-il (1), « trop fortement préoccupé de l'opinion contraire pour y « renoncer sur de légères preuves; je suis donc maintenant très convaincu que jamais le liber ne devient bois.» Toutefois M. de Mirbel ne rapporte point les preuves qui l'ont déterminé à adopter cette nouvelle opinion. Il se contente de dire que le *cambium* forme une couche régénératrice qui fournit en même temps un nouveau feuillet de liber et un nouveau feuillet de bois. « La couche régé- « nératrice, dit-il, établit la liaison entre l'ancien liber et « l'ancien bois; et si, lors de la formation du *cambium*, « l'écorce paraît tout-à-fait détachée du corps ligneux, « ce n'est pas, je pense, qu'il en soit réellement ainsi; « mais c'est que les nouveaux linéamens sont si faibles « que le moindre effort suffit pour les rompre. » Pour moi, il me paraît probable que le système cortical est complétement séparé du système central par l'interposition de la sève élaborée, ou du cambium, qui descend du sommet des tiges vers les racines. C'est cette sève élaborée qui fournit à l'accroissement simultané du système central et du système cortical. On peut voir avec facilité cet accroissement simultané dans quelques racines vivantes composées de couches concentriques; telle est, par exemple, la racine du *dipsacus fullonum*. Cette racine doit être observée au printemps avant le développement de la tige. En la coupant par tranches transversales et minces, on voit, à l'endroit de la jonction des deux systèmes, une couche transparente, qui est la partie nou-

(1) Bulletin des Sciences, par la Société Philomatique, 1816, p. 107.

yellement formée. Si on enlève le système cortical, on enlève avec lui la moitié de cette couche transparente ; l'autre moitié reste adhérente au système central. Cette
observation est des plus concluantes : elle prouve que les
deux systèmes cortical et central s'accroissent simultanément, et que ce n'est point en s'appropriant une partie
du système cortical que s'accroît la partie ligneuse du système central.

Tant que la végétation n'éprouve point d'interruption, le
nouveau ligneux, ou l'aubier, développé en dehors du système
central, continue de s'accroître en épaisseur. La sève nourricière descendante fournit les matériaux de cet accroissement. Lorsque la végétation est suspendue par l'*hibernation*,
tout accroissement végétal cesse ; il n'y a plus de sève
épanchée à la jonction des deux systèmes. Lorsque arrive
le retour de la chaleur au printemps, la sève nourricière,
ou le cambium, s'épanche de nouveau, mais elle ne sert
plus alors à nourrir les couches préexistantes d'aubier ; ces
couches ne doivent plus désormais s'accroître en épaisseur;
il apparaît alors une couche nouvelle d'aubier, qui d'a-
bord fort mince, s'accroît progressivement pendant le
cours de la belle saison. Les deux phénomènes de l'accroissement particulier de la dernière couche d'aubier et de la
formation annuelle d'une couche nouvelle d'aubier ont
toujours été confondus, et cependant ils sont essentiellement différens. L'accroissement particulier de la dernière
couche d'aubier s'opère au moyen de l'addition de parties
similaires qui forment un tout homogène ; la formation de
la couche nouvelle d'aubier est au contraire marquée par
la production d'un tissu particulier qui la sépare de la
couche précédente. Ce tissu est fort mince et différent par sa
nature du tissu ligneux dont l'aubier est en majeure partie
composé. Dans les végétaux ligneux, le tissu intermédiaire
aux couches d'aubier paraît essentiellement composé de gros

tubes aérifères. Ce n'est que chez le *rhus typhinum* que j'ai pu m'assurer d'une manière positive de la nature de ce tissu. Une branche de ce végétal, âgée de quelques années, étant coupée transversalement, offre dans son centre une moelle composée d'un tissu cellulaire de couleur rousse. Les couches successives de bois sont séparées les unes des autres par des couches minces de ce même tissu cellulaire roussâtre qui contient de grands tubes longitudinaux. Ce fait prouve que ce sont des couches de moelle ou de médulle centrale, qui séparent les unes des autres les couches ligneuses. Les vaisseaux longitudinaux qu'on y observe sont les analogues des vaisseaux de l'étui médullaire. Je me suis assuré de ce fait par l'observation de l'origine des bourgeons adventifs. On sait que la moelle des bourgeons qui naissent dans les aisselles des feuilles correspond toujours à la moelle de la branche qui les porte ; et que les vaisseaux de leur étui médullaire tirent leur origine de l'étui médullaire de cette même branche. Or, j'ai observé que la moelle des bourgeons adventifs tire toujours son origine de la couche médullaire placée au-dessous de la dernière couche d'aubier, et qui la sépare de la couche d'aubier plus ancienne; et que les vaisseaux de l'étui médullaire de ces bourgeons, tirent leur origine des vaisseaux que contient cette couche médullaire. L'ensemble de ces observations ne permet point de douter que les couches ligneuses ne soient séparées les unes des autres par des couches de médulle centrale, accompagnées chacune par un nouvel étui médullaire. Ainsi ce n'est point une simple couche de bois qui se produit ici en dehors du système central, mais il y a véritablement reproduction complète de toutes les parties dont se compose ce système, c'est-à-dire de la médulle centrale, de l'étui médullaire et du tissu d'aubier. C'est un nouveau système central tout entier qui enveloppe l'ancien, lequel ordinairement a cessé d'être apte à rem-

10,

plir ses fonctions. C'est à l'aide de cette régénération qui
a lieu chaque année que l'arbre dicotylédon prolonge son
existence pendant des siècles, tandis que la plante dicotylédone herbacée qui est privée de la faculté de régénérer
son système central vieillit dans la première année et cesse
alors nécessairement de vivre. Aussi la tige de la plante
herbacée ne possède-t-elle jamais qu'une seule couche ligneuse molle et imparfaite; elle est privée de la faculté de
produire des couches nouvelles séparées des couches anciennes par une couche de médulle centrale; elle reste
encore sous ce point de vue à l'état d'enfance végétale, qui
pour l'arbre n'est qu'un état primitif et transitoire.

Souvent il arrive que cette faculté de régénérer le système
central qui est refusée à la tige est accordée à la racine.
Alors la tige seule meurt annuellement et la racine est *vivace*
et reproduit chaque année des tiges nouvelles et de durée
annuelle. Si quelques végétaux en apparence herbacées
conservent leurs tiges pendant plusieurs années, c'est que
ces végétaux reproduisent leur système central; ils offrent
dans leurs tiges de *véritables couches ligneuses* séparées par
des couches de médulle centrale. Tel est par exemple le
chou *(brassica oleracea).*

Dans les tiges naissantes des végétaux dicotylédons, le tissu
ligneux se montre d'abord par faisceaux isolés qui entourent la médulle centrale. Pour observer leur accroissement
prenons par exemple, une tige naissante et encore herbacée
de clématite *(clematis vitalba).* La coupe transversale de
cette tige offre une aire qui a six angles saillans. Cette
coupe transversale doit être faite sur le dernier entrenœud
ou mérithalle de la tige naissante, mérithalle qui n'a encore
que deux lignes environ de longueur et qui est fort grêle. Une
tranche mince et transparente étant enlevée et soumise au
microscope, on distingue (planche 2, figure 6) le système
cortical *b* qui est nettement séparé par son organisation

du système central. Ce dernier est composé de la médulle
centrale *a* et de six faisceaux isolés de tissu ligneux *c* qui
laissent entre eux des interstices que remplit la médulle
centrale par six prolongemens *o* qui sont des rayons médullaires.

On voit dans le milieu de chacun de ces rayons les
rudimens de six nouveaux faisceaux de tissu ligneux *i* qui
plus jeunes que les faisceaux *c* sont nés dans l'épaisseur
des six premiers rayons médullaires. A la partie la plus intérieure de chacun de ces faisceaux de tissu ligneux sont
situés les vaisseaux de l'étui médullaire *d*. Les petits
faisceaux de tissu ligneux *i* séparés des grands faisceaux *c*
qui les avoisinent de chaque côté par des rayons médullaires encore fort courts et qui de cette manière se trouvent au nombre total de douze. Ces nouveaux faisceaux,
d'abord fort petits, ne tardent point à s'accroître, surtout
de dedans en dehors ; ils repoussent les angles rentrans
vis-à-vis desquels ils sont situés. La figure 7 représente la
coupe transversale de la tige à ce degré de développement :
les faisceaux *i*, intercalés aux faisceaux *c*, ont par leur accroissement repoussé en dehors le système cortical *b*.
Bientôt les faisceaux *i* atteignent, à peu de chose près, la
longueur transversale des faisceaux *c*, comme on le voit
dans la figure 8, et la tige cesse ainsi d'offrir des angles alternativement saillans et rentrans : ces derniers sont complètement effacés par l'accroissement transversal des faisceaux *i*, et il en résulte que la coupe transversale de la
tige, au lieu d'une aire dodécagone qu'elle offrait dans le
principe, n'offre plus qu'une aire hexagone. L'accroissement transversal des faisceaux ligneux a eu pour effet l'allongement des douze rayons médullaires dont nous venons
de voir l'origine. Ces douze rayons aboutissent immédiatement à la moelle ou médulle centrale *a*, dont ils sont des
prolongemens. Ainsi le corps ligneux du système central

naît par faisceaux isolés dont la coupe transversale offre une aire cunéiforme vers le centre de la tige et arrondie vers son extérieur. Ces faisceaux de fibres ligneux sont séparés les uns des autres par de la médulle centrale qui plus tard, pressée et comprimée par le développement des faisceaux ligneux, forme les rayons médullaires. Alors le corps ligneux forme un étui autour de la moelle et il ne s'accroît plus que par sa surface extérieure.

L'accroissement en diamètre du système cortical offre des phénomènes exactement semblables à ceux que présente le système central; mais ces phénomènes s'opèrent en sens inverses, ce qui provient de la position inverse de son corps médullaire ou médulle corticale et de son corps fibreux. La masse de la médulle corticale est en dehors immédiatement sous l'enveloppe tégumentaire, le corps fibreux cortical est divisé en feuillets minces séparés les uns des autres par des couches de médulle corticale; ou donne aux plus intérieurs de ces feuillets du corps fibreux le nom de liber ; ce sont les couches corticales fibreuses les plus nouvelles comme l'aubier offre les couches ligneuses les plus nouvelles. Ainsi chaque couche corticale offre un système complet, dont une couche de médulle corticale occupe l'extérieur, comme chaque couche nouvelle d'aubier est un système central complet, dont une couche de médulle centrale occupe la partie intérieure qui est dirigée vers le centre du végétal. Ce que j'ai dit plus haut de la régénération annuelle du système central des arbres dicotylédons, s'applique ici de même à la régénération annuelle de leur système cortical, en sorte qu'il demeure prouvé que la tige tout entière des arbres dicotylédons se renouvelle annuellement. Voyons actuellement comment s'opère l'accroissement en diamètre du système cortical.

La médulle corticale située immédiatement sous l'enveloppe tégumentaire est ordinairement fort peu volumineuse dans

les tiges, mais elle a toujours un volume relatif très considérable dans les jeunes racines; elle semble même composer
chez elles presque toute l'écorce qui l'emporte toujours en
volume sur le système central. Cette médulle corticale des
jeunes racines est généralement composée de cellules ou
d'utricules décroissantes de grandeurs de dehors en dedans.
Cependant les cellules médullaires qui sont en dehors
sont plus petites que celles qui sont plus profondes; en
sorte qu'on peut considérer dans la médulle corticale
deux ordres de décroissement des cellules, l'un du dehors
vers le dedans, l'autre du dedans vers le dehors.

En général la petitesse relative des cellules qui vont en
diminuant graduellement de grosseur, indique la diminution graduelle de leur âge; ce sont les plus petites qui sont
les plus jeunes, cependant cette règle générale n'est point
applicable à la petitesse des cellules de médulle corticale qui
sont situées immédiatement sous l'enveloppe tégumentaire.
Ces cellules sont fort petites il est vrai, quand on les regarde
par leur coupe transversale, mais elles sont allongées dans le
sens vertical, en sorte qu'on peut penser que la petitesse de
leur diamètre horizontal serait due à un défaut de développement occasioné par des causes extérieures, et notamment
par l'action desséchante de l'atmosphère. Ce dernier effet
est à peine sensible dans les racines, parce qu'elles habitent
un milieu humide; mais il est très fréquent dans les tiges.
Le corps fibreux de l'écorce offre toujours les plus grandes
cellules et les tubes fibreux les plus gros vers le dehors; ces
organes décroissent de grandeur en s'approchant du système
central.

Les couches fibreuses du système cortical sont très faciles à voir chez la plupart des végétaux dicotylédons; ce
sont elles qui se séparent si facilement les unes des autres
dans l'écorce du *bois à dentelle* (*lagetta lintearia*); elles sont
composées de *tubes fibreux* comme le sont les couches li-

gneuses du système central, et elles sont comme elles disposées en réseaux; mais on ne voit point la couche de médulle corticale qui doit les séparer, elle est rudimentaire:
cette disposition se voit très bien dans l'écorce des troncs
âgés de l'orme *ulmus campestris*, les couches fibreuses du
système cortical y sont épaisses, on y distingue très bien les
rayons médullaires corticaux et les couches de médulle cortical qui séparent les unes des autres les couches fibreuses.
L'accroissement et la production successive de ces couches
corticales suivent des lois semblables à celles qui viennent
d'être exposées pour le système central; c'est par l'accroissement *en ampleur* de ces couches corticales qu'elles livrent
l'espace pour l'accroissement du système central. M. de Mirbel est le premier qui ait aperçu ce phénomène. On pensait
avant lui que l'accroissement du bois distendait l'écorce.
« Le fait est, dit-il (1), que le *cambium* ne repousse point
« l'écorce; à l'époque où il se produit, l'écorce elle-même
« tend à s'élargir; les réseaux corticaux et son tissu cellu-
« laire croissent; il en résulte qu'elle devient plus ample
« dans tous ses points vivans, il se développe à-la-fois du
« tissu cellulaire régulier et du tissu cellulaire allongé. La
« partie la plus extérieure de l'écorce, la seule qui soit dé-
« sorganisée par le contact de l'air et de la lumière, et qui
« par conséquent ne puisse plus prendre d'accroissement,
« se fend, se déchire et se détruit. Elle seule est soumise à
« l'action d'une force mécanique, le reste se comporte d'a-
« près les lois de l'organisation..... L'accroissement du li-
« ber est un phénomène de toute évidence. Dans le tilleul
« les mailles du réseau s'élargissent, mais ne se multiplient
« point, et le tissu cellulaire renfermé dans les mailles de-
« vient plus abondant. Dans le pommier, les mailles du
« réseau se multiplient et se remplissent d'un nouveau

___

(1) Bulletin des Sciences de la Société Philomatique, 1816.

« tissu cellulaire, etc. » Ainsi, la découverte de l'existence
de l'accroissement de l'écorce, *en ampleur*, appartient incontestablement à M. de Mirbel; mais il n'a point déterminé
le mécanisme au moyen duquel s'opère cet accroissement,
il a vu seulement que les mailles du réseau fibreux de l'é-
corce s'élargissent ou se multiplient, et que le tissu médullaire cortical contenu dans ces mailles, subit de l'augmentation. Ces observations sont précieuses, mais elles ne complètent pas l'explication du phénomène. Je l'ai trouvée cette
explication, dans l'observation de la racine de la vipérine
(*echium vulgare*); cette racine coupée transversalement
(pl. 2. fig. 9) offre un système central *o* très distinct par
son aspect, du système cortical qui est très volumineux. Ce
dernier offre extérieurement une couche de médulle corticale
située sous l'enveloppe tégumentaire et qui envoie des prolongemens ou des rayons médullaires corticaux entre des
corps qui présentent l'apparence de festons. Ces corps, qui
vont en diminuant de largeur vers le système central, offrent
alternativement des lames fibreuses et des lames médullaires:
les premières sont composées de cellules allongées et articulées en séries rectilignes dans le sens longitudinal; les secondes sont composées de cellules plus grosses et disposées
en séries rectilignes dans le sens transversal. Chaque feston
est formé de lames réunies par leur sommet, et il donne
naissance, dans son milieu, aux lames nouvelles. On voit
en *a* un feston qui n'offre qu'une seule paire de lames fibreuses réunies et formant un arc ou une anse au sommet
du feston, et offrant dans son milieu une lame de tissu médullaire. On voit en *b* un autre feston composé de deux
anses fibreuses séparées l'une de l'autre par une lame mince
de tissu médullaire. L'anse fibreuse intérieure offre dans
son milieu une autre lame de ce même tissu médullaire. On
voit en *c* un feston semblable, mais dont le développement
est plus avancé; l'anse fibreuse intérieure a grossi, et son

augmentation de volume a rompu, par son sommet, l'anse fibreuse extérieure dont les côtés séparés sont rejetés à droite et à gauche, comme on le voit en *d.*

Tel est le mode d'accroissement *en ampleur* de l'écorce dans la racine de vipérine ; son accroissement *en épaisseur* se fait, comme dans l'écorce de toutes les plantes dicoty-lédones, par production de couches nouvelles auprès du système central. Mais ces couches annuelles ne sont point distinctes les unes des autres; elles sont confondues en une seule couche, qui n'offre point de séparations apparentes.

Les phénomènes de reproduction qui suivent souvent la décortication partielle d'un arbre ne sont pas très faciles à expliquer. Ordinairement la partie du système central mise à nu se dessèche et meurt ; cependant il arrive souvent qu'après la décortication, il se forme une nouvelle écorce : doit-on attribuer ce phénomène à ce que la décortication n'a pas été complète, et à ce qu'il serait resté une couche imper-ceptible du système cortical adhérente au système central? Je ne le pense pas. Il me paraît probable que dans cette circonstance le système cortical est reproduit par une mé-tamorphose de la médulle centrale en médulle corticale. J'ai noté plus haut cette métamorphose, qui arrive lors de la section transversale des branches fructifères du poirier. Le système central se reproduit aussi quelquefois à l'inté-rieur de l'écorce détachée du bois, ainsi que l'ont observé Duhamel (1) et Dupetit Thouars (2). Je pense que dans cette circonstance, il y a métamorphose de la médulle cor-ticale en médulle centrale : le fait suivant semble le prou-ver. J'ai vu un tilleul décortiqué partiellement, reproduire une écorce à la surface du bois mis à nu, et en même temps reproduire une couche de bois à la surface intérieure

(1) Physique des Arbres.
(2) Mémoire sur la réformation de l'Épiderme dans les Arbres.

de l'écorce que j'avais maintenue éloigné du tronc, sans interrompre sa communication avec le reste de l'écorce au-dessus et au-dessous de l'endroit de la décortication. La couche d'écorce formée à la surface du bois mourut peu de temps après avec le bois lui-même. La couche de bois formée à l'intérieur de l'écorce vécut et se développa ; elle forma seule la partie ligneuse vivante de cette partie du tronc (1). Il est évident que cette double reproduction n'a pu avoir lieu de part et d'autre que par métamorphose.

Pour compléter l'étude de l'accroissement des arbres en diamètre, il reste à déterminer le mode de la formation et de l'accroissement du *duramen*. Il est généralement reconnu que c'est à une transmutation particulière de l'aubier, c'est-à-dire à l'endurcissement de la substance contenue dans ses tubes fibreux qu'est due la formation du *duramen*. Il est fort difficile de déterminer quelle est la cause de la solidification et en même temps du changement de couleur de la substance que contiennent les tubes fibreux : c'est un phénomène de chimie organique dont le mécanisme n'est pas encore connu.

Le duramen n'existe point chez tous les arbres ; dans leur jeunesse ils en sont tous dépourvus ; et il en est beaucoup qui, même dans leur âge le plus avancé, ne possèdent jamais dans leur partie centrale ce bois coloré plus dur que l'aubier. Ainsi, les arbres dont le bois est blanc et léger, tels que les peupliers, ne possèdent jamais de duramen ; leur bois est partout homogène ; il en est de même de certains arbres, dont le bois est plus ou moins dur ; tels

(1) Depuis que j'ai publié cette observation, il en a paru une autre exactement semblable, faite de même sur un tilleul, et contenue dans une lettre adressée par M. Sieulle à M. Dupetit Thouars. Elle est insérée aux Annales de la Société d'Horticulture, tome 3, p. 265. Elle est accompagnée d'une planche.

sont l'érable (*acer campestre*), le hêtre (*fagus sylvatica*), le
charme (*carpinus betulus*), etc. Chez ces arbres, le bois du
centre est parfaitement semblable à celui de la circonférence, tant pour la dureté que pour la couleur; il n'y a chez
eux aucune distinction du bois en duramen et en aubier,
et cependant leur bois a beaucoup de solidité; celui du
charme, spécialement, est très dur et très compacte. L'existence du duramen n'est donc point nécessaire pour l'arbre;
c'est pour lui une sorte d'état sénile, lequel met obstacle à
l'exercice des fonctions physiologiques du tissu ligneux.

L'aubier se change en duramen avec plus ou moins de
promptitude, suivant l'espèce des arbres et dans la même
espèce d'arbre, suivant la nature du terrain dans lequel il
végète. Ainsi, par exemple, chez le *rhus typhinum*, la couche d'aubier, examinée dans l'hiver qui suit l'année de sa
formation, se trouve déjà changée à moitié en duramen
coloré, et on voit que le progrès de la coloration est graduel.
Chez un pommier de 46 ans, au contraire, j'ai compté 36
couches d'aubier et 10 couches seulement de duramen
coloré en rouge. On sait vulgairement que les chênes qui
croissent dans des terrains humides, ont beaucoup d'aubier,
tandis que les chênes qui croissent sur des pentes arides,
en ont fort peu. J'ai observé que la transmutation de l'aubier en duramen ne suit point toujours exactement l'ordre
des couches dans le bois du chêne. La ligne qui limite le
duramen s'avance, d'une manière assez irrégulière dans
l'aubier, sans offrir aucun rapport fixe avec l'ordre de la
production des couches de ce dernier. Souvent même j'ai
observé qu'il reste des portions de couches d'aubier ou de
duramen imparfait et blanchâtre, au milieu du duramen
parfait. Ce phénomène provient, de ce que la partie la plus
extérieure de chaque couche d'aubier, c'est-à-dire celle
qui a été formée pendant l'été, est moins apte à se transformer en duramen que ne l'est la partie la plus intérieure de

cette même couche, c'est-à-dire celle qui a été formée pendant le printemps. Aussi la partie extérieure de la couche d'aubier conserve-t-elle quelquefois ses qualités d'aubier, tandis que la partie intérieure de cette même couche devient un duramen dur et compacte. J'ai remarqué ce phénomène quelquefois dans le chêne, et très souvent dans le châtaignier. Lorsque le tronc de ces arbres commence à se pourrir, les portions d'aubier restées intercalées au duramen se décomposent les premières, et le bois se sépare en lames concentriques.

Les arbres produisent chaque année une couche d'aubier, et ils n'en produisent qu'une seule. On a prétendu cependant qu'il se formait chaque année deux couches d'aubier l'une à la *sève du printemps* et l'autre à la *sève d'août;* mais cette opinion certainement émise *à priori* n'a jamais été appuyée sur des observations exactes, aussi n'a-t-elle point de partisans parmi les hommes instruits. Toutefois j'ai cherché à dissiper tous les doutes qui pourraient exister à cet égard en observant le nombre des couches ligneuses chez beaucoup d'arbres d'espèces différentes dont l'âge exact m'était connu. Les propriétaires de bois taillis connaissent très exactement l'âge de ces bois; l'âge des futaies appartenant à l'état et que l'on exploite périodiquement est connu également d'une manière précise. C'est pourvu de ces documens authentiques que j'ai procédé à l'examen du nombre des couches ligneuses que possédaient les arbres de différentes espèces contenus dans une même exploitation; et toujours j'ai trouvé que le nombre des couches ligneuses des arbres était égal à celui de leurs années. Cet examen doit être fait au pied de l'arbre, c'est-à-dire auprès du sol, car ce n'est que là que l'arbre possède un nombre de couches ligneuses égal à celui de ses années. On sent facilement que cela doit être ainsi, puisque la première couche ligneuse n'existe que là où se trouvait la tige peu élevée que l'arbre a produite dans sa première année.

La betterave (*beta vulgaris*) offre une exception fort
remarquable au fait général de la production d'une seule
couche annuelle par le système central; chez elle ce système produit plusieurs couches dans la même année. L'exposition détaillée de ce fait demande que je remonte à l'é-
poque de la germination de cette plante.

Le caudex descendant des graines en germination n'est
pas la radicule seule; ce caudex descendant est composé
de la tigelle et de la radicule; or, la tigelle qui est inférieure à l'insertion des cotylédons, reste souvent souterraine comme la radicule qui lui fait suite, et cette tigelle
prend alors l'apparence d'une racine; c'est ce qui arrive par
exemple chez le *raphanus sativus*. C'est à M. Turpin que
l'on doit la connaissance de ce fait de physiologie végétale (1): il a fait voir que la rave et le radis que l'on sert
sur nos tables ne sont point des racines, comme on le
croyait, mais que ce sont de véritables tiges souterraines,
produites par le développement radiciforme du premier
mérithalle de la plante. Or, j'ai observé qu'il en est exactement de même du corps souterrain que l'on considère généralement comme la racine de la betterave. La fig. 2, pl. 14,
représente cette plante peu de jours après sa germination; *a*,
les deux cotylédons qui paraissent seuls à la surface du sol,
surface marquée par la ligne *s*; *b* tigelle radiciforme et souterraine de la plante; *c* racine pivotante. C'est très spécialement la tigelle souterraine *b*, dont le développement est
considérable, qui constitue ce que l'on nomme vulgairement
la *racine* de la betterave. Elle ressemble ainsi tout-à-fait,
sous ce point de vue, aux raves et aux radis; elle leur ressemble de plus par le phénomène de sa décortication partielle. M. Turpin a fait voir que peu de temps après la

(1) Annales des Sciences naturelles, Novembre 1830.

germination, les raves et les radis perdent la partie extérieure de leur écorce, qui se fend et se détache. M. H.
Cassini avait, à tort, considéré ce phénomène de décortication comme indiquant l'existence d'une coléorhize. J'ai
observé le même phénomène chez la betterave, et j'ai vu
quelle est la partie de l'écorce dont se dépouille sa tigelle
radiciforme et souterraine. La figure 1, pl. 14, représente
la coupe transversale amplifiée de cette tigelle, qui n'a encore que trois à quatre millimètres de diamètre. On y distingue déjà quatre couches concentriques dans le système
central. L'écorce est composée de deux couches : l'extérieure *a*, composée de cellules fort grandes, est le parenchyme ou la médulle corticale ; l'intérieure *b* est la couche
fibreuse corticale ; elle est fort mince et paraît opaque sur
cette coupe transversale. Peu de temps après la germination,
la couche de médulle corticale *a* se déchire ou se fend longitudinalement dans plusieurs endroits, parce que son développement en ampleur n'est point en rapport avec le développement en grosseur du reste de la tige radiciforme
qu'elle recouvre. Cette couche extérieure de l'écorce ainsi
fendue en plusieurs parties, meurt et se détache, en sorte
qu'il ne reste plus sur la tigelle radiciforme que la couche
interne et fort mince de son écorce fibreuse *b*. La tige souterraine de la betterave en se développant subséquemment,
continue de conserver l'écorce incomplète et rudimentaire
qui lui est restée ; elle est si mince, qu'on pourrait croire
à son absence, si on ne l'avait pas suivie dès son origine et
si on ne la distinguait pas d'ailleurs à son organisation. Les
cellules du système central sont disposées, sur la coupe
transversale, en séries rectilignes rayonnantes, du centre
vers la circonférence ; les cellules de l'écorce rudimentaire
observées sur cette même coupe transversale, sont disposées
en séries, dont la direction coupe à angle droit la direction
des rayons médullaires ci-dessus. L'exiguïté du système

cortical dans la tige souterraine de la betterave, fait qu'elle semble, au premier coup-d'œil, formée tout entière par le système central. Ce dernier est composé de couches concentriques, comme l'est le bois d'un arbre dicotylédon. J'ai suivi par l'observation la formation de ces couches.

Dans la tige radiciforme de trois à quatre millimètres de diamètre et qui n'avait pas encore éprouvé sa décortication partielle, tige dont la coupe transversale est représentée par la fig. 1, pl. 14, j'ai distingué au microscope l'existence de quatre couches dans le système central. La tige radiciforme qui a subi la décortication et qui a atteint le diamètre de sept millimètres ou trois lignes environ, offre cinq couches concentriques. Une tige radiciforme plus âgée et de quatorze millimètres ou six lignes environ de diamètre, n'offre encore comme la tige précédente que cinq couches dans son système central, mais elles ont toutes acquis une épaisseur double. Une tige radiciforme plus âgée encore et de quatre centimètres, ou dix-huit lignes de diamètre, offre six couches. L'accroissement en grosseur de cette tige radiciforme, qui a sextuplé de diamètre depuis la seconde observation, s'est opéré presque entièrement par l'accroissement en épaisseur des cinq couches les plus intérieures, car la sixième ne commence encore à se montrer que comme une lame dont la coupe transversale paraît linéaire au microscope ; elle est, dans les premiers temps, exclusivement composée de tissu cellulaire ; mais bientôt on y voit apparaître les faisceaux de tubes fibreux. Ces faisceaux se présentent, sur la coupe transversale de la tige radiciforme, sous l'aspect de corps cunéiformes ayant leurs pointes dirigées vers le centre, de la même manière que cela a lieu chez la clématite (planche 2, fig. 6). Les rayons médullaires primitifs sont formés par le tissu cellulaire qui sépare ces faisceaux, dans l'intérieur desquels naissent ensuite de nouveaux rayons médullaires et de nouveaux faisceaux fi-

breux par un mécanisme qui m'a paru analogue à celui
qui opère de même la multiplication des rayons médullaires et des faisceaux fibreux dans le système cortical de
l'*echium vulgare* (planche 2, fig. 9).

Dans l'accroissement ultérieur que prend cette tige
radiciforme, on continue d'observer les mêmes phénomènes ; il se forme de nouvelles couches au-dessous
de l'écorce en dehors du système central, et les couches
anciennes continuent à s'accroître en épaisseur ; en sorte
que lorsque la tige radiciforme a acquis huit à dix centimètres ou trois à quatre pouces de diamètre et cela dans
l'espace de six mois, elle possède huit à dix couches concentriques, et ce sont les couches intérieures qui sont les
plus épaisses, parce qu'elles sont les plus anciennes et
qu'elles se sont accrues sans discontinuité depuis leur première formation. Cet accroissement en épaisseur qui a
lieu simultanément dans toutes les couches co-existantes
entraîne de toute nécessité l'existence d'un accroissement
en ampleur dans ces mêmes couches, afin de fournir de la
place aux couches sous-jacentes. En même temps que chaque couche éloigne sa face externe du centre par son accroissement en épaisseur, elle éloigne également du centre
sa face interne par son accroissement en ampleur, qui
augmente le diamètre du tube qu'elle représente. Ce qu'il
y a de remarquable, c'est que le développement des couches
en ampleur est d'autant plus grand que ces couches sont
plus sollicitées à s'élargir par le développement en épaisseur
des couches sous-jacentes, en sorte que ce sont les couches
les plus extérieures qui se développent le plus en ampleur ;
la couche la plus centrale n'éprouve point du tout ce développement. Il paraîtrait par là que ce développement en
ampleur serait favorisé et même exclusivement sollicité par
la distension qu'éprouve le tissu de chaque couche par
l'effet du développement en épaisseur des couches sous-ja-

1. II

centes. Cet accroissement en ampleur des couches s'opère
en partie par l'accroissement en grosseur des organes cellulaires qui les composent, mais très spécialement aussi par
la multiplication intercalaire de leurs rayons médullaires
et de leurs faisceaux de cellules allongées qui remplacent
ici les tubes fibreux du corps ligneux des arbres.

L'observation de l'accroissement simultané de toutes les
couches concentriques dont se compose le système central
de la tige radiciforme de la betterave offre un fait unique
jusqu'ici dans la physiologie végétale; en effet tous les faits
connus relativement à l'accroissement en épaisseur des
couches dont se compose le système central ont appris
que c'est exclusivement la couche la plus superficielle de ce
système qui s'accroît en épaisseur; les couches qu'elle recouvre ne s'accroissent plus; la couche la plus extérieure
de l'aubier est la seule qui soit en contact avec la sève
nourricière, qui est épanchée entre le bois et l'écorce;
voilà, sans doute, pourquoi elle est la seule qui s'accroisse.
On conçoit, d'après cela, que si cette sève nourricière
coulait avec une égale facilité et avec une égale abondance
entre toutes les couches ligneuses, celles-ci seraient à même
de continuer leur accroissement, lequel n'aurait été interrompu que par l'absence du liquide nutritif. Or cette supposition se trouve réalisée dans la tige radiciforme de la
betterave. Il existe entre chacune des couches dont se
compose le système central de cette tige radiciforme un
tissu cellulaire très lâche, qui sert de réceptacle et de conduit de la sève nourricière ou à une sorte de *cambium*.
Aussi lorsqu'on coupe en travers une tige radiciforme de
betterave fraîchement arrachée, voit-on un liquide limpide
sortir de tous les intervalles des couches, il résulte de la présence de cette sève nourricière entre toutes les couches que
chacune d'elles doit s'accroître en épaisseur sans discontinuité, et c'est effectivement ce qui a lieu. Chacune de ces

couches se comporte ainsi comme la couche la plus extérieure de l'aubier des arbres ; elle s'accroît en épaisseur
par un développement centrifuge, et par conséquent par
sa face externe seulement; sa face interne qui est très
spécialement occupée par des faisceaux de tubes pneumatiques ne s'accroît point en épaisseur par un développement centripète, quoiqu'elle soit en contact avec la sève
nourricière ; la face externe de chaque couche est le siége
exclusif de cet accroissement. L'écorce toujours très mince
l'est cependant moins dans les grosses tiges radiciformes,
que dans celles qui sont plus petites et plus jeunes; cela
prouve qu'elle s'accroît en épaisseur, mais d'une manière
à peine sensible; son accroissement en ampleur est très
considérable.

La tige radiciforme de la betterave s'accroît aussi en longueur par le moyen de l'*élongation intermédiaire*, ainsi
que cela a lieu dans les tiges de tous les végétaux, tant
que ces tiges conservent une certaine mollesse dans leur
tissu; on sait que les véritables racines ne présentent jamais
cette *élongation intermédiaire*, elles ne s'allongent que par
les spongioles qui les terminent. J'ai vu des tiges radiciformes de betterave s'accroître tellement en longueur au
moyen de l'élongation intermédiaire, qu'elles sortaient de
terre dans une longueur de plus de huit pouces. Cette
sortie de terre de la tige radiciforme provenait de ce que rencontrant dans le sol un obstacle qui s'opposait à la descente
et ne rencontrant aucun obstacle de la part de l'air pour son
ascension, elle portait en entier de ce dernier côté les
effets de son élongation intermédiaire. On observe le même
phénomène dans d'autres plantes, et notamment dans
la variété potagère du chou qui porte le nom de *chou-rave*.

§ II. — De l'accroissement en diamètre des végétaux monocotylédons.

Tout le monde connaît le beau travail de Desfontaines
sur l'organisation des plantes monocotylédones et dicotylédones (1). Ce célèbre botaniste a tracé d'une main sa-
vante les caractères distinctifs de ces deux grandes classes
de végétaux, qui diffèrent également par leur structure intérieure et par le nombre de cotylédons de leur embryon.
Guidé par l'observation, peut-être me sera-t-il possible
d'ajouter quelques traits à l'excellent tableau qu'il a tracé.

Le plus souvent la tige des végétaux monocotylédons ne
s'accroît point en diamètre du moment qu'elle est formée ;
bien différente en cela de la tige des dicotylédons, qui,
postérieurement à sa formation, prend toujours un accroissement en diamètre plus ou moins considérable. La tige
des monocotylédons n'offre point de couches concentriques
ni de rayons médullaires ; chez elle la multiplication des
fibres ligneuses se fait par une interposition générale, qui
a lieu surtout vers le centre. Pour apprécier d'une manière
exacte la nature des différences qui existent entre les tiges
des monocotylédons et celles des dicotylédons, il est nécessaire d'étudier chez les unes et chez les autres, la manière dont se comportent les faisceaux de tubes ligneux
qui pénètrent de la tige dans les pétioles des feuilles.

Chez les monocotylédons, les nouveaux faisceaux pétiolaires naissent au centre de la tige ; cela ne pouvait être
autrement, puisque les feuilles nouvelles auxquelles ils
correspondent occupent le centre du bourgeon. Ces fais-

(1) Mémoires de l'Institut (sciences mathématiques et physiques), tome I,
page 478.

ceaux pétiolaires, sont séparés par un tissu cellulaire plus
ou moins abondant. Ainsi chez les monocotylédons, les
faisceaux de tubes pétiolaires naissent à l'intérieur des
faisceaux plus anciens; c'est-à-dire, qu'ils sont plus voisins du centre de la tige. Voyons actuellement comment
se passe le même phénomène chez les dicotylédons. Chez
ces derniers, comme chez les monocotylédons, les feuilles
nouvelles occupent le centre du bourgeon; par conséquent
les faisceaux pétiolaires qui leur correspondent doivent
être de même plus voisins du centre de la tige, que ne le
sont les faisceaux pétiolaires qui appartiennent aux feuilles
plus âgées émanées de ce même bourgeon. C'est aussi ce
que l'observation démontre. Chez les dicotylédons, les
faisceaux de tubes ligneux qui pénètrent dans les pétioles
des feuilles supérieures prennent leur origine en dedans de
ceux qui pénètrent dans les pétioles des feuilles inférieures;
c'est-à-dire, que les premiers sont plus voisins du centre de
la tige que les derniers. Cette disposition est très facile à
voir chez presque tous les végétaux dicotylédons. Ainsi,
il n'existe véritablement aucune différence essentielle
et fondamentale entre les monocotylédons et les dicotylédons, sous le point de vue de la production de leurs faisceaux de tubes pétiolaires, et du développement de leurs
bourgeons. Mais, chez les monocotylédons, les faisceaux
de tubes pétiolaires sont le plus souvent isolés les uns
des autres; ils sont plongés dans un tissu cellulaire abondant, tandis que chez les dicotylédons, ces mêmes faisceaux
pétiolaires, serrés les uns contre les autres, forment par leur
réunion l'étui médullaire à la partie intérieure duquel naissent les faisceaux de tubes qui doivent pénétrer dans les
feuilles nouvelles.

Ainsi la production de nouveaux faisceaux de tubes pétiolaires par le centre du végétal, que l'on regardait comme
l'attribut spécial des monocotylédons, appartient également

aux dicotylédons ; mais chez ces derniers cette production
centrale n'accroît point le diamètre de la tige, tandis qu'elle
l'accroît chez les monocotylédons : on va voir à quoi tient
cette différence. Il y a trois états très distincts dans la vie
végétale : 1° l'état de bourgeon qui est en quelque sorte
l'état *de fœtus végétal produit par gemmation ;* 2° l'état
postérieur à l'état de bourgeon ou l'*état herbacé* qui est en
quelque sorte l'état d'*enfance végétale ;* 3° l'état adulte.
J'ai jeté plus haut un coup-d'œil sur les deux derniers états,
c'est-à-dire sur l'*état 'd'enfance* et sur l'*état adulte* chez les
dicotylédons. Chez ces derniers l'*état de bourgeon* est peu
marqué ; l'accroissement sous cette forme ou dans cet état
premier est originairement très peu considérable. Chez les
monocotylédons il n'en est pas de même ; leurs bourgeons
sont ordinairement énormes ; toute multiplication de parties s'opère chez eux dans le bourgeon exclusivement, et le
développement donne ensuite un volume plus ou moins
considérable à ces parties primitivement formées. Dès
qu'une partie quelconque des monocotylédons est sortie du
bourgeon elle cesse de s'accroître par une production intérieure d'organes nouveaux ; elle ne fait que développer ceux
qu'elle a reçus à l'état rudimentaire dans le bourgeon. Une
tige d'asperge, par exemple, se développe, grandit et grossit
en conservant exactement le nombre des organes intérieurs
qui lui ont été donnés par l'*accroissement* dans le bourgeon ;
tout ce qu'elle acquiert en dimension, postérieurement,
n'est que l'effet du *développement* ou de l'augmentation du
volume des organes acquis sous l'*état de bourgeon* ou de
fœtus végétal par gemmation. On peut se convaincre de la
vérité de cette assertion, en observant au microscope des
tranches transversales de la tige de l'asperge à différentes
hauteurs, avant que cette tige ait développé ses rameaux.
On trouve partout le même nombre de faisceaux de tubes ;
cependant la tige a moins de diamètre dans le haut que

dans le bas; mais on voit que cette différence provient exclusivement de ce que les cellules qui entourent les faisceaux sont plus augmentées de volume dans le bas que dans le haut. Ces cellules forment une masse dans laquelle les faisceaux de tubes sont disposés assez symétriquement et d'une manière concentrique; elles sont décroissantes de grandeur du centre vers la circonférence, et tellement qu'elles ne sont plus que des globules dans le voisinage de l'écorce dont les cellules plus grandes n'offrent aucun décroissement appréciable dans leur grandeur. Ce décroissement des cellules du tissu cellulaire, dans lequel les faisceaux de tubes sont plongés, prouve que ce tissu cellulaire est une véritable médulle centrale semblable à celle des dicotylédons. Chez ces derniers la médulle centrale offre au milieu de la tige une masse qui porte le nom spécial de *moelle;* ensuite elle est intercalée aux faisceaux de tubes de la partie ligneuse, faisceaux qui sont extrêmement rapprochés les uns des autres, en sorte que la médulle centrale qui les sépare ne consiste que dans des lames minces qui constituent les rayons médullaires. Chez les monocotylédons, cette même médulle centrale n'offre point le plus souvent de masse centrale très distincte, et les faisceaux de tubes de la partie ligneuse sont très écartés les uns des autres, en sorte que la médulle centrale qui les sépare offre une épaisseur assez considérable. Il n'y a donc véritablement ici que des différences de proportions entre le tissu ligneux et le tissu médullaire, et ce sont ces seules différences de proportion qui distinguent, dans le principe, l'organisation des tiges des végétaux monocotylédons, de celle des végétaux dicotylédons; je dis *dans le principe,* car plus tard il se manifeste des différences fondamentales. Chez les dicotylédons naissans, ou sortans du bourgeon, il existe une médulle centrale à cellules décroissantes du centre à la circonférence du système central; les faisceaux li-

gneux, très rapprochés les uns des autres, occupent seulement la partie la plus extérieure de cette médulle dans
laquelle ils sont plongés. Chez les monocotylédons il existe
de même une médulle centrale à cellules décroissantes du
centre à la circonférence du système central; les faisceaux
ligneux éloignés les uns des autres, sont disséminés dans
toute l'étendue de cette médulle dans laquelle ils sont
plongés. Ainsi, toute la différence qu'il y a ici, consiste
dans la diffusion locale ou dans la diffusion générale des
faisceaux ligneux dans la moelle; mais cette règle, elle-
même, n'est point générale; on trouve en effet des végétaux dicotylédons, tels que les férules, les cicas, chez lesquels on observe la diffusion générale des faisceaux ligneux
dans la moelle, et beaucoup de racines de végétaux monocotylédons offrent une moelle centrale tout-à-fait dépourvue
de faisceaux ligneux; telles sont, par exemple, les racines
du *ruscus aculeatus*. Ces racines, très distinctes de la tige
souterraine ou du rhizôme, offrent un système cortical épais
à cellules décroissantes de dehors en dedans, et un système
central composé d'une véritable moelle à cellules décroissantes de dedans en dehors et environnée par une couche
circulaire de tissu ligneux. Ici l'organisation ne diffère en
rien de celle de la tige naissante d'un végétal dicotylédon,
et l'accroissement en diamètre s'opère de la même manière.
On observe les mêmes phénomènes d'organisation et d'accroissement en diamètre, dans les racines des *nimphea*, racines que je ne confonds point non plus avec les rhizômes
de ces plantes; mais tous les botanistes ne sont pas d'accord
pour les classer parmi les monocotylédons auxquels il
me paraît cependant bien évident qu'elles appartiennent.
Des observations dues à Dupetit-Thouars (1) prouvent
que les stipes des *dracæna*, des *aloès* et des *yuca*, s'accrois-

_____

(1) Accroissement en diamètre du Dracæna.

sent en diamètre, lorsque ces végétaux monocotylédons se ramifient. Le *dracæna umbraculifera*, par exemple, qui n'a qu'une cime comme les palmiers, ne croît pas en diamètre; mais le *dracæna draco* qui se ramifie grossit considérablement. Le stipe des *yuca* ne grossit point tant que ces végétaux ne conservent qu'une cime; mais si quelque accident les prive de leur tête, ils se ramifient, et dès-lors ils croissent en diamètre. D'après ces observations de Dupetit-Thouars, il paraîtrait que l'accroissement en diamètre des tiges des monocotylédons dépendrait de la ramification de leur cime; cependant le naturaliste que je viens de citer convient lui-même qu'il y a beaucoup de végétaux monocotylédons très rameux, dont la tige ne grossit point du tout, du moment qu'elle est formée. Tels sont les *pandanus*, les *asparagus*, les *convallaria*, les *ruscus*, les *smilax*, les *commelina*, etc. Que doit-on conclure de là? C'est que la ramification des tiges des monocotylédons n'est point la cause de leur accroissement en diamètre, bien qu'il arrive quelquefois que ces deux faits coïncident. Comment s'opère cet accroissement en diamètre? Nous l'ignorons.

Les tiges des végétaux monocotylédons éprouvent souvent un accroissement progressif de diamètre, à mesure qu'elles croissent en longueur. Cette augmentation de grosseur de la tige, est toujours en rapport avec la grosseur du bourgeon terminal que possède cette tige. Lorsque ce bourgeon ne s'accroît point en grosseur, la tige qui en émane a constamment le même diamètre; lorsque le bourgeon grossit, la tige grossit également; la raison en est facile à saisir. L'accroissement en grosseur du bourgeon se fait par l'augmentation du nombre de ses feuilles coexistantes; or, comme chacune de ces feuilles reçoit de la tige plusieurs faisceaux de tubes pétiolaires, il en résulte que plus il y aura de feuilles coexistantes dans le bourgeon, plus il y aura de faisceaux de tubes pétiolaires; plus par conséquent la tige

sera grosse. Chez certains monocotylédons, le bourgeon
s'accroît de cette manière, jusqu'à ce qu'il ait acquis une
grosseur déterminée qu'il ne dépasse plus. Alors la tige
qui en émane conserve constamment la même grosseur, et
elle ne croît point en diamètre du moment qu'elle est formée. De là vient que la tige submergée du *nymphea*, que
les tiges souterraines de l'*iris* et du *ruscus aculeatus*, que
le stipe souterrain du *polypodium filis-mas*, d'abord fort
grèles, s'accroissent en diamètre jusqu'à une certaine dimension qui n'est plus dépassée dans la suite de l'accroissement en longueur de ces tiges. Le stipe des palmiers, de
même fort grèle dans le principe, ne s'élève ordinairement
au-dessus du sol, que lorsque son bourgeon terminal a acquis le maximum de son développement en grosseur.

Les végétaux monocotylédons possèdent un système cortical et un système central comme les dicotylédons, cependant on a prétendu que l'écorce n'existait pas chez eux ; le
fait est qu'elle existe toujours ; mais comme elle est souvent à l'état rudimentaire, cela a pu porter à douter de son
existence. C'est spécialement chez les racines que le système cortical des monocotylédons est facile à distinguer ; on
le reconnaît à ses cellules décroissantes de dehors en dedans,
ce qui est le trait caractéristique du système cortical chez
les racines de tous les végétaux. J'ai étudié sous ce point de
vue presque toutes les familles des végétaux monocotylédons, et je puis affirmer qu'il n'est pas un seul de ces végétaux dans les racines duquel on ne distingue très facilement les deux systèmes cortical et central. Ces deux systèmes se distinguent également sur les productions que l'on
a appelées mal-à-propos *racines progressives* et *rhizômes*,
racines prétendues qui sont de véritables tiges souterraines.
C'est ainsi que le système cortical se distingue parfaitement
à ses cellules décroissantes de dehors en dedans, chez la
tige souterraine du *ruscus aculeatus*, du *carex riparia*, du

sagittaria sagittifolia, du *scirpus lacustris*, des différentes espèces de *juncus*, du *phalaris arundinacea*, du *potamogeton natans*, etc. Le décroissement caractéristique des cellules du système cortical n'est point ordinairement apercevable chez les tiges souterraines de certains autres végétaux monocotylédons, tels que les *iris*, le *sparganium erectum*, le *typha latifolia*, etc. Cependant le système cortical de ces tiges souterraines ne laisse pas d'être très facile à distinguer par son organisation et son aspect particulier du système central, et même en observant quelques-unes de ces tiges à leur naissance, ou à leur pointe végétante on y distingue le décroissement des cellules du système cortical, décroissement qui disparaît plus tard; c'est par exemple ce que j'ai observé chez le *typha latifolia*. Chez les tiges aériennes des végétaux monocotylédons, le système cortical devient presque toujours rudimentaire et ne s'aperçoit que difficilement et seulement au microscope. C'est ainsi qu'on le voit dans la tige aérienne du *tamus communis* et du *ruscus aculeatus;* chez la plupart des tiges aériennes des autres végétaux monocotylédons, le système cortical ne se distingue presque point du système central, si ce n'est dans l'endroit où la tige aérienne naît de la tige souterraine, lorsqu'il y en a une. Ainsi, par exemple, chez le *phalaris arundinacea*, le système cortical de la tige souterraine consiste en un tissu cellulaire décroissant de dehors en dedans, au milieu duquel se trouve une série circulaire de gros tubes. On retrouve la même organisation dans les mérithalles inférieures du chaume de cette plante graminée; mais dans les mérithalles supérieures le système cortical devient extrêmement mince; on ne peut plus le distinguer du système central.

Il résulte de ces observations que ce qui caractérise spécialement les végétaux monocotylédons, c'est leur développement considérable sous l'état de bourgeon; ce n'est même

que sous cet état qu'ils acquièrent des parties nouvelles,
qu'ils augmentent ensuite de volume; en sorte qu'un végé-
-tal monocotylédon est véritablement toute sa vie dans un
état d'*enfance végétale*. Tout concourt donc à prouver
que l'organisation végétale est fondamentalement la même
chez les monocotylédons et chez les dicotylédons; il n'y a
entre eux que des degrés de perfection organique. Les monocotylédons offrent en général la persistance de l'état d'*en-*
fance végétale; les dicotylédons offrent l'état *adulte de la*
végétation.

§ III. — De l'accroissement des organes tégumentaires des végétaux. (1)

L'enveloppe tégumentaire des végétaux est composée de
l'épiderme, membrane diaphane sans organisation cellulaire apparente et du *tégument cellulaire* membrane composée de cellules, sous-jacente à l'épiderme et appliquée
immédiatement sur la médulle corticale; ses cellules sont,
la plupart du temps, très différentes par leur grandeur ou
par leur forme des cellules de la médulle corticale, en sorte
qu'il est bien évident que le tégument cellulaire est un organe tout-à-fait à part du tissu cellulaire médullaire cortical
qu'il revêt. Le tégument cellulaire s'accroît toujours en épaisseur par le progrès de l'âge, quoique ce soit souvent d'une
manière à peine sensible. Cet accroissement du tégument cel-
-lulaire en épaisseur s'opère par couches successives, en sorte
que ce sont les plus intérieures qui sont les plus nouvelles.
C'est ce que l'on voit, par exemple, sur les tiges du bouleau

(1) Les observations contenues dans ce paragraphe ont été communiquées
à l'Académie des Sciences de l'Institut dans sa séance du 9 janvier 1837.

(betula alba). Car ce n'est pas de l'épiderme, comme on le pense généralement, qui se détache par couches blanchâtres successives des tiges de cet arbre, ces couches sont cellulaires, et par conséquent, elles appartiennent au tégument cellulaire. On fait la même observation sur le tronc du mérisier *(prunus avium)*, chez lequel le tégument cellulaire est disposé par couches très denses et très adhérentes les unes aux autres, et qui ne se prêtent à la division mécanique, c'est-à-dire au déchirement, que dans le sens transversal. Cela provient de ce que les cellules qui composent ce tégument cellulaire sont disposées en séries transversales ou suivant la circonférence du tronc. Ce tégument cellulaire du mérisier devient assez épais avec l'âge; ses couches les plus nouvelles sont, comme à l'ordinaire, celles qui sont voisines de la médulle corticale; ainsi le tégument cellulaire offre généralement un *accroissement centripète.*

Les poils et certains aiguillons sont des dépendances du tégument cellulaire, et leur accroissement s'opère de la même manière. Il y a des *poils simples* qui sont composés d'une seule cellule allongée en tube conique, et des *poils cloisonnés* qui sont composés de plusieurs cellules, placées bout à bout. La partie libre et émergente des poils est toujours privée de vie; ce n'est donc que par leur base qu'ils peuvent prendre de l'accroissement; c'est ainsi que s'accroissent, par exemple, les poils simples si longs, qui sont sur les aigrettes des semences du *clematis vitalba.* On peut comparer, à cet égard, les *poils simples* des végétaux aux poils des animaux, lesquels ne s'accroissent de même que par leur base. L'accroissement des poils cloisonnés doit s'opérer par la production de nouvelles cellules à leur base, mais il est difficile de s'en assurer par une observation directe.

On sait que les aiguillons des végétaux ne sont pas tous de même nature; ainsi, par exemple, les aiguillons crochus du *robinia pseudo-acacia,* qui ressemblent si fort extérieurement aux aiguillons crochus des rosiers et des ronces, en diffèrent essentiellement à l'intérieur : les premiers sont des rameaux avortés et soumis à un mode particulier de développement ; les seconds sont dus à un développement particulier du tégument cellulaire et de l'épiderme qui le recouvre. C'est ce que l'on va voir par l'exposé de la structure de ces aiguillons et par l'examen du mode de leur accroissement.

L'aiguillon du rosier, dont la figure 1 de la planche 3 représente la coupe verticale, naît et se développe sur la surface externe de la médulle corticale *m* de la tige. La substance intérieure de l'aiguillon est formée entièrement par un tissu cellulaire composé de rangées transversales de cellules, qui forment ainsi des séries rectilignes. Ce tissu cellulaire de couleur rousse est privé de vie, et ses cellules ne contiennent que de l'air. En observant ce tissu cellulaire intérieur à diverses époques de l'accroissement de l'aiguillon, on voit que le nombre des cellules dans chaque rangée transversale augmente progressivement, et on ne tarde pas à acquérir la certitude que cette production des cellules nouvelles a lieu à la base de l'aiguillon, là où les rangées transversales des cellules intérieures touchent le parenchyme ou la médulle corticale *m*, laquelle revêt extérieurement la partie fibreuse *f* de l'écorce. En même temps que les rangées transversales de cellules s'augmentent en longueur par cet accroissement centripète, il naît à la circonférence de la base de l'aiguillon, et sous son enveloppe tégumentaire dure et cornée, de nouvelles rangées transversales de cellules qui augmentent progressivement l'étendue de la base de l'aiguillon, surtout dans le sens vertical, en sorte que l'aiguillon s'augmente en grosseur en même temps qu'il s'accroît en longueur. Ce double accroissement s'opère ainsi tout entier à la base de l'aiguillon et cela par l'addition de nouvelles cellules aux rangées existantes et

par l'addition latérale de nouvelles rangées de cellules,
Tout ce qui a été précédemment produit ne s'accroît plus,
car tout a cessé de vivre, il n'y a de vie et de développement qu'à la base appuyée sur la face externe de la médulle corticale de la tige. Cet accroissement s'arrête lorsque
la partie fibreuse de l'écorce a acquis une épaisseur assez
grande pour que les sucs nourriciers ne parviennent plus
que difficilement à la médulle corticale qui est véritablement l'organe nutritif de cette production, laquelle appartient tout entière à l'enveloppe tégumentaire de la tige, c'est-
à-dire au tégument cellulaire et à l'épiderme ; c'est un
véritable liège, tout-à-fait semblable par sa nature et par
son mode d'accroissement au liège du *quercus suber*, ainsi
que je vais le faire voir tout-à-l'heure. Je dois auparavant
étudier la structure d'un aiguillon en apparence très différent de celui du rosier, et qui cependant n'en diffère point
essentiellement par sa structure intime ; je veux parler de
l'aiguillon du *zanthoxylum juglandifolium* (Willd). La
tige de cet arbre des régions chaudes de l'Amérique, est
couverte d'aiguillons volumineux ; la figure 2, planche 3,
en représente un de grandeur naturelle et coupé verticalement dans une partie seulement de son épaisseur pour faire
voir qu'il est composé de couches successives qui vont en
augmentant de largeur du sommet à la base. Chacune de
ces couches est composée de rangées transversales de cellules exactement de la même manière que cela a lieu dans
l'aiguillon du rosier. Mais ces cellules sont beaucoup plus
petites, ce qui fait que le tissu qu'elles forment par leur
assemblage est pourvu de plus de densité et de dureté. Ces
aiguillons *zanthoxylum* ne sont point recouverts, comme
ceux du rosier par une enveloppe dure et cornée. Le nombre
des couches dont ils sont composés m'a paru égal à celui
des couches ligneuses de la tige, en sorte que le nombre
des couches de l'aiguillon indique le nombre des années

pendant lesquelles il s'est accru. Il résulte de là que si l'aiguillon du rosier ne possède qu'une seule couche, cela
provient de ce qu'il ne s'accroît que pendant sa première
année; il demeure stationnaire pendant les années suivantes, et cela parce que la médulle corticale qui lui four-
nissait la sève nourricière a cessé d'être propre à remplir
cette fonction à son égard. Il en est autrement chez le *zanthoxylum*, dont l'écorce est extrêmement mince, ce qui est
une condition favorable pour que la sève nourricière
puisse arriver à la base de l'aiguillon et servir à son accroissement.

J'arrive actuellement par une transition toute naturelle à
l'étude de la structure et du développement du liége. Cette
substance est généralement considérée comme due à un
développement particulier du parenchyme extérieur de
l'écorce ou de ce que je nomme la *médulle corticale*; c'est
cette opinion que professe M. De Candolle dans son *organographie végétale*. Les observations qui vont suivre ne me
permettent pas de partager cette opinion.

Le *quercus suber* n'est pas le seul arbre qui produise
du liége; on trouve aussi cette production végétale, mais
en petite quantité sur une variété de l'orme *(ulmus campestris)*. C'est sur ce dernier arbre que j'ai observé d'a-
bord le mode d'accroissement du liége. C'est seulement
sur les jeunes branches de cet arbre que l'on trouve
cette production; son tronc et ses grosses branches n'en
produisent point; cette production de liége s'arrête lorsque la branche ou la tige est âgée de six à huit ans.
Pour bien observer l'origine de cette production, il faut
choisir une branche d'orme à liége âgée seulement de deux
à trois ans, et sur laquelle le liége ne soit développé que
par places, en sorte que dans certains endroits la surface de
l'écorce n'en présente point du tout, et soit couverte encore
de son épiderme. Alors au moyen de coupes transversales

et longitudinales, on voit que le liège est composé de
couches superposées et ordinairement en nombre égal à
celui des couches ligneuses, en sorte qu'il est évident qu'il
s'en est formé une chaque année. La couche de liège la plus
extérieure est recouverte par un fragment de l'épiderme
qui a été rompu par le développement de cette substance,
et cela parce qu'il n'a pu acquérir une ampleur assez
grande pour continuer d'envelopper sans discontinuité
cette volumineuse et nouvelle production, laquelle se projette au dehors sous la forme de lames anguleuses rayon-
nées, comme on le voit en *b b* dans la figure 10 (planche 2).
On voit en *a* une portion de la branche sur laquelle il n'y
a point eu de production de liège et qui est encore complètement recouverte de son épiderme et de son tégument
cellulaire à l'état normal.

En examinant au microscope une tranche transversale
de cette écorce qui porte du liège (pl. 3, fig. 3), on voit
que ce dernier *a' a'' a'''* est composé exclusivement de
cellules disposées en séries transversales. On en compte
ici trois couches; leur séparation est indiquée par une
ligne de couleur plus foncée que ne l'est le tissu roussâtre
de ces couches elles-mêmes; toutefois il n'y a point là de
véritable séparation entre les couches; leurs séries transversales de cellules n'offrent aucune discontinuité, seulement leur couleur rousse est plus foncée dans les endroits
où l'on remarque la distinction des couches. C'est dans ces
endroits que la production annuelle du liège s'est arrêtée à
l'époque de la suspension de la végétation. La couche la
plus extérieure *a'* est recouverte par un lambeau d'épiderme *t*. La couche la plus intérieure *a''* est naissante et
encore fort mince; son accroissement s'opère par une production centripète de nouvelles cellules, production qui
repousse à mesure vers le dehors les cellules précédemment produites, lesquelles sont de suite frappées de mort

I. 12

et se desséchant; elles ne contiennent alors que de l'air.
Le nombre de ces cellules alignées transversalement va à
plus de cinquante dans certaines couches. La nouvelle
couche de liège a''' est appliquée sur l'écorce b, dont la nature a éprouvé ici une modification particulière; elle est
entièrement privée de tubes fibreux et se trouve réduite à
un tissu cellulaire irrégulièrement rayonnant dans le sens
transversal, comme on le voit en b. Ce n'est point le développement centrifuge de ce tissu cellulaire, disposé en
séries transversales, qui produit le liège comme on pourrait
le croire, car on voit une différence tranchée pour la grandeur et pour la couleur entre les cellules de l'écorce et les
cellules du liège, en sorte que les séries très régulières de
cellules de ce dernier ne se continuent point avec les
séries assez peu régulières des cellules de l'écorce. Ainsi le
liège est un tissu à part du tissu de la médulle corticale sur
laquelle il est seulement appuyé, et qui lui fournit les sucs
nutritifs nécessaires pour son accroissement centripète. Je
ferai voir tout-à-l'heure l'origine de ce tissu subérique.
Dans les endroits où la branche d'orme n'a point produit
de liège, comme on le voit en d, l'écorce offre son organisation normale, laquelle est différente de celle de la portion b, qui a produit du liège; cette dernière ne contient
que du tissu médullaire; l'écorce de la portion d de la
branche, possède comme à l'ordinaire, une partie interne
fibreuse f, et une partie externe médullaire m, laquelle
offre un tissu cellulaire irrégulier; le tégument cellulaire
joint à l'épiderme t qui la revêt, examiné au microscope,
se trouve composé de cellules, exactement semblables à
celles qui composent les couches du liège, ce qui achève
de prouver que le liège est dû au développement centripète
de ce tégument cellulaire dont chaque cellule composante
est l'origine d'une série transversale de cellules, série qui
s'accroît par production successive de nouvelles cellules à

son extrémité en contact avec la médulle corticale. C'est là
seulement que ces cellules du liège sont vivantes; celles
qui sont plus extérieures, et qui ne sont plus ainsi en contact avec la médulle corticale, ont cessé de vivre et se sont
desséchées.

La production du liège s'arrête chez l'orme, lorsque ses
branches ou son jeune tronc ont acquis l'âge de six à huit
ans; alors l'écorce fibreuse s'est développée et a acquis une
épaisseur telle, que cela met obstacle, à ce qu'il paraît, au
facile accès de la sève nourricière dans la médulle corticale
dont les sucs alimentent la production subérique. Ce sont
donc exclusivement les jeunes branches qui produisent le
liège, et encore ne le produisent-elles pas sur toute leur
surface; il y a toujours absence de cette production subérique là où l'écorce est pourvue de sa couche de liber fibreux, en sorte qu'il paraît que c'est la présence de cette
couche fibreuse qui met obstacle au développement du
liège.

Ces observations conduisent directement à l'étude du
liège du *quercus suber*. Ce liège, connu de tout le monde
par ses usages domestiques, offre la même structure et le
même mode de développement que le liège de l'orme, mais
il ne naît point comme lui sur les jeunes branches; c'est
au contraire sur les branches et sur les troncs âgés qu'il se
développe exclusivement; il ne commence à apparaître
d'une manière sensible que sur les tiges ou sur les branches
de l'âge de six à huit ans environ. La fig. 4 (pl. 3) représente la coupe longitudinale de l'écorce et du liège d'une
branche de cet âge; *f*, corps fibreux de l'écorce qui est
très mince, *m* médulle corticale dans le tissu cellulaire irrégulier de laquelle on voit des corps cellulaires arrondis
à demi transparens, de deux dixièmes de millimètre environ de diamètre, ce qui les fait paraître très gros au microscope relativement aux cellules fort petites qui les envi-

ronnent. Ces corps ont à leur surface une multitude de globules. *a' a'' a'''* couches de liège au nombre de trois; la plus extérieure et la plus ancienne est encore recouverte par un lambeau d'épiderme *t*. La plus interne de ces couches *a'''* est naissante. Ces couches de liège sont entièrement composées de cellules disposées en séries rectilignes et transversales : elles sont distinguées, mais non séparées les unes des autres par des cellules, dónt la couleur rousse est plus foncée. Jusqu'ici, tout est parfaitement semblable à ce qui a été exposé plus haut pour le liège de l'orme, mais voici actuellement ce qui distingue le liège du *quercus suber*. Chez le liège de l'orme, chaque couche est composée de cellules semblables, articulées en séries rectilignes et disposées transversalement, elles forment un tissu homogène; chez le *quercus suber*, le liège offre dans chaque couche deux ordres de cellules toutes articulées en séries rectilignes transversales, mais différentes pour la grandeur et pour la couleur. Sur une coupe horizontale de ce liège, on voit alternativement des rangées transversales de cellules grandes et diaphanes, ét des rangées transversales de cellules plus petites et presque opaques. Toutes sont également remplies d'air. Le mécanisme de l'accroissement du liège du *quercus suber* est semblable au mécanisme de l'accroissement du liège de l'orme; cette substance est appuyée de même sur la médulle corticale qu'elle enveloppe, et qui lui fournit les matériaux de son accroissement centripète; la médulle corticale a cela de particulier chez le chêne à liège, qu'elle offre dans son intérieur les corps cellulaires arrondis à demi transparens, dont j'ai parlé plus haut; on les voit dans cette couché *m* de médulle corticale (fig. 4). Ces grosses cellules isolées les unes des autres, au milieu d'un tissu cellulaire composé de cellules plus petites, me paraissent être les réservoirs de la sève nourricière abondante, qui fournit les matériaux de l'accroissement du liège.

Il est à remarquer que le *quercus suber* produit du liège quoique son écorce possède des couches fibreuses, dont l'ensemble est, il est vrai, toujours de peu d'épaisseur. Je fais cette remarque, parce que l'existence de ces couches fibreuses de l'écorce paraît mettre obstacle à la production du liège chez l'orme. Cette différence tient peut-être à l'organisation toute spéciale que présente la médulle corticale chez le *querc s suber*, organisation en vertu de laquelle cette médulle corticale contient beaucoup plus de sucs nourriciers que n'en contient la médulle corticale des jeunes branches de l'orme, ce qui fait que chez le *quercus suber*, le liège se développe pendant toute la durée de la vie de l'arbre, et qu'il se reproduit lorsqu'il a été enlevé dans sa partie frappée de mort. Sa reproduction, en effet, entraîne la nécessité de la conservation de la couche extrêmement mince et encore vivante du liège, couche qui est en contact immédiat avec la médulle corticale. La plaie qui est faite par l'enlèvement du liège ne se *cicatrice* point, à proprement parler ; car il ne se forme point là de nouvel épiderme. Cette plaie se dessèche, et il se forme, sur la surface laissée à découvert, une sorte de *croûte*, de couleur rousse, qui sert d'abri au liège nouveau, lequel se reproduit, ou plutôt qui continue à se développer comme il l'eût fait, si l'arbre fût resté enveloppé par le liège épais qu'on lui a enlevé.

Les jeunes branches du *quercus suber* n'offrent point du tout de liège ; leur tégument cellulaire est très mince, comme il l'est généralement sur les jeunes tiges végétales ; en l'observant au microscope, on voit qu'il est composé de cellules tout-à-fait semblables à celles qui forment le liège de cet arbre. Ce fait concorde, comme on le voit, avec celui qui a été exposé plus haut, touchant la structure du tégument cellulaire de l'orme, et il sert de même à prouver que le liège n'est véritablement que le tégument cellulaire épaissi par son accroissement centripète.

La similitude exacte qui existe pour la structure et pour le mode de développement entre les tissus cellulaires de l'aiguillon du rosier, de l'aiguillon du zanthoxylum, du liège de l'orme et du liège du *quercus suber*, ne permet pas de douter que la nature de ces quatre productions ne soit la même ; toutes également sous-jacentes à l'épiderme, présentant de même dans leurs séries transversales de cellules, un accroissement centripète, sont bien évidemment produites par un développement particulier du tégument cellulaire. L'analogie de l'aiguillon du rosier avec les poils végétaux est reconnue par les phytologistes; on peut ainsi considérer chacune des rangées transversales de cellules qui existent dans l'intérieur de cet aiguillon, comme un *poil cloisonné ;* l'aiguillon serait ainsi formé par une agglomération de *poils cloisonnés*, que recouvre un même tégument coriace et solide. Cette analogie étant admise, cela conduit à considérer de même le liège de l'orme et celui du *quercus suber*, comme formé par l'agglomération d'une multitude de *poils cloisonnés* qui, dans leur développement, sont restés au-dessous de l'épiderme, au lieu de percer ce dernier pour se produire au dehors, ainsi que cela a lieu ordinairement.

Il ne faut pas, ainsi qu'on l'a fait souvent, confondre avec le liège les vieilles couches corticales qui, repoussées vers le dehors, fendues et desséchées, se détachent ou tendent à se détacher du tronc des arbres. Ainsi, c'est à tort, par exemple, qu'on a assimilé au liège les couches qui se détachent annuellement du tronc du *platanus orientalis*. Il suffit d'examiner au microscope le tissu de ces couches, pour voir que ce tissu n'a aucune similitude avec celui qu'offrent généralement les couches subériques; on y reconnaît, au contraire, la structure des couches corticales. L'ob-

servation physiologique confirme en outre la distinction
que j'établis ici. Lorsqu'une couche extérieure s'est détachée du tronc du platane, on trouve au-dessous une couche
de médulle corticale qui verdit à la lumière et qui se
couvre d'un épiderme. Or, ces phénomènes n'ont point
lieu lors de l'enlèvement du liège. Il n'y a point de tissu
médullaire vert à la surface laissée à nu par l'enlèvement
du liège, il ne se forme là qu'une *croûte* de couleur roússe,
produite par le dessèchement de cette surface occupée tout
entière par du liège naissant. Les saillies anguleuses, irrégulières, que présentent les vieux troncs des chênes, des
ormes, des bouleaux, etc., n'ont aucune analogie avec le
liège, ce sont de vieilles couches corticales frappées de mort
et desséchées. Les vieux pommiers se dépouillent souvent,
comme le platane, de leurs couches corticales les plus extérieures, lesquelles laissent à découvert de même une surface médullaire verte, que recouvre bientôt un épiderme.
C'est là un phénomène auquel on pourra souvent reconnaître que la couche qui s'est détachée est véritablement
une couche corticale; car les couches fibreuses corticales
sont séparées les unes des autres par une couche de médulle corticale, qui verdit et se couvre d'épiderme lorsqu'elle est mise au jour.

Le tégument cellulaire des végétaux monocotylédons
s'accroît par un développement centripète, de la même
manière que cela a lieu chez les végétaux dicotylédons. J'ai
observé, en effet, cet accroissement en épaisseur du tégument cellulaire sur le rhizôme de l'*iris germanica* et sur les
racines de l'asperge. Pour compléter à cet égard la similitude entre les végétaux dicotylédons et les végétaux monocotylédons, il faut trouver chez ces derniers la production
du liège; or c'est ce que l'on trouve chez le *tamus elephantipes*; ce végétal des régions équatoriales possède un énorme
rhizôme qui fait saillie hors de terre; ce rhizôme aérien

184 DE L'ACCROISSEMENT

qui est l'analogue du rhizôme souterrain que possède le *tamus communis* de nos climats (pl. 10, fig. 10, 11, 12, 13),
s'élève à peine à la hauteur d'un pied au-dessus du sol dans
nos serres; mais dans les pays chauds, il s'élève, dit-on, jusqu'à la hauteur de six pieds. C'est du sommet de cette
grosse *tige inférieure*, et douée d'une organisation spéciale,
que part la *tige supérieure* assez grêle qui porte les feuilles
et les fleurs. Or, sur cette grosse *tige inférieure*, on observe
une volumineuse production de liège qui se présente sous la
forme de pyramides irrégulières dont la base s'augmente
graduellement par l'effet de l'accroissement; la fig. 5, pl. 3,
représente une de ces pyramides de liège qui ressemblent
un peu aux aiguillons du zanthoxylum (fig. 2), quoiqu'elles ne soient pas des aiguillons; elles sont analogues
aux productions anguleuses du liège de l'orme (pl. 2,
fig. 10).

La pyramide subérique, représentée par la figure 5, est
appuyée sur l'écorce de la tige par sa base *a; a* elle est composée de couches, qui vont en diminuant de grandeur, de
la base au sommet; on aperçoit ces couches d'une manière
peu distincte, sur la surface extérieure et noircie *b* de la
pyramide; on les voit très distinctement sur la coupe *c* pratiquée du sommet à la base; la plus inférieure de ces couches *d*, qui est appuyée immédiatement sur la tige et qui
est la plus nouvelle, est blanche, parce que le tissu cellulaire
qui la compose est vivant; toutes les couches qui lui sont
supérieures sont de couleur rousse, parce que leur tissu cellulaire, composant, est mort et desséché. La figure 6 représente en *d*, et vue au miscroscope, une portion de la
couche la plus nouvelle et vivante du liège dont il est ici
question, et une portion *e* de la couche de liège privée de
vie, qui la précède immédiatement; on voit que ce liège du
tamus elephantipes possède essentiellement la même structure que le liège des autres végétaux dont il a été question

plus haut, c'est-à-dire qu'il est composé de même de séries transversales de cellules; celles-ci sont beaucoup plus grandes qu'elles ne le sont dans aucun autre liège; on trouve en outre ici une circonstance précieuse pour l'observation du mode d'accroissement de ce tissu cellulaire subérique: c'est l'état de vie de la couche *d* tout entière, couche qui est la plus nouvelle. Chez tous les autres végétaux producteurs de liège, il n'y a que les cellules les plus internes de cette substance, qui soient vivantes; toutes les autres meurent à mesure qu'elles sont repoussées, vers le dehors, par la production des cellules nouvelles. Cette prompte extinction de la vie n'a point lieu dans le liège du *tamus elephantipes*, puisque la couche la plus nouvelle de ce liège, couche dont l'épaisseur est au moins de quatre millimètres, demeure vivante dans son entier, jusqu'à ce qu'elle soit remplacée par une couche nouvelle. Cette durée de la vie, dans la couche la plus nouvelle de ce liège, fait que les cellules dont il est composé se développent et acquièrent d'autant plus de longueur qu'elles sont plus anciennes dans l'ordre de leur production; on les voit d'autant plus petites qu'elles sont plus voisines de la base *a a*, qui est le lieu où naissent les nouvelles cellules. Cette observation fait voir à découvert le mode de la production de ces cellules articulées en séries transversales; chacune de ces séries est véritablement une petite tige dirigée transversalement, et dont l'extrémité végétante se trouve en contact avec le corps cortical de la grosse *tige inférieure* du *tamus elephantipes*; c'est là que cette petite tige transversale, véritable *poil cloisonné*, puise les matériaux de son accroissement, lequel consiste dans la production de nouveaux *mérithalles*, consistant chacun dans une seule cellule. Il y a, dans le développement de cette *tigellule*, cela de très particulier, que c'est par son sommet qu'elle puise les sucs nécessaires à son développement, et non par sa base, ainsi que cela a lieu, presque gé-

néralement, pour les tiges végétantes. C'est très probablement à cause de cela que les mérithalles cellulaires de ces
tigellules transversales, auxquels la sève arrive, pour ainsi
dire, *à rebours*, meurent lorsqu'ils sont refoulés vers le dehors à une certaine distance du lieu où se trouve cette sève
nourricière, laquelle alors ne leur parvient plus. Le fait de
cet accroissement des séries rectilignes de cellules, par production de nouvelles cellules à leur extrémité végétante, est
le premier qu'ait donné l'observation pour prouver, de manière à ne laisser aucun doute, que ces séries rectilignes de
cellules, sont de véritables *tigellules* ainsi que l'a établi en
théorie M. Turpin, depuis bien long-temps.

SECTION II.

De l'accroissement des végétaux en longueur.

L'accroissement des végétaux en longueur se fait suivant
les deux directions opposées des tiges et des racines.

Je commence cette étude par les racines, dont je rechercherai premièrement l'origine.

Ce serait probablement en vain qu'on chercherait à voir
le mode d'origine des racines chez les végétaux dicotylédons. Ces végétaux, doués d'une organisation dense, d'une
texture serrée, laissent difficilement pénétrer l'observateur
dans les mystères de leur organisation. Il n'en est pas de
même de la plupart des végétaux monocotylédons. Leur
organisation permet d'apercevoir avec assez de facilité des
phénomènes tout-à-fait inapercevables chez les premiers.
Ainsi l'origine des racines m'a été dévoilée par plusieurs
végétaux monocotylédons, et entre autres par le *nymphea
lutea* et le *sparganium erectum.*

La tige submergée du *nymphea* est couchée : les racines

qui la fixent dans la vase naissent à sa partie inférieure ; sa périphérie est marquée par les nombreuses cicatrices produites par la chute des feuilles des années précédentes. Si l'on examine l'intérieur de cette tige, on voit qu'elle est composée d'un système cortical fort mince et demi transparent, et d'un système central formé par un tissu cellulaire blanc, dans lequel existent des faisceaux de tubes séveux irrégulièrement flexueux. Ces faisceaux de tubes séveux sont enveloppés chacun par une couche d'une substance jaune et demi transparente. Chacune des racines du *nymphea* correspond constamment à l'un de ces faisceaux de tubes séveux, lequel est toujours bifurqué à l'origine de la racine, ainsi que cela se voit en *a* dans la figure 3, planche 4. Ce faisceaux de tubes séveux, appartenant au système central de la tige, occupe dans toute sa longueur le centre de la racine *e*, dont il forme le système central. Autour de celui-ci existe le système cortical de la racine *d*, qui est composée d'une multitude de tubes longitudinaux qui aboutissent inférieurement à un plateau *f*, qui les sépare du tissu cellulaire central de la tige *c*. Les radicelles partent du système central de la racine et traversent, avant de se montrer en dehors, toute l'épaisseur du système cortical. Cherchons actuellement quelle est l'origine de cette racine. Pour y parvenir, le meilleur moyen est de faire une multitude de coupes transversales sur la tige, surtout aux endroits où l'on aperçoit de petits tubercules. De cette manière, on finit par rencontrer des racines naissantes ; l'on peut reconnaître ainsi le mode de leur origine et suivre le progrès de leur accroissement.

Les premiers rudimens observables de la racine consistent en un faisceau de tubes séveux du système central, faisceau qui se ploie et forme un coude dans le voisinage du système cortical, ainsi qu'on le voit dans la figure 1, *a*. Lorsque ce faisceau coudé approche du système cortical, il

se manifeste dans ce dernier une production ronde, aplatie,
formant une sorte de calotte. On voit cette calotte orbicu-
laire en *b ;* elle est recouverte par l'écorce de la tige *c.* En
poursuivant ce genre de recherches, par le moyen que j'ai
indiqué, on rencontre des racines naissantes qui offrent des
degrs de développement plus avancés. Ainsi l'on voit que
le faisceau de tubes séveux coudés *a* touche à la calotte,
dans l'intérieur de laquelle on aperçoit des stries qui sont
les rudimens des tubes corticaux dont j'ai parlé plus haut.
En continuant cette recherche, on voit que le faisceau de
tubes séveux coudés *a,* continuant à s'allonger, pénètre
dans l'intérieur de la calotte *b,* qui lui sert pour ainsi dire
de coiffe (fig. 2). Alors la racine pointe en dehors; elle a
rompu l'écorce de la tige qui la recouvrait. Cette racine
naissante, continuant de s'accroître, devient une racine parfaite. La fig. 3 représente la coupe longitudinale d'une
portion de cette racine; *c* système central de la tige; *b* système cortical; *a e* faisceau coudé de tubes séveux qui forme
le système central de la racine; *d* tubes longitudinaux dont
l'assemblage forme le système cortical de la racine; *f* plateau où se fait l'insertion des tubes corticaux de la racine.
Ainsi, la racine du *nymphea* tire son origine d'un faisceau
de tubes séveux du système central de la tige, faisceau qui
s'étant ployé en coude dans le voisinage de l'écorce, y a
déterminé par son approche la formation d'une calotte
corticale sous-jacente à l'écorce de la tige et destinée à former le système cortical de la racine. Le faisceau coudé de
tubes séveux a pénétré dans l'intérieur de cette calotte
corticale et en est devenu le système central.

Cette observation nous apprend : 1° que les systèmes
central et cortical de la racine sont primitivement isolés ;
ils existent tous les deux avant de former un tout organique
par leur assemblage ; 2° que le système central pénètre dans
l'intérieur du système cortical ; 3° que le système cortical

de la racine se forme au-dessous de l'écorce de la tige, de sorte que la racine perce cette écorce pour se produire au dehors et se trouve ainsi *coléorhizée*.

Les tiges du *nymphea* n'ont qu'un petit nombre de racines, et cependant la nature tend presque continuellement à en produire de nouvelles : mais ces racines naissantes avortent souvent. On trouve, à la partie inférieure de la tige couchée du *nymphea*, une assez grande quantité de petits tubercules noirs ; ce sont des racines mortes au moment de se produire au dehors et dont l'intérieur s'est carbonisé. Il est à remarquer que chez le *nymphea*, il n'y a que les racines dont l'origine a lieu immédiatement au-dessous des feuilles qui soient douées de la faculté de se développer. Ces racines, d'abord flottantes dans l'eau, ne tardent point à s'enraciner dans la vase et ne forment point un ordre particulier de racines, comme on l'a dit. J'ignore pourquoi les racines qui naissent sur les autres parties de la tige ne se développent point et meurent; mais ces faits sont en harmonie avec ce que l'on observe dans l'embryon du *nymphea* lors de la germination. La radicule de cet embryon ne se développe pas; elle reste à l'état de simple mamelon radiculaire et meurt dans cet état; tandis que les racines adventives qui naissent au-dessous des premières feuilles se développent et fixent la plantule au sol. Les racines qui naissent au-dessous de ces feuilles ont un développement fort rapide et sont fort petites dans l'origine; celles qui naissent sur les autres parties de la tige et qui doivent rester à l'état de simples *mamelons radicellaires* se forment avec beaucoup plus de lenteur; elles prennent sous l'état de *mamelon radicellaire* plus de développement que les premières; par conséquent les phénomènes dont je viens d'exposer la succession y sont bien plus visibles.

Plusieurs autres végétaux monocotylédons m'ont offert le même mécanisme dans la formation des racines. Je me bornerai à rapporter ce que j'ai observé sur le *sparganium erectum*. Cette plante aquatique possède des tiges rampantes dans la vase et garnies de feuilles alternes qui se détruisent promptement. Dans l'aisselle de chacune de ces feuilles il existe un bourgeon. Chacune de ces tiges *b* (fig. 4, planche 4), est terminée par un renflement *a* qui porte les feuilles et la tige aérienne. Cette plante, comme beaucoup d'autres, possède deux sortes de tiges, l'une souterraine et l'autre aérienne; la tige aérienne naît toujours du bourgeon terminal *a* de la tige souterraine *b*, dont les bourgeons latéraux *c* avortent la plupart du temps. Nous verrons tout-à-l'heure quelle est l'origine de cette tige souterraine. Cette tige rampante est composée d'un système central brunâtre dans lequel on remarque beaucoup de tubes, et d'un système cortical de couleur blanche qui ne paraît composé que de tissu cellulaire; l'épiderme est brun-rougeâtre. Le renflement *a* (fig. 4) produit des racines à sa partie inférieure et latérale. Les couleurs tranchées des deux systèmes cortical et central permettent d'en apercevoir l'origine. On voit d'abord une petite sinuosité *d* du système central; elle correspond à une petite calotte *f* dont la couleur rougeâtre tranche vivement avec la blancheur du système cortical dans lequel elle se trouve. Bientôt la calotte rougeâtre augmente de diamètre et elle s'approche de la surface extérieure de l'écorce, suivie dans ce mouvement par la production du système central dont la pointe est enveloppée par la courbe qu'elle décrit : on voit en *h* et en *g* deux degrés différens du développement de cette racine. On ne tarde point à reconnaître que la calotte rougeâtre qui recouvre et enveloppe sa pointe est l'épiderme de l'écorce de la racine naissante; dans un degré de développement plus avancé, on voit cette dernière percer l'épiderme de l'écorce et se produire au-dehors comme on le voit en *i*. Nous trouvons dans cette observation une confir-

mation de ce que nous avons vu dans le *nymphea*. Le système central et le système cortical de la racine sont isolés
dans le principe et le premier pénètre dans l'intérieur du
dernier. La racine naissante est de même coléorhizée,
parce qu'elle naît pourvue de son écorce au-dessous de
l'écorce de la tige qu'elle perce pour se produire au-dehors.
La couleur rougeâtre de l'épiderme sert ici à le faire apercevoir dès l'origine. Chez les dicotylédons on n'aperçoit
point de même l'isolement primitif des deux systèmes cortical et central de la racine; mais on voit que cette dernière
naît au-dessous de l'écorce, de la même manière que cela a
lieu chez les monocotylédons; en sorte que toute racine
naissante est nécessairement coléorhizée. On aperçoit clairement cette disposition dans les racines des plantes herbacées qui ont un système cortical épais. Lorsque, par
exemple, on plante au printemps des racines de carotte
(daucus carota) que l'on a ôtées de terre avant l'hiver, ces
racines ne tardent point à reproduire des radicelles sur un
grand nombre de points de leur pourtour. On voit, en
coupant la racine, ces radicelles qui percent l'épais système cortical au-dessous duquel elles sont nées; on voit
qu'elles sont pourvues dès leur orgine d'un système cortical particulier; en sorte que, pour se produire au-dehors,
elles percent de vive force toute l'épaisseur du système cortical de la racine-mère. La gaîne corticale qu'elles se forment dans ce trajet est leur coléorhize. Cette gaîne corticale est quelquefois assez facile à apercevoir sur les boutu-
res des végétaux ligneux. On la voit, par exemple, avec
beaucoup de facilité sur le *rubus fruticosus*. On sait que ce
végétal ligneux produit de longues tiges qui s'enracinent
par leur extrémité, lorsque celle-ci vient à toucher la
terre. On peut, à l'œil nu, voir les coléorhizes des racines
qui naissent dans cet endroit. A l'aide de la dissection et de
la loupe on voit les racines naissantes au-dessous de l'é-

corce de la tige qu'elles soulèvent avant de la rompre pour
se produire au-dehors. La coléorhize des racines naissantes est également très facile à voir chez le *phaseolus vul-*
garis, le *pisum sativum*, le *vicia faba*, etc. Il résulte de ces
faits que les racines, soit qu'elles partent de la tige, soit
qu'elles émanent de plus grosses racines, sont toujours co-
léorhizées, c'est-à-dire qu'elle percent de vive force l'écorce
au-dessous de laquelle elles sont formées et qui leur sert
de gaîne. Le plus ordinairement elles contractent promptement adhérence avec cette gaîne ou coléorhize : ce qui
empêche souvent de l'apercevoir. (1)

C'est exclusivement par leur pointe que les racines croissent en longueur, ainsi que le dit Duhamel; on peut s'en
assurer en faisant développer les racines d'une plante dans
l'eau. Si l'on place un fil en ligature près de la pointe et un
autre fil plus haut, ces deux ligatures conserveront toujours
la même distance; ainsi l'élongation de la racine ne s'opère
que par l'organe qui la termine. Cet organe, qui a reçu de
M. De Candolle le nom de *spongiole*, étant observé à la loupe,
offre une partie terminale qui est transparente; c'est le système cortical qui enveloppe en le dépassant le système central de même terminé en pointe et reconnaissable à son opacité. C'est donc par cette pointe que le système central et
le système cortical s'allongent progressivement. Le mécanisme de cette élongation n'est point possible à apercevoir.
Dans la théorie que je viens d'établir les racines ne peuvent naître sans la coopération des deux systèmes cortical et
central de la tige ou de la racine-mère. Cependant une observation due à M. Turpin, semble au premier coup-d'œil,

---

(1) M. Auguste de Saint-Hilaire, dans son mémoire intitulé : *Examen du
genre Ceratocephalus*, etc., a cité un assez grand nombre de plantes dont les
racines secondaires offrent une coléorhize à leur origine. Voyez les Annales du
Muséum d'histoire naturelle, t. XIX, p. 467. . . .

infirmer cette assertion (1). Cet observateur a vu des racines sortir de plusieurs points de la section transversale
d'un tubercule de la patate *(convolvulus batatas)*. Ce fait,
en apparence paradoxal, se rattache immédiatement aux
observations qui ont été exposées plus haut. On a vu en
effet que les tiges très abondantes en tissu cellulaire, telles
que les branches fructifères du poirier, étaient susceptibles
de cicatriser les plaies qui leur sont faites par une section
transversale au moyen de la production d'une épiderme sur
la surface de cette section ; on a vu ensuite, que la médulle
centrale immédiatement située sous cet épiderme de la
cicatrice se métamorphosait en médulle corticale, en sorte
que le système cortical se trouvait reproduit sur la surface
de la section transversale de la tige abondante en tissu cellulaire. Or il est indubitable que les mêmes phénomènes
de cicatrisation et de reproduction d'écorce ont eu lieu sur
la section transversale du tubercule de patate observé par
M. Turpin, et que c'est conséquemment à cette reproduction d'écorce que des racines sont nées sur la surface de
cette section transversale : j'ai observé cette même cicatrisation sur un tubercule de *solanum tuberosum* que j'avais
tronqué, mais je n'ai point vu cette surface cicatrisée produire des racines. On vient de voir l'origine de la racine,
je vais actuellement essayer de remonter à l'origine de la
tige.

La pointe de la racine est un petit cône d'une seule pièce,
le bourgeon est de même un petit cône, mais il est composé de plusieurs pièces ou lames qui se recouvrent les unes
les autres, et qui sont les rudimens des feuilles, lesquelles
doivent se développer et s'étaler dans le milieu qu'habite la

(1) Sur l'organisation des tubercules du *Solanum tuberosum*, etc. Dans les
Mémoires du Muséum d'histoire naturelle, 1829.

plante, c'est-à-dire dans l'air ou dans l'eau, pour y remplir les fonctions qui leur sont départies.

La tige de tous les végétaux phanérogames et de beaucoup de cryptogames est pourvue de feuilles. Il n'existe, à cet égard, que des exceptions apparentes. C'est, par exemple, l'extrême petitesse de ces organes qui a fait croire que la cuscute (*cuscuta europæa*) en était dépourvue. Cette plante possède une feuille rudimentaire à la naissance de chacun de ses rameaux.

¹ L'origine de toutes les feuilles n'est point la même; quelques-unes doivent leur origine à une rupture du tissu végétal; d'autres sont les produits d'un développement végétatif particulier : c'est ce que l'on va voir par l'étude de l'origine des feuilles chez plusieurs végétaux.

Le *sparganium erectum*, ainsi que je l'ai dit plus haut, possède des tiges souterraines, munies de feuilles et de bourgeons alternes. Ces tiges se terminent par un renflement (*a* fig. 4, pl. 4), lequel porte un gros bourgeon à feuilles et à tiges aériennes. Dans les aisselles des feuilles de ce gros bourgeon aérien, il se développe de chaque côté des bourgeons à tige souterraine, dont voici l'origine et le développement. On remarque d'abord une petite saillie *n* du système central, saillie qui correspond par son sommet à une petite calotte hémisphérique de couleur jaunâtre et composée de couches concentriques *m* : ces deux parties composent, par leur assemblage, un bourgeon naissant contenant déjà dans son intérieur plusieurs mérithalles successifs encore à l'état rudimentaire, ainsi qu'on va le voir par son développement subséquent. Ce bourgeon, placé dans l'intervalle qui sépare deux des feuilles de la tige aérienne, presse par son développement la plus extérieure de ces feuilles *k* et en perce de vive force toute l'épaisseur; bientôt ce bourgeon destiné à donner naissance à une tige souterraine, prend un accroissement assez con-

sidérable : il est de couleur rose, lisse et pointu par son
extrémité : en le disséquant avec soin, on voit que les
couches concentriques dont son sommet était primitivement composé, sont devenues de petites enveloppes coniques sans aucune ouverture, semblables à des éteignoirs
contenus les uns dans les autres o. M. de Mirbel a donné
le nom de *piléole* à une enveloppe pareille qu'il a observée recouvrant la gemmule dans la graine des graminées
et des cypéracées. C'est sous ce même nom que je désignerai, dans le bourgeon, les petits cônes dont il est
ici question.

Le bourgeon souterrain ayant acquis une longueur d'environ deux centimètres, la piléole la plus extérieure s'ouvre
par sa pointe, et bientôt après se fend longitudinalement
par l'effet de la pression qu'exerce contre ses parois intérieures la seconde piléole qui tend à se produire au dehors;
celle-ci, après son issue, forme à son tour l'extrémité de la
tige souterraine naissante. La première piléole déchirée latéralement, mais non jusqu'à sa base, devient la feuille engaînante, du mérithalle qu'elle renfermait. Bientôt après
la seconde piléole se déchire à son tour, pressée par le développement des piléoles qu'elle recouvre. La scissure latérale de cette seconde piléole a lieu dans un sens diamétralement opposé à celui dans lequel s'est opérée la scissure
de la première; elle devient la feuille engaînante du second mérithalle; elle est alterne par sa position avec celle
du mérithalle précédent. Les piléoles contenues les unes
dans les autres continuent ainsi de se développer avec
leurs mérithalles respectifs; elles sortent successivement de
l'intérieur de celles qui les précèdent, et leur scissure latérale, dans des sens alternativement opposés, en fait des
feuilles engaînantes alternes. Lorsque la tige a acquis une
certaine longueur, on cesse d'apercevoir des piléoles dans
son intérieur : on n'y voit que des feuilles toutes formées;

13.

mais la transition des piléoles aux feuilles rudimentaires
toutes formées dans le bourgeon, est perceptible pour l'œil
de l'observateur. J'ai observé jusqu'à douze piléoles successives et parfaitement closes, dont la déchirure latérale a
fait des feuilles alternes. Aux piléoles complétement fermées succèdent une ou deux piléoles incomplètes qui présentent à leur sommet une ouverture dirigée latéralement,
et qui paraît s'être faite spontanément ; car il est évident
qu'elle n'est point le résultat d'une déchirure opérée de vive
force par le développement des piléoles situées au-dessous,
comme cela avait lieu pour les premières piléoles. A ces
piléoles incomplètes succèdent des piléoles fendues spontanément dans toute leur longueur, c'est-à-dire, des feuilles
toutes formées dans le bourgeon. Celles-ci sont destinées à
se développer dans l'atmosphère. Elles sont assises sur le
renflement *a*, que forme à son extrémité la tige souterraine
parvenue au terme de son accroissement. Ainsi, il n'existe
véritablement aucune différence d'origine entre les feuilles
souterraines et les feuilles aériennes du *sparganium erectum;*
les premières naissent de piléoles déchirées latéralement de
vive force, les secondes naissent de piléoles fendues spontanément. Les feuilles souterraines ensevelies dans la
vase ne tardent point à se pourrir, et les bourgeons situés dans leur aisselle restent à découvert ainsi qu'on le
voit en *c*.

Il résulte de ces observations, que chacun des mérithalles successivement produits par la tige dans son élongation,
possède dans l'origine une enveloppe dans laquelle il est
complètement renfermé, lui et toute la série des mérithalles
rudimentaires qui doivent naître de lui. Cette enveloppe, qui
est la piléole, peut ainsi être considérée comme une *enveloppe
embryonnaire*, en considérant le mérithalle naissant qu'elle
enveloppe comme un embryon végétal, déjà chargé à son
extrémité de plusieurs générations successives et rudimen-

taires d'embryons mérithalles, qui ont de même chacun
leur piléole ou leur enveloppe embryonnaire particulière.
Le bourgeon en évolution n'est ainsi qu'une série d'embryons mérithalles, successivement produits par *génération
gemmaire*. La génération de ces embryons gemmaires se
rattache de très près à la génération des embryons séminaux, comme le prouve l'observation suivante. On connaît
cette variété d'ail, qui porte le nom de *rocambole* (*allium sco-
rodoprasum*). Cette plante renferme dans sa spathe terminale, des bulbilles en place de graines, dont elles sont évidemment une transformation. Ces bulbilles sont soudées à
la plante-mère, avec laquelle elles forment un tout organique continu. J'ai observé une tige de cet ail, dont toutes
les bulbilles avaient avorté, à l'exception d'une seule, laquelle disposant ainsi à son profit de toute la nourriture
que pouvait fournir la plante-mère, s'était développée de
manière à former une nouvelle tige, qui portait à son sommet une seconde spathe remplie de bulbilles. Cette nouvelle tige continue avec l'ancienne, formait ainsi un véritable
mérithalle nouveau. La spathe qui enveloppait ce mérithalle
lorsqu'il était *bulbille*, et qui était alors une véritable *enveloppe embryonnaire*, était devenue persistante et s'était
développée en une véritable feuille caulinaire, laquelle était
évidemment analogue aux feuilles que l'on vient de voir
naître des *piléoles* dans les tiges souterraines du *sparganium
erectum*. Ces piléoles sont donc aussi des enveloppes embryonnaires; les mérithalles successifs sont donc aussi des
êtres distincts et individuels, issus les uns des autres par un
mode particulier de génération; ce sont dans l'origine, de
véritables *embryons végétaux*, qui ont chacun leur enveloppe embryonnaire particulière, laquelle se développe subséquemment sous forme de feuille. Cette *feuille embryonnaire* n'a jamais de pétiole; elle embrasse le mérithalle
qu'elle enveloppait originairement, et à la base duquel elle

est toujours située. Or, il existe une autre sorte de feuille,
très différente de la *feuille embryonnaire* par son origine et
par sa position ; elle naît toujours au sommet du mérithalle,
dont elle est la continuation ou la dernière extrémité végétante. Cette disposition différente des deux espèces de
feuilles, est très facile à voir chez le *potamogeton natans*
(fig. 5, pl. 4.) Les tiges souterraines de cette plante, c'est-
à-dire celles qui rampent dans la vase, ne possèdent qu'une
seule espèce de feuille ; c'est celle qui, dans l'origine, a la
forme de piléole, enveloppant le bourgeon et qui devient
par sa scissure une *feuille embryonnaire. a a,* sont ces premières feuilles, véritables enveloppes embryonnaires des mérithalles qui émargent de leur intérieur. Au sommet du mérithalle *b,* qui commence à sortir de la vase, on voit un petit
mamelon *c,* qui est le rudiment avorté d'une feuille pétiolée.
Ce rudiment manque tout-à-fait au sommet *e* du mérithalle
souterraine *s.* Le mérithalle *d* offre à son sommet un simple
filet pétiolaire *f.* Enfin, le mérithalle *g* possède à son sommet une feuille complète *h,* dont le limbe flotte sur la surface de l'eau. Les mérithalles suivans possèdent des feuilles
semblables, et ils conservent tous en outre leur feuille embryonnaire, qui est fort grande et qui ne reste pas très long-
temps vivante. Les botanistes ont désigné cette feuille embryonnaire sous le nom de *stipule caulinaire* chez le *potamogeton natans,* et ce n'est pas sans raison ; car il est bien
certain que toutes les stipules naissent d'une dégénéres-
cence ou d'une métamorphose de cette feuille embryonnaire,
qui sert d'enveloppe au jeune mérithalle dans le bourgeon.
Cette feuille embryonnaire n'est pas toujours visible, parce
qu'elle disparaît souvent dans le bourgeon même. C'est elle
qui forme cette coiffe membraneuse si remarquable par sa
grandeur, qui enveloppe les sommités des tiges naissantes
de la rhubarbe (*rheum palmatum*). Ainsi, la feuille embryonnaire *a'* appartient à la base du mérithalle *g,* qu'elle enve-

loppait entièrement à sa naissance; la feuille *proprement dite h* appartient au sommet du même mérithalle, dont elle est la terminaison. Cette dernière feuille est donc une sorte de rameau, lequel a cela de particulier, qu'il ne forme point une tige complète, mais seulement un *segment de tige*. On peut s'assurer de ce fait en observant au microscope la coupe transversale d'un pétiole, tel par exemple que celui de la feuille de la bourrache (*borago officinalis*). J'ai représenté cette coupe transversale dans la figure 6 (planche 4). On y remarque de 9 à 11 faisceaux de tubes, rangés en demi-cercle et séparés les uns des autres par le tissu cellulaire qui occupe le reste de la masse du pétiole. M. Henri Cassini (1) a découvert ce fait important, que le tissu cellulaire de la partie supérieure *a a* du pétiole est continu avec la moelle de la tige, et que le tissu cellulaire de la partie inférieure *b b* de ce même pétiole est continu avec l'écorce de la tige. J'ai vérifié soigneusement cette assertion, et j'ai acquis la certitude de son exacte vérité. Les faisceaux de tubes, rangés en demi-cercle, sont continus avec l'étui médullaire de la tige. Il résulte de cet ensemble de faits que le demi-cercle de faisceaux de tubes est véritablement un segment d'étui médullaire, que le tissu cellulaire supérieur *a a* est un segment de moelle ou de médulle centrale, et que le tissu cellulaire inférieur *b b* est un segment d'écorce ou de médulle corticale, en sorte qu'il demeure démontré que le pétiole est un segment de tige; il en est par conséquent de même de la feuille, qui n'est qu'une expansion ramifiée de ce pétiole. La parenchyme de la face supérieure de cette feuille, appartient à la médulle centrale, et le parenchyme

(1) Observations anatomiques sur la bourrache.

de la face inférieure appartient à la médulle corticale.

Ce fait important, que le pétiole est un segment longitudinal de tige, se voit encore mieux peut-être dans la
structure anatomique du pétiole de la feuille de certains
arbres. Je donne ici pour exemple le pétiole de la feuille
du pommier, pétiole dont la figure 7 (planche 4) offre la
coupe transversale. On y voit de la manière la plus évidente
une moitié longitudinale de tige dicotylédone ligneuse. *b*
est le corps ligneux pourvu de ses rayons médullaires, auxquels sont intercalés les tubes séveux et pneumatiques ; ce
corps ligneux, dont la coupe transversale offre la forme
d'un croissant, est évidemment la moitié d'un corps ligneux complet, tel qu'il existe dans une tige. Dans la concavité *a* de ce croissant, se trouve la moelle, sa partie
convexe est recouverte par l'écorce *c d*, laquelle offre en
dehors sa couche médullaire *d*, et en dedans sa couche fibreuse *c*, dont la distinction est ici très visible. Chez certains végétaux, les deux cornes du croissant ligneux se
portent l'une vers l'autre et se soudent incomplètement,
comme cela a lieu, par exemple, dans le pétiole du haricot
(planche 16, fig. 1) ; d'autres fois, cette soudure est complète, ainsi que cela a lieu dans le pétiole de la sensitive
(planche 16, fig. 3) ; alors la moelle se trouve tout-à-fait
enveloppée par la couche ligneuse du pétiole, lequel offre
l'apparence d'une tige complète.

Il est facile de voir pourquoi le pétiole n'est qu'une moitié
longitudinale de tige, en se reportant à l'observation du *potamogeton natans* que représente la fig. 5, pl. 4. On y voit
qu'il n'y a qu'une seule des deux moitiés longitudinales du
mérithalle *g* qui a concouru à la formation de la feuille *h*
et de son pétiole : ce dernier est la continuation de la moitié seulement du sommet de ce mérithalle *g* ; l'autre moitié de ce sommet est occupée par l'insertion du mérithalle
supérieur *i*, mérithalle formé par génération et soudé au

mérithalle générateur *g*, sur la moitié seulement de son sommet.

Ainsi, il existe véritablement deux sortes de feuilles très différentes par leur origine, savoir : 1o la *feuille embryonnaire*, que l'on peut nommer aussi *feuille stipule*, parce que c'est cette sorte de feuille qui donne naissance aux stipules. Cette feuille tire son origine de l'enveloppe embryonnaire du mérithalle, elle est toujours sessile; 2o la *feuille terminale du mérithalle*; cette feuille, tantôt pétiolée, tantôt sessile, tire son origine du développement d'un segment longitudinal de tige : c'est véritablement un rameau incomplet et aplati pour former le limbe. Quelques botanistes, frappés de la simultanéité de l'existence de ces deux sortes de feuilles, chez certains végétaux, ont pris le parti de ne considérer comme *feuille*, dans cette circonstance, que les seules *feuilles stipules*. Cette distinction, qui appartient primitivement à Ramathuel, a depuis été reproduite par M. de Tristan (1), qui a avancé que les organes caulinaires des asperges et du *ruscus aculeatus*, qui portent le nom de *feuilles*, sont des *rameaux avortés* : il donne à ces organes caulinaires foliacés, le nom de *ramules*, réservant le nom de *feuilles* aux squammes membraneuses, placées le long de la tige et à l'origine des rameaux. Il est bien évident, d'après ce qui vient d'être exposé, que les *ramules* de M. de Tristan sont les mêmes organes que les feuilles terminales des mérithalles *h f* (fig. 5, pl. 4) du *potamogeton natans*. Les squammes qui existent dans l'asperge à l'origine des rameaux, sont évidemment les mêmes organes que les *feuilles stipules a a* du *potamogeton natans*. Je ferai la même observation par rapport au *rusous aculeatus*. C'est donc à tort que l'on a prétendu dépouiller de leur nom, en les nommant

(1) Bulletin des Sciences de la Société philomatique. 1813.

phyllodes ou *ramules*, les organes qui sont si évidemment des feuilles, puisqu'ils en ont la forme générale et la structure chez le *ruscus aculeatus*. On en doit dire autant de l'asperge, quoique ces organes n'y soient pas aplatis. Ce sont des feuilles dépourvues de limbe et réduites au seul pétiole, ainsi que cela a lieu quelquefois chez le *potamogeton natans* (planche 4, figure 5. *f.*). Cette erreur est provenue de ce qu'on a méconnu l'existence des deux sortes de feuilles essentiellement différentes par le mode de leur origine et souvent par leur forme. La *feuille embryonnaire*, ou *feuille stipule*, tire son origine du développement de l'enveloppe embryonnaire du mérithalle, à la base duquel elle est située; la *feuille terminale du mérithalle*, que l'on peut nommer *feuille ramule*, est un segment longitudinal de tige, aplati le plus souvent pour former le limbe. Ce segment de tige tire son origine de simples protubérances, qui croissent en se ramifiant et en s'épanouissant sous une forme foliacée. L'observation du *potamogeton natans* a prouvé ce fait, que, vu son importance, je démontrerai encore par l'observation de l'*hydrocotyle vulgaris*. Cette plante aquatique possède des tiges rampantes assez grêles, dont le bourgeon ne peut être observé qu'à l'aide d'une loupe. Ce bourgeon offre des piléoles emboîtées les unes dans les autres, comme cela a lieu chez le *sparganium erectum*. Ces piléoles sont de même parfaitement closes. Ce sont les enveloppes embryonnaires de chacun des mérithalles, dont elles occupent la base et dont le sommet est occupé par une feuille à long pétiole et *peltée;* c'est-à-dire, dont le pétiole est situé vers le milieu de la surface inférieure du limbe. Ainsi, on voit ici l'existence simultanée et distincte de la *feuille stipule* et de la *feuille ramule*, mais la première ne subit aucun développement; elle disparaît presque de suite et la *feuille ramule* persiste seule. Cette dernière se forme par le mécanisme que voici. Dans l'ori-

gine, elle se présente sous la forme d'une simple protubérance arrondie ; plus tard, cette protubérance commence
à présenter la forme d'une feuille, comme on le voit dans
la figure 8 (planche 4), *a* pétiole fort court et relativement
fort gros ; *b* lobe antérieur ; *cc* lobes latéraux, nés postérieurement au lobe antérieur, comme on en peut juger à leur
moindre développement ; *d d* petites protubérances qui sont
les rudimens de nouveaux lobes latéraux. Cette feuille naissante, observée dans un degré de développement plus
avancé, se présente telle qu'elle est représentée par la fig. 9.
Le limbe de la feuille est ici composé de neuf lobes, disposés circulairement autour du pétiole. Huit de ces lobes
sont nés successivement par paires, à droite et à gauche du
lobe antérieur *b*. Ces lobes sont confluens à leur base, en
sorte qu'ils correspondent tous à une petite portion du
limbe, qui est située au sommet du pétiole. C'est cette portion commune et centrale qui prend spécialement du développement, et il en résulte la formation de la feuille
peltée (figure 10), dont les crénelures sont engendrées par
les lobes que présente la feuille dans son état primitif. Cette
feuille, entièrement produite par des ramifications issues
de petites protubérances, est véritablement une *feuille
ramule*.

Ces observations fournissent des données précieuses
pour l'organogénie végétale ; elles prouvent, en effet, que
les feuilles n'existent point toutes formées à l'état de *germes*, mais que ces organes sont formés par l'acte de la végétation. Les *feuilles stipules* naissent de la scissure latérale
d'une enveloppe membraneuse conique, scissure qui arrive
du côté où cette membrane éprouve une sorte d'atrophie
par l'effet d'une cause organique constante. Cette enveloppe
ainsi atrophiée d'un côté, et fortement nourrie du côté
opposé devient par sa scissure un segment de cône creux
pourvu de deux parties latérales minces, qui se rapportent

de part et d'autre à une partie centrale plus épaisse , en
sorte que la feuille devient un organe *symétrique binaire.*
Les *feuilles ramules* naissent toutes du développement végétatif de petites protubérances qui ne possèdent rien de la
forme qu'offrira la feuille complètement formée. Ces protubérances sont des développemens de segmens de tige, et
cela indique pourquoi elles produisent des organes *symétriques binaires;* la tige qui est cylindrique possède la *forme
circulaire;* le segment longitudinal d'un cylindre perd cette
forme circulaire et prend la *forme symétrique binaire* , car
il se trouve composé de deux parties latérales semblables :
le développement de ce segment de tige cylindrique produira donc nécessairement un organe à *parties doubles* ,
c'est-à-dire, qui possédera *la forme symétrique binaire.*

Les organes végétaux voisins les uns des autres tendent
généralement à se souder. Or, la *feuille ramule* qui termine
le mérithalle inférieur étant contiguë à la *feuille stipule* qui
sert d'enveloppe embryonnaire au mérithalle supérieur,
il doit arriver très souvent que ces deux feuilles se soudent
et se confondent en un seul organe foliacé. C'est ce qui me
paraît avoir lieu dans les feuilles d'une immense quantité
de végétaux. Les feuilles des *magnolia* et celles du *liriodcn-
drum tulipifera* , par exemple , sont bien certainement des
feuilles ramules et les pérules qui renferment complètement
ces feuilles dans l'origine , sont des *feuilles stipules* dont la
scissure en deux pièces forme les deux stipules qui sont
soudées à la base du pétiole. C'est par cette même soudure
de la *feuille stipule* avec la *feuille ramule* , que celle-ci est
souvent amplexicaule. Cette soudure et cette confusion de
ces deux sortes de feuilles m'avait fait croire autrefois que
la feuille stipule pouvait se ramifier et devenir une feuille
composée , mais cela me paraît aujourd'hui fort douteux ;
quoiqu'à dire vrai cela ne soit pas impossible, car la cause
qui opère le développement en ramifications de la feuille

ramule peut agir de même sur la nervure médiane de la feuille stipule. (1)

Les feuilles de la majeure partie des végétaux sont des *feuilles ramules*; les *feuilles embryonnaires*, ou *feuilles stipules*, avortent presque constamment ou ne prennent qu'un faible développement pour former les appendices foliacés qui portent le nom spécial de *stipules*. La *feuille embryonnaire* étant un organe qui appartient aux embryons végétaux, produits par gemmation, ne doit tendre à devenir persistante que chez les végétaux qui offrent pendant toute leur vie, la persistance de l'état d'enfance végétale. On a vu plus haut que c'est cette persistance de l'état d'enfance végétale qui caractérise spécialement les végétaux monocotylédons. Or il est fort remarquable que c'est exclusivement chez ces végétaux que la *feuille embryonnaire*, ou *feuille stipule* se présente avec un grand développement. Dans plusieurs familles de cette classe la feuille stipule existe même seule; la feuille ramule est tout-à-fait absente. Ainsi les graminées, les cypéracées, les typhynées, les alliacées; etc., ne possèdent que la seule *feuille stipule*, ou *feuille embryonnaire*. Cette feuille existe concomitamment avec la feuille ramule, chez les asparaginées, les smilacées, les fluviales, etc. Ce fait du développement considérable et quelquefois de l'existence exclusive de la *feuille embryonnaire* chez les plantes monocotylédones, confirme ce qui

---

(1) C'est en 1820 que j'ai publié les observations qui m'ont prouvé que les stipules naissent de la scissure de l'enveloppe originairement close du bourgeon, enveloppe qui très souvent se développe en feuille; en faisant voir alors que souvent aussi la feuille est un rameau changé de forme, j'ai démontré par cela même l'analogie de son pétiole avec la tige. Voyez le tome VIII des Mémoires du Muséum d'histoire naturelle, page 23 et suivantes. Je fais ici cette remarque pour éviter que quelqu'un ne vienne à penser que j'ai emprunté ces idées à un ouvrage récent.

a été avancé plus haut, touchant la persistance de l'état d'enfance végétale chez ces plantes.

J'ai noté plus haut ce fait important, que dans les bourgeons qui terminent les tiges de tous les végétaux, les vaisseaux pétiolaires des nouvelles feuilles prennent leur origine *en dedans* des vaisseaux pétiolaires des feuilles plus anciennes, c'est-à-dire, toujours dans le voisinage du centre de la tige, centre duquel les vaisseaux pétiolaires des feuilles anciennes étaient les plus voisines avant cette interposition des vaisseaux pétiolaires des feuilles nouvelles. Ainsi les étuis médullaires des mérithalles successifs sont emboîtés les uns des autres, de manière que les plus nouveaux sortent de l'intérieur des plus anciens. Nous trouvons la cause de cette disposition organique dans le mode de la production des nouveaux mérithalles au sommet des tiges. Chaque mérithalle nouvellement produit par *génération gemmaire*, s'implante par adhérence sur une partie du sommet du mérithalle générateur, et cette partie de la tige du mérithalle se trouve oblitérée; le segment unique, ou les segmens multiples qui restent de cette tige sont rejetés au dehors ou leur développement forme les feuilles ramules, qui sont la terminaison des vaisseaux du mérithalle. On conçoit alors comment il se fait que le mérithalle nouvellement produit, implante ses vaisseaux *en dedans* de ceux qui appartiennent au mérithalle générateur, lequel est ainsi toujours *endogène*. Il n'existe donc point de végétaux *exogènes* sous le point de vue de la production des nouvelles feuilles ou des nouveaux mérithalles. Cette expression par laquelle on a désigné les végétaux dicotylédons ne peut s'appliquer qu'à la faculté que possède le système central de ces végétaux de s'accroître en diamètre par une production nouvelle qui s'ajoute à la partie extérieure de ce système; le système cortical de ces mêmes végétaux s'accroissant en diamètre par une produc-

tion nouvelle qui s'ajoute à la partie intérieure de ce système, on pourrait considérer celui-ci comme *endogène*,
en sorte que le végétal dicotylédon serait *exogène* par son
système central et *endogène* par son système cortical. Ici
il ne s'agit, comme on le voit, que de l'accroissement en
diamètre; or la dénomination de végétaux *endogènes* a été
donnée aux végétaux monocotylédons, par la considération de l'accroissement de leur bourgeon qui opère la multiplication de ses feuilles par le centre, ou par *le dedans*
du végétal. On ne s'était point encore aperçu de cette vérité que j'ai annoncée le premier, que l'accroissement du
bourgeon est exactement le même chez les monocotylédons
et chez les dicotylédons, et que ces deux classes de végétaux sont par conséquent également *endogènes* sous le rapport des nouvelles productions du bourgeon. En opposant
ces deux classes de végétaux l'une à l'autre sous le rapport
de la *génération interne*, ou de la *génération externe* de
leurs parties nouvelles, on ne s'est pas aperçu que l'on
mettait en parallèle deux phénomènes tout-à-fait dissem-
blables, savoir : l'accroissement du bourgeon des monocotylédons et l'accroissement en diamètre du système central
des dicotylédons. La cause qui a pu porter à associer par
opposition deux phénomènes aussi différens, s'aperçoit
facilement. L'élongation terminale opérée par le développement du bourgeon est d'une extrême lenteur chez certains végétaux monocotylédons, tels que les palmiers ; cependant cela n'empêche pas les feuilles nouvelles de se
multiplier et l'interposition centrale de leurs vaisseaux pétiolaires augmente progressivement le volume du bourgeon,
et par conséquent le diamètre du sommet de la tige qu'occupe ce bourgeon. Voilà donc un accroissement du diamètre de la tige opéré par une production centrale de parties nouvelles. D'après cette considération, et faute d'un
examen assez approfondi, on a opposé les monocotylédons

qui s'accroissent en diamètre par production centrale de
parties nouvelles aux dicotylédons qui s'accroissent en
diamètre par production de parties nouvelles à la circonférence de leur système central; l'accroissement en diamètre
du système cortical de ces derniers n'était point ici pris
en considération, en sorte qu'il ne restait à l'observateur
que deux phénomènes d'accroissement en diamètre qui devaient lui paraître dans un état d'opposition manifeste:
mais l'observation attentive prouve qu'il n'en est point
ainsi. L'accroissement local en diamètre des tiges de quelques monocotylédons, par l'accroissement central de leur
bourgeon terminal, n'est point comparable par opposition à
l'accroissement en diamètre des tiges des dicotylédons par la
formation des nouvelles couches centrale et corticale. Si
les tiges des dicotylédons ne s'accroissent point en diamètre par l'accroissement central de leur bourgeon terminal,
cela provient uniquement de la rapidité de l'élongation
terminale des tiges de ces végétaux. Les feuilles étant rapidement portées à des hauteurs successives par cette élongation, les vaisseaux qui, dans la tige, correspondent à leurs
pétioles, sont employés à former par leur assemblage des
tiges plus ou moins grêles; si cette élongation terminale
avait été d'une extrême lenteur, ces mêmes vaisseaux seraient
restés au centre du bourgeon gros et trapu, et auraient
augmenté son diamètre : c'est ce qui a lieu chez certains
dicotylédons, tel que le joubarbe en arbre (*sempervivum
arboreum*). Ce phénomène n'est donc pas exclusivement
propre aux monocotylédons. Bien plus, il est quelques-
uns de ces derniers dont l'élongation terminale opérée par
le bourgeon est très rapide, alors il n'y a plus d'augmentation du diamètre de la tige par l'accroissement central du
bourgeon terminal; tel, est par exemple, le *tamus communis*.
L'augmentation locale du diamètre de la tige par accroissement central du bourgeon est donc un phénomène

qui dépend exclusivement de la lenteur de l'élongation
terminale de cette tige; en un mot ce n'est point un phénomène que l'on puisse associer par opposition à celui de
l'accroissement en diamètre par production de nouvel aubier chez les dicotylédons. Ainsi les différences tranchées,
et les oppositions d'organisation que l'on avait établies
entre les monocotylédons et les dicotylédons, disparaissent
pour faire place à une similitude fondamentale d'organisation; il ne reste pour distinguer ces deux classes de végétaux que des différences fondées sur certaines conditions
anatomiques et physiologiques *en plus* ou *en moins*. Ces
deux classes paraissent séparées complétement lorsqu'on
observe isolément certains végétaux chez lesquels ces différences sont au *summum*; mais une observation plus étendue fait voir qu'elles s'unissent insensiblement l'une à
l'autre.

L'élongation des tiges ne s'opère pas exclusivement par le
développement de leur bourgeon terminal, car on voit souvent cette élongation continuer de s'opérer lorsque le bourgeon terminal a été enlevé. Que l'on observe, par exemple, une jeune tige de vigne : on voit les mérithalles, dont
elle est composée, s'accroître en longueur et leurs extrémités, où sont situées les feuilles, s'éloigner les unes des
autres. Ce phénomène, qui peut s'observer de même chez
la plus grande partie des végétaux, prouve que l'élongation
des tiges se rapporte à deux phénomènes différens. L'*élongation terminale* résulte de la production de mérithalles
nouveaux par le bourgeon; l'*élongation intermédiaire* résulte du développement en longueur de ces mérithalles
après leur formation. Je me suis assuré par des observations
positives, que cette élongation intermédiaire des mérithalles dérive de l'allongement de leurs organes vasculaires
ou cellulaires, préexistans dans le jeune mérithalle; cette
élongation est due par conséquent au développement des

organes élémentaires dont le mérithalle est primitivement
composé; il ne paraît point qu'il s'y en ajoute de nouveaux
dans le sens longitudinal; cette addition de nouveaux organes élémentaires n'a lieu que dans le sens transversal
pour opérer l'accroissement, en diamètre, lorsqu'il existe.
Il est cependant certains végétaux chez lesquels l'élongation
intermédiaire est si prodigieuse, qu'il n'y a pas lieu de douter
qu'elle ne s'opère, à-la-fois, par développement des organes
élémentaires existans, et par production nouvelle de ces
mêmes organes : tels sont, par exemple, les *scirpus* dont les
tiges aériennes acquièrent quelquefois près de trois mètres
de longueur, et chez lesquels cet accroissement considérable est dû tout entier à l'élongation intermédiaire, laquelle a son siège spécial dans la partie inférieure de ces
tiges munies de feuilles engaînantes. Cette partie inférieure, qui est molle et blanche, s'accroît à sa base par production de nouveaux organes élémentaires, lesquels se développent ensuite. Je n'ai pu saisir le mode de la production
de ces nouveaux organes élémentaires, production dont on
ne peut douter en voyant que ces organes, tous cellulaires,
sont d'autant plus petits qu'ils sont plus voisins du lieu
d'origine de cette tige aérienne. Ce que j'expose ici relativement aux *scirpus* s'applique également aux autres plantes
monocotylédones dont les tiges sont munies de feuilles engaînantes, telles que les graminées; chez ces végétaux l'é-
longation intermédiaire existe long-temps dans la portion
de chaque mérithalle qui est enveloppée par la feuille engaînante. L'élongation intermédiaire est nulle dans les tiges
de plusieurs végétaux monocotylédons; les stipés ne possèdent que la seule élongation terminale; il en est de même
des tiges souterraines des *nymphea*, des *iris*, du *ruscus aculeatus*, etc. Cependant les vaisseaux ne laissent pas de s'allonger dans l'intérieur de ces dernières; mais comme ces
vaisseaux sont en trop petit nombre pour déterminer l'é-

longation de la tige qui abonde, surtout au tissu cellulaire, ils se ploient irrégulièrement au milieu de ce dernier.

Les racines de tous les végétaux, sans aucune exception, ne possèdent que la seule élongation terminale; l'élongation intermédiaire leur est totalement étrangère. Ce fait, que les racines ne croissent en longueur que par leur pointe, a été constaté, pour la première fois, par Duhamel, et il a été vérifié depuis par tous les observateurs, et je l'ai vérifié de même. On a agité la question de savoir si les racines perdent et renouvellent, tous les ans, leur chevelu comme les branches perdent et renouvellent leurs feuilles. J'ai trouvé la solution de cette question dans l'observation des racines de la vigne; les filamens de chevelu de ce végétal sont persistans : ce sont des radicelles qui s'allongent chaque année par la production d'une nouvelle spongiole; en automne, la pointe de ces radicelles devient noire comme le reste de leur étendue; la spongiole qui occupe cette pointe perd alors la délicatesse de tissu et la blancheur extérieure qu'elle avait antérieurement; au retour du printemps une spongiole nouvelle, blanche et délicate se développe à la pointe de la radicelle qu'elle allonge; cette pointe de la radicelle est munie d'un parenchyme cortical épais, qui ne subsiste que pendant la première année; il pourrit et disparaît dans le cours de la seconde année, en sorte que le filament de chevelu, pourvu alors d'une nouvelle spongiole, est plus gros à sa pointe, qu'il ne l'est plus haut. Ce parenchyme cortical très délicat qui occupe l'extérieur de la spongiole, est véritablement l'organe qui opère l'absorption de la sève. Or, l'existence de ce parenchyme cortical est temporaire et annuelle, comme l'est l'existence des feuilles. Ainsi les racines ne perdent point annuellement leur chevelu, comme l'ont pensé quelques naturalistes; mais chaque filament de chevelu ou chaque radicelle perd annuellement la couche de parenchyme cortical

délicat, qui revêt la spongiole de l'année précédente, laquelle est remplacée par une spongiole nouvelle qui émerge
de l'extrémité de la radicelle; il résulte de là que la spongiole de l'année précédente devient partie intégrante du
corps de la radicelle; mais elle ne possède plus alors
qu'une écorce extrêmement mince, puisque son parenchyme
cortical épais a disparu par le fait de sa décomposition. Je
pense que c'est en partie à la décomposition de ce parenchyme cortical des radicelles, qu'est due cette substance,
en apparence excrémentitielle, que plusieurs observateurs
ont remarquée autour des racines des arbres.

Les tiges et les racines qui naissent dans l'ordre naturel
ou normal ont des places assignées pour le lieu de leur
origine; les bourgeons de tige naissent dans les aisselles des
feuilles; les racines naissent dans les lenticelles. Comme
les feuilles affectent constamment une disposition régulière
autour de la tige, il en résulte que les rameaux, qui naissent de leurs bourgeons axillaires, doivent affecter la même
régularité dans leurs positions respectives. La tige d'un végétal quelconque, considérée dans son ensemble et abstraction faite des bourgeons adven.is, offrirait un aspect parfaitement régulier, si tous les bourgeons se développaient,
si toutes les branches auxquelles ils donnent naissance prenaient un accroissement semblable ou proportionnel. Mais
l'avortement d'un grand nombre de bourgeons, la différence de la nutrition, qui est active dans quelques branches
et languissante dans quelques autres, amènent dans la tige
du végétal une irrégularité qui n'était point originaire. Les
racines, au contraire, paraissent être irrégulières dans leur
distribution et leurs positions respectives. Cependant j'ai
observé avec Bonnet (1) que les racines du *phaseolus vulgaris* offrent de la régularité dans leur disposition. Celles

---

* (1) Recherches sur l'usage des feuilles.

qui naissent sur la racine pivotante sont toujours opposées
et placées sur quatre lignes qui partagent la circonférence
de cette racine en quatre parties égales. J'ai observé la
même chose dans le *vicia faba*. Ce fait semblerait prouver
que la production des racines est soumise à une sorte de
régularité, comme l'est la production des branches.

Les botanistes, avant mes recherches à cet égard, n'a-
vaient point suffisamment fixé leur attention sur la différence qui existe entre les racines et les tiges souterraines;
plusieurs de ces dernières étaient considérées comme de
véritables racines sous les noms de *racines progressives*, de
rhizômes et de *tubercules*. Sous cette dernière dénomination, on a confondu des renflemens de racines et des renflemens des tiges souterraines. Les tubercules du *solanum
tuberosum*, par exemple, et ceux de l'*helianthus tuberosus*,
sont incontestablement des renflemens de tiges souterraines. Je croyais avoir annoncé ce fait, le premier, relativement au *solanum tuberosum*; mais j'ai découvert que
M. Knight avait fait bien long-temps avant moi cette
observation (1), qui a été confirmée dernièrement par
M. Turpin. (2)

Les feuilles, d'abord à l'état d'extrême petitesse, parviennent par un accroissement ordinairement fort rapide
à leur complet développement. J'ai fait quelques tentati-
ves pour discerner le mécanisme de cet accroissement en
observant journellement au microscope de jeunes feuilles
minces et pourvues d'un peu de transparence. J'ai vu que
les *aires* circonscrites par les nervures qui s'anastomosent
dans divers sens, s'accroissent progressivement en surface,
en sorte que les nervures s'allongent évidemment par un *ac-*

(1) Voyez son mémoire intitulé : *On the inverted action of the alburnous
vessels of trees*, dans les Transactions philosophiques, 1806.
(2) Mémoires du Muséum d'histoire naturelle, 1829.

croissement intermédiaire. Ces *aires* circonscrites par les nervures anastomosées ne contiennent que du tissu cellulaire, les nervures contiennent les vaisseaux séveux et aérifères. L'accroissement de la surface de ces aires s'opère à-la-fois par l'augmentation du volume de leurs cellules et par la production de cellules nouvelles. Ces dernières naissent exclusivement auprès des nervures. C'est là effectivement que l'on voit les cellules naissantes encore à l'état de globules cellulaires et d'autant plus petites qu'elles sont plus voisines de la nervure. Cette multiplication des cellules, exclusivement dans le voisinage des nervures, provient de ce que c'est dans ces nervures que coule la sève nourricière qui seule est apte à fournir les matériaux de l'accroissement. Lorsque les *aires cellulaires* de la feuille naissante ont acquis une certaine étendue, on voit chacune d'elles se diviser en deux ou en trois aires par l'apparition d'une ou de deux nervures nouvelles qui se forment dans l'intérieur de l'aire primitive et qui sont anastomosées avec les nervures qui la circonscrivent. Avant l'apparition de ces nervures nouvelles, on n'en voyait pas le moindre vestige dans l'*aire cellulaire;* j'ignore le mode de leur production. Ces nouvelles nervures, d'abord à peine apercevables, s'accroissent en grosseur et deviennent des centres d'accroissement pour les aires cellulaires qu'elles terminent de chaque côté.

Les végétaux croissent pendant toute la durée de leur vie; le terme de l'accroissement paraît être constamment le terme de la vie végétale. Cependant l'accroissement éprouve chez les végétaux une suspension momentanée pendant le froid de l'hiver, sans que pour cela la mort proprement dite ait lieu; mais alors il y a, pour ainsi dire, une mort temporaire; le mouvement de la vie est simplement suspendu; il se renouvelle lors du retour des circonstances favorables à son existence. Le végétal s'accroît

sans cesse, soit par des productions extérieures, soit dans
le tissu intime de ses parties. Le terme de l'accroissement
en hauteur est fixé par le maximum de la distance qui peut
exister entre les bourgeons et les racines, d'après l'organisation propre à chaque végétal. Aussi est-ce par leur cime
que les arbres commencent à mourir ; dès que les bourgeons terminaux cessent de pouvoir croître, les branches
qui les portent meurent ; car ce sont les bourgeons crois-
sans qui y attirent les fluides. Aussi toutes les productions
végétales qui sont dépourvues de bourgeons ou d'embryons
en développement meurent assez promptement. Les vrilles
ou mains de la vigne meurent lorsqu'elles sont parvenues
au terme de l'accroissement qu'elles sont susceptibles d'acquérir ; la chute des feuilles est déterminée par leur mort,
et celle-ci paraît coïncider avec le terme de leur accroissement. Aussi voit-on beaucoup de feuilles tomber au milieu
de l'été, et lorsqu'elles tombent presque toutes en automne, c'est moins le froid qui détermine leur chute que
la cessation naturelle de la vie dont elles ont atteint le
terme. Les feuilles des arbres résineux qui résistent à l'influence de la saison rigoureuse ne tombent qu'au terme
naturel de leur vie, qui est, je pense, le même que celui
de leur accroissement. Au reste ce dernier, rapide dans le
principe, devient ensuite d'une lenteur telle qu'il n'est plus
possible d'en constater l'existence ; mais je ne doute point
qu'il ne continue d'avoir lieu jusqu'à la mort de la feuille.
On sait que les ovaires meurent lorsqu'ils ne sont pas fé-
condés. C'est la vie des embryons qui y attire les fluides.
Les ovaires cessent encore de vivre et se détachent de la
plante lorsque les embryons, parvenus au terme de l'accroissement qu'ils sont susceptibles de prendre dans la graine,
ont, par cela même, cessé de croître. Ces embryons cependant ne sont pas morts, dans le sens ordinaire de ce mot,
mais chez eux le mouvement vital est suspendu. La vie

n'existe plus chez eux à proprement parler, car la vie
n'existe point sans mouvement, mais leur disposition est
telle que la vie peut renaître quand ils sont rendus aux circonstances favorables à son existence. Cette suspension de
la vie, chez les embryons séminaux, peut durer quelquefois
un grand nombre d'années. Ce phénomène et celui de leur
résurrection, peuvent, je crois, être comparés avec justesse
à ceux de la mort et de la résurrection du rotifère et de
certains autres animaux microscopiques.

Dans les questions d'organogénie qui se sont élevées
dans ces derniers temps par rapport aux animaux, on a
agité la question de savoir si le développement est *centripète*,
ou *centrifuge*. La même question peut être posée relativement aux végétaux et sa solution paraît des plus faciles au
premier coup-d'œil. Les tiges et les racines s'accroissent en
se ramifiant en sens inverse les unes des autres, et les organes nouveaux qu'elles développent s'éloignent de plus en
plus du collet de la plante qui, dans cette circonstance,
peut-être considéré comme la partie centrale. Ainsi le développement du végétal en longueur paraît évidemment
centrifuge. L'accroissement en diamètre, chez les arbres
dicotylédons, porte sans cesse la partie extérieure de leur
aubier et leur écorce à une distance plus considérable de
l'axe central du tronc. L'accroissement paraît encore ici
centrifuge. Ces assertions qui, au premier coup-d'œil, paraissent si bien fondées sont cependant renversées par un
examen plus attentif. Si l'aubier du tronc s'accroît par un
développement *centrifuge*, l'écorce de ce même tronc s'accroît par un développement *centripète*. Ainsi le développement *centrifuge* et le développement *centripète* existent
concomitamment dans l'accroissement des tiges dicotylédones en diamètre. La projection dans deux sens opposés des
ramifications des tiges et des racines semble, au premier
coup-d'œil, attester un double accroissement centrifuge.

Or l'élongation des racines n'est point exclusivement le résultat d'un développement centrifuge ; leur système central seul s'accroît à leur pointe par un développement centrifuge, le système cortical de cette pointe s'accroît comme partout ailleurs par un développement centripète. La pointe de la spongiole est en effet occupée par une écorce fort délicate qui, produite sous l'ancienne écorce qui occupait précédemment cette pointe, a percé cette dernière pour se produire en dehors, en sorte que l'accroissement en longueur de la racine est tout-à-fait comparable, pour son mécanisme, à l'accroissement en diamètre du tronc d'un arbre dicotylédon. Ainsi il y a encore là, accroissement centripète et accroissement centrifuge. L'accroissement en longueur des tiges par production de nouveaux mérithalles, consiste véritablement dans une génération successive d'individus nouveaux qui demeurent greffés les uns sur les autres, ce n'est point, à proprement parler, un *accroissement*, mais bien une suite de générations. Or, dans chaque mérithalle nouveau, l'accroissement est essentiellement *centripète* ; c'est-à-dire que c'est toujours sa partie terminale qui se développe la première. Ainsi les feuilles et les fleurs apparaissent seules dans le bourgeon, les mérithalles dont elles sont les terminaisons ne s'y voient point du tout et ne se développent que postérieurement. Chez les plantes à feuilles engaînantes, c'est spécialement par une progression centripète que chaque mérithalle s'accroît en longueur, ainsi que cela se voit dans le chaume des graminées. Ainsi le développement des jeunes mérithalles, à leur état d'embryons végétaux, est *centripète*. Il est donc vrai de dire que, généralement chez les embryons végétaux, le *développement est centripète*, ainsi que cela a lieu chez les embryons animaux, d'après les observations de M. Serres.

IV.

DE LA DÉVIATION

DESCENDANTE, ASCENDANTE ET LATÉRALE;

DE L'ACCROISSEMENT DES ARBRES

EN DIAMÈTRE. (1)

Duhamel a fait des expériences auxquelles il n'y a presque rien à ajouter sur la formation des bourrelets qui tendent à remplir le vide opéré par la décortication partielle
des arbres (2). La plaie qui résulte de l'enlèvement d'une
lanière longitudinale d'écorce tend à se fermer par la production de deux bourrelets latéraux qui marchent en s'accroissant l'un vers l'autre; en même temps il se forme à la

(1) Ce mémoire, qui est le complément du précédent, a été publié en
1835 dans le tome xv des Nouvelles Annales du Muséum d'histoire naturelle.
J'y joins ici mon Observation sur l'accroissement de la souche du *pinus picea*,
laquelle a paru partie en 1833 et partie en 1836.

(2) Physique des arbres, liv. iv, chap. 3, art. 5.

partie supérieure de la plaie un autre bourrelet qui s'accroît en descendant. Un bourrelet plus petit se manifeste également à la partie inférieure de la plaie, mais il peut être rapporté à une extension des deux bourrelets latéraux. Si la décortication est pratiquée sur tout le contour de l'arbre, il se manifeste au bord supérieur de cette décortication annulaire un bourrelet descendant très volumineux, que Duhamel a vu quelquefois descendre jusqu'à un pied et demi sur le bois dénudé, mais il n'a jamais vu de bourrelet se former, dans cette circonstance, au bord inférieur de la plaie. Ce bourrelet inférieur existe cependant quelquefois, ainsi qu'on le verra plus bas. Lors de l'enlèvement d'une lanière longitudinale d'écorce, les bourrelets latéraux qui se forment s'appliquent exactement sur le bois dénudé qui leur sert d'appui. Duhamel a voulu voir ce qui arriverait si cet appui leur manquait ; il a creusé en gouttière profonde le bois dénudé qui séparait les deux bords verticaux de la plaie. Alors les deux bourrelets latéraux, au lieu de marcher l'un vers l'autre, se sont reployés en volute vers l'intérieur, en s'enfonçant dans la gouttière qui les séparait. Or, supposons qu'à la place de cette gouttière il existe une fente verticale, et que le centre de l'arbre détruit par la pourriture ait son aubier réduit à fort peu d'épaisseur : dans cet état de choses, il se formera également des bourrelets sur les deux bords de la fente verticale, et ces bourrelets, dans leur accroissement, se recourberont dans l'intérieur de l'arbre creux, tantôt en se contournant un peu en volute, comme on le voit en *d, d'* dans la figure 1, pl. 4, tantôt en formant un simple pli, comme on le voit en *d, d'* dans la planche 5. La première de ces figures représente une portion de branche creuse de mérisier (*prunus avium*). La seconde représente une partie du tronc creux d'un saule (*salix alba*). Dans l'une et dans l'autre on a enlevé la partie antérieure du corps de l'arbre pour faire voir son intérieur :

a, *a*, cavité de l'arbre creux ; *b*, écorce ; *c*, ce qui reste de
l'aubier ; *e*, *é*, fente verticale ; *d*, *d'*, extensions latérales
d'écorce et d'aubier, ou bourrelets issus des bords de la
fente verticale, et reployés vers l'intérieur ; ou vers la cavité centrale de l'arbre creux. Dans les deux exemples que
je viens de citer, et dont je donne ici les figures, la fente
verticale *e*, *é*, de l'arbre creux ne s'étend pas dans toute
sa longueur, elle s'arrête en *é*. Dans cet endroit s'arrêtent, par conséquent, les reploiemens dont il est ici question.

On conçoit facilement que ces deux portions d'écorce et
d'aubier, qui sont reployées vers l'intérieur de l'arbre creux,
doivent former, au point *é* où elles finissent, deux points
d'arrêt pour la sève descendante qui les parcourt de haut
en bas ; il doit donc y avoir dans cet endroit une augmentation de nutrition. C'est effectivement ce qui a lieu ici.
De la partie inférieure *é* des deux reploiemens *d*, *d'* (fig. 1,
pl. 4), sont issues en descendant deux végétations arrondies
et allongées *o*, *o'*, lesquelles se sont enfoncées dans l'intérieur de l'arbre creux. Là coupe verticale de ces végétations
descendantes me fit voir le mécanisme de leur formation.
La figure 2 représente cette coupe verticale ; *d*, *d'* sont les
deux parties primitivement reployées vers l'intérieur ; ces
parties reployées ont continué de s'accroître en diamètre
par la formation de couches successives, comme on le voit
de *b* en *c* où se trouve la coupe de l'écorce. Chacune de ces
couches ligneuses successives s'est prolongée vers le bas
n, *n'*, et c'est là qu'elles ont le plus d'épaisseur. Ainsi il est
évident que ces végétations descendantes sont engendrées par une déviation descendante de l'accroissement de
l'arbre en diamètre, et cela au moyen de la formation de
couches ligneuses successives. Ces couches ligneuses sont
plus épaisses à la partie inférieure *o*, *o'*, qu'elles ne le sont
de *b* en *c*, parce que la sève nutritive descendante s'accu-

mule dans cet endroit comme dans un double sac, et que son arrêt y détermine un excès d'accroissement.

Les reploiemens en volute d, d' du mérisier (fig. 1, pl. 4) donnent naissance à deux végétations descendantes, qui sont arrondies par leur côté qui regarde le centre de l'arbre creux, et qui, par leur côté opposé, sont aplaties et étroitement appliquées sur la paroi intérieure de l'arbre creux, sur laquelle elles se moulent. Chez le saule, les reploiemens simples d, d' (pl. 5), donnent naissance à deux végétations descendantes o, o', qui sont aplaties sur leurs deux faces opposées. Dans l'exemple qui est représenté ici, les deux végétations s'étaient étendues à plus d'un pied en descendant dans le tronc creux de l'arbre. Dans la plus grande partie de leur trajet, ces deux végétations descendantes accolées restent distinctes; elles offrent une ligne de séparation; vers le bas, ces deux végétations descendantes se soudent intimément, et n'en forment plus qu'une seule o'', qui est irrégulièrement demi-circulaire. Une écorce noire et rugueuse couvre ces deux végétations descendantes, dont le mode d'accroissement est exactement le même que celui qui a été décrit plus haut pour le cas représenté par les figures 1 et 2. On voit à leurs extrémités réunies o'' les zones irrégulières qui marquent le progrès annuel de l'accroissement. Les fibres ligneuses sont dirigées selon le contour de ces zones irrégulières. Ces deux végétations descendantes sont étroitement appliquées sur la paroi intérieure de l'arbre creux, à laquelle elles n'adhèrent point, en étant séparées par de l'écorce, qui est fort mince dans cet endroit. D'ailleurs le bois de la paroi intérieure du tronc étant frappé de mort, ne peut contracter d'adhérence organique avec les végétations descendantes qui s'appliquent sur lui. Il paraît que l'extension de ces sortes de végétations descendantes est favorisée par l'humidité qui les environne. Les saules creux dans lesquels j'ai observé ce phénomène de végétation étaient remplis de terreau humide, et c'était environnées de ce terreau que s'accroissaient ces végétations descendantes aplaties et étroitement appliquées sur la paroi intérieure de l'arbre creux, dont elles prenaient l'empreinte, comme si elles étaient formées par une coulée de matière fondue qui se fût moulée sur la paroi qu'elle recouvre. J'ai vu une de ces végétations qui descendait ainsi à plus de trois pieds dans l'intérieur d'un saule creux. Ces végétations descendantes ne sont point des racines, mais on doit convenir qu'elles s'en rapprochent beaucoup par leur mode d'accroissement et par leur progression descendante. On sait, en effet, que les racines ne s'accroissent en longueur que par le développement et l'addition de nouvelle substance organique à leur pointe ou à leur extrémité; il en est de même dans le cas curieux de végétation qui nous occupe; ce sont des couches successives qui s'ajoutent à l'extrémité inférieure des végétations descendantes dont il est ici question, qui opèrent seules leur élongation. Il est de la plus grande évidence que ces végétations descendantes sont dues à des déviations de l'accroissement de l'arbre en diamètre. C'est cet accroissement qui, au lieu de continuer à s'effectuer dans le sens horizontal, s'effectue ici accidentellement dans le sens vertical descendant, et il est favorisé par l'abondance de la sève élaborée descendante, qui s'arrête et s'accumule dans cette sorte de végétation descendante, comme elle le ferait dans un double sac.

Je viens de dire que les deux végétations descendantes, dont il est ici question, sont séparées du bois mort de l'intérieur de l'arbre creux par une écorce très mince. On pourrait croire, d'après cela, que ces deux végétations descendantes s'accroîtraient également en diamètre par leur face qui est libre et tournée vers le centre de l'arbre creux, et par leur face qui est étroitement appliquée sur le bois mort qui forme la paroi intérieure de ce même arbre creux ; or il n'en est rien. L'accroissement en diamètre est tout-à-fait nul sur la dernière de ces faces. L'écorce extrêmement mince y est atrophiée, et paraît frappée de mort. On en concevra facilement la raison, en pensant que la sève nutritive descendante ne trouve de voie pour sa descente que par la première des faces qui vient d'être indiquée, c'est-à-dire, par la face $o\,o'\,o''$ (pl. 5), dont l'écorce a une communication directe avec l'écorce des remploiemens $d\,d'$, qui lui transmettent la sève descendante. La face de ces végétations, qui est appliquée sur le bois mort de l'arbre creux, est, par sa position, tout-à-fait privée de communication directe avec les voies qui transmettent la sève descendante des parties supérieures de l'arbre ; c'est parce qu'elle ne reçoit point cette sève nutritive qu'elle ne prend aucun accroissement en diamètre.

Le mécanisme de l'élongation et du développement des productions ligneuses descendantes, qui tendent à remplir le vide opéré par la décortication annulaire, est le même que celui qui opère l'élongation des végétations descendantes qui viennent d'être décrites. Il est de la plus grande évidence, que, dans ces deux cas, il existe de même une déviation descendante de l'accroissement en diamètre. Cette déviation est descendante dans le bourrelet supérieur, elle est ascendante dans le bourrelet inférieur qui existe quelquefois, ainsi qu'on va le voir.

Les végétations descendantes que l'on vient d'étudier offrent les mêmes élémens organiques que le bois normal. Ainsi, dans la végétation descendante dont la coupe est représentée par la figure 2, les tubes fibreux suivent la direction d'abord verticale, et ensuite recourbée vers le bas, qu'on voit aux couches successives dans cette figure. Les *rayons médullaires* sont partout perpendiculaires à la direction de ces *tubes fibreux*, avec lesquels ils s'entre-croisent ;

en sorte qu'ils deviennent verticaux dans le bas, là où les *tubes fibreux* deviennent horizontaux.

Ordinairement cette organisation du bois se maintient sans altération dans les végétations descendantes dont il est ici question; cependant j'ai observé chez le pommier *(pyrus malus)* une exception fort remarquable à ce fait général. Lorsqu'on pratique une décortication annulaire sur une branche de cet arbre, la partie supérieure à la décortication continue de vivre pendant plusieurs années. La longue durée de la vie de la branche de pommier qui a subi cette opération, favorise le travail par lequel la nature tend à remplir le vide opéré par la décortication. J'ai observé pendant trois années l'accroissement de la végétation qui tendait à remplir ce vide. Pendant ce temps la branche s'accrut beaucoup en diamètre au-dessus de cette décortication; elle s'accrut très faiblement en diamètre au-dessous. Je coupai cette branche pour étudier l'organisation de la végétation qui avait rempli la moitié environ de l'espace décortiqué, et je ne fus pas peu surpris de voir que cette végétation paraissait entièrement composée de *fibres* perpendiculaires à l'axe de la branche. Chacun sait que *le fil* du bois et toujours dans le sens vertical ou longitudinal; ce n'est ordinairement que dans ce sens qu'il peut être fendu : or la végétation descendante dont il est ici question se prêtait facilement à être fendue dans le sens horizontal ou transversal, et les surfaces séparées ne présentaient aucune apparence de fibres longitudinales brisées. La figure 3, planche 4, représente la coupe longitudinale de la branche de pommier dont il est ici question; elle est amplifiée trois fois.

La décortication annulaire s'étendait primitivement de *a* en *b*. Une partie de cet espace a été remplie par une forte végétation descendante de *b* en *c*, et par une faible végétation ascendante de *a* en *e*. L'aubier de ces deux végétations descendante et ascendante ne paraît contenir que des *fibres* perpendiculaires à l'axe de la branche, comme on le voit en *d, d'*. Cette structure singulière s'observe même jusqu'à une certaine distance au-dessus et au-dessous de la décortication annulaire. On voit ces fibres de l'aubier perpendiculaires à l'axe de la branche, disposées en trois couches successives *d*, qui correspondent aux trois années pendant lesquelles s'est accrue cette branche après sa décortication annulaire. A la partie inférieure de cette décortication, on ne distingue qu'une seule couche d'aubier *d'*, qui est composée de même de fibres perpendiculaires à l'axe de la branche. Cette couche, qui paraît unique, comprend bien certainement trois couches annuelles; mais leur peu d'épaisseur ne permet pas de les distinguer. En comparant ces *fibres* perpendiculaires à l'axe de la branche avec les rayons médullaires normaux du pommier, on reconnaît facilement leur parfaite identité. Ainsi les trois couches ligneuses qui se sont développées pendant trois années successives au-dessus et au-dessous de la décortication annulaire, paraissent au premier abord être exclusivement composées de rayons médullaires. Tel était en effet le jugement que j'avais d'abord porté à cet égard; mais en examinant depuis ce produit végétal avec M. Adolphe Brongniart, j'ai reconnu qu'il contenait une assez grande quantité de tubes longitudinaux rayés en travers ou de *fausses trachées*, pareilles à celles que l'on trouve normalement dans le bois du pommier. Aı. i il ne manque ici qu'un seul des élémens du bois, c'est-à-dire les tubes fibreux. Leur absence est complète, et c'est cette absence qui est la cause de la facilité avec laquelle le tissu ligneux se fend dans le sens horizontal. Ce sont en effet les tubes fibreux seuls qui donnent au bois sa résistance énergique à la division ou à la rupture dans le sens transversal; les gros tubes longitudinaux n'opposent presque point d'obstacle à cette divi-

sion transversale , parce qu'ils se rompent avéc la plus
grande facilité. C'est par cette raison que la rupture horizontale de la végétation descendante dont il est ici question s'opère sans offrir dans la cassure cet aspect *chanvreux*
que présente ordinairement le bois cassé en travers. On
n'y voit que les ouvertures des tubes rompus transversalement. Ces tubes verticaux croisent à angle droit la direction des rayons médullaires horizontaux , qui sont ici tellement accrus en nombre qu'ils paraissent , au premier
coup-d'œil, être les seuls élémens organiques de cette production ligneuse anormale.

On vient de voir comment l'espace laissé vide par la décortication a été envahi par les trois couches ligneuses produites en descendant et en montant pendant les trois années qui ont suivi la décortication. C'est de la part des
couches ligneuses descendantes que cet envahissement est
surtout remarquable. Il est fort exigu de la part des couches ligneuses ascendantes , et cependant il est très facile à
constater ; car on voit ces couches ligneuses ascendantes re-
couvrir une partie du bois mort et noirci par son exposition
à l'air après la décortication. Au-dessus de celle-ci les trois
couches d'aubier *d*, qui sont entièrement dépourvues de
tubes fibreux, et qui sont abondamment pourvues de rayons
médullaires , sont recouvertes par trois couches d'écorce *f*,
qui sont également dépourvues de tubes fibreux , et qui
abondent en rayons transversaux. Cette structure particulière de l'écorce *f* n'est apercevable qu'à la loupe , tandis
que dans les couches d'aubier *d* elle est très facilement
apercevable à l'œil nu. Au reste, ces trois couches d'écorce *f*
se distinguent nettement de l'aubier *d* par leur couleur et
par leur consistance bien moindre. En dehors de ces trois
couches d'écorce *f* se trouvent les anciennes couches corticales *g*, qui offrent des tubes fibreux comme à l'ordinaire.
Au-dessous de la décortication annulaire l'extrême exiguïté

de l'accroissement, exiguïté qui existe surtout dans l'accroissement de l'écorce, ne permet pas de voir si elle manque de tubes fibreux en dehors de l'aubier *d'*, chez lequel l'absence des tubes fibreux et l'abondance des rayons médullaires sont très manifestes. Ainsi la branche du pommier soumise à la décortication annulaire a produit, dans le voisinage de cette décortication, une quantité extraordinaire de rayons médullaires, tant dans son aubier que dans son écorce. Il y a eu, dans l'une et dans l'autre de ces deux parties, absence complète de production de tubes fibreux. Je ne sais à quoi tient cette particularité, qui ne m'a été offerte que par le pommier, et cela dans deux expériences du même genre. Chez plusieurs autres arbres que j'ai soumis à la décortication annulaire, j'ai toujours observé que la végétation qui tendait à remplir le vide opéré possédait des tubes fibreux dans son tissu. Il est remarquable que, dans les deux végétations descendante et ascendante qui ont lieu chez le pommier soumis à la décortication annulaire, les rayons médullaires s'ajoutent les uns aux autres en descendant et en montant; en sorte que leur production successive est latérale : elle s'opère par leurs côtés.

Il résulte de cette observation que ce n'est pas seulement d'en haut que provient la végétation qui tend à remplir le vide opéré par la décortication annulaire, elle vient aussi d'en bas; mais ici elle est, la plupart du temps, à peine apercevable. On favorise le développement de cette végétation ascendante, et à plus forte raison celui de la végétation descendante, en enveloppant la plaie faite par la décortication annulaire avec de la terre argileuse. Alors j'ai vu la végétation ascendante acquérir quelquefois une étendue de six à huit lignes. Il est donc certain que deux extensions des nouvelles couches de l'arbre, l'une descendante et l'autre ascendante, tendent à remplir le vide opéré par la décortication annulaire. Le bourrelet supérieur, ou des-

15.

cendant, existe souvent seul, parce que le bourrelet inférieur, ou ascendant, avorte. L'inégalité de force et d'é-
tendue de ces deux bourrelets, ou de ces deux extensions
des nouvelles couches de l'arbre, ne dépend que de l'inégalité de leur nutrition, laquelle est spécialement opérée
par la sève descendante, dont la décortication annulaire
intercepte en grande partie la marche.

On voit, par les faits qui viennent d'être exposés, que
le vide opéré par la décortication annulaire tend à être
rempli par deux déviations de l'accroissement en diamètre :
l'une de ces déviations est descendante, et c'est la plus considérable; l'autre, qui est bien plus faible, est ascendante.
Le tissu ligneux produit dans cette circonstance est ordinairement pareil au tissu normal de l'arbre; chez le pommier ce tissu est privé de tubes fibreux et abonde en rayons
médullaires.

On vient de voir que l'écorce offre la même particularité de structure que l'aubier, au-dessus de la décortication
annulaire chez le pommier; ses trois couches les plus voisines de l'aubier sont, comme les trois couches les plus
nouvelles de ce dernier, entièrement dépourvues de tubes
fibreux, et abondamment pourvues de rayons médullaires.

Cette particularité de structure fait que l'on peut assi-
gner les époques de la formation de ces couches. En effet,
on voit très facilement que les trois couches les plus nouvelles d'aubier, qui ne contiennent point de tubes fibreux,
ont été formées depuis la décortication annulaire; et
comme elles sont au nombre de trois, on voit que chacune
d'elles correspond à une année de végétation. On ne verrait
point de même à quelles années se rapporte la formation
des trois couches corticales les plus voisines de l'aubier, si
elles n'offraient pas une anomalie de structure tout-à-fait
semblable à celles que présentent les trois dernières couches d'aubier. La similitude du nombre et la similitude

de l'anomalie des trois dernières couches d'aubier et des
trois couches d'écorce qui les avoisinent le plus, prouvent
incontestablement que, dans chacune des années qui ont
suivi la décortication annulaire, il s'est formé simultanément une couche d'écorce et une couche d'aubier, et que
chaque année deux nouvelles couches contiguës, l'une d'é-
corce et l'autre d'aubier, se sont intercalées aux deux couches précédemment contiguës d'écorce et d'aubier qu'elles
ont séparées. Il est donc certain que les deux systèmes cortical et central des arbres dicotylédons s'accroissent en
diamètre en marchant l'un vers l'autre, le premier par une
progression centripète; et le second par une progression
centrifuge. Ils intercalent ainsi leurs parties nouvelles dans
l'endroit où ils se trouvent en contact, ce qui fait reculer
la masse entière de l'écorce, dont les couches les plus vieilles et les plus extérieures sont ordinairement frappées de
mort, comme le sont souvent les couches les plus vieilles
et les plus intérieures du bois.

Si malgré ces observations, il se trouvait encore des naturalistes qui continuassent de penser que l'aubier est produit par une transmutation de là couche la plus voisine du
liber, ils se désabuseraient certainement en étudiant comparativement la structure microscopique du liber et celle
de l'aubier. Il existe une différence très notable entre les
organes qui entrent dans la composition de ces deux parties. Le tissu du bois et celui de l'écorce offrent également
des tubes fibreux. Or, j'ai observé que généralement ces
tubes fibreux ont dans l'écorce et le liber des dimensions
plus que doubles de celles qu'ils offrent dans l'aubier. Ce
fait suffit à lui seul pour prouver irréfragablement que le
liber ne devient point aubier; car les organes élémentaires
des végétaux ne peuvent pas perdre leurs dimensions ac-
quises et spécialement leur longueur. On sait qu'au contraire les tubes végétaux se développent, ils prennent des

dimensions plus grandes en avançant en âge jusqu'à ce qu'ils aient acquis une certaine solidité. Si l'aubier provenait d'une transmutation du liber, ses tubes fibreux étant plus âgés que ceux du liber, devraient être plus grands que ceux de ce dernier; or, ils sont bien plus petits. Il est donc très certain que l'aubier ne tire point son origine d'une transmutation du liber. Ces deux parties, différentes par leur organisation, ont une origine à part.

Les bourrelets latéraux qui se forment dans les arbres lors de leur décortication longitudinale partielle, et le bourrelet supérieur ou descendant qui se forme à la partie supérieure de la décortication annulaire sont, jusqu'à ce jour, les seuls dont l'existence ait été bien évidente aux yeux des observateurs; le bourrelet inférieur qui se forme rarement à la partie inférieure de la décortication annulaire, est toujours si exigu, qu'il a échappé à l'observation et que même, jusqu'à ces derniers temps, son existence a été niée; ses faibles rudimens, qui se présentent quelquefois à l'observation, sont considérés par certains phytologistes comme les résultats de l'agglomération des bourgeons adventifs encore rudimentaires et inapercevables, qui sont destinés à donner naissance à des rameaux, lesquels, effectivement, naissent très souvent à la partie inférieure de la décortication annulaire. Les observations rapportées plus haut, touchant l'existence du bourrelet inférieur ou ascendant, ne sont donc point encore assez décisives pour dissiper tous les doutes à cet égard; ces doutes disparaîtront nécessairement devant l'observation qui va suivre.

Lorsqu'un arbre est abattu et que la souche ne reproduit point de tiges, cette souche et les racines qui la fixent au sol ne tardent pas ordinairement à mourir. Ce phénomène trouve sa cause dans cette loi connue de la végétation qui fait dériver des feuilles la sève élaborée, laquelle est nécessaire à la vie et à l'accroissement de l'arbre, tant dans sa partie aérienne que dans sa portion souterraine. Lorsque la souche reproduit des tiges après que l'arbre a été abattu, la vie des racines peut s'étendre à une durée indéfinie.

On sait que les conifères ne reproduisent jamais de tiges de leurs souches lorsque l'arbre a été abattu. Aussi la souche et les racines qui la fixent au sol ne tardent-elles pas ordinairement à mourir et à se décomposer. Ce fait trouve cependant une exception fort remarquable chez le *pinus, picea* L. (*abies pectinata* D C.). Chez cet arbre la souche et les racines continuent de vivre et même de s'accroître pendant un très grand nombre d'années. Ce fait singulier m'avait été annoncé par mon frère, inspecteur des forêts. J'avoue que je doutais de sa réalité avant de l'avoir constaté moi-même. J'ai vu dans les forêts du Jura que toutes les souches du *pinus picea* L., dont les arbres avaient été abattus depuis un certain nombre d'années, étaient pleins de vie ainsi que leurs racines, tandis que toutes les souches et les racines du *pinus abies* L. (*abies excelsa* D C.) étaient mortes. J'ai vu de vieilles souches de *pinus picea* qui, d'après des renseignemens certains, avaient été abattus 45 ans auparavant et qui étaient pleines de vie. Leur intérieur était entièrement pourri, mais leur bois le plus extérieur et leur écorce offraient les phénomènes de la vie. C'était au printemps que je faisais cette observation. La souche et les racines étaient *en sève*; leur écorce séparée du bois par l'épanchement de la sève ou du *cambium* se détachait avec facilité. Cette écorce et le bois qu'elle recouvrait avaient tous les caractères qu'offrent ces parties lorsqu'elles jouissent pleinement de la vie. L'existence du cambium indiquait que la souche devait s'accroître en diamètre : c'est aussi ce qu'il me fut facile de constater, et voici par quel moyen : J'aperçus qu'il s'était formé un bourrelet entre l'écorce et le bois de la souche, et que ce bourrelet, composé de bois et d'écorce développés depuis que l'arbre avait

été abattu, avait recouvert une partie de la section transversale de la souche, en sorte que la section de l'aubier qui
limitait le système central de l'arbre au moment où il avait
été abattu se trouvait parfaitement conservé. Les traces de
la hache sur cet arbre divisé transversalement ne permet-
taient pas de se tromper à cet égard. Or, j'ai vu sur toutes
ces souches un accroissement de diamètre par production
de nouvel aubier, dont l'épaisseur, chez les vieilles souches
que j'observais, était environ d'un centimètre; en sorte que
ces souches avaient acquis dans l'espace de 45 ans un accroissement total de deux centimètres ou environ huit lignes en diamètre.

Ce fait, vu sa singularité et sa nature tout-à-fait excep-
tionnelle, méritait d'être constaté, de manière à ne laisser
aucun doute dans l'esprit des savans. Je l'avais communiqué à l'Académie des Sciences en 1833; j'eus occasion en
1836, de faire venir des forêts du Jura, plusieurs souches du *pinus picea* qui étaient vivantes lorsqu'on les recueillit pour me les envoyer. L'une d'elles, dont on voit la
coupe verticale de grandeur naturelle dans la figure 1 de la
planche 7, s'est accrue en diamètre pendant quatorze ans,
depuis l'époque à laquelle l'arbre qu'elle supportait a été
abattu jusqu'à celle où elle a été recueillie. L'accroissement
de son bois en diamètre pendant cet espace de temps, est
proportionnellement bien plus considérable que celui qui a
été noté plus haut; car il offre dans les quatorze couches
qui le constituent, une épaisseur totale de douze millimètres dans la partie verticale de la souche, comme on le voit
en *a*; cette épaisseur des couches ligneuses va jusqu'à dix-
sept millimètres dans la partie *b*, qui est la partie ligneuse
du volumineux bourrelet ascendant, lequel recouvre
une partie de la section *d* que la hache avait faite sur la
souche lorsque l'arbre qu'elle portait a été abattu. Ce bourrelet ascendant est recouvert par son écorce particulière *e*,

produite de même depuis que l'arbre a été abattu et intercalée dans le bas à l'ancienne écorce, dont on voit en c la
section transversale faite par le coup de hache qui a fait en
même temps la section transversale d du bois de la souche.
L'intercalation des nouvelles couches d'aubier et des nouvelles couches d'écorces à l'aubier et à l'écorce qui existaient lorsque l'arbre a été abattu, est un phénomène qui
est ici de toute évidence. On voit par la manière dont se recouvrent successivement les couches qui composent le bourrelet ascendant b c, que ce dernier est engendré par une
déviation ascendante de l'accroissement en diamètre. Ce
ne sont point des *fibres* qui montent, ce sont des couches
successives qui se recouvrent en se débordant et en devenant horizontales au lieu d'être verticales. Il est fort remarquable, que l'accroissement ligneux, dans la partie supérieure et horizontale b de cette nouvelle production, soit
plus considérable que dans sa partie inférieure et verticale a.
Cela me paraît provenir de ce que la sève ascendante,
poussée de bas en haut par l'impulsion des racines, est arrêtée nécessairement dans la partie supérieure b, où son accumulation produit un excès de nutrition et de développement.

La vieille souche s de l'arbre existe encore dans la pièce
que représente la figure 1 ; cette vieille souche a complètement disparu par l'effet de la pourriture dans la pièce représentée par la figure 2 (planche 7). C'est encore ici une
souche du *pinus picea;* elle est représentée avec les quatre
dixièmes de ses dimensions naturelles. La couche d'aubier
la plus extérieure que possédait l'arbre lorsqu'il fut abattu,
correspondait à la ligne verticale a b. La ligne horizontale
b c, indique la place où se trouvait une petite portion de la
coupe transversale faite à la partie inférieure du tronc de
l'arbre pour l'abattre. Après que l'arbre fut abattu, la mort
frappa la souche restée dans le sol jusqu'à la profondeur c;

c'est à cet endroit, en effet, qu'on voit le sommet de la première couche d'aubier produite dans l'année qui suivit l'hiver, dans le courant duquel la section de l'arbre fut faite. Dans les années suivantes, de nouvelles couches d'aubier se recouvrirent successivement les unes les autres dans la partie *d*, et se dépassèrent successivement en montant les unes au-dessus des autres dans la partie *f* où elles s'appuyaient sur l'ancien aubier de l'arbre, limité par la ligne *a b*, ancien aubier qui n'existe plus ici. En continuant ainsi à monter les unes au-dessus des autres, les couches successives de l'aubier sont venues, en se recourbant, s'appuyer sur ce qui restait de la surface *c b* de la section transversale de l'arbre, surface qui n'existe plus du tout ici ; enfin, l'ancien bois de l'arbre, que contenait la souche, ayant entièrement été enlevé par la décomposition, les couches ligneuses successives *g*, en se recourbant les unes au-dessus des autres, se sont enfoncées dans l'espace intérieur laissé vide par la disparition de l'ancien bois de l'arbre, et sont venues jusqu'à la ligne *a b* qu'occupait l'ancien bois disparu, et là elles se sont appuyées sur les couches vivantes d'aubier de *b* en *c*, couches produites, les premières, après la section de l'arbre et qui s'étaient appuyées, en montant, successivement, sur l'aubier appartenant anciennement à l'arbre, aubier, qui n'avait pas encore été détruit par la décomposition. Le nombre total de ces couches produites par la souche, postérieurement à l'époque à laquelle l'arbre a été abattu, est de 92; en sorte qu'il est certain que cette souche s'est développée en épaisseur, par couches successives, pendant ce même nombre d'années (1), et comme

(1) Il est certain qu'il se forme une couche ligneuse chaque année, et qu'il ne s'en forme qu'une, et non deux, l'une à la *sève du printemps* et l'autre à la *sève d'août*, ainsi que l'ont cru quelques-uns. Je me suis assuré de ce fait, qui du reste ne trouve guère de contradicteurs, par des observations faites sur beaucoup d'espèces d'arbres dans des taillis et des futaies dont l'âge était authentiquement déterminé.

elle était encore pleine de vie, lorsqu'elle a été recueillie,
pour m'être envoyée, elle eût pu vivre et se développer
encore pendant un temps indéfini.

Le phénomène que présente le *pinus picea*, dans cette
circonstance, semble, au premier coup-d'œil, infirmer la
théorie qui fait dériver des feuilles ou des parties aériennes
du végétal la sève élaborée qui fournit les matériaux de
l'accroissement; mais l'extrême exiguïté de l'accroissement
en diamètre des souches du *pinus picea* confirme au contraire cette théorie; car cette souche, qui continue à vivre
pendant un si grand nombre d'années, ne s'accroît d'une
manière aussi exiguë, que parce qu'elle manque de feuilles
qui sont spécialement les organes producteurs de la sève
nourricière. Il paraît que chez cet arbre, les racines possèdent la faculté d'élaborer une petite quantité de sève brute
ou crue, et de la transformer en sève nourricière, ce qui
entretient la vie des racines et de la souche, et fournit à leur
accroissement exigu pendant un grand nombre d'années.
Cette faculté manque au *pinus abies* et au *pinus silvestris*
dont les souches et les racines meurent peu après que
l'arbre a été abattu. D'où provient cette différence? C'est
ce qui ne paraît pas facile à déterminer. Quoi qu'il en soit,
ce fait est très remarquable en ce qu'il prouve que les racines des arbres et la petite portion de tige qui leur est
laissée lorsqu'ils sont abattus peuvent, dans certains cas,
vivre très long-temps et s'accroître sans être surmontées
par aucune végétation foliacée, et même sans aucun bourgeon. Ce fait ruine sans retour la théorie de Lahire et de
Dupetit-Thouars, théorie d'après laquelle les nouvelles
couches d'aubier seraient formées par des fibres descendantes, sortes de racines des bourgeons, en développement,
fibres qui descendraient en s'intercalant à l'ancien aubier
et à l'écorce. Cette théorie, qui, dans ces derniers temps, a
encore été soutenue par des hommes de mérite, doit défini-

tivement être abandonnée. Il ne descend point de fibres
pour former des *bourrelets descendans*, il ne monte point
de fibres pour former les *bourrelets ascendans;* ces bourrelets sont formés par des déviations descendantes ou ascendantes de l'accroissement de l'arbre en diamètre; les *bourrelets latéraux,* qui se forment lors de l'enlèvement d'une
lanière longitudinale d'écorce, sont formés de même par
des déviations latérales de l'accroissement de l'arbre en
diamètre. La formation de tous ces bourrelets est due, en
quelque sorte, à un *débordement* des deux substances li-
gueuse et corticale, produites lors de l'accroissement de
l'arbre en diamètre. Ce *débordement* est très considérable
dans la formation du bourrelet descendant, parce qu'il
est alimenté par la sève nourricière descendante; il est
très faible et souvent nul à la partie inférieure d'une décortication annulaire, parce que la sève ascendante est
moins propre que la sève élaborée descendante à opérer
l'accroissement en diamètre, et parce que, d'ailleurs, cette
sève ascendante n'est point arrêtée, comme l'est la sève
élaborée descendante, par la décortication annulaire; la
sève ascendante continue alors de monter par le tissu d'aubier et elle se porte vers les parties supérieures de l'arbre.
La souche d'un arbre tel que le *pinus picea,* souche qui
peut vivre pendant un grand nombre d'années après que
l'arbre qu'elle portait a été abattu, reçoit la masse totale
de la sève ascendante qui lui est envoyée par les racines
dont la vie persiste également. Cette sève ascendante arrêtée
là, dans son ascension, nourrit sa souche et lui procure un
accroissement en diamètre, lequel n'est exigu que parce
que la sève ascendante est peu nutritive. J'ai observé dans
les souches de *pinus picea* représentées ici (pl. 7), que les
premières couches d'aubier, produites après que l'arbre a
été abattu, sont les plus épaisses; ces couches vont ensuite
en diminuant insensiblement d'épaisseur, en sorte que les

plus extérieures ne peuvent plus se distinguer qu'à la loupe;
c'est le contraire de ce qui a lieu chez le *pinus picea*, comme
chez tous les autres arbres dans l'état normal ; on sait que
généralement les arbres, en avançant en âge, offrent des
couches ligneuses de plus en plus épaisses; cela provient de
ce que, jusqu'à une certaine époque, ils acquièrent un
nombre toujours croissant de rameaux, et par conséquent
de feuilles ou d'organes élaborateurs de la sève nutritive;
l'épaisseur des couches ligneuses annuelles est naturellement en rapport avec l'abondance de cette sève élaborée.
Or, dans la souche du *pinus picea*, les couches ligneuses
annuelles vont en diminuant graduellement d'épaisseur;
cela prouve que les racines qui, seules alors, fournissent à
la souche la sève nutritive, perdent graduellement la faculté de fournir cette sève élaborée; mais il faut convenir
que la perte de cette faculté est bien lente puisque l'accroissement de la souche qui a lieu pendant quatre-vingt-douze
ans aurait pu, fort probablement, subsister pendant le
siècle entier et au-delà.

V.

OBSERVATIONS

SUR LES VARIATIONS ACCIDENTELLES DU MODE SUIVANT LEQUEL
LES FEUILLES SONT DISPOSÉES

SUR LES TIGES DES VÉGÉTAUX. (1)

Les modes divers qui président à la disposition des feuilles sur les tiges des végétaux ont été déterminés avec beaucoup de soin par les botanistes. En étudiant ces modes de disposition, on n'a pas tardé à s'apercevoir que, chez le même végétal, le mode ordinaire de la disposition des feuilles était quelquefois changé. Bonnet (2) a fait des recherches spéciales sur cet objet : il a observé avec soin et les modes divers de la disposition des feuilles et les variations accidentelles qu'ils subissent quelquefois ; mais il n'a point aperçu le mécanisme de ces variations, dont l'exis-

(1) Ce mémoire a été publié en 1834 dans les Nouvelles Annales du Muséum d'histoire naturelle, tome III.

(2) Recherches sur l'usage des feuilles ; troisième mémoire.

tence prouve que l'ordre, toujours régulier, de la disposition des feuilles, dépend d'une cause qui est constante
dans sa régularité d'action, mais qui n'est point constante
dans le mode de cette même action. Or ces anomalies de
l'action organique qui préside à la disposition des feuilles
peuvent faire connaître le mécanisme de cette action. Il ne
s'agit, pour parvenir à cette connaissance, que d'observer
comment les diverses dispositions régulières des feuilles se
changent les unes dans les autres. L'étude de ce problème
de physiologie végétale est d'une grande importance; car
elle doit conduire à la connaissance de la symétrie normale
et primitive des végétaux, qu'admet, avec juste raison,
M. De Candolle (1) « Toute cette nombreuse classe de
« faits, dit-il, connue sous le nom de monstruosités, qui
« était impossible à comprendre dans l'ancien système, et
« qu'on affectait de mépriser pour se dispenser de les étu-
« dier; toute cette classe, dis-je, a pris une clarté et un
« intérêt nouveau, depuis qu'on les a vus sous leur vrai
« point de vue, savoir, comme des indices pour recon-
« naître la symétrie normale ou primitive des êtres.
« Les monstruosités sont, pour ainsi dire, des expé-
« riences que la nature fait au profit de l'observateur. »

Les feuilles offrent toujours une disposition régulière sur
les tiges; lorsqu'elles sont considérées comme *éparses*, c'est
que l'ordre de leur disposition est inaperçu. M. De Candolle rapporte toutes les dispositions des feuilles à deux
classes. La première comprend les feuilles qui sont multiples sur une même coupe horizontale de la tige; ce sont les
feuilles opposées et les feuilles verticillées. La seconde
comprend les feuilles qui sont uniques sur une même
coupe horizontale de la tige; ce sont les feuilles en spirale
et les feuilles alternes. La transmutation de ces divers

(1) Organographie végétale, t. II, p. 240.

modes de disposition des feuilles, les uns dans les autres,
a été notée depuis long-temps par Bonnet. M. De Candolle
est entré dans quelques détails à ce sujet dans son Organographie végétale. Il y a de ces transmutations qui sont
dans l'ordre de la nature; il y en a d'autres qui sont
accidentelles, qui sont des monstruosités. Or ces aberrations de la nature ne se font point au hasard, elles
sont soumises à des lois qu'il est important de déterminer.

On peut établir comme règle générale, qu'il ne s'opère
jamais de transmutations accidentelles dans le mode de
disposition des feuilles, lorsque les végétaux n'ont que la
force normale de végétation qui leur est propre. Cette
transmutation n'arrive que lorsqu'il se produit des scions
très vigoureux. C'est ce qui arrive, par exemple, lorsqu'un
arbre étant privé de ses branches, il en reproduit de nouvelles. L'observation apprend que les arbres dont les feuilles
sont opposées, sont ceux qui sont le plu ssujets à présenter
des transmutations de ce genre; elles sont fort rares chez les
arbres dont les feuilles sont en *quinconces* ou en *pentaphylles spirales*. Parmi les nombreux exemples de transmutations de ce genre que j'ai eu occasion d'observer, je
choisirai, en les enchaînant les uns aux autres, ceux qui
sont le plus propres à démontrer la manière dont ces transmutations s'opèrent.

Les arbres dont les feuilles sont opposées sont, comme
je viens de le dire, ceux dont le mode normal de la disposition des feuilles se change accidentellement le plus souvent. C'est par eux que je vais commencer l'étude de ces
transmutations.

Parmi les arbres à feuilles opposées, chez lesquels on
observe assez fréquemment la transmution du mode normal
de la disposition des feuilles, je citerai le frêne (*fraxinus
excelsior*) et l'érable (*acer campestre*). J'ai observé chez

ces deux arbres cinq sortes de transmutations dans le mode de la disposition de leurs feuilles. Je prendrai ici l'érable pour *specimen*. La figure 1, planche 8 représente la disposition normale des feuilles de cet arbre.

Lorsque les scions de l'érable végètent vigoureusement, ses feuilles opposées tendent souvent à quitter leur opposition; elles se dissocient de plusieurs manières et toujours avec régularité. Lorsque dans les paires de feuilles semblablement dirigées, telles que *aa'* et *cc'* (fig. 2), les feuilles sont dissociées *dans le même sens*, et qu'il en est de même dans les paires *bb'* et *dd'*, les feuilles deviennent *doublement alternes*. Souvent cette dissociation est très légère, en sorte que les feuilles peuvent être considérées comme *imparfaitement opposées*. Mais quelquefois aussi cette dissociation est complète, et les feuilles qui auraient dû être opposées sont portées à une assez grande distance l'une de l'autre; alors elles décrivent, par leur insertion sur la tige, une spirale telle, qu'il faut quatre feuilles pour faire deux fois le tour de la tige. La première correspond verticalement à la cinquième au-dessus; ainsi en partant de la feuille *a'* pour suivre les feuilles supérieures dans leur ordre d'élévation, on leur trouve l'ordre suivant : *a' a bb' c'*. La feuille *c'*, qui correspond à la feuille *a'* sur le même côté du scion, est la cinquième au-dessus d'elle. Il faut ainsi quatre feuilles pour faire deux fois, et en spirale, le tour du scion; les feuilles sont ainsi disposées en *tetraphylles spiralés*. Les deux paires, semblablement dirigées, *a' a* et *c' c*, offrent la même disposition dans l'élévation respective de leurs feuilles dissociées; car les deux feuilles antérieures, *a' c'*, sont plus basses que les deux feuilles postérieures *a c*. Ainsi les feuilles *a a* sont alternes dans le même sens que le sont les feuilles *c' c*. Les feuilles *b, b'* sont aussi alternes dans le même sens que le sont les feuilles *d d'*. Cette dis-

position, que l'on voit ici dériver de la dissociation alterne des feuilles opposées, et qui est ici un état anormal
ou monstrueux, est la disposition normale des feuilles du.
nerprun (*rhamnus catharticus*). Cet arbrisseau présente
ordinairement, en effet, des feuilles *doublement alternes* ou
des feuilles imparfaitement opposées et dissociées d'une
manière *doublement alterne;* mais je ferai observer que
cette disposition des feuilles sur les scions du nerprun n'a
lieu que lorsque ces scions sont produits sous l'influence de
la force normale de végétation de cet arbuste. Lorsque ces
scions sont produits par la souche d'un arbuste coupé, et
qu'ils possèdent ainsi une grande force de végétation, leurs
feuilles ne sont plus *doublement alternes,* elles sont alors
disposées en *pentaphylles spiralés* ou en *quinquonces.* Ce
fait indique déjà que les causes qui président à ces deux
dispositions des feuilles se touchent de très près. On va voir,
en effet, la disposition des feuilles en pentaphylles spiralés naître d'un nouveau mode de dissociation des feuilles
opposées croisées. (1)

Bonnet a déjà signalé ce fait que, chez une espèce de
saule qu'il nomme *osier rouge-brun* et qui est le *salyx purpurea* de Linné, les feuilles des scions sont opposées dans
le bas et en *quinquonces* dans le haut; mais il n'a point tiré
partie de cette observation pour tenter de saisir le lien qui
unit ces deux dispositions si différentes des feuilles. Plusieurs scions de frêne et d'érable m'ont offert le même phénomène. La figure 3 représente la partie inférieure d'un
scion d'érable dont les feuilles supérieures (fig. 3*) sont
disposées en pentaphylle spiralé; les feuilles inférieures
(fig. 3) offrent le mode de transition de la disposition op-

(1) Je distingue ainsi les feuilles opposées dont les paires sont croisées, des
feuilles opposées dont les paires ont toutes la même direction, comme cela a
lieu, par exemple, chez le *potamogeton densum.*

posée des feuilles à leur disposition en *quinquonce* où en
pentaphylle spiralé. Ici les deux paires semblablement
dirigées, *a'*, *a* et *c'*, *c*, offrent la dissociation de leurs
feuilles en sens inverse l'une de l'autre. En effet, dans la
paire *a'* *a* la feuille postérieure *a* est plus haute que la
feuille antérieure *a'*, tandis que dans la paire *c*, *c'* la feuille
postérieure *c* est plus basse que la feuille antérieure *c'*. Il
en est de même des deux paires semblablement dirigées,
b' *b* et *d'* *d;* le mode de dissociation de l'une est inverse de
celui de l'autre. Ainsi les deux paires semblablement dirigées que sépare une paire qui les croise offrent une disposition inverse dans l'élévation respective de leurs feuilles
dissociées. Ces feuilles sont *alternes à contre-sens* ou *sécus-
alternes*. Il résulte de là, qu'en partant de la feuille *a'* pour
suivre les feuilles supérieures dans leur ordre d'élévation
jusqu'à la feuille *c'*, qui est située sur la même ligne verticale, on leur trouvera l'ordre suivant, *a'*, *a*, *b'*, *c*, *c'*. Ainsi
la feuille *c'*, qui correspond à la feuille *a'* sur le même côté
du scion, est la sixième au-dessus d'elle : il y a par conséquent cinq feuilles pour faire en spirale deux tours complets sur le scion; la sixième recouvre la première. On obtient le même résultat en commençant à compter par la
feuille la plus basse de toutes les autres paires de feuilles
dissociées. Si au lieu de commencer à compter par la feuille
a', qui est la plus basse de la paire *a'* *a*, on commence à
compter par la feuille *a*, qui est la plus haute de cette paire,
on ne trouvera plus qu'une série de quatre feuilles, *a*, *b'*,
b, *c*, pour arriver à la feuille *c*, qui correspond à la feuille *a*
sur le même côté du scion, ou qui la recouvre; ici la série
des feuilles ne fait plus qu'un seul tour en spirale sur le
scion, et il ne faut que trois feuilles pour accomplir ce tour.
On obtient le même résultat en commençant à compter par
la feuille la plus haute de toutes les autres paires de feuilles
dissociées. Ainsi le scion dont il est ici question offre les élé-

16.

mens de deux spirales différentes. Les cinq feuilles a' a, b' b, c forment un *quinquonce* ou un *pentaphylle spiralé* qui fait deux tours de spire sur le scion. Les trois feuilles a, b', b forment l'élément d'une spirale de trois feuilles ou un *triphylle spiralé*. Le pentaphylle spiralé tel qu'il est représenté dans le bas du scion (fig. 3) n'offre pas une spirale régulière : les feuilles qui le composent ne sont pas également espacées sur la circonférence du scion. En effet les feuilles a', a, b', b, c ne divisent point par cinquièmes la circonférence du scion : les deux feuilles a et c sont situées du même côté ; les deux feuilles b et b' sont situées sur des côtés opposés. Ainsi les feuilles sont situées ici sur quatre côtés du scion ou sur quatre lignes verticales, et non sur cinq lignes verticales comme cela doit être dans le pentaphylle spiralé tel qu'il existe dans la partie supérieure du scion (fig. 3*). Pour amener la régularité de ce pentaphylle spiralé dans la partie supérieure du scion, il a donc fallu un déplacement transversal des feuilles. Ce phénomène est celui que je nomme, avec Bonnet, *déclinaison des feuilles*. Il consiste dans un déplacement transversal des feuilles, qui quittent la ligne verticale sur laquelle elles sont situées, sans quitter leur élévation ; elles se portent à droite ou à gauche en tournant un peu autour de la tige. C'est au moyen de cette déclinaison que le *pentaphylle spiralé irrégulier*, que l'on voit dans le bas du scion (fig. 3) devient un *pentaphylle spiralé régulier* tel qu'on le voit dans la partie supérieure de ce même scion (fig. 3*). Voici par quel mécanisme ce changement s'opère.

La première feuille du pentaphylle spiralé 1 (fig. 3*), analogue de la feuille a (fig. 3), et la feuille 6 qui la recouvre et qui est l'analogue de la feuille c', restent dans la même ligne verticale. La feuille 2, dont l'analogue a est sur une verticale éloignée d'une demi-circonférence de la verticale sur laquelle est l'insertion de la feuille immobile a',

analogue de la feuille 1, s'est rapprochée de la verticale de
cette dernière en déclinant vers la gauche d'une quantité
égale à un dixième de circonférence. La feuille 5, analogue de la feuille c, s'est comportée de la même manière
par rapport à la feuille immobile 6, analogue de la feuille
c'; elle s'est rapprochée de sa verticale en déclinant vers la
droite d'une quantité égale à un dixième de circonférence.
Ainsi les deux feuilles 2 et 5 se trouvent portées sur des
verticales éloignées de deux cinquièmes de circonférence
de la verticale des feuilles immobiles 1 et 6, et ces deux
feuilles 2 et 5 ont leurs verticales distantes l'une de l'autre
d'un cinquième de circonférence. Les feuilles 3 et 4, analogues des feuilles b' et b dont les verticales sont éloignées
d'un quart de circonférence de la verticale des feuilles immobiles a' c' analogues des feuilles 1 et 6, ont rapproché
leurs verticales de la verticale de ces feuilles immobiles en
déclinant en devant jusqu'à ce que leurs verticales soient
distantes chacune d'un cinquième de circonférence de la
verticale de ces feuilles immobiles 1 et 6. Il résulte de là
que la verticale de la feuille 3 coupe en deux parties égales
l'arc de deux cinquièmes de circonférence qui mesure la
distance de la verticale de la feuille 5 à la verticale des
deux feuilles immobiles 1 et 6 et que de même la verticale
de la feuille 4 coupe en deux parties égales l'arc de deux
cinquièmes de circonférence qui mesure la distance de la
verticale de la feuille 2 à la verticale des deux feuilles immobiles 1 et 6. Au moyen de ces diverses déclinaisons les
feuilles qui étaient d'abord situées sur quatre lignes verticales (fig. 3) distantes les unes des autres d'un quart de circonférence, deviennent situées sur cinq lignes verticales
(fig. 3*) distantes les unes des autres d'un cinquième de
circonférence; elles forment alors un *pentaphylle spiralé*
régulier. On voit que le mouvement général de la déclinaison des feuilles sur la circonférence du scion s'est ef-

fectué vers la ligne verticale sur laquelle sont insérées les deux feuilles immobiles 1 et 6.

La spirale générale qui résulte de l'assemblage des pentaphylles spiralés est tantôt dirigée de droite à gauche et tantôt dirigée de gauche à droite. Pour déterminer cette direction il faut placer en avant la première feuille de la spirale ou la plus basse; si la troisième feuille est située à droite comme cela se voit dans la figure 3*, la spirale monte de droite à gauche; si la troisième feuille est située à gauche, la spirale monte de gauche à droite. Cette observation est due à Bonnet, qui a vu également que la spirale de droite à gauche est beaucoup plus commune que la spirale de gauche à droite. J'ai observé que dans les scions du poirier on rencontre presque généralement la spirale de droite à gauche; la spirale de gauche à droite s'y montre peu fréquemment. Bonnet a vu que sur 83 tiges de chicorée il y en avait 51 dont la spirale des feuilles était dirigée de droite à gauche et 32 dont cette même spirale était dirigée de gauche à droite. Des observations nombreuses que j'ai faites sur ce phénomène m'ont démontré qu'il est général. Sur le même végétal on rencontre les uns à côté des autres des scions qui offrent des spirales inverses, et toujours la spirale de droite à gauche est plus fréquente que la spirale de gauche à droite. Il ne reste plus qu'à déterminer le mécanisme au moyen duquel est formée la spirale de gauche à droite, car on a déjà vu dans la figure 3* le mécanisme de la formation de la spirale de droite à gauche. Dans cette figure la troisième feuille de la spirale est située à droite de l'observateur lorsqu'il met devant lui la première feuille. Ceci est l'indice auquel on reconnaît facilement que la spirale est dirigée de droite à gauche, ainsi que je l'ai dit plus haut. Or, admettons que les feuilles *a′ a* et *c c′* restant dissociées comme elles le sont dans la figure 3, les feuilles *b′ b* soient dissociées d'une manière inverse; que la feuille *b'* soit plus haute que la feuille *b* ainsi que cela est représenté dans la figure 4, alors la première feuille *a'* du pentaphylle spiralé étant tournée vers l'observateur, la troisième feuille au-dessus ou la feuille *b* sera située à sa gauche, ce qui sera l'indice que la spirale tourne de gauche à droite. Cette inversion de l'ordre d'élévation des deux feuilles *b b'* déterminera un changement dans la déclinaison des deux feuilles *a c*, comme on voit que cela s'est effectué dans les analogues 2 et 5 (fig. 4*) de ces feuilles. Les feuilles 2 et 5, au lieu d'avoir décliné la première à gauche et la seconde à droite, comme cela se voit dans la figure 3*, ont décliné la première à droite et la seconde à gauche. Ainsi l'inversion de l'ordre d'élévation des deux feuilles *b b'* (fig. 4) entraîne l'inversion du côté vers lequel les deux feuilles *a* et *c* auront à décliner pour régulariser la spirale. Ce sont ces deux inversions qui produisent l'inversion de la spirale qui est alors dirigée de gauche à droite.

Le sens de la spirale qu'affectent les feuilles d'un scion ne change point ordinairement tant que continue son élongation terminale. Je n'ai observé qu'une seule exception à cette règle générale, et cette exception est des plus extraordinaires. Un arbuste grimpant des régions équatoriales, le *mimosa enteda*, dont une portion de tige m'a été communiquée par M. Turpin, a ses bourgeons disposés en spirale par cinq. Les feuilles sont donc disposées en pentaphylles spiralés. Or, le sens de la spirale change en passant d'un pentaphylle spiralé à celui qui le suit, ou qui le précède, en sorte que la spirale des feuilles est alternativement dirigée de droite à gauche et de gauche à droite. La figure 3 de la planche 14 représente une portion de cette singulière tige qui est volubile et dont les spires changent successivement de sens comme la spirale des feuilles. J'aurai lieu de m'occuper de nouveau de ce fait singulier dans le IX⁰ mémoire. Je reviens au fait presque général de la

persistance du sens primordial de la spirale qu'affectent les
feuilles dans chaque scion pendant toute son évolution.
C'est dans le bourgeon producteur du scion que s'opère la
dissociation des trois premières paires de feuilles opposées, et c'est le mode de cette dissociation qui détermine la
direction de la spirale. Ce premier phénomène accompli,
les feuilles qui naissent subséquemment du bourgeon terminal continuent à se disposer en pentaphylles spiralés
dans le sens de la spirale primordiale et sans aucun égard
à la place qu'elles auraient occupée si elles fussent restées
opposées croisées. Les causes qui déterminent la direction
de ce premier travail, lequel s'opère dans le bourgeon et
sur les germes infiniment petits des feuilles, ne sont point
de nature à être déterminées par l'observation.

Un fait important, et sur lequel je reviendrai plus bas,
découle de ces observations; c'est que tous les végétaux
dont les feuilles sont disposées en pentaphylles spiralés
successifs ont les germes invisibles de ces feuilles *opposés
croisés*. Il est évident en effet, que ces pentaphylles spiralés sont engendrés par la dissociation sécus-alterne des
feuilles opposées croisées. Il est évident en outre, que la
direction de la spire, tantôt de droite à gauche, tantôt
de gauche à droite, est produite par l'une ou par l'autre
des deux combinaisons que peut affecter le sens de dissociation de la seconde paire de feuilles avec les deux sens
inverses de dissociation de la première et de la troisième
paire de feuilles. Dans tout cela il y a un enchaînement de
faits tellement évident, il y a un ordre si bien établi dans
cet enchaînement, qu'on ne peut se refuser à y reconnaître la liaison nécessaire d'un *fait antérieur* à un *fait subséquent* qui en découle. L'existence actuelle du *fait subséquent*, qui est ici l'existence actuelle de la spirale composée de pentaphylles spiralés, indique donc nécessairement,
partout où il se montre, l'existence passée du *fait antérieur*,

qui est ici l'existence passée et transitoire de l'opposition croisée des germes invisibles des feuilles dans le bourgeon.

Il n'y a peut-être pas d'arbre à feuilles opposées qui n'offre quelquefois, dans ses scions vigoureux, la transition de cette disposition opposée des feuilles à la disposition en pentaphylles spiralés. Ce phénomène est très commun. Il n'en est pas de même de la transition de la disposition des feuilles en pentaphylles spiralés à leur disposition *opposée croisée*. Ce phénomène est rare. Je l'ai cependant observé une fois dans un scion de poirier chez lequel les feuilles avaient leur disposition normale dans le bas et étaient, dans le haut, opposées avec une légère dissociation sécus-alterne. Le même phénomène s'observe plus fréquemment dans les scions du *salix helix* L.

Pour apprécier avec justesse le mécanisme de ces diverses transitions d'une disposition des feuilles à une autre, il ne faut pas perdre de vue que c'est dans le bourgeon que ces transitions s'opèrent, et au moyen d'associations ou de dissociations des germes invisibles des feuilles. La nature nous offre ensuite au-dehors l'état dans lequel le développement a saisi et fixé ces germes. Les monstruosités sont alors, ou des dispositions qui étaient destinées par la nature à être transitoires et qui ont, pour ainsi dire, été *arrêtées en chemin* et rendues fixes, en sorte que la disposition normale n'a pas été atteinte; c'est ce qu'on appelle des *arrêts de développement*; ou bien ces dispositions accidentelles et monstrueuses sont des *excès de développement*, lesquels font subir aux germes des feuilles des déplacemens qu'ils n'étaient point destinés à éprouver dans l'état normal. Je déterminerai plus bas quelles sont celles de ces dispositions accidentelles des feuilles qui sont des *arrêts de développement*, et quelles sont celles qui sont des *excès de développement*.

On doit à Bonnet d'avoir, le premier, signalé le fait de la déclinaison des feuilles ; mais il n'a vu ce fait que dans un seul cas, qui est celui de la déviation des feuilles de la même verticale. J'ai dit que dans le pentaphylle spiralé (fig. 3* et 4* pl. 8) la feuille 1 est située sur la même ligne verticale que la feuille 6. C'est ainsi, en effet, que cela semble avoir lieu au premier coup-d'œil ; mais lorsqu'on y regarde de près, on s'aperçoit que ces deux feuilles 1 et 6 ne sont pas exactement sur la même verticale. La feuille 6 décline un peu, soit vers la droite, soit vers la gauche, selon le sens de la spirale. Cette déclinaison est ordinairement si peu considérable qu'on l'aperçoit à peine, surtout lorsqu'il y a une grande distance entre la feuille 1 et la feuille 6. Mais, dans certains cas, cette déclinaison est très marquée ; elle n'affecte pas seulement la sixième feuille, elle existe dans toutes les feuilles de la spirale, qui déclinent toutes alors dans le même sens. Cette déclinaison s'opère toujours dans le sens inverse de celui de la marche de la spire, en sorte qu'elle est toujours *rétrograde* par rapport à cette spire ascendante. Son effet ordinaire, lorsqu'elle est forte, est d'amener près de la ligne verticale de la première feuille la neuvième au-dessus. Alors la spirale, ainsi modifiée, paraît composée de huit feuilles. C'est ce qui a lieu dans l'état normal, chez le *laurus nobilis*, ainsi que cela se voit dans la figure 4 (planche 9). S'il n'y avait pas eu de déclinaison, la feuille 1 aurait été située sur la même ligne verticale que la feuille 6. Mais la déclinaison rétrograde ayant porté cette feuille vers le côté gauche du scion, et cette même déclinaison rétrograde ayant amené à-peu-près au milieu du scion la feuille 9, qui, sans cela, aurait été située vers le côté droit, il en résulte que cette feuille 9 se trouve située à-peu-près verticalement au-dessus de la feuille 1 ; il faut trois tours de spire pour l'atteindre. Cette spirale n'est réellement que la spirale fondamentale de cinq

feuilles, qui se trouve modifiée par la déclinaison. Il est
assez commun, en effet, de trouver accidentellement une
semblable disposition des feuilles sur les scions de certains
arbres qui, dans l'état normal, ont leurs feuilles disposées
en pentaphylles spiralés. Cela se voit, par exemple, assez
souvent sur les scions de l'abricotier, ainsi que Bonnet l'a
noté. Cet état anormal des scions de l'abricotier se trouve
être l'état normal des scions du *laurus nobilis*. D'après cela,
il n'est point surprenant de rencontrer quelquefois, chez ce
dernier arbre, le retour des feuilles à la disposition en pentaphylles spiralés, ainsi que je l'ai observé. Au reste, la
spirale décrite par les feuilles du *laurus nobilis*, et qui paraît s'accomplir en trois tours comprenant huit feuilles,
n'est réellement point complète, ainsi qu'on le verra
plus bas. La feuille 9 n'est point exactement située sur la
même verticale que la feuille 1 ; cette feuille 9 est située un
peu à droite de cette verticale, ainsi que cela se voit dans la
figure 4, pl. 9, en sorte qu'il faudra chercher plus haut la
feuille qui est véritablement située sur la même verticale
que la feuille 1.

La déclinaison générale des feuilles est toujours rétrograde, c'est-à-dire qu'elle s'effectue dans le sens inverse de
celui de la marche de la spire. Ce fait, qui est général, est
important à noter. La loi qui préside à cette déclinaison
est telle, que toutes les feuilles, en reculant vers celles qui
les précèdent dans la spire, se placent de manière à ce que
les lignes verticales sur lesquelles elles s'insèrent, compren-
nent entre elles des parties égales de la circonférence de la
tige ; il en résulte qu'en prenant pour point fixe la première
feuille, la déclinaison devient d'autant plus sensible qu'on
l'observe sur des feuilles plus élevées au-dessus de cette
première feuille, et cela parce que la feuille élevée que l'on
observe réunit la somme de toutes les déclinaisons des
feuilles qui sont au-dessous d'elle. Pour rendre ceci plus

facile à concevoir, j'emprunte à Bonnet la figure 3 (pl. 9),
qui représente un scion d'abricotier dont les feuilles ont
une déclinaison générale. Les feuilles *a b c d e* sont les premières feuilles de cinq pentaphylles spiralés successifs ; s'il
n'y avait pas eu de déclinaison, elles seraient situées sur la
ligne verticale de la feuille *a*. Or, toutes les feuilles ayant
reculé dans le sens de leur spire, d'une quantité fort petite, la feuille *b* présente dans la quantité de son recule-
ment ou de sa déclinaison la somme des déclinaisons des
feuilles qui sont au dessous d'elle, plus la déclinaison qui
lui est propre ; on en doit dire autant des feuilles *c, d, e* ;
cette dernière se trouve éloignée de la verticale de la feuille
a d'un quart de circonférence du scion. Cette quantité est
la somme des déclinaisons des 19 feuilles qui lui sont inférieures, plus la déclinaison qui est propre à la feuille *e*. Il
résulte de là que les feuilles *b c d e*, qui sont les premières des pentaphylles spiralés, étant considérées à part et
comparées entre elles, se trouvent avoir des déclinaisons
qui croissent avec régularité ; leur série décrit véritablement une spirale autour du scion, auquel il ne manque
qu'une plus grande longueur pour qu'on voie le tour de la
spire s'accomplir. Ce fait n'a point échappé à la sagacité
de Bonnet. On conçoit facilement que si les premières
feuilles de chaque pentaphylle spiralé, considérées à part,
forment ici une spirale, il en doit être de même des secondes feuilles de chaque pentaphylle spiralé ; qu'il en doit
être de même des troisièmes, des quatrièmes et des cinquièmes feuilles également considérées à part ; en sorte que
l'on trouve ici cinq spirales parallèles dont les spires sont
très allongées. Je donne à ces nouvelles spirales le nom de
spirales par déclinaison, pour les distinguer des *spirales par
dissociation* auxquelles appartient la spirale composée de
pentaphylles spiralés, que je viens d'étudier, et auxquelles appartient de même la spirale composée de tri-

phylles spiralés, à l'étude de laquelle je passe actuellement.

J'ai fait remarquer plus haut que lorsque les feuilles opposées croisées sont dissociées d'une manière *sécus-alterne*, elles offrent les élémens de deux spirales différentes ; les cinq feuilles comprises entre la première et la sixième qui est située verticalement au-dessus, forment le pentaphylle spiralé, élément de la spirale dans laquelle la première feuille correspond à la sixième. Les trois feuilles comprises entre la feuille la plus haute de la première paire dissociée et la quatrième feuille qui est située verticalement au-dessus, forment le triphylle spiralé, élément de la spirale dans laquelle la première feuille correspond à la quatrième au-dessus. Pour suivre le mode de formation de cette seconde spirale, je commence à compter par la feuille *a*, (figure 3, pl. 8), qui est la plus haute de la paire de feuilles dissociées *a'*, *a*, et qui correspond sur la même ligne verticale à la feuille *c*. Transportons-nous pour cela à la fig. 5 (pl. 8), dans laquelle ces feuilles *a* et *c*, qui sont, dans la figure 3, derrière le scion, sont représentées en avant. Ce nouveau scion d'érable offre en bas des feuilles dissociées d'une manière sécus-alterne, et en haut des feuilles disposées en *triphylle spiralé*. En partant de la feuille *a* pour suivre les feuilles supérieures dans leur ordre d'élévation jusqu'à la feuille *c*, qui est située sur la même ligne verticale, on leur trouvera l'ordre suivant : *a*, *b'*, *b*, *c*. La feuille *c*, qui termine ici la spirale, est la quatrième au-dessus de la première feuille *a* de cette spirale, laquelle ne fait qu'un seul tour sur le scion. Or, cette spirale n'est pas régulière ; les feuilles qui la composent ne sont pas situées sur des verticales qui partagent la circonférence du scion en trois parties égales. En effet, les deux feuilles *a* et *c* étant et devant demeurer sur la même ligne verticale, les feuilles *b'* et *b* sont situées sur des verticales qui n'en sont éloignées cha-

cune que d'un quart de circonférence, au lieu d'en être
éloignées d'un tiers de circonférence du scion, comme cela
est nécessaire pour que le triphylle spiralé soit régulier. Il
faut donc, pour opérer cette régularisation, que les feuilles
b' et b déclinent vers la partie du scion qui est ici la postérieure jusqu'à ce que leurs verticales soient éloignées d'un
tiers de circonférence de la verticale des feuilles immobiles
a c. C'est en effet ce qui s'effectue plus haut et le triphylle
spiralé se trouve régularisé, comme on le voit dans la disposition des feuilles 1, 2, 3, 4. Ici la spire qui commence
par la feuille a et qui va de là à la feuille b' marche de
droite à gauche; souvent aussi elle marche de gauche à
droite; c'est ce qui arrive lorsque dans la paire de feuilles
dissociées b' b la feuille b est plus basse que la feuille b', au
lieu d'être plus haute qu'elle. Cette disposition du triphylle
spiralé de gauche à droite est représentée par la figure 6
(planche 8). Ainsi dans le triphylle spiralé, comme dans le
pentaphylle spiralé, la direction de droite à gauche ou de
gauche à droite de la spire dépend essentiellement de l'ordre d'élévation dans lequel se disposent, l'une par rapport
à l'autre, les deux feuilles dissociées de la seconde paire, en
prenant pour première paire celle qui fournit la première
feuille, ou la feuille la plus basse de la spire.

   On peut supposer par la pensée que les trois feuilles qui
entrent dans la composition d'un triphylle spiralé, que les
cinq feuilles qui composent un pentaphylle spiralé seraient
ramenées à la même hauteur verticale par la disparition
des mérithalles qui les séparent; alors il y aurait, dans le
premier cas, un verticille de trois feuilles, et dans le second
cas un verticille de cinq feuilles. L'observation réalise cette
supposition par rapport au triphylle spiralé, que j'ai vu devenir un verticille ternaire, chez plusieurs végétaux dont
les feuilles sont opposées dans l'état normal. L'érable étant
encore de ce nombre, je continuerai à le prendre pour spe-

cimen. La figure 1 (planche 9) représente un scion de cet arbre, dont les feuilles sont disposées en triphylles spiralés. Or, il arrive assez souvent que ces triphylles spiralés qui occupent la longueur du scion se séparent les uns des autres par le grand développement en longueur du mérithalle qui sépare le premier triphylle du second, le second du troisième, le troisième du quatrième, etc. Ces mérithalles plus longs que les autres apparaissent ainsi entre les feuilles 3 et 4, 6 et 7, 9 et 10, etc. Lorsque cela arrive, les feuilles 4, 5, 6, qui composent le second triphylle spiralé, ne restent point disposées comme on le voit dans la figure 1, elles font toutes ensemble un sixième de révolution sur la circonférence du scion en déclinant soit à droite soit à gauche. Il en résulte que ces feuilles 4, 5, 6, se trouvent portées sur des lignes verticales exactement intermédiaires à celles sur lesquelles sont situées les feuilles du premier triphylle spiralé 1, 2, 3, et les feuilles 7, 8, 9 du second triphylle spiralé, comme on le voit dans la figure 2 (planche 9). Le quatrième triphylle spiralé aura ses feuilles 10, 11, 12 sur la même ligne verticale que les feuilles 4, 5, 6 du second. Ainsi les triphylles spiralés séparés les uns des autres par un long mérithalle se correspondent verticalement de deux en deux. Telle était la disposition des feuilles dans le bas du scion qui est représenté ici; dans la partie supérieure de ce scion, les trois feuilles de chaque triphylle spiralé, rapprochées les unes des autres et ramenées à la même hauteur verticale, formaient des verticilles parfaits, comme on le voit dans la figure 2*. J'ai observé de même chez le frêne (*fraxinus excelsior*) ces divers degrés de transition entre la disposition opposée des feuilles, et leur disposition en verticilles ternaires. La clématite (*clematis vitalba*), la viorne obier (*viburnum opulus*) et le sureau (*sambucus nigra*), dont les feuilles sont opposées dans l'état normal, m'ont offert plusieurs fois des scions sur lesquels les feuilles étaient disposées en verticilles ternaires, mais je n'y ai point vu les divers degrés de la transition entre ces deux dispositions des feuilles. Cette transition s'était opérée dans le bourgeon et sur les germes invisibles des feuilles. Dans tous ces exemples de transmutation des feuilles *opposées croisées* en feuilles disposées en verticilles ternaires, j'ai vu que les bourgeons axillaires des feuilles verticillées produisaient toujours des scions qui reprenaient l'état normal du végétal, c'est-à-dire la disposition *opposée croisée* des feuilles. J'ai vu, et cela est fort remarquable, que tant que la tige à verticilles ternaires s'accroît par le développement de son bourgeon terminal, elle continue de posséder son état de transmutation. J'ai observé ainsi pendant quatre années l'accroissement d'une tige d'érable qui possédait des verticilles ternaires. Chaque année le bourgeon terminal, après son repos d'hibernation, développait au printemps un nouveau scion à verticilles ternaires, tandis que tous les scions nés des bourgeons latéraux ne présentaient que des feuilles opposées. J'ai fait la même observation chez le frêne. Ainsi la cause qui a opéré la transmutation agit sans discontinuité dans le sens de l'accroissement terminal de la tige, tandis que son influence est interrompue dans le sens de l'accroissement latéral. Ici le végétal reprend son état normal.

J'ai jusqu'ici considéré les transmutations qui viennent d'être étudiées comme n'affectant que les feuilles ; mais ces organes appartenant aux mérithalles qu'ils terminent, ceux-ci doivent aussi participer à cette transmutation. C'est effectivement ce que l'observation m'a démontré. Les mérithalles naissans de tous les végétaux offrent dans leur système central un certain nombre de faisceaux ligneux, isolés les uns des autres, et entourant la moelle, à laquelle ils forment, dans la suite, un canal complet par leur réunion.

Chez les mérithalles naissans de la clématite, on observe douze faisceaux ligneux : il y en a six gros et six petits,

comme on le voit dans la figure 7 (planche 2), qui représente la coupe transversale de l'un de ces mérithalles.
Comme il n'y a que deux feuilles opposées à chaque mérithalle, chacune d'elles correspond ainsi à six faisceaux ligneux. Or, j'ai observé que chez les mérithalles naissans du
même végétal, qui portent accidentellement des feuilles disposées en verticilles ternaires, il y avait dix-huit faisceaux
ligneux. Ici la feuille surnuméraire avait amené avec elle
six nouveaux faisceaux ligneux; ceci prouve que chaque
feuille possède, dans le mérithalle qu'elle termine, des faisceaux ligneux qui lui appartiennent en propre, et qui la
suivent dans tous ses déplacemens. Lorsque le mérithalle ne
possède qu'une seule feuille, tous ses faisceaux ligneux sont
en rapport avec sa feuille unique ou lui appartiennent. Ainsi,
s'il arrivait que les feuilles opposées de la clématite se dis-
sociassent, comme on l'a vu plus haut, chez l'érable, les
mérithalles, terminés par une seule feuille, n'auraient plus
que six faisceaux ligneux, au lieu de douze qu'ils possèdent
dans l'état normal. On doit donc considérer chaque mérithalle à feuilles opposées comme formé par la réunion et par
la soudure intime de deux mérithalles à feuille unique; on
ne peut en effet se refuser à reconnaître que dans le mérithalle de clématite pourvu accidentellement de trois feuilles
verticillées, il y a eu adjonction et soudure intime de six
faisceaux ligneux appartenant à un mérithalle à feuille unique qui était destiné, dans l'état normal, à faire partie d'un
autre mérithalle, lequel eût possédé deux feuilles opposées.
Ainsi on doit reconnaître que ce ne sont pas seulement les
feuilles qui se déplacent, dans les transmutations que l'on
vient d'observer, mais que ces déplacemens des feuilles sont
accompagnés du déplacement des mérithalles ou des portions de mérithalle auxquels elles appartiennent. Ces observations prouvent que primitivement chaque germe de
feuille a son germe de mérithalle dont elle est l'appendice

et qui forme avec elle un tout organique individuel et isolé.
C'est l'*embryon gemmaire* végétal pourvu d'une seule feuille.
Son isolement primitif est suffisamment prouvé par les déplacemens qu'on lui voit souvent éprouver. Deux de ces
embryons gemmaires, associés et intimement soudés l'un à
l'autre, forment les mérithalles à feuilles opposées ; ces
mêmes *embryons gemmaires*, associés par trois, par quatre,
par cinq, etc., forment les mérithalles dont les feuilles sont
verticillées. Je reviendrai plus bas sur ces faits importans.

· On a vu, par les observations précédentes, que la disposition des feuilles en triphylles ou en pentaphylles spiralés, et leur disposition en verticilles ternaires, tirent
leur origine, par transmutation, de la disposition opposée-croisée des feuilles. Il est infiniment probable que les
verticilles dont les feuilles sont plus nombreuses ont la
même origine. En effet, les verticilles ternaires, en se dou-
blant, en se triplant, produiront des verticilles de six et
de neuf feuilles. D'un autre côté, on peut concevoir que
le pentaphylle spiralé produise, en se contractant, le verticille de cinq feuilles, comme on voit la contraction du
triphylle spiralé produire le verticille de trois feuilles. L'a-
nalogie est ici tellement évidente qu'elle peut suppléer à
l'observation directe qui manque à cet égard. Ainsi tous
les verticilles offriront exclusivement les nombres 3 et 5 et
leurs multiples. Cela n'a point toujours lieu dans les verticilles des feuilles, parce que, chez eux, il y a de fréquens
avortemens ; ils ne sont pas toujours *complets*, mais les
nombres ci-dessus se retrouvent constamment dans les verticilles floraux, lorsqu'ils sont *complets*. Ainsi, sans sortir
des bornes d'une légitime induction, on peut affirmer que
tous les verticilles tirent leur origine, par transmutation,
de la disposition *opposée-croisée* des feuilles. Voyons actuellement d'où provient leur disposition alterne.

Les feuilles alternes peuvent être considérées comme des

feuilles opposées sur deux côtés seulement de la tige, et qui se sont dissociées toutes dans le même ordre; en sorte qu'elles alternent d'un côté à l'autre dans leur succession en hauteur. La vérité de cette théorie m'a été démontrée par l'observation du *potamogeton densum*. Les feuilles de cette plante aquatique sont opposées sur deux côtés seulement de la tige. Or j'ai observé assez souvent que, lorsque cette plante végète avec beaucoup de vigueur et que ses tiges sont très allongées, ses feuilles opposées se dissocient et deviennent alternes. Il est donc certain que cette dernière disposition des feuilles est le résultat de leur dissociation; leurs germes ont dû être opposés sans croisement dans le bourgeon. Mais cette disposition opposée, sur deux côtés seulement de la tige, disposition qui, par son extrême rareté, semble tant coûter à la nature, est-elle une disposition primitive? je pense que non, et je prouve mon opinion à cet égard par l'observation suivante.

Les feuilles de l'orme *(ulmus campestris)* sont alternes. Or cet arbre, nouvellement sorti des enveloppes de sa graine, ne possède dans le cours de sa première année que des feuilles opposées-croisées; j'ai observé jusqu'à huit paires de feuilles ainsi opposées chez ces jeunes arbres. Dans la seconde année, et quelquefois vers la fin de la première, les feuilles deviennent alternes. Cette transmutation est brusque, en sorte qu'on ne voit point la manière dont elle s'opère. Le mécanisme de cette transmutation a donc lieu dans le bourgeon et sur les germes invisibles des feuilles. Il est évident, d'après ce qui a été exposé plus haut, que la disposition opposée-croisée des germes doit se changer en disposition opposée sur deux lignes seulement, et celle-ci se change en disposition alterne, par la dissociation des feuilles de chaque paire. Ainsi la disposition alterne des feuilles dérive aussi de la disposition opposée-croisée.

Jusqu'ici je n'ai parlé que des spirales simples décrites

17.

par les insertions des feuilles sur les tiges; quelquefois ces
insertions des feuilles décrivent des spirales multiples et
parallèles entre elles. Bonnet a, le premier, noté l'existence
de ces spirales parallèles chez les pins. Il a vu, sur les in-
dications de Calandrini, que, chez le pin *(pinus sylvestris)*,
les feuilles sont disposées selon trois spirales parallèles, et
que, dans chacune de ces spirales, la première feuille correspond à la huitième au-dessus; il a vu que, chez le sapin
(pinus abies), les feuilles sont disposées selon cinq spirales
parallèles. M. De Candolle, dans son Organographie végétale, cite des spirales sextuples, observées chez quelques
euphorbes; des spirales octuples, observées chez quelques
aloès; et enfin il a compté treize spirales parallèles dans
les fleurs du chaton mâle du cèdre du Liban. Il s'agit de
savoir quelle est l'origine de ces diverses spirales multiples.
Ici, pour servir de guide dans les recherches, se trouve
l'important travail de M. Alexandre Braun, intitulé *Examen comparatif de la disposition des écailles sur les cônes
des pins, pour servir d'introduction à la disposition des
feuilles en général.* (1)

Un cône de pin ou de sapin présente à la vue des écailles
disposées en spirales parallèles. Les plus apparentes de ces
spirales sont : 1° cinq spirales parallèles, dirigées de droite
à gauche, sur la partie antérieure du cône; 2° huit spirales
parallèles, dirigées de gauche à droite, et plus redressées
que les précédentes. Cette direction de ces deux ordres de
spirales parallèles s'observe chez le *pinus sylvestris* L. et
chez le *pinus pinea* L. Les mêmes spirales ont une direction
inverse chez le *pinus maritima* (Lamarck) et chez le *pinus
abies* L. En regardant avec plus d'attention, on découvre

<hr>

(1) Cet ouvrage est écrit en allemand; on en trouve un extrait fait par
M. Ch. Martius dans les Archives de Botanique de M. Guillemin, avril 1833,
t. 1, p. 317.

trois spirales parallèles plus rapprochées de l'horizontalité
que les cinq spirales, et tournant en sens contraire. Plus
rapprochées encore de l'horizontalité se trouvent deux spirales parallèles, tournant en sens inverse des trois spirales;
enfin on arrive à une spirale unique, tournant en sens inverse des deux spirales parallèles, et qui passe par toutes
les écailles du cône. Cette spirale unique est nommée, par
M. Braun, *spirale génératrice ;* c'est d'elle, en effet, que
dérivent tous les ordres de spirales parallèles que je viens
d'énumérer, et auxquels il faut ajouter treize spirales parallèles, tournant en sens inverse des huit spirales parallèles et dont la spire s'approche de la verticalité. Ainsi,
outre la spirale fondamentale ou génératrice, le cône de pin
offre cinq ordres de spirales parallèles, dont les spires se
redressent de plus en plus de la position presque horizontale vers la position presque verticale. Chacun de ces ordres
de spirales marche en sens inverse de celui qu'affecte l'ordre qui le précède et celui qui le suit.

1er Ordre, deux spirales parallèles.
2e Ordre, trois spirales parallèles.
3e Ordre, cinq spirales parallèles.
4° Ordre, huit spirales parallèles.
5e Ordre, treize spirales parallèles.

Les spires de la spirale génératrice sont extrêmement rapprochées les unes des autres, et il résulte de ce rapprochement qu'il s'établit des rapports de série spiralée entre les
écailles des tours successifs; rapports qui seraient restés
inaperçus, si les tours de la spire génératrice avaient été
très éloignés les uns des autres. M. Braun a donc raison
de considérer toutes ces spirales parallèles comme *des ap-
parences mensongères , des suites fictives,* comme *un résultat
secondaire de la disposition primitive des écailles.* Je reconnais avec lui que la spirale génératrice indique seule la disposition et les rapports véritables des écailles du cône.

C'est donc cette spirale génératrice qu'il est important d'é-
tudier. M. Braun a vu que les écailles qui se suivent dans la
spire ascendante de cette spirale génératrice ont leurs verticales éloignées les unes des autres de huit vingt-unièmes
de la circonférence du cône ; d'où il résulte que pour trouver, en montant, une écaille qui soit sur la même verticale
que la première, il faut remonter jusqu'à la vingt-deuxième
écaille, après avoir fait huit tours de spire. M. Braun a
constaté la similitude qui existe entre la disposition des
écailles sur le cône et la disposition des feuilles sur la tige
de l'arbre auquel ce cône appartient (1). On va trouver, en
effet, cette même spirale génératrice dans la disposition
des feuilles sur la tige des pins ; il n'y aura d'autre différence
entre mes résultats et ceux auxquels est arrivé M. Braun
que celle qui doit résulter nécessairement de la différence
mathématique qui existe entre un cylindre et un cône.

J'ai représenté, dans la figure 5, planche 9, la disposition des feuilles sur la tige du *pinus sylvestris*. La tige est
très grossie, et les feuilles sont placées dans un état d'é-
cartement suffisant pour rendre facile l'appréciation de
leurs rapports, qui, du reste, sont ici soigneusement re-
produits. On ne voit, dans cette figure, que les origines
des feuilles situées à la partie antérieure de la tige. Celles
de ces feuilles *géminées* qui ont leur origine à la partie postérieure sont, dans la figure, déjetées de côté, et elles
émergent de derrière la tige à la hauteur de leur origine.
Les feuilles, par l'ordre dans lequel elles sont numérotées,
indiquent la marche de la spirale fondamentale ou généra-

---

(1) Les écailles des cônes sont indubitablement [des feuilles transformées ,
ainsi que l'a dit M. de Mirbel. J'ai trouvé des cônes monstrueux du *pinus sylvestris*, dont toutes les écailles portaient une feuille à leur pointe, là où l'on
voit une sorte d'épine obtuse. C'est cette dernière qui est la feuille avortée.
L'écaille est la base élargie de cette feuille.

trice. Cette marche est ici de gauche à droite sur la face antérieure de la tige. Pour reconnaître quel est l'*élément* de cette
spirale, il est nécessaire de rappeler ici certains faits qui
ont été exposés plus haut.

J'ai reconnu deux *élémens* aux spirales simples : 1° le
triphylle spiralé ; 2° le *pentaphylle spiralé*. On a vu que la
spirale *par dissociation* se trouve modifiée, lorsque les feuilles qui la composent sont affectées d'une déclinaison générale : elle devient alors une spirale *par déclinaison*. Ainsi,
une spirale qui est réellement composée de pentaphylles
spiralés, et dont, par conséquent, la première feuille doit
correspondre verticalement avec la sixième au-dessus, peut
changer tellement au moyen de la *déclinaison rétrograde*,
que ce soit la neuvième feuille qui corresponde verticalement à-peu-près avec la première. C'est ce dont j'ai cité un
exemple remarquable chez le *laurus nobilis* (figure 4, pl. 9).
la plus légère attention suffit pour faire voir que la spirale
fondamentale des feuilles du *pinus sylvestris* a pour élémens
des *pentaphylles spiralés* altérés par la *déclinaison rétrograde*.
En effet, suivons dans la figure la spirale des feuilles dont
la marche ascendante est marquée par leurs numéros, nous
voyons que la feuille 6 n'est pas située au-dessus de la
feuille 1, comme cela devrait avoir lieu si les cinq premières feuilles composaient un pentaphylle spiralé. Cette sixième feuille décline, d'une quantité qui se trouve être de
deux vingt-unièmes de la circonférence de la tige, à gauche de la verticale de la feuille 1. C'est ce que l'on peut
voir en jetant un coup-d'œil sur la figure 6 (planche 9), qui
représente la coupe horizontale de la tige : les numéros
des feuilles sont placés sur les verticales que ces feuilles
occupent. On remarquera que cette déclinaison vers la
gauche de la feuille 6 est dans le sens inverse de la marche
de la spirale, et que, par conséquent, cette déclinaison est
rétrograde, ainsi que cela a toujours lieu lorsqu'elle existe.

On remarquera, en outre, que la feuille 9 est presque sur
la même verticale que la feuille 1 ; sa verticale n'en est
éloignée que de un vingt-unième de la circonférence de la
tige. Or, cette disposition des feuilles est exactement celle
que j'ai notée chez le *laurus nobilis* (figure 4, pl. 9) ; chez
ce dernier arbre, la feuille 6 est amenée à gauche de la verticale de la feuille 1 par une déclinaison rétrograde, et la
feuille 9 est amenée par la même déclinaison presque à la
verticale de la feuille 1. Il n'y a donc pas de doute que la
disposition des feuilles ne soit exactement pareille chez le
laurus nobilis et chez le *pinus sylvestris.* Or, chez le premier
arbre, la spirale a pour élément primitif le *pentaphylle spi-*
ralé, il en est donc de même chez le second arbre. Il n'y a
de différence réelle, entre les spirales des feuilles de ces
deux arbres, que dans l'obliquité plus ou moins grande de
leurs spires et dans la grosseur relative de leurs tiges, relativement à l'obliquité de ces spires. Chez le *laurus nobilis*,
le scion ou la tige nouvelle est petite, et la spire est très
redressée ; chez le *pinus sylvestris*, la tige nouvelle est
grosse, et la spire est tellement couchée qu'elle paraît voisine de l'horizontalité. Si le *laurus nobilis* avait un gros
scion et une spire presque horizontale, ses feuilles offriraient
les mêmes spirales multiples et parallèles que l'on voit sur
les tiges nouvelles du *pinus sylvestris* et de la plupart des
autres pins. Il n'est donc pas douteux que la spire fondamentale qui engendre les spirales multiples, dans la disposition des feuilles chez les pins , n'ait pour élément consti-
tutif le *pentaphylle spiralé*. Dès lors, toutes les spirales
multiples se rattachent au mode d'origine de ce *pentaphylle*
spiralé. Toutes ces spirales parallèles, ainsi que la spirale
génératrice qui leur sert de base, sont des *spirales par dé-*
clinaison. Dans la spirale génératrice, les feuilles qui se suivent dans l'ascension de la spire ont leurs verticales éloignées, les unes des autres, de huit vingt-unièmes de la cir-

conférence de la tige. Dans le pentaphylle spiralé, les feuilles qui se suivent dans l'ascension de la spire ont leurs verticales éloignées, les unes des autres, de deux cinquièmes ou de huit vingtièmes de la circonférence de la tige. Il n'y a donc qu'une différence bien légère, sous le point de vue de l'écartement des verticales des feuilles consécutives, entre le pentaphylle spiralé et la *spirale génératrice* dont il est ici question.

Passons actuellement en revue ces diverses spirales que décrivent les feuilles de plusieurs pins sur les jeunes tiges de ces arbres. La figure 5 (planche 9) offre leur disposition rendue sensible par l'amplification de la tige.

La première est la spirale génératrice qui est simple et qui marche ici de gauche à droite. La 22e feuille de cette spirale correspond verticalement à la première. Les numéros des feuilles indiquent, par leur succession, la marche ascendante de la spirale qui fait ici huit tours complets. De cette spirale génératrice dérivent les cinq ordres de spirales parallèles qui suivent.

Le premier ordre de spirales offre deux parallèles qui marchent de droite à gauche. La plus basse des deux parallèles suit les numéros impairs des feuilles ; dans cette spirale, la première feuille correspond verticalement à la 22e au-dessus, après huit tours de spire; cette 22e feuille est la 43e de la spire génératrice, laquelle a fait ici 16 tours. La plus haute de ces deux spirales parallèles suit les numéros pairs des feuilles de la spirale génératrice.

Le second ordre de spirales offre trois parallèles qui marchent de gauche à droite. La plus basse des trois parallèles suit les feuilles numérotées 1, 4, 7, 10, 13, 16, 19, 22. Dans cette spirale, la première feuille correspond verticalement à la huitième au-dessus après trois tours de spire. Cette huitième feuille de la spirale est la 22e de la spirale génératrice, laquelle a fait huit tours. Les feuilles numéro-

tées 2 et 3 servent de commencement aux deux autres parallèles. C'est cette spirale triple qui est la plus apparente
dans la disposition des feuilles chez le *pinus sylvestris* et
chez plusieurs autres pins.

Le troisième ordre de spirales offre cinq parallèles qui
marchent de droite à gauche. La plus basse de ces cinq spirales suit les feuilles numérotées 1, 6, 11, 16, 21, etc. Dans
cette spirale, la première feuille correspond verticalement
à la 22ᵉ au-dessus après quatre tours de spirale. Cette 22ᵉ
feuille est la 106ᵉ de la spirale génératrice qui a fait ici 40
tours. Les quatre autres spirales parallèles commencent par
les feuilles numérotées 2, 3, 4, 5. Ce sont ces cinq spirales
parallèles qui sont les plus apparentes dans la disposition
des feuilles chez le sapin (*pinus abies*). Bonnet a dit que
dans chacune de ces spirales la première feuille correspondait verticalement à la douzième au-dessus ; c'est une erreur.

Le quatrième ordre de spirales offre huit spirales parallèles qui marchent de gauche à droite. La plus basse des
huit suit les feuilles numérotées 1, 9, 17, etc. Elle monte
ici presque verticalement. Dans cette spirale, la première
feuille correspond verticalement, après un seul tour de
spire, à la 22ᵉ au-dessus, qui est la 169ᵉ de la spirale génératrice, laquelle a fait ici 64 tours. Les sept autres parallèles commencent par les feuilles numérotées 2, 3, 4, 5, 6, 7, 8.

Le cinquième et dernier ordre de spirales offre treize
spirales parallèles qui marchent de droite à gauche, et qui
s'approchent encore plus de la verticale que celles de l'ordre
précédent. La plus basse de ces treize spirales ne présente
sur la figure que deux feuilles numérotées 1 et 14 ; les autres 27, 40, etc., sont trop hautes pour être vues ici. Dans
cette spirale, la première feuille correspond verticalement
après un seul tour de spire, à la 22ᵉ au-dessus, qui est la
190ᵉ de la spirale génératrice, laquelle a fait ici 72 tours.
Les douze autres spirales parallèles commencent par les

feuilles numérotées 2, 3, 4, 5, 6, 7, 8, 9, 10, 11, 12, 13.

Les spirales cessent d'être facilement apercevables, lorsque leurs spires se rapprochent de l'horizontalité ou de la
verticalité; elles sont dans les conditions les plus favorables
pour être vues et appréciées, lorsque leurs spires ont une
obliquité moyenne, ou qui est entre ces deux extrêmes.
Or, les spirales que je viens d'examiner, ayant naturellement dans leurs spires une obliquité qui croît comme les
numéros d'ordre de ces spirales, ou, en d'autres termes, les
spirales les plus multiples étant aussi les plus redressées,
il en résulte que l'un quelconque de ces ordres de spirales
ne peut posséder l'*obliquité moyenne* dont je viens de
parler, qu'en altérant l'obliquité des ordres de spirales qui
lui sont inférieurs, ou qui lui sont supérieurs. Donnez, par
exemple, au troisième ordre de spirales cette obliquité
moyenne des spires qui rende ces spirales très apparentes,
les spirales du premier et du second ordre, ayant alors leurs
spires rapprochées de l'horizontalité, cesseront d'être facilement apercevables; amenez, par une concentration extrême, les treize spirales parallèles du cinquième ordre à
posséder l'*obliquité moyenne* des spires, elles deviendront
prédominantes, et les spirales des ordres inférieurs disparaîtront par l'horizontalité presque absolue de leurs spires.
Faites le contraire, donnez l'obliquité moyenne à la spirale
fondamentale ou génératrice, toutes les spirales multiples
disparaîtront par la verticalité presque absolue de leurs
spires, et la spirale fondamentale ou génératrice paraîtra
seule, comme cela a lieu chez le *laurus nobilis* (figure 4,
planche 9).

Tous les pins chez lesquels les feuilles sont disposées en
spirales parallèles possèdent donc à-la-fois tous les ordres
de spirales multiples que je viens d'énumérer; mais ce
sont spécialement les deux ordres de spirales triple et quintuple qui sont apparens dans la disposition de leurs feuil-

les. L'ordre triple domine chez le *pinus sylvestris*, chez le *pinus maritima*, chez le *pinus pinea*; l'ordre quintuple domine chez le *pinus abies*. Dans les cônes de tous les pins ce sont les ordres quintuple et octuple qui dominent dans la disposition spiralée des écailles; cela provient du rapprochement plus considérable des spires dans ces cônes, qui sont des tiges contractées. Enfin, dans les chatons du cèdre du Liban, qui doivent être considérés comme des tiges encore plus contractées, ce sont les treize spirales parallèles qui deviennent seules apparentes; toutes les autres à spires plus couchées ont disparu par l'effet de la contraction de la tige.

M. Braun, après avoir fait voir quelles sont les lois qui régissent la disposition des écailles dans les cônes des pins, fait voir que ces lois s'appliquent à la disposition des feuilles chez toutes les plantes, et notamment à la disposition des fleurs sur les réceptacles des composées. Il fait voir, en outre, que les mêmes lois s'appliquent aux involucres verticillés, qui sont indubitablement des spirales aplaties. Ainsi, M. Braun a fait voir qu'à partir des cotylédons les organes appendiculaires de la plante forment une spire non interrompue, soumise à des rapports numériques dont il a donné les expressions; mais il n'a point aperçu la marche que suit la nature dans les transitions de cette spire d'une forme à une autre : il a vu, par des concordances numériques, que les dispositions si diverses des feuilles chez les végétaux dépendaient d'un principe unique, ou d'un fait fondamental, mais il n'a point déterminé ce principe, ce fait fondamental; il a vu que les spirales multiples des cônes des pins tirent leur origine d'une *spirale génératrice*, mais il n'a point remonté à l'origine, à la formation de cette spirale génératrice. J'ai accompli plus haut ce dernier travail, en prouvant que la *spirale génératrice* dont il est ici question dérive, par déclinaison, du *pentaphylle spiralé*; et, comme ce dernier dérive, en dernière analyse, de la disposition *opposée-croisée* des germes invisibles des feuilles dans le bourgeon, il en résulte que cette disposition *opposée-croisée* des germes est le *principe unique*, le *fait fondamental* duquel dérivent toutes les dispositions des feuilles chez les végétaux. Ce fait, que *l'observation visuelle* n'aurait jamais pu démontrer, et qui est ici prouvé de la manière la plus incontestable par *l'observation rationnelle*, est de la plus grande importance, en physiologie, par les déductions qui en découlent; attachons-nous à les suivre dans leur enchaînement.

Le germe de feuille et le germe de mérithalle, dont cette feuille est l'appendice, forment par leur ensemble l'*embryon végétal gemmaire*.

Deux embryons gemmaires associés forment un embryon gemmaire double (*feuilles opposées*); deux autres embryons gemmaires associés, et dont la ligne d'union croise la ligne d'union des deux premiers, donnent naissance à la disposition *opposée-croisée* des embryons (*feuilles opposées-croisées*).

Dans cet état d'opposition croisée, les embryons sont associés, mais ne sont point unis; ils sont libres, puisqu'ils peuvent se dissocier de diverses manières. Les embryons gemmaires sont donc primitivement isolés et libres d'adhérence; ils ont leur individualité. Les deux embryons gemmaires associés sont nécessairement produits simultanément; ils n'ont l'un sur l'autre aucune autorité d'existence; aussi, lorsqu'ils cessent d'être accolés latéralement, se greffent-ils l'un sur l'autre, tantôt le gauche sur le droit, tantôt le droit sur le gauche. C'est ce que j'ai fait voir plus haut, en déterminant la cause qui fait qu'une spirale marche presque indifféremment de gauche à droite, ou de droite à gauche. Ainsi, de ce qu'un mérithalle à feuille unique fait suite à un autre mérithalle semblable, il ne faut pas conclure qu'il a été produit ou engendré par lui; dans la moitié des cas, c'est un *frère* qui est greffé sur son frère, au lieu de lui être accolé, ainsi qu'il y était originairement destiné. Les embryons gemmaires sont nécessairement *gémeaux*. Il paraît probable qu'ils sont produits ou engendrés par la paire d'embryons gemmaires qui les précède, et dont la ligne d'union croise la leur à angle droit.

De ce que les embryons gemmaires sont nécessairement *gémeaux* il résulte : 1° que les embryons dicotylédons possèdent l'état primitif d'opposition; 2° que les embryons monocotylédons ont déjà fait le premier pas dans la série des transmutations de l'ordre primitif des feuilles; chez eux, la feuille cotylédonaire est unique, ou, quand il y en a deux, elles sont alternes; 3° que les embryons polycotylédons, tels que ceux des pins, ont déjà suivi dans l'infiniment petit une longue série de transmutations, pour arriver de la disposition primitivement opposée des germes embryonaires à leur disposition verticillée. Ces embryons polycotylédons sont véritablement des embryons multiples; ce sont des embryons gemmaires associés en nombre déterminé, et qui n'ont pu parvenir à cette association qu'en suivant les lois qui président à la formation des verticilles, lois que j'ai indiquées plus haut.

Si l'on veut une preuve incontestable de la disposition primitivement *opposée-croisée* des embryons gemmaires chez les végétaux monocotylédons, on la trouvera dans cette considération, que plusieurs de ces végétaux ont leurs feuilles disposées en pentaphylles spiralés, dès qu'ils sortent des enveloppes de la graine. Telle est, par exemple, l'asperge (*asparagus officinalis*) (1). Or, j'ai prouvé plus

---

(1) Je n'entends parler ici que des feuilles *squammeuses* qui sont les *feuilles stipules* de l'asperge, et non des feuilles linéaires qui sont des rameaux métamorphosés ou des *feuilles ramulés*. Voyez plus haut, page 201, la distinction que j'ai établie entre ces deux sortes de feuilles.

haut que le pentaphylle spiralé dérive nécessairement de
la disposition *opposée-croisée* des germes des feuilles.

Ainsi, sous le point de vue de la conservation de la disposition originelle, les végétaux dicotylédons marchent en
première ligne. Chez eux, l'association binaire primitive
des embryons gemmaires existe toujours dans l'état cotylédonaire; elle continue assez souvent de persister chez le
végétal parfait; plus souvent cet état primitif subit des
transmutations diverses, mais la manière dont ces transmutations s'opèrent permet, dans certains cas, de remonter à leur source, c'est-à-dire, à la disposition originelle.
C'est ici l'un des plus précieux secours que la science physiologique des végétaux puisse recevoir de l'étude des monstruosités.

De ce que les embryons gemmaires sont primitivement
isolés, quoique associés par paires; de ce que ces embryons
gemmaires peuvent, en se dissociant, s'élever l'un au-dessus de l'autre, et mettre ainsi au grand jour leur individualité, il résulte qu'ils possèdent chacun toutes les parties
constitutives d'une tige; ils ont chacun leur système central et leur système cortical. Lorsqu'ils sont réunis et soudés deux à deux, ou en plus grand nombre, ils perdent,
au point d'adhérence, chacun une partie de leur système
cortical, et ils mettent leurs moelles en commun, en sorte
qu'il n'y a plus alors, pour tous les embryons gemmaires
soudés ensemble, qu'une seule moelle centrale et qu'une
seule écorce.

Dans presque toutes les dispositions anormales des feuilles
que nous offrent les végétaux, la nature procède par *excès
de développement*, c'est-à-dire, en avançant dans la série
naturelle des transmutations plus loin que ne le voudrait la
conservation de l'état normal. Les végétaux à feuilles *opposées-croisées* qui, dans leur état normal de développement,
conservent la disposition primitive des embryons gem-

maires, sont de tous les végétaux ceux qui offrent le plus de dispositions anormales des feuilles, et ces dispositions anormales sont nécessairement toutes des *excès de développement*; nous avons observé ici la formation du triphylle spiralé, du pentaphylle spiralé et du verticille ternaire. Les dispositions anormales des feuilles, par *arrêt de développement*, sont beaucoup plus rares : ainsi, lorsque plus haut j'ai cité le fait d'un scion de poirier dont les feuilles étaient *opposées-croisées* d'une manière à-peu-près exacte, cela provenait d'un *arrêt de développement*. Ici, la nature s'était arrêtée à la disposition primitive des embryons gemmaires; elle n'avait point marché dans la série des transmutations jusqu'au pentaphylle spiralé, état normal des feuilles chez le poirier.

La force qui opère la disposition des embryons gemmaires végétaux agit primitivement en les associant par deux, en sorte que les végétaux sont, dans l'origine, *symétriques binaires*, comme le sont presque tous les animaux. Plus tard cette même force agit en dissociant les embryons gemmaires chez les nombreux végétaux dont les feuilles sont isolées; continuant son action, cette même force agit de nouveau en associant les embryons gemmaires et elle produit les verticilles des feuilles et les verticilles floraux. Ces verticilles ne doivent donc offrir, dans les nombres de leurs élémens, que les seuls nombres qui peuvent dériver des divers modes de dissociation des embryons gemmaires *opposés-croisés*. C'est effectivement ce que l'observation démontre, surtout par rapport aux verticilles floraux, qui sont moins sujets que les verticilles des feuilles, aux avortemens qui altèrent souvent le nombre de leurs élémens primitifs. Les verticilles floraux, c'est-à-dire les verticilles formés par les sépales du calyce, par les pétales de la corolle, par les étamines et par les styles, offrent généralement les nombres *premiers* (ou sans autre

diviseur qu'eux-mêmes) 2, 3, 5, ou leurs multiples. Or le
nombre *premier* 2 représente l'association binaire primitive des embryons gemmaires ; les nombres *premiers* 3 et 5
représentent les seules combinaisons numériques qui puissent résulter de la dissociation des embryons gemmaires
opposés-croisés, ainsi que je l'ai démontré dans le mode
d'origine du triphylle spiralé et du pentaphylle spiralé.
Quant au tétraphylle spiralé qui résulte aussi d'un mode
particulier de dissociation des embryons gemmaires *opposés-croisés*, il est évident que le nombre 4, qu'il présente,
se trouve également dans la disposition primitive des deux
paires voisines de ces embryons gemmaires *opposés-croisés*.
Nous voyons ainsi pourquoi l'arithmétique des végétaux
est généralement fondée sur les nombres *premiers* 2, 3 et 5.
Ce sont en effet ces nombres qui seuls sont offerts par les
spirales par dissociation, et par conséquent par les verticilles, qui ne sont, dans le fait, que des spirales aplaties. On a vu plus haut que la spirale composée de pentaphylles spiralés, et qui est une *spirale par dissociation*,
peut donner naissance, au moyen d'une certaine déclinaison des feuilles, à une *spirale par déclinaison* dans laquelle
la première feuille correspond verticalement à la vingt-
deuxième au-dessus, en sorte que le verticille qui résulterait de cette spirale aplatie serait composé de vingt-et-une
feuilles : ici nous trouvons un nouveau nombre *premier*,
le nombre 7 multiplié par 3 ; il peut donc y avoir des verticilles floraux de vingt-et-une parties : c'est probablement
ce nombre, avec ses multiples, qui préside à la disposition des fleurs sur le réceptacle des composées, comme il
est certain que c'est lui qui préside à la disposition des
écailles sur les cônes des pins et à la disposition des fleurs
sur les chatons du cèdre du Liban. Pour ce qui est du nombre 7 qui se trouve dans les étamines du marronnier d'Inde
(*œsculus hypocastanum*), il paraît qu'il en faut attribuer

l'existence à un avortement d'étamines dans cette fleur irrégulière. Il est bien reconnu, en effet, aujourd'hui, que, suivant les vues de M. H. Cassini, l'irrégularité des fleurs tient à un avortement de quelques-unes de leurs parties.

Il résulte de ces observations que le nombre 2 est le fondement de toute l'arithmétique végétale : c'est de lui que dérivent *par dissociation* les nombres premiers 3 et 5 et *par déclinaison* le nombre premier 7 ; c'est le nombre premier le plus élevé de l'arithmétique végétale : le nombre premier 11 lui est totalement étranger ; quant au nombre premier 13 que nous trouvons avec M. De Candolle dans le nombre des spirales parallèles que décrivent les fleurs sur les chatons du cèdre du Liban, spirales que M. Braun a trouvées également dans les cônes des pins, il n'entre point véritablement dans l'arithmétique végétale ; car si l'on supposait ces treize spirales parallèles aplaties et réduites en verticilles successifs, chacun de ces verticilles aurait vingt-et-une parties, en sorte que c'est véritablement le nombre 7 multiplié par 3, qui existe ici, et non le nombre 13, qui n'est ici qu'une illusion mensongère. M. Turpin, dans son Mémoire intitulé : *Aperçu organographique sur le nombre deux*, a fait observer que ce nombre *deux* paraît être affecté au caractère des végétaux inférieurs, comme le nombre *trois* paraît être affecté au caractère des végétaux monocotylédons, comme le nombre *cinq* paraît être affecté au caractère des végétaux dicotylédons. Il est singulièrement remarquable de voir les trois nombres premiers 2, 3, 5 affectés spécialement aux trois grandes classes de végétaux : on a vu plus haut que le nombre premier 7 est affecté aux conifères dont les embryons séminaux sont polycotylédons, et qui peuvent ainsi être considérés, à quelques égards, comme formant une quatrième classe de végétaux élevés dans l'échelle végétale au-dessus des dicotylédons : ainsi on voit le nombre *caractéristique* de

venir plus grand à mesure qu'on s'élève dans l'échelle
végétale et ne pas dépasser le nombre 7. On a vu que
le nombre *deux* est le fondement de toute cette arithmétique végétale, et que c'est de lui que dérivent les nombres
premiers et impairs 3, 5 et 7. Ce nombre 2, qui est le caractère de la symétrie binaire ou de la *dualité* qui appartient à tout le règne animal (car il n'est pas tout-à-fait
étranger aux zoophytes), est donc aussi le caractère fondamental du règne végétal : tous les végétaux possèdent ce
caractère dans leur état embryonnaire, plusieurs le conservent dans leur état parfait. Lorsque, dans ce dernier
état, ils offrent d'autres nombres, ceux-ci sont les résultats
des diverses combinaisons numériques qui se sont effectuées
par les divers modes de dissociation des *embryons gemmai-*
res doubles et souvent par l'association nouvelle et multiple de ces embryons dissociés, en sorte que la trace de la
dualité primitive se trouve effacée. (1)

(1) Ce mémoire a été lu à l'Académie des Sciences de l'Institut le 28 avril
1834. Or, dans un mémoire de M. Stenheil, publié dans le cahier de janvier
1834 des Annales des Sciences naturelles, se trouve un *post-scriptum* daté du
14 décembre 1833, dans lequel cet auteur dit qu'il voulait *entreprendre de*
prouver que les feuilles des dicotylédons sont toujours normalement opposées,
et de montrer suivant quel mode cette organisation normale est dérangée. On
pourrait penser, d'après cela, que M. Stenheil m'aurait devancé dans la découverte du fait de l'opposition primitive des feuilles chez les dicotylédons. Je
dois donc dire ici que la publication de ma découverte à cet égard a de beaucoup précédé la publication du mémoire de M. Stenheil. Cet observateur annonce avoir lu son mémoire à la Société d'histoire naturelle de Paris le 3 février 1832 ; le mien a été publié en extrait dans les Annales de la Société d'a-
griculture, sciences, arts et belles-lettres du département d'Indre-et-Loire, au
mois de février 1831, tome XI, page 10.

VI.

OBSERVATIONS

sur

LA FORME ET LA STRUCTURE PRIMITIVES

DES EMBRYONS VÉGÉTAUX, (1)

INTRODUCTION.

La nécessité de multiplier les observations, de les étendre à un grand nombre d'espèces, est sentie par tous les
physiologistes éclairés. Ils savent que la nature, généralement jalouse de la conservation de ses secrets, semble
dans quelques cas rares avoir oublié les précautions qu'elle
prend ordinairement pour nous les cacher. Ce sont ces cas
rares qu'il faut rechercher, et l'on ne peut guère les ren-

(1) Ce mémoire a été publié en 1835 dans les Nouvelles Annales du Muséum d'histoire naturelle, tome IV.

contrer qu'en promenant des regards d'investigation sur le plus grand nombre possible d'objets. C'est ainsi que nous allons trouver dans l'étude de certains cas rares de la végétation des révélations importantes sur certains points de l'anatomie et de la physiologie végétales, et spécialement sur la structure primitive des embryons végétaux.

Les végétaux se reproduisent par semences et par bourgeons; il y a ainsi chez eux des *embryons séminaux* et des *embryons gemmaires*. Les embryons séminaux se présentent toujours, dans le principe, sous la forme globuleuse, lorsqu'on les examine à l'époque de leur apparition dans les graines. Bientôt ils perdent cette forme primitive pour prendre la forme secondaire sous laquelle ils achèvent leur vie embryonnaire dans l'intérieur de la graine. La structure intérieure de l'embryon, à l'époque où il est encore globuleux, n'a jamais pu être observée, à raison de l'extrême petitesse de cet embryon. Les embryons gemmaires ne sont point apercevables ordinairement sous leur forme primitive, laquelle cependant a été aperçue par M. Turpin, dans un cas très rare de la végétation. Une feuille d'*ornithogalum thyrsoïdes*, conservée dans un herbier, développa dans son parenchyme une quantité considérable de corps globuleux qui formaient saillie la plupart à la face supérieure de la feuille, et le plus petit nombre à sa face inférieure. Beaucoup de ces petits corps globuleux offraient un commencement de végétation : cela fit reconnaître en eux des bulbilles qui devaient reproduire la plante à laquelle appartenait la feuille, dans le parenchyme de laquelle ces embryons étaient nés. En effet, M. Turpin ayant planté un de ces embryons végétaux, il reproduisit l'*ornithogalum thyrsoïdes*. M. Turpin n'a point eu l'idée d'observer la structure intérieure de ces embryons gemmaires globuleux. Le hasard m'a fourni l'occasion de faire cette observation sur des embryons gemmaires globuleux produits dans le

parenchyme d'une feuille de plante dicotylédone. Des ouvriers travaillant à la terre dans un lieu ombragé, j'aperçus sur la terre qu'ils avaient remuée une portion de feuille
sur la face supérieure de laquelle il y avait six embryons
gemmaires globuleux, et de couleur blanche, qui me parurent semblables à ceux que M. Turpin avait observés
sur la feuille de l'*ornithogalum thyrsoïdes*. Il ne me fut pas
possible de savoir à quelle plante appartenait cette portion
de feuille qui me parut provenir d'une feuille radicale, laquelle aurait été recouverte accidentellement de terre, car
elle était étiolée. Trois de ces embryons gemmaires adventifs étaient tout-à-fait globuleux, les trois autres étaient terminés en pointe à leur partie supérieure (Pl. 10, f. 1, *a, b*);
les embryons globuleux étaient assez développés pour
permettre l'examen de leur structure intérieure. Je vis, en
les coupant par tranches dans plusieurs directions, qu'ils
étaient généralement composés de cellules décroissantes
de grandeur de la circonférence vers le centre, en sorte
que ces embryons gemmaires avaient intérieurement la
constitution d'une sphère comme ils en possédaient extérieurement la forme. C'était au mois d'août que j'avais fait
cette rencontre. Je détachai de la feuille des embryons plus
avancés qui me restaient, et je les plaçai dans un pot sur
de la terre entretenue constamment humide. Deux de ces
embryons végétaux périrent, le troisième ne commença à
montrer des phénomènes de végétation qu'au commencement du printemps suivant; il produisit inférieurement
plusieurs petites racines, et de sa partie supérieure il sortit
une petite tige terminée par deux petites feuilles opposées,
sessiles et ovales (f. 2). Ensuite, au sommet de cette petite
tige, et entre les deux petites feuilles primordiales qui
simulaient deux cotylédons, il se développa une feuille
cordiforme à long pétiole, à laquelle se joignit, peu de
temps après, une autre feuille semblable dont le pétiole

s'insérait également entre les deux feuilles ovales primordiales. Ce fut alors qu'un accident compromit gravement
l'existence de ma jeune plante, en sorte qu'ayant peu d'espoir de la conserver, lorsque je publiai ce mémoire pour
la première fois, je pris le parti de donner la figure de
l'une de ses feuilles (fig. 3) afin de faciliter sa détermination. Les premières feuilles des plantes sont presque toujours différentes de celles qu'elles produisent dans la suite.
Je reconnus que les feuilles de ma jeune plante étaient
celles que possède la renoncule bulbeuse *(ranunculus bulbo-
sus* L.) dans sa jeunesse. Ces premières feuilles sont cordi-
formes et obtuses à leur sommet; elles ne ressemblent
point aux feuilles profondément incisées et même souvent
trilobées que possède cette plante quand elle est adulte.
J'ai obtenu depuis la confirmation de cette détermination
spécifique, ma jeune plante que j'avais crue morte ayant
repoussé au printemps suivant. Ainsi il m'est complétement
démontré que c'est la renoncule bulbeuse qui fait le sujet
de l'observation qui vient d'être exposée, observation que
je place ici, parce qu'elle coïncide tout-à-fait avec les observations qui vont suivre sur la structure primitivement globuleuse des embryons végétaux.

PREMIÈRE PARTIE.

OBSERVATIONS SUR LA FORME PRIMITIVE DE L'EMBRYON SÉ-MINAL DU TAMME (*tamus communis*), AINSI QUE SUR LA STRUCTURE ET LE DÉVELOPPEMENT DE CETTE PLANTE.

Le Tamme, plante monocotylédone de la famille des
Asparagées, possède une grosse racine vivace et tubéreuse,
et une tige annuelle grêle et grimpante; son fruit est une
baie à trois loges, qui contiennent chacune deux graines

lorsqu'il n'y a point d'avortement. La grosse racine tubéreuse de cette plante est véritablement une *tige souterraine*,
comme le sont tous les corps radiciformes que les phytologistes désignent sous le nom général de *rhizômes ;* cependant elle diffère essentiellement de la plupart d'entre eux
par son mode d'accroissement. Les rhizômes des iridées et
des nymphéacées, par exemple, ne s'accroissent en longueur et en grosseur que par celle de leurs extrémités qui
donne naissance à la tige aérienne ; l'extrémité opposée ne
s'accroît point du tout, et souvent même elle meurt et se décompose. Chez le rhizôme ou corps radiciforme tubéreux
du Tamme, c'est au contraire l'extrémité opposée à celle
qui donne naissance à la tige aérienne, qui seule s'accroît
en longueur, au moins d'une manière très sensible, et en
même temps tout ce corps tubéreux s'accroît progressivement en grosseur. Les rhizômes sont assez généralement
couchés horizontalement dans le sol; le corps radiciforme
tubéreux du Tamme affecte toujours une direction verticale; il ressemble à une grosse racine pivotante. On va voir
l'origine et suivre le développement de ce corps tubéreux;
mais auparavant j'étudierai la graine du Tamme et l'embryon séminal qu'elle contient.

La graine du Tamme est ronde; elle a, lors de sa maturité, environ quatre millimètres de diamètre. Cette dimension est très suffisante pour que l'on puisse étudier avec
facilité son organisation intérieure. Cette graine offre à
l'observation deux enveloppes, toutes les deux fort minces,
l'une extérieure qui est verte et qui deviendra brune dans
la suite, l'autre intérieure qui est blanche ou diaphane.
C'est dans l'intérieur de cette dernière que se trouve le
périsperme à la base duquel est situé l'embryon. Ce périsperme est composé de séries rectilignes de cellules qui convergent vers le centre de la graine, ou plutôt vers son axe
central, comme on le voit dans la figure 4 (planche 10).

Les cellules les plus grosses de chacune de ces rangées sont
à la circonférence; elles vont en diminuant de grosseur vers
le centre. Ces cellules articulées en séries rectilignes et con-
vergentes offrent cela de très remarquable, qu'elles sont
composées chacune de deux cellules emboîtées l'une dans
l'autre. La figure 5 représente très grossies ces cellules emboîtées : *a*, cellule extérieure; *b*, cellule intérieure remplie d'une substance granuleuse. La matière granuleuse
que contient la cellule intérieure *b* est concrescible par
l'alcool. C'est ce que j'ai vu en observant au microscope le
périsperme des graines du Tamme recueillies à différentes
époques de leur développement et conservées dans l'alcool.
Ce liquide, en coagulant la matière granuleuse contenue
dans la cellule intérieure *b*, réduit cette matière au tiers
environ de son volume; en sorte que la cellule qui la contient demeure en partie vide. La figure 6 représente ce
nouvel état : *a*, cellule extérieure; *c*, matière granuleuse
contenue dans la cellule intérieure. Cette matière, coagulée
par l'action de l'alcool, est réduite aux deux tiers environ de
son volume primitif; *b*, portion de la cellule intérieure demeurée vide. On voit que la membrane qui constitue cette
cellule intérieure est granuleuse et à demi opaque, ce en
quoi elle diffère essentiellement de la membrane diaphane
qui constitue la cellule extérieure *a*.

En écrasant dans l'eau le tissu organique représenté par
la figure 6, le hasard des déchiremens a isolé quelquefois les
unes des autres les trois parties qu'on y distingue, savoir :
le grumeau de matière granuleuse concrétée *c;* la cellule
intérieure *b*, qui est fort mince, à texture granuleuse; et
enfin la cellule extérieure *a*, qui est diaphane, et dont les
parois sont fort épaisses. C'est cette épaisseur des parois de
la cellule extérieure *a* qui se manifeste par transparence au·
tour de la cellule intérieure *b*, qui est en contact immédiat

avec la cellule à parois épaisses et transparentes qui la recouvre.

Je vais suivre la germination de la graine de Tamme et
l'évolution de son embryon; mais auparavant je rappelle ici
sommairement ce que l'on sait sur les phénomènes que présentent généralement les embryons séminaux en germination. Le premier de ces phénomènes est le développement
du caudex descendant, c'est-à-dire de la partie pivotante
de l'embryon, qui est située au-dessous de l'insertion cotylédonaire, et qui comprend deux parties qu'il est fort important de distinguer, savoir : 1° la partie immédiatement
inférieure à l'insertion cotylédonaire, partie plus ou moins
allongée que certains botanistes ont nommée *le collet*, et
que l'on doit avec plus de raison nommer *la tigelle* avec feu
Richard et avec M. De Candolle ; 2° *la radicule*, qui fait
suite inférieurement à la tigelle. C'est le point de séparation
plus ou moins visible de ces deux parties qui doit seul porter le nom de *collet*. La *tigelle* est véritablement le premier
mérithalle de la plante ; c'est de son sommet que naît la
gemmule qui est le second mérithalle. Tantôt le premier
mérithalle s'allonge dans l'air et devient une tige sans aucune ambiguïté ; tantôt ce même premier mérithalle demeure enfoncé, comme la radicule qui lui fait suite, dans
la terre, où il acquiert l'apparence d'une racine. C'est ainsi
que M. Turpin (1) a démontré que la partie renflée et co-
mestible de la rave et du radis, que l'on prend ordinairement pour une racine, est véritablement le premier mérithalle de la plante. L'extrémité supérieure du premier mérithalle supporte le cotylédon unique, ou les deux cotylédons.

Ces observations préliminaires vont guider dans l'étude
de l'évolution de l'embryon du Tamme.

_____

(1) Annales des Sciences naturelles, novembre 1830.

La graine de cette plante monocotylédoné offre un embryon tout-à-fait globuleux dans le principe; lorsque la
graine est avancée vers l'époque de sa maturité, l'embryon
devient pyriforme, comme on le voit en *a* (figure 4). La
partie renflée de cet embryon pyriforme est l'embryon globuleux primitif; la partie conique est le cotylédon.

Lors de la germination, le cotylédon se développe sans
sortir de l'intérieur de la graine où il est environné par le
périsperme, dont il absorbe la substance nutritive. Il se
comporte exactement à cet égard, comme le cotylédon de
l'embryon séminal de l'asperge (*asparagus officinalis*). En
même temps, l'embryon globuleux et son caudex descendant se produisent au dehors, comme on le voit dans la figure 7, qui représente la graine du Tamme nouvellement
germée : *d*, graine dans laquelle le cotylédon est demeuré
renfermé; *b*, caudex descendant surmonté par la partie
globuleuse *a* de l'embryon. Bientôt de la surface du petit
corps globuleux *a* il se détache une feuille *i* (figure 8), qui
était étroitement appliquée sur lui. Cette feuille, sessile et
pourvue d'une nervure médiane, est très délicate et transparente; elle ne devient point verte, quoique exposée à la
lumière. Peu après, le petit corps globuleux *a* produit à sa
partie supérieure une petite feuille *f* portée sur un long pétiole. La graine *d*, dont on a seulement ici marqué le contour par des points, est censée enlevée, afin de faire voir le
cotylédon *c* qu'elle renferme; le caudex descendant *b* est
couvert de poils. On voit ainsi que la feuille sessile *i* est
exactement opposée au cotylédon *c*; cette feuille sessile est
donc véritablement un second cotylédon, lequel est différent par sa forme du cotylédon opposé *c*, qui n'a pu s'étendre de même à raison de son emprisonnement dans l'intérieur de la graine, où il est environné par le périsperme.
Il résulte de là que l'embryon séminal du Tamme est
véritablement dicotylédon; mais il n'y a qu'un seul de ses

deux cotylédons qui lui soit utile : c'est le cotylédon *c* qui
est renfermé dans l'intérieur de la graine, dont il absorbe
le périsperme : quant au cotylédon opposé *i*, il meurt et
disparaît quelques jours après son éphémère apparition.
Pour le voir avec facilité, il faut faire germer des graines de
Tamme dans de la mousse humide, car ce second cotylédon
est d'une texture extrêmement délicate ; il disparaîtrait dans
la terre.

L'insertion des deux cotylédons *c, i*, indique le sommet
du caudex descendant *b*, dans lequel la tigelle n'est pas facile
à distinguer de la radicule. Ce caudex descendant est entièrement couvert de poils; or, comme toutes les racines
naissantes du tamme offrent ce même phénomène extérieur, on peut être porté à considérer ce caudex descendant
tout entier comme étant la radicule. Alors il ne resterait ,
pour la tigelle, que ce qui sépare les deux cotylédons ;
cette tigelle serait fort courte et rudimentaire. Au-dessus de
cette tigelle ou de ce premier mérithalle rudimentaire se
trouve le corps globuleux *a* qui est le second mérithalle de
la jeune plante , c'est-à-dire la *gemmule*. Ce second mérithalle porte une seule feuille *f*, munie d'un long pétiole et
semblable, pour la forme, aux feuilles normales du tamme
adulte. Dans l'aisselle de cette feuille, on voit en *o* un petit
bourgeon qui est le rudiment de la tige annuelle, laquelle
se développera dans la seconde année ; car c'est ici que s'arrête le développement de l'embryon du tamme dans l'année de sa germination. Celle-ci a lieu vers le commencement de mai. Le cotylédon secondaire *i* (fig. 8) meurt et se
décompose au bout de quelques jours. La radicule *b* meurt
environ un mois après la germination : alors la nutrition
de la jeune plante s'opère par des racines latérales, qui
sont nées de très bonne heure près de l'origine de la radicule, comme on le voit dans la figure 8. Le principal cotylédon *c* demeure vivant tant que le périsperme, au milieu

duquel il est situé et qu'il absorbe, n'est pas épuisé; sa vie
persiste ainsi jusque vers le milieu de l'été, après quoi il
meurt et se détache : le premier mérithalle rudimentaire
auquel il adhère disparaît également. Il résulte de là que la
jeune plante, dépouillée ainsi de sa radicule, de son premier mérithalle rudimentaire et de ses deux cotylédons
c, *i*, se trouve réduite à son second mérithalle globuleux *a*,
que surmonte une petite feuille à long pétiole, dans l'aisselle
de laquelle est placé le bourgeon de la tige annuelle de
l'année suivante, et qui est pourvu de plusieurs petites racines toutes latérales. Ce second mérithalle globuleux *a* demeure souterrain; et lorsqu'à l'automne la feuille qui le
surmonte meurt et se dessèche, il demeure vivant. C'est
alors un petit corps blanc parfaitement sphérique et pourvu
de racines latérales qui sont vivantes comme lui : c'est une
véritable tige radiciforme tubéreuse qui s'accroît par un
mécanisme particulier, ainsi que cela va être exposé tout-à-
l'heure, et qui devient la base fondamentale et persistante
de la tige annuelle du tamme. Arrêtons-nous un peu
à ces observations avant d'aller plus loin. La partie
globuleuse (*a*, fig. 4) de l'embryon contenu dans la
graine, est formée par la réunion à l'état d'emboîte-
ment du premier et du second mérithalle de la plante.
Le principal cotylédon qui appartient au premier mérithalle s'est développé et doit rester renfermé dans la
graine; le second cotylédon enveloppe encore le second
mérithalle. Lors de la germination, ce corps embryonnaire
globuleux est porté tout entier, par le développement,
hors des enveloppes de la graine, comme on le voit dans la
figure 7, et il développe la radicule ainsi que le second cotylédon qui appartiennent exclusivement au premier mérithalle. Quelque temps après, ce premier mérithalle meurt
et disparaît tout entier avec sa radicule et ses deux cotylédons; alors le second mérithalle, qui a conservé la forme

globuleuse embryonnaire qu'il avait dans la graine, demeure seul; il devient tubéreux, et forme ainsi ce que j'appelle le *mérithalle fondamental* de la plante. C'est de lui que sortiront toutes les tiges annuelles et toutes les racines. La conservation de sa forme globuleuse embryonnaire, sous un développement en grosseur assez notable, permet de penser que son organisation intérieure embryonnaire se sera aussi conservée, en sorte qu'il sera possible de l'étudier. La disparition complète du premier mérithalle de la plante, et la conservation à l'état vivace et tubéreux de son second mérithalle, est un fait d'autant plus remarquable que ce n'est point ainsi que les choses se passent chez les végétaux véritablement dicotylédons. Chez eux, c'est presque toujours le premier mérithalle de l'embryon qui est le *mérithalle fondamental* de la plante ; aussi la radicule qui émane de ce premier mérithalle, ne se supprime-t-elle point ordinairement chez eux, ainsi que cela paraît avoir généralement lieu chez les plantes monocotylédones.

Je reviens à l'observation de l'accroissement du tamme. Dans l'année qui suit celle où la germination a eu lieu, il se développe une nouvelle tige annuelle fort petite et terminée par une feuille unique : elle part du petit bourgeon *o* (fig. 8); alors la plante se présente sous l'aspect représenté par la figure 9. Le corps sphérique et tubéreux *a* est le second mérithalle *a* (fig. 8), duquel se sont détachés le premier mérithalle et les deux cotylédons ; il est pourvu de racines latérales ; mais il ne naît aucune racine à sa partie inférieure par laquelle il adhérait antérieurement au premier mérithalle et à la radicule qui ont disparu. Ce petit corps tubéreux augmente alors en grosseur, en conservant toujours sa forme sphérique. Blanc extérieurement, il commence à devenir noirâtre vers la fin de cette seconde année. Dans la troisième année, ce corps tubéreux souterrain ou ce *mérithalle fondamental* de la plante s'allonge en

ellipsoïde, et il demeure toujours dépourvu de racines à sa
partie inférieure qui est arrondie, comme on le voit dans
la figure 10. Dans les années suivantes, ce corps tubéreux
s'allonge de plus en plus en acquérant en même temps plus
de grosseur, comme on le voit dans la figure 11. Son extrémité inférieure, par laquelle s'opère l'allongement, ainsi
qu'on va le voir tout-à-l'heure, reste toujours fort grosse, obtuse et arrondie : elle ne se termine jamais par une racine pivotante. C'est véritablement toujours ici le second mérithalle
de la plante devenu tubéreux et qui s'accroît en longueur par
un développement descendant très considérable, en même
temps qu'il s'accroît en grosseur par un développement bien
moins énergique. Les racines naissent exclusivement sur les
côtés de ce mérithalle fondamental tubéreux et vivace qui,
par le progrès de l'âge, acquiert ainsi jusqu'à un pied et
demi de longueur et jusqu'à quatre pouces de diamètre à sa
partie supérieure. Dans son accroissement descendant, il
conserve toujours son extrémité inférieure grosse et arrondie. Cette extrémité inférieure est noire en automne,
comme le reste de la surface de ce corps tubéreux; mais au
printemps, surtout lorsque son élongation descendante est
rapide, cette extrémité inférieure devient blanche, comme
on le voit en *p* (fig. 10, 11). Cette extrémité inférieure *p*
ressemble alors à une grosse spongiole. Assez souvent il
arrive que ce corps tubéreux se bifurque par son extrémité
inférieure, comme on le voit dans la figure 13; alors ses
deux extrémités inférieures *p, p'*, s'accroissent simultanément en descendant. Cette bifurcation descendante du mérithalle fondamental tubéreux se produit par le mécanisme
suivant : Il n'existe, dans le principe, qu'une seule extrémité inférieure *p* (fig. 12); c'est par elle que s'opère exclusivement alors l'élongation descendante du mérithalle
fondamental tubéreux. Or, il arrive assez souvent qu'il se
manifeste latéralement, sur ce corps tubéreux, une excrois-

sance arrondie *p*, laquelle, en continuant de s'accroître en
longueur, devient une seconde extrémité inférieure telle
qu'on la voit en *p'* (fig. 13). Le mérithalle fondamental
tubéreux du tamme, lorsqu'il est très vieux, m'a offert
jusqu'à seize de ces prolongemens descendans analogues à
des racines, mais qui en diffèrent essentiellement par leur
volume comme par leur structure.

Recherchons actuellement quelle est l'organisation de
ce mérithalle fondamental tubéreux, nous apprendrons
par là quel est le mécanisme de son élongation descendante
et celui de son accroissement en diamètre. Dans l'année où
la germination s'opère et dans l'année suivante le mérithalle fondamental tubéreux *a* (fig. 8 et 9), conserve sa
forme sphérique primitive. L'observation microscopique
de sa structure intérieure fait voir qu'il est en majeure
partie composé de rangées de cellules qui convergent de
toutes parts vers le centre de ce corps sphérique, comme on
le voit dans la fig. 1, pl. 11. C'est la coupe longitudinale ou
verticale de ce mérithalle fondamental sphérique, que
l'on voit ici; son centre est occupé par des cellules irrégulièrement hexagonales, lesquelles constituent une véritable moelle : celle-ci est enveloppée par une épaisse couche
d'un tissu composé de rangées rectilignes de cellules, rangées qui s'étendent, comme des rayons, de la moelle à
l'écorce. Les cellules articulées les unes avec les autres, qui
composent ces rayons, décroissent de grandeur du centre
vers la circonférence, ainsi que cela s'observe généralement
dans les organes cellulaires qui entrent dans la composition
du système central des végétaux dicotylédons.

Les cellules articulées qui composent ces rayons, et les
cellules diffuses qui constituent la moelle, sont remplies,
par un nombre immense de globules extrèmement petits; il
n'en existe point dans les dernières cellules de chaque
rangée, c'est-à-dire dans celles qui sont voisines de l'écorce.

Ces cellules, dont la cavité est dépourvue de globules, sont celles dont la production est la plus récente ou qui sont les plus jeunes; car elles sont plus petites que les cellules plus voisines du centre et qui appartiennent à la même rangée. Ainsi il est certain que les rayons concentriques du mérithal le fondamental tubéreux du tamme, s'accroissent en longueur par un rayonnement centrifuge; leurs nouvelles cellules sont produites dans l'endroit où ces rayons touchent au système cortical; ce dernier est composé de cellules diffuses et dépourvues de globules intérieurs; l'enveloppe tégumentaire de ce mérithalle fondamental tubéreux est formée par une couche irrégulière de cellules aplaties et jaunâtres.

La coupe horizontale de ce mérithalle fondamental tubéreux n'offre presque point de différence avec sa coupe verticale, ainsi qu'on le voit dans la figure 2 (planche 11), qui représente cette coupe horizontale; seulement, chez cette dernière, on voit que les cellules de l'écorce paraissent ovales, tandis qu'elles paraissent sphériques dans la coupe verticale (fig. 1). Cela prouve que les cellules corticales sont ellipsoïdes et allongées suivant la direction de la circonférence horizontale de ce mérithalle fondamental tubéreux. Dans quelque sens que ce corps sphérique soit partagé par la moitié, il se présente toujours composé de rayons concentriques; ainsi, ce corps est une véritable sphère par sa structure intérieure, comme il l'est par sa forme extérieure.

C'est dans la troisième année que le mérithalle fondamental tubéreux du tamme commence à perdre sa forme sphérique et à prendre la forme d'un ellipsoïde, comme on le voit dans la figure 10 (planche 10). Il était important d'observer le mécanisme intérieur de cet allongement: pour cet effet, j'ai divisé verticalement et dans son milieu, ce corps tubéreux ellipsoïde; sa coupe verticale est représen-

tée par la figure 3 (planche 11). Cette coupe verticale ellipsoïde offre, comme la coupe verticale circulaire (figure 1),
l'écorce, la moelle centrale, et les rayons du système central; ceux-ci, à l'extrémité inférieure qui représente un segment de sphère, ont conservé leur disposition sphérico-
concentrique : mais, sur les côtés, ces rayons sont devenus
horizontaux; ils sont disposés concentriquement sur l'axe
vertical d'un cylindre; la moelle a cessé d'être sphérique,
elle est devenue cylindrique en s'allongeant par le bas. Ainsi
l'allongement de ce corps tubéreux souterrain consiste essentiellement en ce que la sphère qu'il représentait primitivement s'est allongée dans le sens vertical, de manière à devenir
un ellipsoïde. C'est exclusivement par l'extrémité inférieure
que cet allongement s'est opéré. Cela est suffisamment prouvé
par la mollesse du tissu de cette extrémité et par sa blancheur extérieure, signes qui indiquent d'une manière non
douteuse que son développement est récent. L'élongation
descendante de cette extrémité inférieure s'opère par l'allongement des rayons verticaux qui y existent, en sorte que
le mécanisme de cette élongation descendante est exactement le même que celui de l'accroissement horizontal, en
diamètre, de ce mérithalle fondamental tubéreux; mais il
y a une grande différence dans l'étendue de l'accroissement
dans ces deux sens. La cause de cette différence est facile
à saisir. Le mérithalle fondamental tubéreux du tamme est
une sphère dans le principe ; cette sphère s'accroîtrait également dans tous les sens si elle recevait partout une égale
quantité de sève alimentaire. Comme la marche de cette
sève est généralement descendante, il en résulte qu'elle doit
s'accumuler, comme dans un sac, à la partie inférieure *a*
(figure 1) de ce corps sphérique : cette partie inférieure
sera, par conséquent, beaucoup plus nourrie que les parties
latérales de la sphère, elle devra donc s'accroître beaucoup
plus. Quant à la partie supérieure de la sphère, partie qui

donne naissance à la tige, elle ne s'accroît que très faiblement en hauteur, parce que la sève descendante n'y peut
séjourner. Ainsi l'élongation considérable de la partie inférieure de la sphère primordiale est le résultat d'un très
énergique accroissement suivant les rayons verticaux qui
vont du centre à cette partie inférieure; l'accroissement
beaucoup plus faible qui a lieu suivant les rayons qui vont
du centre aux parties latérales de la sphère primordiale,
produit l'augmentation de grosseur du mérithalle fondamental tubéreux. On voit facilement, de cette manière,
comment la sphère primordiale devient un cylindre terminé inférieurement par un segment de sphère.

Ce n'est pas seulement par l'allongement des rayons
verticaux de l'extrémité inférieure du corps tubéreux ellipsoïde (figure 3, planche 11), que s'opère l'élongation descendante de cette extrémité inférieure; il y a aussi dans cet
endroit production successive de nouveaux rayons verticaux. Ceux-ci naissent dans le milieu du segment de sphère
qui termine inférieurement le mérithalle fondamental
allongé; ils s'intercalent aux anciens rayons verticaux. En
même temps, et par suite de cette intercalation, les rayons
précédemment verticaux deviennent obliques, et ceux qui
étaient précédemment obliques deviennent horizontaux
comme le sont tous ceux du corps cylindrique du mérithalle
fondamental tubéreux. Il résulte de là que tous les rayons,
soit horizontaux, soit obliques, soit verticaux, ont à-peu-
près la même longueur, et que la moelle qui occupe le centre du mérithalle fondamental tubéreux et cylindrique
descend aussi en s'accroissant vers le bas. En même temps
que le système central du mérithalle fondamental tubéreux
s'accroît en descendant à l'extrémité inférieure de ce corps,
le système cortical de cette même extrémité s'accroît par
production de nouvelles cellules dans l'endroit où le système cortical touche au système central. Il résulte de cette

production de nouvelles cellules par les deux systèmes un gonflement du tissu organique, gonflement qui déchire et perce de vive force l'ancienne écorce, dont l'épiderme était devenu noir pendant le repos d'hibernation. La partie nouvelle qui se produit ainsi au dehors est blanche, et pourvue de la molle organisation propre aux parties végétales récemment produites ; sa masse blanchâtre hémisphérique ressemble alors assez à une grosse spongiole de racine. Cette observation dévoilerait-elle, par analogie, le mode d'élongation des racines véritables ? On sait que les racines ne s'allongent que par leur extrémité. J'ai vu que leurs spongioles nouvelles émergent au printemps, en rompant l'écorce hibernale qui recouvrait la pointe de la radicelle ancienne. Il paraît donc exister, sous plusieurs points de vue, de la similitude entre les véritables racines et les prolongemens descendans du mérithalle fondamental tubéreux du tamme. Ces derniers sont véritablement des extensions descendantes de l'accroissement de ce corps tubéreux en diamètre ; je les compare à ces déviations descendantes de l'accroissement en diamètre ; déviations qui, ainsi que je l'ai fait voir (1), pénètrent quelquefois dans l'intérieur des arbres dont le centre a été détruit par la pourriture. J'ai fait voir que ces végétations descendantes sont des déviations de l'accroissement horizontal de l'arbre en diamètre, et qu'elles ressemblent, jusqu'à un certain point, à des racines sans qu'on puisse cependant les considérer comme telles. Il en est de même des prolongemens descendans du mérithalle fondamental tubéreux du tamme. Ce ne sont point des racines ; mais ils offrent certains points de similitude avec ces organes, dont ils diffèrent essentiellement par leur grosseur et par leur structure anatomique. Les véritables racines, qui sont toujours assez grêles, bien qu'elles grossissent

(1) Voyez plus haut, page 279, et la planche 6.

un peu en vieillissant, ont une structure ligneuse qui les
différencie essentiellement du corps tubéreux duquel elles
prennent naissance ; elles envoient dans le système central
de ce dernier des prolongemens (figure 2, planche 11)
flexueux et ramifiés qui offrent comme elles dans leur structure une grande quantité de vaisseaux longitudinaux. Rien
de semblable n'existe dans les gros prolongemens descendans, par le moyen desquels le mérithalle fondamental tubéreux du tamme s'allonge inférieurement. Ainsi il demeure bien prouvé que ces gros prolongemens descendans
ne sont point des racines ; toutefois, on ne peut guère dou-
t er qu'ils ne remplissent la même fonction, celle d'absorber
les sucs nutritifs contenus dans le sol.

Lorsque le mérithalle fondamental tubéreux du tamme
est âgé de quelques années , on trouve une très grande
quantité de raphides , tant dans son système central que
dans son système cortical. Ces raphides sont rassemblées
en petits fagots, lesquels sont contenus chacun dans l'intérieur d'une cellule. Le nombre de ces petits fagots de raphides augmente avec l'âge du mérithalle fondamental
tubéreux. Ces raphides elles-mêmes augmentent progressivement en longueur et en grosseur. J'ai vu qu'en général
ces fagots de raphides sont dirigés selon le sens horizontal
dans le système central, et selon le sens vertical dans la système cortical.

On voit par ces observations que le mérithalle fondamental tubéreux du tamme s'accroît en diamètre comme un
végétal dicotylédon. Son système central s'accroît par une
progression centrifuge, et son système cortical par une progression centripète. Comme cet accroissement est suspendu
pendant l'hiver, et qu'il se continue pendant un grand
nombre d'années, il semblerait que l'on devrait trouver ici
des couches concentriques distinctes, ainsi que cela a lieu
chez les arbres dicotylédons. Or, il n'en est rien, et voici

pourquoi ; le mérithalle fondamental tubéreux du tamme
n'est presque composé que de rayons transversaux ou horizontaux, qui sont les analogues des rayons médullaires
des dicotylédons. Ce n'est que lorsqu'il est vieux qu'il offre
des réseaux de fibres longitudinales ou verticales : il n'y
existe point de gros tubes longitudinaux. Or, si l'on se re-
porte à l'accroissement en diamètre des dicotylédons, on
voit que la séparation des couches concentriques n'a lieu
que pour les fibres longitudinales ; les rayons médullaires
traversent sans aucune interruption les couches successives.
On voit ainsi pourquoi le mérithalle fondamental tubéreux
du tamme n'offre point de couches distinctes les unes des
autres ; cela provient de ce qu'il est presque exclusivement
composé de rayons médullaires. La tige aérienne du tamme
offre la structure générale des monocotylédons, et cependant on y remarque une analogie très marquée avec la structure des dicotylédons. La figure 4 (planche 11) représente
la coupe transversale de la tige de cette plante, tige annuelle déjà âgée de plusieurs mois. Cette tige possède une
véritable écorce ; au centre il existe une véritable moelle,
dont les cellules sont décroissantes de grandeur de dedans
en dehors ; autour de la moelle existe un corps ligneux qui
l'enveloppe complètement. Ce corps ligneux offre de gros
faisceaux de fibres C, C, C, qui se prolongent en pointe
vers le centre de la tige, et qui contiennent de larges canaux tubuleux remplis d'air. Lorsque la tige était plus
jeune, les faisceaux C, C, C, étaient séparés les uns des autres par des prolongemens de la moelle ; en sorte que cette
dernière n'était point enveloppée par un étui ligneux complet. Par le progrès du développement il s'est formé subséquemment de petits faisceaux ligneux D, D, intermédiaires
aux gros faisceaux ligneux C, C, C; lesquels ont complété
l'étui ligneux qui enveloppe la moelle. Lorsque les gros faisceaux ligneux C, C, C existaient seuls et isolés dans le tissu

médullaire qui les environnait, la tige avait les caractères
propres à la tige des monocotylédons ; mais lorsque les petits faisceaux ligneux *D, D*, se sont intercalés aux gros faisceaux ligneux *C, C, C*, et ont ainsi complété l'étui ligneux
qui enveloppe la moelle, la tige a revêtu en partie les caractères de la tige des dicotylédons, dont elle diffère cependant par ses larges canaux tubuleux dont les parois sont
composées de petites cellules, canaux tubuleux qui paraissent exclusivement propres aux monocotylédons. Ces
faits et ceux qui ont été notés plus haut dans l'étude de cette
plante, prouvent qu'elle est véritablement un être intermédiaires aux deux grandes classes des monocotylédons et
des dicotylédons. Cela prouve qu'ici, comme partout ailleurs, la nature n'a point établi de divisions tranchées.

M. de Mirbel, dans une lettre adressée au Journal intitulé *le Cultivateur* (cahier de mai 1834), dit avoir observé
que dans les bourgeons des arbres dicotylédons tout le bois
est représenté par une seule série de filets unis en réseau.
Les filets, dit-il, *ne diffèrent en rien de ceux des monocotylédons ; leur coupe transversale offre le plus souvent un ovale
plus ou moins régulier, dont le petit bout regarde la moelle,
et le gros bout l'écorce.* J'ai noté cette disposition des faisceaux de filets ligneux chez les tiges naissantes des dicotylédons, dans mes *Recherches sur l'accroissement des végétaux.* J'ai fait voir, par exemple, que chez le *clematis vitalba* (planche 2, fig. 7), les tiges naissantes offrent d'abord
seulement six faisceaux de filets ligneux, dont la coupe
transversale présente l'image d'un ovale, lequel, très arrondi du côté qui regarde l'écorce, s'appointit du côté qui
regarde le centre de la tige. Entre ces six faisceaux primitifs
naissent bientôt six autres petits faisceaux intermédiaires
aux faisceaux primitifs, et qui complètent l'étui ligneux par
lequel la moelle se trouve tout-à-fait enveloppée. Cette formation successive des faisceaux ligneux est, comme on le

voit, tout-à-fait semblable à celle qui a lieu dans la tige du
tamme. M. de Mirbel, dans l'écrit que je viens de citer, fait
remarquer que le tissu cellulaire, qui, dans le bourgeon
des dicotylédons, sépare les uns des autres les faisceaux de
filets ligneux, et qui doit donner naissance aux rayons médullaires, représente le tissu cellulaire lâche interposé aux
faisceaux de filets ligneux des stipes des monocotylédons ;
de sorte, ajoute-t-il, *qu'on peut dire qu'à cette époque il n'y
a aucune différence essentielle entre l'organisation des tiges
des deux classes.* Je suis, à cet égard, complètement de
l'avis de M. de Mirbel. Tous les végétaux phanérogames
ont la même organisation générale, lorsqu'ils sont à cette
époque peu avancée de leur vie où ils existent avec l'organisation propre au bourgeon. Cette époque de la vie végétale est de si courte durée chez les dicotylédons, qu'elle est
à peine appréciable ; ils passent très rapidement à un état
plus avancé de la vie et de l'organisation végétales. Chez
les monocotylédons, au contraire, l'état de bourgeon, ou
l'organisation gemmaire, est un état permanent et stationnaire. Cette organisation gemmaire offre principalement les
caractères suivans : les fibres ligneuses sont disposées en
réseaux anastomosés fort lâches, dans les interstices desquels le tissu cellulaire médullaire pénètre en masses assez
considérables ; en sorte que, dans la coupe transversale de
la tige, on voit des faisceaux ligneux isolés enveloppés de
toutes parts par un tissu cellulaire. Les nouvelles fibres ligneuses qui pénètrent et qui se subdivisent dans les nouvelles feuilles, naissent toujours au centre du bourgeon,
c'est-à-dire plus centralement que les fibres qui se distribuent aux feuilles dont l'évolution est antérieure. J'ai, le premier, annoncé ce fait pour les dicotylédons, en 1820 (1) :
M. de Mirbel confirme ce fait dans son écrit sus-mentionné,

(1) Mémoires du Muséum d'histoire naturelle, t. VIII, p. 36.

Ainsi il est certain que les dicotylédons, dans leur état transitoire d'organisation gemmaire, et que les monocotylédons,
chez lesquels l'organisation gemmaire est l'état permanent,
sont également *endogènes*, leurs nouvelles fibres ligneuses
prennent naissance en dedans des faisceaux de fibres ligneuses plus anciennes. A peine l'évolution rapide, laquelle
succède à l'évolution lente qui a lieu tant que se conserve
l'état de bourgeon, est-elle commencée chez les dicotylédons, qu'il se produit de nouvelles fibres ligneuses en dehors des faisceaux des fibres ligneuses plus anciennes, et
qu'il se produit simultanément de nouvelles fibres corticales en dedans des faisceaux de fibres corticales plus anciennes. Ce nouveau phénomène est généralement étranger
aux monocotylédons, qui, comme je viens de le dire, conservent constamment l'organisation gemmaire, laquelle
n'est que transitoire chez les dicotylédons.

La théorie que je viens d'exposer, place les monocotylédons au-dessous des dicotylédons dans les degrés de la perfection organique. Les monocotylédons offrent véritablement un arrêt de formation; ils se sont arrêtés à l'organisation
gemmaire, qui n'est que transitoire chez les dicotylédons,
lesquels ont atteint un degré plus élevé de l'organisation
végétale. On sait qu'une théorie analogue est déjà née de
l'observation par rapport aux animaux, dont les classes inférieures offrent la persistance de différens degrés inférieurs
de l'organisation animale, degrés inférieurs qui ne sont que
transitoires pour la classe la plus élevée. Ainsi, toute la
masse des êtres organisés offre une marche progressive vers
la perfection organique. Ceux de ces êtres qui possèdent
au plus haut degré cette perfection d'organisation ont nécessairement passé, pour y parvenir, par tous les degrés inférieurs auxquels se sont arrêtés les êtres dont la perfection
organique est moins avancée. On vient de voir que le végétal, dans son état primitif d'*embryon*, possède la consti-

tution d'une sphère en dedans comme en dehors. On ne
connaît point de végétaux phanérogames qui se soient arrêtés à cet état primitif, c'est-à-dire qui aient la constitution
d'une sphère dans leur état normal. On va voir, dans la
seconde partie de ce Mémoire, que ce phénomène a lieu
dans certains cas d'*arrêt de formation* des végétaux élevés
dans l'échelle de l'organisation végétale.

DEUXIÈME PARTIE.

OBSERVATIONS SUR LA FORME PRIMITIVE DES EMBRYONS GEMMAIRES DES ARBRES DICOTYLÉDONS.

Dans la première partie de ce mémoire, j'ai fait voir que
le mérithalle fondamental embryonnaire du *tamus communis* possède, tant intérieurement qu'extérieurement, la
constitution d'une sphère, et que ce mérithalle fondamental globuleux est véritablement le second mérithalle de la
plante, duquel les autres mérithalles naîtront subséquemment. Ces derniers existent-ils aussi à l'état embryonnaire
avant leur évolution ? l'observation directe n'apprend rien
à cet égard. L'origine première des mérithalles qui naissent
successivement dans une branche qui se développe, se ca-
che dans l'infiniment petit ; rien ne prouvait qu'ils eussent
des *germes* ou des *embryons* particuliers avant les observations que j'ai faites sur les déplacemens auxquels ils sont
sujets avant l'évolution qui les fixe d'une manière définitive (1). Ces déplacemens prouvent, en effet, que les mérithalles sont primitivement libres d'adhérence avec le vé-

(1) Voyez ci-dessus mon mémoire intitulé : *Observations sur les variations
accidentelles du mode suivant lequel les feuilles sont disposées sur les tiges
des végétaux.*

gétal qui les produit, et qu'ils ont alors, par conséquent,
une existence à part. La continuité organique que l'on observe plus tard entre eux, est donc le résultat d'une véritable greffe. Par cette observation indirecte, on acquiert la
certitude que tous les mérithalles dont se compose une
plante, ont, comme le mérithalle fondamental de cette
plante, un état embryonnaire, et par conséquent une
forme embryonnaire. Il n'existe rien, dans la science, qui
puisse nous donner la plus légère idée sur cet état embryonnaire des mérithalles produits par gemmation. On les considère ordinairement comme des extensions du tissu des
mérithalles qui les précèdent; on va voir cette théorie s'é-
vanouir devant l'observation des faits.

Tout le monde connaît ces protubérances qui survien-
nent assez souvent sur le tronc des arbres, protubérances
qui portent vulgairement le nom de *loupes*, et auxquelles
Duhamel a fort mal-à-propos donné le nom d'*exostoses* (1).
Ces protubérances offrent souvent des différences essentielles dans leur structure intérieure. Ainsi, par exemple,
les loupes que l'on nomme *broussins* et qui produisent sur
toute leur surface un nombre prodigieux de petites branches dont l'évolution est imparfaite, diffèrent essentiellement des loupes dont la surface arrondie ne produit pas un
seul bourgeon. Parmi ces dernières il en est de très remarquables en cela que, dans le principe, elles consistent en
des *nodules ligneux* isolés dans l'intérieur de l'écorce, et
parfaitement exempts de rapports immédiats avec le corps
ligneux de l'arbre auquel ils deviennent adhérens plus tard.
Ces nodules ligneux se rencontrent très fréquemment dans
l'écorce du hêtre (*fagus sylvatica*). J'en ai trouvé de très
gros et en grande quantité sur deux cèdres du Liban. J'ai

(1) Physique des arbres, liv. 5, chap. 3.

pu suivre, sur ces deux arbres, l'origine et le développement de ces *nodules ligneux*. On les trouve d'abord fort
petits et globuleux dans le tissu de l'écorce et vers sa partie
superficielle, j'en ai trouvé qui n'étaient pas plus gros que
des têtes d'épingle. Il me paraît qu'ils naissent dans la
partie parenchymateuse de l'écorce, partie que j'ai désignée
par le nom de *médulle corticale*. Ces nodules ligneux sont
toujours primitivement libres et complètement isolés dans
l'épaisseur de l'écorce de l'arbre ; ils y possèdent une écorce
particulière confondue, par adhérence, avec l'écorce de
l'arbre qui les enveloppe de toutes parts, mais qui, chez le
cèdre, est facile à distinguer par la direction de ses fibres,
direction très différente de celle des fibres de l'écorce de
l'arbre. La figure 1, pl. 12, représente un nodule ligneux
arrondi du cèdre, recouvert en dehors par l'écorce de l'arbre : il est dénudé du côté qui regardait le bois de l'arbre,
et l'on voit en *a* les lambeaux relevés de son écorce particulière. La forme de ces nodules ligneux varie : tantôt ils sont
irrégulièrement arrondis, comme on le voit dans la fig. 2 ;
tantôt ils offrent un prolongement conique, lequel est dirigé horizontalement vers le bois de l'arbre auquel ce prolongement touche par sa pointe qui est très aiguë (fig. 3) ;
tantôt ils sont allongés transversalement dans le sens horizontal et à angle droit avec la direction de celui qui est représenté par la figure 3. Cette troisième forme est représentée par la figure 4. On comprendra plus facilement la
disposition de ce dernier nodule ligneux, en se figurant
que lorsqu'on le regarde fixé dans la place qu'il occupe sur
le tronc de l'arbre, l'un de ses prolongemens latéraux est
situé à droite de l'observateur, et l'autre à sa gauche. Les
nodules ligneux de cette troisième forme sont très communs
chez les hêtres : j'en ai observé quelques-uns chez le cèdre
du Liban. Une quatrième forme des nodules ligneux est
celle qui est représentée par la figure 5. Ici le nodule li-

gneux possède plusieurs prolongemens coniques semblables chacun à l'unique prolongement que possède le nodule
ligneux représenté par la figure 3. Je n'ai observé ces prolongemens coniques que chez les nodules ligneux du cèdre
du Liban, dont l'écorce est assez épaisse pour permettre
l'existence et le développemeut de ces prolongemens coniques, toujours dirigés horizontalement vers le bois de l'arbre auquel ils touchent par leur pointe. Il n'y a jamais aucune trace de ces prolongemens coniques chez les nodules
ligneux du hêtre; la portion d'écorce de cet arbre qui est
interposée à son bois et au nodule ligneux est très mince et
ne permettrait pas l'existence de ces prolongemens coniques,
lesquels, d'ailleurs, ne naissent jamais sur ces nodules
ligneux du hêtre; ces derniers sont constamment arrondis
du côté qui regarde le bois de l'arbre. Lorsque, par le progrès de leur développement, les nodules ligneux nés dans
l'épaisseur de l'écorce de l'arbre sont parvenus à mettre
leur bois en contact avec le bois de l'arbre qui les porte,
l'écorce intermédiaire disparaît; elle est détruite par la
pression qu'elle éprouve, et alors le bois du nodule ligneux devient adhérent au bois de l'arbre. Quelquefois ce
phénomène d'adhérence ne s'accomplit qu'après bien des
années, en sorte que le nodule ligneux, toujours séparé du
bois de l'arbre par une écorce intermédiaire, acquiert une
grosseur que j'ai vue égaler quelquefois celle d'un œuf de
poule. Très souvent il arrive, surtout chez les nodules ligneux du hêtre, de rencontrer une petite branche qui est
née sur le milieu de la bosse arrondie qu'ils forment. Je
reviendrai plus bas sur ce fait. Je passe à l'examen de la
structure intérieure de ces nodules ligneux. Je commence
par le nodule ligneux arrondi : ses fibres ligneuses décrivent des cercles irrégulièrement concentriques autour de
plusieurs points de sa surface, comme on le voit dans la
figure 2. Les fibres de l'écorce particulière de ce nodule li-

gneux qui appartient au cèdre, ont la même direction. La
figure 6 représente la coupe verticale d'un nodule ligneux
de hêtre. Cette coupe est celle qui diviserait en même
temps, par une section verticale et médiane, le tronc de
l'arbre dans l'écorce duquel ce nodule ligneux s'est développé; on voit qu'il est composé de couches ligneuses concentriques, et que des rayons médullaires s'étendent du
centre à la circonférence.

La figure 7 représente la coupe horizontale de ce même
nodule ligneux; on y voit, comme dans la figure précédente, la concentricité des couches ligneuses et celle des
rayons médullaires. En un mot, dans quelque sens que l'on
fende par la moitié le nodule ligneux, toujours on aperçoit
sur la coupe des couches concentriques et des rayons médullaires qui s'étendent du centre à la circonférence. Ainsi,
par sa structure intérieure, le nodule ligneux est une véritable sphère qui est devenue plus ou moins irrégulière;
elle atteste par la disposition sphérico-concentrique de
toutes ses parties composantes que, dans le principe, elle
était une sphère parfaite. Ce nodule ligneux sphéroïdal
offre tous les élémens qui entrent dans la composition de la
tige de l'arbre auquel il appartient; mais ces élémens y
sont autrement disposés. Dans la tige de l'arbre les couches
ligneuses sont disposées concentriquement autour d'un axe
central, c'est un cylindre; dans le nodule ligneux, les couches sont disposées concentriquement autour d'un point
central, c'est un sphéroïde. Dans la tige, les rayons médullaires vont en rayonnant de l'axe du cylindre vers ses
parois, et les fibres ligneuses sont parallèles à l'axe de ce
cylindre; dans le nodule ligneux, les rayons médullaires
rayonnent dans tous les sens du centre vers la périphérie
de ce sphéroïde, et les fibres ligneuses sont courbées en
cercles irréguliers autour de divers points. La principale
cause de l'irrégularité du sphéroïde que représente le

nodule ligneux, est l'inégalité du développement de chacune de ses couches ligneuses dans les divers points de sa périphérie. Ainsi il arrive presque toujours que les couches sont plus épaisses du côté qui correspond au bois de l'arbre, que du côté opposé qui regarde l'extérieur, ainsi que cela se voit dans la fig. 8, qui représente la coupe verticale d'un nodule ligneux du hêtre; le côté *a* de ce nodule ligneux regardait le bois de l'arbre dont il était séparé par une mince couche d'écorce. On voit que les couches du nodule ligneux sont beaucoup plus épaisses de ce côté que du côté opposé. Cet excès de développement des couches ligneuses qui regardent le bois de l'arbre provient évidemment de ce que le nodule ligneux est plus nourri, ou reçoit plus de sève nutritive d'un côté que de l'autre. Cette sève nutritive est le *cambium* qui, comme on sait, afflue en abondance dans le lieu de jonction des deux systèmes cortical et central de l'arbre. Situé en dehors de ce lieu de jonction et dans l'épaisseur de l'écorce, le nodule ligneux doit donc être plus nourri, et par conséquent plus développé par celui de ses côtés qui regarde le bois de l'arbre. Ce nodule ligneux est lui-même lubréfié par le *cambium*; il est *en sève* en même temps que l'arbre dans l'écorce duquel il se trouve, et il se détache avec facilité de l'écorce propre qui l'enveloppe. C'est, à ce qu'il paraît, cet excès de nutrition du nodule ligneux dans son côté tourné vers le bois de l'arbre, qui détermine la formation des prolongemens coniques que l'on observe chez beaucoup de nodules ligneux du cèdre du Liban (fig. 3 et 5). Il me reste à étudier la structure intérieure de ces prolongemens coniques.

La figure 9 représente la coupe verticale de l'un de ces nodules ligneux pourvu d'un long prolongement conique. Les couches superposées dont se compose ce nodule ligneux s'allongent en cônes aigus vers le bois de l'arbre. Le cône de la couche ligneuse la plus extérieure touche seul et par

sa pointe aiguë au bois de l'arbre. Le sommet aigu des
cônes que forment les couches ligneuses intérieures touchait certainement aussi le bois de l'arbre, lorsque chacune
de ces couches actuellement intérieure était extérieure;
chacune d'elles a été éloignée du bois de l'arbre par la formation de la couche qui la recouvre, formation qui a éloigné du bois de l'arbre la couche plus ancienne. Il y a
certainement ici adhérence de la pointe du cône ligneux
avec le bois de l'arbre; car lorsqu'on arrache ce cône ligneux, on remarque une solution de continuité à sa pointe,
qui offre alors l'entrée d'une cavité située dans l'intérieur
de la pointe conique. Cette adhérence au reste est bien
faible, puisqu'elle est détruite avec tant de facilité par l'interposition d'une couche nouvelle. Lorsqu'il y a plusieurs
prolongemens coniques au même nodule ligneux, comme
on le voit dans la figure 5, chacun de ces prolongemens est
composé de couches coniques qui se recouvrent, comme
l'est le prolongement conique unique que possède le nodule ligneux dont la coupe est représentée par la figure 9.
J'ai observé que ces prolongemens coniques naissent dans
les endroits où les fibres ligneuses sont disposées en cercles
irréguliers concentriques, comme on le voit dans la figure 2.
C'est le point central commun de ces cercles concentriques
qui donne naissance à la pointe du prolongement conique;
aussi les fibres ligneuses ne sont-elles point parallèles à la
direction de ce prolongement conique, elles tournent obliquement autour de lui. Ce fait suffirait pour prouver que
ces prolongemens coniques ne sont point des racines,
comme on pourrait peut-être le penser, s'il n'était démontré par l'inspection de la structure intérieure de ces prolongemens, qu'ils sont dus à une déviation de l'accroissement du nodule ligneux en diamètre, de la même manière
que cela a lieu pour les prolongemens descendans qui s'observent dans le mérithalle fondamental tubéreux du *tamus*

communis, ainsi que je l'ai fait voir dans la première partie de ce travail.

Je viens de dire que chaque prolongement conique du nodule ligneux offre une petite cavité dans son intérieur. Cette cavité est remplie par un tissu cellulaire médullaire, de couleur rousse. Or, comme les sommets de tous les cônes emboîtés sont ouverts, il en résulte qu'il existe un canal non interrompu depuis la pointe *b* du cône le plus extérieur (fig. 9 et 11) jusqu'au centre *c* du nodule ligneux. Ce canal est entièrement rempli de moelle, comme on le voit dans les figures citées. L'origine de cette moelle est facile à déterminer. J'ai fait voir dans mes *Recherches sur l'accroissement des végétaux* (1) que les couches ligneuses sont séparées les unes des autres par une couche très souvent inapercevable de moelle ou de médulle centrale. Or, la cavité tubuleuse qui existe dans l'intérieur de chaque prolongement conique n'est autre chose que l'interstice allongé des couches contiguës ; il doit donc nécessairement être rempli de tissu cellulaire médullaire : dans les intervalles des couches, ce tissu médullaire est si mince qu'il est inapercevable ; il est assez développé dans la cavité des prolongemens coniques, voilà toute la différence. Le nodule ligneux, ainsi composé de cônes emboîtés, lesquels offrent dans leur partie centrale un axe médullaire, peut être considéré comme une *tige rétrograde,* c'est-à-dire comme une tige qui, au lieu de s'être accrue en longueur par production de mérithalles successifs dans la direction *c, a* (fig. 9), s'est accrue en longueur par production de cônes emboîtés successifs dans le sens *c, b.* J'ai mis hors de doute le mécanisme de cet accroissement rétrograde par l'expérience suivante : au printemps, lorsque le cèdre qui

(1) Voyez plus haut, page 147.

portait des nodules ligneux était *en sève*, je pratiquai une
décortication annulaire sur un de ces nodules ligneux; cette
décortication fut faite dans le sens *a*, *a* (fig. 12); la calotte d'écorce *b* mourut et se dessécha ; la partie du nodule
ligneux qui était recouverte par cette calotte d'écorce mourut également; il ne resta de vie que dans la partie *c* du nodule ligneux qui se trouvait en-deçà de la décortication
annulaire. Cette partie, demeurée vivante, s'accrut en grosseur par production d'une couche nouvelle pendant la période de végétation de l'année où l'expérience fut faite. On
voit cette nouvelle couche en *d*, *d* dans la figure 13, qui
représente la coupe verticale de ce nodule ligneux soumis
à l'expérience. On voit que la couche ligneuse, produite
pendant la période de végétation de l'année, ne s'étend
que jusqu'à la décortication annulaire, et que, pourvue
comme les autres d'un prolongement conique, elle s'est
intercalée à la couche de l'année précédente et au bois de
l'arbre. Ceci confirme pleinement ce qui a été dit plus haut
touchant la formation successive des couches pourvues de
prolongemens coniques, prolongemens dont les sommets
pointus, très légèrement adhérens au bois de l'arbre, en
sont arrachés par la formation intercalaire de la couche
subséquente également pourvue d'un prolongement conique, lequel devient à son tour adhérent au bois de l'arbre
par son sommet. Lorsque le nodule ligneux est devenu
complètement adhérent au bois de l'arbre, et que cette
adhérence est arrivée lorsque le nodule ligneux était déjà
d'une certaine grosseur, ce dernier se trouve former une
protubérance arrondie sur le bois de l'arbre dont il fait
alors partie. C'est ce que l'on nomme vulgairement *une
loupe*. Je reviendrai plus bas sur ce sujet. Lorsque le nodule
ligneux encore très jeune devient adhérent au bois de
l'arbre, il ne manque jamais de produire une petite branche, ce qui n'arrive jamais aux vieux nodules ligneux.

L'adhérence des jeunes nodules ligneux au bois de l'arbre
n'est pas très commune chez le cèdre du Liban; elle est
très fréquente chez le hêtre; aussi voit-on très souvent les
petits nodules ligneux de ce dernier arbre émettre une
petite branche, comme on le voit dans la fig. 10, pl. 12,
qui représente en même temps la coupe verticale de ce nodule ligneux. On voit, par le nombre des couches concentriques de ce nodule ligneux, qu'il est âgé d'environ
dix ans. La branche à laquelle il a donné naissance doit
avoir à-peu-près le même âge, et cependant elle est fort
petite; elle ne possède que très peu de force de développement. Aussi arrive-t-il presque toujours que cette petite
branche meurt; ce qui n'empêche pas le nodule ligneux
qui lui a donné naissance de vivre et de continuer à se développer en grosseur.

J'ai vu, chez le cèdre du Liban, un de ces nodules ligneux qui avait donné naissance à une petite branche,
quoiqu'il n'eût avec le bois du tronc de l'arbre qu'une
adhérence très faible et temporaire par la pointe de son
prolongement conique, comme on le voit dans la figure 11.
Dans ce nodule ligneux, comme dans celui qui est représenté par la figure 10, le prolongement conique de chacune
des couches concentriques a été adhérent au bois de l'arbre
dans l'année de la formation de la couche à laquelle il appartient, et cette adhérence a été rompue l'année suivante
lors de la formation de la couche suivante, qui à son tour
est devenue adhérente au bois de l'arbre par l'extrémité
pointue de son prolongement conique. Ainsi il n'y a que
la couche la plus extérieure qui adhère par sa pointe conique au bois de l'arbre. Or cette faible adhérence a suffi,
dans le cas dont il s'agit, pour favoriser le développement
de la petite branche qui est née au sommet de ce nodule
ligneux. On remarque ici que les couches ligneuses concentriques sont tellement minces au sommet *a* de ce nodule

ligneux, qu'elles disparaissent à la vue; elles manquent
nécessairement là où la petite branche est implantée; elles se
continuent peut-être d'une manière invisible sur cette petite branche. On voit cette dernière se prolonger jusqu'au
centre *c* du nodule ligneux; en sorte qu'il est évident qu'elle
naît du très petit globe qui occupe cette partie centrale. Ce
petit globe est évidemment l'*embryon gemmaire* ou le *germe
primitif,* duquel la branche adventive est née; cet *embryon
gemmaire adventif* naît isolé dans l'écorce; si son adhérence
au bois de l'arbre s'opère de bonne heure, il développe une
branche, comme on le voit dans les figures 10 et 11. Si
son adhérence au bois de l'arbre ne s'opère point, ou ne
s'opère que long-temps après sa naissance, il ne développe
point de branche, et cela parce que la production des
couches ligneuses concentriques a recouvert et emprisonné
tout-à-fait le petit globe central ou l'embryon gemmaire
qui peut seul développer une branche (fig. 7 et 8). Les
nodules ligneux qui ont produit une petite branche ressemblent à la partie renflée et tubéreuse d'un radis, partie
qui est le premier mérithalle de la plante. Ils ressemblent
d'une manière encore plus frappante au corps tubéreux
et radiciforme du *tamus communis,* corps qui est véritablement le mérithalle fondamental de cette plante, lequel est
devenu tubéreux et souterrain, ainsi que je l'ai démontré
dans la première partie de ce Mémoire. J'ai fait voir, en
effet, que ce mérithalle fondamental du tamme est sphérique dans le principe, tant par sa forme extérieure que
par sa structure intérieure. Il en est de même des nodules
ligneux. Le mérithalle fondamental du tamme s'accroît en
grosseur par de nouvelles productions concentriques, lesquelles sont plus développées dans sa partie diamétralement
opposée à l'endroit qui donne naissance à la tige; en sorte
qu'il se produit des prolongemens descendans radiciformes.
Il en est de même chez les nodules ligneux du cèdre, ex-

cepté que leurs prolongemens radiciformes, au lieu d'être
verticalement descendans, affectent une progression horizontale. Ces prolongemens radiciformes sont au reste, dans
l'un et dans l'autre cas, dus à des déviations de l'accroissement normal en diamètre. Cette similitude exacte qui
existe sous les points de vue les plus généraux entre le *mérithalle fondamental* du tamme et le *nodule ligneux*, né et
développé dans l'épaisseur de l'écorce de certains arbres,
prouve que ce *nodule ligneux* est véritablement aussi un
mérithalle fondamental développé en grosseur sans avoir
perdu sa forme sphérique primitive. C'est véritablement
un *embryon gemmaire adventif*, qui, né dans l'écorce, a
éprouvé un *arrêt de formation*. Il n'est point passé de la
forme primitive d'embryon sphérique à la forme secondaire de mérithalle cylindrique. Ce n'est point, comme on
pourrait peut-être le penser, un *bourgeon avorté*, car sa
constitution de sphère prouve qu'il n'en est rien. Un bourgeon en effet est une tige en miniature, dans laquelle plusieurs mérithalles successifs sont déjà apparens, et qui possède des feuilles rudimentaires. Il n'y a rien chez cette tige
naissante qui ressemble à la structure d'une sphère. Or
cette structure est partout celle de l'embryon végétal. Ainsi
de même que nous avons vu le mérithalle fondamental embryonnaire du *tamus communis* être une sphère tant extérieurement qu'intérieurement, ainsi nous voyons l'em-
bryon gemmaire posséder, tant en dedans qu'en dehors, la
constitution d'une sphère : nous voyons le mérithalle fondamental embryonnaire du tamme acquérir des dimensions
très remarquables sans perdre sa constitution de sphère;
le nodule ligneux offre le même phénomène. Dans l'un
et dans l'autre cas, on doit donc reconnaître un mérithalle
fondamental embryonnaire possédant la constitution d'une
sphère. Ce mérithalle donne ou peut donner naissance à
d'autres mérithalles qui naissent successivement les uns

des autres. Nous ignorerions entièrement cette constitution
de sphère qui existe dans le mérithalle embryonnaire *séminal*,
comme dans le mérithalle embryonaire *gemmaire*, si, dans
les cas particuliers dont il est ici question, l'embryon végétal
que la nature a généralement fait d'une petitesse extrême,
ne prenait un développemeht assez considérable et insolite
en conservant sa constitution primordiale, ce qui permet
d'observer sa structure intérieure. Ainsi le nodule ligneux
sphéroïde et qui n'a point produit de tige (fig. 1 et 2 pl. 12)
est un *embryon gemmaire*, c'est-à-dire un *mérithalle fondamental* qui s'est développé sous sa forme primitive et originelle, sans engendrer d'autres mérithalles. Plongé dans
l'écorce de l'arbre qui le porte, le nodule ligneux complètement isolé du bois de l'arbre, et pourvu d'une écorce
particulière, est, jusqu'à un certain point, un être à part,
un être distinct de l'arbre, dans l'écorce duquel il vit
comme un parasite. C'est un végétal ligneux sphérique
privé de branches et de racines; il se nourrit avec la sève
élaborée qui lui est exclusivement fournie par l'écorce de
l'arbre dans laquelle il est enseveli. La sève aqueuse
ascendante ne lui parvient point; car celle-ci ne se transmet que par le système central de l'arbre et seulement par
son aubier. Or le nodule ligneux, dont il est ici question, est
complètement isolé de l'aubier de l'arbre. Ne se nourrissant
donc que par la sève élaborée qui lui est fournie par l'é-
corce de l'arbre, le nodule ligneux doit cesser de vivre dans
celles de ses parties qui, par interruption de communication, ne peuvent plus recevoir cette sève. C'est ainsi qu'on
a vu le nodule ligneux (fig. 12), sur lequel on a pratiqué
une décortication annulaire, perdre la vie dans sa partie *a*, *b*, qui ne peut plus recevoir la sève nourricière qui
lui était fournie auparavant par l'écorce de l'arbre. De ce
que le nodule ligneux ne reçoit point de sève ascendante ou
de *sève crue*, lorsqu'il est complètement isolé de l'aubier de

l'arbre, il résulte que le cambium abondant qui lubrifie ce nodule ligneux au printemps, consiste entièrement en sève élaborée, fournie par l'écorce dans laquelle il est enseveli. Il suit de là que ce n'est point l'aubier qui verse entre les deux systèmes cortical et central la sève élaborée qui porte le nom de *cambium*, c'est l'écorce seule qui en est la source. C'est donc bien certainement dans cette dernière que marche la sève élaborée descendante, ainsi que presque tous les phytologistes l'ont admis. Cette assertion avait besoin de cette preuve nouvelle et décisive, pour prendre rang parmi les vérités démontrées.

L'observation de l'accroissement par couches successives des nodules ligneux complétement isolés de l'aubier de l'arbre, sert à établir définitivement une autre vérité encore contestée aujourd'hui; c'est que cet accroissement par couches est le résultat d'un travail organique local, et non le résultat de là superposition de prétendues *racines des bourgeons* qui descendraient de l'extrémité des branches vers les racines ; ainsi que l'ont prétendu Lahire et Dupetit-Thouars.

Par ces observations se trouve définitivement établie cette vérité nouvelle que j'avais précédemment entrevue ; savoir, que les mérithalles sont des êtres individuels engendrés par le végétal qui les porte, et dépourvus, dans le principe, de véritable continuité de tissu avec lui. La plupart du temps les mérithalles embryonnaires, ou *embryons gemmaires*, se greffent très promptement sur le végétal qui les a engendrés, en sorte qu'il s'établit entre eux une continuité de tissu : mais il arrive quelquefois que cette greffe du mérithalle *nouveau-né* éprouve normalement certains retards qui permettent de voir la séparation qui existe entre le bois de ce premier mérithalle, et le bois du mérithalle qui l'a engendré. Le peuplier de Virginie *(populus monilifera*, Michaux) en offre un exemple très remarquable.

Chez cet arbre on aperçoit souvent, avec beaucoup de facilité, que chaque bourgeon est issu d'un embryon gemmaire sphérique, lequel quoique développé en mérithalle, laisse encore voir sa base arrondie, base qui n'a contracté qu'une adhérence fort imparfaite avec le bois de la branche qui a produit ce nouveau scion, né d'un bourgeon normal. Ce phénomène ne se manifeste que lorsque les bourgeons nférieurs d'un scion, demeurés stationnaires pendant la première année, se développent dans la seconde année ou dans l'une des années suivantes. Alors ces bourgeons sont séparés de la moelle de leur branche-mère, avec laquelle ils communiquaient dans le principe, par une couche plus ou moins épaisse d'aubier, avec laquelle ils n'ont point de continuité organique véritable; ils ne sont qu'appliqués sur cette couche d'aubier, à-peu-près comme le serait une greffe en écusson. Lorsque ces bourgeons stationnaires se développent, ils conservent, pendant un certain temps, leur défaut de continuité ligneuse avec l'aubier de la branche qui les porte et les nourrit. Aussi les nouveaux scions, nés de ces bourgeons stationnaires, se détachent-ils très facilement, par leur base arrondie, du lieu de leur origine, et on voit qu'il n'y a point eu de rupture de fibres ligneuses dans cette circonstance. La fig. 14, pl. 12, représente la partie inférieure de l'un de ces deux scions observé dans la seconde année de son évolution : il n'était point encore continu par son bois avec la branche de laquelle il était tissu ; car on voit que sa base arrondie a s'en est détachée nettement, et cela au moyen d'une force assez légère. On voit que cette base du scion offre, d'une manière remarquable, des traces de la forme sphéroïdale qu'elle a dû posséder dans le principe. C'est une demi-sphère déprimée du côté de l'arbre ou du côté de la branche de laquelle est né le scion, et qui n'adhère encore qu'imparfaitement à l'arbre avec lequel elle aurait offert, dans la suite, une

parfaite continuité de tissu. Ce phénomène de structure
végétale est évidemment analogue à celui qui est représenté
par la fig. 10 ; mais il est bien moins prononcé. La fig. 15
fait voir, au moyen d'une coupe longitudinale, la séparation qui existe au point *a*, entre le bois du nouveau scion,
âgé de quelques mois, et celui de la branche de laquelle il
est issu. Les scions dont il est ici question sont nés de bourgeons *normaux*. Ainsi il demeure prouvé que les branches
normales, comme les branches adventives, naissent également d'*embryons gemmaires* sphériques primitivement
isolés dans le tissu du végétal générateur. Chez le peuplier
de Virginie on voit que le mérithalle fondamental, qui
constitue l'embryon gemmaire, est primitivement isolé de
la branche de laquelle il est né, et qu'il s'y greffe subséquemment ; mais les autres mérithalles du scion, auquel il
donne naissance, n'offrent entre eux aucune trace de séparation qui puisse faire soupçonner qu'ils étaient, dans l'o-
rigine, isolés les uns des autres. Ce second fait est établi
affirmativement par l'observation du guy *(viscum album)*.
Chez ce végétal ligneux, on voit que chaque mérithalle est
séparé de celui qui le précède et de celui qui le suit, par
une couche de tissu cellulaire médullaire, laquelle s'oppose à la continuité du bois des mérithalles successifs, ces
derniers ne sont continus que par leur écorce. Cette ligne
de séparation des mérithalles ne s'efface jamais ; elle existe
même dans les branches les plus vieilles. Ce fait prouve
incontestablement que le mérithalle supérieur n'est point
une extension du tissu du mérithalle inférieur ; mais qu'il
s'est greffé sur lui après avoir été produit par génération
gemmaire. Ce fait, ainsi que je l'ai dit plus haut, décou-
lait déjà des observations que j'ai faites sur les déplacemens
auxquels sont sujettes les feuilles, lesquelles sont accompagnées, dans ces déplacemens, par les mérithalles auxquels elles appartiennent. J'ai conclu de là que les embryons

des mérithalles étaient primitivement isolés ou libres d'adhérence avec le végétal qui les avait engendrés; j'ai fait
voir que ces *embryons gemmaires* se greffaient les uns sur
les autres : tantôt le fils sur le père, tantôt le frère sur le
frère ; car ils sont toujours produits par couples. L'état
d'isolement où se trouvent, dans l'origine, les embryons
gemmaires ou les embryons des mérithalles et leur entre-
greffement subséquent, rendent raison de la facilité avec laquelle on les sépare les uns des autres, par la fracture, chez
certains végétaux, surtout dans la jeunesse des scions. Cela
est surtout remarquable dans les jeunes scions de la vigne.
Chez cet arbuste, la séparation des mérithalles a même
lieu spontanément dans la maladie connue vulgairement
sous le nom de *chantepleure.*

   Le nodule ligneux, ainsi que cela vient d'être démontré,
est un être individuel qui possède sa vie à part; sa force
d'accroissement peut donc être différente de la force d'accroissement du tronc de l'arbre qui l'a produit et auquel il
se sera soudé subséquemment, ce qui aura formé ce que
l'on nomme vulgairement une *loupe.* Si la force d'accroissement de cette loupe est supérieure à la force d'accroissement du tronc, on verra la loupe s'accroître beaucoup
plus que lui en grosseur; c'est ce dont l'observation fournit
beaucoup d'exemples. Je me contenterai d'en citer un
fort remarquable : il est relatif à un jeune hêtre sur le
tronc duquel il s'est développé une loupe des plus volu-
mineuses, relativement aux faibles dimensions du tronc
de cet arbre. Cette loupe, qui est représentée par la
fig. 3, pl. 13, possède onze pouces de diamètre, tandis
que le tronc de l'arbre qui la porte, n'a guère qu'un diamètre de deux pouces et demi : elle est à-peu-près sphérique,
et le tronc de l'arbre semble la traverser dans son milieu.
La figure 1 représente le côté de cette loupe qui est opposé
à celui qui est représenté par la figure 3. On voit, dans son

milieu, une autre loupe plus petite, laquelle paraît distincte
de la grosse loupe sphérique avec laquelle elle est en partie
confondue par adhérence. Dans le principe, et avant d'avoir
acquis ses dimensions actuelles, cette grosse loupe était située latéralement sur le tronc de l'arbre ; mais s'étant développée avec plus de rapidité que lui , elle en a envahi le
contour de manière à joindre ses deux bords latéraux sur
le côté opposé du tronc. Là , s'est trouvée une loupe plus
petite qui a été pincée entre les deux bords latéraux de la
grosse loupe, bords qui tendaient à se réunir. De cette manière , le tronc assez petit de l'arbre paraît traverser le
centre d'une grosse protubérance sphéroïdale. Une observation du même genre a été faite par Daubenton, et de même
sur un hêtre (1). La loupe qu'il décrit était bien moins volumineuse que celle dont je donne ici la description ; car
elle n'avait que sept pouces de diamètre. J'ai fait couper
ma loupe dans le sens vertical et dans le sens horizontal,
afin d'examiner sa structure intérieure. J'ai vu que, dans
l'un et dans l'autre sens, elle possède des rayons médullaires disposés concentriquement, et des couches annuelles
concentriques. Sur la coupe horizontale de la partie antérieure de la loupe, partie antérieure que l'on voit dans la
figure 3, les rayons médullaires et les couches présentent la
même disposition que l'on voit sur la coupe horizontale de
la moitié d'un tronc d'arbre. Daubenton ayant donné la figure de cette coupe horizontale de la loupe, dans son Mémoire sus-mentionné, j'ai jugé inutile de la reproduire. Je
me suis contenté de donner la figure de la coupe verticale
de cette loupe, figure qui n'a point été donnée par Daubenton. La figure 2 représente cette coupe verticale. On y
voit, et cela est fort remarquable, qu'il y a là aussi des

(1) Mémoires d'agriculture, publiés par la Société royale d'agriculture de
Paris, année 1786, trimestre de printemps.

rayons médullaires concentriques qui ont leur origine
commune à un point central *a* autour duquel les couches
successives de la loupe sont disposées concentriquement.
Ainsi la loupe possède évidemment la constitution d'une
sphère, puisque ses couches et ses rayons médullaires sont
concentriques dans tous les sens. A ce caractère, on doit
reconnaître un *nodule ligneux*, c'est-à-dire un *embryon
gemmaire* qui s'est considérablement développé sous sa
forme et avec sa constitution sphérique primitives. Ce nodule ligneux, soudé au tronc de l'arbre, est devenu une
loupe. On voit en *b*, l'endroit où s'est opérée cette greffe
sur le tronc de l'arbre, lequel n'a guère, dans cet endroit,
qu'un pouce de diamètre, ce qui indique qu'il était fort
jeune lorsque est né le nodule ligneux dont le développement a produit cette loupe. Celle-ci offre vingt-cinq couches ligneuses, ce qui prouve qu'elle est âgée de vingt-cinq
ans. Si l'arbre qui la porte et qui doit avoir environ trente
années est demeuré aussi petit, cela provient, d'une part,
de ce qu'il faisait partie d'une futaie où les arbres étaient
fort pressés, et, d'une autre part, de ce que la *loupe gourmande* qu'il portait détournait, à son profit, une bonne
partie de la sève nourricière. Les couches annuelles de
cette loupe ont une épaisseur moyenne de quatre lignes,
tandis que, dans le tronc de l'arbre, ces couches sont tellement minces, qu'il est à peine possible de les distinguer. Il
est à remarquer que le développement en grosseur du tronc
de l'arbre est exactement le même au-dessus et au-dessous
de la loupe, en sorte qu'il est bien prouvé que l'accroissement extraordinaire de cette dernière n'est point, comme
on pourrait peut-être le penser, le résultat d'un arrêt de
la sève descendante; car alors la partie du tronc qui est au-
dessus de la loupe aurait participé à son excès d'accroissement. Il est donc certain que la loupe ne s'est accrue d'une
manière aussi démesurée, que parce qu'elle possédait ori-

ginairement une force d'accroissement considérable, et de
beaucoup supérieure à la force d'accroissément du tronc.
C'est à la différence de cette force d'accroissement, que les
végétaux doivent la différence de leur taille. Cette différence de force d'accroissement s'observe souvent chez les
individus appartenant à la même espèce végétale, et même
chez des branches appartenant au même arbre. Or, la
loupe dont il est ici question étant produite par le développement d'un nodule ligneux issu lui-même d'un *embryon
gemmaire*, et ce dernier étant un être individuel, distinct
de l'arbre qui l'a produit, on conçoit qu'il peut arriver qu'il
possède une force d'accroissement bien supérieure à celle
qui existe dans le tronc de l'arbre qui l'a engendré par gemmation : c'est ce qui a lieu dans le cas dont il est ici question ; c'est véritablement une *loupe gourmande*. C'est ainsi
qu'on voit souvent sur les arbres des *branches gourmandes*
que les jardiniers ont bien soin de retrancher, parce qu'elles
attireraient à elles une trop grande partie de la sève nourricière qui est destinée à l'accroissement de l'arbre.

Les loupes végétales arrondies, dont la surface est unie,
sont indubitablement dues au développement d'un seul
nodule ligueux qui s'est soudé à l'arbre. Lorsque la surface
des loupes est hérissée d'aspérités, elle est ordinairement
le résultat de l'agglomération d'une grande quantité de nodules ligneux soudés les uns aux autres ; aussi voit-on souvent ces sortes de loupes être couvertes de petites branches
mal développées. Chacune de ces branches est produite par
l'un des petits nodules ligneux dont la loupe est composée :
c'est alors ce que l'on nomme un *broussin*. C'est à l'existence d'un nombre immense de ces petits nodules ligneux
soudés ensemble, que l'ormé galeux doit la texture particulière de son bois.

Il demeure prouvé par ces observations que la génération
par bourgeons ou la gemmation consiste dans la production

d'un *mérithalle embryonnaire sphérique*, lequel produit ensuite, de même par gemmations successives, d'autres mérithalles embryonnaires. Ces embryons gemmaires, nés du
végétal générateur, ne sont point continus avec lui dans
l'origine, puisqu'ils peuvent se déplacer et prendre d'autres
dispositions que celles qu'ils possèdent dans l'état normal.
Plus tard on les trouve greffés au végétal générateur seulement par leur système cortical; c'est, par arrêt de formation, l'état normal des mérithalles du gui. Plus tard, enfin,
le système central du nouveau mérithalle se greffe au système central du mérithalle qui le précède et devient continu avec lui; c'est l'état normal de presque tous les végétaux. Ces derniers sont ainsi des agglomérations d'êtres
semblables produits par des générations successives et soudés les uns aux autres. L'embryon végétal *simple* ne possède
à son sommet qu'une seule feuille, ainsi que je l'ai fait voir
dans mon Mémoire sus-mentionné (1). Le nombre des
feuilles qui couronnent un mérithalle indique donc le nombre des embryons soudés longitudinalement qui le forment
par leur assemblage. Ainsi l'embryon séminal monocotylédon est un embryon simple; l'embryon séminal dicotylédon ou polycotylédon est formé par la réunion en un seul
mérithalle de deux ou de plusieurs embryons simples. Cette
assertion a déjà été émise par M. Gaudichaud (2). Ainsi
l'embryon végétal considéré généralement, c'est-à-dire
comme produit par génération sexuelle, ou comme produit
par génération gemmaire, peut être défini de la manière
suivante. C'est un corps organique globuleux possédant intérieurement la constitution d'une sphère, lequel naît dans

(1) Observations sur les variations accidentelles du mode suivant lequel les
feuilles sont disposées sur les tiges des végétaux.

(2) Lettre à M. de Mirbel, imprimée dans le second volume des Archives
de botanique, 1833.

le tissu du végétal générateur, et qui ne produit qu'une seule feuille. Par l'effet du développement cette sphère embryonnaire passe successivement à la forme d'ellipsoïde, et définitivement à la forme de cylindre par l'allongement considérable de la sphère primitive suivant la direction de l'un de ses diamètres. L'observation prouve que les *embryons gemmaires normaux* naissent en dedans de l'étui médullaire de la branche qui les produit, et par conséquent dans la moelle ou *médulle centrale;* ils ne peuvent arriver au jour que par le sommet du bourgeon en évolution : de là ils se jettent en dehors sur les côtés du scion formé par leur assemblage. Les *embryons gemmaires adventifs* sont produits dans l'écorce et vers sa partie superficielle, ce qui semble prouver qu'ils naissent dans le parenchyme ou dans la *médulle corticale;* ils peuvent ainsi arriver au jour par tous les points de l'écorce.

VII.

RECHERCHES

SUR LES ORGANES PNEUMATIQUES

ET

SUR LA RESPIRATION DES VÉGÉTAUX. (1)

La respiration des animaux consiste, comme on sait, dans l'absorption de l'oxigène par le sang, ou plus généralement par le liquide organique qui sert à la nutrition des organes; cette absorption de l'oxigène toujours accompagnée d'élimination d'acide carbonique a lieu dans des organes qui portent les noms de poumons, de branchies et de trachées suivant leur forme ou leur nature particulière. En outre, tous les animaux respirent un peu par la surface générale de leur corps. Les animaux consomment avec plus ou moins de rapidité l'oxigène du milieu qui les environne,

---

(1) Ce mémoire, inédit jusqu'à ce jour, a été lu à l'Académie des Sciences de l'Institut dans sa séance du 31 octobre 1836.

et lorsque cet oxigène est consommé, le milieu, dans lequel l'animal se trouve, est devenu impropre à la respiration, et la mort de l'animal arrive *par asphyxie*. D'après cet exposé il paraît évident que l'on peut s'assurer, d'une manière certaine, si un être vivant respire ou non en le plaçant dans une atmosphère circonscrite et en examinant s'il en absorbe l'oxigène en dégageant de l'acide carbonique. Cet essai expérimental a été fait sur les végétaux dès les premiers pas de la science dans la chimie pneumatique, et le monde savant fut surpris en apprenant par Priestley que les végétaux renfermés dans une atmosphère circonscrite, bien loin d'y anéantir le principe respirable de l'air, comme le font les animaux, enrichissaient au contraire, de ce principe respirable, l'air dans lequel ils étaient renfermés. Il vit que les feuilles des plantes plongées dans l'eau et exposées au soleil y dégageaient une assez grande quantité de cet *air vital*. Ingenhousz (1) poursuivit cette découverte. Il vit que le dégagement de l'*air vital*, par les feuilles submergées et exposées au soleil, n'était point dû, comme le pensait Bonnet (2), à la chaleur des rayons de cet astre, mais que cet effet dépendait essentiellement de l'influence de la lumière sur les parties vertes, en sorte qu'il cessait d'avoir lieu pendant la nuit ou dans l'obscurité; il vit que les fleurs vicient au contraire, la nuit comme le jour, l'atmosphère dans laquelle elles sont renfermées, et qu'il en est de même des racines. M. Th. Saussure (3), par ses travaux véritablement classiques, a jeté une vive lumière sur cette partie intéressante de la physiologie végétale, mais seulement sous le point de vue des changemens que les végétaux vivans apportent dans les atmosphères de différentes natures,

(1) Expériences sur les végétaux. 1780.
(2) Recherches sur l'usage des feuilles.
(3) Recherches chimiques sur la végétation, 1804.

dont l'expérimentation peut les environner. Il n'entre point
dans mon plan de reproduire ici les faits nombreux qu'il
a fait connaître; je dois me borner à retracer les traits
principaux de la théorie à laquelle il a été conduit par ses
expériences. Il a prouvé que, dans l'obscurité, les parties
vertes, et spécialement les feuilles des végétaux, absorbent
l'oxigène de l'atmosphère, et dégagent de l'acide carbonique;
mais sous l'influence de la lumière ces mêmes parties opèrent un effet inverse : elles absorbent l'acide carbonique
contenu dans l'atmosphère, et elles y versent de l'oxigène.
Il résulte, de là, que l'effet nocturne est détruit et compensé
par l'effet diurne, en sorte qu'une plante enfermée sous
un récipient de verre pendant un nombre égal de jours et
de nuits, se trouve n'avoir altéré d'une manière notable ni
le volume, ni la pureté de son atmosphère. M. Théodore
de Saussure désigne ces phénomènes successifs d'absorption nocturne et d'émission diurne de l'oxigène, sous les
noms d'*inspiration* et d'*expiration*. Il pense que l'oxigène
inspiré s'unit au carbone du végétal pour former de l'acide
carbonique, lequel est dissous par l'eau de la végétation; et
que l'oxigène *expiré* résulte de la décomposition de l'acide
carbonique, opérée sous l'influence de la lumière par le végétal, qui s'approprie le carbone et dégage l'oxigène.
M. Théodore de Saussure a constaté que le végétal s'assi-
mile ou s'approprie une partie de l'oxigène qu'il produit,
par la décomposition de l'acide carbonique, et que, s'il en
exhale sous l'influence de la lumière une quantité égale et
même supérieure à celle qu'il a absorbée, cela provient de
ce que l'atmosphère lui a fourni de l'acide carbonique qu'il
a décomposé.

Les parties vertes des végétaux ne versent pas seulement
de l'oxigène sous l'influence de la lumière, elles versent aussi
du gaz azote. M. Théodore de Saussure a constaté que l'air
que les plantes dégagent au soleil est composé de 85 parties

d'oxigène et de 15 parties d'azote. Cet auteur pense que ce gaz azote est entièrement fourni par les matières azotées que contient la plante et qu'elle a puisées avec la sève dans le sol; car il a expérimenté que les plantes n'absorbent point du tout d'azote, lorsque l'atmosphère qui les environne n'est composée que de ce seul gaz.

Le rôle que jouent les fleurs par rapport à l'air asmosphérique est tout-à-fait différent du rôle des feuilles et des autres parties vertes. Les fleurs, tant à la lumière que dans l'obscurité, métamorphosent l'oxigène de l'atmosphère en acide carbonique, qu'elles absorbent et qu'elles remplacent par une égale quantité de gaz azote qu'elles exhalent. Les fleurs consomment plus de gaz oxigène au soleil qu'à l'ombre, et le gaz azote qu'elles versent est plus abondant que celui qui est versé par les feuilles.

La théorie de M. Théodore de Saussure tend, en général, à faire considérer l'intervention de l'oxigène dans la végétation, comme ne servant qu'à convertir le carbone en acide carbonique qui, par sa solubilité, s'unit facilement à l'eau de la végétation. Par suite, l'action de la lumière dégage l'oxigène, et le carbone se fixe au tissu de la plante. Cette théorie est fort ingénieuse ; mais son auteur, ami de la vérité, n'hésite point à convenir qu'elle ne satisfait point à toût. « Une atmosphère, dit-il (1), composée seulement de « gaz azote et de gaz acide carbonique, n'est pas favorable « à la végétation. Le gaz oxigène libre doit y intervenir. « Il y a donc une influ ce indépendante de celle qui se « borne à présenter aux plantes, sous la modification de « gaz acide carbonique des élémens qu'elles puissent s'as- « similer. On peut présumer que cette seconde influence « consiste non-seulement à développer dans le terreau ou « dans la plante un extrait nutritif et de l'eau, mais en-

_____

(1) Recherches chimiques sur la végétation, chap. III, § XI.

« core à produire un dégagement de calorique par l'union
« du gaz oxigène avec le carbone du végétal. » Ainsi,
M. Théodore de Saussure a entrevu que l'oxigène avait
dans la végétation une autre influence que celle qu'il
admettait par sa théorie; mais des présomptions sur cette
influence inconnue ne l'ont pas conduit vers la vérité.
Il a travaillé en chimiste et non en physiologiste. Il a vu
qu'une partie de l'oxigène, dégagé par la décomposition
de l'acide carbonique, était incorporé au végétal qui se
l'*assimilait.* La physiologie aperçoit dans ce phénomène un
acte respiratoire tout-à-fait semblable à celui qui a lieu lors
de la fixation de l'oxigène dans le tissu intime des organes
des animaux. J'insiste ici sur ce fait, parce qu'il est de la
plus haute importance pour l'établissement de la véritable
théorie de la respiration des végétaux.

Une autre découverte de M. Théodore de Saussure, découverte qui me paraît devoir contribuer aussi à éclairer la
physiologie végétale, est celle de l'absorption et de la condensation des gaz par les corps poreux (1), et notamment
par les corps poreux dans lesquels abonde le carbone. Ces
corps ont la singulière propriété de condenser les gaz, au
point qu'un morceau de charbon de bois, par exemple,
peut absorber et condenser dans ses canaux capillaires 55
fois son volume de gaz hydrogène sulfuré; 35 fois son volume de gaz acide carbonique; 9 fois et 1/4 son volume de
gaz oxigène, et 7 fois 1/2 son volume de gaze azote. Or,
cette action d'absorption que les corps poreux abondans en
carbone exercent sur les gaz, paraît être tout-à-fait en harmonie avec l'action d'absorption que les végétaux exercent
sur les gaz qui entrent dans la composition de l'air atmosphérique. Ainsi, le gaz acide carbonique, répandu en si petite quantité dans l'atmosphère, est cependant absorbé en

(1) Bibliothèque britannique, 1812.

grande quantité par les végétaux, ce qui prouve qu'il est attiré par leurs canaux capillaires avec beaucoup de force. Après l'acide carbonique, vient l'oxigène dans l'ordre de la force d'attraction qu'exercent les corps poreux abondans en carbone sur les gaz atmosphériques; c'est aussi le gaz que les végétaux absorbent avec le plus d'énergie après l'acide carbonique. Quant au gaz azote, M. Théodore de Saussure a prouvé que les végétaux ne l'absorbent point du tout. Cette assertion, toutefois, ne doit point être admise sans restriction; car il est des circonstances où les végétaux doivent nécessairement absorber du gaz azote, ainsi que je le ferai voir.

Les gaz condensés dans les canaux capillaires des corps poreux sont ordinairement restitués à l'état élastique par l'action de la pompe pneumatique; mais lorsque la capillarité de ces canaux est très considérable, ainsi que cela a lieu souvent chez les végétaux, elle oppose une résistance presque insurmontable à la sortie ou à l'extraction de l'air que contiennent les canaux capillaires, ainsi que je le ferai voir dans ce mémoire. L'air reste alors dans les canaux capillaires des plantes malgré le vide le plus parfait qu'il soit possible d'obtenir, ce qui prouve la force extrême d'attraction que ces canaux capillaires exercent sur le gaz qu'ils contiennent. Je ne doute donc point que les gaz ne soient souvent accumulés à l'état de condensation dans les canaux capillaires des végétaux. On cent combien ce fait est important pour la théorie de leur respiration.

L'ensemble des phénomènes que j'ai exposés brièvement plus haut, est désigné par les phytologistes sous le nom de *respiration des végétaux*; cette *respiration*, ainsi envisagée, n'est semblable que de nom à la respiration des animaux; elle paraît même offrir des phénomènes exactement inverses. Aussi certains physiologistes pensent-ils que la vie végétale et la vie animale n'ont rien de commun; j'ai toujours pensé le contraire. *La vie est une*, les différences que présente ses divers phénomènes, chez tous les êtres qu'elle anime, ne sont point des différences fondamentales; lorsqu'on poursuit ces phénomènes jusqu'à leur origine, on voit les différences disparaître et une admirable uniformité de plan se dévoile. Ainsi l'on va voir, par les recherches qui vont suivre, que la respiration des végétaux est fondamentalement la même que la respiration des animaux, en cela qu'elle consiste comme elle dans la fixation de l'oxigène dans le tissu intime dés organes auxquels cet élément de la respiration est porté par des organes spéciaux. Je rechercherai d'abord quelles sont la nature, la disposition et les communications de ces organes.

Les vaisseaux des plantes, désignés par M. de Mirbel sous les noms de *tubes poreux* et de *fausses trachées*, et par M. de Candolle, sous les noms de *tubes ponctués* et de *tubes rayés* sont considérés, par ce dernier, comme des tubes lymphatiques, et moi-même je les ai autrefois considérés comme tels. MM. Link (1) et Amici (2) les regardent comme des conduits aériens de même que les trachées. M. Amici a prouvé par des expériences très délicates que cette opinion n'est plus une simple hypothèse; il a fait voir, en effet, que les trachées et les vaisseaux poreux du *symphytum officinale* ne contiennent que de l'air. Mes observations confirment pleinement celles de M. Amici à cet égard; moins délicates et moins difficiles à répéter que les siennes, elles ne laisseront plus subsister aucun doute dans l'esprit de ceux qui cultivent la physiologie végétale.

Les jeunes et rigoureux scions de l'églantier (*rosa ca-*

(1) Recherches sur l'anatomie des plantes.

(2) Mémoires de la Société italienne, tome XVIII, et Annales des Sciences naturelles, 1824.

nina) sont très faciles à rompre dans leur extrémité encore à l'état herbacé; alors on voit les nombreuses trachées de l'étui médullaire se dérouler; ces trachées sont des plus grosses. Des tranches minces et transparentes, enlevées longitudinalement sur cette tige tendre et herbacée, étant placées sur une lame de verre, couvertes d'eau et placées ainsi sous le microscope, on voit sans aucune difficulté que les trachées sont remplies d'air; rien n'est plus facile, en effet, pour ceux qui ont l'habitude du microscope, que de distinguer les organes creux à parois transparentes qui contiennent de l'air, de ces mêmes organes creux qui contiennent un liquide. C'est par un mode d'observation semblable que l'on voit, et avec plus de facilité encore dans la tige du *potamogeton sericeum*, les gros *tubes ponctués* qui sont remplis d'air; ils sont disposés sur trois rangées circulaires et concentriques; les plus gros qui sont en dehors ont un dixième de millimètre de diamètre; dans leurs intervalles sont d'autres *tubes ponctués* qui n'ont que trois centièmes de millimètre de diamètre et qui contiennent de la sève. J'ai fait des observations analogues dans la pétiole des feuilles de l'*hydrocharis morsus-ranæ.*

Les faits que je viens d'exposer ne laissent plus de doute sur l'usage des trachées et des *tubes ponctués*, les premières sont généralement destinées à contenir de l'air; les seconds, lorsque leur diamètre est considérable, sont des canaux pneumatiques; lorsqu'ils sont fort petits, ils servent de conduits à la sève. Ainsi de ce qu'un tube est couvert de ces granulations qui lui ont fait donner le nom de *tube ponctué*, il ne faut plus conclure que c'est toujours un *tube lymphatique*, car c'est très souvent un *tube pneumatique.* La similitude apparente de l'organisation n'entraîne point ici la similitude de la fonction physiologique.

Les conduits pneumatiques tubuleux appartiennent tous au système central; le système cortical possède aussi des

organes pneumatiques : ce sont des cellules qui communiquent les unes avec les autres et qui sont spécialement situées dans le milieu de l'épaisseur de l'écorce, là où existent les plus grandes cellules ; ce sont elles qui contiennent
de l'air. A partir de ces cellules aériennes, les organes cellulaires vont en diminuant de grandeur vers le système
central du végétal et vers son épiderme.

J'ai rapporté dans mon mémoire intitulé : *Recherches sur
les conduits de la sève et sur les causes de sa progression*, les
observations qui m'ont prouvé que c'est par les gros tubes,
que je reconnais aujourd'hui pour être *pneumatiques*, que
la sève de la vigne s'écoule au printemps des blessures faites
au bois de cet arbuste. Ce fait est très certain et il n'infirme
point l'usage nouveau que je reconnais à ces tubes d'être
des conduits pneumatiques ; il prouve seulement que ces
gros tubes peuvent être envahis par l'eau ; mais cela n'a lieu
qu'au printemps lorsque la sève lymphatique monte en
abondance et que l'absence des feuilles rend à-peu-près
nulle la transpiration du végétal. A mesure que les feuilles
de la vigne se développent on voit diminuer la quantité de
la sève lymphatique qui remplit les tubes pneumatiques, et
ils finissent bientôt par ne plus contenir que de l'air
qui tire son origine des feuilles, ainsi que je vais le démontrer.

La plupart des physiologistes ont considéré les feuilles
comme des sortes de *racines aériennes* destinées à puiser
dans l'atmosphère l'eau et les autres principes qui contri-
buent à la nutrition du végétal. La face inférieure de la
feuille, moins colorée que la face supérieure, a paru, d'a-
près les expériences de Bonnet, être spécialement destinée
à l'absorption des émanations aqueuses qui s'élèvent du
sol vers lequel elle est dirigée. D'un autre côté on a reconnu
que c'est dans les feuilles que s'opère l'élaboration de la
sève qui rend ce fluide propre à opérer la nutrition du vé-

gétal. En conséquence, plusieurs physiologistes ont considéré les feuilles comme les poumons des plantes. Cette
opinion a été reproduite récemment par M. Ad. Brongniart,
dont les belles recherches anatomiques sur la structure des
feuilles ont prouvé que ces organes contiennent une grande
quantité de cavités pneumatiques situées spécialement à la
face inférieure de la feuille, et qui communiquent avec
l'air extérieur par les ouvertures des stomates. Toutefois il
n'a point expérimentalement prouvé que cet air intérieur
eût un usage physiologique.

Avant que M. Ad. Brongniart eût publié ses recherches microscopiques sur la structure des feuilles, j'avais
vu comme lui que la face inférieure de ces organes est
spécialement occupée par des cavités pneumatiques; mais
j'étais arrivé à cette découverte par une autre voie : j'avais
observé que certaines feuilles, et spécialement celles des
légumineuses, perdaient assez promptement la teinte
blanchâtre de leur face inférieure lorsqu'elles étaient
plongées dans l'eau. Je soupçonnai que cela provenait de
l'imbibition de la feuille dont les petites cavités pneuma-
ques étaient envahies par l'eau. Ce soupçon fut confirmé
par l'expérience suivante : J'ai mis une feuille de haricot
dans un vase de verre rempli d'eau, dans laquelle la
feuille était complètement submergée, et j'ai placé ce vase
sous le récipient de la pompe pneumatique. A mesure que
le vide s'opérait, je voyais les bulles d'air sortir de la feuille
et spécialement de tous les points de sa face inférieure.
Au bout d'une demi-heure, je rendis l'air au récipient, et
je vis qu'à l'instant même que l'air fut rendu, la face inférieure de la feuille perdit sa teinte blanchâtre qu'elle
avait conservée jusqu'alors. Je retirai la feuille de l'eau, et
je vis qu'effectivement la face inférieure était devenue
aussi verte que la face supérieure. Il n'y avait plus aucune
différence de coloration entre ces deux faces opposées. Ce

fait 'me prouva que la couleur blanchâtre que possédait la
face inférieure de la feuille avant l'expérience, provenait
de l'air qui était contenu dans son tissu. Le vide de la
pompe pneumatique avait déterminé la sortie d'une partie
de cet air qui s'était dilaté, et qui avait continué de remplir
les cavités qu'il occupait ; mais, au moment où la compression de l'air avait été rendue, l'air intérieur de la
feuille, ayant perdu son état de dilatation, ne pouvait plus
remplir les cavités qu'il occupait ; il s'en était retiré, et sa
place avait été occupée par l'eau. La diaphanéité de ce liquide faisait alors apercevoir sans obstacle la couleur verte
du parenchyme de la feuille, couleur qui auparavant était
altérée par le défaut de diaphanéité des organes superfi-
ciels qui étaient remplis d'air. Il résulte de cette observation qu'à la face inférieure de la feuille il existe une grande
quantité de cavités remplies d'air, et que c'est à cette
cause qu'est due la couleur blanchâtre du dessous de la
feuille. Les feuilles de tous les végétaux soumises à la même
expérience donnent le même résultat. Ainsi il est démontré que toutes les feuilles ont un réservoir d'air à leur face
inférieure. Cet air est contenu dans des cavités qui communiquent toutes les unes avec les autres, excepté cependant celles qui sont de chaque côté des grosses nervures.
On peut s'assurer de ce fait en faisant tremper dans l'eau,
pendant quelques heures, des feuilles de haricot (*phaseolus vulgaris*) ou des feuilles de fève (*vicia faba*) ; l'eau s'introduit peu-à-peu dans les cavités qu'occupe l'air, et le
remplace à la face inférieure de la feuille. Certaines causes
locales, telles, par exemple, qu'une blessure de l'épiderme,
rendent cette introduction de l'eau plus facile dans certains endroits que dans certains autres ; car on voit, par
exemple, l'intervalle de deux nervures entièrement envahi
par l'eau, et devenu d'une couleur verte foncée, tandis
que les espaces compris entre les autres nervures ont con-

servé leur couleur blanchâtre, et par conséquent leur air.
Cette observation prouve que les grosses nervures, qui
sont saillantes à la face inférieure de la feuille, mettent
obstacle à la communication des cavités pneumatiques
d'un côté à l'autre; elle prouve en même temps que les
cavités pneumatiques qui ne sont point séparées par ces
grosses nervures communiquent librement entre elles.
Cette prompte imbibition spontanée des cavités pneumatiques des feuilles que l'on submerge n'a lieu que chez certaines plantes, et spécialement chez les légumineuses. Les
feuilles du plus grand nombre des végétaux résistent fort
long-temps à cette imbibition, et conservent, plongées
dans l'eau, l'air qui remplit leurs cavités pneumatiques : il
est même des feuilles que l'action de la pompe pneumatique
jointe à la submersion ne dépouille qu'avec une extrême
difficulté de l'air contenu dans leurs cavités pneumatiques.
Telles sont, par exemple, les feuilles du *chenopodium album*.
Cette différence de la force avec laquelle les feuilles retiennent l'air contenu dans leurs cavités pneumatiques,
provient de la différence de la capillarité de ces cavités :
plus elles sont capillaires, plus elles retiennent avec force
l'air qu'elles contiennent. La face supérieure des feuilles
offre quelquefois des portions de son étendue qui ont une
teinte blanchâtre. Ainsi, par exemple, les folioles du trèfle
(*trifolium pratense*) offrent à leur face supérieure une tache
blanchâtre qui a la forme d'un fer de flèche. Cette tache
disparaît par l'effet de la submersion de la feuille dans le
vide, ce qui prouve qu'elle est formée par des cavités
pneumatiques. Il en est de même des taches blanches que
présente la face supérieure des feuilles de la pulmonaire
(*pulmonaria officinalis*); il en est de même des panachures
des feuilles, et en général de toutes les parties blanches
qu'elles présentent. Toutes ces parties doivent leur coloration en blanc à l'air contenu dans les cavités pneumatiques.

Ainsi, quoique ce soit spécialement à la face inférieure de la feuille qu'existent les cavités pneumatiques, cependant il s'en trouve aussi quelquefois à la face supérieure. Chez beaucoup de graminées, c'est cette face supérieure qui seule possède les cavités pneumatiques; aussi est-ce elle qui offre la teinte blanchâtre qui est l'apanage de la face inférieure chez les autres plantes. J'ai fait voir, dans un autre travail (1), que c'est cette face supérieure de la feuille de certaines graminées qui se dirige vers la terre au moyen de la torsion du limbe de la feuille, en sorte que, chez ces plantes, c'est la face inférieure de la feuille qui regarde le ciel.

Les pétales des fleurs ont, ordinairement comme les feuilles, leur face inférieure occupée par des cavités pneumatiques, et c'est de là que provient l'infériorité de la coloration de cette face quand on la compare à celle de la face supérieure. En effet, lorsqu'on met dans le vide des pétales plongés dans l'eau, on voit disparaître l'infériorité de la coloration de leur face inférieure. Ces expériences m'ont en outre appris un fait assez singulier, c'est que toutes les fleurs de couleur blanche ne doivent cette coloration, ou plutôt cet aspect, qu'à l'air qui remplit la plus grande partie des cellules de leur parenchyme. Ainsi, des pétales de lis, par exemple, étant mis dans le vide plongés dans l'eau, perdent leur air intérieur qui est remplacé par l'eau, et ils deviennent entièrement transparens; ils ont perdu leur couleur blanche, qu'ils ne devaient qu'à l'air contenu dans leurs cellules. La même expérience réussit plus ou moins facilement avec toutes les fleurs de couleur blanche.

Le fait de l'envahissement des cavités pneumatiques par l'eau dans laquelle les feuilles sont plongées, prouve, contre l'assertion de M. Amici, que l'eau n'occasionne point

(1) XIII⁰ mémoire.

toujours l'occlusion des stomates (1), car c'est bien certainement par leur ouverture que l'eau s'introduit dans les cavités pneumatiques. Il est également bien évident que c'est par les ouvertures des stomates que l'air contenu dans ces cavités pneumatiques sort, lorsqu'on soumet la feuille submergée à l'action de la pompe pneumatique; car c'est spécialement à la face inférieure de la feuille, c'est-à-dire à la face qui contient le plus de stomates, que s'opère la sortie des petites bulles d'air. Ces observations confirment donc pleinement l'assertion de M. Amici, qui assure avoir vu que les stomates ont des ouvertures percées à jour, et qui établissent la communication de l'air extérieur avec de petites cavités qui, dans l'état naturel, sont privées de liquides et constamment remplies d'air. Les observations de M. Ad. Brongniart ont à cet égard confirmé les assertions de M. Amici.

Les feuilles sont fréquemment munies de poils. Lorsqu'ils existent, ils sont toujours beaucoup plus nombreux à la face inférieure de la feuille qu'à sa face supérieure. Ces poils sont tous remplis d'air; c'est ce qui leur donne la couleur blanchâtre qu'ils possèdent. Ils perdent cette couleur blanche, et deviennent transparens par l'effet du vide joint à la submersion dans l'eau, ainsi que je l'ai expérimenté sur les feuilles du *verbascum phlomoïdes*, qui ont des poils si nombreux et si longs. Ainsi les poils peuvent être considérés, du moins pour la plupart, comme des réservoirs de l'air nécessaire pour les besoins physiologiques de la plante.

Les cavités pneumatiques de la feuille correspondent directement avec des canaux situés dans le pétiole. C'est ce qui m'a été démontré par les expériences suivantes : Je pris

(1) Observations microscopiques sur diverses espèces de plantes (Ann. des Sc. nat. t. 11).

une feuille de *nymphea lutea*, et je la plongeai dans un vase de verre rempli d'eau en laissant l'extrémité coupée du pétiole hors de l'eau , ensuite je mis ce vase sous le récipient de la pompe pneumatique , et je fis le vide. Je ne vis point d'air sortir des parties submergées de la feuille. Lorsqu'un quart d'heure après je rendis l'air à cette dernière, elle continua de conserver la couleur d'un vert-blanchâtre de sa face inférieure, ce qui me prouva qu'elle possédait encore l'air qui, dans l'état naturel, remplit ses cavités pneumatiques. Je recommençai cette expérience avec la même feuille, en ayant soin de submerger avec son limbe son pétiole tout entier. Dès que je commençai à faire le vide, je vis des bulles d'air nombreuses s'échapper de l'extrémité coupée du pétiole; il n'en sortit point du limbe de la feuille. Le vide ayant été conservé pendant quelques minutes, je rendis l'air au récipient, et dans le moment même je vis la couleur vert-blanchâtre du dessous de la feuille se changer en vert foncé. Ce changement commença à l'insertion du pétiole, et s'étendit de là rapidement vers les bords de la feuille. Il était de la plus grande évidence que cet effet était dû à une injection d'eau qui, introduite par l'extrémité coupée du pétiole, pénétrait successivement et avec rapidité dans toutes les cavités pneumatiques de la feuille où elle remplaçait l'air qui avait été soustrait. Lorsque l'extrémité coupée du pétiole était hors de l'eau, comme dans la première expérience, l'action de la pompe pneumatique soutirait l'air contenu dans la feuille par les canaux ouverts de cette extrémité coupée, et lorsque l'air était rendu au récipient, cet air retournait par les mêmes canaux dans les cavités pneumatiques du limbe de la feuille, laquelle conservait ainsi la couleur blanchâtre de sa face inférieure. Il n'en était pas ainsi lorsque l'extrémité coupée du pétiole était plongée dans l'eau avec le limbe de la feuille. Alors l'air qui sortait par l'extrémité coupée du pétiole submergé n'y pouvait plus rentrer; c'était l'eau qui était injectée à sa place dans les cavités pneumatiques de la feuille par la pression atmosphérique lorsqu'elle était rendue. Il faut, pour que cette expérience réussisse, que l'épiderme de la feuille soit parfaitement intact; car s'il possédait la moindre déchirure, l'air sortirait par cette voie des cavités pneumatiques de la feuille, et l'eau s'y introduirait subséquemment lorsque la pression atmosphérique serait rendue. Cette expérience, qui réussit de même avec les feuilles du *nymphea alba*, prouve que les stomates des feuilles submergées de ces plantes sont très difficilement perméables : ils ne laissent point échapper l'air contenu dans les cavités pneumatiques de la feuille, et ils résistent à l'introduction de l'eau qui paraît déterminer leur occlusion.

Je recherchai si les feuilles des plantes qui ne sont point aquatiques me présenteraient un semblable phénomène. Je m'adressai spécialement pour cette recherche aux feuilles qui possèdent un épiderme épais et solide, telles que les feuilles du houx (*ilex acuifolium*), du laurier cerise (*prunus laurocerasus*), du lierre, etc. Je n'observai rien de semblable au phénomène d'introduction de l'eau par le pétiole que le *nymphea* m'avait montré. Dans toutes ces feuilles l'air soustrait par la pompe pneumatique sort par les stomates de la feuille avec facilité, et l'eau s'introduit par les mêmes voies dans les cavités pneumatiques. En poursuivant ces essais, j'ai trouvé enfin un arbuste dont les stomates des feuilles submergées sont difficilement perméables à l'air et à l'eau, et offre ainsi exactement le même phénomène que celui que vient de nous offrir la feuille du *nymphea*. Cet arbuste est le *camellia japonica*. La feuille du *camellia* étant plongée dans l'eau, et son pétiole submergé, l'action de la pompe pneumatique fait sortir l'air qu'elle contient par l'extrémité coupée du pétiole seulement; on voit cet air se dégager en petites bulles au travers de l'eau. Lorsque en-

suite on rend la pression atmosphérique, celle-ci fait entrer par le pétiole l'eau qui s'introduit dans les cavités pneumatiques de la feuille, où elle remplace l'air soustrait. La
face inférieure de la feuille perd alors sa couleur blanchâtre dans sa partie qui est envahie par l'eau, c'est-à-dire,
seulement dans sa moitié voisine du pétiole ; l'autre moitié,
ou à-peu-près, conserve son air et sa couleur blanchâtre.
Si dans cette expérience on laisse émerger l'extrémité coupée du pétiole , le limbe de la feuille étant submergé , le
retour de la pression atmosphérique ne fait point pénétrer
d'eau dans les cavités pneumatiques de la feuille dont la face
inférieure conserve sa couleur blanchâtre. C'est exactement
le même phénomène que celui que nous venons d'observer
avec la feuille du *nymphea*. Ces expériences prouvent ce
fait très important pour la physiologie végétale, que *les
cavités pneumatiques des feuilles sont en communication directe et facile avec des canaux pneumatiques situés dans le
pétiole.* Ces canaux sont faciles à déterminer chez la feuille
du *nymphea ;* ce sont ceux dont on voit les ouvertures à
l'œil nu sur la coupe transversale du pétiole. Ils n'offrent
aucune cloison dans leur intérieur ; en sorte qu'en prenant
un de ces pétioles duquel on a enlevé le limbe de la feuille,
on peut souffler par une des extrémités et faire sortir l'air
par l'autre extrémité que l'on tient plongée dans l'eau, pour
apercevoir la sortie de l'air. Ces canaux sont des tubes irrégulièrement hexagones, leurs parois sont formées de petites cellules agglomérées, ainsi que cela a lieu pour les
tubes pneumatiques de toutes les plantes monocotylédones.
Dans les angles intérieurs de ces tubes hexagones, se trouvent des organes étoilés qui ont été décrits par M. Amici (1),
et qui sont évidemment de véritables poils tantôt simples,

(1) Observations microscopiques sur diverses espèces de plantes (Ann. des
Sc. nat. t. 11).

tantôt bicuspides, tantôt tricuspides. Ces poils font saillie
dans la cavité du tube pneumatique. Il est à remarquer
que, dans les tubes voisins, ils naissent à la même hauteur
et opposés les uns aux autres, en sorte que leur assemblage
représente une étoile sur la coupe transversale de ces tubes.
En observant des feuilles naissantes, j'ai vu l'origine de
ces poils intérieurs qui commencent par une production en
massue, ayant autant de petites bosses qu'il y aura de ramifications du poil. Il me paraît probable que ces poils sont
des organes pneumatiques intérieurs, qui, placés dans de
larges canaux remplis d'air, y jouent le rôle quel qu'il soit,
que jouent dans l'air les poils extérieurs qui sont aussi des
organes pneumatiques.

Les canaux qui servent de conduits à l'air dans le pétiole
de la feuille du *camellia japonica* sont des gros tubes ponctués en chapelet, lesquels sont rassemblés en faisceau au
côté interne ou supérieur du pétiole; ils sont logés dans le
canal demi circulaire ou sorte de gouttière longitudinale
que forment les tubes lymphatiques par leur assemblage ;
ces derniers vaisseaux sont des *tubes rayés* et des *tubes ponctués* dont le diamètre n'est guère que le tiers de celui des
tubes pneumatiques.

J'ai dit plus haut qu'en injectant la feuille du *nymphea*
par son pétiole, et au moyen du procédé que j'ai indiqué,
on remplissait entièrement d'eau les organes pneumatiques
de cette feuille, tandis que chez la feuille du *camellia* on
ne parvenait à remplir d'eau, par le même procédé, que la
moitié de ces organes pneumatiques; l'autre moitié, celle
qui est située du côté du sommet de la feuille, restait remplie d'air après l'injection, laquelle ne remplissait que la
moitié située du côté du pétiole. La cause de cette différence est facile à saisir ; les organes pneumatiques de la
feuille du *nymphea* sont peu capillaires; l'air qu'ils contiennent en est facilement extrait par le vide de la pompe

pneumatique ; le peu d'air qui leur reste alors est
aussi dilaté que l'est l'air contenu dans le reste du
récipient. On conçoit que cette dilatation de l'air est
extrême lorsque le vide est fait jusqu'à l'abaissement du
mercure du manomètre à deux lignes, ainsi que je l'ai fait
dans ces expériences. Or, lorsque après une semblable dilatation de l'air contenu dans les organes pneumatiques de
la feuille, on lui rend la pression atmosphérique, cet air,
rendu à son état de condensation naturelle, se trouve ne
plus occuper qu'un espace à-peu-près imperceptible vers
les bords de la feuille dont les organes pneumatiques paraissent ainsi entièrement remplis d'eau. Or, puisque après
la même expérience, la moitié des organes pneumatiques
de la feuille du *camellia* se trouve encore remplie d'air,
cela prouve que cet air intérieur de la feuille, contenu dans
des cavités pneumatiques extrêmement capillaires, ne s'était
point dilaté dans le vide à l'égal de l'air contenu dans le
reste du récipient ; la dilatation n'équivalait à-peu-près
qu'à un abaissement de la moitié de la colonne barométrique, ou à quatorze pouces environ, tandis que la dilatation de l'air du récipient équivalait à 83/84 de la colonne
barométrique, ou à deux lignes. Ce fait met bien en évidence le pouvoir que possède la capillarité des canaux pneumatiques pour s'opposer à l'expansion des gaz qu'ils contiennent, et cela en vertu de l'attraction qu'ils exercent sur
ces gaz. Il est très évident que cette même attraction capillaire qui s'oppose ici à la dilatation des gaz est la cause qui
opère leur absorption et leur condensation si surprenante
par les corps poreux. En effet, l'action d'opposition à l'expansion est ici la même que l'action de condensation. Ainsi
il est démontré par l'expérience que les cavités pneumatiques capillaires des végétaux exercent une action de condensation sur les gaz qu'ils contiennent ; par conséquent,
ces cavités pneumatiques peuvent contenir, sous un très

petit volume, une quantité très considérable d'air dont l'usage physiologique sera démontré plus bas. En attendant, je déduis de mes expériences ce résultat anatomique neuf et important, que *les cavités pneumatiques des feuilles communiquent avec la tige au moyen de tubes pneumatiques situés dans le pétiole.*

Il est un autre fait relatif à la structure des feuilles, qui me paraît ne pas avoir frappé les observateurs ; c'est celui de l'existence de deux lames distinctes chez les feuilles ; l'une de ces lames est supérieure, et l'autre est inférieure ; c'est dans leur intervalle, plus ou moins cloisonné, qu'existent les cavités pneumatiques. Cette cavité n'est point cloisonnée du tout, et les deux lames de la feuille ne sont continues que par leurs bords chez le buis (*buxus sempervirens*). Ces bords étant coupés, les deux lames de la feuille se séparent. La lame supérieure, plus épaisse et plus foncée en couleur verte que la lame inférieure, contient seule les vaisseaux lymphatiques ; la lame inférieure ne contient que du tissu cellulaire. Cette cavité pneumatique unique que contient la feuille du buis est évidemment l'analogue de la cavité remplie d'air qu'offrent les feuilles tubuleuses telles que celles des alliacées. La lame inférieure de la feuille est ordinairement moins colorée en vert que la face supérieure ; quelquefois elle est colorée en rouge, ainsi que cela s'observe chez le *begonia sanguinea* et chez beaucoup d'autres plantes. Cette différence qui existe dans la matière colorante des deux lames des feuilles, est certainement en rapport avec les fonctions qui sont départies à chacune d'elles.

Je vais rechercher actuellement d'abord quelle est la nature de l'air contenu dans les organes pneumatiques des plantes, et ensuite quelle est son origine.

M. Th. de Saussure a analysé l'air extrait du tissu des plantes par le moyen de la pompe pneumatique, et il a

trouvé que c'est toujours un mélange d'oxigène et d'azote
dans lequel l'oxigène est en moindre quantité que dans l'air
atmosphérique. Mes expériences m'ont conduit au même
résultat, et j'ai vu que les quantités respectives d'oxigène
et d'azote que contient l'air extrait des plantes sont extrêmement variables. Cet air intérieur est, comme on sait,
bien plus abondant chez les plantes aquatiques qu'il ne l'est
chez les plantes non aquatiques. Cela m'a permis de rechercher quelles étaient les quantités comparatives d'oxigène et d'azote que contenaient les feuilles, les tiges et les
racines d'un même individu de *nymphea lutea*. J'ai trouvé
que l'air contenu dans les feuilles était composé de dix-
huit parties d'oxigène et de quatre-vingt-deux parties
d'azote. La tige rampante et submergée de cette plante m'a
fourni de l'air composé de seize parties d'oxigène et de qua-
tre-vingt-quatre parties d'azote. Enfin, l'air extrait des racines de la même plante m'a donné huit parties d'oxigène et
quatre-vingt-douze parties d'azote. Cet air était extrait
des parties végétales au moyen de la pompe pneumatique,
et en les tenant sous une cloche remplie d'eau dépouillée
d'air. Je me suis servi pour l'analyser de l'eudiomètre à
phosphore, lequel me donnait pour l'air atmosphérique dé-
pouillé d'acide carbonique, vingt-et-une parties d'oxigène
et soixante-dix-neuf parties d'azote en volume. Il est à remarquer que c'est dans les feuilles que se trouve l'air le moins
altéré, et que cet air devient plus pauvre en oxigène dans la
tige et plus pauvre encore dans les racines. Ce fait peut
faire soupçonner de prime abord, que c'est des feuilles que
vient l'air riche en oxigène, et qu'en pénétrant par les canaux pneumatiques dans la tige et de là dans les racines,
il y perd progressivement sa richesse en oxigène par l'absorption qu'en ferait le tissu vivant végétal. Ce soupçon va
se changer en certitude, par l'observation qui va dévoiler
l'origine de l'air qui existe dans toutes les parties des plantes.

Tout a été fait relativement à l'examen chimique des changemens que les végétaux font éprouver à l'atmosphère qui les environne, mais si la science est satisfaite ici sous le point de vue chimique, elle est loin de l'être sous le point de vue physiologique. Ainsi l'on sait que sous l'influence de la lumière les parties vertes des végétaux versent de l'oxigène dans l'atmosphère, mais on ignore de quels organes de la plante sort cet oxigène. En observant ce qui se passe chez une feuille de plante non aquatique plongée dans l'eau et exposée à la lumière, on voit que c'est spécialement à la face inférieure de la feuille que se dégagent les bulles d'oxigène; or, comme c'est à cette face inférieure que sont spécialement situés les stomates qui communiquent avec les cavités pneumatiques de la feuille, on peut soupçonner que c'est de ces cavités pneumatiques que l'oxigène gazeux mêlé d'un peu de gaz azote sortirait par les ouvertures des stomates. Pour voir si ce soupçon était fondé, j'ai plongé dans l'eau d'un bocal de verre bien diaphane, une feuille de *nymphea alba*, et je l'ai exposée simplement à la lumière diffuse. Je savais par mes expériences précédentes, que les stomates de cette feuille lorsqu'elle est submergée, ne laissent point passer au-dehors l'air contenu dans ses cavités pneumatiques. Si mon soupçon était fondé, il ne devait se dégager aucune bulle d'air sur le limbe de cette feuille submergée, et comme il m'était démontré que les cavités aérifères de la feuille étaient en communication directe et facile avec les canaux pneumatiques du pétiole, c'était par l'extrémité coupée de ce pétiole que l'air produit dans le limbe de la feuille par l'influence de la lumière devait exclusivement se dégager. Ce fut effectivement ce qui arriva. J'avais choisi une feuille dont le limbe était exempt de toute blessure. Je la mis le soir dans l'eau du bocal placé dans un appartement fermé auquel je rendais la lumière le matin. Tant que la feuille

fut dans l'obscurité elle ne dégagea aucune bulle d'air.
Lorsque je lui eus rendu la lumière diffuse, elle ne dégagea
encore aucune bulle d'air pendant la première heure, mais
ensuite le dégagement d'air commença à se manifester et
devint très abondant; cet air sortait par bulles pressées des
canaux pneumatiques ouverts à la section du pétiole, il
n'en sortit pas une seule bulle sur le limbe de la feuille
ni sur la surface du pétiole. Ce dégagement d'air dura pendant toute la journée; il s'arrêta le soir lorsque la lumière
commença à perdre de son intensité. Le lendemain matin
ce dégagement d'air suspendu pendant la nuit, recommença et s'effectua comme la veille, s'arrêta de nouveau à
l'approche de la nuit et recommença le surlendemain matin. J'ai observé ainsi cette succession de phénomènes pendant huit jours. Je pensai que d'autres plantes aquatiques
submergées me donneraient lieu de faire les mêmes observations. Je plongeai donc dans des bocaux pleins d'eau des
tiges feuillées de *potamogeton sericeum*, de *myriophyllum
spicatum* et des feuilles d'*hydrocharis morsus-ranæ*. Les
deux premières plantes dégagèrent à la lumière diffuse une
grande quantité d'air par la section de leur tige et par
tous les endroits où les nervures de leurs feuilles étaient
blessées accidentellement, la feuille de l'*hydrocharis* dégagea
de l'air seulement par la section de son pétiole; cet air sortait des gros tubes pneumatiques ponctués chez le *potamogeton* et chez l'*hydrocharis*; il sortait chez le *myriophyllum*
de larges canaux dont l'assemblage offre un aspect très élé-
gant sur la coupe transversale de la tige. La figure 5 de la
planche 14 représente cette coupe transversale de la tige du
myriophyllum spicatum; elle offre à-peu-près l'image d'une
roue à douze rayons. Ce sont les intervalles *a* de ces rayons
qui sont les ouvertures transversales des douze canaux
pneumatiques longitudinaux que contient la tige du *myriophyllum*.

La feuille de l'*hydrocharis*, dans l'état adulte, flotte à la surface de l'eau comme celle du *nymphea*; ce n'est de même que lorsqu'elle est nouvellement issue de la tige située au fond de l'eau, qu'elle est complètement submergée. L'état de submersion est au contraire l'état constant du *potamogeton sericeum* et du *myriophyllum spicatum*. J'ai donc voulu voir si les feuilles du *nymphea* et de l'*hydrocharis* flottantes, à la surface de l'eau, dégageraient encore de l'air par la section de leur pétiole submergé; le résultat de ces expériences fut négatif; il ne sortit pas une seule bulle d'air par la section du pétiole de ces feuilles. Que devenait donc alors l'air, qui, produit par l'influence de la lumière dans le limbe de la feuille, était, chez la feuille submergée, refoulé dans les canaux pneumatiques du pétiole? Il est évident que cet air était alors versé dans l'atmosphère par les ouvertures des stomates exclusivement situés à la face supérieure de la feuille. Ces stomates étaient fermés par l'action de l'eau chez la feuille submergée, ce qui est conforme à l'opinion de M. Amici. Alors l'air produit continuellement dans le limbe de la feuille n'avait plus d'autre issue que l'ouverture des canaux pneumatiques dans lesquels cet air était refoulé; de nouvelles issues lui étant fournies par les stomates ouverts dans l'atmosphère, la pression de la colonne d'eau dans laquelle plongeait le pétiole faisait monter ce liquide dans les canaux pneumatiques, desquels il expulsait l'air qui remontait alors dans les cavités pneumatiques de la feuille pour de là être expulsé dans l'atmosphère par les stomates réouverts. Or, dans l'état naturel il n'en est pas ainsi en tous points; sans doute une partie de l'air, produit dans le limbe de la feuille par l'influence de la lumière, est versée dans l'atmosphère par les ouvertures des stomates; mais une partie de cet air est aussi refoulée dans les canaux pneumatiques du pétiole, dans la cavité desquels l'eau extérieure ne

peut s'introduire pour refouler cet air vers la feuille, ainsi
que cela a lieu lorsque le pétiole est coupé; aussi ces canaux pneumatiques sont-ils toujours entièrement remplis
d'air. A l'effet de cette impulsion s'ajoute nécessairement
l'effet de l'*attraction* énergique que les canaux très capillaires exercent sur les gaz pour les introduire et même pour
les condenser dans leurs cavités. Ainsi l'air pénètre dans
les canaux pneumatiques des végétaux par l'effet simultané
d'une *impulsion* et d'une *attraction*. C'est cette dernière
cause qui doit agir spécialement lorsque les canaux pneumatiques sont très capillaires.

Il résulte de ces observations, que l'air produit dans les
feuilles par l'influence de la lumière, est introduit de prime abord dans les organes pneumatiques de la feuille.
Pressé dans ces organes par le fait de son accumulation
continuelle, il s'échappe au dehors par les ouvertures des
stomates chez les feuilles placées dans l'air et chez ces mêmes
feuilles placées dans l'eau, lorsque leurs stomates sont de
nature à ne point se fermer tout-à-fait par l'effet du contact
de l'eau; ce dernier effet s'observe chez presque toutes les
plantes qui ne sont point aquatiques. Chez les plantes aquatiques, au contraire, ou qui n'ont point de stomates, ou
dont les stomates se ferment tout-à-fait par le contact de
l'eau lorsqu'elles sont submergées, l'air produit dans la
feuille ne pouvant s'échapper au dehors, est refoulé tout
entier dans les organes pneumatiques du pétiole, de là dans
ceux de la tige, et enfin dans ceux des racines. C'est de là
que provient l'énorme quantité d'air que les plantes aquatiques possèdent dans leur tissu, lequel en est quelquefois
tout gonflé. Ce refoulement a montré ses effets à plusieurs
observateurs, qui n'en ont point connu le mécanisme. C'est
ainsi qu'Hales a vu dans ses expériences, que beaucoup d'air
était chassé des extrémités tronquées des tiges et des racines. Le bruissement continuel que l'on entend dans un

trou pratiqué au tronc d'un peuplier, suivant l'expérience de Coulomb, atteste de même le mouvement continuel de l'air refoulé dans les tubes pneumatiques de la tige. Lorsque cet air cesse d'être introduit, les tubes pneumatiques se remplissent quelquefois d'eau ; c'est ce qui a lieu lors de l'absence des feuilles pendant l'hiver. Alors, il n'y a plus d'air refoulé dans les tubes pneumatiques de la tige, ces tubes sont donc facilement envahis par la sève, lorsqu'elle commence à subir l'impulsion qui la fait monter. C'est pour cela que les tubes pneumatiques de la vigne servent alors de conduits à la sève ascendante, ainsi que je l'ai démontré. Lorsque les feuilles se sont développées, elles produisent l'air qui est refoulé dans les tubes pneumatiques et qui chasse l'eau qui les avait envahis.

Il ne me paraissait pas douteux que l'air, dégagé par la section des tiges et des pétioles des feuilles des plantes aquatiques submergées, ne fut de l'oxigène mêlé d'une petite quantité d'azote, comme l'est l'air qui sort des feuilles submergées des végétaux non aquatiques , lorsqu'elles sont exposées à la lumière ; toutefois , j'ai voulu m'en assurer par l'expérience, j'ai recueilli dans un flacon l'air qui se dégageait à la lumière diffuse, par la partie inférieure coupée transversalement de trois tiges de *myriophyllum spicatum* plongées dans l'eau d'un bocal. Il ne se dégageait aucune bulle d'air sur la surface de leurs feuilles nombreuses et linéaires. J'étais dans ce moment privé de moyens de faire des expériences eudiométriques, j'y suppléai, d'une manière qui me parut suffisante, par l'expérience suivante : J'introduisis dans le flacon plein de l'air que j'avais recueilli, un petit morceau d'amadou allumé ; cette substance, comme on sait, brûle dans l'air atmosphérique avec lenteur et presque d'une manière obscure ; or, étant introduite dans le flacon, elle brûla sur-le-champ avec rapidité et en jetant beaucoup d'éclat. Il me fut suffisamment prouvé par

cette expérience, que l'air que j'avais recueilli était non
sans doute de l'oxigène pur, mais bien certainement de l'air
beaucoup plus riche en oxigène que ne l'est l'air atmosphérique. M. Théodore de Saussure a trouvé que l'air, dégagé
au soleil par des feuilles submergées, contenait quatre-vingt-
cinq parties d'oxigène et quinze parties d'azote. L'air que
j'avais recueilli et qui a servi à l'expérience ci-dessus, devait avoir une composition à-peu-près semblable. Sa composition exacte m'importait peu, il me suffisait de savoir
qu'il était beaucoup plus riche en oxigène que ne l'est l'air
atmosphérique.

Il est donc prouvé par l'expérience, que l'oxigène
produit par les feuilles sous l'influence de la lumière,
est introduit dans leurs cavités pneumatiques, et que
de là il est refoulé ou injecté dans les canaux pneumatiques des pétioles et des tiges chez les plantes aquatiques; il s'agissait de savoir, si les mêmes phénomènes
physiologiques ont lieu chez les plantes qui vivent dans
l'air atmosphérique. Pour pouvoir observer le refoulement
de l'air produit par la feuille dans les canaux pneumatiques
de son pétiole, il fallait avoir recours à des feuilles dont les
stomates fussent de nature à se fermer tout-à-fait par le
contact de l'eau; or, c'est ce que j'ai précédemment trouvé
dans les feuilles du *camellia japonica*, par l'expérience qui
m'a fait voir que les feuilles de ce végétal, plongées dans
l'eau et soumises à la pompe pneumatique, ne laissaient
point échapper leur air intérieur par leurs stomates, mais
seulement par l'extrémité coupée du pétiole, se comportant
ainsi, dans cette circonstance, comme les feuilles du *nymphea*. Il me parut probable qu'elles devaient aussi se com-
porter comme ces dernières, relativement à l'émission, par
l'extrémité coupée du pétiole, de l'air produit par l'influence de la lumière dans la feuille submergée. Je mis
donc plusieurs feuilles de *camellia* dans plusieurs bocaux

pleins d'eau, dans le milieu de laquelle ces feuilles flottaient suspendues et retenues par un poids. Cette expérience avait été établie vers le milieu du jour, et les bocaux
étaient placés dans un appartement où ils n'étaient éclairés
que par la lumière diffuse. Je n'observai aucune émission
d'air ni par le limbe des feuilles, ni par la section de leur
pétiole. Les volets de l'appartement demeuraient fermés
pendant la nuit ; lorsque je les ouvris le lendemain matin,
les feuilles de *camellia* exposées de nouveau à la lumière
diffuse, commencèrent, après un espace de temps de quinze
à vingt-cinq minutes, à émettre de l'air qui sortait par
bulles très petites et pressées, de la section de leur pétiole.
Cette émission d'air était faite seulement par les vieilles
feuilles, les jeunes feuilles n'en émirent point du tout.
Après un quart d'heure ou vingt minutes au plus de durée,
cette émission d'air s'arrêta, et elle ne se renouvela pas de
la journée, même sous l'influence des rayons solaires auxquels je soumis l'un des bocaux qui contenaient les feuilles.
Aucune bulle d'air ne se manifesta sur le limbe des feuilles.
Je ne savais à quoi attribuer la brièveté singulière du temps,
pendant lequel la feuille du *camellia* avait émis de l'air
sous l'influence cependant continuée de la lumière, je
m'empressai donc d'observer les mêmes feuilles le lendemain matin, pour voir si leur émission d'air se renouvelle-
rait et si elle aurait plus de durée. Cette émission se
renouvela en effet, après quinze à vingt-cinq minutes d'exposition des feuilles submergées à la lumière diffuse ; cette
émission ne dura, comme la veille, que pendant environ un
quart d'heure, et comme la veille encore, les feuilles les
plus jeunes n'émirent point d'air du tout. Ce phénomène
resta de même suspendu pendant tout le reste de la journée,
et il se renouvela avec les mêmes circonstances le matin du
troisième jour, mais alors j'observai que l'émission d'air
était devenue bien moins abondante. Ayant retiré les feuil-

les de l'eau, je vis que les cavités pneumatiques de leur face
inférieure commençaient à se remplir d'eau, ce qui se distinguait à ce que dans les endroits où ces cavités étaient
envahies par l'eau, la couleur blanchâtre de la feuille avait
disparu et avait été remplacée par une couleur verte foncée. Je mis donc fin à cette expérience, qui m'avait démontré que les végétaux qui vivent dans l'air, se comportent
comme les plantes aquatiques sous le point de vue de l'introduction, dans les organes pneumatiques de leurs feuilles,
de l'air produit par ces organes sous l'influence de la lumière, et sous le point de vue du refoulement de cet air
dans les canaux pneumatiques du pétiole, ce qui implique
que ce refoulement a lieu jusque dans les canaux pneumatiques de la tige. Le défaut d'émission d'air par la section
du pétiole des jeunes feuilles du *camellia* me paraît provenir de ce que les tubes pneumatiques du pétiole de ces
jeunes feuilles, sont encore trop capillaires; ils sont moins
larges que ceux des vieilles feuilles, et par cela même leurs
canaux résistent davantage au passage de l'air, qui tend à
les traverser par l'effet du refoulement qu'il éprouve. On
sait, d'ailleurs, par les expériences d'Ingenhousz, que, sous
l'influence de la lumière, les jeunes feuilles produisent bien
moins d'oxigène que celles qui sont complètement développées.

J'ai dit plus haut, que les feuilles de *nymphea*, qui versent
de l'oxigène par l'extrémité coupée de leur pétiole, cessent
d'opérer cette émission lorsqu'elles cessent d'être entièrement plongées dans l'eau; il en est de même pour les feuilles de *camellia*. Ayant retiré à moitié de l'eau une de ces
feuilles, tandis qu'elle opérait son émission d'oxigène par
l'extrémité de son pétiole, cette émission cessa presque sur-
le-champ, et cela, probablement, parce que ses stomates
s'étaient ouverts dans l'air.

Il me restait à savoir pourquoi la feuille du *camellia* n'émet de l'air, sous l'influence de la lumière, que le matin et pendant un si court espace de temps; il me parut probable que, chez cette feuille, l'influence de la lumière consommait rapidement la matière ou les *conditions particulières de la matière organique*, en vertu desquelles la production de l'air avait lieu sous l'influence de la lumière, et que ces *conditions particulières de la matière organique* se réparaient ou se reproduisaient pendant l'obscurité de la nuit. Pour savoir à quoi m'en tenir, à cet égard, je fis l'expérience suivante : deux feuilles de *camellia*, plongées dans l'eau d'un bocal, ayant fait leur émission d'air par la section du pétiole comme à l'ordinaire le matin, j'attendis une heure pour être bien assuré que cette émission était irrévocablement terminée pour le reste de la journée. Alors je couvris le bocal avec un récipient opaque, en sorte que les feuilles se trouvèrent dans l'obscurité que je laissai subsister pendant six heures. A trois heures après midi je rendis la lumière diffuse à mes feuilles, et vingt minutes après, l'une d'elles commença à émettre de l'air par la section de son pétiole; deux minutes après, l'autre feuille commença à en faire autant. Cette émission d'air dura, comme à l'ordinaire, environ un quart d'heure. Ainsi, il me fut démontré que pendant l'obscurité la feuille du *camellia* récupère ce qu'elle avait perdu sous l'influence de la lumière et qu'elle se trouve de nouveau pourvue des *conditions particulières* en vertu desquelles elle est apte à émettre de l'oxigène sous l'influence de la lumière, mais toujours pendant un quart d'heure seulement. Cette feuille diffère singulièrement, à cet égard, des feuilles de la plupart des autres végétaux qui émettent de l'oxigène sans interruption, pendant toute la durée du jour. Toutefois, la brièveté du temps pendant lequel la feuille du *camellia* émet de l'oxigène, sous l'influence de la lumière, est un fait précieux pour la physiologie végétale, en ce qu'il apprend que ce n'est pas seulement l'interruption de la lu-

mière qui suspend l'émission de l'oxigène, par les parties
vertes des végétaux, mais qu'il y a en eux certaines conditions matérielles indispensables pour cette émission, conditions que l'action de la lumière épuise et qui se renouvellent dans son absence. Ce fait me paraît en harmonie avec
la théorie de M. Th. de Saussure qui a prouvé que l'oxigène produit par les feuilles exposées à la lumière, provient
de la décomposition de l'acide carbonique dissous dans
leurs liquides organiques. En effet, pendant l'obscurité, les
végétaux fabriquent de l'acide carbonique qui doit saturer
leurs liquides organiques, et comme ils fabriquent de cet
acide carbonique au-delà de leurs besoins, ils en versent
dans l'atmosphère. Au retour de la lumière les parties
vertes végétales se trouvent ainsi pourvues de la *condition
particulière*, c'est-à-dire de l'acide carbonique en dissolution, qui fournit à la production de l'oxigène dont les organes respiratoires de la plante se remplissent alors et dont
l'excès est versé au dehors. Ainsi, pendant le jour, les parties vertes des végétaux fabriquent leur oxigène respiratoire
qu'ils consomment à mesure, en sorte que les organes pneumatiques se trouvent toujours ne contenir qu'un air inférieur, par sa proportion d'oxigène, à l'air atmosphérique;
pendant la nuit ils respirent, à-la-fois, par le moyen de ce
qui reste d'oxigène dans leurs organes pneumatiques et par
le moyen de l'absorption de l'oxigène atmosphérique. C'est
sous l'influence de cette double respiration que s'opère la
production et l'émission du gaz acide carbonique; cette fabrication de l'acide carbonique a lieu très probablement
au moyen de la fixation de l'oxigène sur le carbone dissous
dans la sève lymphatique, et qui est puisé par les racines
dans les engrais du sol. Le gaz acide carbonique de l'atmosphère intervient aussi pour s'adjoindre, par absorption,
à celui qui est fabriqué par la plante. Le fait de cette absorption du gaz acide carbonique atmosphérique, par les

plantes, et le fait de sa décomposition pour donner lieu à
l'émission de l'oxigène, sous l'influence de la lumière, sont
démontrés d'une manière irréfragable par les expériences
de M. Th. de Saussure.

Je me suis assuré par plusieurs expériences de l'influence
qu'exerce l'acide carbonique dissous dans l'eau sur l'émission de l'oxigène par les plantes submergées. J'ai expérimenté, ainsi que l'avait fait déjà Ingenhousz, que les feuilles dégagent bien plus d'oxigène à la lumière lorsqu'elles
sont plongées dans de l'eau de source, qui contient de
l'acide carbonique, que lorsqu'elles sont plongées dans de
l'eau de pluie, qui n'en contient pas d'une manière appréciable. Je dois prévenir à ce sujet, que c'est avec de l'eau
de source qui précipite fortement par l'eau de chaux, et
qui, par conséquent, contient une quantité assez notable
d'acide carbonique, que j'ai fait toutes les expériences rapportées dans ce Mémoire. J'ai vu, qu'en ajoutant à cette
eau, dans laquelle baignaient mes plantes en expérience,
une petite quantité d'eau chargée d'acide carbonique en
dissolution, j'augmentais considérablement et de suite, leur
émission d'oxigène ; mais si cette addition d'eau acidulée
était plus forte, l'émission d'oxigène était complètement interrompue, et elle ne se renouvelait que deux ou trois jours
après, c'est-à-dire lorsque l'acide carbonique en excès ajouté
à l'eau, s'était dissipé dans l'atmosphère. Cette expérience
offre un résultat un peu différent de celui des expériences
par lesquelles M. Théodore de Saussure a prouvé que la
plus petite dose d'acide carbonique ajoutée à l'air, est nuisible aux végétaux placés à l'ombre. Les plantes soumises à
mes expériences étaient à l'*ombre*, puisqu'elles étaient dans
un appartement bien éclairé, il est vrai, mais sans qu'elles
y reçussent la lumière directe des rayons solaires. Ainsi,
l'addition de l'acide carbonique dans une certaine proportion à l'eau de source, qui en contient déjà, est favorable

à la plante aquatique submergée, puisqu'elle favorise l'exercice de l'une de ses fonctions les plus importantes, c'est-
à-dire la production de l'oxigène ; une trop forte addition
de cet acide est nuisible à cette plante, puisqu'elle occasionne
l'interruption de cette même fonction. Ainsi, il y a sous
ce point de vue une différence très marquée, entre les plantes placées dans l'eau et les plantes placées dans l'air atmosphérique. M. Théodore de Saussure a expérimenté qu'un
douzième d'acide carbonique ajouté à l'air atmosphérique,
est favorable aux végétaux exposés au soleil. Ainsi, les végétaux à l'ombre et dans l'eau, et les végétaux au soleil et
dans l'air, paraissent être dans les mêmes conditions, relativement au bien qu'ils éprouvent par l'addition d'une certaine quantité d'acide carbonique au milieu qui les environne.

J'ai constaté ce fait, vu il y a long-temps par Ingenhousz
et par Bonnet, que les plantes n'émettent point d'oxigène
dans l'eau non aérée. Ingenhousz pensait que cela provenait de ce que l'eau non aérée, avide de dissoudre de l'air,
s'emparait de l'oxigène produit par les feuilles au soleil à
mesure qu'il était produit. Mais il est évident que telle n'est
point la théorie de ce phénomène ; car l'eau finirait par
être saturée d'oxigène, si la feuille en produisait. Or, il
n'en est rien. L'eau non aérée dans laquelle j'avais plongé
une tige de *myriophyllum* garnie de ses innombrables feuilles, et que j'avais isolée de l'atmosphère au moyen d'une
couche d'huile ; cette eau, dis-je, ne s'aéra point ; la plante
n'y dégagea point d'oxigène, elle y mourut et ne tarda pas
à s'y pourrir. L'eau qui est soumise à la pompe pneumatique ou à l'ébullition, perd à-la-fois l'air riche en oxigène
qu'elle contient toujours et l'acide carbonique qu'elle contient souvent ; par conséquent, la plante qui est plongée
dans cette eau, n'a plus aucun moyen de fabriquer de l'oxigène, puisque d'une part son milieu ambiant ne lui fournit

plus d'acide carbonique à décomposer, et que d'une autre
part elle n'a plus d'oxigène libre à sa disposition, pour faire
de l'acide carbonique en l'unissant à son carbone, acide
carbonique qu'elle décomposerait ensuite pour fabriquer
du gaz oxigène. Il n'y a plus, en effet, d'oxigène dissous
dans l'eau, où il y en a trop peu, et l'oxigène qui existait
dans les organes pneumatiques de la plante au moment de
son immersion, disparaît absorbé par l'eau non aérée qui
le dissout avec avidité. En effet, lorsqu'on plonge une
feuille quelconque dans de l'eau non aérée, on voit, au
bout de très peu de temps, disparaître complètement la
couleur blanchâtre de la face inférieure de la feuille ; cette
face devient aussi verte que la face supérieure. Cet effet est
dû à ce que l'eau non aérée, qui est avide de dissoudre de
l'air, s'empare rapidement de celui qui est contenu dans les
cellules pneumatiques qui se trouvent à la face inférieure
de la feuille ; ces cellules, en même temps, se remplissent
d'eau, et cela fait disparaître la couleur blanchâtre du dessous de la feuille, couleur qui était due à la présence de l'air
dans les cellules, ainsi que je l'ai démontré. Cet envahissement des cellules pneumatiques par l'eau, n'a lieu qu'après
une immersion prolongée quelquefois pendant un grand
nombre de jours chez les feuilles de beaucoup de plantes, lorsqu'elles sout plongées dans l'eau aérée, tandis que ce même
envahissement est toujours rapide lorsqu'elles sont plongées dans l'eau non aérée. Ainsi, les feuilles plongées dans
l'eau non aérée, ont une double cause de suspension de leur
respiration, elles ne peuvent plus produire d'oxigène sous
l'influence de la lumière ; celui qui existait dans leurs organes pneumatiques leur est enlevé, et de plus, leurs organes pneumatiques sont remplis d'eau.

Il est encore un autre cas, dans lequel les feuilles submergées cessent d'émettre de l'oxigène ; c'est lorsque leur position naturelle est renversée, de manière à présenter leur

face inférieure à la lumière. Je me suis assuré de ce fait important par l'expérience suivante : J'ai mis dans un bocal plein d'eau une feuille de *nymphea alba*, en ayant soin de maintenir sa face supérieure appliquée sur la paroi intérieure du bocal. Cette face supérieure de la feuille ainsi disposée fut dirigé vers la lumière diffuse qui arrivait de la fenêtre de l'appartement. Sous l'influence de cette lumière, la feuille émit par son pétiole du gaz oxigène, et n'en émit point du tout par son limbe, ainsi que je l'avais déjà constaté. Cette émission cessa cependant la nuit, et recommença le lendemain matin. La voyant bien établie vers le milieu du jour, et telle, qu'il sortait de la section du pétiole vingt-quatre bulles d'air par minute, je retournai le bocal, en sorte que la face supérieure de la feuille étant tournée vers le fond de l'appartement, c'était sa face inférieure qui recevait alors l'influence de la lumière ; afin de soustraire tout-à-fait la face supérieure à cette influence, je couvris avec une étoffe noire la paroi extérieure du bocal, à laquelle correspondait cette face supérieure de la feuille. Au bout d'un quart d'heure, l'émission d'oxigène qui, avant le retournement de la feuille, était de vingt-quatre bulles par minute, fut réduit à dix bulles, et cela continua à-peu-près de la même manière pendant le reste du jour. L'émission d'oxigène cessa, comme à l'ordinaire, pendant la nuit, et je la vis recommencer le lendemain matin, mais elle se montra très affaiblie pendant tout le jour ; la plus grande émission d'oxigène n'alla qu'à cinq ou six bulles par minute. Le troisième jour après le retournement de la feuille, le maximum de l'émission d'oxigène n'alla qu'à deux bulles par minute ; enfin, cette émission d'oxigène fut complètement suspendue le quatrième jour. C'était pendant les jours chauds de l'été que je faisais cette expérience. Je laissai cette feuille, qui n'émettait plus d'oxigène dans la même position pendant six jours encore, et pendant tout ce temps

il n'y eut pas la moindre émission d'air. Le septième jour
depuis la cessation de cette émission, je remis la feuille
dans sa position première, c'est-à-dire sa face supérieure
dirigée vers la lumière. Dans ce jour et dans les deux suivans, il n'y eut aucune émission d'oxigène; cette émission se manifesta, mais faiblement, dans le courant du quatrième jour, après le retour de la feuille à sa position
naturelle, et elle continua en augmentant graduellement de
quantité pendant les jours suivans. Il résulte de cette expérience, que lorsque les feuilles sont retournées et présentent ainsi leur face inférieure à la lumière, elles diminuent
peu-à-peu leur émission d'oxigène et finissent de la présenter au bout de quelques jours, et que ces mêmes feuilles,
lorsque leur face supérieure est replacée dans sa position
naturelle de direction vers la lumière, ne reprennent
qu'après quelques jours leur faculté de produire et d'émettre de l'oxigène sous l'influence de la lumière. Tout le monde
sait que les feuilles, lorsqu'elles sont retournées, tendent,
par une action spontanée, à ramener leur face supérieure
vers la lumière, et qu'elles meurent lorsqu'on les empêche
d'effectuer ce retournement. Je ferai voir, dans un autre
Mémoire (1), quel est le mécanisme au moyen duquel
s'opère le retournement des feuilles? Je me borne ici à déduire de l'expérience précédente ce résultat, que la mort
des feuilles maintenues dans l'état de retournement, est le
résultat de la suppression de leur respiration par absence
de la production d'oxigène, production qui n'a lieu d'une
manière durable chez elles, que lorsque c'est leur face supérieure qui reçoit l'influence directe de la lumière. Ainsi,
une feuille retournée meurt *asphyxiée*. Lorsqu'elle n'a été
retournée que pendant un temps, dont la durée est insuffi-

---

(1) De la tendance des végétaux à se diriger vers la lumière, et de leur
tendance à la fuir.

sante pour occasioner la mort, elle se trouve seulement dans
un état d'altération ou de *maladie*, qui fait qu'elle ne récupère l'exercice de ses fonctions que quelques jours après
qu'elle a été rendue à sa position naturelle.

. Pourquoi les feuilles cessent-elles ainsi de produire de
l'oxigène sous l'influence de la lumière, lorsqu'elles présentent à cette dernière leur face qui porte les cellules pneumatiques? L'expérience n'a encore rien appris à cet égard.
Je me contenterai donc de noter ici ce fait général, que
toujours l'oxigène produit par l'action de la lumière sur les
parties vertes, se dégage à la partie opposée à celle qui est
directement frappée par la lumière, en sorte que la lumière
semble exercer ici une action *impulsive* ou peut-être *répul-
sive* sur l'oxigène qu'elle dégage. Peut-être la matière verte
du parenchyme de la feuille, a-t-elle dans ses molécules,
un mode de disposition tel, qu'elle ne puisse être apte à la
production de l'oxigène avec le concours de l'acide carbonique, que lorsqu'elle est frappée par la lumière dans une
direction déterminée. Le fait est que les feuilles tendent
toujours à diriger vers la lumière celle de leurs faces, qui
ne porte point les cellules pneumatiques, en sorte que c'est
quelquefois la face inférieure de la feuille qui est dirigée
dans ce sens, ainsi que cela a lieu chez les feuilles *ramules*
du *ruscus aculeatus* et chez beaucoup de graminées. Chez
les plantes qui, comme les alliacées, ont des feuilles tubuleuses, l'oxigène est produit par l'influence de la lumière sur
toute l'étendue de leur surface, et ce gaz semblant toujours
marcher sous l'*impulsion* ou la *répulsion* de la lumière, est
versé dans la cavité centrale de la feuille tubuleuse, cavité
qui est son réservoir d'air respirable. Je n'ai point, il est
vrai, vérifié ce fait par l'expérience, par rapport aux feuilles
tubuleuses, mais sa preuve se trouve par analogie dans l'expérience par laquelle M. Théodore de Saussure a vu que des
gousses de pois plongées dans l'eau au soleil, contenaient

de l'air composé de trente parties d'oxigène, soixante-neuf parties d'azote et une partie d'acide carbonique, tandis que des gousses semblables cueillies sur la plante dans l'air atmosphérique, ne contenaient dans leur intérieur qu'un air peu différent par ses proportions d'oxigène et d'azote de celles qui existent dans l'atmosphère; on conçoit facilement la cause de cette différence. L'air contenu dans les cavités pneumatiques des végétaux, tend à se mettre promptement en similitude de composition avec l'atmosphère environnante, en sorte que s'il possède momentanément un excès d'oxigène, il ne tarde pas à le livrer à l'atmosphère qui lui donne de l'azote en échange. Il n'en est pas de même pour les plantes plongées dans l'eau : l'oxigène en excès, qui est versé dans leurs cavités pneumatiques, ne peut être dissous que fort lentement par l'eau ambiante, laquelle ne peut en outre lui livrer en échange que fort peu d'azote, parce que l'air dissous dans l'eau n'en contient qu'une petite proportion, tandis qu'il contient beaucoup d'oxigène. On voit ainsi pourquoi, les plantes submergées possèdent plus d'oxigène dans leurs cavités pneumatiques que n'en possèdent les plantes situées dans l'atmosphère. Toutefois, cette expérience de M. Théodore de Saussure prouve ce que j'ai avancé, touchant l'introduction de l'oxigène dans les cavités centrales des feuilles tubuleuses soumises à l'influence de la lumière.

D'après ce qui vient d'être exposé, les fonctions des stomates ne sont plus douteuses; ce sont les ouvertures des organes respiratoires des plantes. Pendant le jour ces ouvertures servent à l'expulsion de l'oxigène mêlé d'azote, qui existait dans les organes pneumatiques et que l'afflux continuel de l'oxigène, dégagé sous l'influence de la lumière, expulse de ces organes. Pendant la nuit les stomates servent à l'introduction de l'oxigène dans les organes pneumatiques, pour remplacer celui que l'action respiratoire fait sans cesse disparaître. Ceci n'est point une hypothèse, car c'est une nécessité physique. En effet, les organes pneumatiques venant promptement à ne plus contenir qu'un air plus pauvre en oxigène que ne l'est l'air atmosphérique ambiant, et communiquant librement avec ce dernier par les ouvertures des stomates, il en résulte qu'il s'établit entre l'air atmosphérique et l'air vicié, que contiennent les organes pneumatiques, un échange de leurs gaz composans. Ainsi, pendant la nuit, l'air vicié des organes pneumatiques, livre à l'air atmosphérique son excès d'acide carbonique et d'azote; l'air atmosphérique en retour tend à introduire dans l'air des organes pneumatiques, tout ce qui lui manque d'oxigène pour l'égaler lui-même en pureté; l'existence de ces échanges d'élémens constituans, entre les gaz différens, est mise hors de doute par les expériences de Dalton, et j'ai fait voir, dans mon mémoire, *sur le mécanisme de la respiration des insectes*, que c'est également de cette manière que l'oxigène s'introduit dans les trachées de ces animaux pour renouveler l'air qu'elles contiennent et qui est altéré par la respiration.

Toutes les expériences qui viennent d'être exposées ont été faites par une température supérieure à + 15 degrés R., ou environ 19 degrés centésimaux. Lorsque la température est devenue inférieure à ce degré, les plantes qui ont servi à mes expériences ont cessé de dégager de l'oxigène, sous l'eau, à la lumière diffuse de l'appartement dans lequel elles étaient placées; cela ne prouve pas qu'elles ne fabriquaient plus d'oxigène, mais seulement qu'elles n'en fabriquaient plus au-delà de leurs besoins et de manière à en verser au dehors. Effectivement, je les ai conservées encore long-temps vivantes, ce qui prouve que leur respiration n'était point abolie.

Il résulte de ces expériences que l'oxigène dégagé du tissu des feuilles, par l'influence de la lumière, est versé de pre-

mier abord dans les cavités pneumatiques de la feuille, et
qu'en raison de la pression à laquelle il y est soumis, par
son afflux continuel, il est refoulé dans les canaux pneumatiques des pétioles et de la tige, canaux qui doivent en outre
l'attirer fortement en vertu de leur capillarité et même le
condenser. L'oxigène que ne peuvent recevoir ou absorber
ces canaux est rejeté au dehors par les ouvertures des stomates, en sorte que la plante ne rejette au dehors de l'oxigène qu'elle produit abondamment que ce qui excède ses
besoins physiologiques, c'est-à-dire qu'elle n'en verse au
dehors que lorsque les organes pneumatiques ou *respiratoires* en sont remplis, autant toutefois que peut le permettre le gaz azote qui en occupe déjà une partie. En effet
l'air extrait des plantes par la pompe pneumatique est toujours plus riche en azote et plus pauvre en oxigène que ne
l'est l'air atmosphérique; or, cependant, l'expérience démontre que, pendant le jour, les feuilles versent abondamment de l'oxigène dans toutes les cavités pneumatiques de
la plante; d'un autre côté, on sait que les gaz différens par
leur nature ou par les proportions de leurs mélanges, tendent naturellement à se mêler en proportions égales lorsqu'ils sont en communication même par d'étroites ouvertures, même lorsqu'ils sont séparés par des membranes
organiques (1). Si donc les organes pneumatiques des
feuilles se trouvent momentanément remplis d'oxigène pur
ou presque pur, pendant le jour, cet air intérieur ne peut
tarder à se mettre en similitude de composition avec l'air
atmosphérique auquel il livrera de l'oxigène en lui em-
pruntant du gaz azote. Ceci est une nécessité physique ;
ainsi, d'après le fait observé de l'introduction du gaz oxigène produit par les feuilles, dans leurs cavités pneumati-

(1) Voyez à ce sujet mon Mémoire sur la respiration des insectes.

ques, et d'après les lois qui président au mélange des gaz,
il devient évident que les organes pneumatiques des plantes
devraient contenir ou bien de l'air riche en oxigène ou tout
au moins un mélange d'oxigène et d'azote pareil à celui qui
existe dans l'air atmosphérique. Or, l'expérience démontre
que l'air extrait des organes pneumatiques des plantes est
ordinairement un mélange variable d'oxigène et d'azote
dans lequel l'oxigène est en moindre proportion que dans
l'air atmosphérique ; donc la plante s'est assimilé une partie de l'oxigène que contenaient ses organes pneumatiques.
Cette *assimilation* de l'oxigène aux plantes est d'ailleurs directement prouvée par les expériences de M. Th. de Saussure, qui a fait voir qu'une partie de l'oxigène produit par
les plantes, au moyen de la décomposition de l'acide carbonique, disparaissait et se fixait dans leur tissu par *assimilation*. Il ne peut donc plus exister de doutes sur l'usage de
l'oxigène que les parties vertes des végétaux produisent
sous l'influence de la lumière ; il est destiné à la respiration
de la plante qui le produit.

Il résulte de ces faits que les plantes respirent comme
les insectes, c'est-à-dire, en introduisant dans leurs organes
pneumatiques, qui se distribuent à toutes leurs parties, de
l'oxigène dont l'assimilation subséquente constitue leur
respiration ; mais il y a cette différence entre les végétaux et
les animaux, que ceux-ci puisent leur oxigène respiratoire
exclusivement dans le milieu qui les environne, tandis que
les végétaux verts fabriquent pendant le jour cet oxigène
respiratoire ; et comme ils en fabriquent au-delà de leurs
besoins, ils en versent l'excès dans l'atmosphère. Durant la
nuit, ces mêmes végétaux absorbent comme les animaux
l'oxigène atmosphérique ; c'est là le *mode subsidiaire* de
leur respiration, mode imparfait de respiration, lequel, à
lui seul, ne peut suffire long-temps à l'entretien de leur vie.
Le *mode normal* de la respiration des végétaux verts, con-

siste dans la production de l'oxigène sous l'influence de la lumière, et dans son introduction dans les organes pneumatiques. C'est ce *mode normal* de la respiration végétale qui, seul, est apte à entretenir la vie des végétaux verts. Lorsqu'il est interrompu, l'*asphyxie* arrive plus ou moins promptement. Le retard de cette asphyxie est, en raison *de l'aptitude plus ou moins grande qu'ont les végétaux verts,* à vivre au moyen du *mode subsidiaire* de leur respiration, c'est-à-dire en absorbant l'oxigène atmosphérique. C'est ce qui a lieu lorsqu'ils sont placés dans l'obscurité. Alors leur vie, toujours alors fort courte, dure cependant plus on moins, selon l'espèce de la plante, ainsi que je le fais voir dans mes *Recherches sur les conduits de la sève et sur les causes de sa progression.* On y verra que l'abolition de la respiration dans l'obscurité, abolit dans les feuilles la puissance, au moyen de laquelle elles attirent la sève lymphatique et lui impriment un mouvement d'ascension, en sorte qu'elles meurent en peu de temps et d'autant plus promptement, que la température est plus élevée. On verra dans mon Mémoire, sur l'*excitabilité végétale*, qu'en mettant une sensitive (*mimosa pudica*) dans le vide de la pompe pneumatique, ou bien en la privant de respiration au moyen de l'obscurité, on lui fait perdre son *excitabilité*, nécessairement liée à l'existence de l'oxigène respiratoire dans ses organes pneumatiques. On verra dans mes *Recherches sur le sommeil et le réveil des plantes,* que ces phénomènes alternatifs dépendent également de l'action de l'oxigène respiratoire sur les plantes qui les offrent à l'observation. Les feuilles privées d'air respirable dans leurs organes pneumatiques, cessent de se diriger vers la lumière; celles qui ont la *nutation* cessent d'offrir ce phénomène. En un mot, il y a abolition complète de toute influence des agens extérieurs, et par suite de tout mouvement spontané exécuté à l'occasion de cette influence, lorsqu'il n'y a plus d'air respirable

dans les organes pneumatiques des plantes ; elles sont alors
véritablement *asphyxiées*.

Les corolles ne respirent qu'au moyen de l'absorption de
l'oxigène atmosphérique ; car elles ne produisent point
d'oxigène sous l'influence de la lumière. Ainsi, ce qui n'est
qu'un *mode subsidiaire* de respiration pour les feuilles, est
le *mode normal* de la respiration des fleurs.

La science ne peut encore déterminer pourquoi la matière verte est seule apte à produire de l'oxigène sous l'influence de la lumière, et avec le concours de l'acide carbonique ; pourquoi les autres matières diversement colorées
qui existent dans les corolles ne peuvent opérer le même
phénomène ; toutefois, cela nous révèle pourquoi la couleur verte est en quelque sorte l'*uniforme* des végétaux qui
ont besoin pour vivre de l'influence de la lumière ; c'est que
l'existence de cette matière verte est nécessaire pour l'existence du seul mode de respiration qui puisse leur donner
une existence prolongée. Il n'en est pas de même des corolles, involucres des organes éphémères de la fécondation,
et qui devaient être éphémères comme eux ; aussi la matière verte, principe du mode de respiration qui procure
aux feuilles une longue existence, leur a-t-elle été assez généralement refusée ; réduites à ne respirer qu'au moyen de
l'absorption de l'oxigène atmosphérique, mode de respiration qui ne peut entretenir long-temps la vie végétale, les
corolles meurent bientôt, et cela était nécessaire ; car elles
eussent absorbé en pure perte les sucs qui doivent servir au
développement de la graine et de l'embryon qu'elle contient.
Ce n'est point ainsi pour le charme de nos yeux ; ce n'est
point pour embellir la nature, pour lui donner de *la poésie*,
comme le disent les hommes à imagination, que les fleurs
ont reçu leurs couleurs si brillantes et si variées, qui con-
trastent si agréablement avec la couleur verte des feuilles,
c'est tout simplement afin qu'elles n'eussent qu'une exis-

tence de courte durée. Toutes les plantes vertes dégagent
de l'oxigène à la lumière, toutes par conséquent fabriquent
leur oxigène respiratoire. Or, parmi les plantes cryptogames, il y en a beaucoup qui n'ont point de stomates. Les
conferves, par exemple, dégagent beaucoup d'oxigène à la
lumière ; or, on ne leur connaît ni organes pneumatiques,
ni stomates. Les mousses n'ont point de stomates, et cependant elles dégagent de l'oxigène à la lumière. L'analogie
indique ici que l'oxigène n'est point fabriqué à la surface
de ces plantes cryptogames dépourvues de stomates, mais
qu'il sort de leur intérieur par des ouvertures inconnues.
Ce sent là des sujets de recherches.

Par l'ensemble des preuves que j'ai exposées dans ce
Mémoire, se trouvera définitivement établi ce fait neuf dans
la physiologie, savoir : que la respiration est une fonction
qui est essentiellement de la même nature chez les végétaux
et chez les animaux, et qu'elle ne diffère chez ces deux classes d'êtres que par des phénomènes accessoires. On ne peut
manquer même d'être frappé de la similitude qui existe
entre la respiration des végétaux et celle des insectes. Chez
les uns comme chez les autres, l'air respirable est distribué
dans tous les organes par des canaux pneumatiques. Chez
les insectes, ces canaux sont toujours des *trachées*, ou des
canaux composés de fils spiraux ; chez les végétaux, les canaux pneumatiques sont souvent aussi des *trachées*, tout-
à-fait semblables à celles des insectes ; mais souvent aussi ce
sont des tubes membraneux, ou bien des agglomérats de
cellules qui communiquent entre elles. Enfin, il n'est pas
jusqu'à la forme des ouvertures extérieures des organes respiratoires, qui ne se ressemble quelquefois chez les insectes et chez les végétaux. L'ouverture des stomates, en
effet, a souvent la forme d'une ellipse très allongée, sorte de
bouche munie de deux lèvres qui peuvent, à ce qu'il paraît, s'ouvrir et se fermer. Or, la forme des ouvertures tra-

chéales des insectes est semblable, ainsi qu'on peut le voir
par les figures qu'en a donné Réaumur dans ses Mémoires,
pour servir à l'histoire des insectes. (1)

(1) Voyez tome 1, troisième mémoire, pl. 4, fig. 15, 16 et 17.

VIII.

RECHERCHES

SUR LES CONDUITS DE LA SÈVE

ET SUR LES CAUSES DE SA PROGRESSION. (1)

---

§ I. — *Des conduits de la sève.*

Le végétal implanté dans le sol par ses racines, y puise de l'eau tenant en dissolution des matières terreuses et des substances organiques, qui résultent de la décomposition des matières végétales que contient le terreau. Cette eau est portée dans la tige par un mouvement ascensionnel, et parvient dans les feuilles et dans les autres organes terminaux des tiges. Là, cette *sève lymphatique* éprouve une

(1) Une grande partie de ce mémoire a été publiée en 1826; j'en ai entièrement changé ici la rédaction, et j'y ai ajouté des observations nouvelles.

élaboration particulière. Une partie est rejetée au dehors par l'évaporation, l'autre partie devenue *sève élaborée*, retourne des feuilles dans le corps de la tige, et l'on admet généralement qu'elle descend jusque dans les racines, en sorte qu'il y aurait chez les plantes une circulation des fluides analogue à celle qui existe chez les animaux ; la *sève lymphatique* monte et la *sève élaborée* descend. Je vais examiner les faits sur lesquels est fondée cette opinion, et tenter de déterminer quels sont les conduits qui transmettent la sève dans l'intérieur du végétal.

Une opinion assez généralement admise parmi les physiologistes, établit que la sève monte par le corps ligneux ou par le *système central*, et qu'elle descend par l'écorce ou par le système cortical. L'ascension de la sève par le corps ligneux du système central, est prouvée depuis long-temps par les expériences de plusieurs physiciens, et notamment par celles de Sarrabat (1) et de Bonnet (2), qui ont fait voir que les liquides colorés que l'on donne à pomper à une branche coupée, ne montent ni par l'écorce, ni par la moelle, et que leur ascension s'opère exclusivement par les *fibres ligneuses*. Duhamel (3) a fait les mêmes expériences et a obtenu les mêmes résultats. Ce moyen de reconnaître la route de la sève ascendante, est infidèle jusqu'à un certain point; car les infusions colorées s'introduisent, par l'action de la capillarité dans des tubes tels, que les trachées qui, dans l'état naturel, ne contiennent que de l'air. Toutefois, ce moyen est excellent pour faire voir quelles sont les parties dans lesquelles la sève lymphatique ascendante ne s'introduit point; l'écorce et la moelle sont de ce nombre; il ne reste

(1) Dissertation sur la circulation de la sève, sous le faux nom de *Labaisse*. 1733.

(2) Recherches sur l'usage des feuilles, 5e mémoire.

(3) Physique des arbres.

donc pour la marche de cette sève ascendante, que la partie ligneuse du système central. Il suffit que la plus petite partie de ce tissu ligneux-fibreux, subsiste comme moyen de communication entre la partie inférieure et la partie supérieure d'une tige ou d'une branche, pour que la sève ascendante soit transmise de l'une à l'autre; elle ne se transmet point, s'il n'y a que de l'écorce seulement comme moyen de communication entre ces deux parties divisées; la sève ne se transmet pas davantage, si ces deux parties ne tiennent plus l'une à l'autre que par la moelle. Il ne reste donc plus qu'à déterminer quels sont les canaux que suit la sève ascendante dans le corps ligneux. Prenons, pour exemple ou pour sujet d'étude, un végétal ligneux tel que la vigne. La partie ligneuse de ce végétal possède des trachées auprès de la moelle; dans le reste de son épaisseur elle est composée de gros tubes rayés ou *fausses trachées*, et de petits tubes fusiformes ou de *tubes fibreux*. Cet assemblage vasculaire est traversé horizontalement par les rayons médullaires, lesquels composés de cellules articulées en séries longitudinales, dans le sens transversal, doivent évidemment servir à la transmission transversale de la sève et point du tout à sa transmission verticale ou longitudinale. C'est en effet un résultat de l'observation, que le mouvement des fluides, chez les végétaux, suit dans sa direction celle des organes linéaires dont ils sont composés.

J'ai prouvé, après M. Amici, que les trachées sont des tubes pneumatiques; dans l'état naturel ils ne contiennent que de l'air et qu'il en est de même des gros *tubes rayés* ou des *fausses trachées*; il ne reste donc que les tubes fibreux qui, parmi les organes tubuleux du tissu ligneux, puissent être considérés comme les conduits affectés à la transmission de la sève ascendante. Cependant M. Kieser (1) a admis

(1) Mémoire sur l'organisation des plantes.

que cette ascension s'opère par une voie toute différente.
Les cellules et les tubes qui forment le tissu végétal par leur
agrégation ne se touchent point par tous les points de leur
surface; ces crganes laissent ordinairement entre eux, des
espaces angulaires qui ont été nommés *canaux intercellulaires* par le docteur Tréviranus qui les a découverts. Suivant l'opinion de M. Kieser ce serait exclusivement par ces
canaux ou *méats intercellulaires* que s'opérerait la progression de la sève lymphatique; les tubes ne serviraient qu'à
la respiration de la plante et à la préparation de la sève,
mais point du tout à la progression de ce fluide. Ici je ferai
observer que M. Kieser n'a connu que très imparfaitement
l'organisation de ce qu'il appelle la *formation vasculaire*
chez les végétaux; il a très bien vu la structure des grands
tubes, mais il n'a pas distingué celle des petits tubes fibreux.
La structure de ces derniers organes, est éminemment appropriée à l'ascension des liquides. En effet, les tubes fibreux sont terminés des deux côtés en pointe très aiguë et
qui est tubuleuse, en sorte que leur capillarité, dans cet
endroit, est excessive. La pointe du tube fibreux inférieur
est articulée avec la pointe du tube fibreux supérieur, tantôt en biseau, tantôt par une jonction directe; le milieu de
chaque tube fibreux offre une partie renflée dont la cavité
sert de réservoir au liquide qui a été pompé par la capillarité de ses pointes. Je me suis assuré que ces pointes ont
une ouverture libre par laquelle les cavités des deux tubes
fibreux articulés, l'un avec l'autre, communiquent ensemble. Cette organisation des tubes fibreux est éminemment appropriée à l'ascension de la sève. J'ai admis autrefois que l'ascension de la sève s'opérait par les gros tubes
que je nommais en conséquence *tubes lymphatiques;* aujour-
d'hui je reconnais que cette opinion doit être considérablement modifiée; voici les expériences sur lesquelles je l'avais
établie.

On sait avec quelle abondance la sève coule, au commencement du printemps, des blessures faites au bois de la vigne. Une branche de cet arbuste étant coupée transversalement, on voit à l'œil nu les orifices des gros *tubes rayés* qui y sont très nombreux ; or, c'est exclusivement de ces gros tubes que la sève paraît sortir. Pour faire commodément cette observation, il faut couper la branche en biseau et observer avec une loupe la surface de la section par laquelle s'écoule la sève, en l'essuyant à mesure qu'elle suinte, et cela lorsque cet écoulement est encore peu abondant ; car lorsque la sève coule avec abondance, la rapidité de son écoulement après qu'on a essuyé la plaie ne permet pas d'observer quels sont les canaux desquels elle sort. Cependant il est un moyen indirect de s'en assurer. Une branche de vigne étant séparée du cep à l'époque où la sève coule abondamment, le tissu de cette branche demeure imbibé par le fluide séveux qui y est retenu par la capillarité. Or, si l'on ploie cette branche dans une partie de son étendue et qu'on examine en même temps à la loupe la surface de sa section, on verra la sève sortir des orifices des gros tubes et y rentrer rapidement lorsqu'on fait cesser la flexion de la branche : cette émission de la sève par les gros tubes n'a lieu, dans ce cas, qu'à la partie de la section qui correspond directement à la concavité de la courbure que l'on imprime à la branche, parce que ce n'est que là que cette courbure comprime les organes végétaux. Lorsque cette courbure cesse d'avoir lieu, les organes qui ont cessé d'être comprimés rétablissent leurs cavités capillaires, lesquelles pompent le liquide que la compression en avait fait sortir. Dans cette expérience, on ne voit point, et on ne peut voir en effet, si les faisceaux de tubes fibreux intercalés aux gros tubes émettent aussi de la sève ; leurs ouvertures sont trop prodigieusement petites pour pouvoir être aperçues à la loupe. Ainsi le seul fait bien établi par

cette observation, est que la sève qui coule au printemps
des blessures faites au bois de la vigne, sort spécialement
des gros tubes ou des *fausses trachées* qui sont très abondantes dans le bois de cet arbuste. Un fait à remarquer
dans cette expérience, est que la sève contenue dans la
branche de vigne sort avec une égale facilité par la section
de sa partie supérieure et par la section de sa partie inférieure, lorsqu'on la courbe dans une partie de son étendue;
ceci prouve que les tubes dans lesquels la sève est contenue
n'ont point de valvules ou d'autres dispositions organiques
qui favoriseraient le mouvement ascendant de la sève en
s'opposant à son mouvement descendant. Cette expérience
prouve en outre que la progression de la sève a lieu très
spécialement en ligne droite, en sorte que chaque côté de
la tige a ses organes spéciaux de transmission, lesquels n'é-
prouvent ni interruption ni déviation dans les nœuds qui
séparent les mérithalles. Cette transmission en droite ligne
de la sève ascendante est prouvée d'une manière encore
plus positive par l'expérience suivante. Au printemps, j'ai
coupé transversalement une branche de vigne ou scion de
l'année précédente; à l'instant la sève a coulé abondamment par la surface de la section. Alors j'ai fait à la tige une
entaille qui pénétrait jusqu'à la moelle et qui était située
à un pied environ au-dessous de l'extrémité tronquée ; à
l'instant la sève a cessé de couler par la partie de cette extrémité tronquée qui correspondait en droite ligne à l'entaille que j'avais pratiquée. Je fis une seconde entaille à
un pouce au-dessous de la première, et correspondante à
un autre côté de la tige; la sève cessa de même de couler
par la partie de l'extrémité tronquée qui correspondait en
droite ligne à cette seconde entaille. Ces deux entailles
avaient coupé transversalement les deux tiers de l'épaisseur de la tige, et avaient par conséquent interrompu la
continuité des deux tiers des tubes séveux ; je coupai trans-

versalement le tiers restant au moyen d'une troisième entaille faite à un pouce au-dessous de la dernière; à l'instant
toute émission de sève cessa d'avoir lieu par l'extrémité
tronquée de la branche. Cette expérience prouve d'une
manière très évidente la progression en ligne droite de la
sève ascendante, ce qui n'empêche pas qu'il n'y ait aussi
un mouvement de progression oblique ou latérale; mais ce
dernier mouvement est beaucoup plus lent et moins facile
que le mouvement en ligne droite, et ce dernier est le seul
dont on observe les effets dans l'expérience que je viens de
citer. On sait depuis long-temps que des entailles faites au
tronc d'un arbre de manière à couper tous les tubes longitudinaux n'interceptent point l'ascension de la sève, et que
dans cette circonstance l'arbre continue de végéter; alors
la sève a perdu son mouvement de transmission en droite
ligne; elle a conservé seulement son mouvement plus lent
de transmission latérale, ou son mouvement de *diffusion
générale*.

Ce n'est qu'au commencement du printemps que les gros
tubes de la vigne contiennent de la sève; plus tard, ce liquide ne se retrouve plus dans leur intérieur; ils ne contiennent plus alors que de l'air. Cependant, durant tout le
cours de l'été, la sève monte très abondamment pour servir à
l'accroissement du végétal et pour réparer l'énorme déperdi-
tion qu'il éprouve par la transpiration. Comment se fait-il
donc que les gros tubes ne contiennent plus de sève? c'est que
leur fonction spéciale n'est point effectivement de conduire
ce liquide, qu'ils ne contiennent que d'une manière accidentelle au commencement du printemps. Ils sont tous essentiellement destinés à contenir de l'air; ce sont réellement
des *tubes pneumatiques*, et lorsqu'ils ne sont pas remplis
d'air mais d'eau, cela provient de l'absence des causes qui
introduisent l'air élastique dans le tissu végétal. J'ai démontré que ce sont les feuilles qui introduisent l'air dans

24.

les tubes pneumatiques; or, quand les feuilles sont absen-
tes depuis long-temps, comme cela a lieu pendant l'hiver
et au commencement du printemps, les tubes pneumatiques
ne recevant plus d'air, leur cavité se remplit d'eau. Lorsque les feuilles sont développées, l'air qu'elles introduisent
dans les tubes pneumatiques chasse l'eau qu'ils contiennent; et ces tubes se trouvent ainsi rendus à leurs fonctions
naturelles. Ce ne sont donc point ces tubes qui sont les
conduits naturels de la sève ascendante, ils n'en sont que
les *conduits accidentels*, et seulement au commencement du
printemps. Il ne reste donc plus que les tubes fibreux auxquels on puisse attribuer chez la vigne la fonction d'être
dans tous les temps les conduits de la sève ascendante ; car
dans le tissu ligneux, il n'existe véritablement point de
méats intervasculaires ou *intercellulaires* auxquels on puisse,
avec M. Kieser, attribuer cette fonction. Les tubes qui composent le tissu ligneux, sont en effet appliqués les uns contre les autres d'une manière tellement intime, qu'ils ne
laissent entre eux aucun espace angulaire apercevable avec
les meilleurs microscopes. Ce sont donc bien certainement
les *tubes fibreux* qui conduisent la sève lymphatique ascendante. Cette fonction ne leur appartient ordinairement que
dans leur *jeunesse*, c'est-à-dire lorsqu'il n'y a pas long-
temps que le tissu ligneux composé par ces organes, est produit et se trouve par conséquent encore à l'état d'*aubier*.
Alors les tubes fibreux ont une cavité libre et facilement
perméable. Dans le *duramen*, les tubes fibreux se trouvent
remplis par une substance concrétée et endurcie, qui remplit et obstrue leur cavité; alors ils ne sont plus aptes à
conduire la sève. J'avais autrefois annoncé, d'après une expérience trompeuse, que le *duramen* ou *bois de cœur* du
chêne était apte à transmettre la sève ascendante, mais j'ai
éprouvé, dans cette circonstance, combien il y a d'inconvéniens à déduire des conséquences d'une seule observation.

J'avais fait faire, pendant l'hiver, une entaille circulaire au
pied d'un chêne, et cela de manière à couper la totalité de
l'aubier. L'arbre se couvrit de feuilles au printemps, et il
continua de demeurer vivant pendant toute l'année. J'en
conclus que le duramen de cet arbre était apte à servir de
conduit à la sève ascendante. M. Knight me témoigna des
doutes sur la validité de cette observation, et lorsque je le
visitai en Angleterre, dans l'année 1827, nous répétâmes
ensemble cette expérience sur un des chênes de son parc de
Downton. L'arbre au pied duquel on fit une entaille circulaire, qui pénétrait jusqu'au duramen, ne tarda pas à présenter le dessèchement de toutes ses feuilles, et il mourut.
Depuis, j'ai répété de mon côté cette expérience une troisième fois, et cela au mois de mars, avant le développement
des feuilles; aucun bourgeon ne s'est développé; ainsi, il
m'est bien démontré par ces deux dernières observations,
que le duramen du chêne ne conduit point du tout la sève
ascendante. A quoi faut-il donc attribuer le résultat contraire que j'avais obtenu dans ma première expérience ?
Voici la cause probable de ce fait exceptionnel : J'ai fait
voir, en traitant de l'accroissement des végétaux en diamètre, qu'il arrive quelquefois, dans le chêne, que des portions d'aubier non transformées en duramen, restent intercalées dans ce dernier. Cette disposition organique particulière avait probablement lieu chez le chêne qui a servi à
ma première expérience. C'étaient ces portions d'aubier
contenues dans le duramen, qui continuaient à transmettre
la sève ascendante après l'ablation de tout l'aubier extérieur. Les observations suivantes ne laisseront point de
doutes sur l'aptitude que possède toujours le tissu d'aubier
à transmettre la sève ascendante, et cela indépendamment
de la position de ce tissu ligneux non converti en duramen.
Les arbres à bois blanc qui ne possèdent point de duramen
transmettent la sève ascendante aussi bien par la partie

centrale de leur bois que par sa partie extérieure. On peut
s'assurer de ce fait au moyen d'une observation qui ne
laisse aucune chance à l'erreur. Beaucoup d'arbres versent
de la sève au printemps, comme la vigne, par la surface
tronquée de leurs tiges ; et bien que cet écoulement de la
sève ascendante ne soit pas toujours très abondant, il est
cependant très facile à voir. Un arbre susceptible de présenter cet écoulement de la sève ascendante, étant abattu au
commencement du printemps, lorsque la sève commence à
monter, on voit cette sève suinter plus ou moins abondamment de la surface du tissu ligneux de la souche, et seulement des endroits de cette surface où existe le tissu ligneux
qui est apte à la transmission de cette sève ascendante.
Chez les arbres qui n'ont point de duramen, la sève ascendante sort également par toute la surface de la section
transversale de la souche ; c'est ce que l'on voit clairement
chez les peupliers, le bouleau, le charme, l'érable, le hêtre,
etc. Chez les arbres qui ont un duramen, la sève ascendante ne sort que par la surface de l'aubier sur la section
transversale de la souche ; la surface du duramen demeure
complètement sèche ; c'est ce qui est facile à voir chez le
chêne, le pommier et le mérisier. Il est donc bien certain
que la progression de la sève ascendante ne peut avoir lieu
qu'au travers du tissu ligneux, qui possède les qualités de
l'aubier, c'est-à-dire dont les tubes fibreux ne sont point
remplis par une matière devenue solide ; du moment que
le tissu ligneux est devenu duramen, il n'est plus apte à servir à la progression de la sève. Lors donc que des portions
de tissu d'aubier ou de duramen imparfait restent intercalées au duramen parfait, elles doivent transmettre la sève
ascendante ; cette dernière monte également par toutes les
parties du bois, lorsqu'il n'existe point du tout de duramen.
L'ascension de la sève par la partie centrale du bois du peuplier avait déjà été prouvée par une expérience de Cou-

lomb (1). Ce physicien, ayant fait percer avec une tarière
le tronc de plusieurs gros peupliers, observa que la sève
ascendante sortait avec abondance au printemps, de la partie centrale de l'arbre, et que sa sortie était accompagnée
d'un bruissement continuel occasioné par un dégagement
d'air. Ce fut à tort que Coulomb conclut de cette expérience, que la sève ascendante monte spécialement par le
centre de l'arbre; elle monte, il est vrai, par ce centre, mais
non avec plus d'abondance que par les couches les plus extérieures du bois; en outre, ce phénomène n'appartient,
comme je viens de le dire, qu'aux arbres dépourvus de duramen. J'ai observé que dans les tiges de vigne tronquées
au printemps, la sève ascendante s'écoule par la partie la
plus extérieure du bois, avant que la partie centrale présente aucun suintement. Ce fait prouve que c'est par l'aubier le plus jeune, que la sève lymphatique ascendante
monte avec le plus de facilité.

Le fait de la transmission exclusive de la sève lymphatique ascendante par l'aubier me rend raison d'un fait que
j'ai observé. Les arbres dont l'aubier est épais vivent pendant plusieurs années, malgré la décortication annulaire
pratiquée à leur tronc; ceux dont l'aubier est extrêmement
mince meurent ordinairement dans l'année même où cette
décortication annulaire est pratiquée; chez le *rhus typhinum*, par exemple, la couche nouvelle d'aubier examinée
en automne, se trouve déjà changée en duramen dans sa
moitié interne : c'est donc seulement par la moitié externe
de son épaisseur qu'elle transmettra la sève ascendante au
printemps suivant. Or, si à cette époque on pratique au
tronc de l'arbre une décortication annulaire, l'arbre meurt
presque immédiatement. Cela provient de ce que l'aubier

(1) Journal de physique, tome XLIX, page 392.

dénudé et qui est très mince, se dessèche promptement par
l'action de l'air. Alors, il n'existe plus aucune voie pour la
transmission de la sève lymphatique ascendante, puisque
le duramen est impropre à servir de voie à cette ascension.
Chez les arbres dont l'aubier est épais, la couche extérieure
se dessèche seule lors de la décortication annulaire, et les
couches sous-jacentes d'aubier continuent de vivre et d'être
propres à servir à la transmission de la sève pendant un
temps souvent très long.

Il résulte de toutes ces observations, que la sève lymphatique ascendante monte par toutes les parties du tissu ligneux qui ne sont point converties en duramen; c'est-à-
dire par toutes les parties de ce tissu ligneux dans lesquelles
les tubes fibreux n'ont point leur cavité remplie par les sucs
concrétés, dont l'existence constitue l'état de duramen.
Puisque c'est exclusivement par les parties du tissu ligneux
où les tubes fibreux ont conservé leur cavité libre ou non
obstruée, que s'opère l'ascension de la sève lymphatique,
il n'est plus permis de douter que ce ne soit par ces tubes
fibreux eux-mêmes, que s'opère cette ascension et non par
leurs prétendus *méats intercellulaires* , que l'on n'aperçoit
point et qui n'existent véritablement que dans le tissu cellulaire proprement dit. Or, on sait que le tissu cellulaire,
chez lequel les *méats intercellulaires* sont si nombreux et si
apparens, ne conduit point du tout la sève lymphatique
ascendante. Ce fait décisif prouve que ce n'est point par
les *méats intercellulaires* que s'élève la sève lymphatique.
Tout concourt donc à prouver que c'est par les tubes fibreux de l'aubier que cette sève opère exclusivement son
ascension. La formation dans ces tubes fibreux du suc con-
crété, qui constitue l'état de *duramen*, prouve, il est vrai,
que ces tubes ne servent pas seulement à l'ascension de la
sève lymphatique, mais que la sève élaborée pénètre aussi
dans leur intérieur; ce dernier fait résulte effectivement

des expériences de M. Knight, lesquelles seront exposées plus bas.

La sève lymphatique, dans son mouvement ascendant, aboutit définitivement aux feuilles, aux fleurs et aux fruits; une grande partie de ce liquide est portée au dehors par la transpiration; l'autre partie subit dans les feuilles une élaboration qui la change en sève nourricière. Cette élaboration est le résultat de l'action de la lumière, de l'oxigène et de l'acide carbonique de l'atmosphère. La sève nourricière, étant ainsi élaborée dans la partie supérieure du végétal, doit par cela même avoir un mouvement de progression descendante, pour se distribuer à toutes les autres parties et notamment aux racines.

Les physiologistes admettent assez généralement que la sève élaborée descend exclusivement par l'écorce; cependant, M. Knight a publié, il y a déjà près de 25 ans, des expériences qui prouvent qu'elle descend aussi par l'aubier ou par le tissu ligneux du système central (1). Ce physiologiste, supposant, avec juste raison, que les tubercules du *solanum tuberosum* étaient nourris par la sève élaborée qui descend de la tige, supprima, chez une variété hâtive de ce végétal, toutes les tiges souterraines qu'il nomme *coureurs (runners)*. Car il avait remarqué le premier que les tubercules de cette plante ne sont point produits par le développement des racines, mais bien par le développement de ces *coureurs*. De cette manière, la production des tubercules étant empêchée, la tige aérienne du végétal devait être plus riche en sève élaborée; effectivement, cette plante produisit des fleurs auxquelles succédèrent des fruits, ce qui n'arrivait point ordinairement à cette variété hâtive dont presque toute la sève nourricière était employée au

(1) On the idverted action of the albornous vessels of trees.

développement précoce des tubercules ; en même temps, il
se développa de petits tubercules sur plusieurs des parties
aériennes de la plante.

La production inaccoutumée des fruits et la production
pour ainsi dire *monstrueuse* des tubercules aériens, attes-
taient ici l'abondance excessive de la sève élaborée dans la
partie aérienne du végétal. Cette abondance provenait évidemment de ce que la sève nourricière n'était point employée, comme à l'ordinaire, au développement de tubercules souterrains. Cette première expérience prouva donc à
M. Knight, que les tubercules souterrains lorsqu'ils existent, se développent au moyen de la sève élaborée. Alors, il
entreprit d'expérimenter quel serait l'effet de la décortication annulaire de la tige sur le développement de ces tubercules. Si la sève élaborée descendait exclusivement par
l'écorce, les tubercules ne devaient point se développer
postérieurement à l'enlèvement circulaire de l'écorce au
pied de la tige. Il pratiqua donc cette opération sur une tige,
et il observa que les tubercules qu'elle nourrissait, subirent
un peu de développement, mais bien moins que si la tige
n'eût pas été privée d'un anneau d'écorce. M. Knight conclut de cette expérience, que l'écorce est effectivement la
voie par laquelle la sève élaborée descend vers les parties
souterraines de la plante ; mais que, cependant, l'aubier
sert aussi à cette transmission, et cela d'une manière accidentelle et par une action *intervertie* de ses organes, lesquels
ne sont destinés naturellement qu'à servir de voies à la sève
ascendante. Cette *action intervertie* n'aurait lieu, selon ce
savant, que *lorsque cela est nécessaire pour la conservation
de la plante.*

M. Knight a obtenu de même la production de tubercules aériens sur des tiges de *solanum tuberosum* en coupant en partie les tiges de ce végétal près de la terre, de
manière à ne laisser de communication de la tige avec les

racines qu'au moyen d'une très petite quantité de tissu d'aubier revêtue de son écorce.

Je ne connaissais point encore ces expériences de M. Knight. Lorsque j'en fis de semblables, qui me donnèrent les mêmes résultats, mon but était de reconnaître les effets de la décortication annulaire sur les végétaux herbacés; parmi ceux de ces végétaux que je soumis à cette opération, se trouvèrent plusieurs tiges de *solanum tuberosum;* quelques-unes de ces tiges se couvrirent, surtout à leur partie inférieure, de tubercules aériens engendrés par un développement tuberculeux des bourgeons ou des jeunes branches issues des aisselles des feuilles. Ces tubercules aériens étaient généralement assez petits; les plus gros n'excédaient pas la grosseur d'une noix, la plus grande partie n'avait que la grosseur d'un pois; ils étaient de couleur rose ou violette; leur sommet était couronné de petites feuilles et leur base tenait à la tige par une sorte de pédoncule semblable à celui d'un fruit. Toutes les tiges décortiquées n'avaient point produit des tubercules aériens; je recherchai à quoi tenait l'exception que présentaient, à cet égard, plusieurs d'entre elles, et je vis que la production des tubercules aériens n'avait lieu que chez les tiges dont le système central avait été assez profondément altéré, ou frappé de mort au-dessous de la décortication annulaire. Celles de ces tiges qui, dans cet endroit, avaient conservé leur système central en bon état, n'avaient point de tubercules aériens; l'absence de ces tubercules et en même temps le développement considérable des tubercules souterrains me fit voir que, chez ces dernières tiges, la sève élaborée descendante n'éprouvait point un obstacle suffisant à sa transmission par le fait de la décortication annulaire, pour que cette sève fût accumulée dans la partie aérienne du végétal. Le système central volumineux et peu altéré offrait donc à cette sève une voie libre et suffisante pour sa transmission; il n'en était

pas de même des tiges dont une assez grande partie du
système central avait été frappée de mort à l'endroit de la
décortication annulaire. La petite partie du système central,
qui était demeurée vivante, étant insuffisante pour la facile
transmission de la sève élaborée aux parties souterraines du
végétal, cette sève s'était accumulée dans la partie aérienne
de la plante et avait donné lieu à l'excès de nutrition qui
avait produit les tubercules aériens; aussi les tubercules
souterrains de ces tiges étaient-ils très peu développés.
Lorsque je n'ai laissé subsister de communication, entre la
partie aérienne et la partie souterraine de la plante, qu'au
moyen d'une très petite portion du système central, j'ai
constamment obtenu la production de tubercules aériens.
En reproduisant ainsi par l'expérience ce que le hasard
avait d'abord produit, j'ai confirmé d'une manière irréfragable, les inductions que j'avais tirées de ces observations.
Lorsque la petite portion de système central qui établissait
la communication de la partie aérienne avec la partie souterraine de la plante demeurait revêtue de son écorce, je
n'ai jamais vu de production de tubercules aériens. Ce fait
prouve que lorsque les deux systèmes cortical et central
existent, même à l'état d'une assez grande exiguïté, leur
ensemble livre à la sève élaborée descendante un passage
suffisamment facile pour empêcher son accumulation dans
la partie aérienne de la plante. Il est donc certain que la
descente de la sève élaborée de la partie supérieure ou
aérienne du végétal vers sa partie inférieure ou souterraine,
s'opère principalement par l'écorce, et s'opère en partie
par l'aubier; le mouvement descendant de la sève élaborée
existe seul dans l'écorce où il s'effectue probablement par
les tubes fibreux et par les méats intercellulaires à-la-fois;
le mouvement descendant de la sève élaborée dans l'aubier
a lieu probablement au moyen d'une diffusion générale;
c'est principalement à la jonction du système central avec

le système cortical, c'est-à-dire dans les *méats intersticiels*
des cellules et des tubes fibreux qui sont *naissans* dans cet
endroit, que se trouve épanchée en abondance la sève élaborée rendue très fluide par son mélange avec la sève lymphatique. On voit, par la formation des bourrelets repro-
ducteurs, spécialement à la partie supérieure des décortica-
tions annulaires, que cette sève élaborée, *dont la position
est intersticielle*, est véritablement descendante; il paraît
probable que c'est le mouvement descendant de cette sève
élaborée qui, en coulant dans les *méats intersticiels* des organes cellulaires et tubuleux naissans, donne à ces organes la direction qu'ils affectent; cette direction des grands
tubes et des tubes fibreux est longitudinale dans l'état normal, parce que c'est dans cette direction qu'existe le courant de la sève élaborée descendante; mais lorsque la
direction de ce courant se trouve changée, la direction des
tubes change de même. Ainsi, lorsque la tige d'un jeune
arbre est étroitement serrée par les spires d'un végétal
ligneux grimpant, la sève descendante s'accumule au-dessus de cette ligature en spirale, et elle prend une marche
descendante dans cette même direction, c'est-à-dire en
spirale. Or, il est d'observation que, dans cette circonstance,
les tubes qui composent le tissu ligneux prennent la même
direction en spirale; ce fait ne permet pas de douter que la
direction de ces tubes, ne soit le résultat de la direction
particulière du courant de la sève élaborée descendante. '
Ces organes filiformes sont dirigés en naissant, dans le sens
du courant de la sève qui les environne, comme un fil
flottant dans une eau courante en prend la direction. La
marche, très évidente ici, de la sève élaborée descendante
dans des *méats intersticiels*, prouve qu'il ne faut point avoir
d'opinion exclusive sur les routes que suit cette sève élaborée dont la diffusion doit véritablement être générale,
puisque c'est elle qui nourrit toutes les parties; il n'en est

pas moins vrai, toutefois, que cette sève élaborée coule, la plupart du temps, dans des tubes spécialement affectés à sa transmission.

La progression de la sève élaborée n'est pas toujours descendante. En effet, bien qu'il soit certain que la production de la sève élaborée ait lieu très spécialement dans la partie aérienne du végétal, et soit alors par conséquent nécessairement descendante, il n'est cependant pas prouvé que les racines n'aient aussi la faculté d'élaborer de la sève, et cette sève élaborée par les racines serait alors ascendante. La fonction à laquelle est due l'élaboration de la sève appartient spécialement aux feuilles et n'est pas étrangère aux racines; c'est peut-être à la production d'une petite quantité de sève élaborée produite par les racines, qu'est due chez le *pinus picea* la conservation de la vie et la continuité de l'accroissement pendant un grand nombre d'années, dans la souche de cet arbre et dans les racines, lorsqu'il a été abattu. La sève élaborée prend un mouvement ascendant lorsqu'elle est dissoute par la sève lymphatique, qui l'entraîne alors dans son mouvement d'ascension; c'est ce qui arrive lors de l'ascension de la sève lymphatique au printemps, ainsi que cela est démontré par les expériences de M. Knight (1). Cet observateur recueillit au printemps de la sève du sycomore et celle du bouleau à diverses hauteurs au-dessus du sol, et il trouva que cette sève était d'autant plus dense qu'elle était recueillie dans une partie plus élevée de l'arbre. Ainsi la sève du sycomore, recueillie au niveau du sol, avait une pesanteur spécifique de 1,004, et elle était insipide; la sève du même arbre, recueillie à sept pieds au-dessus du sol, avait une pesanteur spécifique de 1,008; à douze pieds au-dessus du sol, la

(1) Philosophical transactions 1805, concerning the state in which the true sap of trees is deposited during winter.

pesanteur spécifique de cette sève était de 1,012, et elle avait acquis une saveur sucrée. Ces expériences prouvent que la sève lymphatique, dans sa progression ascendante, s'unit à la sève élaborée qui existe dans le végétal, et qu'elle l'entraîne avec elle, en sorte que cette sève lymphatique devient, par cette addition, sève nourricière.

La sève lymphatique n'est généralement ascendante que parce qu'elle tire spécialement son origine de la partie inférieure du végétal ou des racines. Or, l'introduction de cette sève lymphatique a lieu très souvent par les feuilles qui absorbent l'eau qui les mouille; il existe alors un courant de sève lymphatique, dont la progression est descendante. La direction du courant de la sève lymphatique est donc déterminée par le lieu de son introduction. Chez les plantes complètement submergées, il n'existe peut-être point de direction particulière pour le courant de la sève lymphatique, laquelle doit s'introduire de toutes parts. Cependant, il est probable que les racines sont plus aptes que les autres parties pour opérer cette introduction, et qu'il doit exister ainsi un courant de sève lymphatique ascendante même chez les plantes submergées.

La sève lymphatique prend quelquefois un mouvement descendant dans les racines; ce fait m'a été prouvé par les expériences suivantes : Une racine d'arbre mise à nu dans une partie de son étendue par un éboulement de terrain, avait produit un rejeton de tige à deux mètres au-dessous de l'origine du tronc. Je coupai cette racine immédiatement au-dessous du rejeton qu'elle avait produit, en sorte que ce dernier ne pouvait plus continuer à vivre qu'au moyen de la sève qui descendrait de la base du tronc dans la portion de racine qui portait ce rejeton. Cette expérience fut faite pendant l'hiver avant le retour de la végétation; au printemps, le rejeton végétal continua de vivre, ce qui me prouva que la sève lymphatique avait pénétré par une pro-

gression descendante, dans la racine qui le portait. Ce mouvement rétrograde, que la sève lymphatique affecte quelquefois dans les racines, me fut encore prouvé par l'expérience
suivante : Ayant mis à nu dans une grande étendue une
racine de vigne au commencement du printemps, je coupai son extrémité; la sève lymphatique s'écoula pendant
un jour de cette extrémité de racine tronquée, comme cela
aurait eu lieu par l'extrémité d'une tige. Ainsi, la sève lymphatique affectait, dans cette circonstance, un mouvement
rétrograde.

On sait , par les expériences de Sarrabat et de Bonnet,
que la moelle ou *médule centrale* ne transmet point du
tout la sève ascendante. Les cellules de la moelle sont cependant, dans l'origine, remplies par un liquide fort abondant, lequel ordinairement ne tarde pas à disparaître. Alors,
ces cellules se dessèchent et se remplissent d'air. Le liquide
qui remplit les cellules de la moelle, dans l'origine, a certainement un usage physiologique fort important. Le volume, toujours proportionnellement très considérable de la
moelle dans les jeunes tiges, annonce l'importance de ses
fonctions. M. Dupétit-Thouars pense que le liquide que
contient la moelle est destiné à nourrir les bourgeons en
évolution. Cette opinion semble être appuyée par l'observation, qui prouve que le liquide de la moelle disparaît à
mesure que les bourgeons de la jeune tige se développent.
Toutefois, ce fait est loin de prouver que le liquide séveux
qui remplit la moelle, ait pour usage physiologique spécial
de nourrir les bourgeons. Il arrive très fréquemment, dans
l'organisme végétal comme dans l'organisme animal, que la
matière organique soit transportée d'une partie dans une
autre. Les parties dont la vitalité est la plus active, se nour-
rissent aux dépens des organes voisins dont la vitalité est
moindre. Ce phénomène dépend de la manière diverse dont
la force d'absorption et de nutrition est répartie entre les

différens organes. Mais, de ce qu'un organe se nourrit aux
dépens de son voisin, il serait peu philosophique de conclure que l'un est destiné par la nature à servir de nourriture à l'autre. Chaque organe possède en lui-même la raison de son existence, cette raison n'existe point hors de lui,
s'il arrive que sa matière composante serve de nourriture à
un organe voisin. Cet usage de l'organe dont la matière est
absorbée est purement éventuel; ce n'est point là le but
physiologique de son existence. Ainsi, bien qu'il paraisse
fort probable que le liquide séveux qui remplit la moelle
des jeunes tiges serve à nourrir les bourgeons, toutefois ce
n'est point là le but physiologique de l'existence de la
moelle. Le rôle que joue cette partie importante de l'organisation végétale n'est pas encore entièrement déterminé.

Il résulte des observations qui viennent d'être exposées,
qu'il n'y a point, à proprement parler, de *circulation* de la
sève chez les végétaux. Ce liquide, d'abord simplement
aqueux lors de son introduction, ensuite devenu dense et
organique par le fait de son élaboration, se meut dans le
tissu végétal dans toutes les directions; il est soumis à une
diffusion générale. Cependant, comme l'introduction de la
sève aqueuse ou lymphatique a lieu spécialement par la
partie inférieure du végétal ou par les racines, et que la
formation de la sève élaborée a lieu spécialement dans la
partie supérieure du végétal ou dans les feuilles, il en résulte que la majeure partie de la sève lymphatique est ascendante, et que la majeure partie de la sève élaborée est
descendante. Mais ce double mouvement ne constitue point
une *circulation*. La progression de la sève lymphatique a
lieu exclusivement par le tissu ligneux du système central. Ceux des organes tubuleux de ce système qui sont
destinés par la nature à contenir de l'air, sont souvent
envahis par la sève lymphatique d'une manière accidentelle.
La progression de la sève élaborée, quoique généralement

descendante, a véritablement lieu dans tous les sens et par
toutes les voies, puisqu'elle est dissoute et entraînée par la
sève lymphatique qui pénètre partout.

L'on désigne chez les végétaux sous le nom de *sucs propres*, des liquides qui ne sont point tous de la même nature.
Souvent c'est la sève nourricière elle-même ou la sève élaborée, que l'on appelle ainsi; tantôt ce sont des liquides
sécrétés et d'une nature particulière ; tantôt, enfin, ce sont
de véritables résidus du liquide nutritif. Ainsi, le liquide
laiteux, si abondant dans le système central comme dans le
système cortical de la laitue, du figuier, des euphorbes, etc.,
et auquel on a donné le nom de *latex*, est, on n'en peut
douter, la sève nourricière elle-même; c'est cette même
sève qui est gommeuse dans les arbres des genres *prunus*,
amygdalus, etc. La résine pure et liquide que l'on
trouve dans le bois et dans l'écorce des conifères me paraît être le résidu de la sève nourricière épuisée de tous ses
principes nutritifs. C'est une sorte de *caput mortuum* inso-
luble dans l'eau, et par conséquent incapable de servir
désormais à la nutrition. Souvent on ne trouve les vaisseaux du latex que dans le système cortical; c'est ce que
l'on voit, par exemple, chez le *rhus typhinum*, chez les
jeunes branches de l'*acer campestre*, etc.

L'épanchement de la sève élaborée au point de jonction
des deux systèmes cortical et central chez les végétaux dicotylédons a lieu dès le commencement du printemps, au
moment de l'apparition des feuilles. Cependant, cet épanchement peut exister sans qu'il y ait de feuilles sur un
arbre. J'ai observé un grand nombre de fois, qu'un tronc
d'arbre abattu pendant l'hiver, et qui est entièrement dé-
pouillé de ses branches, ne laisse pas au printemps de
présenter l'épanchement de la sève au-dessous de son
écorce. J'ai fait cette observation sur des arbres de divers
genres; elle prouve bien évidemment que cette sève épan-

chée ne provient ni des feuilles en évolution, ni des racines : elle existait dans le tissu du végétal, et elle en est
expulsée par une cause inconnue pour s'épancher entre le
bois et l'écorce. Une quantité très considérable de sève élaborée existe dans les arbres, lorsque arrive l'époque de la
chute de leurs feuilles. Cette sève se conserve dans le tissu
végétal pendant l'hiver. C'est elle qui coule en si grande
abondance, pendant l'hiver, des entailles faites à l'écorce de
l'érable à sucre (*acer saccharinum*). Lorsque la température devient suffisamment élevée, cette sève, par un mécanisme inconnu, est chassée en partie du tissu du végétal et
versée entre le bois et l'écorce. Si la température vient à
s'abaisser accidentellement, cette sève épanchée disparaît
aussitôt, elle rentre dans le tissu du végétal. Ceci est le résultat d'une observation vulgaire, faite par les ouvriers qui
travaillent à la décortication des jeunes chênes pour le tan-
nage des cuirs. J'ai été souvent à même d'en vérifier l'exactitude. On ignore entièrement quel est le rapport qui existe
entre l'élévation de la température et l'épanchement de la sève
entre le bois et l'écorce. Lorsque les arbres prennent leur
état d'*hibernation*, ce qui arrive souvent pour les bourgeons
dès le milieu de l'été, la sève cesse d'être épanchée entre le
bois et l'écorce, et cela malgré l'existence d'une température suffisante. On ignore la cause de la cessation de cet
épanchement.

Les végétaux monocotylédons n'ont point d'épanchement de la sève entre leur système central et leur système
cortical. C'est évidemment l'absence de cet épanchement
qui est la cause de l'absence, chez ces végétaux, de l'accroissement extérieur du système central et de l'accroissement intérieur du système cortical. Mais pourquoi cet
épanchement de la sève n'existe-t-il point chez les végétaux
monocotylédons ? Cela me paraît tenir à ce que ces végétaux
n'ont point de rayons médullaires. Ces rayons transversaux

25.

me paraissent être la voie de transmission, par laquelle la
sève parvient de l'intérieur du tissu du végétal dans le lieu de
jonction des deux systèmes. Ces rayons médullaires sont
composés de cellules allongées dans le sens transversal ; or,
le sens de l'allongement des organes élémentaires des végétaux indique généralement le sens de la marche que suit la
sève qui les traverse. Les rayons médullaires sont, par conséquent, exclusivement appropriés à servir de conduits
transversaux à la sève ; c'est donc par leurs canaux qu'elle
parvient de l'intérieur du tissu du végétal dans le lieu de
jonction des deux systèmes. Les végétaux dicotylédons,
ayant seuls des rayons médullaires, ont seuls aussi un épanchement de sève entre le bois et l'écorce. Cependant, par une
exception fort remarquable, la tige souterraine du *tamus
communis*, plante monocotylédone, possède des rayons
médullaires ; aussi, son système central s'accroît-il en diamètre de la même manière que cela a lieu chez un végétal
dicotylédon. Tout concourt donc à prouver que c'est à
l'existence des rayons médullaires qu'est dû l'épanchement de la sève entre les deux systèmes cortical et central,
et par suite l'accroissement dans cet endroit de ces deux
systèmes.

La progression de la sève, chez les végétaux monocotylédons, doit s'effectuer bien certainement de la même manière que chez les végétaux dicotylédons, c'est-à-dire que
la sève lymphatique doit monter par le système central, et
que la sève élaborée doit descendre par tous les organes
destinés à contenir des liquides, et au moyen d'une diffusion générale.

§ II. — *Des causes de la progression de la sève.*

Le phénomène de l'ascension de la sève est resté jusqu'à nos jours sans aucune explication plausible; l'élévation de ce liquide, à une hauteur très considérable, dans les arbres rend tout-à-fait nulle l'explication de ce phénomène fondée sur la seule considération de l'élévation de l'eau dans les tubes végétaux, en vertu de l'attraction capillaire qu'ils exercent. Il est également impossible d'admettre les hypothèses émises sur cet objet par Malpighi et par Sarrabat. Le premier pensait que l'élévation de la sève est le résultat de la dilatation et de la condensation alternatives de ce liquide par les variations diverses de la température atmosphérique. Le second admettait que ces mêmes variations de la température atmosphérique, agissent spécialement en opérant la dilatation et la condensation alternatives de l'air contenu dans la moelle et dans les trachées, et que c'est le balancement de cet air dont le volume est alternativement augmenté et diminué qui produit la progression de la sève. Ces deux physiciens, comme on le voit, cherchent à trouver la cause du mouvement de la sève dans une sorte de *systole* et de *diastole* qui aurait son siège dans les liquides ou dans les gaz contenus dans le tissu végétal, et non dans les solides organiques, comme cela a lieu chez les animaux, dans l'action du cœur. D'autres physiologistes ont pensé que le tissu végétal est susceptible de se contracter sur le liquide introduit dans ses petites cavités par l'attraction capillaire, et que c'est cette contraction des parois des organes creux qui chasse de proche en proche le liquide séveux; d'autres, enfin, sans se rendre aucun compte du mécanisme au moyen duquel la sève se meut dans les végétaux, se contentent de dire que ce liquide *se porte là où il*

est appelé; mettant ainsi une sorte de voile sur ce phénomène, qu'ils considèrent comme dû, pour ainsi dire, à une
cause *intelligente.* C'est ici une véritable *psychomorphie,*
dont le mauvais exemple est emprunté à une certaine école
de la physiologie animale.

Les hypothèses de Malpighi et de Sarrabat ne sont pas
susceptibles de soutenir un examen sérieux; l'hypothèse
de l'impulsion de la sève par la contraction des parois
des organes qui contiennent ce liquide est plus spécieuse, et
paraît, au premier coup-d'œil, être appuyée sur des faits.
Lorsqu'on coupe une plante qui contient beaucoup de liquides, telle qu'une plante laiteuse, le liquide est chassé
hors du tissu végétal en quantité assez considérable, il sort
également des deux parties de la plante divisée transversalement et même contre la direction de la pesanteur. Ceci
prouve que les organes creux, qui contiennent ce liquide,
éprouvent un resserrement qui diminue la capacité de leur
cavité; ils se *contractent* sur le liquide et l'expulsent en
partie. Brugmans et Coulomb soupçonnèrent que ce *resserrement* était une véritable *contraction* semblable à celle de
la fibre musculaire, et crurent voir que cette contraction
prétendue était augmentée par l'application d'une substance
astringente, laquelle en procurant l'occlusion des orifices
ouverts des vaisseaux suspendait l'émission du liquide végétal; mais cette assertion a été infirmée par les résultats
contradictoires obtenus dans la même expérience par
MM. Van-Marum, Link et Tréviranus. S'il en était besoin
je joindrais ici mon témoignage à celui de ces derniers naturalistes. Ainsi, il n'y a point de conclusions à tirer de l'expérience de Brugmans et Coulomb pour l'existence d'une
contraction véritable dans les parois des organes qui contiennent la sève, bien qu'il soit incontestable qu'il existe un
resserrement dans ces mêmes organes, lorsqu'on donne issue
au liquide qu'ils contiennent. Van-Marum a cherché à dé-

montrer l'existence d'une *véritable contraction* dans ces
organes par l'expérience suivante : il fit passer une forte
décharge électrique au travers d'une tige d'euphorbe, et il
observa que cette tige, divisée transversalement, ne versait
point de suc laiteux par une émission spontanée; mais on
faisait sortir ce suc en comprimant la tige. Van-Marum crut
pouvoir conclure de cette expérience, que la décharge électrique avait aboli l'*irritabilité* ou la *contractilité* des vaisseaux
de la plante, de la même manière qu'elle abolit la contractilité de la fibre musculaire chez les animaux. En admettant
qu'il n'y ait aucune cause d'erreur dans cette expérience,
ce qui me paraît douteux, il en résulterait seulement que
la décharge électrique a fait cesser l'état de pression où le
liquide laiteux se trouvait dans les organes creux qui le contenaient. Or ce résultat peut provenir de la lacération des
cellules ou des tubes du végétal, par la décharge électrique,
ou peut-être de la violente impulsion donnée par cette décharge au liquide laiteux. Ces deux causes, en effet, peuvent avoir procuré la sortie de ce liquide des organes spéciaux qui le contenaient et sa diffusion dans les organes
voisins. Dès-lors ce liquide n'est plus soumis à la pression
qui l'aurait déterminé à sortir des vaisseaux dans lesquels il
était accumulé auparavant. Toujours est-il certain que cette
expérience ne prouve point du tout l'existence dans les organes élémentaires du végétal d'une *contractilité* semblable,
par son mécanisme, à celle qui existe dans la fibre musculaire des animaux; il n'y a ici de prouvé que l'existence
d'un *resserrement* ou d'une diminution de capacité des organes creux; or ce *resserrement* est évidemment un résultat
de l'élasticité de ces organes distendus par le liquide qu'ils
contiennent *avec excès*, ce qui les constitue dans ce que
j'appelle l'*état turgide*. Or cet *état turgide*, ou cet état de
réplétion avec excès, est très évidemment un résultat de
l'endosmose. Le liquide laiteux est plus dense que la sève

lymphatique, les tubes qui le contiennent ont des parois
au travers desquelles les liquides filtrent avec facilité; dès-
lors les conditions de l'endosmose existent, et cette action
physique doit avoir lieu; la sève lymphatique introduite
avec excès, dans le liquide laiteux, distend les organes qui
contiennent ce dernier et les rend *turgides;* leurs parois
distendues réagissent par leur élasticité sur ce liquide
qu'elles expulsent en se resserrant, lorsqu'une voie lui est
offerte pour sortir; on voit qu'il n'est point besoin d'admettre ici une *contractilité* pareille à celle de la fibre musculaire. Aussi observe-t-on la sortie du liquide laiteux du bois
des jeunes scions, chez le figuier; or il n'est guère possible
d'admettre la *contractilité* dans le tissu déjà endurci du bois.

Toutes les plantes, dans leur état de vie, possèdent un
état turgide qu'elles doivent à l'endosmose, qui remplit
avec excès leurs petits organes creux, en y introduisant la
sève lymphatique ou l'eau puisée au dehors. Or, c'est véritablement cette même endosmose qui est une des causes
immédiates du mouvement de progression de la sève.

L'observation apprend que l'ascension de la sève dépend de deux forces : 1° d'une impulsion; 2° d'une attraction. L'ascension de la sève par impulsion se manifeste
très évidemment dans son émission au printemps, de l'extrémité tronquée des rameaux de la vigne; l'ascension de
la sève par une sorte d'attraction a lieu lorsqu'on met
tremper dans l'eau la partie inférieure d'une tige coupée
transversalement. L'eau est *pompée* par la tige qui la transmet aux feuilles. C'est dans celles-ci que semble résider la
force attractive qui opère alors seule l'ascension de l'eau;
aussi, Hales pensait-il que le principal usage des feuilles est
d'élever la sève.

La force qui opère l'impulsion de la sève ascendante dans
la vigne est très considérable : on sait qu'elle a été mesurée par Hales qui, ayant adapté un tube de verre rempli de

mercure à un cep de vigne tronqué, vit ce métal s'élever
à 33 et à 38 pouces au-dessus de son niveau primitif, pressé
par l'effort que faisait la sève pour sortir de l'extrémité
tronquée du cep. Les résultats de cette expérience avaient
été mis en doute par Sennebier et par d'autres physiciens;
mais leur certitude a été confirmée par MM. de Mirbel et
Chevreul, qui, ayant répété l'expérience de Hales, ont vu la
force impulsive de la sève élever le mercure à 29 pouces
au-dessus de son niveau primitif. Le fait de cette impulsion
de la sève étant incontestable, il s'agit de déterminer quel
est le lieu duquel elle part et quelle est sa cause? c'est ce
que m'ont appris les observations suivantes :

Je choisis au printemps une tige de vigne, longue de six
pieds, et j'en tronquai l'extrémité de laquelle la sève
s'écoula goutte à goutte d'une manière continue. Alors, je
fis couper d'un seul coup cette tige auprès du sol; à l'instant, l'écoulement de la sève par l'extrémité supérieure de
la tige tronquée cessa d'avoir lieu, ce qui me prouva que
la force impulsive n'avait point son siège dans les organes
de la tige; je vis même que ces organes étaient entièrement
passifs dans cette circonstance; car la sève qu'ils contenaient
s'écoulait goutte à goutte par l'effet de la pesanteur, et cette
émission avait lieu par celle des extrémités de la tige que je
tenais en bas. Cependant, la portion de tige restée dans le
sol continuait de verser de la sève. Je fis enlever la terre
qui la recouvrait ainsi que la racine, et je coupai transversalement cette dernière. La sève s'écoula seulement de la
partie inférieure de la racine restée implantée dans le sol.
Je poursuivis cette recherche par des sections toujours pra-
tiquées plus bas sur une des racines, et je parvins ainsi jusqu'aux radicelles: il me fut prouvé par là que la cause impulsive qui opérait l'ascension de la sève avait son siège
dans les extrémités des racines ou dans le chevelu. Chaque
filament de chevelu est terminé par une spongiole d'une

extrême petitesse. Le hasard me fit trouver un de ces filamens de chevelu, qui était beaucoup plus gros que les autres, et dont la spongiole était assez développée pour pouvoir être facilement observée. Je pris ce filament de chevelu
et je mis sa spongiole seulement tremper dans l'eau ; j'observais avec une loupe la coupe transversale de ce filament,
situé hors de l'eau. Bientôt je vis la sève suinter sur cette
coupe transversale, et sortir par la partie ligneuse du filament. Ainsi, il me fut complétement démontré que la force
impulsive qui opère l'ascension de la sève a son siége exclusif dans les spongioles. J'examinai au microscope la
structure de la grosse spongiole, dont je viens de faire
mention. Son tissu blanc et délicat paraissait entièrement
composé de tissu cellulaire. La partie centrale, composée
de cellules articulées en séries longitudinales, était continue avec le système central de la radicelle. La partie extérieure, beaucoup plus volumineuse, était continue avec le
système cortical de la radicelle ; ayant mis une goutte d'acide
nitrique sur ce tissu cellulaire qui compose toute l'organisation de la spongiole, il se forma un petit caillot opaque
dans chaque cellule du système cortical, ce qui me prouva
que les cellules de ce système contenaient un liquide très
dense, puisqu'il était coagulable. L'existence de ce liquide
dense dans les cellules corticales de la spongiole suffit pour
rendre raison de la force impulsive dont elle est le siége.
La spongiole est baignée extérieurement par l'eau, dont la
terre est imbibée ; l'endosmose introduit sans cesse cette
eau extérieure dans les cellules remplies d'un liquide dense,
et cette eau ou cette sève lymphatique, sans cesse introduite, est chassée dans les organes de la tige par lesquels
s'opère son ascension. Ce phénomène est exactement le
même que celui de l'ascension du liquide dense dans le tube
de l'endosmomètre (figure 1, planche 1), dont le réservoir
fermé par une membrane est plongé dans l'eau. Cette mem-

brane remplit exactement ici le rôle de la spongiole. J'ai
fait voir que la force impulsive qui opère dans cette circonstance l'ascension du liquide est très considérable, et capable de soulever le poids de plus d'une atmosphère ; cela
rend complètement raison de la force avec laquelle la
sève est poussée de bas en haut dans la vigne. Voilà donc un
premier phénomène ; celui de l'impulsion de la sève dont
la cause est dévoilée ; cette cause est indubitablement l'endosmose. Passons à l'examen du second phénomène que
présente l'ascension de la sève , c'est-à-dire à l'étude de
l'*attraction* par laquelle ce liquide est élevé dans les tiges séparés de leurs racines, et trempées dans l'eau par leur partie inférieure tronquée. Ce phénomène a été considéré
comme un simple effet de l'ascension des liquides dans les
tubes capillaires, mais il est bien évident que telle n'est
point sa cause , ou du moins sa cause exclusive ou principale ; car l'ascension des liquides dans les tubes capillaires
ne peut porter ces liquides bien haut ; or, j'ai expérimenté
qu'une clématite (*clematis vitalba*) , élevée de plus de vingt
pieds dans l'arbre qui la soutenait, étant coupée et trempant dans un vase plein d'eau par sa partie inférieure tronquée, pompait cette eau de manière à entretenir la vie et la
fraîcheur de toutes ses feuilles, comme l'aurait fait la plante
la plus humble. L'existence des tubes fibreux chez tous les
végétaux ligneux peut servir, du moins en partie, à rendre
raison de cette ascension de la sève. Ces organes , pourvus
à chaque extrémité d'un canal dont la capillarité est excessive, et munis dans leur milieu d'un renflement qui peut
servir de réservoir pour la sève , peuvent être considérés
comme servant à multiplier les actions capillaires, par la
disposition alternative des réservoirs de la sève et des tubes
capillaires qui y aboutissent de chaque côté, et qui communiquent librement d'un tube fibreux à un autre. On conçoit que ce mécanisme rend assez bien raison de l'ascension

de l'eau dans une tige qui trempe dans ce liquide par sa partie inférieure tronquée, et il est bien probable que tel est effectivement l'office des tubes fibreux. Cependant, l'ascension de la sève a lieu sans l'intervention de ces organes; car il est des végétaux qui n'en contiennent point, et qui, cependant, lorsque leur tige est séparée de la racine, élèvent très bien l'eau qu'on lui donne à pomper. Il y a donc un autre mécanisme ou une autre cause, qui préside à cette ascension de l'eau. Hales, ayant remarqué que les végétaux élèvent d'autant plus de sève qu'ils ont plus de feuilles, fut porté à en conclure que les feuilles sont les organes qui opèrent l'élévation de la sève par la succion qu'elles exercent sur ce liquide qu'elles livrent ensuite à l'évaporation. La grande étendue de leur surface, et le peu d'épaisseur que possède généralement leur tissu, rendent cette évaporation très facile. Or, on pourrait penser que cette évaporation de la sève serait une des causes de son ascension; les cellules superficielles des feuilles vidées en partie par l'émanation aqueuse, soutireraient en vertu de leur capillarité la sève contenue dans les cellules voisines situées plus profondément, et la même action, exercée de proche en proche, parviendrait ainsi jusqu'aux racines, ou jusqu'à l'extrémité tronquée de la tige qui trempe dans l'eau. Cette explication du phénomène paraît plausible au premier coup-d'œil, mais elle ne soutient pas l'épreuve de l'expérience, comme on va le voir. Si, en effet, la vacuité des cellules des feuilles était la cause de l'ascension de la sève, on verrait cette ascension devenir d'autant plus rapide et d'autant plus abondante, que la vacuité des cellules des feuilles serait plus considérable; or, cela n'a point toujours lieu, ainsi que le prouvent les expériences suivantes :

J'ai coupé une tige de mercuriale et je l'ai laissée se dessécher sur le sol jusqu'à ce qu'elle eût perdu les 0,15 de son poids. Dans cet état, ses feuilles étaient pendantes et

dans un état de flaccidité qu'elles devaient à la vacuité
commençante des cellules de leur limbe. Je mis alors cette
plante tremper par la partie inférieure de sa tige, dans un
flacon rempli d'eau, que j'avais pesé auparavant, ainsi que
la plante elle-même. La température de l'atmosphère était
alors à + 12 degrés R. Au bout de quatre heures, la plante
avait absorbé assez d'eau pour reprendre complètement son
état turgide; cependant, il lui manquait encore quelque chose
de son poids primitif. Pendant ces quatre premières heures, la plante avait absorbé 82 grains d'eau ou 20 grains
1/2 par heure, et en avait évaporé 34 grains ou 8 grains
1/2 par heure. Pendant les quatre heures suivantes, les circonstances extérieures étant exactement les mêmes, la
plante absorba 38 grains d'eau seulement ou 9 grains 1/2
par heure, et en évapora 36 grains ou 9 grains par heure.
L'absorption, comme on le voit, commençait à devenir proportionnelle à l'évaporation, à laquelle elle s'était montrée
très supérieure pendant les quatre premières heures. A
partir de là, la plante que je continuai d'observer me fit
voir constamment une absorption à-peu-près proportionnelle à son émanation aqueuse; elle se comporta, en un
mot, comme une plante à laquelle il ne manque rien de ses
conditions vitales. Cette première expérience paraît prouver que la vacuité des cellules des feuilles est la véritable
cause de l'ascension de la sève, puisque cette ascension a
été plus rapide et plus abondante, lorsque les cellules des
feuilles étaient dans un certain état de vacuité que lorsqu'elles se sont trouvées plus remplies. Mais cette déduction généralisée serait une erreur, comme on va le voir.

Je coupai une mercuriale et je la laissai se dessécher, jusqu'au point de perdre les 0,36 de son poids. Je la mis alors
tremper dans un flacon plein d'eau, par l'extrémité inférieure de sa tige. L'absorption de l'eau fut d'une lenteur
extrême; car elle ne s'éleva qu'à 2 grains 1/3 par heure

pendant les vingt-quatre premières heures, et comme la
plante continuait à perdre de l'eau par l'évaporation, elle
ne récupéra pendant ce temps que douze grains de son
poids perdu. Cette expérience se faisait en même temps
que l'expérience précédente, et dans le même local ; les
deux plantes qui servaient à ces deux expériences avaient
le même poids lorsque je les cueillis , et que je les laissai
éprouver un commencement de dessèchement, en sorte que
ces deux expériences sont comparables. La plante qui fait
le sujet de cette seconde expérience conserva l'état de flaccidité de la plupart de ses feuilles; quelques-unes des
feuilles inférieures seulement reprirent leur état turgide et
leur fraîcheur. Le lendemain , l'absorption de l'eau ne
s'éleva plus qu'à un grain et demi par heure. Les feuilles
commencèrent à se dessécher, et cette dessiccation devint
complète les jours suivans; il n'y eut que deux petits rameaux inférieurs qui demeurèrent vivans.

Cette seconde expérience prouve d'une manière certaine,
que l'ascension de la sève n'est point le résultat de la vacuité des cellules des feuilles; on voit, en effet, que cette
vacuité poussée jusqu'au point d'enlever à la plante les o,36
de son poids par l'évaporation de l'eau, diminue considérablement l'absorption et l'ascension de l'eau bien loin de
l'augmenter, comme cela a eu lieu lorsque la plante n'avait
perdu par l'évaporation que les o,15 de son poids. Je vais
exposer tout-à-l'heure le cause de cette différence ; je continue ce genre d'observations et d'expériences. Une mercuriale coupée depuis vingt-huit heures avait perdu par la
dessiccation les o,46 de son poids. Je la mis tremper dans un
flacon plein d'eau, par sa partie inférieure , et je la plaçai
sous une cloche de verre fermée avec de l'eau. De cette manière, la plante ne pouvant rien perdre par l'évaporation
dans l'atmosphère humide qui l'environnait, je n'avais plus
à craindre de voir s'opérer la dessiccation de ses feuilles.

L'absorption de l'eau qu'elle opéra ne s'éleva qu'à 2 grains
1/2 par heure, pendant le premier jour, et à un grain et
demi par heure pendant les quatre jours suivans, au bout
desquels la plante se trouva avoir récupéré à-peu-près son
poids primitif, son état turgide et sa fraîcheur. On voit encore ici l'extrême lenteur de l'absorption et de l'ascension
de l'eau, lorsque la dessiccation des feuilles est poussée jusqu'à un certain point. Cette dessiccation, au reste, était bien
loin d'être complète ; les feuilles de toutes ces plantes qui
avaient perdu une certaine partie de l'eau qui imbibait leur
tissu, étaient dans l'état de flaccidité, mais non dans l'état
de dessèchement et de mort ; elles étaient susceptibles de
revenir à la vie comme le prouvera tout-à-l'heure une autre
expérience. Toutefois, pour savoir à quoi m'en tenir sur la
quantité de l'eau qu'elles avaient perdu, relativement à la
totalité de celle qu'elles contenaient, je fis dessécher complètement les plantes qui avaient servi aux deux dernières
expériences, et je trouvai que leur substance sèche et solide
pesait dans la première les 0,17, et dans la seconde les
0,14 de ce que pesait la plante dans l'état frais. La première
contenait donc primitivement 0,83, et la seconde 0,86
d'eau. Or, la première avait perdu 0,36 de son poids, lorsque je la mis en expérience ; il lui restait par conséquent les
0,47 de sa sève. La seconde avait perdu les 0,46 de son
poids au commencement de l'expérience ; il lui restait donc
les 0,40 de sa sève. On voit ainsi que ces plantes étaient
très éloignées de cet état de dessiccation, qui est pour les
plantes un état de mort complète. On voit aussi par là que
si elles absorbaient difficilement l'eau, cela ne provenait
point de la dessiccation de leurs cellules que cette dessiccation aurait rendues moins avides d'eau. C'est ainsi, en effet,
qu'une éponge sèche refuse quelque temps de s'imbiber
d'eau, tandis qu'elle l'absorbe avec rapidité lorsque ses cellules sont préalablement mouillées.

Je coupai une mercuriale, que je laissai se dessécher jusqu'au point d'avoir perdu les 0,36 de son poids. L'expérience m'avait appris que, parvenue à ce degré de dessiccation, la plante n'était plus susceptible de reprendre son
état turgide et sa fraîcheur, en la mettant tremper dans
l'eau seulement par la partie inférieure de sa tige. Je la
plongeai entièrement dans l'eau, et je l'en retirai au bout
de douze heures, ayant complètement récupéré son état turgide et sa fraîcheur. Je mis alors la partie inférieure de sa
tige dans un flacon plein d'eau, et la plante resta exposée à
l'action de l'atmosphère dans un appartement. Cette plante
absorba l'eau du flacon et en opéra l'ascension, de la même
manière que l'aurait fait une mercuriale fraîchement coupée. Je la conservai pendant quinze jours, sans que sa vie
et sa fraîcheur éprouvassent d'altération sensible. Je fis la
même expérience sur deux autres mercuriales, dont la dessiccation fut poussée plus loin; l'une avait perdu par la dessiccation 0,61, et l'autre 0,72 de son poids. Les feuilles de la
première étaient, pour la plupart, encore souples avec flaccidité; les feuilles de la seconde commençaient à offrir cette
sorte de crépitation, qui est l'indice d'une dessiccation
avancée. Je plongeai entièrement ces deux plantes dans
l'eau. Les feuilles de quelques-uns des rameaux de la première reprirent leur état turgide et leur fraîcheur; mais
les autres feuilles en plus grand nombre, demeurèrent dans
l'état de flaccidité, quoiqu'elles fussent complètement imbibées d'eau; le même état de flaccidité se montra dans
toutes les feuilles de la seconde mercuriale, qui avait le
plus perdu par la dessiccation. Ces deux plantes furent tirées de l'eau et placées par le bas de leur tige dans des flacons pleins d'eau. Les rameaux de la mercuriale qui avaient
repris dans l'eau leur état turgide opérèrent seuls l'ascension de la sève et demeurèrent vivans; tout le reste se dessécha. Ainsi, une dessiccation trop avancée enlève aux

feuilles la faculté de reprendre leur état turgide, lorsqu'on
leur restitue l'eau qu'elles ont perdue, quoiqu'elles en
soient imbibées jusqu'à la saturation de l'attraction qu'elles
exercent sur ce liquide en vertu de leur capillarité. Avec
cette possibilité de reprendre l'*état turgide* disparaît, dans
le végétal, la faculté d'opérer l'ascension de l'eau par attraction, et par conséquent la mort survient ou même est déjà
survenue.

Ces expériences fournissent quatre résultats importans :
le premier, est que la vacuité des cellules de la plante n'est
point la cause de l'ascension de la sève ; le second, est que
cette ascension n'a lieu que lorsqu'il existe préalablement
une suffisante quantité d'eau dans le tissu de la plante ; le
troisième, est que la diminution peu considérable de la
quantité de cette eau préalablement existante dans le tissu
de la plante, augmente considérablement l'ascension de la
sève par attraction ; le quatrième, est que l'ascension de la
sève n'a lieu que lorsque les cellules ou les autres organes
creux qui la contiennent et qui composent le tissu végétal,
sont susceptibles de posséder leur état turgide naturel ou
de le reprendre lorsqu'ils l'ont perdu. Or, cette faculté de
prendre et de conserver l'*état turgide* n'est autre, dans le
fait, que la faculté d'*attirer l'eau*, puisque ce n'est que par
le moyen de l'eau qu'elles attirent et introduisent avec excès
dans leur cavité, que les cellules végétales deviennent turgescentes. Ce sont donc les causes qui sont susceptibles de
rendre les cellules turgescentes, qui opèrent l'ascension de
la sève par attraction. La seule de ces causes qui soit connue est l'endosmose. C'est en effet la seule endosmose implétive qui puisse produire l'état turgide des cellules, du
moins dans l'état actuel de nos connaissances ; mais il est en
même temps certain, que la fixation de l'oxigène respiratoire, dans le tissu vivant végétal, intervient ici d'une manière puissante pour occasioner l'état turgide des cellules

végétales, et par conséquent pour produire l'ascension de
la sève par attraction, J'établirai plus bas cette vérité sur
des preuves expérimentales ; je soupçonne que la fixation
de l'oxigène respiratoire augmente considérablement la
force, encore inconnue dans sa nature, à laquelle est due
l'endosmose, Quoi qu'il en soit, il me paraît facile d'expliquer comment l'endosmose, en produisant la turgescence
des cellules, produit en même temps l'ascension de la sève
lymphatique par attraction. Celles des cellules des feuilles
qui ne sont point destinées à contenir de l'air sont remplies par des liquides organiques denses. Ces cellules, se
trouvant en contact avec les organes qui contiennent la sève
lymphatique, deviennent le siège d'une endosmose implétive qui les rend turgescentes. L'introduction continuelle de
l'eau dans leur intérieur produit nécessairement l'expulsion d'une partie de celle qu'elles contiennent déjà ; de là,
naît l'émanation aqueuse, laquelle est favorisée par l'action
dissolvante de l'atmosphère. Ce moyen de déplétion pour
les cellules superficielles entretient le jeu continuel de leur
endosmose implétive : elles puisent en dedans l'eau qu'elles
versent au dehors et qui s'évapore; de là naît le mouvement
d'ascension de la sève par un mécanisme exactement semblable à celui qui a lieu dans l'endosmomètre que représente la figure 2 de la planche 1. Supposons, en effet, que
la partie *ab* de cet endosmomètre soit une cellule végétale
contenant un liquide dense et en contact avec un tube rempli d'eau ou de sève lymphatique, qui sera supposé être ici
la partie *ed* du même endosmomètre. L'endosmose, s'exer-
çant au travers de la membrane séparatrice, introduira
l'eau que contient la partie *ed*, ou l'organe à sève lymphatique, dans la partie *ab*, ou dans la cellule qui contient le
liquide dense. Cette eau sera évacuée par expulsion, au
point *b* où le tube est ouvert, et où elle pourra être évapo-
rée;en même temps, l'eau contenue dans le vase *g*, sera dé-

terminée à monter dans le tube par son ouverture *d*, pour
remplacer celle que l'endosmose introduit au travers de la
membrane séparatrice dans la partie supérieure *a b*. Ici, il
est évident que c'est la pression de l'atmosphère sur la surface de l'eau contenue dans le vase *g*, qui détermine l'ascension de cette eau dans le tube par son ouverture *d*, pour
remplacer celle que l'endosmose fait sans cesse passer au
travers de la membrane séparatrice dans le réservoir *a b* de
l'endosmomètre. Or, cette succession d'actions physiques
représente exactement celles qui ont lieu lors de l'ascension
de la sève *par attraction*. J'emploie cette expression, faute
d'une autre plus exacte, pour exprimer le mouvement ascensionnel de la sève produit par une force qui a son siège
dans la partie vers laquelle marche cette même sève. Ainsi,
cette expression *attraction* ne représente point ici *la cause*
du mouvement de la sève, mais seulement le sens du mouvement de la sève, par rapport à la force qui produit ce
mouvement. Dans les spongioles des racines, il y a une
force impulsive qui chasse la sève lymphatique vers le som ·
met du végétal; dans les feuilles et dans les autres organes
de la tige, il y a une *force attractive* qui *appelle* la sève, comme
le disent les physiologistes dans leur style métaphorique.
D'après cette théorie, on peut facilement expliquer tous les
phénomènes qui ont été exposés plus haut, touchant les effets produits sur des mercuriales qui ont perdu, par l'évaporation, une quantité plus ou moins considérable de leurs
liquides intérieurs. Lorsque les feuilles de la mercuriale
ont perdu, par l'évaporation, une quantité peu considérable de leur partie aqueuse, la densité des liquides contenus
dans leurs cellules se trouve augmentée ; dès-lors, leur endosmose implétive devient plus forte, et par suite l'ascension de la sève par attraction est plus rapide et plus considérable ; c'est ce qui a été observé chez la mercuriale qui
n'avait perdu par l'évaporation que les 0,15 de son poids.

26.

Lorsque les feuilles ont perdu par la dessiccation une quantité assez considérable de leur partie aqueuse, les liquides organiques que contiennent leurs cellules ont perdu leur liquidité, et par conséquent, ne sont plus aptes à déterminer l'exercice de l'endosmose ; de plus, la sève lymphatique a cessé d'exister dans les organes qui la contiennent ordinairement, et ceci est une autre cause de l'absence de l'endosmose. Aussi, dans cette circonstance, n'existe-t-il plus d'ascension de la sève ; cette ascension sera seulement très diminuée, si la dessiccation n'a pas privé complètement les liquides organiques de leur liquidité et s'il existe encore un peu de sève lymphatique dans les organes destinés à la contenir. C'est par cette raison que l'ascension de la sève par attraction a été considérablement diminuée et même entièrement anéantie chez la mercuriale qui avait perdu par la dessiccation les 0,36 de son poids. On a vu qu'une mercuriale qui avait éprouvé le même degré de dessiccation et qui fut entièrement plongée dans l'eau, reprit complètement son état turgide et sa faculté d'opérer l'ascension de la sève. L'immersion dans l'eau avait rendu une liquidité convenable aux liquides organiques contenus dans ses feuilles ; celles-ci avaient également récupéré de la sève lymphatique ; dès-lors, elles eurent récupéré tout ce qui leur manquait pour l'exercice de l'endosmose implétive des cellules, et par suite pour opérer l'ascension de la sève. Lorsque le tissu des feuilles a été complètement desséché, il n'est plus susceptible de reprendre son état turgide vital, ou sa *fraîcheur* au moyen de l'immersion dans l'eau. Alors le tissu de la feuille s'imbibe complètement d'eau, mais il demeure dans l'état de flaccidité ; il ne redevient point turgide et vivant ; il ne peut plus alors opérer l'ascension de l'eau ou de la sève. Cela provient évidemment de ce que les liquides organiques contenus dans les cellules ont perdu par la dessiccation complète une qualité qui leur était indispen-

sable pour être aptes à produire l'endosmose. Je soupçonne
que ces liquides organiques, complètement desséchés, ne
sont plus susceptibles de reprendre leur *liquidité homogène*.
C'est effectivement ce qui arrive à beaucoup de liquides
organiques, soit végétaux, soit animaux.

Ainsi que je l'ai exposé plus haut, l'exhalation aqueuse
des feuilles est un *phénomène actif;* elles ne perdent point
leurs liquides, dans l'état naturel, par une évaporation *passive*, comme cela a lieu dans une étoffe mouillée qui se
sèche; ils chassent ces liquides au dehors et il les livrent
alors à l'évaporation. Cependant lorsque l'action dissolvante
de l'atmosphère est très forte, et que les feuilles n'attirent
pas une quantité suffisante de sève lymphatique pour remplacer l'eau qu'elles perdent par la transpiration, elles se
fanent et peuvent même se dessécher tout-à-fait, et ce
d'une manière passive, comme le ferait une étoffe mouillé
qui se sèche.

En général ce sont les plantes qui possèdent le plus
d'oxigène respiratoire dans leurs organes pneumatiques, qui
résistent le mieux à l'action desséchante de l'atmosphère.
Ainsi une plante qui a végété avec peu de lumière possède, par cela même, peu d'oxigène respiratoire dans ses
organes pneumatiques; elle est dans cet état de *demi-as-
phyxie* et d'altération organique qui porte le nom d'*étiolement*. Une plante de la même espèce, qui a végété avec
beaucoup de lumière, possède, par cela même, beaucoup
d'oxigène respiratoire dans les organes pneumatiques. Or,
ces deux plantes étant soumises à l'influence d'une même
température un peu élevée, la première se flétrira, parce
que ses feuilles perdront plus d'eau par l'évaporation
qu'elles n'en recevront par l'attraction qu'elles exerceront
sur la sève lymphatique, tandis que la plante non étiolée
conservera l'état turgide de ses feuilles, parce qu'elles atti-
reront proportionnellement plus de sève ou de liquide

qu'elles n'en perdront par l'évaporation. Or cette proportion inverse que l'on observe ici entre l'attraction de la sève
et l'émanation aqueuse, chez deux individus appartenant à
une même espèce, s'observe de même chez des plantes différentes, lesquelles ont sans doute naturellement, entre
elles, sous le point de vue de la respiration, des différences
analogues , sinon semblables, à celles qui existent entre
deux individus d'une même espèce qui ont végété soumis
à des degrés de lumière différens. Je citerai pour exemple,
ici, deux plantes entre lesquelles on ne soupçonnerait pas
l'existence d'une semblable différence; la mercuriale (*mercurialis annua*) et la morelle (*solanum nigrum*). Je cite ces
deux plantes entre beaucoup d'autres. Chez la mercuriale,
l'attraction de la sève, par les feuilles, est proportionnellement plus forte que leur émanation aqueuse, tandis que le
contraire a lieu chez la morelle; ces deux plantes coupées
et trempant dans l'eau par l'extrémité inférieure de leur
tige, étant soumises à une même température un peu élevée,
sans exposition au soleil, la morelle se fane tandis que la
mercuriale conserve l'état turgide de ses feuilles. Ces phénomènes ont lieu même lorsque la mercuriale a beaucoup
plus de feuilles que la morelle mise en expérience avec elle.
Je pris une mercuriale très branchue qui possédait soixante-
quatre feuilles grandes et petites, et je la mis tremper dans
l'eau par l'extrémité inférieure de sa tige tronquée. Une
morelle, dont la tige était de la même grosseur, et à laquelle
je ne laissai que six feuilles de médiocre grandeur, fut disposée de même et les deux plantes furent exposées aux
rayons du soleil; au bout d'une heure la morelle était complètement fanée, tandis que la mercuriale n'avait aucunement souffert. Cependant cette dernière, par le nombre et
l'étendue de ses feuilles, présentait à l'évaporation une bien
plus large surface; mais chez elle la force de l'attraction de
chaque feuille, pour l'eau dans laquelle baignait l'extrémité

inférieure de la tige, égalait la force qui opérait l'émanation aqueuse ou l'évaporation, en sorte qu'elle conserva l'état turgide de toutes ses feuilles ; chez la morelle, au contraire, la force qui, dans chaque feuille, opérait l'attraction de l'eau, était inférieure à celle qui tendait à opérer la déplétion des cellules par l'évaporation des liquides qu'elles contenaient, et dès-lors les feuilles et la tige de la plante perdirent leur état turgide ou se flétrirent. On sent que, dans cette circonstance, le nombre des feuilles que possède la plante est une condition de nulle valeur pour les résultats de l'expérience ; car c'est en vertu de la force d'attraction, pour l'eau qui lui est propre, que chaque feuille se maintient dans l'état de turgescence cellulaire, et cette force, dans chaque feuille, agit de la même manière pour contre-balancer l'influence des causes qui tendent à la priver de ses liquides. Ces dernières sont d'abord l'exhalation active qui, lorsqu'elle n'est point égalée par l'afflux de la sève attirée, est bientôt remplacée par la simple évaporation ; alors les feuilles se fanent et tendent à se dessécher, comme le ferait une étoffe mouillée.

On doit à Hales la découverte de l'influence qu'exerce la lumière sur l'augmentation de l'exhalation aqueuse, ou sur la transpiration des végétaux. Ce n'est pas seulement la lumière directe des rayons solaires qui produit cet effet, c'est également la simple lumière diffuse ; or, comme cette dernière ne produit point de chaleur, on ne peut point attribuer à cette dernière cause l'augmentation de la transpiration qu'éprouvent les végétaux, lorsqu'ils sont soumis à l'influence de la lumière. Je me suis attaché à répéter avec beaucoup de soin les expériences qui prouvent que la lumière influe sur la transpiration des végétaux. J'ai fait ces expériences sur des tiges munies de feuilles et qui trempaient dans l'eau par leur partie inférieure coupée ; je pesais matin et soir les plantes

et les flacons remplis d'eau dans lesquels ces plantes étaient
placées; j'appréciais de cette manière la quantité de l'eau
qui avait été absorbée, et la quantité de liquide que les
plantes avaient perdue par la transpiration; j'ai vu, ainsi
que cela est connu, que pendant le jour, il y avait excès de
la transpiration sur l'absorption de l'eau, et que pendant
la nuit il y avait, au contraire, excès de l'absorption de
l'eau sur la transpiration, en sorte que la plante augmentait de poids pendant la nuit et diminuait de poids pendant
le jour. Cependant l'absorption de l'eau tendait toujours à
demeurer proportionnelle à la transpiration, en sorte que
lorsque celle-ci était forte où faible, l'absorption de l'eau
l'était aussi; mais en suivant ainsi la transpiration dans ses
gradations, l'absorption de l'eau lui restait un peu inférieure pendant le jour et lui était un peu supérieure durant
la nuit.

Ainsi il faut bien se donner de garde de généraliser l'assertion de Sennebier, suivant lequel l'émanation aqueuse
des végétaux serait nulle ou presque nulle dans l'obscurité; cela peut être ainsi lorsque la température est basse et
l'atmosphère très humide; mais lorsque la température est
élevée et l'air sec, l'émanation aqueuse des végétaux dans
l'obscurité devient assez considérable comme on va le voir.
C'est un fait bien connu que celui de l'influence qu'exerce
la lumière sur l'ascension de la sève; il y a eu beaucoup
d'expériences de faites sur cet objet : deux plantes semblables étant placées l'une à la lumière, l'autre à l'obscurité; la première absorbe beaucoup plus d'eau que la seconde. Hales a expérimenté que dans un temps égal la
même plante élevait six fois plus d'eau pendant le jour que
pendant la nuit. Sennebier a multiplié ces expériences;
il a fait voir que les rameaux garnis de feuilles et trempant dans l'eau par leur extrémité inférieure tronquée,
tiraient beaucoup plus d'eau à la lumière qu'à l'obscurité; il

a vu que la chaleur obscure influait peu sur cette *succion*
de l'eau ; il a aperçu que ces résultats variaient suivant l'espèce des plantes, mais il n'a point assez poursuivi ce fait
important, ainsi qu'on va le voir par les expériences suivantes.

On sait qu'une plante qui trempe dans l'eau par l'extrémité inférieure et tronquée de sa tige peut se conserver
vivante pendant un temps assez long. J'ai conservé ainsi,
en été, une mercuriale pendant quarante jours, sans qu'elle
produisit de racines. Alors seulement des racines nombreuses apparurent, et dès-lors l'ascension de l'eau qu'elle continua d'opérer en vivant pendant plusieurs mois ne dut
plus être rapportée à la seule attraction des feuilles, mais
aussi à l'impulsion opérée par les spongioles des racines.
Cette plante était dans un appartement où elle ne recevait que
la lumière diffuse. J'ai voulu expérimenter combien de temps
la même plante, la mercuriale, vivrait, étant disposée de
même mais placée dans une obscurité complète. J'ai donc
placé une de ces plantes sous un récipient opaque, en ayant
soin d'accumuler du sable fin autour de la base de ce récipient
afin d'intercepter complètement la lumière. Le quatrième
jour après le commencement de l'expérience, les feuilles de
la mercuriale étaient presque toutes complètement fanées.
La température avait varié de + 20 à 24 degrés centésimaux pendant la durée de l'expérience. Les feuilles inférieures ou les plus vieilles étaient presque desséchées, les
feuilles supérieures ou les plus jeunes étaient simplement
fanées. J'exposai cette plante à la lumière diffuse. Ses feuilles qui n'étaient que fanées reprirent leur état turgide ou
leur fraîcheur, les autres ne reprirent point la vie. Ainsi, la
mercuriale dont la tige coupée trempe dans l'eau par son
extrémité inférieure, peut élever cette eau dans ses feuilles
par attraction, de manière à entretenir sa fraîcheur et sa
vie pendant quarante jours, lorsqu'elle est exposée dans
un appartement à la lumière diffuse ; tandis qu'à l'obscurité

et par une température de $+$ 20 à 24 degrés centésimaux,
elle attire si faiblement l'eau dans laquelle trempe l'extrémité inférieure de sa tige, qu'elle se trouve complètement
fanée au bout de quatre jours. L'exposition de cette plante
fanée à la lumière diffuse rend à celles de ses feuilles
qui ne sont point trop desséchées, leur état turgide et avec
lui la faculté perdue d'élever l'eau par attraction. J'ai répété un grand nombre de fois cette expérience, et toujours
avec le même résultat, tant que la température a été la
même. Ce résultat me surprit d'autant plus, que j'avais précédemment reconnu que la mercuriale possédait beaucoup
de force pour élever l'eau par attraction. On pouvait penser
que les plantes dont la force d'attraction pour l'eau est moindre à la lumière, se faneraient encore plus promptement à
l'obscurité. On a vu plus haut que la morelle (*solanum
nigrum*) est une de ces plantes chez lesquelles on observe
à un faible degré la faculté d'élever l'eau dans ses feuilles
par attraction, sous l'influence de la lumière. Je mis une de
ces plantes sous un récipient opaque ; elle trempait dans
l'eau par l'extrémité inférieure tronquée de sa tige. Sous
un autre récipient opaque, je plaçai une mercuriale disposée de même. Je plaçai en même temps une autre morelle,
disposée de même à la lumière diffuse dans le même appartement. Le quatrième jour écoulé, la mercuriale était fanée. La morelle, placée sous le récipient opaque, était en
bon état. Le neuvième jour, la morelle placée à la lumière,
commença à produire des racines dans l'eau qui baignait
l'extrémité inférieure de sa tige ; la morelle, placée à l'obscurité, n'en produisit aucune, et cependant elle paraissait
toujours en bon état. Ses feuilles commencèrent à jaunir
le seizième jour de l'expérience ; cet état d'étiolement augmenta les jours suivans ; et enfin, les feuilles jaunies furent
toutes fanées le vingt-deuxième jour, depuis que la plante
était placée à l'obscurité. La température avait varié peu-

dant la durée de cette expérience, de $+$ 20 à 23 degrés centésimaux, dans l'armoire où étaient renfermés les récipiens opaques qui couvraient les plantes. Il résulte de ces expériences, que la mercuriale qui, à la lumière, a bien plus de force d'attraction pour l'eau dans laquelle trempe sa tige, que n'en a la morelle placée dans les mêmes circonstances, lui est cependant bien inférieure sous ce point de vue, lorsque l'une et l'autre sont placées à l'obscurité. Ces deux plantes changent, pour ainsi dire, de rôle à l'obscurité; la mercuriale qui, à la lumière, se maintient dans son état de fraîcheur dans des circonstances où la morelle se fane; la mercuriale, dis-je, placée à l'obscurité, se fane promptement, tandis que la morelle, placée dans les mêmes circonstances, conserve long-temps sa fraîcheur; elle ne se fane qu'après avoir jauni, elle meurt d'*étiolement;* c'est-à-dire par suite de l'altération de la composition de sa matière verte. La mercuriale se fane sans avoir changé de couleur, sans étiolement préalable; elle meurt faute de pouvoir attirer dans ses feuilles l'eau dans laquelle baigne l'extrémité inférieure de sa tige; sa force d'attraction de la sève lymphatique est anéantie.

J'ai placé sous un récipient opaque une mercuriale transplantée *en motte* dans un pot, et qui n'avait aucunement souffert de cette transplantation. Sous le même récipient, je plaçai une autre mercuriale, dont la tige coupée trempait dans l'eau. Chez la première, la sève était élevée à-la-fois par l'impulsion des spongioles des racines et par l'attraction des feuilles; cette dernière cause d'ascension de la sève existait seule chez la seconde. Celle-ci fut fanée le cinquième jour. La mercuriale plantée dans le pot, s'étiola et ne commença à se faner que le quinzième jour. La température avait varié sous le récipient, de $+$ 19 à 22 degrés centésimaux. J'ai expérimenté qu'une mercuriale, arrachée de terre avec ses racines, et qui, par conséquent, avait

perdu sès spongioles (1), étant mise tremper dans l'eau par
toute l'étendue de ces racines, ne vécut pas plus long-temps
à l'obscurité qu'une autre mercuriale de la même taille,
dont la tige coupée trempait dans l'eau. Ainsi, l'étendue de
la surface submergée n'exerce aucune influence sur l'ascension de la sève par l'attraction des feuilles. Si donc, la
mercuriale plantée dans un pot, a vécu à l'obscurité pendant un temps trois fois plus long que la mercuriale dont
la tige coupée trempait dans l'eau, cela provient de ce que
les feuilles de la première, privées en grande partie de la
faculté d'opérer l'ascension de la sève par attraction, la re-
çurent par l'impulsion des spongioles des racines, jusqu'à
l'époque où les feuilles moururent par étiolement. J'ai répété ces expériences avec diverses autres plantes, qui m'ont
fait voir qu'elles possédaient à des degrés très divers la faculté d'élever l'eau par l'attraction de leurs feuilles dans
l'obscurité. La mercuriale et la morelle m'ont paru occuper
les deux extrêmes à cet égard. Je puis mettre de même en
opposition l'ortie (*urtica dioica*) et le *chenopodium album*,
la première pour la brièveté et la seconde pour la longueur
du temps pendant lequel ces plantes élèvent l'eau par attraction dans l'obscurité. Ces diverses plantes m'ont donné
la confirmation de ce fait général, que les plantes qui, à la
lumière, résistent le plus à l'action desséchante de l'atmosphère, sont celles qui, à l'obscurité, y résistent le moins,
et réciproquement en renversant la proposition.

Ces expériences prouvent que les deux forces opposées
dans leur direction, l'une d'attraction de l'eau, l'autre
d'exhalation de l'eau, peuvent exister dans les feuilles avec

___

(1) La délicatesse extrême des spongioles fait qu'elles sont presque toujours
détruites ou fortement altérées lors de l'arrachement d'un végétal. C'est dans
la production de nouvelles spongioles que consiste la *reprise* d'un végétal
transplanté.

des proportions relatives diverses, sous la même influence
de la lumière. Ainsi, dans les mêmes circonstances de lumière et d'une certaine chaleur, la morelle se fane et la
mercuriale conserve la fraîcheur de ses feuilles, ce qui provient de ce que chez la première, l'exhalation l'emporte
sur l'attraction de la sève lymphatique, tandis que chez la
seconde l'exhalation et l'attraction de l'eau par les feuilles,
sont à-peu-près égales. Cette force d'attraction de l'eau, par
les feuilles, est quelquefois si minime dans l'obscurité,
qu'elle est incapable de faire équilibre à l'action desséchante de l'atmosphère environnante, en sorte que les
feuilles se dessèchent, comme cela arrive spécialement aux
plantes qui résistent le plus à l'action desséchante de l'atmosphère, lorsqu'elles sont soumises à la lumière. Cela
prouve d'une manière irréfragable l'influence énergique
que la lumière exerce pour donner lieu à l'ascension de la
sève par l'attraction des feuilles. Comment agit la lumière
pour donner lieu à l'existence de cette attraction de l'eau,
attraction qui disparaît plus ou moins promptement dans
son absence? Il est évident que ce n'est point par son action directe qu'elle produit cet effet, puisqu'il subsiste plus
ou moins long-temps après qu'elle a cessé d'influencer la
plante. L'effet direct de la lumière est ici seulement de
donner lieu à la production de l'oxigène qui s'introduit
dans les organes pneumatiques ou respiratoires des végétaux. C'est donc du fait de la respiration végétale, c'est-à-
dire du fait de la fixation de l'oxigène, dans le tissu végétal, que naît l'attraction de la sève lymphatique par ce
même tissu. Aussi, malgré l'action de la lumière, la sève
lymphatique ne monte-t-elle point du tout, *par attraction*,
dans une plante, telle que le *pisum sativum*, qui est placé
dans le vide et qui, à raison du peu de capillarité de ses
organes pneumatiques, perd, dans cette position, tout l'air
que contenaient ces organes. C'est donc indubitablement

à la fixation de l'oxigène, qu'est due la force attractive qui *appelle* les liquides, comme le disent les physiologistes dans un langage métaphorique, force qui a été depuis long-temps remarquée chez les animaux, sans qu'on en connût la source. C'était aux végétaux qu'il appartenait de donner, au moins en partie, la solution de ce problème ; je dis *au moins en partie,* car il reste toujours à déterminer quelle est la nature de cette *force attractive.*

L'influence qu'exerce la présence de l'oxigène dans les organes pneumatiques des plantes sur l'attraction de la sève lymphatique par les feuilles, m'a encore été démontrée par l'expérience suivante : J'ai plongé entièrement une tige de pois (*pisum sativum*) dans un bocal plein d'eau, que j'ai soumis à la pompe pneumatique. L'air contenu dans les organes pneumatiques de la plante submergée s'est dégagé sous forme de bulles. Lorsque la pression atmosphérique a été rendue à cette plante submergée dépouillée de son air intérieur, l'eau s'est introduite dans toutes les cavités que l'air avait abandonnées, en sorte que les organes pneumatiques de la tige et des feuilles se sont trouvés entièrement remplis d'eau. Je mis cette plante tremper dans l'eau par la partie inférieure de sa tige, et je l'exposai seulement à la lumière diffuse dans un appartement. Elle n'opéra point d'une manière sensible l'ascension de l'eau par attraction ; ses feuilles se flétrirent et elles furent desséchées presque entièrement au bout de quatre jours. Ici, la respiration végétale avait été supprimée par le fait de la soustraction de l'air qui, dans l'état naturel, remplit les organes pneumatiques de la plante ; ces organes, alors, se trouvaient remplis d'eau, et ne remplissaient plus par conséquent leurs fonctions respiratoires. La plante s'*asphyxia* comme elle se fût asphyxiée par défaut de production d'oxigène dans l'obscurité. J'ai choisi le *pisum sativum* pour sujet de l'expérience qui vient d'être exposée, parce que j'ai observé que les lé-

gumineuses, en général, sont très faciles à dépouiller, par la
pompe pneumatique, de tout l'air contenu dans leurs organes respiratoires. Il est beaucoup de plantes qui résistent
très fortement à cette soustraction complète de l'air ; ce
sont celles dont les canaux pneumatiques, possédant une
capillarité considérable, retiennent par cela même d'une
manière invincible une quantité notable de l'air qu'ils contiennent. Ces plantes, qui sont nombreuses, ne peuvent
donc, comme certaines légumineuses, être asphyxiées par
la soustraction de l'air de leurs organes respiratoires, au
moyen de la pompe pneumatique ; car ces organes ne peuvent être entièrement dépouillés de l'air qu'ils contiennent.
Aussi, ces plantes conservent-elles dans le vide de la pompe
pneumatique la faculté d'élever la sève lymphatique par
attraction, faculté que ne possèdent plus en pareille circonstance certaines légumineuses, telles que le *pisum sativum*
ou le *phaseolus vulgaris*. Ces plantes meurent en deux ou
trois jours dans le vide, tandis que d'autres plantes, telle
que la persicaire (*polygonum persicaria*), peuvent y rester
jusqu'à six semaines, ainsi que l'a expérimenté M. Théodore de Saussure (1), sans paraître souffrir, pourvu qu'on
ne les mette point au soleil, dont la vive lumière et la chaleur provoqueraient une transpiration hors de proportion
avec la faible ascension de l'eau que cette plante opère alors
par l'attraction de ses feuilles. J'ai répété cette expérience
de M. Théodore de Saussure, et j'ai obtenu les mêmes résultats ; mais je n'ai pas eu la patience de conserver cette
plante dans le vide pendant plus de trois semaines. Je recommençai cette expérience, en mettant dans l'obscurité
une autre persicaire placée dans le vide ; elle fut complètement fanée au bout de quatre jours. Ainsi, il est certain
que cette plante, dans le vide, devait la continuation de sa

(1) Recherches chimiques sur la végétation, chap. vi.

vie et de la faculté d'opérer l'ascension de l'eau, à ce que
la lumière diffuse à laquelle elle était soumise pendant le
jour, développait dans son tissu une petite quantité d'oxigène que le vide ne pouvait lui enlever à cause de la grande
capillarité de ses canaux pneumatiques. Au reste, j'ai expérimenté que toutes les plantes qui séjournent pendant
quelques jours dans le vide sans y mourir, perdent cependant la vie quand on les replace à l'air libre. Ainsi, par
exemple, j'ai expérimenté qu'une persicaire, qui pouvait
vivre six semaines dans le vide, se flétrit le lendemain du
jour où elle en fut retirée après y avoir demeuré six jours
seulement, bien qu'elle ne fût exposée qu'à la lumière diffuse dans un appartement, dont la température était à +
15° R.; elle mourut bientôt après.

Il résulte de ces observations, que l'ascension de la sève
lymphatique, par l'attraction des feuilles, est nécessairement
liée, comme conséquence, au fait de la respiration végétale.
Si donc, l'expérience fait voir que certaines plantes élèvent
pendant assez long-temps la sève lymphatique par attraction
dans l'obscurité, tandis que certaines autres plantes de
même dans l'obscurité n'élèvent cette même sève par attraction que pendant un temps fort court, cela prouve, à
mon avis, que les premières sont douées plus que les secondes de la faculté de respirer par le mode de respiration
auquel j'ai donné le nom de *subsidiaire* (1), et qui consiste
dans l'absorption de l'oxigène atmosphérique pendant
l'absence de la lumière. Lorsque cette dernière agit sur les
feuilles, elle produit le *mode normal* de la respiration végétale qui consiste dans la production de l'oxigène respiratoire. Or, certaines plantes possèdent plus que certaines
autres la faculté de vivre faiblement et pour peu de temps
dans l'obscurité, au moyen du *mode subsidiaire* de la respi-

(1) Voyez le vii⁰ mémoire page 360.

ration ; tels sont le *solanum nigrum* et le *chenopodium album* qui, selon les expériences rapportées plus haut, vivent cinq fois plus long-temps dans l'obscurité que le *mercurialis annua* ou que l'*urtica dioica*. Ces dernières ne peuvent vivre que presque exclusivement au moyen du *mode normal* de la respiration végétale, c'est-à-dire au moyen de la production de l'oxigène sous l'influence de la lumière et de son introduction dans les organes respiratoires. Les plantes qui vivent plus long-temps à l'obscurité, ont des feuilles qui participent en quelque sorte à la nature des corolles, elles peuvent vivre pendant un temps déterminé mais toujours assez court au moyen de la *respiration subsidiaire*, c'est-à-dire au moyen de l'absorption de l'oxigène atmosphérique.

Les fleurs placées à l'obscurité, y vivent autant de temps qu'à la lumière. Comme leur existence est généralement fort courte et qu'elles dépendent pour leur vie de celle des parties vertes qui les supportent, il n'est pas toujours facile de les soumettre à des expériences de ce genre, desquelles il soit possible d'obtenir des résultats exacts. Cependant, voici des faits qui me paraissent concluans. On sait que les fleurs de la reine marguerite (*aster sinensis*) conservent leur vie et leur fraîcheur pendant quinze à vingt jours. Je pris deux de ces fleurs sur une même plante et du même âge, et les mettant tremper dans l'eau par le bas de leur tige, je plaçai l'une à l'obscurité sous un récipient opaque, et l'autre à la lumière sous un récipient de verre. La température était élevée. Au bout de treize jours, cette dernière avait sa fleur complètement fanée, mais ses feuilles et son calice étaient verts. Chez celle qui était à l'obscurité, les feuilles et le calyce moururent dès le dixième jour, le réceptacle mourut en même temps et même se pourrit. Cependant, la couronne des demi-fleurons continuait de vivre, quoiqu'elle ne reçut plus du réceptacle que des liquides pu-

tréfiés , lesquels eurent bientôt occasioné, chez les demi-
fleurons, la mort qui commença par leur base. Cette expérience me prouva que les corolles ne sont point privées,
par l'absence de la lumière, de la faculté d'attirer la sève,
comme cela a lieu pour les feuilles, ce qui leur donne la faculté de vivre à l'obscurité aussi long-temps qu'à la lumière.

J'ai publié, en 1824, les observations (1) qui m'ont prouvé
que la sensitive (*mimosa pudica*), placée à l'obscurité, perd
son excitabilité d'autant plus promptement que la température est plus élevée. Dès cette époque, comparant ces résultats avec ceux des expériences qui ont prouvé à M. W.
Edwards, que chez les animaux, l'asphyxie arrive d'autant
plus promptement que la température est plus élevée, j'en
conclus que la sensitive était véritablement *asphyxiée* par
son séjour plus ou moins prolongé à l'obscurité. J'étais loin
alors de penser que l'absence de la lumière privât les plantes de leur respiration normale. C'était un simple aperçu
par rapprochement de faits que je présentais alors ; mes expériences actuelles confirment son exactitude. C'est parce
que les plantes cessent de respirer dans l'obscurité, qu'elles
cessent d'élever la sève par l'attraction de leurs feuilles ;
or, leur asphyxie, en pareil cas, arrive d'autant plus tard
que la température est plus abaissée. J'ai fait voir plus haut
que, par une température de +20 à 24 degrés centésimaux,
il ne faut que quatre jours d'obscurité pour tuer une mercuriale. Or, j'ai expérimenté que cette plante vit pendant
quinze jours à l'obscurité, lorsque la température est de +
13 à 16 degrés, en sorte qu'il est prouvé que l'abaissement
de la température retarde l'asphyxie de la plante, et prolonge par conséquent le temps pendant lequel elle jouit de

(1) Ces observations sont reproduites dans mon xie mémoire intitulé de
l'*excitabilité végétale et des mouvemens dont elle est la source*.

la faculté d'élever la sève lymphatique par l'attraction de
ses feuilles.

Dans ces diverses expériences, j'ai vu que les jeunes
feuilles vivent plus long-temps que les vieilles feuilles dans
l'obscurité, ce qui prouve que dans leur jeunesse les feuilles sont plus aptes que dans leur vieillesse, à vivre au moyen
du *mode subsidiaire* de la respiration, lequel consiste dans
l'absorption de l'oxigène que contient l'atmosphère environnante. J'ai mis une longue tige de *myriophyllum spicatum*
dans un bocal plein d'eau que j'ai recouvert d'un récipient
opaque. Cette plante aquatique complétement submergée,
demeura ainsi dans une obscurité complète pendant quinze
jours, par une température qui varia de + 19 à 23° c. La
mort des feuilles commença par lo bas de la tige et gagna
successivement en montant les autres verticilles des feuilles
qui jaunissaient par étiolement. Au bout de quinze jours, il
ne resta plus de vivant que le sommet de cette tige, sommet
dont les feuilles naissantes ne paraissaient point avoir
souffert de l'obscurité. Elles vivaient, à ce qu'il paraît,
en respirant l'oxigène dissous dans l'eau. C'est, en effet,
le *mode subsidiaire* de la respiration végétale qui est généralement le premier mode de respiration des végétaux naissans. Ce n'est qu'au moyen de ce seul mode
de respiration, que vivent et se développent d'abord
les embryons séminaux soustraits, dans l'intérieur des
graines à l'influence de la lumière. On sait, en effet,
que la germination n'a lieu ni dans le vide, ni dans un
gaz impropre à la respiration. Or, il en est de même des
embryons gemmaires contenus dans les bourgeons. M. Théodore de Saussure a constaté, en effet, que les bourgeons à
feuilles et à fleurs, ne se développent ni dans le vide, ni
dans les atmosphères d'acide carbonique, d'azote ou d'hydrogène. Le même observateur a vu, il est vrai, une persicaire (*polygonum persicaria*) s'allonger de plusieurs pouces

27.

dans le vide où elle était restée six semaines, ainsi que je
l'ai rapporté plus haut; mais, quoiqu'il ne le dise pas, cet
allongement n'était dû qu'à l'*élongation intermédiaire* des
mérithalles déjà formés, que possédait la plante au moment
où elle fut mise dans le vide. C'est ce que j'ai vu en répé-
tant cette expérience ; le bourgeon terminal de la tige ne se
développe point. Au sujet de cette élongation des mérithalles de la persicaire dans le vide, je ferai remarquer que
c'est généralement la diminution de la respiration, qui occasionne cette élongation extraordinaire. On sait combien
s'allongent les mérithalles des plantes étiolées, et par conséquent privées en partie de leur respiration normale.
J'ignore quel est le lien qui unit ces deux faits.

Il faut, en général, que les canaux qui conduisent la
sève soient dans l'état de vie pour qu'ils soient aptes à
remplir cette fonction. Cependant lorsqu'ils sont frappés
de mort, dans une partie de leur étendue, ils conduisent
encore un peu la sève lymphatique, ainsi que me l'ont
prouvé les observations suivantes. Lorsqu'une affection
chancreuse a frappé de mort la partie moyenne d'une
branche de poirier, arbre qui est fort sujet à cette maladie,
la partie supérieure de la branche reste vivante pendant un
temps plus ou moins long et elle reçoit la sève ascendante
qui lui est transmise au travers de la partie chancreuse qui
est complètement morte et noire, mais non desséchée. Cependant cette transmission, de la sève lymphatique, tarde
peu à être complètement interrompue, et la branche située
au-dessus du chancre se dessèche. J'ai vu cette même ascension temporaire, de la sève ascendante, s'effectuer au
travers d'une tige morte dans l'expérience suivante : je mis
une mercuriale tremper, par l'extrémité inférieure de sa
tige, dans de l'eau qui contenait $\frac{1}{75}$ de son poids d'acide
sulfurique concentré; ce liquide acide absorbé par la tige,
la frappa de mort partout où il pénétra; au bout de quatre

jours il avait pénétré jusqu'à une hauteur de huit pouces;
dans toute cette étendue la tige était devenue molle et de
couleur jaune, elle était bien certainement morte; or elle
ne cessait pas de transmettre en montant le liquide
acide; les feuilles qui avaient conservé leur vie et leur
fraîcheur, avaient continué, par cela même, d'attirer
l'eau contenue dans la partie supérieure de la tige et par
suite le liquide acide contenu dans le vase inférieur.
Cette ascension avait lieu indubitablement par les canaux ordinaires que suit en montant la sève lymphatique, canaux qui avaient conservé une intégrité suffisante pour remplir cette fonction par rapport à laquelle
ils étaient complètement inertes; cette ascension du liquide
acide diminua tous les jours de quantité, ainsi que je m'en
assurai en pesant séparément, chaque jour, la plante et le
vase qui contenait le liquide acide. Le premier jour l'absorption fut de 156 grains, et la transpiration de 154 grains;
le second jour l'absorption ne fut plus que de 70 grains, et
la transpiration, moins diminuée proportionnellement,
fut de 114 grains; l'absorption diminua encore plus les
jours suivans, car elle ne fut plus que de 42 grains le troisième jour, et de 36 grains le quatrième jour, et cependant
la transpiration s'abaissait, dans ces mêmes jours, à 80 et à
64 grains. Ainsi l'ascension du liquide acide avait lieu dans
l'intérieur de la tige frappée de mort, mais cette ascension
éprouvait une diminution graduelle.

La température extérieure a u.. influence très marquée sur
l'ascension de la sève; cette ascension suspendue, pendant
l'hiver, recommence au printemps et alors elle a lieu, très
spécialement, *par l'impulsion* qui a son siège dans les spongioles des racines, car l'absence des feuilles doit rendre nulle
l'ascension de la sève *par attraction.* Ce fait de l'influence de
la température, sur l'ascension de la sève, prouve que cette
cause augmente la force de l'endosmose implétive dans les

cellules des spongioles des racines. J'ai démontré, en effet,
par des expériences décisives, que l'augmentation de la
température augmente la force de l'endosmose. Cela explique donc très bien la force d'impulsion considérable
qui opère l'ascension de la sève lymphatique au printemps.
Alors cette sève, fortement poussée des racines dans la
tige, envahit tous les organes creux et remplit tous les tubes
pneumatiques qu'elle occupe alors d'une manière accidentelle. Dans l'été, cette force d'impulsion éprouve une diminution très notable; alors la sève lymphatique n'est plus
chassée au dehors par les plaies faites au bois de la vigne;
elle n'existe plus dans les tubes pneumatiques qui sont
alors remplis d'air; cependant la sève continue de monter
avec une très grande abondance; mais c'est spécialement
par l'attraction des feuilles que s'opère cette ascension. La
cause de la diminution qu'a éprouvée l'impulsion de la
sève, par les spongioles des racines, paraît assez facile à déterminer. Cette force d'impulsion reconnaît pour cause
l'endosmose implétive des cellules des spongioles, dans lesquelles existe un liquide organique dense. Or, l'introduction continuelle de l'eau diminue la densité de ce liquide,
et diminue ainsi graduellement la force de l'endosmose
implétive et par suite, la force de l'impulsion de la sève.
Ce liquide dense s'était accumulé dans les spongioles pendant l'hiver; son existence dans ces organes est nécessaire
au printemps pour déterminer leur endosmose implétive
et l'ascension de la sève *par impulsion*, car la plante dépourvue de feuilles n'a point encore d'organes pour opérer
l'ascension de la sève *par attraction*, il faut nécessairement
alors une impulsion pour la faire monter. Lorsque les
feuilles sont développées, l'attraction pour la sève, dont
elles deviennent le siège, opère l'ascension de ce liquide
et supplée à l'impulsion des spongioles des racines, impulsion qui diminue insensiblement et qui finit par cesser

d'exister; c'est alors que les bourgeons terminaux des
jeunes branches des arbres, cessent de se développer; ils
deviennent stationnaires et s'enveloppent d'écailles. C'est
au commencement ou dans le courant de l'été que cela
arrive, c'est-à-dire, au plus tôt pour certains arbres, vers
la moitié du mois de juin, et au plus tard, pour certains
autres arbres, au commencement du mois d'août; alors la
sève cesse d'être épanchée entre le bois et l'écorce, et ces
deux parties ne peuvent plus se séparer. Cet arrêt du développement de l'extrémité supérieure des branches, s'accompagne souvent d'un phénomène qui a été noté pour la
première fois par H. Cassini (1); ce phénomène est celui de la *décurtation* ou de la mort de la partie terminale de
la branche en développement, partie terminale qui est alors
extrêmement grêle et qui se dessèche. M. Vaucher (2)
considère avec raison cette décurtation, comme le résultat
de la diminution de l'ascension de la sève. Cependant alors
la sève monte en abondance pour réparer la perte énorme
de liquide que fait l'arbre par la transpiration que favorise la chaleur; mais cette ascension de la sève ne s'opère
plus, à ce qu'il paraît, que par la seule attraction des feuilles.
Or, dans ce mode d'ascension, la sève ne se porte que là
où elle est attirée, c'est-à-dire, dans les feuilles; elle ne se
porte point dans les bourgeons dont les feuilles rudimentaires ne l'attirent point encore, et qui ne peuvent recevoir
que par impulsion cette sève qui doit servir à leur développement. C'est en effet un phénomène presque général que
les plantes ne développent leurs bourgeons que lorsqu'elles
ont des racines, c'est-à-dire, lorsque ces bourgeons reçoivent la sève lymphatique par impulsion. Le développe-

(1) Dans son mémoire sur la graminologie qui a été publié dans le Journal
de physique en 1820.

(2) Mémoire sur la sève d'août. Dans les Mémoires de la Société de phys.
et d'hist. nat. de Genève, t. 1.

ment de la radicule précède ordinairement celui de la plu-
mule chez les embryons séminaux; j'ai observé que les
plantes dont la tige coupée trempe dans l'eau par sa partie
inférieure et qui, par conséquent, n'élèvent la sève lymphatique que par l'attraction de leurs feuilles, ne développent
jamais leurs bourgeons tant que la partie immergée de leur
tige ne produit point de racines; ce n'est que lorsqu'il s'est
développé des racines que les bourgeons se développent
aussi. Avant l'apparition des racines, ces plantes, chez lesquelles la sève lymphatique ne monte que par l'attraction
des feuilles, développent seulement leurs parties qui ont
déjà été produites au dehors; leurs mérithalles s'accroissent
en longueur, leurs feuilles augmentent leurs dimensions;
mais, je le répète, aucun de leurs bourgeons ne donne le
jour à des parties nouvelles. L'évolution des parties renfermées dans les bourgeons, ne s'opérant qu'au moyen de la
sève lymphatique qui leur est envoyée par l'impulsion des
spongioles des racines, on conçoit que leur évolution doit
s'arrêter lorsque s'arrête l'ascension de la sève lymphatique par impulsion au commencement de l'été. Alors, les
bourgeons terminaux cessent de se développer et leurs feuilles rudimentaires se changent en écailles; d'autres fois, ces
bourgeons ne développent que des tiges extrêmement grêles sous l'impulsion très affaiblie de la sève lymphatique
ascendante; ces tiges naissantes et imparfaitement alimen-
tées par la sève, ne pouvant résister à l'action desséchante
de l'atmosphère, sont frappées de mort et elles se détachent. C'est le phénomène de la *décurtation;* c'est vers le
milieu du mois de juin, que cette décurtation arrive chez
le charme (*carpinus betulus*), chez le châtaignier (*fagus
castanea*), et chez le chêne (*quercus robur*). La partie enlevée par la décurtation est assez longue chez les deux premiers arbres, elle est très exiguë chez le troisième. Chez le
hêtre (*fagus sylvatica*) il n'y a point de décurtation, le

bourgeon terminal cesse de se développer et s'enveloppe
d'écailles vers la fin du mois de juin. Cette végétation suspendue ne tarde pas beaucoup à reprendre. On peut penser que pendant sa suspension, la sève élaborée descendante restitue aux spongioles des racines les liquides denses
qu'elles avaient perdus, en sorte qu'elles redeviennent susceptibles d'opérer une endosmose impulsive de la sève
lymphatique ; cela a lieu environ dix à quinze jours après
la suspension da la végétation. Ainsi , les bourgeons du
hêtre qui sont devenus stationnaires dans la dernière moitié du mois de juin, reprennent leur végétation vers le 6 ou
le 8 juillet; le chêne dont la décurtation a eu lieu vers la
moitié de juin, commence environ dix jours après à développer celui de ses bourgeons latéraux que la décurtation
a rendu terminal. Alors l'écorce redevient facile à séparer
du bois par le fait d'un nouvel épanchement de la sève
entre ces deux parties. Cet épanchement avait eu lieu au
printemps, sous la seule action de la sève lymphatique élevée par l'impulsion des spongioles des racines, il paraît évident que le second épanchement reconnaît la même cause.
On désigne généralement sous le nom de *sève d'août*, cette
seconde ascension par impulsion de la sève lymphatique,
apte à provoquer le développement suspendu des bourgeons ; l'observation prouve qu'on devrait plutôt l'appeler
sève de juillet. Cette *seconde sève par impulsion* a une durée
variable. Ainsi, j'ai observé que chez le hêtre le développement des bourgeons terminaux qui a recommencé vers
le 6 juillet, cesse de nouveau d'avoir lieu dans les premiers
jours d'août. Alors les bourgeons s'enveloppent d'écailles
et prennent définitivement leur *état d'hibernation*. Le chêne
chez lequel le développement des bourgeons a recommencé
vers le 25 juin , met fin de nouveau à ce développement
vers le 10 juillet par une seconde décurtation. Ordinairement, c'est alors que ses bourgeons terminaux prennent

leur *état d'hibernation* qui est très hâtif; mais chez les jeunes
arbres de cette espèce, dont la végétation est vigoureuse, il
y a une seconde reprise de la végétation ou une *troisième
sève* qui a lieu dans le mois de septembre, et qui s'arrête
pour la dernière fois dans le mois d'octobre. Ainsi, les
scions de l'année chez les jeunes chênes présentent trois
parties différentes d'aspect et dont le développement est
dû à la succession de *trois sèves*, savoir : celle du printemps,
celle de l'été et celle de l'automne. Il y a des arbres qui
n'ont que la seule *sève du printemps*, dont les effets sur le
développement des bourgeons terminaux se font sentir
plus ou moins long-temps. C'est ce qui a lieu, par exemple,
chez le pommier et le poirier. Chez ces deux arbres, la
sève du printemps s'arrête ordinairement au commencement
d'août, et n'est point suivie par une *seconde sève*; les bourgeons terminaux prennent alors leur *état d'hibernation*.
Cependant, chez les scions vigoureux des arbres soumis à la
taille, le développement des bourgeons terminaux ne s'arrête qu'à l'approche de l'époque où toute végétation est
nécessairement suspendue. Chez le mérisier (*prunus avium*),
il n'y a de même qu'une seule sève qui, ordinairement,
s'arrête vers la fin de juin, et qui, chez les arbres dont la
végétation est vigoureuse, ne s'arrête que dans les premiers jours d'août. Cette première sève n'est point suivie
d'une seconde. C'est même en vain que j'ai tenté de provoquer, chez cet arbre, le développement des bourgeons
terminaux devenus stationnaires par l'expérience suivante :
Je choisis un mérisier, dont les bourgeons terminaux étaient
devenus stationnaires dès la fin de juin. Au commencement
d'août, je fis ôter toutes les feuilles de ce mérisier, pour
voir si les bourgeons se développeraient pour en produire
de nouvelles. Le mois d'août fut très pluvieux cette année-
là, ce qui était une condition favorable pour le développement végétatif que j'attendais; mais ce fut en vain : les

bourgeons du mérisier dépourvu de feuilles, demeurèrent stationnaires, ils ne développèrent point de nouvelles feuilles; ils conservèrent cet état d'hybernation jusqu'au printemps suivant, et ce ne fut ainsi qu'après avoir été privé de ses feuilles pendant environ huit mois, que le mérisier, soumis à cette expérience, en produisit de nouvelles. La chaleur et l'eau, ces deux grands mobiles de l'action végétative, ne manquèrent cependant point à cet arbre pendant les mois d'août, de septembre et même d'octobre. Si donc, cette action végétative ne s'est point manifestée, cela paraît provenir de ce que la sève avait cessé de monter par l'impulsion des racines; elle ne montait point non plus par l'attraction des feuilles, puisqu'elles avaient été enlevées, en sorte que chez cet arbre la sève paraissait ne plus monter. Ce défaut absolu d'ascension de la sève, prouve bien évidemment ici qu'avant l'enlèvement des feuilles, la sève ne montait que par la seule attraction de ces organes, et que, par conséquent, l'ascension de la sève par impulsion des spongioles des racines, était suspendue, ce qui coïncidait avec le défaut de développement des bourgeons. Il n'y a donc point lieu de douter que ce ne soit exclusivement sous l'influence de l'impulsion de la sève par les racines, que les bourgeons se développent. Cela apprend pourquoi ce sont les bourgeons terminaux des branches qui se développent les premiers et avec le plus de vigueur. Ce sont eux, en effet, qui reçoivent le plus directement l'effet d'impulsion de la sève ascendante poussée vers le haut par les racines. Les bourgeons latéraux et surtout ceux qui occupent le bas des scions, demeurent souvent stationnaires, parce qu'ils ne reçoivent qu'obliquement cette impulsion de la sève qui monte spécialement par le centre du scion, centre dont les bourgeons latéraux supérieurs sont plus voisins que ne le sont les bourgeons latéraux inférieurs. Il arrive quelquefois que des arbres, dont les bourgeons

sont devenus stationnaires dans le courant de l'été, pendant lequel la sécheresse aura été grande, éprouvent pendant un automne pluvieux un retour de la végétation, qui
occasionne le développement des fleurs qui n'auraient dû
se développer qu'au printemps suivant. C'est ainsi que l'on
voit quelquefois les amandiers, les pommiers et d'autres
arbres de nos jardins, se couvrir de fleurs en automne. Ce
phénomène qui n'est point dans l'ordre de la nature, provient indubitablement de ce que le mouvement ascensionnel de la sève lymphatique par l'impulsion des spongioles
des racines, s'est accidentellement rétabli et a opéré ainsi
en automne le développement des bourgeons à fleurs, qui
devaient demeurer stationnaires jusqu'à l'ascension de la
sève par impulsion des racines au printemps.

C'est dans les feuilles que s'élabore la *sève nutritive* qui,
de là doit être distribuée à toutes les parties inférieures du
végétal jusqu'aux racines. Cette sève, préparée ainsi dans
les parties les plus élevées du végétal, doit nécessairement
avoir un mouvement descendant. Il me reste à rechercher
les causes de ce mouvement. Ici, on ne voit point d'organes
qui exercent une attraction évidente sur cette sève élaborée, comme cela a lieu pour la sève lymphatique ; mais on
aperçoit qu'elle obéit comme elle a une impulsion, mais
qui a lieu en sens inverse, c'est-à-dire de haut en bas. Cette
impulsion se manifeste dans la formation des *bourrelets*,
qui se développent à la partie supérieure d'une décortication annulaire. La formation de ces bourrelets atteste que
la sève élaborée qui les nourrit, vient d'en haut et descend.
Ce mouvement descendant de la sève élaborée est sans
doute favorisé par l'action de la pesanteur, mais cette cause
de progression descendante n'agit pas seule ; car la formation des bourrelets descendans a lieu de même dans une
branche horizontale, et même, ainsi que je l'ai expérimenté,
dans une branche dont le sommet est maintenu, dirigé vers

la terre, en sorte que le mouvement de la sève élaborée est
ici devenu ascendant. Il existe donc certainement une impulsion qui meut la sève élaborée du haut vers le bas du
végétal, et il n'y a pas lieu de douter que le siège de cette
impulsion ne soit dans les feuilles. Il est très probable que
c'est l'endosmose des cellules des feuilles, qui produit cet
effet. Ces cellules, sans cesse remplies avec excès par l'afflux de la sève lymphatique, expulsent par cela même une
partie de liquide élaboré qu'elles contiennent, et le chassent soit vers le dehors, pour former la *transpiration active*,
soit vers le dedans, pour former le courant de la sève élaborée descendante qui parvient jusque dans les racines,
pour fournir les matériaux de leur accroissement et pour
donner aux cellules des spongioles les liquides denses qui
leur sont nécessaires, pour introduire par endosmose l'eau
qui baigne extérieurement les racines, et pour lui commu-
niquer ensuite une impulsion qui la dirige vers les parties
supérieures du végétal.

J'ai parlé de l'action de la pesanteur comme ayant une
influence sur le mouvement descendant de la sève élaborée,
il est une autre cause extérieure qui a aussi de l'influence
sur le mouvement et sur la distribution de ce fluide; cette
cause est l'agitation des tiges par le vent. M. Knight a expérimenté, en effet, qu'en rendant tout-à-fait immobile une
partie de la tige d'un jeune arbre, au moyen d'un étai solide, cette partie immobile prenait moins d'accroissement
en grosseur que la partie libre de cette même tige, qui pouvait être agitée par le vent. M. Knight a conclu de cette
observation, que l'agitation des végétaux par le vent est une
des causes de la progression de la sève. Effectivement, on
conçoit que les mouvemens de flexion des parties du végétal, doivent occasioner des compressions locales, lesquelles
ne peuvent manquer d'imprimer du mouvement aux liquides contenus dans ces parties. On sait combien les mou-

vemens de locomotion des animaux, ont d'influence sur la
rapidité de la progression de leurs liquides intérieurs ; les
végétaux qui ont peu de mouvemens spontanés, trouvent
un supplément à ce qui leur manque à cet égard, dans l'agitation de leurs parties mobiles par le vent. C'est, en quelque sorte, leur manière de *prendre de l'exercice*.

§ III. *Des mouvemens du latex.*

Il y a soixante ans que Corti, professeur de physique à
Reggio, découvrit la circulation qui s'opère dans plusieurs
espèces de chara (1). Ce phénomène fut étudié de nouveau
par Fontana, qui, sans déterminer la cause de ce mouvement circulatoire, vit bien qu'il ne dépendait pas de l'*irritabilité* de la plante. Depuis, ce phénomène cessa d'être
étudié. Ce n'est que dans ces derniers temps, que l'attention des savans a été de nouveau appelée sur ce phénomène
singulier par M. Amici. Cet observateur enseigna la manière d'apercevoir avec facilité la circulation dans le *chara
vulgaris* (2). Cette plante est recouverte en dehors par un
enduit calcaire opaque qu'il faut enlever en le grattant avec
un instrument tranchant. Cet enduit enlevé, la tige de la
plante devient transparente, et l'on observe facilement la
circulation des liquides qu'elle contient. L'absence de cet
encroûtement calcaire chez le *chara flexilis*, rend la circulation plus facilement apercevable dans cette plante ; cette
circulation s'effectue dans le liquide que contient la cavité
tubuleuse qui occupe le centre de chacun des mérithalles

(1) Microscopiche osservazioni, lettera sopra la circolazione della seva
nelle piante.

Voyez aussi la lettre de Corti au comte Paradisi, insérée au Journal de
physique de l'abbé Rozier, septembre 1776.

(2) Annales des Sciences naturelles, 1824.

de cette plante aquatique. Ce liquide, mêlé de granules, monte en suivant l'une dés parois intérieures du tube végétal, et il descend en suivant la paroi opposée, en sórte que c'est dans le même canal tubuleux que s'opère ce singulier mouvement circulatoire, que certains observateurs ont tenté d'expliquer par la comparaison d'un mouvement circulatoire analogue qui s'observe dans les liquides contenus dans des tubes de verre verticaux. Chez ces derniers, on voit effectivement le liquide monter, en suivant une des parois intérieures du tube, et descendre en suivant la paroi intérieure opposée; double courant, qui est dû à l'action de la chaleur, laquelle agit d'une manière inégale sur les deux côtés opposés du tube (1); mais ce n'est point ainsi que s'opère le mouvement circulatoire dans les cavités tubuleuses des *chara*. D'abord, ces cavités tubuleuses n'ont point besoin d'être verticales, pour que le mouvement circulatoire ait lieu dans leur intérieur; en second lieu, ce mouvement a lieu non en ligne droite, comme dans les tubes de verre, mais en spirale en suivant la direction de certaines lignes en spirale, qui sont marquées sur le mérithalle tubuleux de la plante. Ainsi, il ne paraît exister aucune analogie entre ce mouvement circulatoire et celui qui s'observe dans les tubes de verre verticaux; sa cause est tout-à-fait inconnue. Il est chez les végétaux un autre mouvement circulatoire des liquides, c'est celui qui a été découvert par le docteur Schultz dans le suc laiteux, ou plus généralement dans le *latex* des plantes. Les deux directions opposées qu'affecte le mouvement de ce liquide, ont lieu dans des canaux spéciaux et non dans un seul et même canal, ainsi que cela a lieu pour le liquide contenu dans les cavités tubuleuses des *chara*; ainsi ces deux phénomènes ne

(1) Voyez mon mémoire sur la circulation de l'eau dans les tubes de verre; il est imprimé dans les Annales de physique et de chimie, t. XLVIII, p. 368.

sont point comparables. Entre les canaux d'ascension et
ceux de descente du latex, existent des canaux transversaux de communication , par le moyen desquels il s'établit
dans ces canaux une circulation non pas générale , mais
partielle et multiple à-la-fois, en sorte qu'il y a une multitude de circuits. J'ai douté quelque temps de la réalité de
ce mouvement, mais je me suis enfin convaincu de son existence. Je l'ai vu, par exemple, de la manière la plus évidente dans les stipules du *ficus elastica*, mais je n'ai pu parvenir à l'apercevoir chez la grande chélidoine (*chelidonium
majus*), plante chez laquelle M. Schultz a d'abord annoncé
l'existence de ce mouvement circulatoire du suc laiteux ou
du *latex*. Je rapporterai ici les observations et les expériences que j'ai faites sur les mouvemens du suc jaune dans
cette dernière plante, et je me bornerai là ; je m'abstiendrai
de parler avec plus de détail du mouvement circulatoire
du latex chez les autres plantes, qui ont offert à M. Schultz
ce phénomène que je n'ai point assez étudié.

M. Schultz (1) ayant soumis au microscope des feuilles
de grande chélidoine et ayant dirigé dessus les rayons solaires à l'aide de la réflection du miroir, aperçut un mouvement très vif de trépidation dans les nervures demi transparentes de ces feuilles. Il lui parut que ce mouvement avait
son siège dans le suc jaune contenu dans les vaisseaux de la
plante. Ce suc, comme tous les liquides laiteux, est composé des globules nombreux qui nagent dans un liquide
aqueux. Ces globules tremblotans parurent à M. Schultz
se mouvoir dans deux directions opposées, en sorte qu'il
paraissait exister dans chaque nervure de la feuille un courant ascendant et un courant descendant. D'après cette as-

(1) Le mémoire de M. Schultz a été traduit en français et inséré, par
M. Jourdan, aux tomes xvi et xvii du *Journal complémentaire* du Diction-
naire des sciences médicales.

sertion, le suc jaune de la grande chélidoine, serait soumis
à une sorte de circulation dont la rapidité serait très considérable. L'importance de ce fait nouveau en physiologie
végétale le rendit l'objet de l'étude de plusieurs habiles
observateurs. Rudolphi répéta les observations du docteur
Schultz et les trouva exactes. Reichenbach ne vit aucun
mouvement dans la chélidoine observée pendant le mois de
février et par un temps assez chaud, mais il aperçut ce
mouvement en comprimant la feuille entre deux lames de
verre. Linck admet sans restriction ces assertions du docteur
Schultz ; il crut voir, dans le suc jaune de la chélidoine, un
mouvement progressif dans deux sens opposés et un mouvement moléculaire d'attraction et de répulsion, dont les
alternatives produisaient la trépidation que le docteur
Schultz avait observée. Il pensa que l'électricité pouvait
être la cause de ces attractions et de ces répulsions moléculaires. Le docteur Tréviranus reprit ces observations. Les
chélidoines qu'il observa pendant les mois de mars et d'avril,
et par une température de 16 à 18 degrés R., ne lui firent
apercevoir aucun mouvement même en comprimant la
feuille entre deux lames de verre ; il attribua le mouvement
de trépidation observé par Schultz et par d'autres observateurs, à l'écoulement du suc jaune dans ses canaux inclinés
et ouverts par la section de la feuille. Les globules coulant
les uns sur les autres quand le suc s'écoule, donnent lieu à
une multitude de réfractions des rayons lumineux, et c'est
de là que provient, selon lui, le mouvement de trépidation
que l'on aperçoit alors.

Dès que je connus les observations de M. Schultz, je
m'empressai de les répéter, et je ne tardai pas à acquérir
la certitude que la prétendue circulation aperçue par cet
observateur, chez la grande chélidoine, n'était, dans le
fait, qu'une trépidation rapide des innombrables globules
que contient le liquide laiteux, trépidation qui n'a lieu

que par l'effet des rayons solaires, qui n'est jamais produite
par la lumière diffuse même la plus vive, et qui offre à
l'œil l'image trompeuse d'un courant.

C'est pendant l'été spécialement qu'il faut observer les
feuilles de la grande chélidoine, pour voir le phénomène
découvert par M. Schultz. Les rayons du soleil étant dirigés sur une feuille de cette plante soumise au microscope
et que l'on observe par transparence, on voit un mouvement de trépidation très vif dans l'intérieur des nervures,
et on croit y voir en même temps un courant d'une grande
rapidité. Ces nervures contiennent beaucoup de tubes
remplis par le suc jaune de la plante ; en sorte qu'il
semble que c'est ce suc qui est animé d'un mouvement de progression très rapide. Ce phénomène que l'on
voit dans les feuilles qui tiennent à la plante enracinée,
comme dans les feuilles qui en sont détachées, ne cesse de
se montrer que lorsque ces feuilles sont complètement fanées ; il existe encore dans les feuilles à demi flétries. Je l'ai
observé dans une feuille cueillie depuis deux jours et abandonnée à la dessiccation à l'air libre.

Le mouvement de trépidation et d'apparence de courant
dont il est ici question offre un phénomène très remarquable ; il est souvent intermittent. La nervure illuminée
qui offre ce mouvement, présente souvent tout d'un coup le
spectacle d'une complète immobilité, laquelle dure tout
au plus un quart de seconde ; ensuite le mouvement recommence. Ce phénomène a été vu et noté par M. Schultz,
et je l'ai vu, comme lui, un grand nombre de fois. L'existence du courant, dont il est ici question, n'est point aussi
évidente que l'est celle du courant circulatoire dans les
vaisseaux des parties transparentes des animaux. Chez ces
derniers on voit les globules sanguins se mouvoir, et l'œil
suit chacun d'eux dans toute l'étendue du trajet qu'il parcourt dans le champ du microscope. Cette observation, faite

avec la lumière diffuse, ne peut laisser le moindre doute
dans l'esprit de l'observateur; il n'en est pas de même de
l'observation du courant que l'on croit apercevoir dans l'intérieur des nervures des feuilles de la grande chélidoine;
ce courant ne s'aperçoit qu'en illuminant la feuille avec les
rayons solaires, et encore ne le voit-on pas toujours, car
la plupart du temps on ne voit qu'un mouvement confus
de trépidation, mouvement qui se manifeste également
dans le suc jaune extravasé recueilli sur une lame de verre
et éclairé par transparence avec les rayons solaires. Quelque vive que soit la lumière diffuse, elle ne fait apercevoir
aucun mouvement, ni dans les nervures de la feuille de
chélidoine, ni dans son suc jaune extravasé. J'ai placé une
feuille de chélidoine sur une lame de verre dépolie, et j'ai
dirigé les rayons solaires sous cette lame de verre au moyen
du miroir du microscope; par ce moyen la feuille de chélidoine était illuminée d'une manière très vive, mais avec
une lumière diffuse; or, ses nervures, même les plus transparentes, ne présentaient aucune apparence de trépidation
ni de courant de liquide. J'ai divisé une nervure de feuille de
chélidoine par deux sections transversales fort rapprochées;
le mouvement de trépidation et l'apparence d'un courant ont
continué d'avoir lieu dans ce tronçon de nervure, et ce mouvement ne cessa point de se manifester pendant une longue
observation. Cette considération doit faire penser que le
mouvement qui se manifeste dans le liquide jaune de cette
plante, lorsqu'on l'observe au microscope, avec la lumière
solaire, est un résultat de l'action de cette lumière ou de la
chaleur qu'elle produit. En effet, déjà M. Amici s'est
aperçu qu'en approchant un fer chaud de la plante en observation, ou rend plus sensible l'existence du courant que
l'on aperçoit dans ses parties transparentes; il a même vu
que le courant est toujours dirigé vers le point opposé à
celui d'où l'on approche le corps échauffant. Ce fait prouve

28.

incontestablement que le mouvement qui existe alors dans
le liquide végétal est, non le résultat de l'accomplissement
d'une action physiologique, mais le résultat de l'influence
d'une cause physique extérieure. L'expérience suivante
achève de démontrer cette vérité : J'ai pris un tube de verre
tiré à la lampe, n'ayant environ qu'un demi-millimètre de
diamètre ; j'ai introduit dedans une petite quantité de suc
jaune de la grande chélidoine ; l'étendue que ce liquide occupait dans le tube ne dépassait pas l'étendue du champ
du microscope auquel le tube fut soumis, éclairé par les
rayons solaires et flanqué de deux corps opaques afin que
l'œil ne fût pas blessé par les rayons lumineux. Le suc jaune
de la chélidoine présenta à l'instant l'image d'un courant
très rapide, et cependant ce liquide, dont je voyais les deux
limites extrêmes, ne changeait point de place dans le tube;
j'interceptai avec un écran la lumière solaire qui tombait
sur le miroir réfléchissant, et le tube ne fut plus éclairé que
par la lumière diffuse; tout mouvement disparut dans le
suc jaune, et il reparut avec l'emploi nouveau des rayons
solaires.

Je fus curieux de voir si l'on apercevrait ce même mouvement de trépidation au microscope solaire; dans ce
mode d'observation, les rayons du soleil frappent l'objet
observé; la feuille de chélidoine observée par ce moyen
devait donc probablement offrir le phénomène de trépidation qui est déterminé chez elle par l'action des rayons solaires. Cependant le résultat ne fut point conforme à cette
induction, aucun mouvement ne parut dans les nervures
de la feuille qui, située au foyer de la grande lentille du
microscope, était promptement brûlée; pour obvier à cet
inconvénient j'enduisis la feuille avec de l'huile; dans cet
état elle demeura en observation, au microscope solaire,
sans se brûler, et elle continua à montrer la même absence
de tout mouvement de trépidation. Cependant ce mouve-

ment se voyait, dans cette même feuille huilée, en l'observant au microscope ordinaire et avec les rayons solaires, il me paraît probable que c'est à la forte chaleur qu'éprouvait la portion de feuille soumise aux rayons concentrés par la grande lentille du microscope solaire qu'il faut attribuer l'absence du phénomène.

Voyant qu'une extrême chaleur abolissait le mouvement de trépidation moléculaire, dans les feuilles de la grande chélidoine, je soupçonnai que le froid produirait le même effet. Pour m'en assurer j'attendis les premières gelées; un matin le thermomètre étant descendu à — 1 degré R., je cueillis des feuilles de chélidoine encore couvertes de gelée blanche. Les ayant soumises au microscope éclairé avec les rayons solaires, je ne vis dans le plus grand nombre de leurs nervures que la plus parfaite immobilité; quelques-unes de ces nervures, seulement, offraient encore ce mouvement de trépidation, mais il était beaucoup plus intermittent qu'à l'ordinaire; j'ai vu une de ces nervures dont le milieu seul offrait le mouvement de trépidation, les deux parties latérales étaient réduites à l'immobilité; j'aperçus le mouvement de trépidation dans deux nervures qui partaient par bifurcation d'une grosse nervure dans laquelle ce mouvement n'existait pas. Ces observations fournissent de nouvelles preuves contre l'hypothèse des deux courans, l'un ascendant et l'autre descendant du suc jaune. Quelques jours après, le thermomètre étant descendu à — 2 degrés, je ne trouvai plus aucune trépidation dans les feuilles de la chélidoine; ce fut en vain que je les soumis à une température constante de + 7 à 8 degrés, elles ne récupérèrent point la faculté de présenter le mouvement de trépidation par l'action des rayons solaires; une chélidoine qui avait été un peu garantie de l'influence de la gelée par un abri m'offrit une trépidation faible et intermittente; mais toutes celles qui avaient subi, sans obstacle, l'action

du froid de — 2 degrés, cessèrent complètement d'offrir
le phénomène de la trépidation; cette interruption du phénomène dura pendant tout l'hiver. Lorsque les gelées cessèrent, j'observai les feuilles de beaucoup de chélidoines,
toutes m'offrirent la même absence du mouvement de trépidation. Cependant la température était élevée de plusieurs degrés au-dessus de zéro; je vis ainsi que le froid,
non-seulement suspendait pendant sa durée le mouvement
de trépidation, mais qu'il mettait obstacle à son rétablisse-
ment lors du retour d'une température plus élevée; je
cueillis le 20 janvier plusieurs feuilles de grande chélidoine
qui n'offraient aucun mouvement de trépidation, et je mis
tremper leurs pétioles dans des vases remplis d'eau placés
dans un appartement dont la température varia de $+$ 5 à
$+$ 10 degrés R.; je conservai ces feuilles à l'état de vie et
de fraîcheur pendant plus d'un mois et demi, et malgré la
température assez douce, à laquelle elles furent constamment soumises pendant tout ce temps, elles ne montrèrent
point du tout de trépidation jusqu'au 8 mars, époque à laquelle elles commencèrent à manifester ce mouvement;
alors la température était à $+$ 13 degrés dans l'appartement. La température extérieure était moins élevée, aussi
les chélidoines du dehors ne montraient-elles encore aucun
mouvement de trépidation. Ce ne fut que le 10 mars que
je commençai à observer ce mouvement dans les feuilles des
chélidoines du dehors; ce jour-là le thermomètre indiquait
$+$ 15 degrés; cette température s'étant maintenue pendant plusieurs jours, je trouvai le mouvement de trépidation établi dans les feuilles de toutes les chélidoines. J'ai
répété ces expériences pendant deux hivers, en sorte que
leurs résultats ne m'offrent point d'incertitude. Le froid
de — 2 degrés R., froid suffisant probablement pour geler
les liquides contenus dans les feuilles de la chélidoine,
suffit pour abolir complètement le mouvement de trépida-

tion que présentent leurs nervures lorsqu'elles sont frappées
par les rayons du soleil, et ce mouvement ne se rétablit
point immédiatement par le retour d'une température plus
élevée. Il faut, pour qu'il se rétablisse, que la température
extérieure demeure, pendant un temps assez long, dans un
certain degré d'élévation. Cela nous apprend pourquoi
Reichenbach et Tréviranus n'ont pu parvenir à voir le
phénomène de la trépidation dans les feuilles de la chélidoine, qu'ils observaient dans les mois de février, mars et
avril et par une température élevée; il paraît qu'il n'y avait
pas assez long-temps que cette température élevée subsis-
tait pour que le mouvement de trépidation eût pu se
rétablir.

Il s'agit actuellement de déterminer quel est le siège de
ce mouvement de trépidation. Le docteur Schultz et tous
les observateurs qui ont répété ses observations, s'accordent
à admettre que cette trépidation est le résultat d'un mouvement qui a lieu dans les innombrables globules dont le
suc jaune de la grande chélidoine est composé. Cette opinion ne peut être contestée; elle est appuyée sur des preuves irrécusables. Le docteur Schultz a vu, en effet, ce même
mouvement de trépidation dans le suc jaune nouvellement
sorti d'une plaie faite aux vaisseaux de la plante. En outre,
il a découvert le même mouvement de trépidation dans le
sang contenu dans les vaisseaux transparens des animaux
fraîchement tués. Je reviendrai, dans un autre travail, sur
ce dernier phénomène étranger à la physiologie végétale,
mais bien évidemment du même genre que celui dont il
s'agit ici. Ces faits prouvent que ce mouvement de trépidation est un phénomène qui appartient spécialement aux
liquides organiques composés de globules nageant dans un
liquide aqueux; aussi ce phénomène de trépidation s'ob-
serve-t-il chez toutes les plantes qui possèdent des liquides
laiteux; mais cette observation ne peut se faire que lorsque

les feuilles de ces plantes ont une transparence suffisante.
Cette trépidation est un phénomène de physique moléculaire, dont nous ne connaissons point le mécanisme ni la
cause efficiente immédiate. Il paraît que la *force oscillante*
qui produit cette trépidation moléculaire est développée
par une cause qui change rapidement l'état des corpuscules
moléculaires suspendus dans le liquide organique. En effet, un mouvement de trépidation moléculaire exactement semblable à ceux que je viens de passer en revue,
s'observe en examinant au microscope une goutte d'alcool
qui contient une résine en dissolution. A mesure que les
molécules de la résine prennent l'état solide par l'évaporation de l'alcool, elles offrent un mouvement de trépidation extrêmement rapide, en nageant dans l'alcool qui n'est
pas encore évaporé. Ces corpuscules moléculaires changent
alors rapidement d'état pour passer de l'état liquide ou demi liquide à l'état solide, qui amène définitivement la
cessation du mouvement de trépidation moléculaire. Il
reste, comme on voit, encore bien des choses à connaître pour déterminer la cause du mouvement de trépidation moléculaire qui a lieu entre les globules que contiennent les liquides organiques végétaux éclairés par les rayons
solaires; toujours est-il bien démontré que le mouvement
de progression rapide dans leurs canaux que semblent présenter alors ces liquides, est une illusion d'optique, et
comme le docteur Schultz s'appuie sur cette observation
trompeuse pour admettre, chez la grande chélidoine, l'existence d'une circulation du latex, il devient légitime de
soupçonner que, dans des observations faites sur d'autres
plantes, il se sera laissé tromper par la même illusion.
Dans les observations microscopiques de ce genre, il ne
faut avoir confiance que dans celles qui sont faites avec le
simple secours de la lumière diffuse. C'est au moyen d'une
semblable observation, que j'ai constaté la réalité du mou-

vemen de progression du latex dans ses canaux chez le *ficus elastica*, ainsi que l'a annoncé M. Schultz (1). Au reste, ce qui achevera de prouver que cet observateur s'est laissé induire en erreur par une illusion d'optique, en faisant usage de la lumière solaire dans les observations dont il est ici question, c'est l'assertion qu'il a émise touchant l'existence d'un rapide mouvement circulatoire du sang dans une partie animale transparente, telle qu'une oreille de souris, détachée du corps de l'animal et observée au microscope à l'aide de la lumière solaire. On voit alors dans les vaisseaux sanguins le même phénomène de trépidation et la même apparence de courans que l'on observe dans les mêmes circonstances dans les feuilles de la grande chélidoine, dans celles de la laitue, etc. Je reviendrai, dans un autre travail, sur ce point de physiologie animale (2), et l'on y trouvera la preuve la plus complète de l'erreur dans laquelle est tombé le docteur Schultz sur ce point.

(1) Le travail de M. Schultz sur cet objet a été publié dans le tome xxii des Annales des Sciences naturelles.

(2) Voyez dans le 2e volume mon mémoire intitulé : *De la structure intime des organes des animaux et du mécanisme de leurs actions vitales.*

IX.

COUP-D'OEIL GÉNÉRAL

SUR

LES MOUVEMENS DES VÉGÉTAUX,

EXAMEN DU MÉCANISME DES MODES ÉLÉMENTAIRES DE MOUVEMENT PAR INCURVATION ET PAR TORSION. (1)

§ I.

La faculté de se mouvoir si libéralement, accordée par la nature aux animaux, n'a point à beaucoup près été refusée aux végétaux. Dans une foule d'occasions, ils meuvent spontanément quelques-unes de leurs parties, soit pour leur donner une position ou une direction convenable à l'exercice de leurs fonctions, soit pour obéir à une influence de nature inconnue qu'exercent sur eux les causes excitantes. Mais ce n'est pas toujours à l'occasion de l'influence d'une

---

(1) Le paragraphe II de ce mémoire a été publié en 1828; tout le reste paraît ici pour la première fois.

cause extérieure, que les végétaux meuvent quelques-unes
de leurs parties. Il y a, en effet, chez eux, des mouvemens
dus à une sorte d'*élasticité*, laquelle diffère de l'élasticité
des substances minérales, en cela que, dépendant de la présence de l'eau dans le tissu végétal, elle disparaît avec ce liquide lorsqu'il cesse de remplir les cellules végétales. Je
ferai voir ailleurs, que l'eau n'est pas la seule substance dont
l'introduction dans le tissu végétal soit propre à donner à
ce tissu une tendance à se courber élastiquement, et dans
d'autres circonstances une tendance à se tordre sur lui-
même. Ainsi, il peut apparaître et disparaître dans les tissus végétaux deux tendances au mouvement, la première
par *incurvation* et la seconde par *torsion*. Ces deux modes
de mouvement sont ceux que je nomme *modes élémentaires*.
Ce sont eux qui président à tous les mouvemens des végétaux.

Les mouvemens que les végétaux exécutent, considérés
sous le rapport des circonstances dans lesquelles ils ont lieu,
et sous le rapport des phénomènes auxquels ils coopèrent,
peuvent être rapportés à cinq divisions :

1° Les mouvemens élémentaires d'incurvation et de
torsion.

2° Les mouvemens particuliers par lesquels les fleurs ou
les feuilles de certains végétaux, prennent les positions successives qui constituent ce que l'on a nommé le *sommeil* et
le *réveil*.

3° Les mouvemens d'incurvation par excitation, autrement dits mouvemens d'*irritabilité*.

4° Les mouvemens par lesquels les végétaux dirigent les
radicules de leurs embryons séminaux dans le sens de la
pesanteur, et leurs tiges dans le sens opposé à celui de cette
même pesanteur.

5° Les mouvemens par lesquels les végétaux dirigent

quelques-unes de leurs parties vers la lumière, ou bien
dans le sens opposé à celui de son afflux.

L'ordre numérique dans lequel je place ici les mouvemens végétaux paraîtra peu naturel et arbitraire au premier coup-d'œil, mais on verra qu'il résulte nécessairement
de l'enchaînement des faits. Chacune de ces divisions des
mouvemens végétaux sera l'objet d'un mémoire séparé.

Les mouvemens élémentaires d'incurvation et de torsion
seront seuls étudiés spécialement dans ce mémoire. Les
mouvemens d'incurvation élémentaire résultent d'une
tendance à la courbure dans un sens déterminé, tendance
à laquelle est opposé un obstacle. Ce dernier, venant à être
vaincu, le mouvement d'élasticité qui est la conséquence
de cette tendance s'exécute librement, et il s'arrête lorsqu'il est accompli. Les exemples en sont nombreux dans
le règne végétal. Les uns appartiennent à l'état de vie, les
autres n'ont lieu que dans certaines parties végétales qui
ont cessé de vivre. Je vais étudier le mécanisme de ces mouvemens chez un petit nombre de végétaux, choisis parmi
ceux qui sont à-la-fois et les plus vulgaires et les plus faciles à étudier sous ce point de vue.

§ II. *Mouvemens par incurvation.*

Mécanisme du mouvement dans les valves du péricarpe de la balsamine
(*impatiens balsamina*).

On sait que les valves du péricarpe de la balsamine, à
l'époque de la maturité, se séparent les unes des autres, et
que chacune d'elles se roule en spirale *en dedans*, c'est-à-
dire que sa convexité est en dehors, ou du côté de l'épiderme. Si on les redresse, elles retournent spontanément
et avec vivacité à leur état d'incurvation, lorsqu'on les aban-

donne à elles-mêmes. Si on les plonge dans l'eau, elles se
courbent encore plus profondément ; si on les laisse se dessécher à moitié, elles tombent dans l'état de flaccidité ou
de relâchement, et perdent leur tendance élastique à l'incurvation. Ces premiers faits prouvent déjà que la présence
de l'eau dans les organes qui composent le tissu de la valve
est une des conditions de l'existence de sa tendance à l'incurvation. Si l'on plonge dans l'eau la valve à moitié flétrie
par l'évaporation de ses liquides intérieurs, elle absorbe ce
liquide, reprend son état turgide vital et son incurvation
élastique. Si on laisse dessécher presque entièrement la
valve à l'air libre, elle ne reprend plus du tout son état turgide et son incurvation lorsqu'on la plonge dans l'eau. Elle
s'imbibe entièrement, et jusqu'à complète saturation, mais
elle n'absorbe point l'eau *avec excès* comme elle le faisait
auparavant ; elle ne redevient point turgide ; elle demeure
constamment dans l'état de flaccidité. Cette dernière expérience m'a conduit à penser que l'incurvabilité tenait à
l'existence du liquide organique qui remplissait les organes
cellulaires dont la valve est composée, et que c'était, non
par une simple imbibition, mais par endosmose, que l'eau
était introduite dans le tissu organique incurvable. Les expériences qui vont être exposées confirmeront ce premier
aperçu.

Le tissu organique qui compose la valve du péricarpe de
la balsamine, vu au microscope, se trouve composé par une
agrégation d'utricules ou de cellules. Ces cellules, grandes
à la partie externe, vont toujours en décroissant de grosseur, jusqu'à la partie interne, où elles sont le plus petites.
Cette disposition dévoile la cause de la tendance à l'incurvation. Toutes les cellules étant pleines jusqu'à l'état turgide, l'incurvation de la valve en dedans en est le résultat
nécessaire. Les cellules qui composent ce tissu sont, dans
l'état naturel, remplies par un liquide organique plus ou

moins dense. Lorsque ces cellules éprouvent extérieurement
l'accession de l'eau, elles exercent l'endosmose implétive,
par cela seul qu'elles contiennent un liquide organique plus
dense que l'eau. Alors elles deviennent turgides, et le tissu,
distendu plus en dehors qu'en dedans, prend un état d'incurvation en dedans (1). Lorsqu'une dessiccation prolongée a enlevé le liquide intérieur des cellules, celles-ci s'im-
bibent de l'eau dont elles éprouvent extérieurement l'accession, mais elles n'exercent plus d'endosmose implétive ;
elles ne deviennent plus turgides ; le tissu demeure dans
l'état de flaccidité ; l'incurvabilité est abolie. Du moment
qu'il me fut démontré que l'accession extérieure de l'eau
était la cause de l'endosmose implétive des cellules qui contenaient un liquide organique dense, et que cette endosmose était la cause de l'état turgide du tissu ; du moment
qu'en outre il me fut démontré que l'incurvation de ce tissu
était le résultat de l'inégalité de ses cellules, grandes en dehors, et petites en dedans, il me parut certain qu'en sub-
stituant à l'eau un liquide plus dense que celui que contenaient les cellules, je produirais, non plus l'endosmose implétive, mais l'endosmose déplétive (2), et, par suite, une
incurvation de la valve dans le sens opposé à celui de son
incurvation naturelle. Je plongeai donc plusieurs de ces valves, qui étaient courbées en dedans, dans du sirop de
sucre. Elles ne tardèrent pas à perdre leur état d'incurvation, et à devenir droites. Bientôt après, elles se roulèrent

---

(1) Toutes les fois que je dirai, en parlant d'une partie végétale, qu'elle se
courbe *en dedans* ou qu'elle se courbe *en dehors*, cela signifiera, dans le premier cas, que la concavité de la courbure est tournée vers l'intérieur ou le
centre du végétal, et, dans le second cas, que la concavité de la courbure est
tournée vers l'extérieur.

(2) Pour l'intelligence de ce que j'entends par *endosmose implétive* et *endosmose déplétive*, voyez dans le premier Mémoire, aux pages 10, 11 et 14.

en spirale en dehors. Cet effet, que j'avais prévu, était un
résultat nécessaire de l'endosmose déplétive, qui soutirait
le liquide organique moins dense que le sirop liquide qui
remplissait les cellules du tissu de la valve. Ces cellules
étant désemplies, la valve se roulait en dehors, parce que,
de ce côté, les cellules, plus grandes, avaient plus perdu de
liquide; il y avait, de ce côté, moins de matière solide qu'en
dedans; dès-lors, il devait y avoir incurvation de ce côté,
lors de la soustraction d'une grande partie du liquide, qui,
en gonflant ces cellules, leur faisait occuper un espace considérable. Je transportai dans l'eau ces valves roulées en spirale en dehors; elles ne tardèrent pas à se dérouler, et, enfin, à reprendre leur état naturel d'incurvation en dedans;
ici, leurs cellules composantes exerçaient de nouveau l'endosmose implétive, et l'incurvation en dedans en était le
résultat. Je transportai de nouveau mes valves dans le sirop. Elles se roulèrent en dehors; je les replaçai dans l'eau,
elles se courbèrent en dedans. Je répétai ce double jeu d'incurvation neuf fois en cinq heures de temps. Alors, les valves cessèrent de se courber en dedans, lorsque je les plongeais dans l'eau; elles ne reprenaient plus assez pour cela
leur état turgide, ce qui provenait de ce que l'action d'endosmose déplétive, provoquée par l'immersion dans le sirop, avait soutiré en grande partie leur liquide dense intérieur; il ne leur en restait plus assez pour exercer une
endosmose implétive suffisante pour les replacer dans l'état
turgide; dès-lors, il n'y avait plus d'incurvation en dedans.
Mais l'immersion dans le sirop produisait toujours le roulement en dehors, jusqu'au *summum*, parce que cette incurvation était le résultat de l'endosmose déplétive, laquelle,
loin d'éprouver de la diminution, allait, au contraire, toujours en augmentant d'énergie, puisque le liquide intérieur
des cellules devenait de moins en moins dense, l'eau ayant
remplacé huit ou neuf fois le liquide organique intérieur,

soutiré par l'endosmose déplétive qu'occasionait l'immersion dans le sirop. Je mis sous le microscope une lame
mince de valve, plongée dans du sirop de sucre ; je fus
ainsi à même de voir d'une manière immédiate le mécanisme de son incurvation. Je vis toutes les cellules, et spécialement les plus grandes, qui occupaient son côté extérieur convexe, perdre assez rapidement de leur diamètre,
par l'effet de leur déplétion, et l'incurvation en dehors de
la lame de valve en fut l'effet.

Il résulte de ces expériences, que les valves du péricarpe
de la balsamine perdent leur incurvabilité ou leur faculté
d'incurvation élastique en dedans, lorsque le liquide organique dense qui remplit leurs cellules est soutiré, soit par
l'évaporation, soit par l'endosmose déplétive. C'est donc à
l'existence de ce liquide intérieur dense qu'est due l'incurvabilité. Si l'on pouvait rendre aux cellules le liquide
dense qu'elles ont perdu, on leur rendrait leur faculté de
devenir turgides par endosmose implétive, lors de l'accession extérieure de l'eau : on rendrait par conséquent aux
valves leur faculté de prendre une incurvation en dedans.
C'est effectivement ce que j'ai fait par les deux expériences
suivantes. J'ai fait dessécher à l'air libre des valves de péricarpe de balsamine, en ayant soin de les empêcher de se
tortiller, et de les conserver dans la rectitude. Lorsque
cette dessiccation me parut à-peu-près complète, j'achevai
de la déterminer à l'aide de la chaleur douce du feu. Les
valves ainsi desséchées étaient devenues cassantes et fria-
bles. J'en plongeai quelques-unes dans l'eau ; elles s'imbibèrent jusqu'à saturation, et demeurèrent droites dans
l'état de flaccidité. Je plongeai plusieurs autres de ces valves dans de l'eau très sucrée ; elles s'imbibèrent de ce liquide dense jusqu'à saturation, et demeurèrent de même
dans l'état de rectitude et de flaccidité. Lorsque je jugeai
que les cellules composantes de leur tissu avaient absorbé

par imbibition du liquide sucré autant qu'elles pouvaient le
faire, en vertu de leur simple capillarité, je plongeai ces
valves dans l'eau; elles ne tardèrent pas à l'absorber, par
l'effet de l'endosmose implétive, provoquée par la présence
d'un liquide dense dans les cellules; leur tissu cellulaire
devint turgide, et l'incurvation des valves en dedans eut
lieu de la même manière que dans l'état naturel. Je transportai ces valves dans du sirop de sucre, elles se roulèrent
en dehors; je les replaçai dans l'eau, elles se courbèrent de
nouveau en dedans; en un mot, ces valves avaient repris
leur incurvabilité par une sorte de résurrection; seulement
leur incurvation n'avait pas autant de force d'élasticité que
dans l'état naturel.

Je viens d'exposer comment l'immersion alternative, souvent répétée dans le sirop et dans l'eau, avait fini par souti-
rer la plus grande partie du liquide organique dense que
contenaient originairement les cellules, en le remplaçant
par de l'eau. Il résultait de là l'impossibilité au tissu de la
valve de reprendre dorénavant son état turgide, et par conséquent son incurvation en dedans; mais, en abandonnant
long-temps dans le sirop ces valves ainsi privées de leur liquide dense naturel, ce liquide sucré tend à les pénétrer
par imbibition. Les cellules s'en remplissent, en sorte qu'au
bout de huit à dix jours, si l'on transporte ces valves dans
l'eau, elles quittent leur incurvation en dehors, et reprennent leur incurvation naturelle en dedans; elles ont récupéré leur incurvabilité en récupérant un liquide dense dans
l'intérieur de leurs cellules.

Il résulte de ces observations, que les valves du péricarpe
de la balsamine possèdent une faculté d'incurvation élastique qui résulte de l'état turgide par endosmose implétive
d'un tissu cellulaire à cellules larges et rares au côté convexe, petites et serrées au côté concave. C'est l'accession
extérieure de l'eau sur ces cellules remplies d'un liquide

organique dense, qui détermine l'endosmose implétive de
ces cellules, et par conséquent l'exercice de l'incurvabilité,
dont le mécanisme se trouve ainsi dévoilé. Dans l'état naturel, c'est la sève lymphatique ascendante, qui n'est presque
que de l'eau pure, qui remplit ici le rôle de liquide extérieur, dont l'accession provoque l'endosmose implétive des
cellules. On peut se convaincre de cette vérité, en laissant
flétrir un rameau de balsamine détaché de la plante et
chargé de fruits. En perdant une partie de l'eau qui les rend
turgides, les valves des péricarpes perdent une partie de leur
incurvabilité; elles la récupèrent en plongeant l'extrémité
du rameau dans l'eau. Ce liquide, pompé par la tige, arrive
par les canaux lymphatiques jusqu'aux cellules des valves,
et son accession extérieure détermine leur endosmose implétive, et par conséquent le retour de leur état turgide, ce
qui ramène leur incurvabilité.

Il était important d'apprécier l'action des différens agens
chimiques sur l'incurvabilité végétale. Je me suis assuré que
les acides affaiblis augmentaient la force de la tendance à
l'incurvation dans les valves de la balsamine. Ainsi, en plongeant une de ces valves dans l'eau pure, elle prenait un degré déterminé d'incurvation; si j'ajoutais à l'eau une petite
quantité d'acide sulfurique, nitrique ou hydro-chlorique,
l'incurvation de la valve devenait à l'instant plus profonde;
mais l'incurvabilité de cette valve était altérée, en sorte
qu'en la transportant dans du sirop de sucre, elle se redres-
sait, mais sans se rouler en spirale en dehors, comme cela
a lieu ordinairement. Si l'action de cet acide affaibli était
plus longue, la valve perdait entièrement la faculté de se
redresser dans le sirop; son incurvabilité était complètement détruite. Ce phénomène était le résultat de la coagulation du liquide intérieur des cellules, coagulation opérée
par l'action de l'acide. Alors les cellules ne contenaient
plus un liquide dense, mais simplement un coagulum; elles

étaient par conséquent incapables d'exercer l'endosmose, dès-lors l'incurvabilité était abolie. L'immersion suffisamment prolongée d'une valve de péricarpe de balsamine, dans l'alcool, produit de même, et par la même raison, l'abolition de son incurvabilité. L'immersion, suffisamment prolongée dans une solution de potasse caustique, anéantit également l'incurvabilité de ces valves, et cela autant par l'altération chimique de leur tissu, que par celle de leurs liquides intérieurs.

Je mis quelques valves de balsamine dans un verre d'eau, à laquelle j'avais ajouté trois gouttes d'hydro-sulfure d'ammoniaque. Les valves se courbèrent d'abord profondément en dedans; deux jours après, leur incurvation était beaucoup diminuée. Je les transportai dans l'eau pure; elles y demeurèrent immobiles. Je les transportai dans du sirop de sucre; elles se redressèrent jusqu'à la rectitude seulement, et ne se courbèrent point en dehors, comme cela a lieu ordinairement : remises dans l'eau, elles affectèrent une courbure très légère en dedans. Ces valves étaient véritablement dans un état d'engourdissement ou de stupéfaction, et cependant elles avaient conservé leur apparence de vie; elles n'avaient point perdu leur couleur verte, comme cela avait lieu lors de l'abolition de l'incurvabilité de ces valves par des acides, par des alcalis ou par l'alcool.

Mécanisme du mouvement dans les péricarpes du *momordica elaterium*.

Le fruit du *momordica elaterium*, à l'époque de la maturité, se détache de son pédoncule. A l'instant de cette séparation, le liquide contenu dans la cavité centrale du fruit est expulsé avec violence, mêlé avec les graines, par l'ouverture qui provient de la séparation du pédoncule. A la seule inspection de ce phénomène, on peut juger qu'il y

29.

a là une contraction des parois de l'organe creux sur le liquide contenu dans sa cavité. J'avais d'abord été porté à
douter de ce fait; mais l'observation m'a ramené à le reconnaître. Il ne m'a fallu pour cela que mesurer d'une manière exacte les deux diamètres du fruit ellipsoïde, avant
et après son évacuation. Ce fruit, après qu'il a expulsé son
liquide central et ses graines par une violente expulsion, se
trouve diminué environ d'un neuvième dans son petit diamètre, et environ d'un douzième dans son grand diamètre.
J'ai pris ces mesures d'une manière extrêmement exacte,
avec un compas de tourneur. Il n'y a donc point de doute;
il y a ici une sorte de contraction; l'organe creux s'est res-
serré sur lui-même dans tous les sens pour expulser le liquide contenu dans sa cavité. Il s'agit actuellement de
rechercher le mécanisme de cette contraction afin de savoir
si elle offre de l'analogie avec la contraction musculaire des
animaux.

Avant sa maturité, le fruit du *momordica elaterium* ne
manifeste aucune tendance à expulser le liquide, alors peu
abondant, qui existe dans sa cavité centrale. Cependant,
ce fruit vert donne des marques très sensibles d'incurvabilité. Si l'on en coupe une tranche longitudinale, comme
on coupe *une côte* de melon, cette tranche se courbe profondément sous forme d'un croissant : cette incurvation
augmente encore en plongeant la tranche dans l'eau. Si
l'on coupe le fruit par tranches circulaires transversales,
et qu'on divise chacune de ces tranches circulaires en deux
demi-cercles, chacun de ces demi-cercles se courbe profondément, jusqu'à former un petit cercle complet : cette
incurvation augmente par l'immersion dans l'eau. Ainsi, il
y a dans le fruit vert du *momordica elaterium* une tendance
générale à l'incurvation : cette tendance, loin de compri-
mer le liquide central, tend au contraire à lui faire plus de
place, puisque par elle le petit diamètre du fruit tend à

s'agrandir. Ce n'est donc point cette tendance à l'incurvation qui comprime ce liquide, et qui l'expulse à l'époque de
la maturité. Effectivement, à cette époque et après l'expulsion du liquide central, les tranches longitudinales du
fruit ne tendent plus à se courber en dedans sous forme de
croissant. Elles conservent leur rectitude, même lorsqu'on
les plonge dans l'eau. Ainsi, il y a eu un changement extrêmement notable dans le mode de l'incurvabilité du fruit,
comparé dans ses deux états de fruit vert et de fruit mûr.
il s'agit de déterminer, par l'expérience et par l'observation, quel est ce changement survenu.

Le tissu du fruit, examiné au microscope, se trouve spécialement composé de cellules agglomérées. Ces cellules
vont en décroissant de grandeur de la circonférence au
centre. C'est cette grandeur décroissante des cellules qui se
retrouve ici comme dans les valves du péricarpe de la balsamine, qui détermine de même la tendance à l'incurvation
en dedans dans le fruit vert; mais cette grandeur décroissante des cellules existe aussi dans le fruit mûr. Pourquoi
donc n'existe-t-il plus de tendance à l'incurvation en dedans chez ce dernier? c'est ce que l'observation va dévoiler.

Les cellules qui composent par leur assemblage le fruit
du *momordica* contiennent un liquide organique dense.
L'accession extérieure de l'eau ou de la sève lymphatique
provoque l'endosmose implétive dans ces cellules, et par
suite l'état turgide et l'incurvation en dedans. C'est pour
cela que l'incurvation d'une tranche de ce fruit augmente
en la plongeant dans l'eau. Si on la plonge dans du sirop
de sucre, la densité de ce liquide, plus considérable que la
densité du liquide intérieur des cellules, provoquera l'endosmose déplétive dans ces cellules, et il en résultera que
la tranche perdra son incurvation en dedans, et prendra
une incurvation en dehors. Si l'on répète ce jeu d'incurvations alternatives dans l'eau et dans le sirop, il arrivera à la

tranche du fruit ce qui est arrivé dans la même expérience
à la valve de péricarpe de la balsamine ; elle perdra la faculté de prendre de l'incurvation en dedans , en conservant
celle de se courber en dehors. C'est le résultat de la soustraction du liquide dense que contenaient les cellules, soustraction qui a été opérée par l'effet continué de l'endosmose
déplétive. Or, comme il arrive ; lors de la maturité du
fruit du *momordica*, qu'il a perdu sa faculté de se courber
en dedans , et que cependant il conserve ses cellules décroissantes de dehors en dédans , il faut nécessairement
que ces cellules aient perdu une grande partie du liquide
dense intérieur qu'elles contenaient, lorsque le fruit était
vert. L'expérience va dévoiler la cause de cette déperdi-
tion.

Le centre du fruit du *momordica elaterium* contient une
substance organique très singulière, et qui ne ressemble à aucun autre tissu végétal. On le prendrait pour un mucus vert
fort épais. Vu au microscope , il paraît composé d'une immense quantité de globules fort petits, agglomérés ; tantôt
confusément , tantôt de manière à former des stries irrégulières. Cette substance est pénétrée par un liquide blanchâtre, par une sorte d'émulsion, qui est d'autant plus
dense, qu'on l'observe à une époque plus voisine de la maturité. Ce liquide aqueux s'épanche aussitôt qu'on ouvre le
fruit vert. Au microscope, on voit des globules presque
imperceptibles qui nagent dans ce liquide ; à l'époque de la
maturité, ce liquide blanchâtre est beaucoup plus abondant, et en même temps beaucoup plus dense ; les globules qu'il tient en suspension sont devenus beaucoup plus
gros. Les graines détachées du fruit nagent dans ce liquide
central, qui, par sa densité considérable, provoque l'endosmose déplétive des cellules qui composent le tissu du
fruit; dès-lors le liquide organique qui remplit ces cellules tend , par l'effet de l'endosmose déplétive , à s'écouler

vers le liquide central, dont la densité est supérieure à la sienne. Cette endosmose déplétive fait cesser la tendance à l'incurvation en dedans, qui existait dans toutes les parties du fruit, qui se trouve alors dans le même cas que s'il était en contact avec du sirop de sucre : ses côtés tendent alors à la rectitude. La masse du liquide central est augmentée par l'addition du liquide qu'il soutire des cellules. Les côtés du fruit sont courbés mécaniquement en dedans par cette accumulation de liquide dans sa cavité ; et comme ces côtés tendent avec force à la rectitude, ils pressent avec violence le liquide central, et ils le chassent rapidement dès qu'une issue lui est offerte. Cette expulsion n'est pas l'effet de la seule tendance à la rectitude des côtés du fruit ; elle est aussi l'effet de la diminution de la capacité de sa cavité centrale, par sa contraction générale. Ces deux effets dépendent de la même cause, c'est-à-dire de l'endosmose déplétive des cellules, produite par l'accession extérieure du liquide central, plus dense que ne l'est le liquide qui remplit ces mêmes cellules. La vérité de cette assertion est prouvée par l'expérience suivante. J'ai pris un nombre suffisant de fruits parvenus à leur maturité, et j'ai recueilli dans un vase le liquide central qu'ils expulsaient, mêlé aux graines ; alors j'ai pris un fruit vert, et je l'ai coupé par tranches longitudinales ; chacune de ces tranches s'est courbée en croissant, en dedans, comme à l'ordinaire, et cette incurvation s'est augmentée dans l'eau : c'était l'effet naturel de l'endosmose implétive. Alors j'ai transporté ces tranches dans le liquide que j'avais recueilli ; elles n'ont pas tardé à diminuer de courbure ; ensuite elles se sont redressées complètement ; enfin, elles se sont un peu courbées en dehors. Il est prouvé par cette expérience, que le liquide central du fruit mûr agit comme cause d'endosmose déplétive sur les cellules qui composent le tissu du fruit, ce qui prouve que ce liquide est plus dense que ne

l'est le liquide qui remplit ces cellules, C'est donc l'accession ou le contact de ce liquide central, devenu très dense,
qui fait cesser la tendance générale à l'incurvation en dedans, qui existait dans le fruit vert, par l'effet de l'endosmose implétive des cellules, et qui lui substitue une tendance générale au redressement et à l'incurvation en dehors,
par l'effet de l'endosmose déplétive de ces mêmes cellules.

Ainsi, il y a deux phases dans l'incurvabilité du fruit du
momordica elaterium, savoir ; une tendance à l'incurvation
en dedans par effet d'endosmose implétive, dans le fruit
vert, et une tendance à l'incurvation en dehors par effet
d'endosmose déplétive dans le fruit mûr. Ce changement
ne reconnaît d'autre cause que l'augmentation survenue
dans la densité du liquide qui occupe la cavité centrale du
fruit.

Il résulte de ces observations que les valves du péricarpe de la balsamine et le fruit du *momordica elaterium*
possèdent une incurvabilité à laquelle se joint une sorte de
contractilité. L'incurvabilité dépend de la grandeur décroissante des cellules qui composent le tissu incurvable ;
ce tissu offre, d'un côté, de la *capacité en plus*, et de l'autre
côté, de la *capacité en moins.* Ces cellules contiennent un
liquide organique d'une densité toujours supérieure à celle
de l'eau ; lorsqu'elles subissent l'accession extérieure de
l'eau ou de la sève lymphatique, qui diffère peu de l'eau
pure, ces cellules éprouvent l'endosmose implétive, et le
tissu se courbe, de manière que les plus grandes cellules
occupent le côté convexe. Lorsque ces cellules subissent
l'accession d'un liquide plus dense que celui qu'elles contiennent, elles éprouvent l'endosmose déplétive, et il en
résulte deux effets ; le premier est l'incurvation du tissu,
en sens inverse de celui qui avait lieu par endosmose implétive ; alors ce sont les plus petites cellules qui sont au
côté convexe ; le second effet est la contraction ou plutôt le

raccourcissement du tissu : c'est le résultat nécessaire de
l'évacuation partielle de toutes ses cellules composantes.
Par cette déplétion générale, le tissu devient moins volumineux, ou, en d'autres termes, il se contracte, mais cette
contraction n'a rien de commun avec la contraction musculaire des animaux.

§ III. *Mouvemens de la torsion.*

Les mouvemens dont le mécanisme vient d'être étudié
s'opèrent par *incurvation;* ce mode de mouvement est le
plus général chez les végétaux; un second mode de mouvement, qui s'observe moins fréquemment chez eux, est le
mouvement de *torsion.*

Toutes les tiges grimpantes volubiles sont tordues sur
elles-mêmes, et j'ai observé que, le plus souvent, le sens
de la spirale que forme la tige par sa torsion sur elle-
même, est opposé au sens de la spirale que forme la tige
volubile autour du support qu'elle enveloppe. Si ce fait
était général, on serait en droit de considérer la disposition
volubile de la tige, autour de son appui, comme le résultat
nécessaire de sa torsion sur elle-même, dans un sens opposé à celui de sa spire volubile. En effet, l'enchaînement
de ces deux phénomènes est facile à saisir. On sait que
pour faire une corde composée de deux *cordelles,* par
exemple, on commence par tordre sur elles-mêmes et dans
le même sens les deux cordelles, ensuite en les rapprochant latéralement, on les tord l'une sur l'autre en sens inverse de celui dans lequel est opérée la torsion de chacune
des cordelles; alors chacune de ces dernières offre une disposition en spirale qu'elle tend à prendre spontanément
par le seul fait de sa jonction à sa congénère, et sans y être
forcée par la torsion secondaire qu'opère le cordier et qui

ne fait que seconder la disposition naturelle qu'ont ces deux cordelles à être *volubiles* l'une à l'égard de l'autre. Or, on observe une succession exactement semblable, de phénomènes, en associant latéralement deux tiges d'une plante volubile quelconque, deux tiges de houblon, par exemple. La tige du houblon, vue de l'axe central de cette tige, se tord sur elle-même de droite à gauche; en associant deux de ces tiges qui se développent accolées, elles se disposent l'une sur l'autre en spirale dirigée de gauche à droite, en sorte qu'elles représentent très exactement une corde composée de deux cordelles. Si au lieu d'associer deux tiges de houblon, on associe une seule de ces tiges à un bâton vertical, la tige de houblon enveloppera ce bâton inflexible par sa même spirale dirigée de gauche à droite. C'est exactement pour une seule tige le même phénomène que celui qu'elle présentait lorsqu'elle était associée à une autre tige, sa disposition est la même; le bâton occupe alors l'axe très grossi de la spire; il est entendu que, pour juger de la direction de cette spire, il faut la supposer vue de cet axe; or les mêmes phénomènes s'observent chez toutes les autres plantes volubiles. Ainsi le chèvrefeuille (*linocera caprifolium*) tord sa tige sur elle-même de droite à gauche, cette tige est volubile en sens contraire, c'est-à-dire de gauche à droite de même que le houblon; il en est de même du *tamus communis*. Le *convolvulus purpureus* (*ipomea purpurea* Lam.) tord sa tige sur elle-même de gauche à droite; cette tige est volubile de droite à gauche; la même chose a lieu chez le *convolvulus sepium* et chez le *convolvulus arvensis*; mais cependant il arrive souvent que chez ces deux derniers *convolvulus*, la torsion de la tige sur elle-même offre une spirale dirigée dans le même sens que celui de la spirale volubile, c'est-à-dire également de droite à gauche, en sorte que cela infirmerait la règle générale que je viens d'établir touchant l'opposition du sens de la spirale opérée par la torsion de la tige sur elle-même et du sens de la spirale opérée par la disposition volubile de cette tige; toutefois, ce fait n'infirme point complètement la loi dont il est ici question, puisqu'il arrive souvent que chez ces *convolvulus* le sens de la torsion de la tige sur elle-même est opposé au sens de la spirale volubile de cette tige, en sorte que le cas contraire, qui se présente souvent aussi à l'observation, peut être considéré comme une aberration dont la cause n'est pas connue. Si donc l'on admet que la torsion de la tige sur elle-même, dans un sens déterminé, est la cause de la disposition volubile de cette tige en sens opposé, il ne s'agira que de déterminer la cause du premier phénomène pour avoir, par un enchaînement nécessaire, la cause du second. Pour nous faire une idée de la cause à laquelle est due la torsion d'une tige sur elle-même, supposons que le développement en longueur de son système central, soit inférieur au développement en longueur de son système cortical; ce dernier, par le fait de son excès d'allongement, devra ou bien se plisser par plis transversaux ou bien disposer ses fibres obliquement et en spirale en se tordant sur lui-même, et en entraînant avec lui le système central dans sa torsion. J'ai observé le plissement sur lui-même, du système cortical, par l'effet de l'excès de son développement en longueur, chez les racines du lis blanc (*lilium candidum*), cela n'a lieu que lorsque ces racines annuelles sont déjà vieillies, et vers le mois de septembre. Ce fait, qui prouve que le système cortical peut acquérir plus de longueur que le système central, permet de penser que c'est à une cause semblable, mais qui est suivie d'un effet différent, qu'est due la torsion, sur elle-même, de la tige de certaines plantes volubiles. Il me reste à prouver, par l'expérience, qu'un semblable effet peut être dû à une semblable cause. Si l'allongement plus considérable dans la partie superficielle que dans la partie centrale, est de nature

à produire la torsion d'un caudex végétal, le même effet
devra être produit par le raccourcissement plus considérable dans la partie centrale que dans la partie superficielle.
Or l'observation m'a fait voir l'existence de ce dernier fait,
lequel implique nécessairement la réalité de l'existence du
premier. Les feuilles calicinales ou les sépales du salsifix
(*tragopogon porrifolium*) sont fort allongées ; leur nervure
médiane est assez grosse et leur limbe foliacé est très étroit.
Ces feuilles étant séparées du calice et abandonnées à la
dessiccation, se tordent sur elles-mêmes et représentent alors
une sorte de colonne torse. Cela provient de ce que le centre de leur nervure médiane contient de grosses cellules
remplies de liquide aqueux, et de ce que la partie la plus
superficielle de cette même nervure est occupée par de
petites cellules remplies de liquide aqueux et de matière
verte. La dessiccation fait perdre plus de longueur aux rangées de grosses cellules centrales qu'aux rangées de petites
cellules superficielles, et comme toutes ces rangées sont intimement adhérentes, il en résulte que les plus longues qui
sont en dehors doivent se courber obliquement en spirale,
tandis que les plus courtes qui sont en dedans doivent conserver leur disposition en ligne droite, mais être tordues
sur elles-mêmes par l'effort que font, dans ce sens, les rangées extérieures qui les entraînent de force dans ce mouvement de torsion. Il me paraît que c'est par un mécanisme
analogue que certaines tiges volubiles, se tordent sur elles-
mêmes ; chez elles la torsion ne provient point, comme chez
les sépales du salsifix, d'un excès de raccourcissement dans
leur partie centrale, mais bien d'un excès d'allongement
dans leur partie superficielle, ce qui produit exactement le
même effet, c'est-à-dire, la torsion sur lui-même, du caudex
végétal. On voit en effet que dans les tiges volubiles, tordues sur elles-mêmes, la partie centrale n'a point ses organes cellulaires déprimés et raccourcis. C'est donc bien réel-

lement la partie corticale qui a pris un excès d'allongement dont l'existence est prouvée par le fait même de la disposition oblique et spiralée de ses faisceaux fibreux.

Il arrive quelquefois que le tronc des arbres est tordu sur lui-même, en sorte que les fibres ligneuses sont disposées en spirale; cela est fréquent chez le prunier (*prunus domestica*); j'ai observé que la torsion de cet arbre avait lieu tantôt de droite à gauche, tantôt de gauche à droite, il ne me paraît pas douteux que cette torsion ne se soit opérée par un mécanisme analogue à celui que je viens d'exposer. Ce sont peut-être ici les couches nouvelles d'aubier qui prennent un accroissement, en longueur, plus grand que celui des couches plus anciennes.

La disposition des tiges en spirale s'opère très évidemment quelquefois par un mécanisme différent de celui que je viens d'indiquer. Le *mimosa entada* Willd. en offre un exemple très remarquable. Cet arbuste grimpant qui habite les régions intertropicales, offre dans sa tige volubile des spires qui sont alternativement dirigées de droite à gauche et de gauche à droite, comme on le voit dans la figure 3 de la planche 14. La spire de la partie *a* de cette tige volubile est dirigée de gauche à droite; cette direction de la spire change en *c* et prend la direction de droite à gauche dans la partie *b*. Le même changement de direction de a spire s'observe en *d*, en sorte qu'il est bien évident que des spirales inverses occupent alternativement toute la longueur de cette tige volubile. J'ai remarqué que dans la spire qui s'étend sans changement de direction de *d* en *c*, la tige possède cinq bourgeons, lesquels indiquent ici l'insertion des cinq feuilles dont se compose la spirale la plus ordinaire, suivant laquelle les feuilles sont disposées sur les tiges végétales. Ici, c'est-à-dire en *a*, figure 3, la spirale des feuilles est dirigée de gauche à droite, ce qui est aussi le sens de la direction de la spirale qu'affecte cette partie de

la tige volubile. Plus haut, c'est-à-dire en *b*, la spirale des
feuilles change et se dirige de droite à gauche, ce qui est
aussi le sens de la direction de la spirale qu'affecte cette partie *b* de la tige volubile (voir p. 247). Ainsi le changement de
direction de la spirale des feuilles entraîne ici le changement
de direction de la spirale qu'affecte la tige volubile. Cette
dernière est fortement excentrique, comme on le voit par sa
coupe transversale représentée par la figure 4, planche 14.
La moelle *a* entourée d'une mince couche ligneuse concentrique *b*, est placée tout-à-fait latéralement dans cette tige
excentrique dont la partie ligneuse *c* s'est presque exclusivement développée sur un seul de ses côtés. Le bourgeon
o indique la place qu'occupait une des feuilles. Ainsi, il
paraît certain que c'est ici la disposition des feuilles en spirales alternativement inverses, qui a occasioné le contournement de la tige en spirales qui sont de même alternativement inverses. Il est infiniment probable que dans l'origine, cette tige n'était point excentrique comme elle l'est
dans l'exemple qui est figuré ici ; elle devait consister alors
seulement dans la partie cylindrique dont la coupe transversale est représentée en *a b* (figure 4), partie qui forme
seulement le cordon spiralé et extérieur, qui porte les bourgeons *o o o* dans la figure 3. Ce cordon spiralé était la tige
primitive. Il n'y a point eu d'accroissement en diamètre au
côté convexe de cette tige spiralée primitive, côté qui porte
les bourgeons et qui par conséquent portait les feuilles,
mais, par contre, il s'est opéré un accroissement excessif
en diamètre sur cette tige primitive au côté concave de la
spire qu'elle affecte ; c'est cet accroissement en diamètre du
côté concave de la tige spiralée qui a produit la partie ligneuse dont la coupe transversale est représentée en *c*
(figure 4), l'écorce *i* de cette tige a partout à-peu-près la
même épaisseur. Il ne paraît pas facile de déterminer pourquoi c'est exclusivement le côté concave de la tige spiralée

qui s'accroît en diamètre. Je me bornerai à faire observer que ce fait est en contradiction avec toutes les théories qui ont fait dériver les inflexions spontanées qu'affectent, dans certains cas, les tiges végétales de l'excès de la nutrition de l'un de leurs côtés sur la nutrition du côté opposé, admettant qu'en pareil cas, c'est le côté le plus fortement nourri qui s'allongerait le plus, et qui par conséquent occuperait la convexité de la courbure. Ici, c'est l'inverse qui a lieu ; c'est le côté le plus fortement nourri et le plus développé qui occupe la concavité de la courbure. Pourquoi, chez le *mimosa entada*, la disposition spiralée des feuilles détermine-t-elle le contournement en spirale de la tige, tandis que cela n'a point lieu chez tant d'autres végétaux dont les feuilles sont disposées en spirale ? Cela tient très certainement à une particularité d'organisation chez le *mimosa entada*, particularité qui ne pourrait être étudiée qu'en observant ce végétal à l'état de vie. Les vrilles de la brione (*brionia alba*, L.) offrent aussi des spirales successives dont le sens est alternativement de droite à gauche et de gauche à droite. C'est, je crois, le seul végétal de nos climats qui offre ce phénomène dont la cause organique est inconnue.

D'après l'observation qui prouve que chez le *mimosa entada* la spirale de la tige volubile est dirigée dans le sens même de la spirale qu'affectent les feuilles, il serait permis de soupçonner qu'il en serait de même chez les autres végétaux dont les tiges sont volubiles, mais l'observation ne confirme point cette prévision. Ainsi, par exemple, chez le *tamus communis* la spirale des feuilles est dirigée de droite à gauche, et la spirale de la tige volubile est dirigée de gauche à droite. La direction de la spirale des feuilles n'est pas toujours facile à voir sur les tiges volubiles, parce que ces tiges sont toujours tordues sur elles-mêmes ; mais on peut les ramener par la pensée à l'état d'absence de torsion, en observant les rapports des insertions des feuilles avec les lignes spiralées que décrivent sur la tige tordue les fibres qui, sans cette torsion, auraient été longitudinales.

Le mécanisme qui préside à l'exécution des mouvemens que je viens d'étudier, mouvemens dans lesquels la *vitalité* de la plante ne paraît point intervenir nécessairement, est également celui qui préside à l'exécution des *mouvemens vitaux* des plantes ; ces derniers mouvemens, en effet, sont tous dus à l'*implétion* ou à la *déplétion* d'un tissu organique composé d'organes cellulaires ou plus généralement de petits organes creux, ainsi que je le ferai voir, en sorte que tous ces *mouvemens vitaux* s'opèrent par *incurvation* ou par *torsion*. Cependant, je dois dire ici d'avance que ce n'est pas toujours et exclusivement par implétion ou par déplétion d'eau que ces *mouvemens vitaux* s'opèrent ; c'est aussi par *implétion* et par *déplétion d'oxigène*, ainsi que je le démontrerai.

§ IV. *Mouvemens végétaux dus à l'hygrométrie.*

Tous les mouvemens purement mécaniques que je viens de passer en revue, sont exécutés par des parties vivantes. Or, on observe souvent des mouvemens semblables dans des parties végétales mortes qui prennent des positions alternativement inverses, suivant qu'elles sont ou desséchées ou pénétrées par l'humidité. La recherche du mécanisme de ces mouvemens ne m'a pas paru dépourvue d'intérêt. Je me bornerai ici à deux exemples.

La fleur du *xeranthemum lucidum* a son calice composé de sépales colorés en jaune ; ils sont coriaces et persistans comme le sont en général ceux des fleurs qui portent le nom vulgaire d'*immortelles*. Cette fleur se ferme par l'inflexion des sépales vers le centre de la fleur lorsque l'air environnant lui livre de l'humidité, et elle s'ouvre par l'inflexion de ces mêmes sépales vers le dehors lorsqu'elle perd cette humidité acquise. Ce double mouvement peut s'observer pendant plusieurs années dans ces fleurs mortes que l'on conserve à l'air libre dans un appartement. Ce phénomène provient de ce que les sépales colorés qui exécutent ce double mouvement par les inflexions alternativement inverses de leur base, possèdent, dans cette partie, des cellules décroissantes de grandeur de dehors en dedans : grandes en dehors ces cellules sont plus petites en dedans, et il en résulte que lorsqu'elles sont gonflées par l'eau, elles courbent le tissu qu'elles composent vers le centre de la fleur ou vers le dedans, et que lorsqu'elles sont affaissées par l'évaporation de l'eau qui les gonflait, elles courbent le tissu qu'elles composent vers le dehors. Le mécanisme de ce double mouvement est exactement le même que celui qui préside généralement aux mouvemens en sens alternativement opposés que l'on observe chez les végétaux vivans, mais leur cause déterminante n'est point en tout la même. Chez les végétaux vivans la turgescence ou la déplétion des cellules proviennent des variations de l'endosmose; chez les parties végétales mortes la turgescence ou la déplétion des cellules sont des effets d'hygrométrie.

Le second exemple que j'ai à citer est relatif aux mouvemens qui sont exécutés par les deux valves des gousses des plantes légumineuses, lorsqu'elles sont frappées de mort après leur maturité. Alors ces valves se séparent l'une de l'autre, et il arrive assez souvent que chacune d'elles tend à se rouler en spirale. Ce phénomène est surtout remarquable chez le pois vivace (*lathyrus latifolius*) et chez le haricot (*phaseolus vulgaris*). Lorsque les valves de la gousse sont séparées l'une de l'autre et qu'elles se dessèchent, elles se contournent en spirale, de manière à former un tube assez semblable pour la forme à une trachée (figure 6 planche 14). Lorsque ces gousses redeviennent humides, elles quittent leur disposition en tube spiralé et elles reprennent leur forme ordinaire, qui est celle d'un demi-canal ou d'une gouttière. La cause de ce double phénomène m'a paru curieuse à rechercher.

Les valves de la gousse offrent intérieurement une membrane lisse et résistante, en dehors elles possèdent un tissu parenchymateux que recouvre l'enveloppe tégumentaire. La membrane interne est composée de fibres courbes, parallèles les unes aux autres, dont la disposition est très oblique par rapport à l'axe longitudinal de la valve, comme on le voit dans la figure 7, planche 14 en *a b, a b*. J'ai indiqué ici par des lignes parallèles la direction de ces fibres que l'on ne voit point à l'extérieur; il faut déchirer le tissu de la valve pour apercevoir leur existence; une lanière étroite de valve humide, enlevée selon la direction de ces fibres, étant desséchée, elle se courbe *en dehors*, en sorte que sa convexité est occupée par la membrane interne de la valve; si on la mouille de nouveau, elle se courbe *en dedans*, comme elle l'était primitivement, en sorte que sa concavité est occupée par la membrane interne de la valve. Ces deux phénomènes sont tout-à-fait indépendans du parenchyme qui occupe l'extérieur de la valve ; car ils ont lieu de même lorsque ce parenchyme est enlevé : ainsi ils appartiennent entièrement à la membrane fibreuse de la valve. J'ai démontré plus haut qu'un tissu végétal, qui possède d'un côté de grandes cellules, et de l'autre côté des cellules plus petites, se courbe alternativement dans les deux sens opposés, suivant l'implétion ou la déplétion de ses cellules; or, l'observation microscopique fait voir que la membrane fibreuse de la valve est composée de tubes fibreux inégaux en grosseur; les plus extérieurs, ceux qui touchent au parenchyme cortical de la valve sont plus gros que les tubes fibreux qui sont situés au-dessous et qui tou-

chent à l'épiderme intérieur et extrêmement fin de cette
même valve; il résulte de là, qu'en imbibant d'eau le tissu
membraneux que ces tubes fibreux forment par leur assemblage, ce tissu membraneux se courbera, comme l'expérience le démontre, de manière à ce que les plus gros tubes
fibreux occupent la convexité de la courbure, et les plus petits tubes fibreux la concavité de cette même courbure.
Lorsque ce tissu membraneux viendra à se dessécher, une
courbure inverse de ce tissu aura lieu. Ces faits, donnés
par la théorie et confirmés par l'observation, étant établis,
on voit facilement comment ils produisent tour-à-tour la
disposition de la valve en gouttière et sa disposition en tube
spiralé.

La valve est pliée en forme de gouttière dans son état
normal; cette courbure a lieu dans le sens $a c$, $b d$ (fig. 7)
de la largeur de la valve; or, lorsque cette dernière se dessèche, ses fibres courbes parallèles $a b$, $a b$, tendant à se
redresser, et ne pouvant opérer cette action, à cause de la
grande obliquité de leur courbure particulière avec la courbure en gouttière de la valve; ces fibres parallèles, dis-je,
sont amenées par le fait même de leur tendance au redressement, à prendre dans leur ensemble la seule disposition
dans laquelle ce redressement puisse avoir lieu; cette disposition est celle dans laquelle la valve est roulée en spirale
tubuleuse; alors ces fibres deviennent droites, comme on
le voit dans la partie $i o$ de la valve, qui offre un commencement de la formation du tube spiralé, formation qui est simultanée dans toute l'étendue de la valve qui se dessèche
et que j'ai représentée seulement dans le milieu de cette
dernière, afin de mieux faire saisir le mécanisme au moyen
duquel s'opère la disposition de la valve en tube spiralé (fig. 6). Dans ce tube, les fibres parallèles de la membrane fibreuse de la valve sont devenues droites et disposées dans le sens de la longueur du tube; elles tendent for-

tement à outre-passer leur redressement et à se courber *en dehors*, mais leur association, sous forme membraneuse, y met obstacle. Si l'on mouille ce tube spiralé, ses fibres parallèles et droites tendront à reprendre leur courbure primitive *en dedans* ; dès-lors la disposition, en tube spiralé, disparaîtra, et la valve reprendra sa forme primitive ou sa forme en gouttière. Ces deux phénomènes alterneront autant de fois que la valve sera alternativement desséchée et mouillée; c'est un effet d'hygrométrie et en même temps l'effet d'un mécanisme assez curieux d'organisation.

En comparant cette dernière observation à celles qui ont été exposées plus haut, touchant le mécanisme qui préside à la disposition spiralée chez les végétaux, on voit que les causes qui opèrent cette disposition spiralée ne sont point les mêmes dans toutes les circonstances où cette disposition se manifeste.

X.

DU RÉVEIL

ET DU SOMMEIL DES PLANTES. [1]

—•◦•—

§ I. — *Du réveil et du sommeil des fleurs.*

Lorsqu'une fleur présente successivement les deux états d'épanouissement et d'occlusion, on dit que le premier de ces deux états est son réveil et que le second est son sommeil. Des fleurs, en très grand nombre, ne présentent point de sommeil; elles s'épanouissent et conservent cet état jusqu'à la mort de la corolle qui se flétrit et tombe sans s'être préalablement fermée; il y a des fleurs qui n'ont qu'un seul réveil qui est leur épanouissement, et qui n'ont qu'un seul sommeil qui précède immédiatement la mort de la corolle : telles sont les fleurs des *mirabilis* des *convolvulus*, etc.; il y a enfin des fleurs qui présentent pendant plu-

(1) Ce mémoire, inédit jusqu'à ce jour, a été communiqué à l'Académie des Sciences de l'Institut dans ses séances des 14 et 21 novembre 1836.

sieurs jours les alternatives des deux positions de réveil et
de sommeil. Les fleurs de beaucoup de synanthérées sont
dans ce cas.

Les phénomènes du réveil et du sommeil des plantes, et
spécialement de leurs fleurs, ont frappé très certainement
dans tous les temps les yeux les moins observateurs; mais
c'est Linné qui, le premier, les a étudiés, sous le point de
vue scientifique, sans cependant avoir recherché leur cause.
Il s'est contenté de noter les heures diverses auxquelles les
fleurs s'épanouissent et se ferment; c'est avec le résultat de
ces observations qu'il a composé ce qu'il a nommé l'*horloge
de flore*, qui est connue de tous ceux qui s'occupent de l'é-
tude des plantes. Le réveil et le sommeil des fleurs n'a été
étudié depuis que par M. de Candolle (1). Cet habile observateur, en soumettant pendant la nuit, à une lumière
artificielle, des fleurs susceptibles de sommeil, et en les
mettant, pendant le jour, dans l'obscurité, parvint quelquefois à intervertir les époques de leur réveil et de leur
sommeil. Ainsi il vit des fleurs de *mirabilis jalappa* s'ouvrir
le matin et se fermer le soir, ce qui est l'inverse de ce qui
a lieu dans l'état naturel; il vit l'*ornithogalum umbellatum*
ouvrir constamment ses fleurs, à l'heure quelconque, où il
se trouvait soumis à l'influence de la lumière artificielle et
les fermer lorsqu'il était replacé dans l'obscurité. Malgré
beaucoup d'irrégularités, que M. de Candolle observa chez
beaucoup d'autres fleurs soumises aux mêmes expériences,
l'ensemble des faits lui démontra que la présence et l'absence
alternatives de la lumière sont les causes véritables des mouvemens qu'exécutent les fleurs pour prendre les positions
qui constituent leurs états successifs de réveil et de sommeil; mais il ne détermina point comment la lumière agit,

(1) Influence de la lumière artificielle sur les végétaux (Mémoires de l'Institut, savans étrangers, t. 1, p. 335).

par sa présence, pour produire l'un de ces phénomènes, ni comment son absence détermine le phénomène opposé. En 1831 j'exposai quelques expériences sur ce point, si obscur et cependant si important, de la physiologie végétale ; je fis voir que dans le vide de la pompe pneumatique, les fleurs susceptibles de sommeil et de reveil conservent constamment celui de ces deux états qu'elles possèdent lorsqu'elles y sont placées. En vain alors une fleur, dans l'état de sommeil, est exposée à la lumière et même aux rayons solaires, elle ne quitte point cet état; en vain alors arrive l'obscurité de la nuit, elle ne détermine point le sommeil d'une fleur qui a été placée dans le vide pendant son état de réveil. J'ai fait ces expériences sur les fleurs du *leontodon taraxacum*, du *sonchus oleraceus* et du *convolvulus arvensis*. Ces fleurs avaient alors leurs pédoncules plongés dans l'eau, afin d'entretenir leur vie et leur fraîcheur, les deux premières, qui appartiennent aux synanthérées et qui vivent pendant plusieurs jours, ont pu seules m'offrir la persistance du sommeil des fleurs dans le vide; la dernière, dont les fleurs ne vivent qu'un seul jour, n'a pu m'offrir que la persistance dans le vide de l'état de réveil, car leur sommeil est également persistant à l'air libre; il précède la mort de la corolle. J'avais conclu de ces observations, isolées et fort incomplètes, que l'air contenu dans les organes aérifères ou pneumatiques des plantes joue un rôle important dans les phénomènes de leur réveil et de leur sommeil. Les observations qui vont suivre confirmeront ce premier aperçu.

Pour arriver à la connaissance du mécanisme intime qui préside aux actions organiques qui produisent le réveil et le sommeil des fleurs, j'ai dirigé d'abord mes recherches sur les fleurs qui n'offrent qu'un seul réveil qui est leur épanouissement et qu'un seul sommeil qui précède la mort de leur corolle. Parmi les fleurs qui sont dans ce cas, j'ai choisi pour sujets d'étude la fleur du *mirabilis jalappa*, du *mirabilis longiflora*, et celle de l'*ipomea purpurea* Lam. (*convolvulus purpureus* L.)

On sait que les corolles des *mirabilis* (belles de nuit) s'épanouissent le soir et se ferment le lendemain matin, lorsque la lumière devient vive. Mais elles restent épanouies jusque dans l'après-midi, si le soleil est caché par d'épais nuages, en sorte qu'il paraît bien évident que c'est la lumière qui détermine l'occlusion ou le sommeil de leur corolle. La fleur de l'*ipomea purpurea* s'épanouit vers le milieu de la nuit, et elle conserve cet état de réveil jusqu'au soir du jour qui suit; alors arrive son occlusion ou son sommeil, qui a lieu exactement de la même manière que celui de la corolle des *mirabilis*, c'est-à-dire en roulant les bords de la corolle en dedans ou vers son centre. J'ai fait marcher de concert mes expériences sur le mécanisme organique qui opère le réveil et le sommeil de l'*ipomea purpurea*, du *mirabilis jalappa* et du *mirabilis longiflora*. Il y a, comme on s'en doute bien, une similitude parfaite sous le point de vue de ce mécanisme organique entre les deux *mirabilis* dont le réveil est nocturne; mais l'on sera étonné de voir que ce mécanisme est exactement le même chez l'*ipomea* dont le réveil, nocturne d'abord, se prolonge pendant toute la durée du jour. Je commence par étudier la fleur du *mirabilis jalappa* que je prends pour *specimen*, tout ce que j'en dirai s'appliquant de même au *mirabilis longiflora*.

La corolle infundibuliforme et monopétale des *mirabilis* peut être considérée comme formée par la soudure de cinq pétales qui ont chacun leur *nervure médiane*. Ces cinq nervures, qui font saillie à la face externe de la corolle, soutiennent le tissu membraneux de cette dernière comme les fanons de baleine d'un parapluie en soutiennent l'étoffe, et ce sont elles exclusivement qui, par leurs incurvations spontanées, opèrent l'épanouissement de la corolle ou son

réveil, et qui opèrent subséquemment son occlusion ou son
sommeil ; dans le premier cas, les cinq nervures se courbent
en dehors, dans le second elles se courbent en dedans en se
plissant en zigzag, et par ce mécanisme elles entraînent
avec elles le tissu membraneux de la corolle jusqu'à l'orifice
de son canal tubuleux où ce tissu membraneux demeure
chiffonné et en bouchon. Ce plissement en zigzag des nervures est produit, comme on le verra plus bas, par leur tendance à l'incurvation en spirale en dedans. Le tissu membraneux de la corolle auquel les nervures sont organiquement liées, les empêchant de se rouler en spirale uniforme
en dedans, les diverses portions de leur longueur se courbent isolément, en sorte qu'il y a une certaine quantité
d'arcs les uns à la suite des autres et tous produits par une
tendance à l'incurvation dans le même sens, c'est-à-dire en
dedans. Ces arcs, dans les endroits où ils sont contigus,
forment des angles, ou présentent des flexions de la nervure en sens opposé à celui de l'incurvation spontanée de
chacun de ces arcs ; mais ces *flexions* de la nervure ne sont
point des *incurvations spontanées ;* ce sont des flexions opé-
rées mécaniquement par l'effet des obstacles qui s'opposent
à l'incurvation en dedans de la nervure suivant une spirale
régulière et concentrique, et qui ne permettent que l'incurvation irrégulière des diverses portions de son étendue.
Ainsi la nervure fléchie en zigzag ou courbée sinueuse-
ment possède cet état, parce que la moitié du nombre de
ses arcs possède une incurvation spontanée qui résulte de
l'organisation de ces arcs, et parce que l'autre moitié du
nombre de ses arcs, tournés en sens inverse des premiers,
possède une flexion mécanique opérée de force et contra-
dictoirement au mode naturel de tendance à l'incurvation
que possède généralement la nervure. Le plissement en zigzag des nervures n'est donc point le produit direct de l'action organique, laquelle ne tend, dans le cas dont il s'agit,

qu'à courber régulièrement les nervures en spirale concentrique en *dedans*.

Avant l'épanouissement ou lorsque la fleur est encore *en bouton* qui doit s'épanouir sous peu, les mêmes nervures sont aussi légèrement courbées en dedans, en sorte que la portion de la corolle qui doit subséquemment être évasée est alors renflée en massue. Les figures 1, 2 et 3 (pl. 15), représentent les trois états successifs de *bouton*, d'*épanouissement* et d'*occlusion* de la corolle du *mirabilis jalappa*. Pour parvenir à la connaissance du mécanisme organique au moyen duquel s'opèrent les inflexions successives des nervures de cette corolle, inflexions auxquelles sont dus les trois états successifs qu'elle présente, j'ai dû d'abord étudier la structure intérieure de ces nervures. Ayant donc isolé une de ces nervures du tissu membraneux de la corolle, je l'ai fendue en deux longitudinalement et dans le sens du diamètre de la corolle, et j'ai soumis au microscope cette moitié transparente de nervure couverte d'un peu d'eau afin d'augmenter sa transparence. Je dois dire que, pour plus de facilité, je me suis adressé à la variété de cette fleur qui est panachée de rouge et de blanc, en sorte que ce sont des nervures incolores que j'ai observées d'abord. Lorsque les nervures sont rouges leur transparence est moindre, mais je l'ai rendue égale à celle des nervures incolores en mettant la nervure rouge dans une solution de potasse caustique qui fait disparaître cette couleur, en sorte que l'observation microscopique ne rencontre plus d'obstacles. La figure 4 représente l'organisation intérieure de cette nervure de corolle : *a* est son côté externe, *b* est son côté interne (1). Le côté externe est occupé par un tissu cellulaire *c* dont les cellules, disposées en séries longitudinales, offrent

(1) Cette figure 4 qui représente l'organisation intérieure d'une nervure devrait être renversée de gauche à droite pour la mettre en harmonie de position avec les nervures isolées que l'on voit dans les figures 5, 6, 7, 8 et 9.

sur leurs parois une assez grande quantité de globules. A partir des deux tiers internes *c* de l'épaisseur de ce tissu, les cellules vont en décroissant de grandeur vers le dehors *a* et vers le dedans où elles sont contiguës à des trachées *d*. De l'autre côté de ces dernières, ou à leur côté interne, existe un tissu fibreux *f* dont la texture extrêmement fine, est très difficile à démêler au microscope. Ce tissu est composé de fibres transparentes entremêlées de globules semblables à ceux qui existent sur les parois des cellules, ces globules sont disposés en séries longitudinales. Ce tissu fibreux correspond en dehors, aux trachées *d*, et en dedans il est recouvert par une couche de cellules mamelonnées *g* qui, pour la plupart, sont remplies d'air. Ainsi ce tissu fibreux *f* est compris entre deux plans d'organes pneumatiques ; aussi allons-nous voir que l'oxigène est éminemment nécessaire à ce tissu pour opérer l'incurvation qui lui est propre, incurvation dont on ne peut prévoir le sens ; car on n'aperçoit aucun décroissement de grosseur dans les fibres extrêmement petites dont il est en majeure partie composé. Il n'en est pas de même pour le tissu cellulaire *c*. Les deux ordres de décroissement qu'offre la grandeur de ses cellules vers le dehors *a* et vers le dedans où sont les trachées *d*, indiquent que ce tissu cellulaire est susceptible de se courber en dirigeant sa concavité vers le dedans ou vers le dehors de la corolle. Or, comme l'épaisseur de la couche de cellules dont la grandeur décroît vers le dehors de *c* vers *a* est plus grande que ne l'est l'épaisseur de la couche de cellules qui décroissent de grandeur vers le dedans de *c* vers *d*, il en résulte que, lors de la turgescence de ces cellules, le tissu total qu'elles composent doit se courber en dirigeant sa concavité vers le dehors *a*. Il est à noter que c'est la nervure de la corolle *épanouie* qui est observée ici ; cette même nervure, observée douze heures au moins avant l'épanouissement, offre au contraire dans sa couche de

cellules décroissantes de grandeur de *c* vers *d* plus d'épaisseur que dans sa couche *c a*, en sorte qu'alors le tissu
cellulaire total qui s'étend de *a* en *d* doit tendre à se
courber en dirigeant sa concavité vers le dedans *b*, lorsque
les cellules qui le composent sont dans l'état de turgescence.
C'est aussi ce que l'expérience démontre ainsi que je vais le
faire voir.

Dans un jour de l'été, j'ai cueilli à cinq heures du matin
une fleur en bouton du *mirabilis jalappa*, laquelle devait
s'épanouir le soir (figure 1), et j'ai isolé une des nervures
de sa corolle jusqu'à l'endroit où elle commence à se rétré-
cir en tube (figure 5). Cette nervure courbée en *dedans*,
ayant été plongée avec ce qui reste ici de la fleur dans l'eau,
sa courbure en dedans augmenta considérablement. Alors
ses cellules étaient turgescentes par l'effet de l'endosmose
implétive. Je transportai cette fleur ainsi préparée dans du
sirop de sucre. La nervure courbée en *dedans* se redressa
d'abord, puis se courba en *dehors*. Alors ses cellules s'étaient
désemplies ou vidées en partie par l'effet de l'endosmose
déplétive (voir page 14), le sirop étant plus dense que le liquide intérieur de ces cellules. Il résulte de cette expérience
que, dans l'état naturel, la nervure de la corolle *en bouton*
est courbée en dedans par l'effet de l'endosmose implétive
qui rend ses cellules turgescentes.

Le même jour à deux heures après-midi, j'ai cueilli une
nouvelle fleur en bouton devant de même s'épanouir le soir,
et j'ai isolé une de ses nervures, comme dans l'expérience
précédente. Cette nervure était dans l'air, courbée en dedans, mais l'ayant plongée dans l'eau elle se redressa d'abord
et ensuite se courba profondément en dehors (figure 6),
elle agit alors comme elle l'eût fait naturellement le soir
pour épanouir la corolle. L'ayant transportée dans du sirop
de sucre, la nervure courbée en dehors se redressa et se
courba ensuite en dedans. C'était alors le résultat de la dé-

plétion de ses cellules par l'effet de l'endosmose déplétive ;
ainsi la courbure en dehors de cette nervure (fig. 6) était
le résultat de la turgescence de ses cellules par l'effet de
l'endosmose implétive. C'est donc, dans l'état naturel, l'endosmose implétive des cellules provoquée par l'abondance
de la sève lymphatique qui produit l'épanouissement de la
corolle. Si cet épanouissement n'a lieu que le soir, cela
provient évidemment de ce que la diminution de la lumière et celle de la chaleur occasionnent la diminution de
la transpiration végétale, ce qui favorise l'accumulation
de la sève lymphatique dans le tissu organique de la corolle. L'eau dans laquelle j'avais plongé à deux heures
après-midi la nervure de la corolle en bouton, avait produit
prématurément pour cette nervure l'accumulation dans son
tissu de la sève lymphatique et par suite avait provoqué le
mouvement d'incurvation qui préside à l'épanouissement.

La nervure de la corolle en bouton cueillie le matin
(fig. 5), et la nervure de la corolle en bouton cueillie dans
l'après-midi du même jour (fig. 6), affectant des courbures
inverses, lorsque l'endosmose implétive rend leurs cellules
turgescentes, cela prouve que pendant le peu d'heures qui
se sont écoulées entre ces deux époques, il s'est opéré un
changement dans l'organisation des nervures de la corolle.
Ce changement est une augmentation du développement
de la couche cellulaire qui s'étend de a en c (fig. 4), couche
qui devient alors plus épaisse que la couche cellulaire qui
s'étend de c en d. Il en résulte que l'incurvation qui,
dans ce tissu turgescent, s'opérait auparavant de manière à ce que sa concavité fût dirigée vers le dedans b de
la corolle, s'opère actuellement dans le sens opposé, c'est-
à-dire que la courbure de ce tissu turgescent a lieu de
manière à ce que sa concavité soit dirigée vers le dehors a
de la corolle ; on sera peu étonné de la rapidité de ce changement organique en observant la vitesse avec laquelle s'o-

père le développement de la corolle dans les heures qui précèdent son épanouissement.

Le tissu cellulaire dont l'épaisseur s'étend de *a* en *d* (fig. 4) est ainsi l'agent de l'incurvation, *en dedans*, des nervures (fig. 5) dans la corolle en bouton, et il est également l'agent de l'incurvation, *en dehors*, de ces mêmes nervures (fig. 6) dans la corolle épanouie. La turgescence des cellules, par implétion d'eau ou par endosmose implétive, est, dans l'un et dans l'autre cas, la cause de l'incurvation. Il s'agit actuellement de savoir quel est l'agent de l'incurvation nouvelle, *en dedans*, de ces mêmes nervures lors de l'occlusion de la corolle : c'est ce que l'observation va dévoiler.

Je viens de faire voir que la nervure de corolle, épanouie ou voisine de l'épanouissement, étant isolée et plongée dans l'eau, se courbe en dehors (fig. 6). Or, en laissant dans l'eau cette nervure ainsi courbée, on la voit au bout de six ou huit heures quitter cette courbure et commencer à prendre, par son sommet, une courbure inverse (fig. 7); cette nouvelle incurvation augmente assez vite (fig. 8), en sorte que cette nervure isolée se trouve tout entière roulée en spirale, vers le dedans de la corolle. C'est là l'incurvation qui, dans l'état normal, opère l'occlusion de la fleur ou son *sommeil* (fig. 3). Certes, c'est un phénomène bien singulier que celui qui est présenté ici par une nervure de corolle isolée et plongée dans l'eau; cette nervure, prise dans la fleur en bouton, voisine de l'épanouissement et encore courbée en dedans, étant plongée dans l'eau, elle y prend immédiatement la courbure qui, dans l'état naturel, opère l'épanouissement ou le réveil de la corolle, et ensuite elle y prend de même spontanément la courbure inverse qui est celle qui, dans l'état naturel, opère l'occlusion ou le sommeil de la corolle. Cette succession de phénomènes est tout-à-fait indépendante de l'action de la lumière, car elle a lieu de même dans l'obscurité complète. J'ai fait voir que la cour-

bure qui opère l'épanouissement (fig. 6), chez la nervure
plongée dans l'eau, est due à l'endosmose qui introduit ce liquide dans ses cellules de manière à les rendre turgescentes;
mais comment se fait-il que la nervure, qui s'est ainsi courbée dans l'eau, y prenne subséquemment une courbure
inverse (fig. 8)? à coup sûr il n'est point survenu de changement d'organisation dans cette nervure isolée, de manière
à donner lieu, chez elle, à une incurvation dans un sens
nouveau, ainsi que cela a eu lieu précédemment pour la
nervure de fleur cueillie le matin (fig. 5) comparée à la
nervure de fleur cueillie après midi (fig. 6). J'ai fait voir,
en effet, que ces deux nervures, isolées et plongées dans
l'eau, se courbent par endosmose implétive dans des sens
inverses, en sorte que la présence extérieure de l'eau produit ici deux courbures en sens opposés; j'ai prouvé, par
une expérience décisive, que dans ces deux cas, l'incurvation est également due à l'endosmose implétive des cellules.
Cette expérience a consisté à plonger ces deux nervures
dans du sirop de sucre, lequel, en provoquant l'endosmose
déplétive des cellules de ces nervures, occasiona leur courbure dans un sens inverse de celui qu'elles avaient pris
dans l'eau. Or, j'ai soumis à la même épreuve la nervure
(fig. 8) qui avait pris secondairement la courbure spiralée
en dedans, quoique toujours plongée dans l'eau, laquelle
d'abord avait provoqué sa courbure en dehors; cette nervure courbée en spirale (fig. 8) conserva dans le sirop cette
même courbure, en sorte que je fus assuré que cette courbure secondaire n'était point due à l'endosmose; il me parut dès-lors certain que cette courbure spiralée n'avait point
pour agent le tissu cellulaire *c* (fig. 4), mais bien le tissu
fibreux *f* dont la fonction m'était encore inconnue; pour
savoir à quoi m'en tenir, à cet égard, je pris une corolle
épanouie de *mirabilis jalappa*, et avec un instrument bien
tranchant, je fendis une de ses nervures dans le sens de son

épaisseur, de manière à séparer le tissu cellulaire *c* du tissu fibreux *f*; cette opération n'est pas très difficile à pratiquer, parce que la nervure fait saillie à la face externe de la corolle, en sorte que cette saillie, spécialement formée par le tissu cellulaire *c*, peut être détachée par la section du tissu fibreux *f* qui demeure alors dans l'épaisseur de la corolle. Cette opération faite, j'enlevai le tissu membraneux adhérent à droite et à gauche à la moitié de nervure qui contenait le tissu fibreux *f*, et je plongeai dans l'eau cette nervure isolée et fendue en deux (figure 9). A l'instant, la moitié externe *c* de cette nervure se courba fortement en *dehors* et se roula même en spirale. Cette moitié composée par le tissu cellulaire *c* (figure 4) est donc celle qui, par l'endosmose implétive de ses cellules, courbe la nervure en dehors pour opérer l'épanouissement; quant à la moitié interne *f* (figure 9) de la nervure, elle se courba en *dedans*, ce qui me fit voir que cette moitié interne, formée par le tissu fibreux *f* (figure 4), est l'agent de la courbure secondaire de la nervure en *dedans* pour opérer l'occlusion de la corolle. L'expérience qui vient d'être exposée prouve que les deux courbures en sens inverse du tissu cellulaire *c* et du tissu fibreux *f* (figure 4), tendent en même temps à s'effectuer. Ainsi, lors de l'épanouissement la nervure étant courbée en dehors par l'action d'incurvation du tissu cellulaire *c*, il se trouve que le tissu fibreux *f* est courbé *malgré lui* dans ce même sens. Lors de l'occlusion de la corolle, le tissu fibreux *f* devient à son tour vainqueur de son antagoniste le tissu cellulaire *c*, et il l'entraîne *malgré lui* dans le sens d'incurvation en *dedans* qui lui est propre. Je me suis assuré de ce dernier fait en pratiquant sur une fleur dans l'état d'occlusion la division en deux d'une nervure (figure 9), comme je l'avais fait précédemment sur une fleur dans l'état d'épanouissement. Le résultat fut le même; les deux tissus incurvables *c* et *f* se courbèrent dans l'eau le premier en *dehors* et le second en *dedans*. Quelle est la cause de cette courbure en *dedans* du tissu fibreux *f* ? Il est évident, par l'expérience rapportée plus haut, que cette cause n'est pas la turgescence de ce tissu par endosmose; il y a donc ici un phénomène tout-à-fait inconnu.

En réfléchissant à ce singulier phénomène, je fus porté à penser que ce n'était point sans raison que la nature avait prodigué les organes respiratoires au tissu fibreux *f*, lequel est situé entre deux plans d'organes creux remplis d'air. Puisque ce n'était pas par *implétion de liquide* que le tissu fibreux *f* prenait son état actif de courbure, ce pouvait être par *implétion d'oxigène*. Si ce soupçon était fondé, la nervure qui, plongée dans l'eau aérée y prenait d'abord l'incurvation en dehors, qui est celle du réveil, et qui y prenait subséquemment l'incurvation en dedans, qui est celle du sommeil; cette nervure, dis-je, plongée dans l'eau non aérée, devait y conserver invariablement sa première incurvation en dehors qui est celle du réveil, incurvation qui est due à l'endosmose du tissu cellulaire. Cette nervure ne devait, ainsi, jamais présenter l'incurvation en dedans qui est celle du sommeil, et que je pensais devoir être due à l'oxigénation du tissu fibreux *f* (figure 4). Je dois dire d'abord que, lorsqu'on plonge une partie végétale peu épaisse dans l'eau non aérée, celle-ci dissout promptement l'air contenu dans les organes pneumatiques de cette partie végétale et prend la place de cet air, en sorte qu'il n'y a plus d'oxigène respiratoire dans cette partie végétale. L'expérience justifia mes prévisions. Une nervure de fleur de *mirabilis* plongée dans l'eau non aérée y prit et y conserva invariablement son incurvation de réveil. J'avais mis cette eau non aérée qui contenait la nervure en expérience dans un flacon bouché avec son bouchon de cristal sans enfermer d'air avec

l'eau (1), en sorte que l'eau non aérée, à l'abri du contact
de l'air atmosphérique, n'en pouvait point dissoudre. Cette
nervure resta donc constamment courbée en dehors,
comme on le voit dans la figure 6. Elle y devint même
beaucoup plus courbée qu'elle ne l'eût été dans l'eau
aérée. Quant à la courbure secondaire en dedans ou à l'incurvation de sommeil, telle qu'on la voit dans les figures 7
et 8, elle ne se manifesta point. Certain par cette expérience que l'incurvation de sommeil ne se manifeste point
dans les nervures de corolle de *mirabilis* plongées dans l'eau
non aérée, je voulus voir si le même phénomène se mani-
festerait dans une de ces corolles soumise à l'expérience
dans son entier. Une corolle de *mirabilis* épanouie étant
plongée dans l'eau aérée, elle y prend après quelques heures l'état d'occlusion ou de sommeil ; or, j'ai expérimenté
qu'une corolle épanouie de cette même plante étant plongée
dans l'eau non aérée mise à l'abri du contact de l'air atmosphérique, elle y conserve invariablement son état d'épanouissement ou de réveil. On pourrait peut-être penser
que l'air contenu dans les organes pneumatiques des nervures de la corolle, agirait en vertu de son élasticité pour
produire l'incurvation de sommeil et non en vertu de l'action chimique de l'oxigène qu'il contient. De là viendrait
que l'incurvation de sommeil n'aurait point lieu en plongeant la corolle dans l'eau non aérée qui dissout l'air contenu dans les organes pneumatiques et qui prend sa place ;
mais cela n'est point ainsi. L'expérience m'a prouvé que

(1) On peut priver l'eau de l'air qu'elle tient en dissolution par le moyen
de la pompe pneumatique, ou plus simplement par le moyen de l'ébullition
prolongée. Je plonge un flacon dans un vase plein d'eau qui est soumise à l'é-
bullition ; lorsque celle-ci est finie, je mets au flacon submergé son bouchon
de cristal, en sorte que l'eau qu'il contient se refroidit sans le contact de l'air,
et en même temps que l'eau dans laquelle il est plongé.

l'air ne revient jamais dans les organes pneumatiques envahis par l'eau chez les parties végétales qui continuent à demeurer submergées. Or, cela n'empêche pas une corolle de *mirabilis* de prendre l'état de sommeil après deux ou trois jours, lorsqu'on laisse l'eau non aérée dans laquelle elle avait été plongée épanouie, s'aérer par son contact avec l'air atmosphérique. C'est donc indubitablement par l'action chimique de l'oxigène dissous dans l'eau, que le tissu fibreux acquiert la force d'incurvation qui produit l'état de sommeil. Ce tissu fibreux *f* (figure 4) se courbe par implétion d'oxigène comme le tissu cellulaire *c* se courbe par implétion de liquide. Ainsi, chez la fleur des *mirabilis* le réveil et le sommeil, c'est-à-dire l'épanouissement et l'occlusion de la corolle résultent de l'action alternativement prédominante de deux tissus organiques situés dans les nervures de la corolle et qui tendent à se courber dans des sens inverses. Savoir : 1° un tissu cellulaire qui tend à se courber vers le dehors de la fleur par implétion de liquide avec excès ou *par endosmose ;* 2° un tissu fibreux qui tend à se courber vers le dedans de la fleur *par oxigénation.* C'est évidemment pour favoriser l'exercice de la fonction d'incurvation de ce dernier tissu qu'il se trouve placé entre deux plans d'organes pneumatiques ; savoir : un plan de trachées *d* et un plan de cellules aérifères *g.* L'intervention de l'oxigène est ainsi *directement* nécessaire pour la production du *sommeil ;* cette intervention de l'oxigène est aussi nécessaire, mais *indirectement,* pour la production du *réveil,* parce que cette intervention est nécessaire pour que la corolle attire la sève dans le tissu de ses nervures avec une abondance suffisante pour donner lieu à son implétion par endosmose (1). Ces faits m'expliquent pourquoi une fleur, mise dans le vide de la pompe pneumatique, y conserve inva-

(1) Voyez dans le Mémoire VIII, page 413.

riablement l'état de réveil ou de sommeil qu'elle a lorsqu'elle y est placée.

C'est un fait nouveau, et d'une haute importance en
physiologie, que celui de l'existence d'un tissu qui se courbe
par *implétion d'oxigène*. Ce fait s'appliquera facilement à
l'incurvation sinueuse de la fibre musculaire, chez les animaux. Mais je reviens à la corolle du *mirabilis jalappa :* j'ai
dit plus haut que la nervure de cette corolle en bouton,
cueillie de grand matin, étant plongée dans l'eau, y augmente sa courbure naturelle en dedans (fig. 5); c'est un
effet de la turgescence des cellules par endosmose, ainsi que
je l'ai démontré plus haut : or, si on laisse cette nervure
séjourner pendant quelques heures dans l'eau, on la voit
se rouler en spirale dans le même sens, c'est-à-dire en dedans (fig. 7 et 8); ce second effet, tout pareil à celui qui
arrive secondairement à la nervure de corolle épanouie,
plongée dans l'eau est dû de même à l'oxigénation, car il
n'a point lieu dans l'eau non aérée. Ainsi la courbure première et immédiate en dedans (fig. 5) a pour agent le tissu
cellulaire *c* (fig. 4), dont l'organisation, à cette époque, est
apte à opérer l'incurvation de ce tissu *en dedans;* la courbure secondaire (fig. 7 et 8), qui s'opère de même *en dedans*
a pour agent le tissu fibreux *f*, de même que je l'ai exposé
plus haut; la nervure de la fleur en bouton, cueillie le matin et plongée dans l'eau, passe donc immédiatement de la
courbure, simple en dedans par endosmose à la courbure
spiralée *en dedans* par oxigénation, sans passer par l'état
intermédiaire de courbure *en dehors* par endosmose, lequel
constitue l'épanouissement ou le *réveil.* On conçoit, en
effet, que cette nervure d'une fleur cueillie, a dû perdre
le progrès de développement cellulaire qui aurait changé
le sens de son incurvation par endosmose, si la fleur eût
continué d'être liée organiquement à la plante.

Tous ces phénomènes qui sont communs au *mirabilis*

jalappa et au *mirabilis longiflora*, le sont également à l'*ipomea purpurea* : seulement la fleur de cette dernière plante, lorsqu'elle est *en bouton*, a ses nervures courbées en spirale en dedans, comme on le voit dans la figure 10, ce en quoi elle diffère, mais légèrement, de la fleur en bouton des *mirabilis* (fig. 1), chez laquelle les nervures sont simplement courbées en dedans; en outre les cinq nervures de la fleur de l'*ipomea purpurea* ne sont pas *simples*, comme le sont les cinq nervures de la fleur des *mirabilis*; elles sont *complexes*, c'est-à-dire que chacune de ces cinq nervures, qui sont triangulaires, est composée par la réunion de plusieurs nervures parmi lesquelles les deux nervures latérales, qui forment les côtés du triangle, se distinguent par leur grosseur; elles font saillie à la face externe de la corolle. C'est à ces nervures latérales qu'il faut s'adresser, tant pour observer leur structure intérieure, qui est tout-à-fait semblable à celle des nervures des *mirabilis* (fig. 4), que pour faire des expériences semblables à celles que j'ai faites sur les nervures de la fleur de ces dernières plantes, et que j'ai rapportées plus haut. Les phénomènes que j'ai décrits se passent exactement de la même manière chez les nervures de la fleur de l'*ipomea purpurea*; son épanouissement ou son *réveil* est dû à l'incurvation en dehors, d'un tissu cellulaire turgescent par implétion d'eau, implétion due à l'endosmose; son occlusion ou son *sommeil* est dû à l'incurvation en dedans d'un tissu fibreux turgescent, par implétion d'oxigène : aussi peut-on conserver les fleurs de cette plante, et de même celles de tous les *convolvulus*, dans l'état d'épanouissement ou de *réveil*, en les plongeant dans de l'eau non aérée privée de communication avec l'air atmosphérique; elles demeurent constamment dans cet état, tandis que dans l'eau aérée elles prennent assez promptement l'incurvation spiralée en dedans, qui constitue l'état de sommeil. Si on laisse l'eau non aérée, dans laquelle est une de ces corolles épanouies, en contact avec l'air atmosphérique, elle reprendra de l'air en dissolution et deux jours environ après son immersion, la corolle prendra l'état d'occlusion.

Les phénomènes anatomiques et physiologiques rapportés plus haut, étant exactement les mêmes chez la fleur des *mirabilis* et chez la fleur de l'*ipomea purpurea*, on se demandera sans doute pourquoi la fleur des *mirabilis* se ferme le matin, tandis que la fleur de l'*ipomea* reste épanouie pendant tout le jour. La réponse à cette question est facile : d'abord je ferai remarquer que la fleur de l'*ipomea purpurea* s'épanouit vers le milieu de la nuit, en sorte qu'elle ressemble physiologiquement aux fleurs des *mirabilis*, sous le point de vue de son épanouissement lors de la diminution considérable de la lumière. Souvent j'ai vu, dans l'arrière-saison, cette fleur de l'*ipomea purpurea* s'ouvrir dès dix heures du soir; elle persiste dans l'état d'épanouissement pendant toute la journée qui suit, et elle se ferme dans la soirée. Ainsi, la différence essentielle qui existe physiologiquement, entre cette fleur et celle des *mirabilis*, consiste en cela que cette dernière ne supporte pas, sans se fermer, l'action d'une vive lumière, tandis que la seconde, non-seulement supporte très bien, sans se fermer, l'action de la plus vive lumière solaire, mais ne se ferme ordinairement que lorsque la lumière a commencé à diminuer, c'est-à-dire le soir; or, cela n'arrive pas toujours ainsi, j'ai observé que dans l'automne, lorsque la température atmosphérique est descendue à environ 15 degrés c. ou 12 degrés R., les fleurs d'*ipomea purpurea*, qui s'épanouissent deux heures environ après le coucher du soleil, ne se ferment que dans la matinée du surlendemain; en sorte qu'elles restent épanouies pendant environ trente-six heures, tandis que leur état d'épanouissement ne dure que la moitié de ce temps environ lorsqu'il fait chaud. Ce phénomène provient évidemment

de ce que l'abaissement de la température augmente la lenteur de l'oxigénation du tissu fibreux incurvable par oxigénation et agent du sommeil. La lumière, comme la chaleur,
exerce de l'influence sur la rapidité de cette oxigénation.
Lorsque le soleil est voilé par d'épais nuages, la fleur des
mirabilis reste bien plus long-temps ouverte; elle ne se
ferme alors que dans l'après-midi; cette fleur, mise dans
l'obscurité, se ferme encore plus tard. Dans l'ordre ordinaire des choses, cette même fleur reste ouverte pendant
environ douze heures, puisque, s'ouvrant vers sept heures
du soir dans le mois d'août, elle se ferme vers sept heures
du matin; la fleur de l'*ipomea purpurea* reste épanouie
pendant environ dix-huit heures, puisque s'ouvrant, dans
le même mois, vers minuit, elle ne se ferme que vers le coucher du soleil le jour qui suit. Tout atteste donc que la fleur
des *mirabilis* est prompte à oxigéner sous l'influence de la
lumière et de la chaleur, son tissu fibreux incurvable qui
est l'agent du sommeil, et que la fleur de l'*ipomea purpurea*
est lente dans les mêmes circonstances à oxigéner ce même
tissu fibreux dont l'incurvation, par oxigénation, produit
l'occlusion de la corolle; voilà pourquoi la fleur de l'*ipomea
purpurea* qui, du reste, s'ouvre cinq ou six heures après
l'ouverture de la fleur des *mirabilis*, ne se ferme qu'environ
douze heures après l'occlusion de cette dernière, et reste
ainsi épanouie pendant toute la durée du jour. Il reste actuellement à expliquer pourquoi ces fleurs sont nocturnes
sous le point de vue de l'heure de leur épanouissement. Les
corolles devant leur épanouissement à la turgescence d'un
tissu cellulaire incurvable par endosmose, doivent offrir ce
phénomène à l'époque de la révolution diurne, qui offre les
circonstances extérieures les plus favorables pour que cette
turgescence ait lieu. Or, c'est généralement pendant l'absence du soleil qu'il y a le plus d'humidité dans l'atmosphère; c'est là une première circonstance extérieure favo-

rable à l'épanouissement des fleurs. Viennent ensuite la lumière et la chaleur. La lumière produit deux effets sur les
plantes : 1° en donnant de l'activité à la respiration végétale,
elle augmente l'afflux de la sève ou son ascension par attraction (1), et il en résulte un état de turgescence pour la
partie végétale qui est le siège de cet afflux; 2° la lumière
augmente la transpiration végétale, et sous ce point de vue,
elle tend à diminuer l'état de *turgescence d'eau* des parties
végétales qu'elle frappe. Ainsi, la lumière est à-la-fois une
cause de turgescence cellulaire par implétion d'eau, et une
cause de déplétion d'eau ou de sève lymphatique; suivant
que l'une ou l'autre de ces deux influences physiologiques
de la lumière sera prédominante, le tissu végétal sera turgescent ou désempli. Supposons actuellement qu'une fleur,
par sa constitution particulière, soit de nature à éprouver,
sous l'influence de la lumière, plus de transpiration u'elle
n'a, sous cette même influence, de force pour attirer la sève
lymphatique : cette fleur ne pourra acquérir la turgescence
cellulaire, qui doit opérer son épanouissement, que dans
l'absence ou lors de la diminution considérable de la lumière; elle s'épanouira le soir ou pendant la nuit. Supposons que chez une autre fleur il y ait, au contraire, sous
l'influence de la lumière, plus d'attraction de la sève lymphatique, qu'il n'y a de transpiration : il y aura alors chez
cette fleur turgescence cellulaire, et elle prendra son état
d'épanouissement sous l'influence de la lumière. Ces faits
donnent l'explication de toutes les différences qui existent
entre les fleurs, sous le point de vue de l'époque diurne ou
nocturne de leur épanouissement ou de leur réveil. Quant
à l'époque de l'arrivée de leur occlusion ou de leur sommeil,
elle dépend de la rapidité plus ou moins grande avec laquelle s'opère l'oxigénation de leur tissu fibreux qui est l'a-

(1) Voyez dans le mémoire viii, page 413.

gent du sommeil. Il est des fleurs dont le sommeil arrive très peu de temps après le réveil; il en est d'autres chez lesquelles ces deux phénomènes sont séparés par un espace de temps plus considérable. C'est sur ces différences que sont fondés les phénomènes que présentent les fleurs, sous le point de vue des heures diverses auxquelles arrivent leur réveil et leur sommeil, phénomènes dont Linné a fait un catalogue sous le nom d'*Horloge de flore*. Au reste, il faut bien se donner de garde de considérer cette *horloge* comme exacte, les heures du réveil et du sommeil des fleurs variant suivant le degré de lumière, suivant la température, et même souvent, suivent l'état de sécheresse ou d'humidité de l'atmosphère.

Les fleurs dont je viens d'étudier le réveil et le sommeil ne présentent qu'une seule fois chacun de ces deux états; il était fort important d'étudier, sous ce point de vue, les fleurs dont la vie est plus longue et qui présentent plusieurs alternatives de réveil ou d'épanouissement et de sommeil ou d'occlusion. Une plante fort commune, le pissenlit (*leontadon taraxacum*) est celle que j'ai choisie pour faire cette observation. La fleur de cette plante synanthérée vit ordinairement pendant deux jours et demi, en sorte qu'elle présente pendant deux jours le réveil le matin et le sommeil le soir; le troisième jour elle présente encore le *réveil* le matin et dans le milieu du jour elle prend son dernier sommeil, qui est suivi de la mort. Dans le réveil, les demi-fleurons dont cette fleur est composée se courbent en dehors et la fleur est épanouie; dans le sommeil, les demi-fleurons se courbent en dedans et la fleur est dans l'état d'occlusion. Les demi-fleurons les plus extérieurs étant les plus grands, sont ceux qui présentent le plus de facilité pour l'observation. La figure 11 (pl. 15) représente un de ces demi-fleurons amplifié, et dans l'état de réveil; la figure 12 le représente dans l'état de sommeil. Chez la plupart des chicoracées, les incurvations inverses et alternatives qui constituent le réveil et le sommeil, ont exclusivement leur siège dans le cornet *a* du demi-fleuron, la partie supérieure et colorée *b* de ce demi-fleuron ou sa languette, n'y participe point du tout ; chez le pissenlit le demi-fleuron tout entier se courbe en dehors dans le réveil parfait, et il se courbe de même tout entier en dedans lors du sommeil profond. Ainsi ces demi-fleurons présentent beaucoup de facilité pour l'observation des phénomènes du réveil et du sommeil. L'étude de leur organisation intérieure offre plus de difficulté à raison du peu d'épaisseur des petites nervures qui existent dans le tissu de leur corolle, nervures qui doivent être, et qui sont en effet, les agens des incurvations opposées et alternatives auxquelles sont dus le réveil et le sommeil. Pour observer leur organisation intérieure, il faut déchirer le tissu de la corolle en lanières longitudinales aussi fines qu'il est possible de les obtenir. De cette manière, on finit par isoler une des petites nervures longitudinales de cette corolle, et comme elle se courbe en cercle *en dehors* dans l'eau dont on la couvre sur le porte-objet du microscope, il en résulte qu'elle présente le côté à l'œil de l'observateur, en sorte qu'on peut apercevoir son organisation dans le sens de son épaisseur, ce qu'il importait d'obtenir. Voici quelle est cette organisation : La figure 14 représente l'épaisseur d'une nervure du demi-fleuron ; au dessous de l'épiderme de sa face interne ou supérieure *b,* on aperçoit des rangées longitudinales de cellules allongées *c* disposées en séries rectilignes et couvertes d'une grande quantité de globules de couleur jaunâtre qui s'opposent quelquefois à ce qu'on puisse facilement distinguer les cellules dont ils tapissent les parois. On rend l'observation de ces cellules plus facile au moyen d'un peu de solution de potasse caustique qui rend ce tissu plus transparent. Ce tissu cellulaire *c* offre ses plus grandes cellules dans la par-

tie de son épaisseur, qui est peu éloignée de la face supérieure *b* où les cellules superficielles sont plus petites, ce
qui établit un léger décroissement de grandeur des cellules
de l'intérieur du demi-fleuron vers sa face supérieure *b*.
Ce tissu cellulaire, dans le reste de son épaisseur qui est
plus considérable, offre le décroissement de grandeur de ses
cellules vers un plan de trachées *d* situées à peu de distance de la face externe ou inférieure *a* du demi-fleuron.
Cette face qui, considérée dans les demi-fleurons de la
rangée la plus extérieure, offre dans son milieu une bande
longitudinale verdâtre, est occupée superficiellement par
des cellules mamelonnées *g* qui sont, pour la plupart,
remplies d'air. Entre ce plan de cellules superficielles *g* et le
plan de trachées *d*, se voit une couche mince de tissu fibreux *f*, lequel est composé de fibres transparentes entre les
faisceaux desquelles se voient des globules excessivement
petits. Il est facile de voir, au premier coup-d'œil, que cette
organisation intérieure du demi-fleuron est semblable à
celle des nervures de la fleur des *mirabilis* (figure 4), excepté que la disposition des parties composantes y est inverse. Dans la nervure de la fleur des *mirabilis* et de l'*ipomea purpurea*, le tissu cellulaire *c* (figure 4) est voisin de la
face externe ou inférieure *a* de la corolle, tandis que le
tissu fibreux *f*, compris entre un plan de trachées et un plan
de cellules pneumatiques superficielles, est voisin de la face
interne ou supérieure *b* de cette même corolle. La disposition de ces parties est inverse dans les nervures des demi-
fleurons chez le pissenlit. Le tissu cellulaire *c* (figure 14) est
voisin de la face supérieure *b*, et le tissu fibreux *f*, compris
de même entre deux plans d'organes pneumatiques, est voisin de la face inférieure *a*. Cette inversion, au reste, ne
change rien aux fonctions de ces parties composantes. Il
est évident que chez le pissenlit, le tissu cellulaire *c* est le
tissu *incurvable par endosmose*, et que le tissu fibreux *f* est

le tissu *incurvable par oxigénation,* ainsi que cela a lieu chez
les *mirabilis.* Le premier est, par conséquent, l'organe qui
opère l'incurvation *en dehors* de chaque demi-fleuron (figure 11), incurvation à laquelle est dû l'épanouissement ou
le réveil de la fleur. Le second est l'organe qui opère l'incurvation *en dedans* de chaque demi-fleuron (figure 12),
incurvation à laquelle est due l'occlusion de la fleur ou son
sommeil. Ainsi, ces deux tissus incurvables quoique placés d'une manière inverse chez les *mirabilis* et chez le pissenlit, se courbent dans le même sens, c'est-à-dire que le
tissu incurvable par endosmose se courbe *en dehors* et que
le tissu incurvable par oxigénation se courbe *en dedans,*
pour opérer l'un le *réveil* et l'autre le *sommeil* de la fleur.
On sent que l'extrème exiguïté de l'épaisseur de ces tissus
incurvables chez le pissenlit, ne permet pas de les séparer
l'un de l'autre pour expérimenter directement quel est le
sens de l'incurvation propre à chacun d'eux, mais l'analogie ne permet pas ici d'avoir des doutes à cet égard. L'expérience, d'ailleurs, prouve directement que le réveil est
dû à la turgescence d'eau ou à l'endosmose implétive, et
que le sommeil est dû à l'oxigénation. En effet, le demi-
fleuron de la fleur du pissenlit étant cueilli de grand matin
lorsqu'il a encore l'incurvation du sommeil (figure 12), et
étant plongé dans l'eau aérée, il y prend de suite l'incurvation contraire (figure 11) qui est celle du réveil. Si on le
plonge dans de l'eau non aérée, il y prend une courbure
bien plus profonde (figure 13) qui est l'exagération de la
courbure du réveil normal, et il y conserve constamment
cette courbure. Si l'on transporte ces demi-fleurons ainsi
courbés *en dehors* dans du sirop de sucre, ils se courbent
en dedans (figure 12). Ainsi, il n'y a pas de doute que l'incurvation *en dehors* qui opère le *réveil,* ne soit due à l'endosmose implétive. Si on laisse séjourner pendant quelques
heures le demi-fleuron qui est à l'état de réveil (figure 11)

dans l'eau aérée, il y prend l'incurvation *en dedans* (figure 12) qui est celle de l'état de sommeil, et cette incurvation n'est point détruite en transportant le demi-fleuron
ainsi courbé dans du sirop, ce qui prouve bien que cette
incurvation secondaire n'est point due à l'endosmose.
Comme cette incurvation secondaire n'a point lieu dans
l'eau non aérée, cela prouve qu'elle est due à l'oxigénation.
Ainsi, le réveil et le sommeil des demi-fleurons de la fleur
du pissenlit, résultent de l'incurvation alternativement
prédominante d'un tissu organique incurvable par endosmose et d'un tissu organique incurvable par oxigénation.
L'action actuelle de la lumière donne la supériorité de force
d'incurvation au tissu cellulaire incurvable par endosmose,
l'absence où la diminution de la lumière laisse prédominer
la force d'incurvation du tissu incurvable par oxigénation.
Dans chacun de ces deux cas, le tissu incurvable qui a la
supériorité d'action, entraîne *malgré lui* le tissu incurvable
antagoniste dans le mode de flexion qui lui est propre. La
supériorité d'action donnée le matin par la lumière au
tissu incurvable par endosmose, provient de deux causes :
1° de ce que sous l'influence de la lumière, la sève lymphatique afflue dans les demi-fleurons en plus grande abondance; ils attirent alors plus d'eau qu'ils n'en exhalent par
la transpiration; 2° de ce que le tissu incurvable par oxigénation a perdu pendant la nuit une partie de sa force d'incurvation, ainsi que je vais le démontrer tout-à-l'heure. La
supériorité d'action que prend le soir le tissu incurvable
par oxigénation, provient aussi de deux causes : 1° de la diminution de l'afflux de la sève lymphatique dans le tissu
incurvable par endosmose; 2° de l'augmentation d'oxigénation que subit pendant le jour le tissu incurvable par oxigénation. La diminution de l'afflux de l'eau dans les demi-
fleurons pendant la nuit, se prouve par l'observation que
j'ai faite que, durant les nuits chaudes et lorsque l'air est

sec, les demi-fleurons dans leur état de sommeil ont perdu
environ 1/25 de la longueur qu'ils avaient pendant le jour
précédent dans leur état de réveil. Ils sont sans doute aussi
diminués de largeur, mais cela est insensible. Cette diminution dans les dimensions, provient évidemment de ce que
dans l'état de sommeil, pendant l'absence de la lumière, il
y a diminution de l'afflux de la sève lymphatique qui rendait les cellules turgescentes. La diminution pendant la nuit
de l'oxigénation du tissu incurvable par oxigénation, résulte
des expériences suivantes. Ayant ôté le soir quelques demi-
fleurons dans l'état de sommeil à une fleur de pissenlit qui
devait le lendemain matin reprendre l'état de réveil, je les
plongeai dans de l'eau aérée; ils y conservèrent invariablement leur incurvation de sommeil. Le tissu incurvable
par oxigénation à l'action duquel était due cette incurvation
de sommeil, se courbait alors avec trop de force pour que
son incurvation pût être vaincue par la tendance à l'incurvation dans le sens opposé, qui devait être augmentée cependant alors par l'afflux de l'eau dans le tissu incurvable
par endosmose. Le lendemain de grand matin, lorsque la
fleur était encore pour plusieurs heures dans l'état de sommeil, je lui enlevai de nouveaux demi-fleurons et je les
plongeai dans l'eau aérée. Ils ne tardèrent pas à perdre leur
incurvation de sommeil, et ils prirent l'incurvation de réveil. Cette seconde expérience, pareille à la première et cependant si différente par ses résultats, prouve que pendant
la nuit le tissu incurvable par oxigénation à l'action duquel
le sommeil était dû, avait perdu une grande partie de sa
force d'incurvation *en dedans*, puisqu'elle était alors vaincue
promptement par l'action antagoniste du tissu incurvable
par endosmose, lequel la veille au soir n'avait pu obtenir
cette victoire. Il demeure prouvé par ces faits, que le tissu
incurvable par oxigénation, acquiert de la force et par conséquent de l'oxigène pendant le jour, et qu'il perd une por-

tion de cette force et par conséquent une portion de son oxigène pendant la nuit. C'est très probablement alors en formant de l'acide carbonique, qu'il perd une partie de son oxigène acquis sous l'influence de la lumière. Malgré cette perte
nocturne d'une partie de l'oxigène acquis pendant le jour,
il paraît que cette substance s'accumule de plus en plus
dans le tissu incurvable par oxigénation; car lorsque le
dernier sommeil arrive le troisième jour de la vie de la fleur
du pissenlit, il offre une incurvation des demi-fleurons
beaucoup plus profonde que celle que présentait leur sommeil des deux jours précédens, ce qui me paraît être le résultat de l'oxigénation excessive du tissu qui se courbe par
implétion d'oxigène fixé. L'absence de la lumière n'occasionne donc pas l'élimination complète de l'oxigène fixé
dans ce tissu pendant le jour, et il résulte de là l'accumulation progressive de cette substance dans le tissu organique
qu'elle encombre, ce qui constitue son état de *vieillesse* et
amène sa mort. Cette théorie me paraît d'autant plus plausible, qu'elle est complètement d'accord avec des faits du
même genre que j'ai exposés dans un autre Mémoire. (1)

J'ai rapporté au commencement de ce mémoire les expériences que j'ai publiées en 1831, et qui m'ont fait voir
que les fleurs placées dans le vide de la pompe pneumatique y conservent invariablement celui des deux états de
réveil ou de sommeil qu'elles possèdent au moment où elles
y sont placées. La conservation de l'état de réveil par les
fleurs placées dans le vide est une conséquence nécessaire
de la paralysie du tissu fibreux incurvable par oxigénation,
et agent du sommeil, paralysie occasionée par la soustraction de l'air respirable; quant à la conservation de l'état
de sommeil par les fleurs placées dans le vide lorsqu'elles

---

(1) De l'usage physiologique de l'oxigène, considéré dans ses rapports avec
l'action des excitans (dans le tome 2.)

sont dans cet état, cela provient du défaut d'afflux de la
sève lymphatique dans le tissu cellulaire incurvable par
endosmose et agent du réveil. Les plantes fleuries qui ont
été soumises à ces expériences trempaient dans l'eau par
l'extrémité inférieure de leurs tiges, en sorte que l'eau ou
la sève lymphatique ne pouvait parvenir aux fleurs que par
l'attraction qu'elles exercent sur ce liquide dans l'état naturel. Or, j'ai prouvé dans un autre mémoire (1) que l'ascension de la sève lymphatique par attraction cesse d'avoir
lieu lorsque la respiration végétale est suspendue; or, la
respiration des fleurs est complètement suspendue dans le
vide; elles ne peuvent donc plus attirer la sève lymphatique, dont l'afflux est indispensable pour occasioner la
turgescence par endosmose, et par suite l'incurvation de
leur tissu cellulaire agent du réveil : voilà pourquoi leur
sommeil persiste dans le vide lorsqu'elles y sont placées
dans cet état. Au reste, je dois dire que j'ai fait ces expériences sur des fleurs cueillies le soir lorsqu'elles venaient
de prendre l'état de sommeil, état que l'incurvation du
tissu cellulaire par endosmose ne peut faire cesser alors,
ainsi que je l'ai fait voir plus haut. Le réveil est véritablement impossible le soir, en raison de la trop forte oxigénation du tissu fibreux agent du sommeil : peut-être le réveil
d'une fleur aurait-il lieu dans le vide si elle y était placée
le matin et récemment cueillie, car alors le réveil est devenu plus facile en raison de la désoxigénation partielle du
tissu fibreux pendant la nuit. Le réveil de la fleur serait
probablement alors encore plus facile si la plante à laquelle
elle appartient tenait au sol par ses racines, par l'impulsion desquelles elle recevrait la sève lymphatique ascendante. Ce sont des expériences à faire. (2)

(1) Voyez le mémoire VIII, page 413.
(2) Je n'avais point de machine pneumatique à ma disposition à la cam-

§ II. — *Du réveil et du sommeil des feuilles.*

Bonnet est le premier qui ait tenté d'expliquer les phénomènes du réveil et du sommeil des feuilles (1); fondé sur
cette hypothèse erronée de Dodart, que le tissu des racines se contracte par l'humidité, et que le tissu des tiges
se contracte par la sécheresse, et que c'est à cela que l'on
doit attribuer la descente des racines et l'ascension des
tiges, Bonnet crut pouvoir expliquer la position relevée que
les folioles du *robinia pseudo-acacia* affectent pendant le
jour et la position abaissée qu'elles présentent pendant la
nuit, à ce que la face supérieure de ces folioles se contracterait par l'effet de la sécheresse pendant le jour, tandis que
leur face inférieure se contracterait par l'effet de l'humidité du soir. Il crut prouver cette assertion par une expérience assez étrange : il construisit des feuilles artificielles,
leur face supérieure était en parchemin, dont le tissu
se resserre par l'effet de la sécheresse, et leur face inférieure était en toile, dont le tissu se resserre par l'effet de
l'humidité; présentant ensuite ces feuilles artificielles à
l'action successive d'une forte chaleur et de l'humidité, il
leur fit exécuter des mouvemens qu'il crut comparables à
celles que les folioles de l'acacia exécutent pour prendre
leurs positions de réveil et de sommeil. Cette expérience
et l'hypothèse qu'elle devait appuyer ont autrefois trouvé
des admirateurs ; aujourd'hui elles sont avec juste raison

pagne, ou j'ai fait la plupart des observations et des expériences contenues
dans ce mémoire. Celles des expériences que j'y rapporte, et qui sont faites
dans le vide, sont déjà anciennes : quelques-unes ont été publiées; d'autres
étaient restées inédites.

(1) Recherches sur l'usage des feuilles.

reléguées parmi les nombreuses aberrations de l'esprit humain. M. de Candolle (1) a envisagé sous leur vrai point
de vue les phénomènes du réveil et du sommeil des feuilles,
en reconnaissant qu'ils dépendent essentiellement de l'influence de la lumière. Il est parvenu à intervertir les
époques habituelles du réveil et du sommeil chez des sensitives éclairées artificiellement pendant la nuit et mises à
l'obscurité pendant le jour.

Les mouvemens par lesquels les feuilles prennent les
positions alternatives de réveil et de sommeil sont exécutés
par certains renflemens qui chez les feuilles composées sont
situés à la base du pétiole commun, à la base de chaque
pinnule, et qui composent en entier le court pétiole particulier de chaque foliole. Chez les feuilles simples qui ont
un réveil et un sommeil, il y a un *renflement moteur* à la
base du pétiole, et il y en a un autre à son sommet, ou
plutôt à la base de la nervure médiane de la feuille ou des
nervures qui convergent au sommet du pétiole. Dans ce
cas, le limbe de la feuille exécute des mouvemens de réveil
et de sommeil sur le pétiole. Ces divers mouvemens sont
dus à l'incurvation et quelquefois à la torsion des parties
organiques qui entrent dans la composition des *renflemens
moteurs*. Ainsi c'est par incurvation que les feuilles et les
folioles de la sensitive, du haricot, etc., prennent les positions de réveil et de sommeil; les folioles de la feuille des
casses joignent la torsion à l'incurvation de leurs renflemens
moteurs pour prendre la position de sommeil. Cette double
action fait qu'en dirigeant leurs sommets vers la terre, les
folioles opposées s'appliquent les unes sur les autres par
leurs faces supérieures.

Les phénomènes du réveil et du sommeil, si fugaces

_____

(1) Mémoire sur l'influence de la lumière artificielle sur les plantes; dans
les Mémoires des savans étrangers de l'Institut, tome 1.

chez les fleurs dont la vie est de courte durée, s'observent pendant long-temps chez les feuilles, puisque la durée de leur vie est de plusieurs mois.

Le haricot est, parmi les plantes indigènes, celle dont la feuille offre le plus de facilité pour l'étude de ces phénomènes, à raison de la grosseur des *renflemens moteurs* qui constituent à eux seuls le court pétiole particulier des folioles de cette feuille, folioles dont le réveil et le sommeil sont si remarquables. Dans le sommeil, les folioles du haricot dirigent leur pointe ou leur sommet vers la terre : le plan de la foliole est alors vertical ; dans le réveil, le plan des folioles redevient horizontal. Cependant cela n'a pas toujours lieu, parce que les folioles ayant une *nutation* très marquée, elles tendent toujours à diriger leur face supérieure vers le soleil lorsqu'il n'est point voilé par des nuages.

C'est exclusivement sur le renflement moteur ou sur le pétiole des folioles qu'agit la lumière pour déterminer le réveil par sa présence et le sommeil par son absence; son action sur le limbe de la feuille est ou paraît être nulle pour cet objet, ainsi que le prouve l'expérience suivante : j'ai enlevé toute la partie membraneuse des folioles d'une feuille de haricot, en laissant subsister une portion de leur nervure médiane, afin de pouvoir observer leurs mouvemens d'élévation ou d'abaissement; ces mouvemens qui constituent, le premier le réveil et le second le sommeil, continuèrent d'avoir lieu; j'ai observé de même qu'une feuille de sensitive étant dépouillée de ses folioles, le pétiole continue de présenter ses mouvemens d'abaissement ou de *sommeil*, et d'élévation ou de *réveil*. Il est donc incontestable que ce sont les pétioles, ou plutôt leurs *renflemens moteurs*, qui seuls éprouvent de la part de la lumière l'influence qui les détermine à prendre les incurvations qui constituent le sommeil et le réveil.

Pour étudier la structure intérieure du renflement mo-

32.

teur de chaque foliole de la feuille du haricot, j'ai soumis
au microscope des tranches minces enlevées transversalement et longitudinalement sur ces renflemens moteurs. La
figure 1, planche 16, représente leur coupe transversale.
On voit au-dessous de l'enveloppe tégumentaire une couche
épaisse de cellules *c* dont les parois offrent une multitude
de globules cellulaires. Ces cellules augmentent insensiblement de grandeur en allant vers le centre. Cet accroissement de grandeur des cellules s'arrête à-peu-près aux trois
quarts de l'épaisseur de cette couche cellulaire : c'est là que
se trouvent les plus grandes cellules. A partir de cet endroit, les cellules vont en décroissant de grandeur vers le
centre; les plus internes *b* sont remplies d'air; elles se des-
sinent en un cercle blanc sur la coupe transversale du renflement moteur observée à la loupe et à la lumière réfléchie;
elles paraissent noires parce qu'elles sont opaques lorsqu'on
observe au microscope et par transparence une tranche
mince et transversale du renflement moteur. C'est à ces
caractères que l'on reconnaît le tissu cellulaire rempli d'air,
et qu'on le distingue du tissu cellulaire rempli de liquides.
Ce dernier, observé par transparence, est toujours plus
ou moins diaphane. Telle est la couche épaisse de tissu cellulaire *c* qui recouvre les cellules pneumatiques *d*. Ce tissu
cellulaire offrant dans la majeure partie de sa masse le décroissement de ses cellules du dedans vers le dehors, doit
avoir pour action générale de se courber de manière à diriger la concavité de sa courbure vers le dehors lorsqu'il devient turgescent. C'est aussi ce que l'expérience démontre,
car en plongeant dans l'eau une lame mince enlevée longitudinalement sur ce tissu cellulaire, elle se courbe fortement dans le sens que je viens d'indiquer. Si l'on transporte dans du sirop cette lame ainsi courbée, elle se courbe
en sens inverse. Ainsi ce tissu cellulaire est incurvable par
endosmose. Il représente par sa disposition un cylindre

creux dont toutes les parties longitudinales, si elles étaient
séparées les unes des autres, tendraient dans l'état naturel
à se courber vers le dehors. Au-dessous des cellules pneumatiques *b* est une couche de tissu fibreux *f* souvent recourbée sur elle-même en demi-cercle dont les extrémités sont
jointes imparfaitement en *g*. Ce tissu fibreux est tout-à-fait
semblable à celui dont j'ai plus haut noté l'existence chez
les fleurs qui offrent les phénomènes du sommeil et du réveil; mais il est ici beaucoup plus facile à observer, tant
dans sa masse que dans sa structure intime. Une lame enlevée longitudinalement sur ce tissu fibreux situé sous le tissu
cellulaire, étant plongée dans l'eau aérée, elle s'y courbe
en dirigeant la concavité de sa courbure vers le centre du
pétiole. Si cette lame est plongée dans l'eau non aérée, elle
ne se courbe point du tout. Ainsi ce tissu fibreux est incurvable par oxigénation; il représente par sa disposition un
cylindre creux dont toutes les parties longitudinales, si
elles étaient séparées les unes des autres, tendraient, dans
l'état naturel, à se courber vers le dedans ou vers le centre
du pétiole. Au-dessous de cette couche de tissu fibreux *f*
se trouve un corps ligneux rayonné composé de tubes séveux et de gros tubes pneumatiques dont on voit ici les
ouvertures. Des rayons médullaires divergens traversent ce
corps ligneux; ils paraissent contenir du tissu fibreux semblable à celui de la couche *f*; ils partent d'une partie centrale *a* qui est occupée par un faisceau de tissu fibreux
exactement semblable, par son aspect et par son organisation, au tissu fibreux de la couche *f*. On reconnaît ce tissu
aux ponctuations noires sur un fond transparent qu'il offre
sur sa coupe transversale observée au microscope par
transparence. Il m'a semblé que ces points opaques étaient
les ouvertures de tubes pneumatiques d'une excessive petitesse dont le tissu fibreux *f* et *a* serait pénétré dans toute
sa masse. Il est facile de voir que le pétiole représente ici

un segment longitudinal de tige, ainsi que je l'ai déjà établi ailleurs (1). Le tissu cellulaire *c* et *b* appartient au
système cortical dont il représente le parenchyme auquel j'ai donné le nom de *médule corticale*. Le corps ligneux rayonné *d* est la moitié de la partie ligneuse du système central avec ses rayons médullaires ; le tissu fibreux *a*,
qui est au centre, et duquel partent les rayons médullaires,
représente la moitié de la moelle ou *médule centrale*, laquelle
est ici métamorphosée en tissu fibreux incurvable par oxigénation. Les rayons médullaires s'étendent de ce tissu fibreux *a* au tissu semblable de la couche *f*. La petitesse du
faisceau central de tissu fibreux *a*, m'a empêché de m'assurer par l'expérience du sens de son incurvation, sens qui
peut, je pense, être déterminé rationnellement. Ce tissu
fibreux central *a* est une métamorphose de la moelle dont
il occupe la place, et il ne représente que la moitié longitudinale de cette moelle. Or la moelle, généralement composée de cellules qui décroissent de grandeur du centre
vers la circonférence, tend par cela même, lorsqu'elle est
turgescente, à courber ses deux moitiés longitudinales séparées en dirigeant leur concavité vers le dehors. Le faisceau central de tissu fibreux *a* qui représente une des moitiés longitudinales de la moelle dont il est une métamorphose,
doit donc avoir le même sens d'incurvation que cette moelle
si elle existait dans son état normal, c'est-à-dire qu'il doit
se courber de manière à diriger la concavité de sa courbure
vers le côté *i*, qui est pour lui le véritable *côté de dehors*
de la tige dont le pétiole représente seulement la moitié
longitudinale, le côté *s* est véritablement le *côté de dedans*
de cette moitié longitudinale de tige. Comme le tissu fibreux de la couche *f* tend à se courber en dirigeant sa con-

cavité vers le centre du pétiole ou du renflement moteur,
il en résulte que le faisceau central de tissu fibreux *u* est,
par le sens de son incurvation, congénère de la partie supérieure de la couche de tissu fibreux *f*, couche qui est ici
un peu déprimée en *g* et qui quelquefois est interrompue
dans cet endroit. Cette dépression, indice d'une séparation
primitive, disparaît tout-à-fait dans le renflement moteur du
pétiole de la sensitive, comme on peut le voir dans la figure 3
(pl. 16). Le tissu fibreux de la couche *f* tendant à se courber *en dedans*, sens d'incurvation qui est celui des couches
internes du système cortical, je suis porté à penser qu'il est
produit par une métamorphose du liber fibreux de l'*écorce*;
peut-être même, et c'est ce qui me paraît le plus probable,
est-il ce liber fibreux lui-même à l'*état naissant*, état dans
lequel il aurait des propriétés qui deviennent étrangères au
tissu fibreux de l'écorce lorsqu'il a vieilli. La figure 2 (planche 16) représente la coupe longitudinale et médiane de la
moitié inférieure du renflement moteur de la foliole de
haricot, renflement moteur dont je viens de montrer la
coupe transversale. Les mêmes lettres indiquent les mêmes
objets que dans la figure 1. Les tubes pneumatiques *d* qui
avoisinent en dedans la couche de tissu fibreux *f*, sont des
grosses trachées qui sont tellement couvertes de globules,
qu'on les prendrait facilement pour des *tubes ponctués* si
elles ne se déroulaient pas. J'ai pu observer avec assez de
facilité l'organisation intime du tissu fibreux *f* et *a*, en soumettant au microscope des lames extrêmement minces enlevées longitudinalement sur ce tissu. Je n'avais pas pu voir
cette organisation d'une manière aussi claire chez les fleurs
que j'ai étudiées plus haut. Le tissu fibreux *f* offre deux
élémens qui sont associés et mêlés, savoir : des fibres longitudinales, transparentes, d'une finesse extrême, et des
globules cellulaires extrêmement petits, placés à la file et
formant ainsi des séries longitudinales. Les fibres sont dis-

posées par faisceaux dans les intervalles desquels existent les séries de globules cellulaires. Ces globules sont semblables à ceux que l'on voit sur les parois des cellules de la couche corticale *c* et sur les parois des trachées *d*. Leur nombre prodigieux dans toutes les parties qui jouissent éminemment de l'*excitabilité* prouve, ce me semble, que c'est à l'exercice de cette fonction qu'ils sont destinés. Les fibres de la couche *f* ne sont point partout de la même grosseur ; j'ai vu que dans cette couche *f* (figure 2) les fibres les plus grosses sont voisines des cellules pneumatiques *b*, elles ont 1/300 de millimètre de diamètre. Les fibres les plus petites sont voisines des trachées *d;* je leur ai trouvé environ 1/500 de millimètre de diamètre. Cette grosseur décroissante du dehors vers le dedans, est évidemment la cause qui fait que lors de l'implétion de leur cavité, ces fibres qui paraissent tubuleuses courbent *en dedans* le tissu qu'elles forment par leur assemblage. La substance qui opère cette *implétion* est ici l'oxigène, aussi la couche *f* de ce tissu incurvable par oxigénation, est-elle comprise entre deux couches d'organes remplis d'air, savoir : en dehors les cellules pneumatiques *b* et en dedans les trachées *d*. J'ai fait voir plus haut, que la même disposition existe chez les fleurs qui possèdent ce même tissu incurvable par oxigénation. La manière dont se fait cette *implétion d'oxigène* ou cette *turgescence des fibres tubuleuses par oxigénation,* me semble facile à comprendre. Admettant que dans ces fibres tubuleuses il existe un liquide qui a beaucoup d'affinité pour l'oxigène, l'addition de cette substance à ce liquide en augmentera nécessairement la masse et produira, par conséquent, la turgescence de ces fibres tubuleuses. Dès-lors, l'incurvation du tissu qu'elles forment par leur assemblage, s'opérera de manière que les fibres les plus petites seront à la concavité de la courbure et les fibres les plus grosses à sa convexité.

Les renflemens moteurs des folioles de la feuille du
robinia pseudo acacia offrent assez exactement la même organisation que celle qui vient d'être exposée pour le haricot, et les phénomènes d'incurvation *par endosmose* et *par
oxigénation* que présentent leurs tissus, sont les mêmes. Aussi
ces deux plantes offrent-elles de même le *réveil* en élevant
leurs folioles et le *sommeil* en les abaissant. Or, chez d'autres
plantes c'est l'inverse qui a lieu : ainsi dans la feuille de la
sensitive (*mimosa pudica* L.), les folioles sont redressées
dans l'état de sommeil et leur plan redevient horizontal
dans l'état de réveil. Il n'en est pas de même par rapport
au pétiole de la feuille de cette même plante : il s'abaisse
dans le sommeil et il se relève dans le réveil, comme cela
a lieu pour les folioles de la feuille du haricot. Le renflement moteur situé à la base de ce pétiole et agent de ses
mouvemens, offre seul assez de grosseur pour pouvoir être
soumis à l'observation et à l'expérience. Les renflemens
moteurs des pinnules et des folioles de cette feuille, sont trop
petits pour ce double objet; ainsi, j'ai dû me borner à
l'étude de la structure du renflement moteur du pétiole et
à l'observation des phénomènes de mouvement qu'il présente. Ce renflement moteur représenté un peu grossi dans
la figure 6 (planche 16), est droit *a b* lorsque la feuille est
dans l'état de réveil; alors le pétiole est redressé; ce même
renflement moteur est courbé vers le bas *c*, lorsque la
feuille est dans l'état de sommeil; alors le pétiole est
abaissé. Il semblerait que les phénomènes du réveil et du
sommeil étant ici les mêmes que ceux que l'on observe
dans les folioles du haricot, la structure intérieure du renflement moteur devrait être semblable. Or, l'observation
contredit en un point cette induction de l'analogie. J'ai dit
en décrivant le renflement moteur de la foliole de haricot,
que son tissu cellulaire *c* (fig. 1 et 2) offre deux sens de décroissement de grandeur de ses cellules, savoir : un dé-

croissement prédominant du dedans vers le dehors, et un faible décroissement dirigé vers le centre. Il résulte de cette structure, que ce tissu cellulaire tend généralement à se courber vers le dehors. Or, l'observation apprend que ces deux couches cellulaires à décroissement inverse existent aussi dans le renflement moteur du pétiole de la sensitive, mais ici c'est la couche cellulaire dont le décroissement de grandeur a lieu du dehors vers le centre qui est prédominante ; la couche cellulaire dont le décroissement des cellules est inverse , est presque réduite à rien, ainsi qu'on le voit dans la figure 3 (planche 16) qui représente la coupe transversale du renflement moteur du pétiole de la sensitive. La figure 4 représente la coupe longitudinale de la moitié inférieure de ce même renflement moteur. On voit d'abord sous l'enveloppe tégumentaire une couche épaisse de tissu cellulaire *c*, dont les cellules offrent leur décroissement de grandeur prédominant du dehors vers le dedans ; il n'y a qu'une couche fort mince des cellules les plus superficielles qui décroissent de grandeur du dedans vers le dehors. On a vu plus haut, que c'est cette dernière couche cellulaire, ici insignifiante, qui prédomine dans le renflement moteur des folioles du haricot. Le sens de l'incurvation du tissu cellulaire dans le renflement moteur du pétiole chez la sensitive, doit donc être inverse de celui qui a lieu dans ce même tissu dans le renflement moteur des folioles chez le haricot. C'est aussi ce que l'expérience démontre. Une lame mince enlevée longitudinalement sur le tissu cellulaire du renflement moteur chez la sensitive étant plongée dans l'eau, elle se courbe fortement de manière à diriger la concavité de sa courbure vers l'axe du pétiole. Si on la transporte dans du sirop de sucre, elle se retourne et se courbe en sens inverse. Ainsi, ce tissu cellulaire est incurvable par endosmose. Dans l'ordre naturel , c'est l'accession de la sève lymphatique arrivant à l'extérieur des

cellules par les méats intercellulaires qui détermine leur implétion par endosmose ; car elles contiennent un liquide
dense qui est coagulable par la chaleur, par les acides et
par l'alcool (1), leurs parois offrent une grande quantité de
globules verts. La couche la plus intérieure *b* de ce tissu cellulaire ne contient que de l'air dans ses cellules. Au-dessous de ces cellules pneumatiques, se trouve une couche de
tissu fibreux *f*; son aspect et son organisation sont entièrement semblables au tissu fibreux incurvable par oxigénation
qui occupe la même place dans le renflement moteur de la
foliole de haricot. J'aurais voulu m'assurer par une expérience directe, que ce tissu ne se courbait point dans l'eau
non aérée, mais je n'ai pu faire cette expérience, parce que
chez la sensitive ce tissu fibreux enlevé en une lame mince,
n'attend pas qu'il soit plongé dans l'eau aérée pour se courber, il se courbe dans l'air à l'instant même où il est enlevé, en sorte que je n'ai pu voir si son incurvation refuse-
rait de s'opérer en le plongeant dans l'eau non aérée ; car
cette incurvation une fois prise ne se perd point même dans
l'eau non aérée. Au reste, j'ai vu que le sens de l'incurvation
de ce tissu fibreux est le même que chez le haricot, c'est-à-
dire que la concavité de sa courbure est dirigée vers le
centre du pétiole. Au-dessous de ce tissu fibreux qui, bien
certainement est incurvable par oxigénation, se trouve une
couche ligneuse fort mince reconnaissable à son opacité, ce
sont là les tubes séveux qui sont mêlés à de nombreux tubes
pneumatiques dont on voit ici les ouvertures en *d*. Au
centre enfin, et en remplacement de la moelle se trouve un

(1) J'ai autrefois représenté le tissu du renflement moteur du pétiole de la
sensitive comme contenant un grand nombre de corps globuleux opaques.
Cette fausse apparence provenait de ce que chaque cellule contenait un coagulum globuleux produit par l'action de l'acide nitrique que j'employais pour
dissocier les organes élémentaires des tissus organiques.

faisceau de tissu fibreux *a*, entièrement semblable par son organisation au tissu fibreux de la couche *f*, c'est donc aussi du tissu fibreux incurvable par oxigénation; il possède dans son milieu des trachées qui sont remplies d'air et dont on voit ici les ouvertures. La coupe longitudinale de la moitié inférieure de ce renflement moteur, est représentée par la figure 4; les mêmes lettres indiquent les mêmes objets. On y voit que les cellules du tissu cellulaire sont disposées en séries longitudinales, de la même manière que cela a lieu dans le renflement moteur de la foliole de haricot (figure 2). Je ferai remarquer que le tissu cellulaire de la partie inférieure *i* (figure 3), est plus épais que celui de la partie supérieure *s*. Le rapport des épaisseurs de ces deux parties du tissu cellulaire est à-peu-près celui de 5 à 3.

Je viens d'exposer la structure de deux renflemens moteurs qui, tous deux, opèrent le réveil par le redressement des parties qu'ils meuvent et qui opèrent le sommeil par l'abaissement de ces mêmes parties. Il me fallait encore étudier la structure d'un renflement moteur qui agît dans un sens inverse, c'est-à-dire qui opérât le réveil par l'abaissement et le sommeil par l'élévation des parties qu'il est chargé de mouvoir; il fallait en outre que ce renflement moteur fût assez gros, pour pouvoir être étudié dans sa structure. J'ai trouvé toutes ces conditions réunies chez l'*hedysarum strobiliferum* L. Le pétiole de la feuille de cette plante prend la position de sommeil en se relevant, jusqu'à toucher presque la partie de la tige située au-dessus de lui (figure 7 *a*, planche 16). Dans sa position de réveil, il s'abaisse en s'éloignant de la tige jusqu'à ce qu'il fasse avec elle un angle de 50 à 60 degrés, *b*; le renflement moteur *c*, agent de ces mouvemens est, comme à l'ordinaire, situé à la base du pétiole. Le limbe ici absent, de la feuille simple que porte ce pétiole, est mu par un autre renflement moteur situé au sommet de ce pétiole; il abaisse le limbe de la feuille dans le sommeil et il le relève

dans le réveil. Comme ces derniers phénomènes sont semblables à ceux que présentent les folioles du haricot, je ne m'en
occuperai pas ; je fixerai l'attention seulement sur le renflement moteur *c* qui meut le pétiole de la feuille. La figure 5 représente la coupe transversale de ce renflement moteur. On
y voit les mêmes tissus qui existent dans tous les autres renflemens moteurs, savoir : 1° un tissu cellulaire *c* incurvable par endosmose et tendant ici à se courber vers le dehors
parce que ses cellules décroissent principalement du dedans
vers le dehors ; 2° un tissu fibreux *f* incurvable par oxigénation et tendant à se courber vers le dedans ; 3° un
tissu ligneux rayonné, dans lequel existent beaucoup de
tubes pneumatiques *d*. On remarquera qu'ici l'axe du pétiole est très excentrique, en sorte que la couche de tissu
cellulaire *c* est deux fois plus épaisse au côté inférieur ou
externe *i* qu'au côté supérieur ou interne *s*.

Ces faits anatomiques étant établis, il reste à déterminer
comment agissent les deux tissus incurvables contenus dans
les renflemens moteurs, pour opérer les positions de réveil et de sommeil des feuilles et des folioles qu'ils meuvent. .

Par une section longitudinale, j'ai retranché toute la
moitié supérieure *a* (fig. 6, pl. 16) du renflement moteur
du pétiole d'une feuille de sensitive; la moitié inférieure *b*
restée seule, s'est courbée de manière à diriger la concavité
de sa courbure vers le haut, en sorte que le pétiole s'est
trouvé dans un état de redressement exagéré, et cet état a
persisté sans éprouver aucune variation. J'ai fait la contre-
épreuve : j'ai retranché toute la moitié inférieure *b* du renflement moteur, en laissant subsister la moitié supérieure *a*.
Cette dernière s'est fortement courbée de manière à diriger
la concavité de la courbure vers le bas, ce qui a fortement
abaissé le pétiole, et cet état d'abaissement a persisté invariablement. On pourrait conclure de ces expériences,

ainsi que je l'ai fait autrefois, que c'est toute la moitié
supérieure *a*, qui, par son incurvation vers le centre du
renflement moteur, est l'agent de l'abaissement du pétiole
ou de son sommeil, et que c'est toute la moitié inférieure *b*
qui, par son incurvation dirigée également vers le centre,
opère par son antagonisme le redressement du pétiole ou
son réveil. Le tissu cellulaire et le tissu fibreux, contenus
dans chacune de ces deux moitiés du renflement moteur,
tendent également à se courber vers le centre de ce renflement, en sorte qu'ici l'on serait porté à admettre que ces
deux tissus incurvables coopèrent ensemble et au réveil et
au sommeil, savoir : au premier par leurs parties contenues
dans la moitié supérieure *a* du renflement moteur, et au
second par leurs parties contenues dans la moitié inférieure *b*. Il faudrait alors admettre que ces deux moitiés,
supérieure et inférieure, qui représentent deux ressorts
antagonistes, reçoivent alternativement, le matin et le soir,
un excès de force qui rend chacun de ces ressorts vainqueur du ressort opposé, lequel se trouve alors courbé
dans un sens contraire à celui de la tendance naturelle à
l'incurvation. C'est à cette théorie que je m'étais arrêté,
lors de mes premières recherches sur le mécanisme des
mouvemens de la sensitive. Je pensais alors que ces mouvemens reconnaissaient pour cause unique l'incurvation
par endosmose du tissu cellulaire contenu dans le renflement moteur; ma découverte récente de l'existence, dans
ce renflement moteur, du tissu fibreux incurvable par oxigénation, n'aurait pas changé peut-être ma théorie à cet
égard, si je m'étais borné à l'étude des mouvemens qui chez
le pétiole de la sensitive, produisent les positions de réveil
et de sommeil. L'étude de ces mêmes mouvemens, dans les
feuilles de plusieurs autres plantes, m'a fait voir que cette
théorie, née d'une expérience trompeuse, devait être
abandonnée. En effet, ayant fait sur les renflemens mo-

teurs des folioles du haricot les mêmes ablations que j'avais
faites sur le renflement moteur du pétiole de la sensitive,
j'obtins des résultats exactement semblables; l'ablation de
la moitié longitudinale supérieure du renflement moteur
fit que la moitié longitudinale inférieure restante se courba
vers le haut et redressa la foliole qui demeura invariablement dans cet état de redressement qui est celui du réveil;
l'ablation de la moitié longitudinale inférieure du renflement moteur fit que la moitié longitudinale supérieure
restante se courba vers le bas et abaissa la foliole qui demeura invariablement dans cet état d'abaissement. Or, en
se reportant à ce qui a été exposé plus haut touchant la
structure inférieure du renflement moteur des folioles du
haricot (fig. 1 et 2, pl. 16), on voit que son tissu cellulaire c tend à se courber vers le dehors, tandis que son
tissu fibreux f tend à se courber vers le dedans ou vers le
centre du pétiole; par conséquent, c'est ici le tissu fibreux
f qui est le seul agent de l'incurvation vers le dedans que
prend une des moitiés longitudinales du renflement moteur, lorsqu'on a opéré l'ablation de la moitié longitudinale opposée; le tissu cellulaire est alors courbé de force
dans un sens opposé à celui de sa tendance naturelle à
l'incurvation. D'après cela, ce serait ici le tissu fibreux de
la couche circulaire f (fig. 1) qui, par sa moitié supérieure,
opérerait l'abaissement de la foliole ou son sommeil, et ce
serait encore ce même tissu fibreux, qui par la moitié inférieure de sa couche circulaire, opérerait l'élévation de la
foliole ou son réveil; le tissu cellulaire c ne servirait point
ainsi à l'exécution de ces mouvemens. Cela est trop manifestement contraire à ce qui a été exposé plus haut relativement au mécanisme des mouvemens auxquels sont dus le
réveil et le sommeil des fleurs, pour qu'une semblable théorie puisse être fondée. J'ai fait voir, en effet, que sur les
fleurs, le tissu cellulaire incurvable par endosmose est le

seul agent du réveil, et que le tissu fibreux incurvable par
oxigénation est le seul agent du sommeil. Il devient donc
probable, par analogie, qu'il en est de même par rapport
au réveil et au sommeil des feuilles, et l'expérience intervient pour changer cette probabilité en certitude. J'ai
fait voir qu'en privant d'oxigène le tissu fibreux incurvable par oxigénation, on paralysait ce tissu agent du
sommeil; en sorte que les fleurs soumises à cette expérience, conservaient invariablement l'état de réveil;
c'est ce qui a lieu lorsqu'on plonge une fleur, à l'état
de réveil, dans l'eau non aérée privée de communication avec l'air atmosphérique. J'ai observé que les
feuilles, susceptibles de réveil et de sommeil, continuent d'offrir ces mouvemens alternatifs lorsqu'elles sont
plongées dans l'eau aérée, mais ces mouvemens éprouvent
alors une certaine modification. Leur sommeil dans l'eau
est aussi profond que dans l'air, c'est-à-dire que la flexion
qui le constitue est aussi profonde, mais leur réveil est incomplet. Ainsi, par exemple, une feuille de *robinia pseudo acacia*, plongée dans l'eau, offre le sommeil de la même
manière que dans l'air, c'est-à-dire, en appliquant ses folioles opposées l'une contre l'autre par leur face inférieure;
mais le réveil qui, dans l'air, va jusqu'à amener les paires
de folioles à la position diamétralement opposée, c'est-à-
dire jusqu'à leur faire décrire une demi-circonférence de
cercle; le réveil, dis-je, de ces folioles plongées dans l'eau,
ne va que jusqu'à leur faire décrire environ un huitième
de circonférence de cercle, en sorte que leur mouvement
de réveil dans l'eau n'est que le quart de ce qu'il est dans
l'air. Je ferai voir plus bas quelle est la cause de ce phénomène que je me borne ici à exposer. Or, j'ai expérimenté
qu'une feuille de *robinia pseudo acacia* étant plongée dans
l'eau non aérée sans communication avec l'air atmosphérique, ses folioles y prennent et y conservent invariablement

la position qui est celle de leur plus grand réveil dans l'eau aérée, leur sommeil n'a plus lieu. Or, comme il est démontré que l'immersion dans l'eau non aérée n'abolit l'incurvation que du seul tissu fibreux incurvable par oxigénation, il en résulte que c'est à ce seul tissu fibreux ici paralysé, qu'était dû le sommeil qui se trouve supprimé. Le réveil qui est aussi complet qu'il peut l'être dans l'eau, a donc pour agent le seul tissu cellulaire incurvable par endosmose, lequel par son immersion dans l'eau même non aérée se trouve dans une position favorable à l'exercice de l'endosmose qui doit rendre ses cellules turgescentes. Une autre expérience d'un genre analogue faite sur une sensitive, m'a conduit aux mêmes résultats. Ayant placé une sensitive plantée dans un pot sous le récipient de la pompe pneumatique, ses feuilles se ployèrent dès le premier coup de piston, éprouvant, à ce qu'il paraît, une excitation par la diminution de la densité de l'air. Lorsque le vide fut achevé, les feuilles se relevèrent et se déployèrent, et elles restèrent invariablement dans cet état de réveil malgré l'obscurité de la nuit. Cette suppression du sommeil coïncidait encore ici avec l'abolition de l'action du tissu fibreux, lequel se trouvait paralysé par la soustraction de l'air respirable contenu dans les organes pneumatiques de la plante. Il est donc prouvé par ces expériences que, chez les feuilles comme chez les fleurs, le sommeil est dû à l'action du seul tissu fibreux incurvable par oxigénation, d'où il résulte nécessairement que le réveil est également dû chez les feuilles à l'action du seul tissu cellulaire incurvable par endosmose. Il ne s'agit donc plus actuellement que de rechercher comment ces deux tissus incurvables agissent séparément dans les renflemens moteurs des feuilles, pour produire leur réveil et leur sommeil. Je prends pour premier exemple la feuille du haricot, dont les folioles s'abaissent dans le sommeil et se relèvent dans le réveil. J'ai fait voir que dans le renflement moteur de ces folioles, les deux tissus incurvables représentent deux cylindres creux emboîtés l'un dans l'autre (figure 1, planche 16); le tissu cellulaire *c* est en dehors et le tissu fibreux *f* est en dedans. Les deux couches cylindriques emboîtées l'une dans l'autre que forment ces deux tissus, seraient représentées assez exactement par la réunion et la soudure en cylindre creux d'un certain nombre de nervures de fleur de *mirabilis*. J'ai fait voir que chez ces nervures, le tissu cellulaire tend à se courber vers le dehors par endosmose, et que le tissu fibreux tend à se courber vers le dedans par oxigénation, ce qui produit dans le premier cas la position de réveil de ces nervures et dans le second cas leur position de sommeil. Or, il en serait de même chez le renflement moteur de la foliole de haricot, si l'on supposait par la pensée que les deux couches cylindriques, l'une extérieure de tissu cellulaire, l'autre intérieure de tissu fibreux, soient divisées à-la-fois en faisceaux longitudinaux. Chacun de ces faisceaux serait analogue à une nervure de fleur de *mirabilis*; il aurait en lui et disposés comme dans cette nervure, les deux tissus incurvables capables d'opérer le réveil et le sommeil. Si l'on supposait entre ces faisceaux un tissu membraneux, cela formerait une corolle susceptible tour-à-tour d'épanouissement et d'occlusion, ou de réveil et de sommeil. Mais cette séparation des faisceaux longitudinaux n'existe pas dans le renflement moteur; ces faisceaux fictifs sont intimement unis et forment un cylindre creux composé de deux couches. La couche cylindrique de tissu fibreux est emboîtée dans la couche cylindrique de tissu cellulaire. Divisons par la pensée chacune de ces couches cylindriques en filets longitudinaux soudés les uns aux autres. Les filets longitudinaux du tissu cellulaire tendront tous à se courber, en dirigeant la concavité de leur courbure vers le dehors. Or, il est évident que si leur force d'incurvation est

égale, la couche cylindrique qu'ils forment par leur assemblage demeurera droite et immobile. Mais si les filets longitudinaux d'un côté du cylindre creux l'emportent en force
d'incurvation sur les filets du côté opposé, ceux-ci seront
entraînés de force et *malgré eux* dans le sens de l'incurvation effectuée par les filets qui leur sont antagonistes. Le
même raisonnement peut être fait par rapport à la couche
cylindrique de tissu fibreux, qui est située sous la couche
cylindrique de tissu cellulaire. Ainsi, chacune de ces deux
couches cylindriques de tissus incurvables, agira dans cette
circonstance comme s'il n'existait dans chacune d'elles que
le seul côté du cylindre creux dont la force d'incurvation
est prédominante. Le côté opposé du cylindre dont la force
antagoniste d'incurvation sera vaincue, sera courbé *malgré
lui* en sens inverse de sa tendance naturelle à l'incurvation,
et n'agira que comme modérateur de l'incurvation du côté
vainqueur. Ainsi il n'y aura dans chacun des deux cylindres
creux que forment les deux tissus incurvables, que le côté le
plus fort qui manifestera extérieurement son action, et cela
seulement par l'excès de sa force sur celle de l'autre côté
du même cylindre creux dont il contrariera et domptera
l'incurvation. Ainsi, les deux cylindres creux que représentent les deux couches superposées des deux tissus incurvables, agiront comme si le côté le plus fort de chacun
de ces deux cylindres creux existait seul. J'applique cette
théorie d'abord à l'explication du mécanisme des mouvemens de réveil et de sommeil dans le renflement moteur
des folioles du haricot. Le tissu cellulaire *c* (figures 1 et 2,
planche 16) est le seul agent du réveil ou de l'élévation de
la foliole, et il ne peut opérer ce mouvement que par l'incurvation de la partie supérieure *s* de cette couche cylindrique de tissu cellulaire, parce que c'est la seule partie de
cette couche cylindrique qui tende à se courber de manière
à diriger vers le ciel la concavité de sa courbure. Il faut

33.

donc, pour qu'elle produise l'élévation de la foliole, que
son incurvation vers le ciel soit victorieuse de l'incurvation
antagoniste de la partie inférieure i de cette même couche
cylindrique de tissu cellulaire, cette dernière tendant en
effet à diriger la concavité de sa courbure vers la terre, et
par conséquent à abaisser la foliole. La supériorité de force
d'incurvation de la partie supérieure s de la couche de tissu
cellulaire, ne vient point de la supériorité de son épaisseur ; car elle n'est pas plus épaisse que ne l'est la partie
inférieure i de cette même couche. C'est donc dans des
conditions physiologiques spéciales qu'elle puise l'excès de
sa force d'incurvation. Cette partie supérieure s reçoit directement l'action et l'influence de la lumière à laquelle la
partie inférieure i est en partie soustraite par sa position.
Or, ainsi que je l'ai démontré, la lumière en augmentant
la respiration des parties qu'elle frappe, y augmente par
cela même l'afflux de la sève lymphatique *par attraction.*
Cet afflux de la sève lymphatique dans le tissu cellulaire,
est une condition très favorable à l'exercice de l'endosmose,
au moyen de laquelle ce tissu cellulaire acquiert l'état de
turgescence qui amène son incurvation. Ainsi, chez le renflement moteur des folioles du haricot, la supériorité de
force d'incurvation de la moitié longitudinale supérieure
s sur la moitié longitudinale inférieure i de son tissu cellulaire incurvable, est puisée tout entière dans les conditions
physiologiques qui lui sont spéciales et non dans une supériorité de masse. La moitié longitudinale supérieure s
ainsi fortifiée physiologiquement, pourrait même être un
peu inférieure en masse à la moitié longitudinale inférieure
i, et posséder encore une force d'incurvation supérieure à
la sienne. C'est ce qui a lieu, par exemple, dans le renflement moteur des folioles du *robinia pseudo acacia*, ainsi
que je vais le faire voir tout-à-l'heure. La cause du relève-
ment ou du réveil de la foliole du haricot étant ainsi dé-

terminée, je passe à l'étude de la cause de son abaissement
ou de son sommeil, qui reconnaît pour agent la couche cylindrique de tissu fibreux *f*, dont toutes les parties concentriques tendent à diriger la concavité de leur courbure
vers le centre du pétiole. Cette couche cylindrique paraît
moins épaisse en haut ou du côté *s* qu'elle ne l'est en bas
ou du côté *i* du renflement moteur. En haut, elle est
même très souvent interrompue. Il semblerait donc que
le côté inférieur de cette couche cylindrique de tissu
fibreux étant le plus fort par sa masse, devrait vaincre
l'incurvation antagoniste du côté supérieur et par conséquent, relever la foliole, mais c'est ce qui n'a point
lieu puisqu'il est certain que l'abaissement de la foliole ou son sommeil, est au contraire produit par l'action
du tissu fibreux incurvable par oxigénation. Cette contradiction apparente entre les faits et la théorie, disparaît devant l'observation qui montre qu'il existe au centre du renflement moteur un faisceau de tissu fibreux *a* (figures 1 et 2),
tout pareil à celui de la couche *f*, et dont le sens de l'incurvation doit être tel qu'il tende à diriger la concavité de sa
courbure vers le bas, ou vers le côté *i* du renflement moteur, ainsi que je l'ai exposé plus haut. Ainsi, ce faisceau
central de tissu fibreux tend à se courber dans le même
sens que le côté supérieur de la couche cylindrique *f* du
même tissu, c'est-à-dire qu'il tend de même à abaisser la
foliole ou à la mettre dans sa position de sommeil. La réunion de l'action de ces deux masses de tissu fibreux, doit
nécessairement être victorieuse de l'incurvation antagoniste
du côté inférieur de la couche cylindrique de ce même
tissu fibreux, et l'entraîner de force dans le sens de la courbure vers le bas qui leur est propre. C'est ainsi que la totalité
de la masse du tissu fibreux incurvable par oxigénation, produira l'abaissement ou le sommeil de la foliole par la réunion de ses incurvations congénères, lesquelles deviennent

victorieuses de celles de ses incurvations qui s'y opposent.

Les folioles de la feuille du *robinia pseudo-acacia* offrent,
comme celles de la feuille du haricot, leur réveil en se relevant et leur sommeil en s'abaissant. La structure intérieure des renflemens moteurs des folioles chez ces deux
végétaux est la même; elle sera représentée assez exactement par les mêmes figures 1 et 2, pl. 16. Cependant, chez
le renflement moteur de la foliole du *robinia*, il y a cette différence que chez lui la couche du tissu fibreux *f* offre toujours
une interruption complète au point *g;* en outre la couche cylindrique du tissu cellulaire *c*, est toujours plus épaisse à son
côté inférieur *i*, qu'à son côté supérieur *s*, tandis que chez le
renflement moteur de la foliole du haricot, ces deux côtés
sont ordinairement égaux en épaisseur. D'après cette supériorité légère de masse, le côté inférieur *i* de la couche de tissu
cellulaire qui tend à diriger la concavité de sa courbure
vers le dehors qui est ici le bas et qui, *sous ce point de*
vue, est antagoniste du côté supérieur *s* qui tend de même
à se courber vers le dehors qui est ici le haut, ce côté inférieur, dis-je, par la supériorité d'action, qu'il aurait par la
supériorité de sa masse, devrait opérer l'abaissement de la
foliole ou son sommeil; or, c'est le contraire qui a lieu
puisqu'il est démontré que le tissu cellulaire *c*, par la généralité de son action, est l'agent du redressement de la foliole ou de son réveil. C'est ici que l'on voit clairement
l'influence qu'exerce la lumière sur la force de l'incurvation du tissu cellulaire; sous cette influence, la sève lymphatique afflue spécialement dans le côté supérieur *s* du
renflement moteur, côté qui est frappé directement par
la lumière; le tissu cellulaire *c* devient alors, dans cet
endroit, plus turgescent par endosmose que ne l'est la
partie de ce même tissu cellulaire, qui est située au côté
inférieur *i;* il résulte de là que le côté supérieur *s* du
cylindre creux cellulaire, dirigeant la concavité de sa

courbure vers le ciel avec une force prédominante, malgré
l'infériorité légère de sa masse, redresse d'autant plus la foliole qu'il y a plus d'intensité de lumière; le côté inférieur *i*, du cylindre creux cellulaire qui tend à diriger la
concavité de sa courbure vers la terre, est alors vaincu malgré la supériorité de sa masse et il subit de force une courbure dans un sens opposé à celui de sa tendance naturelle à
l'incurvation. Voilà ce qui a lieu lorsque la feuille est placée
dans l'air; les choses se passent différemment lorsqu'elle est
plongée dans l'eau: alors toutes les parties du tissu cellulaire des renflemens moteurs de ses folioles, sont également pénétrées par l'eau ambiante; l'endosmose implétive
et la turgescence qui en est la suite, sont égales partout; il
n'y a donc plus que la supériorité de masse pour déterminer ici une supériorité de force d'incurvation dans un des
côtés du cylindre creux cellulaire. Or, dans le renflement
moteur de la foliole du *robinia pseudo-acacia*, le côté inférieur de ce cylindre creux cellulaire est un peu plus épais
que le côté supérieur; cette supériorité de masse lui donne
donc une supériorité de force d'incurvation, lorsque la turgescence cellulaire est égale partout, ainsi que cela a lieu
lors de l'immersion de la feuille dans l'eau; c'est effectivement ce que l'expérience démontre. J'ai dit plus haut que
cette feuille, plongée dans l'eau, offre un sommeil aussi
profond que dans l'air; ses folioles ont leur pointe dirigée
vers la terre; or, dans le maximum de leur réveil dans l'eau,
non-seulement elles ne se re vent pas vers le ciel, comme
cela a lieu dans l'air, mais elles n'atteignent pas même la
position horizontale qui, dans l'air, est leur *réveil moyen*.
Le maximum de leur réveil, dans l'eau, est la position intermédiaire au sommeil profond et au réveil
horizontal, en sorte que le réveil de ces folioles dans l'eau
n'est, pour ainsi dire, que le *quasi-réveil* de ces mêmes
folioles dans l'air. Dans ce maximum du réveil dans l'eau,

les folioles sont inclinées obliquement vers la terre, ce qui indique que le cylindre creux de tissu cellulaire incurvable par endosmose possède plus de force d'incurvation dans son côté inférieur que dans son côté supérieur, qui se trouve alors vaincu. Cette supériorité de force d'incurvation du côté inférieur est ici le résultat direct et nécessaire de la supériorité de sa masse, puisque les conditions de turgescence par afflux de l'eau sont égales partout. Il est donc établi par l'observation que la supériorité de force d'incurvation de l'un des côtés du cylindre creux cellulaire, agent du réveil des feuilles, dépend tantôt de l'afflux plus grand de la sève lymphatique dans le côté vainqueur par l'influence de la lumière, tantôt de la supériorité de masse de ce même côté vainqueur. Ces considérations vont servir à expliquer le mécanisme du réveil dans les renflemens moteurs des pétioles de la sensitive et de l'*hedysarum strobiliferum*. Chez la première de ces plantes, le réveil du pétiole a lieu par élévation, chez la seconde il a lieu par abaissement. J'ai exposé plus haut la structure intérieure du renflement moteur du pétiole de la sensitive (fig. 3 et 4, pl. 16). On a pu voir que, dans la couche cylindrique de tissu cellulaire *c*, les cellules décroissent généralement de grandeur du dehors vers le dedans; il n'y a que les cellules les plus superficielles, formant une couche extrêmement mince, qui décroissent de grandeur du dedans vers le dehors. C'est, comme on le voit, l'inverse de ce qui a lieu dans le renflement moteur des folioles du haricot, chez lequel la couche de cellules décroissantes de grandeur du dedans vers le dehors est celle qui est prédominante. Ainsi le sens de l'incurvation du tissu cellulaire, dans le renflement moteur du pétiole de la sensitive, est inverse de celui qui est propre à ce même tissu cellulaire dans le renflement moteur des folioles du haricot. Chez ce dernier, le tissu cellulaire se courbe en dirigeant sa concavité vers le dehors;

chez la sensitive il se courbe en dirigeant sa concavité vers
le dedans ou vers le centre du renflement moteur. Il résulte de là que le réveil qui, chez le pétiole de la sensitive, a lieu par élévation comme chez la foliole du haricot,
ne doit point être opéré par le même côté du cylindre
creux cellulaire, qui est l'unique agent du réveil. Chez le
haricot, c'est le côté supérieur *s* (fig. 1) qui, par son
incurvation vers le dehors, *physiologiquement prédomi-*
nante, relève la foliole et lui donne la position de réveil;
chez la sensitive, c'est le côté inférieur *i* (fig. 3) qui, par
son incurvation vers le dedans, *matériellement prédomi-*
nante, relève le pétiole et lui donne ainsi la position de
réveil. On voit, en effet, que la couche cylindrique du tissu
cellulaire est, chez la sensitive, plus épaisse à son côté inférieur *i* qu'à son côté supérieur *s*. J'ai vu que le rapport
de l'épaisseur relative de ces deux côtés est à-peu-près
celui de 5 à 3; ainsi la force d'incurvation en dedans du
côté inférieur *i* du cylindre creux cellulaire, en surmontant
la force d'incurvation également en dedans, et par conséquent antagoniste du côté supérieur *s*, agit comme s'il
existait seul; il redresse le pétiole ou lui donne la position
de réveil. L'abaissement du pétiole ou sa position de sommeil est le résultat de l'action du côté supérieur de l'ellipsoïde creux fibreux *f*, aidé dans cette action par l'incurvation congénère du faisceau central de tissu fibreux *a*,
de la même manière que je l'ai exposé plus haut pour le
haricot. Le côté inférieur de l'ellipsoïde creux, que représente ici le tissu fibreux *f*, est alors vaincu et courbé de
force dans un sens contraire à celui de son incurvation
naturelle. D'après cette théorie, il est évident que, si le
faisceau central de tissu fibreux *a* n'existait pas pour aider
le côté supérieur du tissu fibreux à vaincre le côté inférieur, ce dernier étant ordinairement plus épais que le
côté supérieur, et par conséquent plus fort, il deviendrait

vainqueur et il produirait le sommeil en élevant le pétiole;
c'est effectivement ce qui a lieu dans le renflement moteur
du pétiole chez l'*hedysarum strobilifolium* L., renflement
dont la fig. 5, pl. 16, représente la coupe transversale.
Le tissu cellulaire *c* tend à se courber en dirigeant sa
concavité vers le dehors, lorsqu'il est rendu turgescent par
l'endosmose; *f*, couche cylindrique et mince de tissu fibreux incurvable par oxigénation, et tendant à se courber
vers le centre du renflement moteur; *d*, tissu ligneux central
rayonné mêlé d'une grande quantité de gros tubes pneumatiques. Le tissu cellulaire *c* est deux fois plus épais en
bas qu'en haut; c'est donc son côté inférieur qui doit
l'emporter en force d'incurvation; et comme il tend à
diriger la concavité de sa courbure vers le dehors, il doit
abaisser le pétiole dans le réveil, dont le tissu cellulaire *c*
est l'agent; c'est aussi ce qui a lieu (fig. 7, *b*). Dans le sommeil, le pétiole se relève (fig. 7, *a*), et cette action de
redressement est opérée par le cylindre creux de tissu
fibreux *f* (fig. 5) dont le côté supérieur est vaincu par l'incurvation plus forte du côté inférieur. Le redressement du
pétiole dans le sommeil, coïncidant ici avec l'absence du
faisceau central de tissu fibreux incurvable qui existe chez
toutes les feuilles dont le sommeil est dans l'abaissement,
cela confirme ce que j'ai établi plus haut touchant le sens de
l'incurvation de ce faisceau central de tissu fibreux *a* (fig. 1
et 3) lequel tend à abaisser le pétiole, secondant ainsi l'action
du côté supérieur de la couche cylindrique de tissu fibreux,
en sorte que le sommeil a toujours lieu dans le sens de
l'abaissement, lorsque ce faisceau central de tissu fibreux
incurvable existe; c'est ce qui a lieu dans les renflemens
moteurs des folioles de haricot et de robinia pseudo-
acacia et du pétiole de la feuille de sensitive. Chez cette
dernière plante, les folioles s'élèvent dans le sommeil
comme le pétiole de l'*hedysarum strobiliferum*; leurs

renflemens moteurs ont très probablement la même organisation.

D'après ce qui vient d'être exposé, on voit que le réveil et le sommeil des feuilles ont lieu, chacun à part, tantôt dans la position redressée, tantôt dans la position abaissée, et l'on a vu par quel mécanisme cela s'opère. Or, il est un autre mouvement que les feuilles présentent dans leur réveil ou dans leur sommeil, c'est celui de la torsion de leur renflement moteur, torsion qui, du reste, n'existe jamais seule, mais est toujours accompagnée de l'incurvation. Ainsi, par exemple, les folioles de la feuille de la réglisse (*glycyrrhiza glabra*) en s'abaissant pour le sommeil, se tordent en même temps sur leur pétiole; constitué en entier par le renflement moteur, et cela de manière à diriger leurs faces supérieures vers l'extrémité de la feuille. Si ce double mouvement d'incurvation et de torsion du renflement moteur était plus étendu, il amènerait les deux folioles opposées à diriger leur pointe vers la terre et à se joindre, dans cette position, par leurs faces supérieures, ainsi que cela a lieu chez les feuilles des casses, dans leur position de sommeil. Chez la réglisse, la structure intérieure du renflement moteur des folioles, ne paraît pas différer sensiblement de celle que présente le renflement moteur des folioles du haricot (fig. 1 et 2, pl. 16), et surtout celui des folioles du *robinia pseudo-acacia*. Ainsi, je ne puis expliquer que rationnellement le mouvement de torsion qui lui est particulier, et qui a lieu d'une manière bien plus étendue chez les casses. Ce mouvement de torsion peut trouver l'explication de son mécanisme dans la considération de l'inégal raccourcissement longitudinal des deux tissus incurvables dont se compose leur renflement moteur. En effet, le tissu cellulaire *c* (figure 2, planche 16) possédant pendant le jour une étendue en longueur égale à celle du tissu fibreux *f*, deviendra légèrement inférieur en longueur à ce dernier pendant la nuit; car pendant le jour le tissu cellulaire *c* est turgescent, et cessant de l'être autant pendant la nuit, ses séries de cellules alignées et contiguës qui sont moins remplies, occupent moins de longueur. Or, il doit résulter nécessairement de l'inégalité de longueur qui se sera établie le soir entre les deux couches cylindriques cellulaire et fibreuse, que celle qui sera demeurée la plus longue, c'est-à-dire la couche cylindrique fibreuse disposera ses fibres longitudinales en spirale, c'est-à-dire se tordra sur elle-même et entraînera ainsi tout le renflement moteur dans ce mouvement de torsion. C'est là le mécanisme général que j'ai assigné aux mouvemens de torsion dans un autre Mémoire (1). Le sens de cette torsion dépendra de certaines particularités d'organisation du renflement moteur qui l'exécute. D'après cette explication, il semblerait que chez les renflemens moteurs des feuilles, la torsion devrait toujours accompagner l'incurvation de sommeil ; or, au contraire, cette torsion dans le sommeil est assez rare. Son absence si fréquente provient, je pense, de ce que les renflemens moteurs des feuilles, possèdent presque toujours au-dessous de leur couche fibreuse incurvable un tissu ligneux qui a une certaine rigidité, en sorte que s'il se prête à subir une flexion il résiste à subir une torsion, ce dernier mouvement étant beaucoup plus difficile à imprimer. Les renflemens moteurs des folioles de la réglisse et des casses auraient cela de particulier, que leur tissu ligneux serait peu rigide et se prêterait ainsi avec facilité au mouvement de torsion.

En général, chez les feuilles, le réveil est la conséquence de l'augmentation de la lumière et par conséquent de l'augmentation de la respiration végétale, puisque celle-ci s'opère par l'assimilation de l'oxigène produit dans le tissu

(1) Voyez dans le Mémoire IX, page 459.

végétal sous l'influence de la lumière et versé dans les organes pneumatiques de la plante. J'ai fait voir dans un autre
Mémoire (1) que l'ascension de la sève par attraction, cesse
d'avoir lieu lorsque la respiration de la plante est supprimée, et j'en ai conclu que c'est sous l'influence des phénomènes chimiques qui se passent dans l'assimilation de
l'oxigène, que se développe la force qui attire la sève. On
conçoit d'après cela, pourquoi chez les feuilles, le réveil a
toujours lieu pendant le jour; car c'est alors seulement
qu'elles fabriquent l'oxigène qui sert à leur respiration;
c'est alors par conséquent qu'elles attirent la sève avec le
plus d'abondance, ce qui est la condition la plus favorable
pour la turgescence et pour l'incurvation du tissu cellulaire
qui est l'agent du réveil. Lorsque le soir arrive, la diminution de la lumière en occasionant la diminution de la respiration dans les feuilles, y produit par cela même la diminution de l'afflux de la sève attirée, et alors le tissu cellulaire
agent du réveil perd une partie de sa turgescence et par
conséquent perd une partie de sa force d'incurvation. Or,
pendant la durée du jour sous l'influence d'une respiration
active, le tissu fibreux agent du sommeil a augmenté peu-
à-peu son oxigénation, laquelle se trouvant ainsi très considérable le soir détermine l'incurvation de ce tissu fibreux,
lequel l'emporte alors facilement sur l'incurvation affaiblie
du tissu cellulaire agent du réveil. Alors les feuilles prennent l'état de sommeil. Cependant, dans le courant de la
nuit et dans l'absence de la respiration active qu'occasionné
la lumière, le tissu fibreux, agent du sommeil, perd une
partie de l'oxigène qui avait été fixé dans son tissu pendant le jour; j'ai prouvé ce fait pour les fleurs, il est par
conséquent prouvé aussi pour les feuilles. Lorsque le matin

(1) Voyez dans le Mémoire VIII, page 413.

arrive, le tissu fibreux, agent du sommeil, se trouve donc
affaibli, le tissu cellulaire, agent du réveil, reprend de la
turgescence et par suite de la force d'incurvation sous l'influence de la lumière, et le réveil des feuilles a lieu. Ainsi
s'établit et se continue, pendant toute la durée de la vie
des feuilles, cette oscillation diurnale qui résulte de l'action alternativement prédominante d'un tissu cellulaire
incurvable par turgescence d'eau ou par endosmose implétive et d'un tissu fibreux incurvable par oxigénation. Ici
doit se trouver naturellement l'exposé de ces expériences
si intéressantes, faites par M. de Candolle, sur les effets
que la lumière artificielle continue produit sur les feuilles
susceptibles de sommeil. Ce célèbre botaniste a vu qu'en
soumettant une sensitive à la lumière continue des lampes,
la succession du réveil et du sommeil des feuilles continuait d'avoir lieu, et, ce qui est un fait bien important,
que la durée de l'intervalle de temps qui séparait ces alternatives de réveil et de sommeil diminuait dans la proportion d'environ deux heures par jour. Cela permet de
penser que si la sensitive, au lieu d'être soumise à la lumière artificielle continue, eût pu se trouver soumise à la
lumière continue et bien plus énergique du soleil, elle eût
raccourci encore davantage la période de ses oscillations,
lesquelles eussent été perpétuelles, malgré l'absence des
alternatives de lumière et d'obscurité. M. de Candolle
considère la continuation des mouvemens de réveil et de
sommeil sous l'influence d'une lumière continue, comme
un effet de l'*habitude* précédemment acquise. Ce mot *ha-*
bitude, auquel ne se trouve attachée aucune idée exacte,
n'est véritablement qu'un voile mis à l'ignorance où nous
sommes des causes auxquelles sont dus certains phénomènes vitaux qui se reproduisent quelquefois périodiquement.
Ce curieux phénomène de la continuation des alternatives
du réveil et du sommeil chez la sensitive, soumise à une

lumière continue, me paraît devoir être envisagé d'une
autre manière : je l'exposerai dans le xie mémoire. M. de
Candolle a également recherché quels seraient les effets
d'une obscurité continue sur le réveil et le sommeil des
feuilles de la sensitive, mais il convient que dans cette expérience il n'a observé que des phénomènes sans régularité.
J'ai répété plusieurs fois cette même expérience, et voici
ce que j'ai vu. Une sensitive placée dans des conditions favorables de température, étant mise dans une obscurité
complète au moyen d'un récipient opaque qui la couvre,
ses feuilles prennent d'abord la position de sommeil qu'elles
conservent jusqu'au lendemain si l'expérience a été commencée dans la soirée, mais qu'elles ne conservent que
jusque vers la fin du jour si l'expérience a été commencée
le matin. Dans l'un et dans l'autre cas, les feuilles se dé-
ploient complètement malgré l'absence de la lumière, et
elles prennent la position du réveil le plus complet. Environ dix ou douze heures après, les folioles des feuilles très
jeunes se ploient tout-à-fait, mais leur pétiole demeure redressé; les feuilles les plus vieilles continuent à présenter
le réveil le plus complet. Quant aux feuilles d'un âge intermédiaire, leurs folioles prennent un état de demi-plicature
en conservant aussi leur pétiole dans un état de redressement qui excède celui du réveil normal. Cet état mixte de
réveil et de sommeil des feuilles, état dans lequel le réveil
est de beaucoup prédominant, persiste invariablement dans
l'obscurité continue. Or, comme cette même position est prise
par les feuilles de la sensitive dans le vide de la pompe
pneumatique, cela prouve que c'est une *position d'asphyxie.*
Les feuilles placées dans une obscurité continue, ne fabriquent plus d'oxigène pour en remplir leurs organes pneumatiques ou respiratoires; placées dans le vide, l'air respirable qui remplit ces organes, leur est enlevé, en sorte
que dans ces deux cas l'asphyxie de la plante est également

produite, et les feuilles prennent exactement la même position qui est à-peu-près celle du réveil. J'ai fait voir, en
effet, plus haut que, privées d'oxigène respiratoire, les
fleurs et les feuilles prennent et conservent invariablement
la position de réveil, et cela, par le fait de la paralysie du
tissu fibreux incurvable par oxigénation et agent du sommeil. Ainsi, chez la sensitive, placée dans une obscurité
continue, il n'y a qu'un seul réveil des feuilles premièrement placées dans la position de sommeil, et ce réveil d'a-
bord normal se change ensuite en un *réveil modifié* qui
constitue la position de l'*asphyxie*. Ces phénomènes, d'autant plus prompts dans leur succession que la température
est plus élevée, s'expliquent parfaitement par la théorie que
j'ai exposée plus haut. Les feuilles de sensitive qui, mises
à l'obscurité, ont pris la position de sommeil, la conservent
jusqu'à ce que le tissu fibreux, agent du sommeil, ait perdu
dans l'absence de la lumière et de la respiration normale,
une partie de son oxidation qui est la seule cause de son
incurvation; ce tissu fibreux étant ainsi affaibli, le tissu
cellulaire, son antagoniste et agent du réveil, reprend l'empire et place la feuille dans la position de réveil; or, comme
la feuille privée de lumière ne produit plus d'oxigène respiratoire, le tissu fibreux incurvable par oxigénation, ne
pouvant plus récupérer son moyen d'incurvation, qui est
l'oxigène, se trouve aussi paralysé, et comme il est l'agent
du sommeil, celui-ci ne se manifeste plus; la feuille reste
dans un état qui est à-peu-près celui du réveil.

Les expériences qui viennent d'être exposées prouvent
que, lors de la suppression complète de l'oxigène respiratoire dans les organes pneumatiques des feuilles, l'incurvation du tissu cellulaire agent du réveil existe seule, et que
l'incurvation du tissu fibreux, agent du sommeil, est supprimée; cela semblerait prouver que l'existence de la respiration végétale, nécessaire évidemment pour l'action du

tissu fibreux incurvable par oxigénation, serait inutile pour l'action du tissu cellulaire incurvable par trugescence d'eau ou par endosmose; or cela est si loin d'être vrai que c'est le contraire qui a lieu; dans l'état naturel, l'existence de la respiration végétale normale est plus nécessaire pour l'action du tissu cellulaire agent du réveil, que pour l'action du tissu fibreux agent du sommeil. Cette assertion, qui paraît paradoxale au premier coup-d'œil, est prouvée par les expériences suivantes.

Je pris trois feuilles de haricot que je nommerai A,B,C. La feuille A fut submergée et mise pendant un quart d'heure dans le vide : en lui rendant l'air, les cavités pneumatiques furent entièrement remplies d'eau. La feuille B resta aussi pendant un quart d'heure dans le vide, mais sans submersion. La feuille C demeura dans l'état naturel. Je mis ces trois feuilles tremper par leur pétiole dans des vases remplis d'eau, que je plaçai dans un lieu bien éclairé par la seule lumière diffuse. Lorsque le soir arriva, la feuille A présenta la première le phénomène de l'abaissement de ses folioles ou du sommeil; la feuille B présenta plus tard ce phénomène, lequel arriva encore plus tard chez la feuille C. Le lendemain, la feuille C présenta la première le phénomène du redressement de ses folioles ou du réveil. La feuille B se réveilla plus tard, et enfin la feuille A se réveilla la dernière; mais le réveil de ces deux dernières feuilles fut incomplet; leurs folioles restèrent pendant toute la journée dans un état de demi-sommeil, et elles ne firent aucun mouvement de nutation pour se diriger vers la lumière. La feuille C, au contraire, non-seulement redressa complètement ses folioles, ce qui constitue l'acte de leur réveil, mais elle inclina leur face supérieure vers la fenêtre de laquelle venait la lumière, ce qui constitue l'acte de leur nutation. Le soir de ce second jour la feuille A commença encore la première à présenter le

phénomène du sommeil ; elle fut suivie par la feuille B et
enfin par la feuille C. Celle-ci cessa en même temps de tenir
la face supérieure de ses folioles inclinée vers la fenêtre ;
la position de nutation cessa d'avoir lieu pendant la nuit, et
les folioles reprirent leur position naturelle. Le troisième jour
la feuille A ne présenta point le phénomène du réveil ; elle
commença à se faner. La feuille B se réveilla un peu, mais
elle était languissante. La feuille C, parfaitement vivante, exécutait ses fonctions comme à l'ordinaire. Le quatrième jour la feuille A était morte; la feuille B commença
à se faner et fut morte le lendemain. La feuille C continua
long-temps à vivre.

On voit par ces expériences que la feuille A dont les
organes pneumatiques avaient été vidés d'air, et remplis
d'eau en grande partie fut plus hâtive pour le sommeil, et
plus tardive pour le réveil que ne le fut la feuille B, dont
les organes pneumatiques vides d'air étaient cependant
restés en partie accessibles à son retour ; je dis *en partie*,
car il est certain que lors de la soustraction par la pompe
pneumatique de l'air contenu dans les canaux pneumatiques d'une plante, ces canaux doivent être envahis en
partie par les liquides séveux. Les deux feuilles A et B ne
présentèrent point de nutation comme la feuille C qui
avait conservé ses organes pneumatiques dans leur état
naturel ; cette feuille C fut en outre plus tardive pour le
sommeil, et plus hâtive pour le réveil que ne le furent les
deux feuilles A et B. Ainsi le réveil des feuilles est plus
altéré que leur sommeil par la diminution de la respiration
végétale, alors leur réveil est plus court et leur sommeil
plus long que dans l'état naturel. Ces faits s'expliquent facilement par les considérations suivantes.

Le tissu cellulaire incurvable par endosmose, et agent du
réveil, ne peut évidemment devenir turgescent et par suite
se courber que lorsque la sève lymphatique lui est apportée

en quantité suffisante. Or, j'ai démontré que l'ascension de la sève lymphatique *par attraction* cesse d'avoir lieu lorsqu'il n'y a plus d'oxigène respiratoire dans les organes pneumatiques des plantes, et que cette ascension est proportionnelle en général à la quantité de la respiration végétale ; or, les trois feuilles de haricot, sujets des dernières expériences, avaient évidemment des quantités différentes de respiration. La feuille A était celle qui respirait le moins; la feuille B respirait un peu plus, mais toujours d'une manière insuffisante. Chez ces deux feuilles l'ascension de la sève lymphatique par attraction était donc faible, et comme elle devait compenser la perte faite par la transpiration des feuilles, il n'arrivait dans leur tissu assez de sève lymphatique pour produire la turgescence du tissu cellulaire, agent du réveil, que lorsque la lumière devenue intense augmentait à-la-fois la respiration végétale et l'ascension de la sève lymphatique, en sorte que le réveil arrivait tard. Le soir dès que la lumière commençait à diminuer la respiration et l'ascension de la sève lymphatique diminuaient en même temps, et d'une manière considérable en raison de leur faiblesse antécédente, en sorte que le tissu cellulaire agent du réveil, n'ayant plus assez d'eau pour conserver la turgescence par endosmose qui est la cause de son incurvation, cessait alors d'être plus fort que le tissu fibreux dont l'incurvation antagoniste, devenue victorieuse, produisait ainsi le sommeil qui arrivait de bonne heure et plus tôt que dans l'état naturel. Ainsi, d'après ces observations, il faut plus de respiration végétale, il faut plus d'oxigène dans les organes pneumatiques des feuilles pour déterminer une ascension de sève lymphatique suffisante pour produire la turgescence et l'incurvation du tissu cellulaire agent du réveil, que pour produire l'incurvation par oxigénation du tissu fibreux agent du sommeil, en sorte que lors de la diminution de la respiration végétale le tissu cellulaire agent du réveil est plus

34.

altéré dans l'exercice de sa fonction d'incurvation que ne l'est le tissu fibreux agent du sommeil. Cela n'a lieu cependant que lorsque les feuilles sont placées à l'air libre et à la lumière, c'est-à-dire, lorsqu'elles sont dans la position qui favorise le plus leur transpiration. En effet, j'ai fait voir que lorsque les feuilles sont placées à l'obscurité, laquelle diminue la transpiration végétale, ou bien lorsqu'elles sont plongées dans l'eau non aérée où cette transpiration est nulle et où il y a au contraire absorption immédiate de sève lymphatique; ou bien enfin, lorsqu'elles sont placées dans le vide de la pompe pneumatique, où la perte d'eau par l'évaporation est également à-peu-près nulle, l'abolition de la respiration qui a lieu dans ces trois circonstances, diminue à peine ou ne diminue point du tout l'action du tissu cellulaire agent du réveil, tandis qu'elle abolit l'action du tissu fibreux agent du sommeil. Cela provient de ce que dans ces trois circonstances il y a dans les feuilles assez de sève lymphatique pour produire la turgescence et l'incurvation du tissu cellulaire agent du réveil; il n'est donc pas nécessaire que la respiration végétale existe pour déterminer l'ascension de cette sève lymphatique, comme cela a lieu lorsqu'il s'agit de remplacer celle que l'évaporation soustrait, ce qui abolit la turgescence cellulaire.

Il résulte de ces considérations et des expériences qui y ont donné lieu, que le maximum de l'action vitale chez les feuilles a lieu pendant le jour ou dans leur réveil, et que leur sommeil qui a toujours lieu pendant la nuit coïncide avec une diminution de cette même action vitale qui est en proportion, chez tous les êtres vivans avec la quantité de la respiration. Ces considérations tendent à établir une véritable similitude entre le sommeil des végétaux, et celui des animaux, similitude que l'on était loin de soupçonner, car généralement on considère comme *métaphoriques* les expressions de *sommeil* et de *réveil* appliquées aux végétaux.

Il est bien entendu que, dans ce rapprochement, je ne prétends point comprendre les phénomènes du *sommeil sensorial* propre aux seuls animaux ; je ne considère ici le sommeil chez les végétaux, que dans ses phénomènes purement organiques, lesquels attestent tous une diminution de l'action vitale, diminution qui est le seul point de rapprochement que je prétende établir entre le sommeil des animaux et celui des végétaux. C'est par le fait de cette diminution de l'action vitale que chez les parties des végétaux qui sont susceptibles de sommeil et de réveil, la mort est toujours précédée par le sommeil ainsi que cela a lieu chez les animaux. C'est dans la position de sommeil que les fleurs et les feuilles meurent ordinairement, en sorte que chez les végétaux, comme chez les animaux, le sommeil est l'image de la mort.

XI.

DE L'EXCITABILITÉ VÉGÉTALE

ET

DES MOUVEMENS DONT ELLE EST LA SOURCE.

§ I. — *Mécanisme du mouvement chez la sensitive.*

On sait que certains végétaux jouissent de la faculté de mouvoir quelques-unes de leurs parties lorsqu'ils subissent l'influence des excitans mécaniques, tels que les chocs ou les piqûres, ou lorsqu'ils subissent l'influence des excitans chimiques, tels que le contact d'une liqueur acide, etc.; souvent un attouchement fort léger suffit pour déterminer ces mouvemens. Tout le monde connaît les phénomènes que présentent, à cet égard, les feuilles du *dionea muscipula*, les étamines du *berberis vulgaris* et du *cactus opuntia*, etc. La plante qui présente au plus haut degré cette faculté de mouvement est la sensitive (*mimosa pudica* L).

On sait que les feuilles de cette plante se meuvent spontanément au moindre attouchement, à la plus légère secousse,
ou bien lorsqu'on fait éprouver à une seule de leurs folioles
une chaleur inaccoutumée, ou bien encore lorsqu'on dépose sur elles, sans secousse, une goutte d'acide, etc.; en
un mot, la feuille se comporte comme le ferait, en pareil
cas, un animal qui serait averti par ses sensations de l'action actuelle d'une cause excitante sur ses organes. Il n'est
point nécessaire que l'action de la cause excitante soit
dirigée sur la feuille elle-même pour qu'elle se meuve; une
action dirigée sur une partie souvent très éloignée peut
déterminer ce mouvement de la feuille. Ainsi, en même
temps qu'il y a chez la sensitive une *faculté de mouvement
qu'on peut appeler de locomotion*, il y a une *faculté d'excitabilité*, ou une faculté de recevoir et de transmettre au
loin *l'excitation*, en vertu de laquelle le mouvement loco-
motif a lieu. Ainsi, il y a deux phénomènes à étudier dans
les mouvemens qui ont lieu par excitation: 1° le mécanisme
de ces mouvemens; 2° les phénomènes que présente l'excitabilité en vertu de laquelle ces mouvemens ont lieu. Je
me bornerai, pour ces objets d'étude, à la sensitive. (1)

(1) Mes premières expériences sur les mouvemens des feuilles de la sensitive
remontent à 1824, et furent publiées dans mon ouvrage intitulé : *Recherches
sur la structure intime des animaux et des végétaux, et sur leur motilité.* Je ne
vis alors qu'une partie du mécanisme de ces mouvemens, sans pénétrer dans
la connaissance de leur cause physique. Ayant depuis découvert le phénomène de l'endosmose, j'en fis, en 1828, l'application au mécanisme intime
des mouvemens de la sensitive dans ma brochure intitulée : *Nouvelles recherches sur l'endosmose et l'exosmose, suivies de l'application expérimentale
de ces actions physiques à la solution du problème de l'irritabilité végétale, etc.*
L'explication que je donnai alors de la cause organique et physique des mouvemens d'irritabilité était incomplète, puisque je ne connaissais encore qu'une
seule des causes physiques de ces mouvements, ma découverte touchant l'existence chez les végétaux du *tissu fibreux incurvable par oxigénation* n'ayant eu
lieu que dans l'année 1836.

Lorsqu'on fait éprouver une excitation aux feuilles de la sensitive, elles se ploient avec rapidité. Cette plicature s'opère de la manière suivante : les folioles se ploient par paires en se joignant par leurs faces supérieures. Par ce mouvement, elles se rapprochent de leur axe commun, qui est la pinnule; les pinnules se ploient en se rapprochant également de la direction de leur axe commun, qui est le pétiole, vers le sommet duquel elles sont implantées par paires; le pétiole se ploie en s'éloignant de la tige sur laquelle il est implanté. Ce mouvement d'éloignement du pétiole est si étendu, que ce dernier s'incline vers la terre en se rapprochant de la partie de la tige qui est située au-dessous de son insertion; ainsi le mouvement du pétiole s'opère en sens inverse de celui des pinnules et des folioles. Ces deux dernières se rapprochent de la partie supérieure de l'axe duquel elles émanent; le pétiole, au contraire, s'éloigne de la partie de la tige qui lui est supérieure, et se rapproche de la partie de cette même tige qui lui est inférieure. Cet état d'abaissement du pétiole et de plicature des folioles, que l'on voit ici produit par une cause excitante, est également l'état que présente la feuille dans son sommeil. Lorsque la feuille a pris cet état en plein jour, par l'effet d'une cause excitante, elle reprend, quelques minutes après, l'état de redressement de son pétiole et de déploiement de ses folioles; elle a éprouvé, pour ainsi dire, un *sommeil momentané*; l'absence de la lumière, pendant la nuit, produit ce même *sommeil* d'une manière prolongée; il ne cesse qu'au retour de la lumière du jour. Alors la feuille prend l'état de réveil en redressant son pétiole; en éloignant les unes des autres ses pinnules et en déployant ses folioles. Ainsi les mouvemens qui résultent de l'excitation, et ceux qui résultent de l'arrivée du sommeil, sont exactement les mêmes; les mouvemens qui suivent la cessation de l'excitation, et ceux qui amènent l'état de réveil, sont également semblables; il n'y a donc qu'un seul et même mécanisme de mouvement pour ces deux ordres de phénomènes. Je renvoie, par conséquent, à ce que j'ai exposé, à cet égard, dans mon Mémoire sur le réveil et le sommeil des plantes; on y trouvera le détail anatomique de la structure intérieure du renflement moteur du pétiole de la sensitive, et la détermination du mécanisme au moyen duquel le pétiole s'abaisse dans le sommeil et se relève dans le réveil. J'ai fait voir que l'abaissement du pétiole reconnaît pour agent un tissu fibreux qui se courbe lorsqu'il a acquis de l'oxigénation, et que l'élévation de ce même pétiole a pour agent un tissu cellulaire qui se courbe par implétion de liquide avec excès ou par endosmose. Ainsi, lors de l'abaissement du pétiole de la sensitive sous l'influence des excitans, c'est le tissu fibreux incurvable par oxigénation contenu dans le renflement moteur pétiolaire qui agit. Il en résulte que, par le fait de l'excitation, ce tissu fibreux incurvable reçoit instantanément un surcroît d'oxigénation qui détermine son incurvation. On ignore comment cela s'opère; je me bornerai donc ici à faire observer que ce phénomène se rattache aux observations par lesquelles j'ai prouvé ailleurs (1) que les excitans sont des causes déterminantes de fixation de l'oxigène dans l'organisme vivant (2). Le surcroît d'oxigénation qu'a reçu in-

(1) Voyez mon Mémoire intitulé: *De l'usage physiologique de l'oxigène dans ses rapports avec l'action des excitans.*

(2) Certains phénomènes physico-chimiques bien connus peuvent donner une idée de la manière dont agissent les excitans mécaniques et chimiques pour déterminer l'oxidation du tissu organique vivant. Une observation vulgaire a appris que le vin en futailles s'aigrit plus ou moins promptement dans les caves voisines des rues ou des grandes routes où il reçoit l'ébranlement produit dans le sol par le roulement des voitures. Cet ébranlement moléculaire détermine alors le vin à attirer l'oxigène qui le convertit en acide, ce qui ne fût point arrivé s'il se fût trouvé placé dans un lieu tranquille.

stantanément le tissu fibreux, agent de l'abaissement du
pétiole et de la plicature des folioles, cesse bientôt d'exister
dans le tissu fibreux, et cela par l'action de la cause vitale
inconnue dans sa nature, qui opère la désoxidation du
tissu organique précédemment oxidé. Alors le tissu cellulaire incurvable par endosmose et agent du redressement
du pétiole et du déploiement des folioles reprend l'empire.
Ce dernier mouvement, auquel est dû le redressement et
le déploiement de la feuille, ne s'exécute point sous l'influence des causes excitantes : il est simplement le résultat
de l'afflux de la sève lymphatique dans le tissu cellulaire
incurvable par endosmose, tissu qui est l'agent de ce mouvement. Ainsi, les causes excitantes influent exclusivement
sur le mouvement d'abaissement et de ploiement de la

Voilà donc un exemple d'*excitation mécanique à l'oxidation* ; un second
exemple montrera l'*excitation chimique à l'oxidation*. M. Chevreul, dans
son Mémoire *sur l'action simultanée de l'oxigène gazeux et des alcalis sur
un grand nombre de substances organiques*, imprimé dans le 22e volume
des Mémoires du Muséum d'histoire naturelle, a fait voir que beaucoup de
substances organiques qui n'ont point d'affinité pour l'oxigène, acquièrent
sur-le-champ une affinité très forte pour cette substance lorsqu'on les associe
à un alcali qui dans ce cas ne leur est point *combiné*, mais simplement *juxta-
posé moléculairement*. Les substances organiques ainsi associées à un alcali se
maintiennent sans changement chimique tant qu'elles sont privées du contact
de l'oxigène gazeux ; mais lorsque ce contact a lieu, les substances organiques
dont il s'agit attirent très fortement l'oxigène et se combinent avec lui. Ainsi
l'alcali, qui n'entre nullement ici en combinaison, n'est évidemment, dans
cette circonstance, que la *cause excitante* de la fixation de l'oxigène sur la
substance organique. Une action chimique du même genre se manifeste lorsqu'un jet de gaz hydrogène se trouve en contact avec l'éponge de platine
dans le sein de l'atmosphère, aussitôt l'oxigène se fixe sur l'hydrogène, ce
qui produit la combustion de ce dernier. L'éponge de platine n'agit ici que par
son seul contact comme *cause excitante* de la fixation de l'oxigène sur l'hydrogène. Ces actions chimiques dérivent d'une force dont l'étude est nouvelle dans la science, et que M. Berzelius désigne sous le nom de *force cata-
lytique*. Cette force, qui est probablement de nature électrique, joue indubitablement un grand rôle dans l'organisme vivant.

feuille, mouvement qui est également celui qui produit l'état de sommeil, et qui est dû à l'action du tissu fibreux incurvable par oxigénation ; c'est donc ce tissu fibreux qui seul reçoit l'influence de l'excitation. Ainsi, ce qu'on nomme l'*irritabilité végétale*, se trouve être la propriété d'un tissu fibreux qui agit en se courbant par le fait de son oxigénation. Ce mot *irritabilité*, qui n'a aucune signification exacte, doit donc être remplacé ici par le mot *incurvabilité*, en ajoutant que cette *faculté d'incurvation* est associée, dans le cas dont il s'agit, à l'*excitabilité* ou à la faculté de recevoir l'influence des causes excitantes, lesquelles déterminent l'oxigénation et par suite l'incurvation du tissu fibreux incurvable.

Je ne m'étendrai pas davantage sur le mécanisme des mouvemens opérés par les deux tissus incurvables que contiennent les renflemens moteurs des feuilles de la sensitive. Ce que je viens d'exposer à cet égard, joint à ce que j'ai dit avec plus de détail dans mon Mémoire *sur le réveil et le sommeil des plantes*, suffit pour donner une idée exacte du mécanisme de ces mouvemens. Autrefois, j'avais procédé à cette recherche par le moyen de l'ablation de certaines parties du renflement moteur du pétiole de la feuille, mais j'ai reconnu combien était infidèle cette méthode de recherche par ablation de l'un des côtés du renflement moteur. Il eût fallu, dans la pratique de cette ablation, faire distinction des deux tissus incurvables qui sont superposés, ce que je n'ai pu faire dans mes anciennes expériences, puisque le tissu fibreux incurvable m'était alors inconnu. Or, j'ai expérimenté depuis qu'en faisant l'ablation du seul tissu cellulaire incurvable qui est superficiel dans le renflement moteur, on altère les fonctions du tissu fibreux incurvable qui se trouve mis à nu, en sorte qu'on ne peut tirer des déductions certaines de cette méthode expérimentale à laquelle j'ai renoncé.

Les mouvemens d'abaissement et de redressement sont
les seuls que présente ordinairement le pétiole de la feuille
de sensitive par la flexion et le redressement successifs de
son renflement moteur; mais on peut faire aussi exécuter
à ce dernier des mouvemens dans les sens latéraux de
droite et de gauche. Ainsi, si l'on ploie une tige de manière
à déranger la direction naturelle de ses feuilles vers la lumière, on voit cette direction se rétablir bientôt par la
flexion latérale du renflement moteur du pétiole. Ce renflement est donc organisé pour se mouvoir dans tous les sens,
mais il possède une action prédominante dans ses deux
parties supérieure et inférieure qui sont les plus épaisses
en raison de l'aplatissement de haut en bas de sa partie
centrale, comme on le voit dans la fig. 3, pl. 16; de là vient
que les mouvemens principaux et habituels de ce renflement moteur, s'exécutent dans les deux directions opposées
de l'abaissement et du redressement du pétiole.

Le mécanisme des mouvemens dont l'excitabilité est la
source étant déterminé, j'aborde l'étude de cette excitabilité elle-même.

§ II. — *De l'excitabilité végétale.*

Chez les animaux on donne le nom de *sensibilité* à la
faculté en vertu de laquelle ils reçoivent l'influence des
causes excitantes. Doit-on reconnaître aussi l'existence de la
sensibilité chez les végétaux?

Chacun sait que Bichat a admis deux modifications de
la sensibilité chez les êtres vivans: la *sensibilité animale* qui
n'appartient qu'aux animaux et qui est la source de leurs
sensations, et la *sensibilité organique* qui appartient aux
animaux et aux végétaux, sensibilité qui n'est point source
de sensations.

La seule idée que nous puissions avoir de la *sensibilité*
est celle qui nous est donnée par notre propre expérience.
Cette idée et inséparable de celle de la conscience de l'existence. L'être qui *sent* possède, par cela même, un *moi*, et
c'est la faculté que possède ce *moi* d'être modifiée par certaines causes extérieures qui constitue la *sensibilité*, propriété mystique et nécessairement telle, car elle est totalement inaccessible à notre investigation. Notre faculté de
sentir est celle à l'aide de laquelle nous connaissons, il
nous est par conséquent impossible de la connaître elle-
même. La sensibilité est donc en dehors des sciences d'observation; elle ne doit point être étudiée dans la physiologie :
son étude appartient à la psychologie. Il existe des bornes
pour les investigations de l'esprit humain ; ces bornes se
trouvent dans la nature de nos rapports avec les objets naturels ; elles sont impossibles à franchir. Il est de la véritable philosophie de savoir reconnaître ces bornes et de
s'y arrêter ; toute tentative de l'imagination pour les dépasser serait extravagante. Laissons donc de côté en physiologie l'étude de la *sensibilité* qui est une faculté nécessairement *mystique*, et située au-delà des bornes que je viens
d'indiquer ; il nous est permis seulement de suivre jusqu'auprès de ces bornes l'enchaînement des phénomènes
au moyen desquels cette *faculté mystique* est mise en jeu.
Ici l'on sera dans le champ de l'observation et de la véritable science. Tout *mysticisme* disparaîtra ; et l'on n'aura
plus que des phénomènes appréciables, auxquels on
pourra peut-être appliquer des mesures.

Ne devant reconnaître de *sensibilité* que là où il existe
des *sensations*, on doit refuser ce nom à la *sensibilité organique* de Bichat. Les recherches de M. Flourens ayant
prouvé que les sensations n'existent que dans la partie du
cerveau qui est le siège du *moi*, là se trouve exclusivement
placée la *sensibilité ;* partout ailleurs, existe seulement l'*ex-*

citabilité. Ainsi, les organes des sens ne sont point *sensibles*
comme on le dit, ils sont seulement *excitables*. M. Flourens (1) borne le nom d'*excitabilité* à la faculté qu'ont en
général les organes nerveux, d'éprouver de la part des causes excitantes la modification particulière en vertu de laquelle la sensibilité d'une part et la contractilité de l'autre,
sont consécutivement mises en jeu ; j'étends ce nom à la faculté qu'ont les parties vivantes, telles qu'elles soient, d'être
directement modifiées par les causes excitantes. Ainsi, je
reconnais chez les végétaux l'existence de l'*excitabilité* ;
mais ils n'ont point de *sensibilité*, car ils n'ont point de
moi, point de conscience de l'existence. Leur excitabilité
mise en jeu se borne à provoquer le mouvement des organes locomoteurs de la plante lorsqu'elle en possède, et qu'ils
sont de nature à être mis en action par elle. L'*excitabilité*
est ainsi la faculté que possèdent certaines parties vivantes
d'être modifiées par l'action de certaines causes extérieures, qui portent en raison de cela le nom d'*excitans*. L'*excitation* est ainsi une *modification*, un *changement*, d'une
nature particulière et inconnue ; or, la nature de cette *modification*, de ce *changement*, est du ressort de l'observation.
La manière dont les *causes excitantes* agissent pour produire ce *changement* sera peut-être possible à déterminer.
L'excitabilité est encore ici pour nous une propriété *mystérieuse*, mais elle n'est point, comme la *sensibilité*, une propriété *mystique* et inabordable.

L'excitabilité se montre chez la sensitive parfaitement
distincte de la faculté de mouvement qu'elle met en exercice. Ainsi, lorsqu'on brûle légèrement avec un verre ardent les sommités fleuries de cette plante, il ne s'y manifeste aucun phénomène appréciable ; mais bientôt après les

_____

(1) Recherches sur le système nerveux.

feuilles inférieures aux fleurs se fléchissent. Il y a donc eu dans les fleurs un phénomène vital consécutif à l'action de la cause excitante, et qui a été antérieur à l'action par laquelle les feuilles ont exécuté leur mouvement. Les fleurs ont ressenti l'influence de l'excitant sans le manifester par des signes extérieurs; les feuilles ont éprouvé consécutivement la même influence et elles l'ont manifesté par leurs mouvemens. Il paraîtrait y avoir là une suite de phénomènes analogues à ceux que nous offre le système nerveux des animaux. Une excitation locale est produite, et elle se transmet au loin dans des parties dont elle provoque le mouvement. Chez les animaux, cette transmission qui a lieu par les nerfs, est d'une telle rapidité qu'elle paraît instantanée; chez la sensitive cette transmission s'opère avec lenteur, et les organes par lesquels elle a lieu étaient ignorés avant mes recherches publiées en 1824 (1), et que je vais reproduire.

Lorsqu'on fait subir une excitation à une seule foliole d'une feuille de sensitive, soit en la brûlant très légèrement et sans l'endommager avec les rayons du soleil rassemblés par une lentille, soit en la frappant, soit en lui appliquant une goutte d'acide affaibli, etc., on voit que cette excitation locale se propage aux autres parties de la feuille. Si c'est l'une des deux folioles terminales d'une pinnule qui a été ainsi excitée, l'excitation se communique du sommet de la pinnule vers sa base en provoquant successivement la plicature des paires de folioles que porte cette pinnule ; celle-ci se ploie et presque en même temps les autres pinnules en font autant. L'excitation arrive ensuite au renflement moteur du pétiole qui se fléchit. Ce n'est pas tout : l'excitation se transmet aux autres feuilles qui garnissent la tige

---

(1) Recherches anatomiques et physiologiques sur la structure intime des animaux et des végétaux, et sur leur motilité.

au-dessus et au-dessous de la feuille qui a été primitivement excitée. Elles se mettent en mouvement les unes après
les autres, et l'on voit leur pétiole s'abaisser le premier,
ensuite leurs pinnules et enfin leurs folioles se ployer. Il
faut nécessairement reconnaître qu'ici l'excitation, ou plutôt le mouvement inconnu qu'elle produit dans la plante,
se transmet de proche en proche. Les mêmes phénomènes
ont lieu en dirigeant l'action excitante sur toute autre partie de la plante, sur les fleurs, par exemple, ainsi que je
l'ai dit plus haut, ou bien sur l'écorce de la tige. Lorsqu'une
feuille est complètement ployée et qu'il n'est plus possible
de provoquer chez elle aucun mouvement extérieur, elle
ne laisse pas d'être encore susceptible d'éprouver l'excitation et de la transmettre au loin. Cette faculté d'éprouver
l'influence des causes excitantes et de la transmettre, appartient même aux racines chez la sensitive. J'ai arrosé les
racines de cette plante avec de l'acide sulfurique ; sur-le-
champ les feuilles de la tige se ployèrent les unes après les
autres ; les plus voisines des racines se ployèrent les premières, et l'excitation se propagea ainsi de bas en haut jusqu'à l'extrémité des rameaux. Je n'avais arrosé d'acide
qu'une petite portion des racines de la sensitive, et la partie aérienne de la plante n'avait point eu le temps d'en absorber; j'enlevai toutes les racines offensées ainsi que la
terre imprégnée d'acide. La plante, quelques heures après,
redressa les pétioles de ses feuilles, mais elle ne déploya ses
folioles que le lendemain; du reste, elle ne parut pas souffrir subséquemment de cette expérience. J'ai lu quelque
part que cette expérience avait été faite par l'illustre Desfontaines, et je croyais ne faire que la répéter, mais je tiens
de ce savant botaniste lui-même qu'il n'avait point mis
l'acide sulfurique sur les racines de la sensitive, mais qu'il
en avait seulement mis une goutte sur l'écorce de la partie
inférieure de cette plante. Il avait observé, dans cette ex-

périence, la plicature successive de toutes les feuilles. Ainsi, le fait de la transmission de l'excitation par les racines n'avait point été constaté avant mon expérience.

Ici une question fort importante se présente : le mouvement inconnu et invisible au moyen duquel l'excitation se propage se transmet-il par tous les organes intérieurs de la plante, ou bien y a-t-il des organes spécialement affectés à cette transmission? Pour arriver à la solution de cette question, j'ai fait les expériences suivantes :

J'enlevai un anneau d'écorce sur une tige; les feuilles, comme on le pense bien, se ployèrent toutes pendant cette opération, mais peu après, elles reprirent leur position de déploiement; alors je brûlai légèrement quelques folioles de la feuille située immédiatement au-dessus de la décortication annulaire. Cette feuille se ploya, et peu après les autres feuilles situées au-dessous de l'endroit décortiqué se ployèrent à leur tour. Je répétai cette expérience en brûlant quelques folioles de la feuille située au-dessous de la décortication; les feuilles situées au-dessus se ployèrent; ces premières expériences me prouvèrent que l'excitation se transmet également en montant et en descendant, malgré l'enlèvement d'un anneau d'écorce.

Après avoir enlevé un anneau d'écorce, j'ouvris latéralement le canal médullaire et j'enlevai toute la moelle. Après cette opération et le repos nécessaire pour que les feuilles reprissent leur position de déploiement, je brûlai quelques folioles de la feuille située au-dessus du lieu de l'opération; les feuilles situées au dessous ne tardèrent pas à se ployer. Cette expérience me prouva que l'excitation transmet malgré l'enlèvement simultané de l'écorce et de la moelle. Les parties de la plante situées au-dessus et au-dessous du lieu de l'opération ne communiquaient plus ici entre elles que par la partie ligneuse du système central.

Je voulus savoir si la moelle restant seule transmettrait

l'excitation : à cet effet, je choisis l'un des derniers mérithalles d'une tige dont la moelle était encore verte et dont
les cellules étaient pleines de liquide. J'enlevai tout le tissu
végétal jusqu'à la moelle, sur trois de ses côtés, avec un
instrument bien tranchant ; ensuite je fortifiai la tige affaiblie par cette opération, au moyen d'une petite attèle de
bois que j'attachai avec du fil au-dessus et au-dessous du
lieu de l'opération. Cela fait, j'enlevai le tissu végétal jusqu'à la moelle sur le côté de la tige qui était resté intact.
Je m'assurai que la moelle était parfaitement à nu dans
tout son pourtour en l'examinant à la loupe. J'enveloppai
la plaie avec du coton imbibé d'eau, afin d'empêcher que
la moelle ne se desséchât, et j'attendis que les feuilles
situées au-dessous du lieu de l'opération se fussent déployées, car la feuille située au-dessus ne se déploya point.
Je brúlai légèrement quelques folioles de cette dernière,
qui était encore dans son état de fraîcheur, sachant, par
mes expériences précédentes, que la feuille, dans l'état
de plicature, est tout aussi susceptible de transmettre l'excitation que lorsqu'elle est dans l'état de déploiement. Les
feuilles situées au-dessous du lieu de l'opération n'éprou-
vèrent aucun mouvement, quelle que forte que fût l'ustion
de la feuille supérieure à ce même lieu de l'opération.
Cette expérience me prouva que la moelle ne transmet point
du tout l'excitation.

Il me restait à savoir si l'écorce était apte à transmettre
l'excitation ; je préparai donc une tige de manière que sa
partie supérieure ne communiquait avec sa partie inférieure, que par un lambeau d'écorce qui n'était guère que
le tiers de l'écorce entière ; cette opération fut faite assez
legèrement pour que les feuilles inférieures, au lieu de la
section, ne se ployassent point, en sorte qu'il me fut possible de faire l'expérience sans aucun retard. Ayant donc
brûlé légèrement les folioles de la feuille immédiatement

supérieure, au lieu de l'opération, les feuilles qui lui étaient inférieures ne se ployèrent point, ce qui me prouva que l'écorce ne transmet point l'excitation.

Dans un essai tenté antérieurement, j'avais obtenu un résultat opposé, lequel m'avait fait penser que l'écorce était apte à transmettre l'excitation; mais ayant répété plusieurs fois cette expérience avec beaucoup de soin; je me suis pleinement convaincu que l'écorce ne jouissait point du tout de cette faculté, et que si quelquefois elle avait paru transmettre l'excitation, cela provenait de ce qu'en détachant l'écorce j'avais entraîné avec elle quelques filets ligneux du système central; c'était par ces filets que l'excitation se transmettait dans ces expériences trompeuses.

Le tissu cellulaire qui occupe l'extérieur des renflemens moteurs des feuilles de la sensitive, appartenant au parenchyme cortical, il doit être privé de la faculté de transmettre l'excitation, comme en est privé le système cortical auquel il appartient; cependant, j'ai jugé convenable de m'en assurer. Pour faire cette expérience, il s'agissait de laisser une portion de ce tissu cellulaire subsister seule, comme moyen de communication, entre le pétiole et la tige; je pratiquai à souhait cette opération qui est très délicate; je brûlai ensuite légèrement les folioles de la feuille en expérience, et il n'y eut point de transmission de l'excitation de cette feuille aux autres feuilles de la tige. Sur une autre feuille j'enlevai tout le tissu cellulaire incurvable que contient le renflement moteur du pétiole, et je ne laissai, comme moyen de communication entre la feuille et la tige que les tubes séveux et pneumatiques, ainsi que le tissu fibreux incurvable qui constituent par leur assemblage le faisceau ellipsoïde qui occupe le centre de ce renflement moteur; je brûlai légèrement les folioles de cette feuille et bientôt les autres feuilles de la tige se ployèrent.

35.

Il résulte de ces expériences que, dans la tige de la sensitive, l'excitation est exclusivement transmise par la partie ligneuse du système central. On trouve dans cette partie ligneuse des tubes fibreux que je considère comme les conduits de la sève lymphatique, et des tubes pneumatiques. Il y a aussi très probablement des tubes conducteurs du latex parmi les gros tubes membraneux que contient le corps ligneux. Or, ce n'est point, très probablement du moins, par les tubes pneumatiques ou par l'air qu'ils contiennent, que se transmet l'excitation; car cette dernière n'est point transmise par l'écorce qui, cependant, contient beaucoup d'organes pneumatiques. Il ne reste donc plus à choisir, pour cette transmission, qu'entre les tubes fibreux qui conduisent la sève lymphatique et les vaisseaux du latex. Or, on peut encore ici éliminer les vaisseaux du latex, puisque généralement ces vaisseaux se rencontrent dans le système cortical des plantes plus que dans leur système central, et que l'écorce de la sensitive ne conduit cependant point l'excitation. Il ne resterait donc ici, par voie d'exclusion, que les tubes fibreux conducteurs de la sève lymphatique ascendante pour servir de voie de transmission à l'excitation ; ce serait par le liquide qu'ils contiennent que cette transmission aurait lieu. Au reste , je dois convenir que tout cela est encore fort problématique. Rien n'est encore plus obscur que ce phénomène de l'excitation, tant dans sa nature que dans le mode de sa production et de sa transmission. Mais le mode de son action sur le tissu fibreux incurvable pour déterminer son incurvation, n'est pas douteux. Ce n'est que par acquisition d'oxigène que ce tissu fibreux agit en se courbant; l'excitation qui détermine son action a donc sur lui une influence oxidante.

La transmission de l'excitation s'opère avec assez de lenteur chez la sensitive. Il s'écoule en effet un temps très appréciable entre le moment où l'on excite par une brûlure légère ou autrement une foliole, et le moment où cette excitation produite localement parvient aux renflemens moteurs des autres folioles, à ceux des pinnules, au renflement moteur du pétiole, et enfin aux renflemens moteurs des autres feuilles de la tige dont elle provoque les mouvemens. Il me parut donc qu'il était possible de mesurer le temps qui s'écoulait entre ces diverses actions d'incurvation, et de comparer les espaces parcourus par l'excitation avec les temps employés à parcourir ces espaces. Il était important de savoir si les variations de la température influaient sur la vitesse de la transmission de ce mouvement intérieur. J'ai fait dans cette vue un grand nombre d'expériences; voici la méthode que j'employais : je brûlais légèrement les folioles terminales de l'une des pinnules d'une feuille, soit avec un verre ardent, soit avec une flamme légère. A l'instant les folioles commençaient à se ployer par paires les unes après les autres. Je tenais près de mon oreille une montre dont le balancier effectuait ses oscillations, composées chacune de deux battemens, dans une demi-seconde; je comptais le nombre de ces oscillations, à partir du moment de l'ustion jusqu'à celui où les pinnules opéraient leur flexion; je mesurais de la même manière le temps qui s'écoulait jusqu'au moment de la flexion du pétiole; j'appliquais ensuite la même mesure au temps qui s'écoulait jusqu'au moment de la flexion successive des pétioles des autres feuilles de la tige. Cette première partie de l'observation étant faite, je mesurais la longueur de la pinnule, celle du pétiole, et celle des mérithalles de la tige intermédiaires aux feuilles dont les pétioles s'étaient fléchis. De cette manière il m'était facile de comparer les espaces parcourus par l'excitation avec les temps employés pour les parcourir. J'ai fait cette expérience la température de l'atmosphère étant à + 10, 13, 15, 18, 20 et 25 degrés du thermomètre

de Réaumur. Voici les résultats généraux que j'ai obtenus :
la progression de l'excitation est toujours beaucoup plus
rapide dans les pinnules et dans les pétioles qu'elle ne l'est
dans les mérithalles de la tige. La vitesse ordinaire de ce
mouvement dans les pétioles est de 8 à 15 millimètres par
seconde, tandis que dans les mérithalles de la tige ce même
mouvement n'excède pas deux à trois millimètres par seconde, et souvent est encore plus lent. La température de
l'atmosphère ne m'a paru exercer aucune influence sur la
vitesse de ce mouvement ; car j'ai obtenu des résultats peu
différens les uns des autres aux divers degrés de température dont je viens de faire mention. Les variations que j'ai
obtenues dans ces résultats ont été purement accidentelles,
et sans aucun rapport fixe avec les variations de la température extérieure ; seulement j'ai observé que, lorsque la
température était à + 10 degrés, l'excitation provoquée
par l'ustion se transmettait à une distance moindre que
celle à laquelle elle parvenait lorsque la température était
plus élevée.

On vient de voir que la transmission de l'excitation a
constamment une vitesse plus considérable dans les pétioles
que dans la tige , lorsque ce mouvement provoqué dans
les folioles traverse le pétiole en descendant pour gagner
le corps de la tige. J'ai observé que le même phénomène a
lieu lorsque l'excitation provoquée dans la tige par l'ustion
de son écorce arrive aux pétioles et les traverse en remontant
pour gagner les pinnules et les folioles. Voici comment je
faisais cette expérience : après avoir brûlé vivement l'é-
corce de la tige avec un verre ardent, je ne tardais pas à
voir les feuilles les plus voisines fléchir leur pétiole. Bientôt
après, les pinnules et les folioles de ces feuilles se ployaient
à leur tour ; je mesurais le temps qui s'écoulait entre le
moment de la flexion du pétiole et le moment de la flexion
des pinnules ; puis je comparais le temps écoulé avec la

longueur du pétiole. J'ai trouvé, de cette manière, que
la transmission de l'excitation avait, en remontant dans
le pétiole, la même vitesse que j'ai observé qu'elle avait
en descendant dans ce même pétiole, c'est-à-dire que
ce mouvement parcourait toujours de huit à quinze millimètres par seconde, tandis que dans le corps de la tige ce
même mouvement ne parcourt que deux à trois millimètres
dans le même temps. Il me paraît probable que cette différence tient spécialement à la différence du diamètre des
parties; la transmission de l'excitation s'effectue plus rapidement dans les pétioles, lesquels ont peu de diamètre,
que dans la tige, dont le diamètre est plus considérable.
Ce mouvement ressemblerait par conséquent, sous ce point
de vue, au mouvement des fluides qui, mus avec une vitesse déterminée dans un canal étroit, perdent de cette
vitesse en proportion de l'élargissement du canal qui les
transmet, et la reprennent de nouveau lorsque le canal se
rétrécit.

L'excitation provoquée par l'ustion d'une feuille se propage quelquefois jusqu'aux branches voisines de celle qui
porte cette feuille, en sorte qu'on voit quelquefois se ployer
des feuilles très éloignées de celle sur laquelle on fait
l'expérience. Il m'a semblé que l'intensité de l'ustion influait sur l'étendue de la propagation de l'excitation; ce
mouvement ne s'étendait qu'à peu de distance lorsque
l'ustion était extrêmement légère. On sent qu'il est difficile
de déterminer d'une manière certaine le degré d'intensité
de l'ustion que l'on opère; cependant je pouvais juger approximativement de son intensité comparative lorsque j'employais le verre ardent; car je modérais à volonté la chaleur produite en pareil cas, en plaçant le verre de manière
à ce que la feuille soumise à son action fût située plus ou
moins en-deçà ou au-delà de son foyer. De cette manière
on peut provoquer dans la feuille une excitation dont la

transmission ne s'étend pas plus loin que la base de son pétiole.

La communication en ligne droite, au moyen des tubes séveux, influe beaucoup sur la promptitude de la propagation de l'excitation ; j'ai observé que, lorsqu'on brûle une feuille de sensitive, il arrive souvent que l'excitation parvient à la feuille qui est située du même côté deux mérithalles plus bas, avant de se manifester dans la feuille située sur le mérithalle voisin, mais du côté opposé de la tige.

La sensitive perd complètement son excitabilité, lorsque la température de l'atmosphère se trouve à environ $+7$ degrés R. ; on peut alors brûler ses feuilles sans qu'il en résulte chez elles aucun phénomène de mouvement appréciable.

La lumière exerce sur la motilité de la sensitive une influence extrêmement remarquable, et qui pourtant n'avait point encore été observée. Cependant plusieurs naturalistes, et notamment Duhamel, Dufay et M. de Candolle, ont cherché à étudier les phénomènes que présente cette plante, lorsqu'elle est plongée dans une profonde obscurité, mais seulement dans le but d'observer ce qui arriverait dans ce cas, par rapport au réveil et au sommeil de cette plante. J'ai rapporté ces expériences dans mon Mémoire sur le réveil et le sommeil des plantes ; j'y ai joint les résultats des expériences qui me sont propres, relativement à l'influence qu'exerce une obscurité complète et continue sur le réveil et le sommeil des feuilles de la sensitive. Je reproduis actuellement ici les expériences que j'ai publiées en 1824, et qui ont pour objet de faire connaître les effets produits par l'obscurité prolongée sur la *motilité* des feuilles de la sensitive, ou sur leur faculté de se mouvoir. L'*excitabilité* ne manifestant son existence que par l'exécution des mouvemens des feuilles postérieurement à l'action d'une cause excitante, il en résulte que lorsque ces mouvemens n'ont

point lieu malgré l'action de cette cause, on peut être en
doute si c'est l'excitabilité qui est abolie ou si c'est la *motilité*, laquelle est ici l'*incurvabilité* du tissu fibreux incurvable par oxigénation, tissu fibreux qui est l'agent unique
des mouvemens qui sont exécutés postérieurement à l'action
des causes excitantes. L'*excitabilité* ou la faculté de recevoir
et de transmettre l'influence des excitans a une existence
à part, car elle existe dans des parties qui sont privées de
motilité; elle peut donc être abolie à part. La motilité a
aussi une existence à part, car elle appartient exclusivement aux tissus incurvables, elle peut donc aussi être abolie à part, l'excitabilité continuant alors d'exister mais sans
pouvoir manifester son existence par des signes sensibles.
Dans l'embarras de savoir si ces deux facultés sont abolies
simultanément dans les expériences que je vais exposer,
je me bornerai à considérer seulement la *motilité* ou la
faculté de mouvement par suite d'excitation, faculté qui
seule est observable. Pour faire les expériences dont il est
ici question, je plaçais une sensitive, plantée dans un pot,
sous un récipient fait avec du carton fort épais. Toutes les
précautions possibles avaient été prises dans la fabrication
de ce récipient pour qu'aucun rayon de lumière ne péné-
trât dans son intérieur. J'accumulais de la sciure de bois
autour de son orifice, afin d'intercepter tout-à-fait la faible
lumière qui aurait pu pénétrer par cette voie. Cet appareil
fut établi dans un appartement qui, situé sous le toit et
exposé au midi, éprouvait pendant le jour une forte chaleur, qu'il conservait avec peu de diminution pendant la
nuit. C'était pendant les chaleurs de l'été; le thermomètre
se tint constamment, dans cet appartement, à une élévation
de + 20 à 25 degrés R. pendant mon observation. La sensitive, ainsi plongée dans une profonde obscurité sans
être soustraite à l'influence de la chaleur, commença par
ployer toutes ses feuilles. Vers le milieu du premier jour,

elle les déploya à demi , et les ferma complétement le soir.
Le lendemain au matin, je trouvai toutes les feuilles complètement déployées, et déjà leur motilité était sensiblement diminuée ; elles ne se fermèrent plus d'une manière
complète, et le troisième jour, je les trouvai à moitié déployées, et leurs folioles ne se mouvaient plus lorsqu'on les
frappait; le pétiole seul alors se fléchissait. Je voulus voir si,
dans cette diminution considérable de la motilité, l'excitation
aurait éprouvé de la diminution dans la rapidité de sa progression. Je brûlai légèrement l'une des folioles d'une feuille;
l'excitation se transmit , comme à l'ordinaire au renflement
moteur du pétiole et de là aux pétioles de deux autres
feuilles de la tige. Dans cette progression, l'excitation parcourut dix millimètres par seconde dans la pinnule de la
feuille et dans son pétiole ; elle parcourut deux millimètres par seconde dans la tige. La même expérience, faite
sur un autre pied de sensitive qui était dans le même appartement, et qui jouissait de toute sa motilité, me donna
des résultats à-peu-près pareils. Ainsi il me fut prouvé que
la diminution de la motilité n'en apporte aucune dans la
rapidité de la progression du mouvement qui transmet
l'excitation. Seulement je remarquai que ce mouvement se
propagea moins loin chez la sensitive dont la motilité était
diminuée. Ce dernier fait prouve que , dans cette circonstance, l'*excitabilité* était altérée comme la *motilité*, mais
elle n'avait éprouvé d'altération que dans l'étendue de la
transmission du mouvement par lequel l'excitation se propage, et elle était demeurée intacte sous le point de vue de
la rapidité de ce mouvement. Je remis la sensitive sous le
récipient pour continuer mon observation. Le quatrième
jour, les pétioles des feuilles se ployaient encore, mais faiblement, lorsqu'on les frappait vivement ; les folioles étaient
immobiles : le cinquième jour, la motilité avait complètement disparu. L'ustion elle-même ne provoquait plus au-

cun mouvement dans les feuilles dont les folioles étaient à
moitié déployées, et dont les pétioles étaient redressés.
J'exposai alors cette sensitive à la lumière du soleil ; les folioles tardèrent peu à se déployer complètement, et, au
bout de deux heures, elles commencèrent à se mouvoir légèrement lorsqu'on les frappait. Cependant le pétiole continuait à demeurer immobile. Après deux heures et demie
d'insolation, les pétioles commencèrent à manifester de la
motilité ; elle augmenta peu-à-peu, et, dans le courant de la
journée suivante, la sensitive avait complètement récupéré
sa motilité. Il résulte de cette expérience qu'il suffit de priver la sensitive de l'influence de la lumière pour lui faire
perdre les conditions de sa motilité, et que c'est dans l'influence de cet agent qu'elle puise de nouveau ces conditions,
lorsqu'elle les a perdues. J'ai voulu voir quelle était l'influence qu'exerçait la température extérieure sur ce phénomène. J'ai donc répété cette expérience de la même manière sur d'autres pieds de sensitive, car celui sur lequel
cette expérience avait été faite avait un peu souffert ; plusieurs de ses feuilles étaient tombées. Je plaçai donc une
de ces plantes sous mon récipient ; la chaleur de l'appartement était alors de + 22 degrés R., et elle monta jusqu'à
24 degrés pendant la durée de l'expérience. Au bout de
quatre jours et demi d'obscurité, la sensitive avait complètement perdu sa motilité. Dans cette seconde expérience,
l'abolition de la motilité fut un peu plus rapide que dans
la première ; cela me parut devoir dépendre du degré de la
température extérieure, qui avait été constamment de +
22 à 24 degrés, tandis que dans la première expérience cette
même température avait été assez constamment de + 20 à
23 degrés ; elle ne s'était élevée qu'un seul jour à 25 degrés. Pour m'assurer davantage du degré de l'influence
qu'exerçait la température extérieure sur la production de
ce phénomène, je fis de nouveau cette même expérience

par une température qui varia de $+$ 14 à 20 degrés. Il fallut dix jours d'obscurité à la sensitive pour lui faire perdre complètement sa motilité. Il me parut bien évident, par cette troisième expérience, qu'une température modérée retardait l'extinction de la motilité chez la sensitive, plongée dans l'obscurité; les expériences précédentes m'avaient appris que cette extinction était bien plus rapide lorsque la température était élevée. J'avais vu précédemment que l'exposition aux rayons directs du soleil rendait assez promptement les conditions de la motilité à la sensitive qui les avait perdues. Je voulus voir, dans cette circonstance, si le même effet serait produit par la lumière diffuse du jour. J'exposai donc la sensitive tirée de dessous le récipient, en plein air, derrière un bâtiment qui la garantissait des rayons directs du soleil. Le premier jour, la sensitive ne manifesta aucune motilité; mais lorsque la nuit arriva, quelques-unes de ses feuilles, celles qui avaient le plus récemment atteint leur complet développement, se ployèrent, et présentèrent ainsi le phénomène du sommeil qui avait cessé d'avoir lieu sous le récipient. Le lendemain, les folioles se ployèrent, mais elles ne manifestaient aucune motilité sous l'influence des chocs les plus forts. Les vieilles feuilles avaient presque toutes perdu leurs folioles; celles qui restaient commencèrent à présenter le phénomène du sommeil le second jour. Le troisième jour, les folioles commencèrent à se mouvoir sous l'influence des chocs; les pétioles étaient encore immobiles. Le quatrième jour, les pétioles commencèrent à se mouvoir assez légèrement, et, le cinquième jour, la sensitive avait récupéré sa motilité. Ainsi il fallut cinq jours d'exposition à la lumière diffuse du jour pour rendre à la sensitive les conditions de sa motilité : on a vu qu'il suffisait de quelques heures d'exposition à la lumière directe du soleil pour produire le même effet. Je recommençai cette expérience une quatrième fois par une

température qui varia de + 13 à 17 degrés R. Il fallut onze
jours d'obscurité pour opérer l'extinction complète de la
motilité de la sensitive. Cette fois je ne pus observer le retour de la motilité, parce que la sensitive rendue à la lumière perdit toutes ses feuilles. Je répétai une cinquième
fois l'expérience dont il est ici question par une température qui varia de + 10 à 15 degrés R, dans l'appartement où
était le récipient sous lequel était placée la sensitive. Cette
plante, plongée dans une obscurité complète, conserva sa
motilité sans aucune altération bien sensible pendant dix
jours. Le douzième jour, les folioles cessèrent de se mouvoir lorsqu'on les frappait; les pétioles seuls possédaient
encore leur motilité. Le quinzième jour, toute motilité appréciable avait disparu. La sensitive avait souffert par cette
longue obscurité; plusieurs de ses feuilles avaient jauni et
leurs folioles tombaient à la moindre secousse. Cependant
un assez grand nombre de ces feuilles avaient conservé leur
couleur verte et me paraissaient susceptibles de récupérer
leur motilité. Je voulus voir si cet effet pouvait être produit par l'exposition de la plante à la lumière diffuse, telle
qu'elle parvient dans une chambre par les fenêtres au moyen
de la réflexion des nuages et des objets du dehors. Ayant
donc tiré ma sensitive de dessous son récipient, je la plaçai
dans un lieu de l'appartement qui était bien éclairé, mais
qui ne recevait point la lumière directe du soleil; dès le
soir du premier jour quelques-unes des feuilles les moins
âgées commencèrent à présenter le phénomène du sommeil,
qui avait cessé d'avoir lieu sous le récipient. Le lendemain,
les folioles se déployèrent à la lumière, mais restèrent immobiles sous l'influence des chocs les plus forts. Les feuilles plus âgées ne commencèrent à présenter le phénomène du sommeil que le quatrième jour. Alors les folioles
des jeunes feuilles se mouvaient fort légèrement lorsqu'on
les choquait vivement avec le doigt; les pétioles étaient

immobiles. Le cinquième jour, la plante continua de présenter les mêmes phénomènes d'une motilité languissante. Le sixième jour, je plaçai la sensitive aux rayons d'un soleil ardent; au bout de quatre heures, les jeunes feuilles avaient complètement récupéré leur motilité, et les vieilles feuilles l'avaient récupérée en partie. Ces dernières avaient jusqu'alors refusé de se mouvoir sous l'influence des chocs. L'exposition de la plante au soleil pendant la durée du septième jour acheva de lui rendre complètement sa motilité. Il résulte de ces expériences que la privation de la lumière occasionne chez la sensitive l'abolition des conditions de la motilité, et que l'exposition de cette plante à la lumière lui rend ces conditions perdues. Cette perte des conditions de la motilité dans l'obscurité est fort rapide quand la température est très élevée, elle est beaucoup plus lente lorsque cette température offre un certain degré d'abaissement. En effet, on a vu qu'il n'a fallu que quatre à cinq jours d'absence de la lumière, par une température de $+$ 20 à 25 degrés, R., pour abolir complètement la motilité d'une sensitive, tandis que, par une température de $+$ 15 à 20 degrés, il a fallu dix jours d'obscurité pour produire cette abolition; et qu'il a fallu quinze jours d'obscurité pour produire ce même effet, lorsque la température était de $+$ 10 à 15 degrés. La rapidité du retour des conditions de la motilité chez la sensitive qui les a perdues dans l'obscurité est en raison de l'intensité de la lumière à laquelle elle est soumise. On a vu en effet qu'il ne faut que quelques heures d'exposition à la lumière directe du soleil pour réparer ces conditions perdues, tandis que pour produire le même effet il faut plusieurs jours d'exposition à la lumière diffuse du jour. Il résulte de ces expériences que la lumière, et spécialement la lumière solaire, est un des agens extérieurs dans l'influence duquel les végétaux puisent le renouvellement des conditions de leur motilité. Dans les expériences qui viennent d'être exposées, j'ai observé que les folioles ont perdu leur motilité avant les pétioles, et l'ont récupérée avant eux. J'ai observé de même que les jeunes feuilles ont récupéré leur motilité avant les vieilles feuilles, et que, chez les unes comme chez les autres, les premiers indices de la motilité réparée se sont manifestés par les seuls phénomènes du sommeil et du réveil. Ces phénomènes de motilité ont été pendant quelque temps les seuls qu'ait présentés la sensitive, dont la motilité n'était pas encore entièrement récupérée. Il résulte de là, qu'en privant une sensitive d'une portion des conditions de sa motilité, on la réduit au mode d'existence des végétaux vulgaires, c'est-à-dire qu'elle ne meut point ses feuilles sous l'influence des excitans mécaniques, bien qu'elles les meuve encore pour présenter les phénomènes du sommeil et du réveil. Il est enfin un état d'épuisement des conditions de la motilité qui, sans occasioner chez la sensitive la mort de la feuille, fait qu'elle demeure en position de réveil dans un état d'immobilité parfaite, et qu'elle est incapable de sommeil comme cela a lieu chez tant d'autres végétaux. Cela prouve que toutes les différences qui existent à cet égard entre les plantes, dérivent seulement de ce qu'elles possèdent en quantité différente les conditions de la motilité. Je publiais ces expériences en 1824 (1). Voici les réflexions par lesquelles je terminais leur exposition :

« Les conditions de la motilité sont réparées, chez les « végétaux, par la lumière solaire; par conséquent l'in- « fluence qu'exerce la lumière sur les végétaux est compa- « rable à celle qu'exerce l'oxigénation respiratoire sur les « animaux. On sait que, chez ces derniers, l'énergie de la « motilité est généralement en raison de la quantité de la

(1) Recherches anatomiques et physiologiques sur la structure intime des animaux et des végétaux, et sur leur motilité.

« respiration, c'est-à-dire en raison de la quantité de l'oxi-
« gène absorbé; toute motilité cesse rapidement, lorsque
« l'oxigénation du sang n'a plus lieu. Le genre de l'influence
« qu'exerce l'oxigénation des fluides sur l'énergie de la
« motilité animale est inconnu; le fait seul de cette in-
« fluence est bien constaté. Il en est de même de l'influence
« qu'exerce la lumière solaire sur l'énergie de la motilité
« végétale; le genre de cette influence est inconnu, mais
« le fait de cette influence est constaté. Donc l'*insolation*
« est pour les végétaux ce que l'*oxigénation* est pour les
« animaux. Ce sont deux sortes de *vivification*, si je puis
« m'exprimer ainsi. Il résulte de ce rapprochement que
« l'*étiolement* des végétaux est un état analogue à celui
« de l'*asphyxie* des animaux; dans l'un comme dans l'autre,
« il y a diminution ou abolition des conditions de la mo-
« tilité, par cause de l'absence de l'agent extérieur qui sert
« à les entretenir. Ce rapprochement inattendu est encore
« fortifié par la considération suivante. On sait combien
« l'asphyxie est rapide chez les animaux *à sang chaud*;
« on sait combien elle est lente chez les animaux *à sang*
« *froid*; on sait enfin, par les expériences de M. Edwards,
« que chez ces derniers l'asphyxie peut être à volonté ac-
« célérée ou retardée, en augmentant ou en diminuant la
« température extérieure dans certaines limites. Or, chez
« la sensitive, nous observons le même phénomène. Nous
« voyons son *asphyxie* arriver promptement quand il fait
« chaud, et tardivement quand la température est plus
« basse. Tout concourt donc à prouver qu'une même fonc-
« tion réparatrice de la motilité est exercée de deux ma-
« nières différentes par les animaux et par les végétaux.
« Les premiers exercent cette fonction réparatrice au moyen
« de l'*oxigénation*, et les seconds au moyen de l'*insola-*
« *tion*. »

J'étais loin alors de soupçonner ce que j'ai découvert

douze ans plus tard (1836), savoir que l'oxigène produit par les végétaux, sous l'influence de la lumière et spécialement de la lumière solaire, est versé dans leurs organes pneumatiques pour y servir à leur respiration, laquelle, comme celle des animaux, consiste dans l'assimilation de l'oxigène. Il résulte de ce fait nouveau que les deux causes de *vivification* que je croyais différentes, savoir, l'*insolation* et l'*oxigénation*, se réduisent de cette manière à une seule, qui est l'*oxigénation*. Ainsi s'est trouvée vérifiée l'exactitude d'un premier aperçu qui m'avait porté à considérer l'étiolement des plantes comme un état analogue à celui de l'asphyxie des animaux. J'avais déjà préludé à cette découverte, en 1831, par les observations qui m'avaient fait voir qu'il existe chez les végétaux un système d'organes pneumatiques (1), et que l'air contenu dans ces organes aérifères est indispensablement nécessaire pour l'exercice des fonctions vitales des plantes, et spécialement, par rapport à la sensitive, pour l'existence de sa motilité. Je reproduis ici l'exposition de l'expérience qui m'a conduit à ce résultat ; j'en ai déjà fait mention dans mon Mémoire sur le réveil et le sommeil des plantes. Je mis sous le récipient de la pompe pneumatique une sensitive plantée dans un pot ; dès le premier coup de piston les feuilles se ployèrent. Lorsque le vide fut fait, les feuilles ne tardèrent pas à se déployer ; les pétioles se dressèrent vers le ciel plus que dans l'état de réveil normal, mais les folioles ne se déployèrent qu'à demi. La plante demeura invariablement dans cet état, lequel est tout pareil à celui qu'elle offre lorsqu'elle est soumise à une obscurité prolongée ; elle ne dirigea point ses feuilles vers la lumière. Au bout de deux heures je retirai la sensitive de dessous le récipient. Ayant frappé vivement les feuilles avec le doigt, les folioles

---

(1) Annales des Sciences naturelles, tome XXV, page 242.

36

à demi ployées achevèrent de se ployer, mais les pétioles demeurèrent immobiles dans leur rectitude. Je remis la plante à l'air libre. Les folioles ne tardèrent pas à se déployer complètement, et, en moins d'une heure, la plante avait repris toute sa faculté de se mouvoir, tant sous l'influence des chocs que sous l'influence de la lumière. Le lendemain, la sensitive paraissant n'avoir souffert en aucune manière de cette expérience; je la remis dans le vide, et je l'y laissai pendant dix-huit heures : elle y passa une nuit, et ne manifesta, par aucun mouvement, qu'elle fût affectée le soir par l'absence de la lumière ni le matin par son retour. Les pétioles de ses feuilles restèrent constamment immobiles dans leur état de redressement, et ses folioles restèrent toujours à demi déployées. Lorsque je retirai la sensitive du récipient, je trouvai qu'elle avait complètement perdu la faculté de se mouvoir; les chocs les plus vifs ne produisaient ni l'abaissement de ses pétioles ni la plicature de ses folioles. Replacée à l'air libre, elle reprit peu-à-peu sa motilité et par conséquent son excitabilité.

Dans cette expérience, l'air qui, dans l'état naturel, remplit toutes les cavités aérifères des feuilles et de la tige, avait été soutiré par la pompe pneumatique. Dès-lors, tous les mouvemens dont l'exercice est lié chez la sensitive à l'excitabilité de cette plante, se trouvèrent abolis. Il n'y eut plus ni sommeil, ni réveil, ni direction des feuilles vers la lumière; il n'y eut plus de mouvemens de plicature des feuilles sous l'influence des excitans. Toutes ces actions vitales sont donc nécessairement liées, pour leur exercice, à l'existence de l'air atmosphérique dans les cavités aérifères de la plante. La privation de cet air constitue donc cette plante dans un véritable état d'*asphyxie*. On pourrait peut-être penser que, dans cette circonstance, il y a déchirement des organes intérieurs de la plante par l'expansion de

l'air qu'ils contiennent, et que c'est à cette cause de dés-
organisation qu'il faut attribuer l'abolition des mouvemens.
Mais cette idée ne peut se soutenir, puisqu'on voit la sensitive remise à l'air libre récupérer promptement son excitabilité et ses mouvemens. Il est évident qu'elle ne doit le
retour de ces phénomènes vitaux qu'au retour de l'air atmosphérique dans ses organes pneumatiques. Ainsi, la
sensitive est véritablement *asphyxiée* dans le vide comme
elle l'est par une obscurité prolongée; dans l'un et dans
l'autre cas, ses organes pneumatiques sont privés d'air respirable; la pompe pneumatique soustrait cet air, et l'obscurité en suspendant la fabrication de l'oxigène par la plante
s'oppose, par cela même, au renouvellement de l'air respi-
able dans ses organes pneumatiques.

Il est infiniment probable que, dans ces expériences, l'excitabilité et la motilité de la sensitive sont abolies simultanément; mais cela n'est point prouvé pour l'excitabilité
comme cela l'est pour la motilité du tissu fibreux incurvable
par oxigénation, le seul des tissus incurvables qui se meuve
sous l'influence des excitans. On voit clairement pourquoi
l'absence de l'oxigène entraîne nécessairement l'absence du
mouvement d'incurvation dans le tissu fibreux; c'est par la
même raison qui fait que l'absence de l'eau entraîne l'absence du mouvement d'incurvation du tissu cellulaire incurvable par turgescence d'eau ou par endosmose; mais quel
est le rapport qui existe entre l'oxigénation du tissu organique et l'existence de l'excitabilité ou de la faculté de recevoir l'influence des excitans? Ici l'observation n'apprend
rien.

Le tissu cellulaire incurvable par endosmose auquel est
due la position de réveil des feuilles de la sensitive conserve son incurvabilité, et par conséquent son action
dans l'état d'asphyxie de la plante. L'endosmose, en effet,
n'a point besoin de la présence de l'oxigène pour s'exercer,

36.

elle a lieu aussi bien dans le vide que sous la pression de l'atmosphère. Voilà pourquoi, dans le vide, l'incurvabilité du tissu cellulaire demeure sans altération. Les expériences suivantes achèvent de prouver cette vérité. Les péricarpes de balsamine et les fruits mûrs du *momordica elaterium* ne doivent les mouvemens si énergiques qu'ils exécutent (1) qu'à l'incurvation du tissu cellulaire qui les compose presque en totalité. J'ai mis dans le vide de la pompe pneumatique des fruits mûrs de *momordica*, pourvus de leur pédoncule et des péricarpes mûrs de balsamine. Au bout de vingt heures de séjour dans le vide, les fruits du *momordica elaterium* chassèrent leur liquide intérieur et leurs graines avec autant d'impétuosité qu'à l'ordinaire, et les valves des péricarpes de la balsamine étant détachées les unes des autres, se roulèrent en spirale avec autant de force que si elles n'avaient pas été soumises à l'expérience. L'incurvabilité de ces fruits n'avait donc subi aucune altération. Ainsi, il est bien prouvé que l'asphyxie n'abolit l'incurvation que du seul tissu fibreux incurvable par oxigénation.

Une autre cause d'abolition de l'excitabilité et de la motilité chez les végétaux, est l'introduction dans leur organisme de substances nuisibles ou délétères.

On doit à MM. F. Marcet (2) et Macaire Princeps (3) des observations sur l'influence qu'exerce l'absorption des substances vénéneuses sur les végétaux. M. Marcet a vu que les plantes meurent assez promptement quand on leur donne à pomper des solutions salines ou des acides, des solutions d'opium, de noix vomique, de Belladone, de l'eau distillée de laurier cerise, de l'acide prussique, de l'al-

---

(1) Voyez le IX.e mémoire pages 444 et 451.

(2) De l'action des poisons sur le règne végétal.

(3) Mémoire sur l'influence des poisons sur les plantes douées de mouvemens excitables.

cool, etc. M. Princeps a dirigé ses recherches à cet égard
sur les plantes douées de mouvemens excitables. Il a vu
que les sensitives auxquelles on donnait à pomper une solution d'opium , de l'acide prussique, une solution de su-
blimé corrosif ou d'arsenic, perdaient la faculté de mouvoir
leurs feuilles sous l'influence des excitans ; il a observé le
même effet par rapport aux mouvemens des étamines de
l'épine vinette. Il paraissait résulter évidemment de ces expériences, que les substances qui sont vénéneuses pour les
animaux le sont de la même manière pour les végétaux.
L'opium en particulier, qui abolit si promptement l'*excitabilité* chez les animaux, abolit également cette faculté vitale
chez les végétaux. Cette similitude d'effet semblait établir
une grande analogie ou même une similitude exacte entre
l'*excitabilité* des animaux et l'excitabilité des végétaux, lorsque des observations subséquentes dues à M. Goeppert (1),
sont venues infirmer ces conclusions. Cet observateur a fait
voir en effet que toutes les substances extractives en solution
dans l'eau , sont aussi vénéneuses pour les plantes que
l'est une solution d'opium, en sorte que l'empoisonnement
d'une sensitive est aussi prompt et aussi complet lorsqu'on
lui donne à pomper une solution d'extrait de la plante la
plus innocente, que lorsqu'on lui donne à pomper une solution d'opium. Avant que M. Goeppert eût publié ces observations, j'en avais fait de semblables de mon côté et qui
m'avaient donné les mêmes résultats. J'ai même vu que
deux rameaux de sensitive étant plongés par leur base l'un
dans une solution de sucre et l'autre dans une solution
d'opium, le premier éprouvait des effets vénéneux plus rapides et plus intenses que ceux qu'éprouvait le second. En
général, toutes les substances en solution dans l'eau, autres

(1) Sur l'influence de l'acide hydrocyanique, du camphre et des substances
extractives sur les plantes. (Ann. des Sc. nat., t. xvii.)

que celles que contient habituellement l'eau qui imbibe la
terre, sont vénéneuses pour les végétaux, lorsqu'elles sont
introduites immédiatement dans leur organisme et sans passer par les filtres de leurs racines. En effet, une plante ar-
rosée avec de l'eau chargée de principes extractifs, loin d'en
éprouver du mal végète avec plus de vigueur, tandis que
la même eau pompée par la tige coupée que l'on met tremper dedans par sa base, produit dans le même végétal un
véritable empoisonnement. C'est à-peu-près comme si un
liquide alimentaire tel que du bouillon était introduit immédiatement dans nos veines, il y produirait indubitablement un effet délétère. Toute substance destinée à l'ali-
mentation a besoin de subir, lors de son introduction par
l'absorption, une modification qui la rend apte à opérer la
nutrition. Ce fait prouve que les végétaux font subir aux
matières extractives qu'ils puisent dans le sol, une élaboration qui les rend propres à servir à leur nutrition. On
voit ainsi pourquoi toutes les substances en solution introduites immédiatement dans le tissu organique des végétaux,
sont vénéneuses pour eux. Mais on ignore comment cela
a lieu.

§ III. — *Mécanisme du mouvement chez les feuilles du sainfoin oscillant* (hedysarum girans. *L.*)

La feuille du sainfoin oscillant a trois folioles comme le
trèfle. La foliole impaire qui est très grande relativement
aux deux autres, présente quelquefois un mouvement assez
lent de balancement en s'inclinant alternativement vers la
droite et vers la gauche ; elle présente en outre le réveil en
s'élevant et le sommeil en s'abaissant. Les deux folioles latérales qui sont fort petites, sont dans un mouvement continuel d'élévation et d'abaissement alternatifs. Ce mouve-

ment des folioles dépend d'une cause excitatrice intérieure sans cesse agissante et qui paraît complètement indépendante de toute excitation extérieure; il s'effectue toujours par petites saccades; les folioles opèrent leur descente en se fléchissant d'un côté, et elles opèrent leur ascension en se fléchissant du côté opposé, en sorte que le sommet de la foliole décrit une ellipse. Cette oscillation s'effectue dans l'espace d'une à deux minutes. Elle a lieu même pendant la nuit et elle s'arrête lorsque la plante est soumise à l'influence d'un soleil ardent. Alors les folioles qui ont cessé de se mouvoir ont leur pointe fixement dirigée vers le ciel; la grande foliole impaire prend la même direction.

Les mouvemens des folioles s'exécutent au moyen de la flexion de leur pétiole qui est très grêle. L'extrême ténuité de ce pétiole rend son étude anatomique difficile. Il faut, avec un instrument tranchant, délicat et bien affilé, enlever une lame de tissu sur deux côtés opposés du pétiole. Alors, on soumet au microscope la partie moyenne extrêmement mince qui reste. J'ai pu aussi obtenir à force d'essais une tranche mince et transversale de ce pétiole, qui se prête difficilement à cette opération à cause de sa grande ténuité. Ayant soumis au microscope la coupe longitudinale et la coupe transversale obtenues comme il vient d'être dit, j'ai vu que ce pétiole offre en dehors une couche de tissu cellulaire dont les cellules, d'une extrême petitesse, sont décroissantes de grandeur du dehors vers le dedans. Cette couche de tissu cellulaire occupe de chaque côté le tiers environ de l'épaisseur diamétrale du pétiole, en sorte qu'il ne reste que le tiers de cette épaisseur pour les parties qui sont situées au-dessous, ou vers le centre. Immédiatement au-dessous de cette couche de tissu cellulaire, se voit une couche extrêmement mince de tissu fibreux demi transparent. Il est facile de le reconnaître à son aspect et à sa position pour l'analogue du tissu fibreux incurvable par oxigénation, qui

occupe une place semblable dans les renflemens moteurs des
folioles du haricot (fig. 1 et 2, pl. 16) et dans le renflement moteur du pétiole de la feuille de sensitive (fig. 2 et 3);
au-dessous de la couche de tissu fibreux se trouvent les tubes pneumatiques et séveux. Ainsi, la structure du pétiole
des petites folioles du sainfoin oscillant est essentiellement
la même que celle qui s'observe dans les organes moteurs
des feuilles chez le haricot et chez la sensitive. Il est donc
certain que les mouvemens des petites folioles du sainfoin
oscillant, sont dus à l'action d'un tissu cellulaire incurvable par endosmose et à l'action d'un tissu fibreux incurvable par oxigénation, ainsi que cela a lieu chez le haricot et
chez la sensitive. Comme la couche de tissu cellulaire est
considérablement supérieure en volume à la couche de tissu
fibreux dans les pétioles des petites folioles du sainfoin oscillant, c'est cette couche de tissu cellulaire incurvable par
endosmose qui manifeste exclusivement son action dans les
expériences suivantes : J'ai divisé l'un de ces pétioles en
deux moitiés longitudinales; à l'instant ces deux moitiés se
sont courbées en arc dont l'épiderme occupait la convexité.
Cette incurvation devint plus profonde en plongeant ces
petits arcs dans l'eau. Ainsi, leu incurvation en dedans
avait lieu par endosmose implétive. Je transportai ces petits arcs dans le sirop de sucre; ils se redressèrent, et ensuite se courbèrent en dehors. Cette nouvelle incurvation
avait lieu par endosmose déplétive. Je divisai longitudinalement un pétiole en deux parties très inégales; il n'y avait
qu'une lame très légère de tissu qui fût enlevée d'un côté.
Le plus volumineux de ces fragmens de pétiole se courba
en arc, dont la concavité était tournée du côté de la section.
L'ayant plongé dans l'eau, il se redressa, et immédiatement
ensuite il se courba de nouveau, s'agitant ainsi comme un
vermisseau. La raison de ces deux mouvemens en sens opposé est facile à saisir. Le pétiole s'est d'abord courbé dans

le sens voulu par la prédomination d'action d'incurvation du côté qui avait conservé son intégrité ; ce côté ayant sa masse entière, l'emportait par cela même sur le côté affaibli par l'ablation d'une partie de sa masse ; mais ce dernier, dont l'épiderme était enlevé, absorbait l'eau avec plus de facilité et de rapidité que ne le faisait son antagoniste ; cette cause ayant fait prédominer sa force d'incurvation, malgré son infériorité de masse, il opéra le redressement du pétiole. Mais cet effet ne pouvait être que momentané. L'eau ayant bientôt pénétré dans le tissu du côté intact, provoqua l'endosmose implétive de ses cellules, et lui rendit sa prédomination de force d'incurvation. Après l'accomplissement de ce dernier phénomène, le pétiole courbé en arc conserva cette position, et resta immobile dans l'eau. J'ajoutai une goutte d'acide nitrique à l'eau dans laquelle était plongé ce pétiole. A l'instant, le pétiole courbé en arc se redressa, puis il se courba de nouveau, et plus profondément qu'auparavant. Cette expérience concourt avec celles que j'ai rapportées dans le Mémoire ix (page 450), touchant l'action des acides sur l'incurvation des valves du péricarpe de la balsamine pour prouver que l'accession d'un acide provoque l'incurvation du tissu cellulaire avec plus d'énergie et dans le même sens que le fait l'accession de l'eau pure.

Le pétiole de sainfoin oscillant, auquel on a conservé son intégrité, n'exécute aucun mouvement d'incurvation quand on le plonge dans l'eau. Alors ce liquide pénètre également dans toutes les parties de son tissu ; et de l'égalité d'endosmose implétive qui en résulte naît l'équilibre des forces antagonistes d'incurvation qui existent dans le tissu cellulaire de ce pétiole. On sent facilement que l'extrême exiguïté de ce pétiole, ne m'a pas permis d'isoler son tissu fibreux de son tissu cellulaire, pour faire sur le premier de ces tissus des expériences analogues à celles que j'ai faites sur le tissu fibreux des renflemens moteurs des feuilles chez le haricot et la sensitive. Je ne puis donc procéder ici que par une légitime analogie, en admettant que chez le sainfoin oscillant le tissu fibreux des pétioles tend à se courber *en dedans*, et que le mécanisme des mouvemens de ces pétioles est analogue à celui que j'ai établi pour les renflemens moteurs pétiolaires chez les plantes qui me servent à établir cette analogie. Chez ces dernières plantes, c'est le tissu cellulaire incurvable par endosmose que contient l'organe moteur qui opère l'élévation de la feuille, et c'est le tissu fibreux incurvable par oxigénation contenu dans ce même renflement moteur qui opère l'abaissement de la feuille ou de la foliole. Il en doit être de même par rapport aux folioles du sainfoin oscillant; or, chez cette plante il n'y a pas seulement, comme chez la sensitive, un mouvement d'abaissement et un mouvement d'élévation des feuilles ou des folioles, il y a en outre un mouvement par lequel la descente de chaque foliole s'opère avec une inflexion d'un côté, tandis que l'ascension subséquente s'opère avec une inflexion du côté opposé. Ainsi, les incurvations successives et saccadées qu'affecte le pétiole, sont telles que la convexité de ces courbures successives se trouve successivement sur tous les côtés du pourtour de ce pétiole; mais comme l'incurvation est prédominante dans les deux côtés supérieur et inférieur, il en résulte que le sommet de la foliole ne décrit point un cercle dans son mouvement, mais bien une ellipse dont le grand diamètre est à-peu-près vertical. Ce mouvement de circumduction semble prouver que la cause excitatrice intérieure à laquelle il est dû, aurait une marche révolutive autour de l'axe du pétiole. Cette cause excitatrice intérieure fait prédominer tour-à-tour l'action du tissu cellulaire et l'action du tissu fibreux, actions auxquelles sont dus les mouvemens d'incurvation du pétiole, et par l'exercice successif de ces deux actions antagonistes dans tout le pourtour du cylindre que représente le pétiole, ce dernier se trouve affecter les incurvations successives et saccadées dont j'ai parlé plus haut.

La grande foliole impaire de la feuille du sainfoin oscillant possède dans son pétiole une organisation tout-à-fait semblable à celle qui existe dans le pétiole des petites folioles : pourquoi ne présente-t-elle donc pas, comme ces dernières, des mouvemens continuels d'élévation et d'abaissement ? Je penche à croire que le phénomène tout-à-fait spécial que présentent, à cet égard, les petites folioles latérales tient à l'exiguïté et par conséquent à l'extrême flexibilité de leur pétiole. Supposons, en effet, que la force intérieure qui produit les mouvemens d'incurvation de ces pétioles soit très faible, elle ne produira son effet de mouvement d'incurvation qu'autant que la partie qu'elle doit courber sera extrêmement flexible, une partie plus épaisse résistera à son action. C'est peut-être à cause de cela que, chez les oscillariées, les filamens extrêmement déliés sont les seuls qui présentent des incurvations alternatives ou des oscillations. Chez le sainfoin oscillant, la grande foliole impaire ne s'élève que dans le réveil et ne s'abaisse que dans le sommeil ; ces deux mouvemens sont déterminés par la présence et par l'absence successives de la lumière. Or, on peut considérer ces influences extérieures comme favorisant l'exécution des mouvemens de la foliole, mouvemens oscillatoires qui tendraient naturellement à s'exécuter sans l'intervention de ces influences extérieures, si leur cause intérieure possédait assez de force pour vaincre l'obstacle que lui oppose la rigidité du pétiole. Voici sur quoi je fonde mon opinion à cet égard. J'ai rapporté, dans le x⁰ Mémoire (page 526), les curieuses expériences par lesquelles M. de Candolle a fait voir que la sensitive soumise à une lumière continue, loin de cesser de présenter les phénomènes alternatifs du sommeil et du réveil, ac-

célère, au contraire, la succession de ces alternatives de
mouvement dans ses feuilles et dans ses folioles. Il résulte
de là que les feuilles de la sensitive présentent dans cette
circonstance des phénomènes de mouvement alternativement dirigé dans le sens de l'élévation et dans le sens de
l'abaissement, sans l'intervention d'aucun changement dans
les influences extérieures, c'est-à-dire que ces feuilles et
leurs folioles se comportent exactement comme le font les
petites folioles du sainfoin oscillant, avec la seule différence du temps que ces mouvemens alternatifs mettent à
s'exécuter dans leur succession non interrompue. Les folioles du sainfoin oscillant effectuent chacune de leurs
oscillations dans l'espace d'une à deux minutes, les feuilles
de la sensitive soumises à la lumière continue effectuent
chacune de leurs oscillations dans un espace de temps
inférieur à celui de la durée du jour, et cet espace de
temps, affecté à l'oscillation, devient de plus en plus petit.
Si cette expérience pouvait se faire à la lumière solaire
continue et qu'elle durât long-temps, peut-être la diminution continuelle de l'espace de temps affecté à l'oscillation des feuilles arriverait-elle jusqu'à établir un grand
rapprochement entre la durée de cette oscillation et la
durée de l'oscillation des folioles chez le sainfoin oscillant.
Chez la première de ces plantes comme chez la dernière,
l'oscillation serait due exclusivement à l'action d'une cause
excitatrice intérieure, puisqu'il n'y aurait aucun changement dans les influences extérieures. L'expérience de M. de
Candolle, ainsi rapprochée du phénomène de l'oscillation
continuelle des folioles du sainfoin oscillant, établit donc, à
mon avis, ce fait aussi curieux qu'il est difficile à comprendre dans sa cause, savoir, qu'il existe dans les organes
moteurs des végétaux une tendance à opérer un mouvement oscillatoire, ou un mouvement alternativement dirigé
dans des sens inverses. La présence et l'absence alternatives

de la lumière, en favorisant alternativement l'action qui produit l'élévation et l'action qui produit l'abaissement de la feuille, favorisent l'exécution de cette oscillation, laquelle presque généralement n'a point lieu sans ce changement dans l'influence extérieure, mais qui a lieu par exception sans l'assistance d'aucun changement dans cette même influence extérieure chez les petites folioles du sainfoin oscillant et chez les feuilles de la sensitive, lorsque cette plante est soumise à une lumière continue. Si le sainfoin oscillant était soumis à une lumière continue, la grande foliole impaire présenterait probablement des oscillations qui seraient exécutées, chacune dans un temps plus court que ne l'est celui de sa période diurne de réveil et de sommeil, ainsi que cela a lieu chez la sensitive; alors on verrait, avec une lumière et une température constamment les mêmes, les petites folioles du sainfoin oscillant opérer leurs rapides oscillations et la grande foliole impaire opérer une oscillation semblable, mais plus lente. La cause intérieure et excitatrice de cette oscillation spontanée est fort mystérieuse, elle paraît dépendre de la cause même de la vie.

FIN DU PREMIER VOLUME.

TABLE DES MÉMOIRES

CONTENUS DANS LE TOME Ier.

FIN DE LA TABLE.

www.ingramcontent.com/pod-product-compliance
Lightning Source LLC
Chambersburg PA
CBHW031720210326

41599CB00018B/2452